일인분의
안락함

옮긴이 **정미진**

한국외국어대학교에서 컴퓨터공학과 영어학을 전공했다. 휴대폰을 만드는 기업에서 십여 년 간 기획자로 일하다가 좋은 외서를 국내에 소개하는 일에 매료되어 번역을 시작했다. 현재 바른번역 소속 전문 번역가로 활동 중이며, 역서에는 《코인 좀 아는 사람》 《뇌가 행복해지는 습관》 《볼륨을 낮춰라》 《진화가 뭐예요?》 《더 히스토리 오브 더 퓨처》 《원 디바이스》 《내일은 못 먹을지도 몰라》 등이 있다.

AFTER COOLING: On Freon, Global Warming, and the Terrible Cost of Comfort
Copyright © 2021 by Eric Dean Wilson
All rights reserved.
Korean translation rights arranged with the author in care of The Marsh Agency Ltd.,
London through Danny Hong Agency, Seoul.
Korean translation copyright © 2023 by SEOSAWON Co., Ltd.

이 책의 한국어판 저작권은 대니홍 에이전시를 통한 저작권사와의 독점 계약으로 서사원 주식회사에 있습니다.
신저작권법에 의해 한국 내에서 보호를 받는 저작물이므로 무단 전재와 복제를 금합니다.

일인분의 안락함

에릭 딘 월슨 지음
정미진 옮김

서사원

| 일러두기 |

1. 본문 안에 있는 각주는 모두 옮긴이 주이고, 미주는 원서의 주이다.
2. 원서에서 이탤릭체로 강조한 표현은 고딕체로 표시했다.

나의 부모님께 바칩니다.

바다가 솟아오르고, 날이 저물면, 연인들은 서로 껴안고,
아이들은 우리에게 매달린다.
우리가 더는 서로를 붙들지 않는 순간, 믿음을 깨는 순간,
바다는 우리를 집어삼키고 빛은 사라진다.

— 제임스 볼드윈, 《개인적인 감정은 아니야Nothing Personal》(1964)
이 책은 대통령의 과학자문위원회Science Advisory Committee가
보고서를 발표하기 1년 전에 출판되었다.
보고서에는 과도한 경제 발전이 가져온 에너지 소비의 급격한 증가로
"인간의 관점에서 유해할 수 있는 방대한 지구물리학적 실험이
부지불식간에 진행되고 있다"라는 내용이 담겨 있다.

| 목 차 |

3장   프레온, 그 이후 : 폐쇄계에 대한 믿음

황폐화가 시작되었지만
파괴 작업은 절반이 끝났다.

- 올리버 골드스미스Oliver Goldsmith, 《The Deserted Village》(1770)

파괴하는 일[1]

나는 우리가 어디로 가고 있는지 전혀 몰랐다. 그저 우리가 찾는 물건에 대해서만 아주 조금 알았을 뿐이다. 빌린 밴을 몰면서 약속 장소에 대해 막연히 생각하며 멤피스 시내를 빠르게 달렸다. 운전은 내가했고, 약속시간에 늦었다.

'공원이라고? 이 대낮에?'

샘은 조수석에 편하게 앉아서 점점 커지는 내 불안함을 눈치채지 못한 듯 손가락으로 좌석의 팔걸이를 가볍게 두드렸다. 나는 액셀을 꾹 밟으며 노란색 신호를 빠르게 통과했다. 샘의 거래 현장에 따라가기 위해 몇 달을 기다려 얻어낸 기회인데, 지금은 내가 그 거래를 망칠 거라는 확신이 들었다.

샘의 핸드폰 벨이 울렸다. 강을 따라 왼쪽으로 차를 돌리는 순간 샘이 스피커폰으로 전화를 받았다. 판매자였다. 그 역시 몇 분 정도 늦게 도착할 것 같다고 말했다(순간 핸들을 쥐었던 내 손의 힘이 풀렸다). 이어 그는 짜증이 묻은 어조로 물건은 가져가고 있으니 걱정하지 말라고 말했다. 전화상이었지만 의심스러워하는 분위기를 느끼기라도 한 것 같았다.

샘은 웃었다. 나는 판매자에게 정확한 위치를 물어보려 했지만(약속 장소를 찾기 위해 유턴을 여섯 번이나 한 뒤였기에), 짜증 난 그의 목소리에 입을 꾹 다물었다. 그는 이미 아칸소에서부터 이쪽으로 운전해오는 호의를 베풀었기 때문이었다. 너무 많은 것을 요구하고 싶지 않았다.

적어도 내 자신에게는 그렇게 말했다. 하지만 솔직히 말하면, 판매자가 내 목소리를 듣고 감추고 싶은 것이 드러날까 두려웠다. 이를테면 내가 에어컨 기술자나 냉매* 회수업자가 아니라는 것, 프로판에서 생겨난 프레온 가스에 대해 아는 것이 없다는 것, 손을 쓰는 직업을 갖고 있지 않다는 것(키보드 치는 일을 포함하지 않는 한, 분명히 포함하지 않겠지만), '너무 여성스럽다'는 것(미국 남부에서 자란 나 같은 동성애자에게 익숙한 두려움, 동성애 혐오만큼이나 여성 혐오에 대한 두려움) 또는 공놀이보다 책을 더 좋아한다는 것이 드러날까 두려웠다. 대답을 하면 무의식중에 이 중 하나라도 드러나 거래를 망치게 될까 진심으로 걱정됐다.

그래서 나는 아무 말도 하지 않았다. 샘이 전화를 끊었다. 내

● 냉각시킬 때 열을 전달하는 물질로, 저온의 물체에서 열을 빼앗아 고온의 물체에 운반해주는 매체를 통틀어 이르는 말.

가 냉매에 대해 뭘 알겠는가? 그때는 아는 것이 별로 없었다. 그렇지만 나는 배우는 중이었다.

예를 들어 나는 20세기 초 프레온으로 알려진 냉매의 발명으로 현대식 에어컨이 생산 가능하게 되었다는 사실을 배웠으며, 모든 종류의 기계식 냉각에 사용되는 프레온이 1980년대(과학자들이 프레온이 오존층을 파괴한다는 사실을 발견한 시기, 이후 프레온의 생산이 금지되었다)까지 50년 동안이나 시장을 지배했다는 것도 알게 되었다. 대기 중으로 방출된 프레온은 이산화탄소보다 훨씬 더 강력한 온실가스로 작용한다는 것도 알게 되었다. 대기 중으로 방출된 프레온은 이산화탄소보다 훨씬 더 강력한 온실가스로 작용한다는 것도 알았다. 샘의 말을 빌리자면, 기후를 무자비하게 파괴하는 힘을 지닌 프레온은 '무엇과 비교하든 지구상에서 가장 나쁜 물건'이었다. 그래도 다행인 점은 이제는 아무도 프레온을 만들지 않는다는 것이다. 하지만 나는 샘 덕분에 미국에는 아직 엄청난 양의 프레온이 남아 있다는 걸 알았다.

신호를 받고 차를 멈췄을 때, 샘은 어느새 사업가 모드로 변신해 있었다. 그는 검은색 서류 가방에서 한 뭉치의 서류를 꺼내 무릎 위에 올려놓고는 핸드폰으로 이메일 앱을 열어서 서류와 핸드폰을 번갈아보며 종이 위에 무언가를 끄적였다. 내가 철로 위로 거칠게 차를 몰 때는 서류 가방을 자신 쪽으로 끌어당겨 버렸다. 그는 평소답지 않게 조용히 자신이 하는 일에 몰두했다.

마침내 미시시피강이 내려다보이는 공원('공원'이라기보다는 '주차장'이라고 해야겠지만)을 발견했다. 아직 이른 아침이어서인지 주차장은 텅 비어 있었다. 한적한 곳에 차를 세우고 시동을 껐다. 샘과 나는 말없이 차에 앉아 그가 오기를 기다렸다. 엔진에서 '타닥'거리는 소리가 났다.

현대의 냉매(냉장고, 냉동고, 에어컨 및 기계적으로 열을 식히는 모든 냉각기에 사용되는 가스)[2]는 마치 파도처럼 우리를 덮쳤다. 냉매는 프레온Freons(듀폰의 상표명이 일반화되었다) 가스로 더 잘 알려진 '염화불화탄소Chlorofluorocarbons, CFC*'가 개발되면서 1930년대에 처음 등장했다. CFC는 각각 끓는점이 상온 이하인 산업 화학물질군으로, 액체를 증발시켜 냉각력을 높이는 속성이 있다. 냉장고나 에어컨의 코일에 주입된 냉매는 일련의 회로들을 순환하는 액체로 압축된다. 이때 코일 내부의 압력이 갑자기 떨어지면 냉매는 증발하면서(끓으면서) 주변의 열을 흡수하여 주변 공기 온도를 낮춘다. 냉각은 이런 식으로 이루어진다.

당시 CFC의 대체물질로 '수소염화불화탄소Hydrochlorofluorocarbons, HCFC'도 개발되었으나, 이는 CFC만큼 안정적이지도 돈이 되지도 않았다. HCFC가 성능은 CFC와 비슷했지만 냉각력을 향상시키지는 못했다. 대신 제2차 세계대전 이후 소형 에어컨 시장에서 틈새 수요를 메우는 데 주로 쓰였다.

CFC는 과학자들이 공기 중으로 날아간 냉매가 수십 년 동안 대기권에 머문다는 사실을 증명한 1980년대까지 시장을 지배했다. 그

● 가장 기본적인 탄화수소 화합물에서 수소 부분을 플루오린이나 다른 할로겐 원소로 치환한 물질.

들은 대기권 상층부에 존재하는 CFC가 태양이 내뿜는 해로운 방사선으로부터 우리를 보호하는 오존층의 화학적 붕괴를 일으키는 것을 발견했다. 1987년 '오존층 파괴물질에 관한 몬트리올 의정서Montreal Protocol on Substances That Deplete the Ozone Layer' 채택으로 CFC 생산이 금지되자, 일부 HCFC(주로 HCFC-22)가 이들을 일시적으로 대체했다(훨씬 덜하긴 하지만 HCFC 역시 오존층을 파괴한다).

CFC의 금지로 '수소불화탄소Hydrofluorocarbons, HFC'라는 두 번째 냉매가 등장했다. HFC는 오존층을 파괴하지는 않지만, 이산화탄소, 메탄, 아산화질소, 수증기와 같이 태양과 지구에서 적외선을 흡수하고 열이 우주 공간으로 빠져나가지 못하게 막는 매우 강력한 온실가스다.[3] 하지만 온실가스 자체가 문제는 아니다. 왜냐하면 지구의 기후는 자연이 추는 복잡한 춤인 에너지 교환으로 안정되기 때문이다. 문제는 산업공정으로 인한 온실가스의 과잉생산이 이 균형 잡힌 안무를 방해하는 것이다. 사실 앞서 말한 세 가지 물질CFC, HCFC, HFC은 모두 지구온난화 지수Global warming potential[◆4]가 극도로 높다. 다시 말해, 이 물질들은 이산화탄소처럼 바다나 숲에 흡수되지 않고 오랜 시간 동안 적외선을 흡수하고 방출한다. CFC-12는 같은 질량의 이산화탄소보다 1만 200배나 더 많은 열을 가둘 수 있으며, 다른 냉매들의 지구온난화 지수 역시 이산화탄소보다 각각 1만 2,400배, 1만 3,900배가량 더 높다.[5] 따라서 대기 중 냉매의 분자 수가 다른 온실가스의 분자 수

◆ 이산화탄소를 1이라고 할 때 이와 비교해 다른 온실가스가 미치는 영향 정도를 나타낸 값.

보다 훨씬 적더라도 분자 대 분자로 보면 냉매 분자의 파괴력이 훨씬 크다.

　현재 CFC의 생산은 금지되었지만, 사용은 금지되지 않았다. 기존 냉각기에서 회수한 것이든, 재고에서 가져온 것이든, 기존 CFC는 2차 시장에서 합법적으로 사고 팔린다. HFC의 가격이 더 싼데도 프레온을 고집하는 일부 수요도 있다. 특히 외곽 지역에서 클래식 자동차에 구식 냉매를 채워 넣는 자동차 수집가들이나 트랙터를 개조하지 않고 옛날 것을 그대로 쓰는 농부들이 그들이다. 어떤 사람들은 실제로 프레온이 더 낫다고 주장한다. 그럴 수 있다. 오로지 개인적 차원에서만 생각한다면 말이다. (그런데 대체 누구에게 프레온이 '더 나은' 걸까?) CFC가 금지된 후, 어떤 사람들은 돈을 벌 수 있기를 기대하며 CFC를 사재기했다. 또 어떤 사람들은 버려진 건물에 들어가 냉매가 들어 있는 되팔 만한 산업용 냉각기를 찾기도 했다. 냉매는 지금도 지구를 순환하고 있다(처음에는 구매자의 손을 거치고, 그런 다음에는 불가피하게 대기 중으로 퍼져나간다).

　역설적이게도, 나는 냉각을 연구하는 것이 지구온난화를 좀 더 잘 이해하는 데 도움이 될 거라고 믿게 되었다. 현재 진행 중인 기후 위기는 전체적으로 이해하기가 매우 어렵다. 너무 광범위하고 크게 서서히 진행되는 파괴[6]는 쉽게 피부에 와닿지 않는다. 누구도 추상화하지 않고는 혼란을 이끄는 것과 혼란이 이끄는 것의 전체를 알 수 없다. 그 원인과 결과는 시간과 공간을 가로질러 뻗어 있다. 하지만 필연적인 추상화가 습관이 되면, 우리는 우리에게 닥친 구체적인 힘, 즉 그 자체로 폭력의 형태라 할 수 있는 환경에 대한 관심을 잃는 데 익숙해질 수 있다. 우리 중 일부는 한동안은 지구온난화가 생각나지 않도록 자신을 속일 수 있다. 하지만 지구온난화는 계절에 맞지 않는 온도, 허리케인의 강도, 지속 가능한 사업 모델, 정치적 선거 공약, 사회활동가의 제안, 공급망의 붕괴, 면 티셔츠의 가격, 주요 기사의 문구, 계속되는 불면의 밤 혹은 에어컨 냉매의 쉭쉭 대는 소리로 자신의 모습을 드러내고야 만다. 이러한 현상들이 너무나 확실히, 갑자기 나타나면 이는 오금이 저리는 충격으로 다가올 수 있다.

　　나는 어떤 대상이나 사람 또는 사건이 내 주의를 끌기 전까지는 이런 '습관적 방심' 속에 빠져 살았다. 지구온난화의 결과가 어떤 식으로든 내 몸을 끊임없이 통과하지는 않는다고 조용히 자기합리화하면서 말이다. 이러한 부주의와 주의, 무심함과 두려움의 잔혹한 순환을 멈추기 위해 나는 기후 폭력climate violence과 좀 더 친해질 필요가 있었다. 그리고 그것을 찾기 위해 그렇게 먼 곳까지 살펴볼 필요가 없다는 것도 이해했다. 이것이 내가 프레온을 찾아 사들이는 일을 하는 샘과 여기에 오게 된 이유다.

　　몇 년 전, 나는 대학 때부터 알고 지내던 샘과 시카고 블루스 페스티벌에 간 적이 있다. 그날 오후 콘서트가 열리는 잔디밭 뒤편에 서 있다가, 불현듯 거의 10년을 알고 지냈는데 그가 무슨 일을 하는지 모른다는 사실을 깨달았다. 우리는 평소에 주로 정치나 음악에 관한 이야기를 나누었다. 샘이 루퍼스 토머스Rufus Thomas의 노래를 따라 펑키핫그리츠Funky Hot Grits라 이름 붙인 밴드에서 열렬한 드러머로 활동했기 때문이다.

밴드의 연주를 들으며, 나는 조심스럽게 그가 하는 일에 대해 몇 가지 질문을 던졌다. 보슬비가 내릴 때쯤, 우리는 둘 다 더는 밴드의 음악을 듣지 않았다. 우리는 미시간 애비뉴Michigan Avenue에서 몇 블록밖에 떨어지지 않은 샘의 사무실로 피신했다. 그곳에서 샘은 프레온과 관련해 자신이 하는 일에 대해 말해주었다.

샘은 구식 냉매 형태의 오염물질을 파괴하는 작은 친환경 에너지 회사에서 일하고 있었다. 그와 그의 팀은 사용된 적이 있거나 비축된 프레온(특히 CFC-12)을 찾아 2차 시장에서 산 다음, 에너지 효율적인 방식으로 그것을 파괴했다. 이들은 프레온을 파괴함으로써 캘리포니아의 배출권 거래제cap and trade*를 통해 탄소 배출권을 얻었다. 그리고 이 배출권을 다시 탄소 시장carbon market에 팔아 이익을 냈다. 결과적으로 캘리포니아의 기업체들은 탄소 배출권을 사들여 주에서 규제하는 한도 이상으로 환경을 오염시킬 수 있었다.

샘은 전국 구석구석을 돌아다니며 가능한 많은 프레온을 회수하고, 화합하고, 파괴했다. 냉매 파괴로 돈을 버는 사업이긴 했지만, 이는 어느 정도 냉매로 인한 환경 파괴를 늦추려는 시도이기도 했다. 그 문제에 친절하게 하나 더 덧붙여보면, 샘의 고객들은 대개 지구온난화가 사실이 아니라고 믿거나 사실이라 해도 산업공정이 온난화에 미치는 영향은 거의 없다는 말도 안 되는 이야기를 끊임없이 주장하는 사람들이었다.

● 정부가 기업에 탄소 배출권을 할당한 후, 해당 기업의 탄소배출량이 부족하거나 남았을 때 다른 기업과 거래할 수 있게 하는 제도.

많은 대화를 녹음하며 1년을 보낸 후, 샘은 내가 그 일을 직접 봐야 한다고 주장했다. 멤피스에 있는 가족을 보러 다녀온 후, 나는 샘과 역시 오랜 대학 친구인 그의 아내 레베카를 만났다. 그리고 다음 날 우리 셋은 테네시에서 뉴올리언스로 차를 타고 가며 가능한 많은 프레온을 모았다.

"거기엔 프레온이 엄청나게 많아." 그가 열광적이거나 조심스러운, 아니 둘 다인 듯한 어조로 말했다. 말로 표현하긴 어렵다.

프레온이 아직 얼마나 남은 걸까? 필요 이상이다. 정확한 숫자를 말하긴 어렵지만, 샘이 몇 년이나 프레온을 찾아 돌아다니는 동안 단 한 번도 그 고갈을 의심한 적이 없을 정도로 이 땅에 충분했다. 미국이 1995년 이후로 만들지 않은 물질이라는 점을 생각하면 참 신기한 일이다. 프레온 탱크를 가진 사람들은 이를 사용하지 못하거나 팔지 못해도, 아마 내다 버리지도 못했을 것이다. 불소화不消化 가스를 받는 폐기장은 거의 없기 때문이다. 대부분은 이들을 파괴할 방법이 없었을 것이다. 완벽하게 좋은 화학물질을 버리기도 싫지만, 그렇다고 그걸 어떻게 해야 할지 잘 모르기 때문에 많은 사람이 프레온 탱크를 갖고 있다.

이 밀폐 용기는 약 340g짜리 스프레이 캔부터 500kg짜리 통까지 다양한 크기로 출시되며, 이를 약삭빠르게 회수한 사람들의 뒷마당에 쌓여 있거나 최근 사망한 잡역부의 지하실에 쌓여 있거나 기계 공장의 뒤쪽 선반에 늘어서 있다. 이렇게 입구를 단단히 막은 금속 통에 저장된 경우 압축된 냉매는 언제까지나 거기에 남아 있어야 한다. 에어컨의 냉각 코일 역시 밀폐된 시스템이어야 하지만, 실제로는 그렇지 않다. 냉매는 새기 마련이다. 일단 기기(차의 에어컨, 자동판매기의 냉각 코일, 금지 이전의 프레온 냉매를 사용하는 트랙터)에 냉매가 채워지면, 시간이 지나면서 가스가 서서히 새어 나가기 때문에 지속적으로 이를 교체해야 한다. 누출을 막기 위해 기계에서 냉매를 회수하기도 한다. 즉 일종의 실사판 〈고스트버스터즈〉처럼 밀폐된 통으로 가스를 다시 빨려 들어가게 하는 것이다.

물론, 밀폐된 탱크에 존재한다 해도 프레온은 미래 어느 시점이든 쓰일 수 있고 누출될 수 있다. 소위 폐쇄된 시스템이란 것은 일시적일 뿐이다. 일단 CFC가 누출되면, 이들은 성층권을 떠돌며 지구의 정교한 생명 유지 시스템에 혼란을 준다.

따라서 냉매의 파괴가 중요하다.

몇 분 정도 기다리자, 검은색 쉐보레 픽업트럭 하나가 우리 옆으로 다가와 섰다. 나는 운전자가 남색 플리스 재킷의 지퍼를 올린 다음, 눈을 거의 가릴 정도로 황갈색 모자를 푹 내려쓰는 모습을 관심 있게 지켜봤다.

빨간색, 파란색, 흰색이 뒤섞인 옷(그는 레이저백스Razorbacks*의 팬이었다)을 입은 40대 중반의 백인 남성은 의심할 여지없이 우리가 만나기로 한 판매자였다.

샘이 서류 가방을 집어 들었고, 우리 둘은 그에게 인사하기 위

● 아칸소의 대학 미식축구팀.

해 밴에서 내렸다. 하지만 내가 그 반대편으로 가기도 전에 트럭 문이 삐걱거리는 소리가 들리더니, 스포츠용품 가게에서 막 나온 듯한 그 레이저백이 우리에게 굵은 목소리로 말했다. "정부나 뭐 그런 데서 일하시오?" 그가 비난하는 듯한 말투로 물었지만, 장난을 치는 것도 같았다.

그는 정확히 급진적 좌파에 대한 피해 망상적 시각을 가진 시골의 보수 편집증 환자처럼 보였다. 흥미로웠다. 샘은 이전에 내게 판매자 중 일부는 처음에 자신을 못 미더워한다고 담담하게 이야기한 적이 있었다. 그래도 그 레이저백의 공격적 태도는 나를 놀라게 했다. 그는 인사도 하지 않았다. 그래서 나는 내 소개를 하지 않기로 했다.

하지만 샘은 쉽게 웃음을 터뜨렸다. "아니요." 그가 말했다. "저는 회사에서 일합니다. 그냥 프레온만 살 거예요."

레이저백은 R-12Refrigerant-12, 즉 CFC-12의 총칭이자 샘이 찾고 있던 종류가 중남부 전역에 걸쳐 있다고 말했다. 그리고 온라인으로 그것을 확인했다고 했다. 샘은 이미 그 사실을 알고 있었지만 모른 척했다.

딸깍 소리를 내며 샘이 서류 가방을 열었다. 그리고 가방 안에 있던 디지털 저울을 꺼내 차들 사이 아스팔트 위에 놓는 동안, 레이저백이 액체로 압축된 CFC-12가 담긴 하얀 통을 트럭 뒤에서 가져왔다. 그러고는 내게 통을 건네주었다. 내가 생각했던 냉매치곤 꽤 무거웠다. 그도 그럴 것이, 내가 냉매에 대해 뭘 알겠는가? 나는 그것을 저울 위에 올렸다.

"이런, 젠장." 올라가던 숫자가 멈추자 레이저백이 말했다. 그가 전화로 말한 것만큼 무게가 나가지 않았다. 샘은 평소 파운드 단위로 돈을 지불했다. 레이저백은 팔짱을 낀 채 고개를 살짝 들어 강을 바라보았다. 이른 아침의 햇살이 그의 눈에 그림자를 드리웠다.

"당신 저울이 잘못된 것 같군." 그가 엄포를 놓으며 말했다. 그러고는 원래 무게보다 4.5kg 정도가 적게 나간다고 주장했다.

샘이 싱긋 웃었다. 그리고 자기 몸무게(그는 잘 생겼고, 키가 작았고, 다부진 몸집을 갖고 있었다)를 말하더니 직접 저울 위로 올라섰다. 숫자를 확인하기 위해 그가 고개를 숙였다. 그는 대머리였는데, 나이를 먹어서 그런 것이 아니라(그는 서른 몇 살이었다) 이발을 그렇게 해서였다. 그는 바지 옆으로 손을 늘어뜨리고 저울 위의 숫자가 멈추길 기다렸다.

날이 밝아왔고, 나는 전형적인 미국인 정비공(그것이 무슨 뜻이든)의 특징, 그러니까 적당히 해진 플란넬 셔츠와 기름때 묻은 청바지, 그럴듯한 자세와 느린 말투, 적당히 버무려진 남성성과 친근함을 갖춘 샘이 (마르고, 슬림한 바지를 입고, 호기심이 좀 지나친) 나와 달리 이 상황을 잘 넘길 거라 짐작했다. 샘은 고객들이 좀 더 신뢰하도록 중립성을 세심히 유지했다.

샘이 말한 예상 몸무게가 저울 위에 표시된 숫자와 일치했다. "저울은 아주 정확한데요." 그가 무심히 말했다. "평소 잘 조정해 놓거든요."

두 사람은 말없이 아주 오랫동안 거울을 보고 서 있었다.

나는 이렇게 거래가 끝나버린 건가 싶었다.

2017년, 한 비영리 환경 단체가 기후 변화 대처를 위한 가장 효과적인 대책 100가지를 내놓기 위해 전문가들을 모았다. 200명이 넘는 연구원들이 새롭거나 검증되지 않은 아이디어보다는 기존 대책에 초점을 맞춰 관련 자료를 모으고 수치를 계산했다. 그리고 그 결과는《플랜 드로다운: 기후 변화를 되돌릴 가장 강력하고 포괄적인 계획Drawdown: The Most Comprehensive Plan Ever Proposed to Reverse Global Warming》이라는 책으로 출판되었다(야심 찬 제목이지만 그럴 만하다). 기후 변화 대처를 위해 우리가 해야 할 일을 이처럼 목록으로 엮은 것은 이때가 처음이었다. 이 책에는 시도해볼 만한 모든 대책이 대규모로 집약되어 있으며, 많은 연구원이 명확하게 상호 검토한 엄청난 양의 증거가 그 내용을 뒷받침한다.

나는 그런 목록이 진작 존재하지 않았다는 데 처음에는 충격을 받았다. 나사NASA의 고다드우주연구소Goddard Institute for Space Studies 소장이자, 기후학자인 제임스 핸슨James Hansen이 미국 상원에 지구온난화가 실제로 일어나고 있고, 삼림 파괴와 화석 연료 연소의 증가가 그 문제를 주도하고 있으며, 이것이 모두의 안전을 위협하는 폭염과 같은 극단적 기후 현상을 심화시키고 있다고 최초로 이야기했던 1988년 이후, 우리는 지금까지 무엇을 했단 말인가?

하지만 어쨌든 늦은 출현이라 해도 그처럼 잘 편성된 목록이 있다는 것은 바람직해 보였다. 목록은 과거와 현재에 걸쳐 미국에서 가장 강력한 힘을 가진 자들이 주로 야기한 문제에 대해 우리 중 많은 이들이 얼마나 제한된 반응(비관적 생각, 무기력함, 극심한 공포)을 보이는지를 말해주었다. 기후 변화에 관한 연구 부족은 연방정부가 별 다른 조처를 하지 않았다는 것뿐만 아니라, 우리 중 대다수가 이 문제에 대해 (적어도 얼굴을 찡그리는 것 이상으로) 자유롭게 논의하기를 꺼려왔다는 것을 보여준다. 최근 우리는 새로운 미디어를 통해 새로운 언어로 오랫동안 갖고 있던 상처를 공개했다. 소득 불평등, 조직적 인종차별, 여성 혐오, 자본주의 폭력이 그것이다. 이러한 상처들이 치유될 것인지, 혹은 치유될 수 있는지에 상관없이, 그에 관한 이야기가 일단 존재한다는 것(그리고 우리가 강력하게 그 이야기를 한다는 것)은 이러한 문제들을 인지하고 있고 또 해결하기 위해 노력하고 있음을 암시한다. 하지만 기후 변화의 경우는 이렇게 말하기가 힘들다. 내가 지구온난화 이야기를 꺼내면, 친구들과 동료의 반짝이던 두 눈은 갑자기 그 빛을 잃고 만다. 그들은 끼어들기를 주저한다. 그 모습은 마치 날씨처럼 그 주제가 저절로 지나가기를 기다리는 것 같다.

목록으로 정의된 각각의 대책을 두고, 연구진은 2020년에서 2050년까지 해당 프로젝트가 없애거나 방지할 수 있을 것으로 예상하는 지구온난화 가스의 총 무게를 조사했다. 그런 다음 그 양에 따라 대책의 순위를 매겼다.

최고의 해결 순위는?[7] 바로 '냉매 관리'였다. 단연코 1순위였다.

《플랜 드로다운》에 따르면,[8] CFC, HCFC, HFC 냉매를 분리하거나 파괴하는 것만으로도 향후 30년 동안 897.4억 톤의 이산화탄소 배출을 막을 수 있다. 이는 대략 올림픽 수영장 3,600만 개를 모두 채운 물의 무게 또는 지구상에서 가장 무거운 생물인 흰긴수염고래 약 9억 8,940만 마리의 무게와 비슷한 양이다. 규모 면에서 보자면, 2019년 전 세계에서 배출된 에너지 관련 이산화탄소는 모두 약 330억 톤이었다. 냉매 관리는 많은 대책 중 하나에 불과하지만, 그 결과는 벅찰 만큼 희망적이다. 즉 이 한 분야만 해결해도 우리는 전 세계의 이산화탄소 배출량을 근본적으로 줄일 수 있다.

　　하지만 이 최고의 대책은 일부 사람들의 눈살을 찌푸리게 했다. 《플랜 드로다운》의 편집장인 캐서린 윌킨슨Katharine Wilkinson조차도 인터뷰를 통해 그 이상함을 인정했다.[9] "아쉽게도, 공식적인 1순위 대책이 사람들의 마음을 끌지는 못했습니다." 그녀가 말했다. "냉매 화학물질에 초점을 맞추고 있었으니까요." 우리는 기후 변화에 대한 대책으로 풍력 터빈, 태양 에너지, 음식물 쓰레기, 숲 가꾸기(모두 10위 안에 든다)에 대해서는 많이 들어봤지만, 왕관을 차지한 것은 우리에게 생소한 '냉매 관리'였다. '여학생 교육', '전기 자동차', '원주민의 토지관리', '바이오 플라스틱'과 같은 훨씬 더 쟁쟁한 대책들을 제치고 말이다. 게다가 '냉매 관리'는 평범한 사람들에게는 특정 개인과 상관없는 일로 보인다. 누가 이 냉매라는 것을 관리할까? 나는 아니다! 다시 말해, 우리가 어떻게 할 수 있다고 느끼는 해결책이 아니다.

　　많은 면에서 이는 맞는 말이다. 어떤 냉매를 쓸 수 있고 없고는 우리가 아닌 업계와 몬트리올 의정서Montreal Protocol가 정한다. 대부분의 생태학적 문제와 마찬가지로 냉각 문제도 여러 문제와 얽혀 있다. 냉매를 바꾸면 에어컨이 에너지를 많이 소비한다는 문제가 생긴다. 전략으로서의 냉매 관리는 각각의 소비자에게 초점을 맞추기보다 연방 및 국제 수준의 규제가 필요하다. 그리고 기업과 선출된 공직자들이 그에 대한 책임을 져야 한다.

　　하지만 나는 냉매 관리라는 계획에는 이 이상의 것이 있다고 생각한다. 우리가 냉매에 둘러싸여 살지만, 대다수가 냉매에 얼마나 익숙하지 않은지를 생각하면 이상한 일이 아닐 수 없다. 북미, 유럽, 일본, 호주에 있는 도시에 살고 있다면, 이를 거의 피해가지 못한다. 냉매는 나머지 다른 나라들, 특히 인구가 매우 많은 나라에 속하는 중국, 인도, 인도네시아 등지로도 퍼져나가기 시작했다. 지난 세기 동안 우리는 인공 냉각을 통해 얻을 수 있는 것들에 직간접적으로 이끌려 이러한 세계를 만들어 놓았다. 우리는 아무 생각 없이 거의 가늠할 수 없는 양의 냉매를 성층권으로 쏘아 올렸지만, 지금도 그 사실을 거의 의식하지 않고 있다. 냉매는 우리가 보고 냄새 맡을 수 있어 훨씬 더 자주 생각하게 되는 자동차 배기가스와 달리, 파이프와 코일 안에 숨어 있기 때문에 말 그대로 우리 눈에 보이지 않는다. 냉장고, 실내, 자동차를 시원하게 해주는 기계 안에서 유령처럼 존재하던 냉매는 방출될 때도 무형의 수증기 상태다. 냉매는 우리가 그 기준이 무너지기 전에는 비판적으로 생각하지 않는 어떤 안락함의 기준, 즉 좋은 삶에 대한 특정한 기준을 만족시킨다. 그렇지 않으면, 방이 더워지고, 아이스크림이 녹고, 고기가 썩는다.

나는 '지구상에 있는 최악의 물건'에 대한 사고의 부재와 이 생소함이 불안하다. 만약 냉매가 정말로 그렇게 나쁘다면(그리고 그것이 기후에 미치는 영향을 고려한다면), 우리는 냉매에 대해 더 자주 생각해야 하고, 그 흥함과 몰락이 우리에게 어떤 영향을 미치는지 고려해야 하며, 그것이 세상을 어떻게 바꿨는지를 알아야 한다. 나는 또한 반대 증거가 계속해서 나오고 있음에도 불구하고, (기후를 변화시킨 다른 모든 과정은 말할 것도 없이) 인공 냉각을 불가피한 기술 진보의 산물로밖에 보지 않는 우리의 무능이 지금의 기후 위기에 얼마나 영향을 미쳤는지도 궁금하다. 새로운 화학물질의 파도가 칠 때면, 우리는 사회기반시설이나 습관, 생각의 변화 없이 냉매를 바꿔왔다. 나를 동요시킨 것은 냉매 자체가 아니라 냉매가 조장한 것이다. 무모하게 편안함을 수용한 결과 세상은 더욱 불안해졌다. 부유한 미국인들은 나머지 다른 나라들의 장기적 안락과 인류 그리고 인류 외 다른 생명체를 희생시키며 단기적 편안함을 샀다.

우리가 생태학적으로 더 괜찮은 냉매나 더 에너지 효율적인 기술로 눈을 돌리고 있다는 사실은 별 위안이 되지 않는다. 우리의 파괴적인 무모함은 넘쳐나도록 냉각하게 하고, 계속해서 많은 에너지를 쓰게 한다. 우리는 여전히 개인적 안락함의 위험과 우리가 어떻게 그리고 왜 여기까지 왔는지, 우리의 생각이 어떻게 우리를 더 큰 위험으로 이끌 수 있는지를 고려하지 않고 있다. 내가 샘과 함께 그곳에 있었던 이유 중 하나는 이러한 생각, 그리고 (냉매가 그 상징이 된) 안락함에 대한 고정 관념에서 비롯된 안전과 독립에 대한 생각과 씨름하고 있었기 때문이다. 안락함이란 무엇이며 누가 그것을 누릴 수 있을까? 현대 미국에서 냉매의 역사는 안락함의 상승과 어떤 관계가 있을까? 안락함을 권리로 생각한 후에는 무엇이 뒤따를까? 냉방air-conditioning은 특권일까 아니면 점점 당연해져 가는 필수불가결한 것일까? 이 나라에서 안락함을 추구하는 것이 어떻게 세계를 변화시켰고, 냉매에 대한 우리의 관심이 기후 위기 대처에 어떤 도움이 될까?

그런 점에서, 만약 우리가 냉방 문제를 인지하기 시작했다면? 그다음에는 뭐지? 문제 인식은 문제 해결을 보장하지 않는다. 하지만 어쨌든 적절한 주의를 기울이지 않으면 문제는 해결되지 않을 가능성이 크다.

샘과 이야기를 하기 전에 나는 배출권 거래제가 과연 기후 이상과 관련해 우리에게 도움이 될지 궁금했다. 하지만 이야기를 나눌수록 회의감이 커졌다. 어째서 사람들은 환경을 오염시키면서까지 이득을 얻으려 하는 걸까? 나는 알면 알수록 더 비판적이 되어갔다. 아무리 좋게 봐도, 배출권 거래제가 환경 파괴의 근본 원인을 해결하는 데 효과적이라는 증거는 발견하기 어려웠다. 최악의 경우, 오염의 발생이 돈을 만들어내고 큰 회사들이 평소처럼 사업을 계속하도록 허용하기 때문에, 이 제도는 오히려 오염물질의 배출을 적극적으로 장려한다.

그리고 여전히 궁금했다. 낯선 사람들에게서 중고 프레온을 사러 이리저리 돌아다니는 동안 샘은 무엇을 보았을까?

다시 앞으로 돌아가서, 샘과 레이저백은 무게를 나타내는 저울의 고정된 숫자를 오랫동안 불편한 침묵 속에서 바라보았고, 나는 우리가 교착상태에 빠졌다고 생각했다. 레이저백은 프레온을 챙겨 떠날 것처럼 보였지만, 샘은 거기 서서 웃고 있을 뿐이었다. 더구나 억지로 웃는 것이 아닌 진짜 웃음이었다. 그는 레이저백과 거래하게 되어 기뻤다.

레이저백이 샘의 얼굴을 쓱 한번 보고는 어깨를 으쓱하더니 말했다. "좋아. 당신을 한번 믿어보지."

그가 모자를 벗어 머리 위로 들어 올리자 그제서 그의 얼굴이 제대로 보였다. 며칠은 면도하지 않은 것처럼 수염이 길었지만, 나만큼은 아니었다. 구부정한 어깨의 그는 헐렁한 청바지 주머니에 아무렇게나 손을 집어넣었다. 그러니까 꼭 중년의 남자라기보다는 다루기 힘든 아이 쪽에 더 가까워 보였다. 내가 예상했던 다툼은 벌어지지 않았다. 무언가가 그를 신뢰하게 했고, 나는 그것이 샘과 관련 있을 것으로 생각했다.

샘은 그에게 실제 무게대로 돈을 주겠다고 했다. 레이저백이 동의하자, 샘이 그에게 돈뭉치를 건넸다. 그는 돈을 세어보지도 않고 트럭 쪽으로 몸을 돌렸다. "잠깐만 기다려, 버드!" 그가 소리쳤다. 나는 그제야 차 뒷좌석에서 울고 있는 한 아이를 발견했다. 레이저백이 차 문을 열고 아이의 안전띠를 고쳐 맸다. "조금만 참아라, 아빠랑 어서 여길 벗어나자꾸나. 오하이온지 어딘지에서 온 이 미친 사람들에게서 (그가 나를 바라보며 말했다) 말이다."

그 '어딘지'에서 한동안 살기는 했지만, 나는 멤피스에서 태어나 줄곧 18년을 살았기 때문에 특별한 특징(억양? 생김새? 감성?)이 없었을 것이다. 반면, 샘은 진짜 오하이오주 셰이커하이츠 출신이었다. 샘은 미친 사람들이라는 우스갯소리에 동조라도 하듯 레이저백과 함께 웃었다. 그리고 그에게 CFC-12가 '중국이나 멕시코산이 아닌 미국산'이라는 것을 확인하는 서류가 끼워진 클립보드를 건넸다. 샘은 특히 마지막 부분을 강조해서 말했고, 레이저백은 고개를 끄덕였다. 이는 캘리포니아의 배출권 거래제가 강제하는 규정이었지만, 두 사람 사이에 어떤 다른 암묵적인 합의가 있었다. 아니, 있었던 것 같다. 그들은 서로 자신이 상대를 눈감아줬다고 생각하겠지만 말이다.

서류에 내용을 휘갈겨 써넣으면서 레이저백은 자신이 처음에 CFC-12와 관련된 일을 어떻게 하게 되었는지 말해주었다. 레이저백의 아내의 삼촌이 평생 비행기를 정비하다 은퇴했는데, 이후 낡은 미국 자동차를 수리하는 취미에 완전히 빠지게 되었다. 그의 뒷마당에는 그가 소유했던 차들이 세워져 있었는데, 상태가 아주 좋은 60년대식 쉐보레 트럭과 차를 관통해 나무가 자라고 있는 50년대식 클래식 자동차였다. 레이저백은 혼자 힘으로 머스탱Mustang을 손보고 있었다. 자신이 아닌 아내를 위한 것이었다. 그는 얼굴을 찌푸렸다. 그는 포드라면 질색이었다. 그의 스타일은 쉐보레였다.

　　"카마로Carmaro?" 샘이 물었다.

　　"아니오." 그가 말했다. "콜벳Corvette." 그들은 오랜 친구처럼 서로를 보고 웃었다. 샘은 레이저백에게 우리가 새해를 맞으러 뉴올리언스로 가는 중이라고 말했다. 레이저백은 그곳이 정말 좋다고 했다. 그리고 요란하게 이야기를 시작했지만, 차에 있던 아이가 우는 바람에 이야기는 중단되었다.

　　그는 우리가 묻지 않았는데도 아무렇지 않게 그 아이가 자기 아들이 아니라 손자라고 말했다. 그러고는 딸아이가 헤로인 중독자라 대신 아이를 돌보고 있다고 했다. 그는 딸을 감옥에서 보석으로 빼냈고, 딸은 엄마, 그러니까 레이저백의 첫 번째 아내와 함께 보트나 소형 비행기로만 갈 수 있는 캐나다의 한 외딴 섬으로 이사했다. 하지만 딸은 그곳에서 여전히 헤로인을 어떻게든 찾아냈다. 헤로인은 그녀의 삶을 망가뜨렸다.

　　"원한다면 어떻게든 찾고 말지."

그는 잠시 말을 멈추었다. "어디로 가든 그건 문제가 되지 않더군." 그가 고개를 저으며 말했다. "그건 어디에나 있으니까, 벗어날 수가 없지."

그의 말이 너무나 친숙하게 들려서 나는 순간 그가 프레온을 이야기하는 거로 생각했다.

샘과 나 누구도 입을 열지 않았고, 아이는 계속해서 울어댔다. 구식 증기선이 막 지나갈 때 레이저백은 강에서 조용히 시선을 거뒀다.

레이저백은 한숨을 쉬며 사인을 하고 샘에게 서류를 모두 작성했다고 신호했다.

"난 이 아이들을 이해할 수 없소." 그가 말했다. 그는 자식들을 위해, 딸아이의 좋은 삶을 위해 등골이 휘게 일했지만, 다 부질없는 짓이었던 것 같다고 말했다. 그는 피곤해 보였다. 그는 작은 CFC-12 통 하나를 현금으로 거래하기 위해 오랜 시간을 운전해왔다.

샘과 그는 명함을 교환했다. 레이저백은 두 번이나 영수증을 거절했다.

샘이 저울을 챙기고 있을 때, 익숙한 톤으로 레이저백이 끼어들었다.

"그러니까", 레이저백이 말했다. "이 물건들을 사들인다는 거잖소." (다시, 질문이 아니라 엄포를 놓는 듯했다.) 그는 떠돌이 개에게 음식을 던져주듯 단어들을 하나씩 내던졌다. 갑자기 개가 돌아서서 자신을 물어뜯는 것이 아닐까 걱정하면서 말이다.

냉매를 거래하는 동안, 샘은 자신과 판매자가 서로 다른 정치관을 갖고 있다고 생각했기 때문에 모든 이야기를 다 하지는 않았다. 샘은 고개를 끄덕였다.

레이저백은 다시 의구심이 들었지만, 그 즉시 고개를 흔들며 의구심을 내던졌다. "이봐, 난 이런 일이 필요하다고." 그가 말했다. 그는 꼭 무언가를 바라며 가만히 못 있는 아이처럼 쉼 없이 몸을 움직였다. 이전까지만 해도 자기 앞에서 이야기를 모두 털어놓기를 꺼리는 샘의 태도가 레이저백을 의심하게 만드는 것 같았지만(우리가 그를 이용하고 있을까 경계하여), 이제 상황은 달라졌다. 샘이 하지 않고 남겨 둔 말들은, 무언가 다른 것, 무언가 기회주의적인 것, 가령 악용할 수 있는 법적 허점과 같은 것을 암시했다. 왠지 몰라도 그는 우리가 연방 정부를 속이고 있다고 생각한 것 같다.

레이저백이 나를 쳐다봤다. "근데 자네는 뭔가?" 그가 물었다.

나는 무슨 말을 해야 할지 몰랐다.

그가 다시 분명히 말했다. "그냥 친구 따라 멤피스까지 온 거요?"

"네, 그렇습니다." 나는 수년 전에 이사하면서 다 잊어버린 남부 특유의 느린 말투를 최대한 살리려 애쓰며 말했다.

그가 말했다. "흠, 애 또라이 아니야?"

지구상의 모든 생명체를 파멸로 이끄는 가장 큰 원인은 핵무기에 의한 대학살이 아니다. 폭격 때문이 아니다. 그것은 고의적인 것도 아니고, 전혀 의도가 섞인 폭발 때문도 아니다. 자연 재앙이나 전염병, 기근, 지진, 화산 폭발, 침식 때문도 아니다. 물론 오래전 비조류

공룡들을 멸종시킨 운석 충돌 때문도 아니다.

우리가 파멸에 좀 더 가까이 가게 된 이유는 훨씬 더 평범한 데에 있다. 더운 날 좀 더 시원해지고 싶었을 때다. 냄새가 나지 않도록 겨드랑이에 탈취제를 뿌렸을 때, 머리카락을 고정하려고 스프레이를 뿌렸을 때, 더위를 식히기 위해 그리고 애써 고정한 머리를 흐트러뜨리지 않기 위해 차의 창문을 여는 대신 에어컨을 켰을 때다. 안에 있는 유리를 보호하려고 상자 안을 스티로폼으로 채웠을 때, 나들이를 떠나며 나중에 버리기 쉽게 일회용 컵을 샀을 때, 지난 6월 극장에 스웨터를 가져갔을 때, 지난 7월 더위를 피해 영화를 보러 갔을 때, 지난 8월 슈퍼마켓에 들러 통로의 공기보다 조금 더 차가운 냉동고 안의 아이스크림을 샀을 때다.

이러한 개인적인 안락함을 미국인들에게 처음으로 안겨준 CFC 냉매를 사용하는 동안 우리는 우리도 모르는 사이 지구상 모든 생명체를 대대적으로 파멸하는 일에 관여하게 되었다. 20세기 전반에 걸쳐 진행된 이 화학물질의 만연한 방출은 오존층에 북아메리카 대륙보다 더 큰 구멍을 뚫었다.[10] 오존층이 없으면, 인간이든 무엇이든, 생명체는 존재할 수 없다. 우리는 그 손상이 돌이킬 수 없을 정도가 되기 전에 CFC 생산을 가까스로 중단할 수 있었다(실로 심각한 문제에 대한 꽤 간단한 해결책이었다). 하지만 매년 10월, 구멍은 우리가 최초에 목격했을 때보다 더 커진 모습으로 남극 대륙 상공에 모습을 드러낸다.[11] 이 구멍은 지구상의 생명체가 얼마나 미약한 존재인지를 해마다 일깨워준다. 또한 우리가 세상으로 내보내는 것이 우리가 알고 있든 아니든, 의도한 것이든 아니든, 인지하고 있든 아니든, 다른 것들에 지속적인 영향을 미친다는 사실을 상기시킨다. CFC는 이 세상에 온갖 편안함을 다 가져다주었지만, 그와 동시에 CFC의 확산은 우리를 이 세상에서 거의 몰아낼 뻔했다.

　　나는 현재의 세계 위기들을 경쟁에 몰아넣고 누가 더 최악인가 서로 비교하려 하는 것이 아니다. 나는 최근 우리에게 닥친 재난의 심각성이 '오존 위기ozone crisis'라는 단어 뒤로 숨어 사람들에게서 잊힐 수 있다는 기이한 상황에 주의를 환기하려는 것뿐이다. 역사를 돌아보면, 거의 다 파괴되어 버리는 쪽이 구조적 변화 없이 재빨리 일상으로 돌아가는 쪽보다 훨씬 덜 골치 아팠다. 우리는 우리가 애초에 그 위기를 어떻게, 왜 맞게 되었는지를 집단적으로 망각하고 있다. 그것도 오늘날 흔히 전례 없는 문제로 기후 변화를 논의할 정도로 강렬한 집단적 망각에 빠져 있다. 사람들은 인류가 그런 지구상의 위기를 직면한 적이 있었는지 묻는다. 일부 역사가들은 내 대답에 멈칫하겠지만, 나는 그렇다고 생각한다. 오존 위기는 복잡한 기후 변화보다 훨씬 단순한 문제이지만, 이 두 범지구적 비상사태는 서로 관련이 없지 않다. 나는 특히 이들 문제가 미치는 물리적 영향이 아니라, 우리 자신, 즉 지구상에서 우리의 집단의식에 미치는 영향에 대해 생각한다. '인류' 가 그러한 위기에 직면한 적이 있었는지를 묻는다는 건 바로 그런 의미가 아닐까?

　　이 특정 단어들로 구성된 질문에는 '끔찍한 의미가 담겨(아마도 제임스 볼드윈James Baldwin의 표현일 것이다)' 있다. 런던퀸메리대학 Queen Mary University of London에서 '비인간적 지리학inhuman geography'을 가르치는 캐스린 유소프Kathryn Yusoff 교수는 이 질문이 특정 관점에서만 말이 된다고 분명히 지적한다. 지구 파괴에 대한 갑작스러운 관심은 "환경 파괴가 문명, 진보, 현대화, 자본주의라는 명목 아래 흑인과 갈색인 사회에 떠맡겨진 역사의 결과로 생겨났다".[12] 더 나아가 유소프는 기후 위기가 "세상의 종말을 고하는 디스토피아적 미래를 제시하는 것처럼 보이지만…계속되는 제국주의와 정착민에 의한 식민주의는 그들이 존재하는 한은 지속적으로 세상을 종말로 이끌어 왔다"라고 말한다. 지금 내가 글을 쓰는 역사적 땅의 레니 레나페Leni Lenape족에게 이 세상은 강제 이주와 인구 분열과 함께 수 세기 전에 끝났다. 비록 지금도 여전히 우리와 함께 몇 번이고 다시 종말의 생존자로서 살아가고 있지만 말이다. 그러니까 다시 말해, 이 위기는 누구에게 '전례 없는' 일인가?

기후 변화는 오존 구멍에 비해 훨씬 까다롭고 복잡하다. 즉 독립된 하나의 문제가 아니라 성층권 오존 파괴를 포함하는 광범위하고 일반적인 문제다. 오존 문제는 단지 서구 자본주의 산업이 지속되는 과정에서 최근에 나타난 징후일 뿐이다. 독극물 방출, 삼림 파괴, 도시화와 같은 다른 형태의 환경 파괴는 대체로 지역적인 경향이 있다. 생태계가 폐쇄되어 있는 것은 아니지만 이러한 문제들이 우리가 상상할 수 있는 범위 이상으로 퍼지지는 않기 때문이다. 반면 우리 모두가 공유하는 대기를 자유롭게 떠다니는 냉매는 그 기체 성질로 인해 세상의 곳곳에 영향을 미칠 수 있다.

냉매는 짧은 역사에도 불구하고, 미국인들이 자신들의 종말 가능성이라는 실존적 위기에 직면했을 때 그들(심지어 위험 요인들로부터 보호받는 편인 권력 있는 자들까지)이 하는 이야기를 확인해볼 수 있는 드문 기회를 제공한다. 미국인들은 다른 사람들과 떨어져 독립적으로 살 수 있고, 안전한 세상을 약속할 수 있으며, 편안함을 추구하는 우리의 행동이 국경 밖에서는 영향을 미치지 않는다고 믿는다. 하지만 냉매는 폐쇄된 시스템closed system, 즉 '폐쇄계'에 대한 미국인들의 이러한 근거 없는 믿음을 무너뜨렸다.

나쁜 소식은 오존 위기가 미국이 오존에 관한 문제를 정면으로 타개할 기회를 주었지만 이 나라가 문제의 심각성을 제대로 인식하지 못했다는 것이다. 좋은 소식은 우리가 지구상의 모든 생명체를 거의 파멸시킬 수 있었던 그 밖의 다른 세계적 환경 위기는 피했다는 것이다. 우리는 아직 여기에 있다. 이는 우리가 다시 한번 그 문제에 맞설 기회가 있음을 뜻한다.

가장 일반적인 CFC가 대기 중에서 모두 분해되는 데는 최대 100년이 걸린다.[13] 100년은 대부분의 인간 수명을 넘어서는 매우 긴 시간이다. 하지만 플라스틱이 분해되는 데 걸리는 시간보다는 짧다. 문제는 해결되었지만, 그 여파는 아직 우리 곁에 남아 있다.

환경사학자 J. R. 맥닐McNeill은 CFC가 성층권에 남아 있는 시기, 즉 오존층이 파괴되는 1970년부터 CFC가 사라질 것으로 예상되는 2070년까지를 '자외선 세기Ultraviolet century'[14]라 이름 지었다. 물론 기간이 정확하지는 않지만, 그래도 이런 구분이 우리에게 어떤 일이 일어났고 지금 어떤 일에 직면하고 있는지 상기시켜 준다는 점에서는 꽤 유용하다고 생각한다. 역사학은 매우 효과적인 방식으로 과거의 혼란했던 사건들을 정리하고 현재를 조명해 우리가 미래를 준비할 수 있게 해준다.

그런데 세상은 결코 미국 정치 지도자들이 주장해온 것만큼 안전한 적이 없었다. 미국인들이 완벽하게 편안한 세상에서 살 수 있다는 믿음은 많은 면에서 미국 국경 안팎에 있는 사람들의 세상을 불편하고 위험하게 만들었다. 나는 지금의 기후 위기를 해결할 수 있는 구체적 계획을 제시할 능력도, 자격도 없다. 그렇지만 한나 아렌트 Hannah Arendt가 《인간의 조건The Human Condition》(2019)의 서문에 썼듯이 '우리가 지금 무엇을 하고 있는지는 생각'[15]해봤으면 한다. 온갖 편안함에 대한 추구 자체만을 가치 있는 목적이라고 정의하느라 분주한 문화를 두고, 미국의 생태학자 알도 레오폴드Aldo Leopold는 '어떤 대가를 치르더라도 편안함을 얻고자 하는…현대적 신념'[16]이라고 칭했다. 지금으로서는 우리가 현재 무엇을 하고 있는지 생각해보는 것이 근본적인 첫 단계인 것 같다.

나는 레이저백이 주차장에서 빠져나가는 것을 지켜본 후, 새 CFC-12가 들어 있는 통을 밴 뒤에 실었다. 샘은 통의 뚜껑을 확인했다. 느슨하게 풀려 있었다. 샘은 천천히 숨을 내쉬며 신중하게 손가락을 움직여 뚜껑을 조였다. "가스가 새지 않도록." 그가 목록에서 무언가를 확인하며 소리 내어 말했다. 그러고는 트렁크를 닫았다.

나는 레베카가 기다리고 있는 호텔에 샘을 내려주었다. 다음 날 아침 일찍, 나는 프레온을 갖고 택시로 돌아올 예정이었다. 우리는 함께 (연료 효율이 더 높은) 렌터카를 타고 남쪽으로 이동해 미시시피와 루이지애나에서 프레온을 몇 개 더 입수한 다음, 해가 지기 전에 뉴올리언스에 도착할 예정이었고, 이후 샘이 탱크들을 운반해 파괴할 계획이었다.

샘과 헤어진 뒤, 나는 경찰이 나를 막으면 무슨 일이 생길까 두려워 동쪽으로 천천히 차를 몰아 교외로 향했다. 마치 트렁크에 냉매가 아니라 코카인 14kg이 실려 있기라도 한 것처럼(나는 이 비유가 얼마나 적절한지 곧 알게 된다). 나는 한때 에어컨 없이는 살 수 없다고 생각했던 내가 자란 이 도시 속에 무질서하게 자리 잡은 산업 지대로 차를 몰았고, 약 0.55km^{2}[17]에 달하는 캐리어Carrier 에어컨 회사의 제조 공장을 지나쳤다. 1989년 독성이 너무 강해 미국환경보호국Environmental Protection Agency, EPA이 슈퍼펀드 사이트Superfund site•로 지정한 곳이었다. 캐리어는 에어컨을 만들면서 도시의 지하수에 발암물질로 알려진 '트리클로로에틸렌Trichloroethylene'이라는 독성 물질을 방출했다. 이 회사는 2019년까지만 해도[18] 도시의 식수원인 멤피스 모래대수층Memphis sand aquifer•에 유독성 폐수를 버리게 해달라고 요청했지만 다행히도 셸비 카운티 보건부가 이 요청을 거부했다.

다음 날 아침 나는 렌터카 회사로 가는 택시를 불렀다. 조수석에 탄 나는 검정 쓰레기봉투에 싼 녹슨 CFC-12 흰색 통을 무릎 사이에 끼웠다. 차가 덜컹거릴 때마다 봉투가 흘러내려 통의 윗부분이 조금 드러났다. 택시 운전사는 봉투와 나를 번갈아가며 흘낏 쳐다보았다. 고속도로 진입로에 올라 빠르게 우리를 지나쳐가는 거대한 SUV 행렬에 합류하기를 기다리는 동안, 운전사가 내 발을 가리키며 마치

• 유독성 폐기물이 버려져 EPA로부터 정화 명령을 지시받은 현장.
◆ 지하수를 함유한 지층.

내가 한 번도 대답하지 않은 것처럼 자꾸만, 그것도 점점 더 걱정스러운 말투로 물었다. "그런데 그게 뭐죠?"

　　나도 그게 궁금했다.

1장

프레온 이전의 세계

개 인 적

편 안 함 에 관 한

문 제

길고 어둑한 복도로 갑자기 찬바람이 불어오자,
5명의 일꾼은 오싹하여
온몸에 소름이 돋았다.
꼭 늦은 밤의 강한 겨울바람 같았다.
그들은 바람이 어디에서 불어오는지 보려고
사방을 훑어봤지만, 아무것도 보이지 않았다.

- 압둘라흐만 무니프Abdelrahman Munif,
  《소금의 도시Cities of Salt》(1984)

야만의 역사가 아닌 문화사는 없다.

- 발터 벤야민Walter Benjamin,
  《역사의 개념에 대하여On the Concept of History》(1940)

1

CFC-12

구조는 단순하다. 디클로로디플루오로메탄Dichlorodifluoromethane은 4개의 원자(염소 2개, 불소 2개)가 탄소 1개를 둘러싼 모양을 하고 있다. 우리는 이를 듀폰의 상표명인 프레온으로 더 잘 알고 있지만, '프레온'은 여러 종류의 다른 화학 냉매 또한 지칭하기 때문에, 우리가 이야기하는 특정 화학물질의 특성을 살펴보고자 한다면 이 이름은 헷갈릴 수 있다. 디클로로디플루오로메탄을 좀 더 구체적으로 말하자면 '프레온 12'가 좀 더 가깝지만, 듀폰 외에도 많은 회사가 이 냉매를 각기 다른 이름으로 제조했다. 업계에서 'R-12(Refrigerant-12의 줄임말)'라 부르는데, 이 이름은 익숙하지 않은 사람에게는 손만 대면 모든 것을 얼어붙게 해 지구상의 모든 생명체를 파괴하는 커트 보니것Kurt Vonnegut의 《아이스 나인ice-nine》 같은 경이로운 공상과학소설을 연상하게 한다. 하지만 샘이 산 냉매의 가장 정확한 이름은 'CFC-12'로, 이는 우리가 다루는 냉매의 종류, 즉 오존을 파괴하는 종류인 클로로플루오르카본을 지칭한다.

샤넬 향수의 숫자와 달리, 여기에서 '12'는 일련의 발명품이 아닌 분자 구조를 나타낸다. 표준 세 자릿수 체계에 따라 첫 번째 숫자는 탄소 원자의 수에서 1을 뺀 값(이 경우 탄소 원자가 1개이므로 1을 빼면 '0'이 된다), 두 번째 숫자는 수소 원자의 수에 1을 더한 값(수소가 없으므로 '1'이 된다), 세 번째 숫자는 염소 원자의 수(그대로 '2'가 된다)로 나타낸다. 따라서 12가 되는 것이다.

독성이 없고, 타지 않으며, 부식되지 않는 모든 CFC는 우리의 감각을 거의 피해간다. 직접 코를 대고 들이마셔야만(추천하지 않는다) 아주 약간 에테르의 단내를 느낄 수 있을 뿐이다. 끓는점이 약 $-63℃$인 이 무색 냉매는 실온에서는 보이지 않는 기체다. 이것이 대기 중으로 방출되는 것은 환경 파괴와 직접 연관되지만, 완전히 없는 일처럼 취급된다. 마치 아예 그곳에 존재하지 않는 것처럼 말이다.

CFC의 구조는 단순하지만, 이들이 우리 지구에 미치는 영향은 복잡하다. 프레온은 세상을 근본적으로 변화시켰지만, 그 이름 외에는 알려진 것이 거의 없다. 인간의 눈에 보이지 않는 만큼 20세기의 역사학자들에게도 보이지 않았다. 나는 이 눈에 보이지 않는 특성을 보이게 하는 것이 중요하다고 생각한다. 우리가 계속해서 공기 중으로 내보내는 이산화탄소와 마찬가지로 CFC는 대기의 화학적 구성을 변화시켰다. 이는 논쟁의 여지가 없다. 하지만 CFC는 대기의 물질적인 구성보다 훨씬 더 많은 것을 변화시켰다. 1930년대 초 CFC가 시장에 등장하면서 서구 문화와 정치적 경제에 점진적인 변화가 생겨났다. 이러한 변화는 건축, 교통, 의료, 오락, 정보를 얻고 찾아내는 능력, 신체적 안락함에 대한 기대, 심지어 (또는 특히) 서로와의 관계에서 분명히 나타났다. 에어컨과 냉각 장치를 누가 이용하든 상관없이, 프레온은 모두의 세상을 바꿨다. 그것은 우리가 아는 '세상'을 재정의했다.

이 조용한 혁명의 전말을 이해하려면, 프레온 이전의 세계를 아는 것이 중요하다. 그런데 이 이야기를 일반적인 속도, 즉 각각 나름의 이야기가 있고 영웅적인 면이 있는 인간 삶의 속도로 전해 듣기보다는, 화학물질 자체의 관점과 속도로 보도록 시도하는 것이 좋겠다. 자, 화학물질이 산산이 분해되어 휙 하고 날아간다.

CFC는 수천 마일 위에 있는 성층권으로 날아간다. 그리고 그곳에서 최대 140년을 살다가 마침내 태양 광선에 의해 분해된다. CFC의 시각에서, 즉 높고 멀리 떨어진 곳에서 보면, 우리는 우리를 에어컨이 있는 세상으로 끌어들인 사람들과 문화와 아이디어들을 확인할 수 있다. 그곳에서 그들은 마치 파리처럼 보인다. 그곳에서 인류의 역사는 어지러울 정도로 빠르게, 또 띄엄띄엄, 성공과 실패의 짤막한 장면을 보여주며 흘러가는 것 같다. 우리가 구름 위에서 변화하는 기후의 위기를 더 잘 이해할 수 있도록 말이다. 위기는 새롭기도 하고 익숙하기도 하다. 위기의 양상이 새롭긴 해도, 유럽 대륙에서 시작된 그 원동력은 수백 년 동안 지속되어왔기 때문이다.

나는 프레온이 등장하기 전의 세상이 '더 나았다'라고 주장하는 것이 아니다. 바보가 아닌 한 소아마비와 굶주림에 시달리는 세상, 더위와 지친 노동으로 죽음에 이르는 세상을 보고 '더 낫다'고 말할 사람은 없을 것이다. 그렇다고 이전의 세상이 '더 나빴다'라고 주장하는 것도 아니다. 나는 그저 프레온이 등장하기 전의 세상이 근본적으로 어떻게 달랐는지 말하려는 것뿐이다. 이 차이를 아는 것은 우리가 향수에 젖거나 과거를 어떤 에덴동산과 같은 낙원으로 그리기 위해서가 아니라, 세상이 항상 이렇진 않았다는 것을 기억하기 위해 중요하다.

　프레온이 등장하기 전, 다른 세상은 여전히 가능했다.

　다시 말해, 프레온이 등장한 후에도 다른 세상은 여전히 가능하다.

②

냉각의 시작

냉각의 역사[1]는 여섯 대륙과 수천 년에 걸쳐 기록된 만큼 길고도 광범위하다. 고대 이집트에서 고대 중국에 이르기까지 적정한 의복과 건물 설계는 실내의 열기를 누그러뜨릴 수 있는 가장 흔하면서도 성공적인 두 가지 방법이었다. 헐렁하고 가벼운 옷을 입거나 걸친 것이 거의 없으면 몸에서 발생하는 열이 잘 빠져나간다. 북아메리카 남서부 지역뿐만 아니라 페르시아와 인도의 건축물에도 건물이 어떻게 설계되어야 지구상에서 가장 더운 지역에 속하는 곳에서 열 흡수를 최소화할 수 있는지에 대한 수준 높은 이해가 반영되어 있다. 우리가 지금 '자연형 냉방passive cooling'으로 부르는 이 방식은 많은 양의 에너지를 따로 소비하지 않고 실내 온도를 조절한다(흥미롭게도, 20세기 북반구 선진국에서 거의 모습을 감추었던 자연형 냉방은 최근 구조물에 설계가 반영된 모습으로 서서히 되돌아오고 있다. 예를 들면 사우디아라비아 리야드Riyadh에 있는 건축가 자하 하디드Zaha Hadid의 압둘라국왕석유연구소King Abdullah Petroleum Studies and Research Centre가 그것이다. 이 건축물은 45℃의 기온에서도 열 반사재와 벌집 모양의 지붕을 통해 시원하게 유지되는데, 지붕이 직사광을 피해 건물을 그늘지게 하고 사막의 바람을 수많은 개방된 안뜰로 다시 보내기 때문이다).[2]

건물 설계와 별개로, 산업화 이전 시대의 사람들은 얼음, 눈, 지하 저장고, 차가운 강물, 물의 흐름을 바꾸는 지하수로를 이용해 냉각 효과를 보았다(때로는 이들을 조합해 각기 다른 정도의 성공을 거두었다). 그들은 인근 산꼭대기에서 얼음과 눈을 모으거나 멀리 떨어진 얼어붙은 호수에서 채취한 다음, 단열된 상자에 조심스럽게 담아 먼 거리를 이동하여 태양 빛이 닿지 않는 땅속 깊은 곳에 저장했다. 자연에서 얻은 얼음은 실내를 식히는 데는 거의 사용되지 않았고, 대개 먹거리와 마실 거리를 보존하는 데 사용되었다. 소금에 절이거나 말리는 등 음식을 보존하는 더 좋은 방법이 있지만, 그러면 보통은 영양소와 맛을 포기해야 했다. 음식을 보존하고 상하기 쉬운 먹거리를 차게 유지하는 비결이 초기 근대 유럽의 이동량 증가에 따라 더 널리 퍼지게 되었고, 얼음 수입 사업이 발달하게 되었다. 한여름에 배들은 스발바르, 그린란드, 래브라도로 항해하고는 했다. 그리고 강, 산꼭대기, 빙하, 호수에 얼어붙은 얼음 덩어리들을 잘라내 배에 가득 싣고 돌아왔을 것이다.

수천 년 동안 적극적으로 온도를 낮추는 방법은 증발 냉각이 유일했다. 증발 냉각 현상은 우리의 피부만 봐도 확인할 수 있다. 날씨가 더울 때 우리는 땀을 흘린다. 땀이 마르면, 우리는 피부가 식는다는 사실을 발견한다(또는 수영장이나 욕실에서 나와 건조한 공기에 몸을 떨며 수건을 찾을 때도 이를 알아차린다). 액체의 증발은 주변의 공기와 액체가 증발하는 표면 모두를 냉각시킨다. 과거의 많은 문화권이 오늘날 우리가 이해하는 증발의 과정은 아닐지라도, 이러한 현상이 일어난다는 것은 알았다. 일찍이 기원전 2500년경 고대 이집트인들은 음식과 물을 식힐 수 있는 (혹은 심지어 얼릴 수 있었을지도 모를) 도구를 만들었다. 그들은 유약을 바른 점토 항아리를 물을 채운 더 큰 항아리 안에 집어넣었다. 노예들이 항아리에 부채질을 했고, 이는 물을 더 빨리 증발하게 했다. 바깥쪽 항아리의 물이 증발하면서 안쪽에 있는 항아리와 그 안의 내용물이 차가워졌다. 최초의 냉장고였다. 사막에서도 같은 원리가 더위를 식히는 방법으로 쓰였는데, 문 입구 위에 걸린 젖은 천이 건조되면서 주변의 공기를 시원하게 했다.

그러나 이 밖에는 아무도 냉각이 **어떤 식으로** 일어나는지 알지 못했기 때문에 마음대로 방을 시원하게 할 수는 없었다. 하지만 역사 기록을 보면, 어느 시기나 어느 곳이든 이따금 사기꾼이나 허풍쟁이가 나타나(사기는 고전적인 예술이므로) 자신이 온도를 조절할 수 있다고 주장했다. 어떤 주술사는 왕에게 자신이 동굴의 공기를 차게 만들 수 있다고 장담했고, 어떤 건축가는 초자연적인 능력을 주장하며 실제로 벽 안에 커다란 얼음 덩어리들을 채워 넣어 부유한 황제를 위해 시원한 방을 만들기도 했다. 획기적인 설계일 뿐이었지만 그것은 마법처럼 보였고, 그들의 솜씨에 나타난 경이로움은 한여름에 겨울의 역풍을 불러일으키는 힘이 역사를 통틀어 마법과 관련된 힘으로 인식되어왔음을 일깨워준다. 심지어 우주의 신비를 완전히 밝히고자 하는 서양 과학이 부상했을 때도, 온도 조절은 마치 풀리기를 기다리는 은하계의 어떤 어려운 문제처럼 뉴턴보다는 프로스페로Prospero＊에게 더 적합한 환상이었다.

1755년 스코틀랜드의 과학자 윌리엄 컬런William Cullen은 용기의 부피를 확장해 진공 펌프로 디에틸에테르의 압력을 급격히 떨어뜨렸다. 그러자 디에틸에테르가 담긴 용기의 압력뿐만 아니라 내부에 놓인 온도계의 수은주도 낮아지는 것을 발견했다. 컬런은 물, 와인, 식초, 기름, 염화암모늄 등 다양한 액체들을 가지고 실험을 반복했다. 정도의 차이는 있었지만 모든 액체에서 비슷한 냉각 효과가 발견되었다. 마지막 실험에서 컬런은 아질산에틸이 담긴 용기를 고대 이집트인들이 했던 것처럼, 물을 채운 더 큰 용기에 넣었다. 그리고 안쪽 용기의 압력을 낮추자, 주변의 물이 얼었다.

무슨 일이 벌어진 걸까?

답을 하기 전에, 우리가 늘 사용하지만 아마 완전히 이해하지는 못할 수 있는 몇 가지 일반적인 물리 개념을 먼저 정의하는 것이 좋겠다.

첫째, 온도란 정확히 무엇일까? 우리는 의식하지 못하지만, 모든 것은 항상 움직이고 있다. 우리 눈에 보이는 물질이건 보이지 않는 물질이건 모든 물질은 무작위로 움직이는 입자로 이루어져 있다(나는 이것을 움직이는 구슬로 가정한다). 질량은 물론, 한 입자가 움직이는 속도는 그 입자의 운동에너지를 결정한다. 하나의 물체에서 각 구슬의 운동에너지는 서로 다르다. 따라서 온도는 이러한 움직이는 입자 중 하나에 대한 측정치가 아니라 물체 내 모든 입자의 **평균** 운동에너지

● 셰익스피어의 희곡 《템페스트Tempest》에 등장하는 인물로 마술에 능통하다.

를 측정한 값이며, 움직이는 구슬들의 평균 운동을 측정한 값이다. 온도는 또한 물체가 운동에너지를 주변으로 전달하려는 물체의 의지를 나타내기도 한다.

'평균 운동에너지'로 온도를 정의하는 것은 증발이 어떻게 냉각 효과를 가져오는지 이해하는 데 중요하다. 물 한 잔의 온도는 균일하지만, 물을 구성하는 개별 원자들은 서로 다른 속도로 움직인다. 물질이 한 상태에서 다른 상태로 변하려면, 가령 액체에서 기체로 변하려면 에너지가 필요하다. 일단 입자의 에너지 수준이 특정 임곗값(입자의 종류로 결정된다)을 초과하면 입자의 상태가 바뀐다. 액체에서 기체로 상태가 바뀌는 것을 생각한다면, 여기서 임곗값은 끓는점이다. 찻물을 끓여본 적이 있다면 알 것이다. 차를 마시고 싶을 때 우리는 주전자에 물을 채운 후 그것을 불 위에 올려놓는다. 불은 물 분자가 빠르게 움직이는 데 필요한 에너지를 열의 형태로 제공하고, 그렇게 해서 온도가 100℃에 이르면 물은 증기로 변한다.

하지만 물은, 특히 건조한 대기 속에서는 열이 가해지지 않아도 증기로 바뀔 수 있다. 우리의 피부는 대부분은 소금물일 뿐인 땀을 분비하는데, 일부 땀 분자는 매우 빨리 움직여 주변의 운동에너지를 흡수해 증기로 바뀐다. 물 분자가 액체에서 기체로 바뀔 때 피부에서 열을 흡수해 이 열을 공기 중으로 내보낸다. 그러면 분자들의 평균 운동에너지가 감소하면서 피부 온도가 낮아진다. 끊임없이 변화하는 대기압, 온도, 습도가 증발 냉각에 대한 간단한 이해를 복잡하게 만들기는 하지만, 여기서 요점은 다음과 같다. 어떤 입자가 액체에서 기체로 바뀔 수 있는 충분한 에너지를 갖고 있으면, 입자는 주변의 운동에너지를 흡수하고 그 에너지를 공기 중으로 내보냄으로써 이전보다 더 차가운 상태를 만든다. 공기가 건조할 때 물은 더 쉽게 증발한다. 왜냐하면 공기가 수분을 더 잘 담을 수 있기 때문이다. 스웜프 쿨러 swamp cooler•가 뉴멕시코나 서부 텍사스에서 효과가 좋은 이유다. 공기가 습할 때, 공기는 젖은 스펀지처럼 이미 습기로 가득한 상태이기 때문에 증발은 잘 일어나지 않는다. (그 이름에도 불구하고 스웜프 쿨러는 플로리다◆에서는 별 쓸모가 없다.)

또 윌리엄 컬런이 사망한 이후 공식화되긴 했지만, 그의 실험에서 매우 중요하게 작용했던 열역학 제1 법칙을 떠올려보는 것도 도움이 될 수 있다. 열역학 제1 법칙은 폐쇄계에서는 에너지가 언제나 보존된다는 것이다. 다양한 종류가 있는 에너지는 한 종류에서 다른 종류로(운동에너지에서 열에너지로) 바뀔 수는 있지만, 절대 생성되거나 소멸되지는 않는다. 예를 들어 대부분의 가스레인지에 연료로 쓰이는 메탄이 갑자기 어디서 나타난 것이 아니다. 메탄은 수백만 년 전에 살았던 동식물들이 서서히 부패하면서 생겨났다. 이 동식물들은 살아 있을 때 태양광선을 통해(또는 같은 과정을 겪은 다른 동식물을 통해) 에너지를 흡수했고, 바이오매스biomass▲가 되었다. 그렇다면 메탄은 지구 깊은 곳에서 끌어올린 분해된 햇빛이라고 말할 수 있다. 가스레인지의 손잡이를 돌리면 불꽃이 갑자기 나타나는 것 같지만, 이 에너지 역시 어디서 갑자기 생겨난 것이 아니다. 화학적으로 고대 태양의 에너지가

● 공기를 식히기 위해 수분을 이용하는 일종의 기화식 냉풍기.
◆ 'swamp'에는 습지라는 뜻이 있으며, 플로리다는 습한 것으로 유명하다.
▲ 에너지원으로 이용되는 생물자원.

잠재되어 있는 불연성 메탄은 산소와 결합하고 불꽃의 도움으로 연소하여 그 잠재 에너지를 빛에너지와 열에너지로 변환한다. 열에너지 일부는 주전자로 전달되어 물을 끓인다. 하지만 대부분은 사용되지 않은 채 공기 중으로 빠져나간다(가스레인지가 특히 에너지 낭비가 심한 이유다). 하지만 물이 끓기 전과 후의 이 모든 에너지를 어떻게든 추적할 수 있다면, 우리는 수천 년이 지나도 에너지의 총량은 절대 변하지 않는다는 것을 알게 될 것이다. 에너지는 그 형태를 바꾸었을 뿐이다.

열역학 제2 법칙은 폐쇄계에서는 모든 에너지가 무질서한 방향으로 나아가는 경향이 있다고 말한다. 무질서한 에너지란 무엇일까? 후식으로 아이스크림을 먹고 나서 아이스크림 통을 냉동실에 다시 넣는 것을 잊었다고 가정해보자. 열에너지의 보다 정리된 상태(아이스크림)는 주변의 열을 흡수하기 시작해 고체에서 액체로 바뀔 수 있다. 결국, 아이스크림은 주변의 공기를 약간 식혀줄 것이다. 그리고 아침이 되면 아이스크림 통과 공기는 열평형 상태에 이를 것이다. 아이스크림은 녹았고, 이들은 서로 통합되었다. 즉 보다 정돈된 상태(따뜻한 방에서 별개로 응집된 차가움)가 보다 무질서한 상태의 에너지를 취했다. (내게 아이스크림을 다시 가져다 넣으라고 말한 내 파트너의 에너지 또한 보다 무질서한 상태로 바뀌었다. 이와 관련 없는 말이긴 하다. 내가 아는 한 사랑은 열역학 법칙을 따르지 않기 때문이다. 얼마나 다행인지.)

이 열역학 제2 법칙은 때로 '시간의 화살arrow of time'이라 불리는 에너지의 비가역성에 관한 일반적 규칙을 확립한다. 에너지는 한 종류에서 다른 종류로 바뀔 수 있지만, 다시 원래의 상태로 돌아갈 수는 없다. 아이스크림이 녹았을 때, 아이스크림을 냉동실에 다시 갖다 넣지 않는 한 아이스크림은 저절로 얼지 않는다. 그렇게 되는 것은 열역학 제2 법칙에 위배된다. 온도는 자신을 분리하지 않는다. 온도는 통합된다. (이는 본질적으로 **시간**에도 해당한다. 시간은 정돈된 상태에서 정돈되지 않은 상태로, 결코 돌이킬 수 없는 방향으로만 흐른다. 셰어Cher가 시간을 되돌릴 수 있길 바라는 노래를 부른 이유다.) 열역학 제2 법칙은 컬런의 위업이 전례가 없었던 이유에 대한 일반적 설명을 제공한다. 열에너지(불)를 통해 추운 상태에서 더운 상태가 되기는 쉽다. 이는 정돈된 상태에서 정돈되지 않은 상태로 가는 것이기 때문이다. 하지만 그 반대(더운 상태에서 추운 상태)의 일은 법칙을 바꾸지 않고는 할 수 없다.

그렇다면 컬런이 쓴 한 수는 무엇이었을까? 바로 압력이었다. 기압을 낮추면 열을 가하지 않고도 액체의 끓는점을 낮출 수 있다. 컬런의 실험에서 압력은 기체 분자가 용기 내부에 가하는 힘이다. 압력은 또한 용기 내 액체의 표면을 미는 기체 분자의 힘이기도 하다. 개방계에서 일반적인 압력은 대기압이며, 해수면에 가까운 고도에서 물이 끓는 온도는 우리가 아는 보통의 끓는점이다. 하지만 산꼭대기에서 차를 만들어본 적이 있다면, 산에서는 물을 끓이는 데 열에너지가 훨씬 덜 필요하다는 것을 알 수 있다. 우리는 대개 끓는점을 액체가 증기로 변하는 온도라고 생각한다. 이는 엄밀히 말하면 사실이 아니다. 좀 더 정확하게 말하자면, 액체의 끓는점은 액체 분자들이 액체를 누르는 공기의 압력을 극복하는 데 필요한 평균 운동에너지의 임곗값이다. 액체 표면 위의 공기압이 낮아지면, 공기 분자들이 물 표면을 미는 힘이 약해지면서 액체 분자는 기화하는 데 운동에너지가 덜 필요하게 된다. 압력이 낮아질수록 물을 끓이는 데 필요한 온도는 낮아진다. 밀폐된 공간에서 기체의 압력을 낮추면 증발 속도가 **빨라진다.** 움직이는 구슬들이 액체 상태를 유지하는 힘을 더 쉽게 극복할 수 있기 때문이다. 액체 분자들은 증발하면서 에너지를 흡수한다. 만약 열을 단순히 물을 기체로 바뀌게 하는 것으로 생각한다면, 공간 내에서 온도는 변하지 않는다고 생각할 수 있다. 하지만 물질의 상태가 액체에서 기체로 바뀌면 현열sensible heat(온도를 높이거나 낮추는 데 필요한 열, 온도의 변화가 온도계로 측정된다)은 잠열latent heat(온도계에 나타나지 않는 일종의 '숨은' 열)로 바뀐다. 현열은 온도를 올리지 않고 액체에서 기체로 상태를 변화시키는 일종의 에너지다. 이 현열(실온)의 점점 더 많은 부분이 잠열로 전환되기 때문에, 실온에서 압력이 급격히 감소하고 증발이 증가하면 전체적으로 냉각 효과가 발생한다.

그런데 압력은 어떻게 낮출 수 있을까? 용기의 부피를 확장하면, 즉 더 많은 공간을 허용하면, 입자들이 용기와 액체의 표면에 부딪히는 빈도가 줄어든다. (생일날에 매단 풍선은 약간의 공기만 더 불어 넣어도 터지지만, 추수감사절 퍼레이드에 쓰인 바람 빠진 커다란 스누피 풍선은 그렇지 않다는 것을 생각해보라.) 용기의 부피가 늘어나면 용기 주변의 공기가 냉각된다. 그러다 몇 분이 지나면, 열역학 제2 법칙에 따라 내부 공기는 외부 공기에 의해 따뜻해지고 둘은 다시 평형 상태에 이른다.

컬런의 실험은 역사에 기록된 최초의 기계식 공기 냉각이었다. 그는 휘발성 액자가 담긴 공간을 기계적으로 확장하여 증발에 의한 자연적 냉각을 이용했다. 비록 그가 쓴 방법은 실내 냉방(2세기 후 캐리어사가 결국 수백만 명의 미국인들에게 판매하게 될 일종의 가정용 에어컨 같은)에 쓰이기에는 비현실적이었지만, 컬런은 정복할 수 없는 것을 정복했다. 그는 정복할 수 **없었던** 것이 정복될 수 있음을 증명했다. 그는 공기의 온도를 낮추는 일에 전념했다.

하지만 컬런의 주변 사람들은 그가 이룬 위업에 즉각적인 반응을 보이지 않았다. 컬런이 만든 기계는 대량 생산이 불가능했다. 똑같은 기계를 대규모로 만드는 일은 쉽지 않았고, 비용도 많이 들었을 것이다. 그러나 컬런의 실험은 다른 모방가들에게 영감을 주었다. 2년 후, 컬런이 실험에 성공했다는 소식을 들은 벤자민 프랭클린Benjamin Franklin은 직접 그 실험을 해보기로 했다.[3] 그는 수은 온도계의 끝을 에테르로 적시고 풀무로 빠르게 바람을 일으켰다. 그러자 에테르가 증발하면서 열을 끌어당겨 수은주가 낮아졌다. 바람이나 선풍기는 액체 바로 위를 떠도는 더 습한 공기를 날려 보냄으로써 액체가 더 빨리 증발할 수 있게 하기 때문에 증발에 의한 자연 냉각을 가속화한다. (하지만 공기가 물로 완전히 포화된 사우나에서 바람은 아무 효과가 없다.) 프랭클린에게 그 의미는 분명했다. 그는 "이 실험으로 더운 여름날 사람을 얼려 죽일 수도 있는 가능성을 보았다"고 기록했다. 이 끔찍한 상상이 있은 지 1년 후, 프랭클린은 실험을 반복했다. 그리고 사우스캐롤라이나의 의사인 존 라이닝John Lining에게 보내는 편지에서 자신의 발견을 몸에서 땀이 흐르는 현상과 연관시켰다. 땀은 이와 비슷한 식으로 증발을 통해 우리 몸을 식히고 있었다. 후대의 물리학자들이 쓰게 될 정확한 용어가 사용되지는 않았지만, 단지 몇 단락에 불과한 프랭클린의 편지는 언젠가 에어컨과 냉장고가 모방하게 될 인체의 자연 냉각 시스템에 대한 일반적 이해를 담고 있었다.

이후 냉각을 연구하는 다른 몇몇 역사학자들이 이 실험을 다시 언급했지만, 그중 프랭클린이 다음의 글에서 신체 냉각의 경험을 어떻게 인종 차별적 관점으로 접근했는지 고려한 사람은 아무도 없었다. 그는 다음과 같이 썼다. "흑인들에게는 빠르게 증발하여 몸을 보다 시원하게 해주는, 즉 피부나 폐에서 땀이 잘 나오도록 해주는 물질이 있지 않을까? 그래서 백인들보다 태양의 열을 더 잘 견딜 수 있게 하는 것 말이다." 그는 신랄한 어조로 괄호 안에 덧붙였다. "(만약 그것이 사실이라면, 사람들 말처럼, 백인보다 흑인이 서인도 지역에서 일하는 데 더 적합하다는 주장은 일리가 있다.)" 여기서 그는 '흑인'이 백인과는 생물학적으로 너무 달라서 그들의 몸이 백인보다 더위와 육체노동을 더 잘, 그리고 더 '자연스럽게' 견딜 수 있다는 망상적 믿음을 품었다. 그러한 믿음은 여러 세대에 걸친 흑인에 대한 폭력을 정당화하는 데 도움이 되었다.

프랭클린이 편지를 쓴 라이닝은 최초로 황열병에 대해 광범위한 연구를 펼친 사람 중 1명으로 유명하다. 라이닝은 그의 에세이 《미국인의 황열병에 대한 설명A Description of the American Yellow Fever》에서 다음과 같이 주장했다. "흑인의 체질에는 매우 특이한 점이 있는데, 덕분에 이들은 열병에 걸리지 않는다. 많은 흑인이 간호사만큼이나 이 열병에 노출되었지만, 나는 이 병에 걸린 흑인을 1명도 보지 못했다."[4] 프랭클린과 라이닝은 흑인의 체질(열과 육체노동을 견디는 능력, 면역체계 등)을 '백인'보다 더 강한 것으로 규정하고, 이들을 '다른 사람들'로 못 박고는 흑인의 인간성을 부정하는 같은 행보를 이어나갔다. 아이러니하게도 흑인의 신체를 더 강한 것으로 규정한 결과는 흑인의 삶을 더욱 취약하게 만들었다. (이쯤에서 나는 대런 윌슨Darren Wilson이 마이클 브라운을 저격하고 난 후 그를 '마치 악마와 같았다. 부푼 덩치가 총을 쏘기 위한 것처럼 보였다'[5]라고 말한 것을 떠올리지 않을 수 없다. 이 사례는 착취하고 지배하기 위해 흑인을 인간 이외의 다른 존재, 심지어 인간보다 더 힘센 존재로 정의하는 위와 비슷한 백인우월주의 논리를 보여준다.)•

이는 온도 조절에 대한 미국인들의 생각을 어느 정도 짐작하게 한다. 기계식 냉방의 가능성이 처음 주요 미국인들(혹은 적어도 그것의 다른 말로 가장 많이 불리는 사람들)•의 의식 속에 들어갔을 때, 냉방에 대한 흑인들의 접근은 거부되었다. 프랭클린은 더 시원한 세상은 백인들만을 위한 것이 될 가능성을 제기했다. 그는 그 세계가 '백인만큼 추운 날씨를 견디지 못할' 뿐만 아니라 '낮은 온도에 노출되면 죽거나 동상에 걸릴 확률이 높은' 흑인들에게까지 확장되진 않을 것으로 보았다. 나는 '온도 조절'이라고 썼지만 아마도 더 정확한 표현은 '온도 지배'일 것이다.

냉각의 인종화racialization of cooling는 다음 2세기 동안 이 대륙을 괴롭히게 된다.

월리엄 컬런의 실험은 현대식 기계 냉각이 이용하게 될 기본적인 힘을 정의했다. 현재 대다수의 냉장고와 에어컨이 액체 냉매의 증

• 2014년 미주리주에서 백인 경찰관 대런 윌슨이 비무장 상태였던 10대 흑인 소년 마이클 브라운을 총으로 사살한 사건을 말한다.
◆ 백인을 말함.

발과 응축이라는 일반적인 원리를 사용한다. 이러한 이유로 가장 최적의 냉매(즉 증발하고 응축되는 물질)는 끓는점이 실온보다 낮은 액체다. 온도를 내리는 물리적 과정인 이 액체에서 기체로의 전환은 추가적인 에너지를 거의 필요로 하지 않으면서 냉각의 효과를 극대화하기 때문이다. 수 세기 동안 알려진 증발에 의한 자연 냉각(예를 들어 프랭클린은 무굴제국 사람들이 물을 식히기 위해 물병을 젖은 담요로 싸는 모습을 지켜본 한 프랑스 여행자에 대해 설명했다)은 통제가 잘 안 되었고, 끓는점이 높은 물은 이상적인 냉매가 아니었다. 컬런의 발견 이후 서구 과학자들을 사로잡은 것은 공기의 성질을 마음대로 정의하고 설계할 수 있는 기계의 개발이었다.

이 과정은 에어컨이 있는 세상에서는 매우 기본적인 것으로 초등학교 과학 수업에서도 다루는 흔한 내용이 되었다. 기계적이 아닌 자연적인 것이었지만 증발에 관한 나의 어렸을 적 일화가 생각난다. 1학년 때, 담임선생님이 투명하고 둥근 유리컵에 싱크대의 수돗물을 채운 후 빨간색 식용 색소를 몇 방울 떨어뜨렸다. 빨간 구름이 유리컵을 통해 퍼졌고 이내 색이 균일해졌다. 선생님은 창문을 열고 창틀에 컵을 놓아두었다. 덥고 건조한 날이었다. 선생님은 우리가 증발에 대해 배울 것이라고 말했다. 선생님은 그 과정을 분명히 설명했지만 당시 나는 아무것도 이해하지 못했다. 우리는 주말 동안 교실을 떠나 있다가 월요일에 돌아왔는데, 유리컵의 물이 눈에 띄게 줄어 있었다. 누가 컵을 비웠을까? 선생님은 웃으며 물이 증발했다고 말했다. 하지만 수년 동안 나는 선생님이 컵을 비운 것이라고 생각했다. 선생님이 우릴 속였다고 생각하면서 말이다. 일부러 그런 게 아니라면 어떻게 그처럼 물이 감쪽같이 사라질 수 있단 말인가?

인공 냉각은 수 세기 동안 사람들 사이에서 이어져 내려온 지혜로 자연적인 증발 능력에 기초하여 주변의 공기를 식히는 개념이다. 인공 냉각이 한 것은 이 자연적인 과정을 강제로 모방하고 증폭하는 것이었다. 프레온이 등장하기 이전의 세계는 이 휘발성에 의존했고, 그 휘발성은 내가 나중에서야 깨닫게 되는 것, 즉 때로 손실은 눈에 확 띄는 것이 아니어서 감지할 수 없다는 것을 가르쳐주었다.

3

기계 냉장 기술

윌리엄 컬런의 발견 이후, 세계 최초의 실용적인 증기 압축 냉각기가 등장하기까지 거의 한 세기가 걸렸다. 그사이에 다른 기계들이 나타났다 사라졌고, 여러 번의 시도와 막다른 골목에 이르기도 했지만, 덕분에 우리는 열역학을 조금이나마 더 잘 이해할 수 있게 되었다. 가령 컬런의 제자인 조셉 블랙Joseph Black은 스승보다 더 효율적으로 물을 얼리는 방법을 알게 되었다. 또 스코틀랜드 출신의 존 레슬리John Leslie는 농축된 황산을 이용해 저압의 유리 용기 안에 얼음을 만드는 데 성공했다. 저압과 황산이 물이 얼 정도로 증발 속도를 너무 빠르게 만드는 바람에 역설적이게도 '물은 끓어서 얼음이 되었다'.[6] 1834년 매사추세츠의 인쇄업자이자 발명가인 제이콥 퍼킨스Jacob Perkins는 에테르를 냉매로 사용한 최초의 증기 압축 기계로 특허를 얻었다.[7] (그에 의하면) '얼음 생성과 유체 냉각을 위한 장치 및 수단Apparatus and Means for Producing Ice, and in Cooling Fluids'이라는 제목의 특허였다. 하지만 그는 이론 물리학을 연구하는 사람이었고, 실제로 장치는 거의 작동하지 않았다. 그러나 1840년대에 존 고리John Gorrie라는 플로리다의 한 의사가 만든 장치는 분명히 모든 현대식 에어컨의 선조라고 할 수 있다. 비록 고리의 업적은 기계식 냉각 사업의 어설픈 시작에 가까웠지만, 고리 자신은 진정한 선지자였다. 그리고 모든 진정한 선지자들처럼 후세들 로부터는 존경받았지만, 당대에는 멸시만 받았다.

1802년 네비스Nevis섬에서 태어난 고리[8]는 얼마 지나지 않아 사우스캐롤라이나주의 찰스턴으로 이주했다. 그곳에서 자라면서 그는 습한 지역에서 흔히 나타나는 말라리아 전염병을 두 눈으로 확인했을 것이다. 모기로 인한 열병은 매년 여름 수천 명의 목숨을 앗아갔는데, 어쩌면 그 무자비한 전염병이 그가 의대에 진학하게 된 이유일 수 있 다. 1833년 대학을 졸업하고 난 후, 고리는 현재 '플로리다의 팬 손잡 이panhandle of Florida'라 불리는 세미놀 준주의 작은 도시인 애팔라치콜 라로 이사했다. 그는 그곳에 병원을 짓고 말라리아 환자들의 괴로움 을 덜어주었다. 그가 아픈 사람들의 고통을 완화하는 데 헌신하긴 했 지만, 그리 매력적인 사람은 아니었다. 친구들은 그를 '심각하고, 슬픔 에 잠겨 있고, 좀처럼 밝은 미소를 보이지 않고…절대 웃는 법이 없는 사람'[9]으로 묘사했다. 그의 우울한 태도는 육체적으로 아픈 사람들을 돌보면서 자연적으로 형성된 듯했다.

고리는 누구도 말라리아를 모기와 연관 지어 생각하기 전에, 도시에 애팔라치콜라 주변의 습지(모기가 번식하던 지역)에서 물을 빼 고 여름 동안 '얇은 거즈 형태의 커튼'[10]을 사용할 것을 요구했다. 그는 이 커튼이 '모기로 인한 성가심과 고통을 예방하고, 공기를 걸러내고, 말라리아를 차단하고 사라지게 하는 역할을 할 것이라 생각'했다. 그는 말라리아의 원인에 거의 근접했다. 그러나 그의 진짜 관심은 '나쁜 공기'에 있었다(말라리아는 말 그대로 나쁜 공기를 뜻한다). 루이스 파스퇴르Louis Pasteur가 1860년대에 특정 전염병의 원인으로 세균을 지목하기 전에, 서구 의학계의 많은 관계자가 덥고 습하고 역한 냄새를 풍기는 나쁜 공기가 열병을 유발한다는 데 동의했다. 그리고 어떤 면에서는 정말로 그러했다.

벤자민 프랭클린이 이미 한 세기 전에 추측한 대로, 인간의 몸은 증발에 의해 스스로 식는다. 하지만 습기는 신체의 자연적 냉각을 방해한다. 습한 대기 속에서 땀은 증발하지 않는다. 그 결과는 한증막에서 볼 수 있듯 체온이 올라가면서 땀을 줄줄 흘리는 것이다. 덥고 습한 공기가 오래 지속되면 두통, 혼미함, 과민증, 섬망, 힘 빠짐 등 열병과 거의 같은 증상들이 나타난다. 만약 나쁜 공기가 병을 생기게 한다면, 상황을 그 반대로 하면 될 것 같았다. 의사들은 '좋은 공기'에 계속 노출되면 결핵과 같은 질병이 치료될 수 있다고 주장했고, 그러한 믿음이 야외 요양원을 생겨나게 했다. 알프스의 상쾌하고 시원한 공기는 이러한 치료법을 위한 전형적인 예가 되었고, 이러한 믿음은 오늘날까지도 사람들 사이에 계속 이어진다. 그래서 기침약 광고들은 스위스의 산봉우리에서 숨을 깊게 들이마시고 뿔 나팔을 부는 생기 넘치는 남성들의 모습을 보여준다.

말라리아의 치료법을 찾기로 마음먹은 고리는 그의 집에서 더운 공기를 식힐 수 있는 방법을 실험하기 시작했다. 실험에서 그는 기꺼이 지원자가 되어준 환자 위의 천장에 얼음 덩어리가 든 통을 매달았다. 얼음이 통 안에서 녹을 때, 얼음 덩어리 쪽으로 바람이 불었다

(한 역사학자가 추측한 바에 따르면, 이 장치는 '노예에 의해 작동되었다'[11]). 냉각된 공기는 환자 위를 흘러 바닥의 틈새로 빠져나갔다. 이 방법은 병을 치료하진 못했지만, 환자에게 약간의 위안을 주었다. (만약 그 장치가 실제로 '노예에 의해 작동된 것'이라면, 한 생명이 다른 생명의 희생으로 위안을 얻은 셈이다. 지금 우리에게 여전히 너무도 익숙한 관계다.) 그렇지만 이 방법은 실천하기 불편했고, 북부 호수나 산에서 들여와 비쌀 수밖에 없는 얼음에 의존해야 했다.

고리는 새로운 방법이 필요했다.[12] 그는 1831년 영국에서 출판된 존 허셜John Herschel의 《자연철학 연구에 관한 예비 담론Preliminary Discourse on the Study of Natural Philosophy》에서 영감을 얻었다. '저울질할 수 없는 물질(즉 '무게 없는 물질', 실제로 그가 곰곰이 생각한 40페이지가량의 내용)'이라는 제목의 장에서 허셜은 냉기를 열과 동등한 존재가 아닌 열의 부재로 정의했다. 허셜은 '냉각 효과'를 만들어내는 당시의 힘이 '매우 제한적'이라고 말했지만, 한 가지 가능한 방법을 암시했다. '응축된 가스가 액체 상태에서 증기로 갑자기 팽창하는 것은 알려진 것 중 가장 강력한 냉각 방법이다.'

고리는 허셜이 말한 것을 시험해보기로 했다. 그는 액체나 기체의 급격한 팽창과 수축으로 냉각되는 기계를 만들며 지하실에서 여가 시간을 보냈는데, 이는 알려진 것 중 가장 강력한 냉각 방법이었다. 1842년, 그는 공기를 식힐 수 있는 기본적인 '냉각 작동방식'을 자세히 설명한 논문을 발표했다.[13] 우리는 공기조절을 냉방과 같은 뜻으로 생각하지만, 고리는 편안함을 위한 공기의 완전한 제어에는 전체적인 온도뿐만 아니라 습도, 환기, 여과에 대한 의미도 포함된다는 것을 누구보다 먼저 인식했다.

1844년, 고리는 지역 신문인 〈커머셜 애드버타이저Commercial Advertiser〉에 '냉각의 원리를 확인할 수 있도록 잘 설계'되었고, 열이 나는 환자의 방을 시원하게 할 목적으로 '이미 만들어진 적이 있는 강력한 기계'에 대한 설명을 연재했다.[14] 그는 2개의 피스톤 구동 펌프로 작동시키는 증기기관을 설명했다. 하나는 냉매(이 경우에는 물)를 압축하는 것이었고, 다른 하나는 물을 팽창시키는 것이었다. 증기 압축으로 불리는 이 방식은 오늘날 대부분의 에어컨에 적용된다.

증기 압축은 압축, 응축, 팽창, 증발의 네 단계에 걸쳐 폐쇄된 시스템에서 냉매를 순환시켜 냉각을 진행한다.[15] 먼저, 기체 형태의 냉매가 압축기로 주입되어 기체에 압력을 가한다. 고리의 기계는 압축기의 공간을 축소해 압력을 높였다. 온도는 압력에 따라 달라지므로, 이렇게 하면 기체가 끓는점보다 훨씬 더 높게 가열된다. 이 과열된 고압의 기체는 압축기를 떠나 응축기로 들어간다. 기체는 에너지가 평형 상태로 향하는 경향이 있기 때문에 응축기에서 열을 시스템 외부의 보다 차가운 공기 중으로 방출한다(열역학 제2 법칙). 응축기를 둘러싼 공기는 냉매의 열을 흡수한다. 이 과정에서 냉매는 기체에서 액체로 전환될 정도까지 냉각되며, 이 상태 변화가 에너지의 전달을 증폭시킨다. 보통 에어컨에서 응축을 담당하는 부분은 건물 외부에 설치되는데, 이는 쉽게 열(가끔 폐열waste heat로도 불린다)을 외부로 방출해 공기 중으로 보내버림으로써 냉각된 공간에서 멀어지게 하기 위함이다. (여름에 집 옆에서 작동하는 실외기를 지나쳐본 적이 있다면 그 뜨거운 바람을 느꼈을 것이다. 주변 공기보다 훨씬 뜨겁다.) 다음으로 액체 상태가 된 냉매가 응축기에서 팽창기로 전달되어, 냉매의 병목 현상이 발생한다. 냉매가 통과할 때 팽창기는 흐름을 늦추고, 컬런이 한 것처럼 용기의 공간을 확장해 압력을 낮춘다. 그러면 마침내 마법이 일어난다. 이 액체 냉매는 주변 공기로부터 열을 흡수하는 증발기로 들어가고, 그렇게 함으로써 냉매는 액체에서 기체로 상태를 변환한다. 이 갑작스러운 증발로 주위를 둘러싸는 모든 것의 온도가 놀라울 정도로 떨어진다. 고리는 이러한 현상을 두고 "팽창하는 공기의 열 흡수 탐욕"[16]이라고 말했다. 우리는 이 탐욕을 바람구멍에서 더운 공간으로 뿜어져 나오는 찬 공기로 경험한다. 주변의 열을 흡수한 기체 상태의 냉매는 이제 다시 압축기로 들어가, 순환이 반복된다. 이론적으로 냉매는 폐쇄된 시스템을 통해 순환하는데, 이는 압축기에 전력을 공급할 에너지가 있는 한 무한히 팽창하고 수축할 수 있음을 의미한다. 물론 냉매는 대체로 실제로는 수년에 걸쳐 서서히 누출되며, 그것의 증기는 분자 단위로 대기 중으로 빠져나간다.

고리는 자신이 발명한 증기 압축 기계로 냉각의 새로운 시대를 열고 싶었다. 그는 '북쪽 지역들'이 난방 효과를 내기 위해 관습적으로 단열 건물을 설계했다는 점에 주목했다. 이제 고리는 전과는 다른 의견을 내놓았다. "따뜻한 지역의 집들도 마찬가지로 단열을 고려해 짓고, 온도를 조절하고, 내부 공기의 습도를 줄이는 데 비슷한 수고와 비용을 들여라. 그러면 말라리아에 걸릴 위험이 거의 또는 전혀 없을 것이다." 고리가 만든 훌륭한 기계는 '지금은 무시되거나 그 단순함 때문에 불충분한 것으로 여겨질지 몰라도, 조만간 인류의 찬성표를 받는 과정'[17]을 밟을 터였다.

고리는 이 기계식 냉각 과정을 이론적으로 잘 이해했다. 그는 물리학을 연구하면서 자신이 만든 기계에 "새로운 엔진과 실제 기계 공들의 미숙한 조작으로 인해, 아마도 그리 중요하진 않을 구성상의 오류와 결함이 있음"[18]을 인정했다. 기계는 완벽하게는 아니지만, 또 오늘날의 자동차 모터 크기만 한 엔진에서 소음이 발생하긴 했지만, 어쨌든 작동했다.

우연히 이 장치는 최초의 얼음 제조기 역할을 하기도 했다. 1845년 여름, 이름 없이 '하인'[19]으로만 기록된, 아마도 젊은 노예였을 누군가가 밤새 모터를 작동되게 놔두었는데, 아침에 보니 기계의 파이프가 얼음으로 막혀 있었다.

때마침 사고도 일어났다. 지역 성공회의 여성들이 아이스크림을 제공하는 기금 모금 행사를 계획하고 있었다. (낸시 존슨Nancy Johnson은 그 이전 해에 나무로 된 수동 아이스크림 제조기의 특허를 얻었다.)[20] 숙녀들은 얼음을 실은 배가 도착하길 기다렸다. 하지만 웬일인지 배는 나타나지 않았다. 늘 시무룩해 있던 고리가 이 소식을 전해 듣고는 일일이 얼음으로 포장한 정어리 캔을 마차에 가득 싣고 나타났다.

그가 어떻게 한 걸까? 고리는 숙녀들에게 그의 비밀을 밝히지 않았다. 일부러는 아니었지만, 고리는 그들이 자신을 믿지 않을까 봐 두려웠음이 틀림없다. 그렇다면 왜 얼음을 가지고 나타난 걸까? 아마도 그는 그것이 자신을 성공으로 이끄는 길이라고 믿은 것 같다.

그 일이 있고 얼마 지나지 않아 고리는 발명에 전념하기 위해 의료계를 떠났다. 그는 최고의 에어컨을 만들고 싶었다. 필요한 냉각 동작 방식도 완전히 이해하고 있었지만, 그가 만든 기계는 효율성과 실용성이 떨어졌다. 편안함의 상태를 바꾸는 것은 물질의 상태를 바꾸는 것보다 더 복잡하다. 인간은 분자가 아니다. 냉방은 단지 온도 면에서의 편안함일 뿐이고, 이는 육체적인 것만큼 심리적인 것이기도 하다. 그는 공기 냉각에 열정을 쏟았지만, 얼음 제조기를 돈벌이로 보기 시작했다. 1850년, 그는 채프먼Dr. Chapman이라는 친구에게 보여줄 만큼 실용적인 얼음 제조기를 만드는 데 성공했다.

다시 한번, 고리는 운 좋게도 타이밍을 잘 맞췄다. 채프먼에게 그의 발명품을 보여준 다음 날, 지역의 프랑스 영사인 무슈 로산Monsieur Rosan(극적인 것을 좋아하는 화려한 탐미주의자인 그는 모든 면에서 고리의 음산한 어두움을 보완했다)은 침실이 18개 딸린 해안가의 거대한 고급 호텔인 맨션 하우스에서 프랑스 혁명 기념일 만찬을 주최할 계획을 알렸다. 로산은 우연히 채프먼에게 자신의 기품 있는 손님들(모두 10명)에게 샴페인을 대접하려 하는데, 얼음을 실은 배가 너무 늦게 도착한다는 소식을 들었다는 말을 했다. 당시로써는 꽤 흔한 문제였다. 손님들은 그 더운 날에 꼼짝없이 미지근한 적포도주를 홀짝거릴 판이었다. 영사관의 재앙이었다.

채프먼은 고리의 기계를 생각해냈고, 영사에게 그 사실을 말하면서 샴페인 계획을 고수하라고 했다. 그들은 얼음을 얻을 수 있을 것이다.

며칠 후, 만찬 손님들이 도착했을 때, 내기를 좋아하던 로산은 차가운 샴페인 한 바구니를 내기로 걸었다. 선적이 지연되긴 했지만 밤에 얼음으로 차가워진 샴페인을 즐길 수 있을 것이라며 손님들과 내기를 한 것이다. 그 샴페인은 바로 옆방에서 만들어질(제조될!) 예정이었다. 늘 그랬듯 그의 부자 손님들은 내기에 응했다.

저녁을 먹기 위해 앉은 자리에서 고리는 미지근한 적포도주로 프랑스를 위해 건배했다. 그의 뒤를 이어 채프먼이 일어나 말했다. "이제 우리의 조국과 세계에서 가장 위대한 과학자인 이 미국인을 위해 건배합시다. 샴페인을 시원하게 해줄 인공 얼음 기계를 만든 분이죠!"[21] 아무 일도 일어나지 않을 것 같은 어색한 침묵이 흘렀다. 손님들은 자신들이 내기에서 분명히 이길 것으로 생각했을 것이다. 하지만 그들이 우쭐해하기 전에 식당 문이 열리고 4명의 웨이터가 들어와 식탁 양쪽으로 줄을 섰다. 그들은 각각 얼음을 채운 통에 든 차가운 샴페인과 큰 얼음 한 덩어리(고리의 능력을 의심할 경우에 대비한 것)가 놓인 은쟁반을 들고 있었다.

〈뉴욕 데일리 글로브New-York Daily Globe〉는 고리가 지역 신문에 자신의 발명품을 발표한 뒤 그가 한 일을 눈치채고 있었지만, 이들은 뭔가 사기 같아 보이는 그의 기계에 회의적이었다. 한 기자는 "플로리다 애팔라치콜라의 한 괴짜가…자신의 기계로 전능하신 하느님만큼이나 좋은 얼음을 만들 수 있다고 주장한다"[22]라고 보도했다. 다른 사람들 역시 그가 이룬 성취가 "완전히 과장되었고, 전혀 말이 안 되며, 황당무계한 이야기"[23]라고 확신했다. 하지만 7월의 플로리다에서 속임수로 얼음을 만드는 마술을 부릴 수는 없는 일이다. 그렇다. 고리는 증기 압축을 이용해 실제로 얼음을 만들었다.

그러한 일들은 고리에게 큰 행운의 전조였다. 1851년 그는 미국 정부로부터 얼음 기계에 대한 특허를 승인받았다.[24] 그다음으로 자신이 처음 애정을 쏟아부었던 에어컨에 대한 특허도 출원했다. 최초의 실용적인 설계가 적용된 에어컨이었다.

에어컨이 실제로 공기를 식혀주었지만, 냉각의 정도를 통제하기는 어려웠다. 게다가 여기에는 엄청난 양의 에너지가 필요했을 것이다. 냉매로서 물의 끓는점은 100℃이며, 실온에서 액체다. 이는 매우 비효율적인 냉매로, 실온의 기체는 스스로 증발(즉 냉각)하는 반면, 액체인 냉매는 기체로 이동시키기 위한 기계적인 노력(열을 발생시키는)이 필요하기 때문이다. (기체 냉매가 액체로 응축되는데도 기계적 노력이 필요하지만, 응축은 이미 열을 발생시킨다. 에너지 면에서 압축과 응축이 진행될 때 에너지 집약적인 냉각 단계를 거치는 것이 더 합리적이다.) 고리의 기계를 작동시키는 증기기관은 엄청난 양의 석탄을 집어삼켰을 것이다. 게다가 그 부피 때문에 기계는 움직이기가 힘들었다. 한 변이 약 1.2m인 사각형 모양의 벽돌 기단이 나무 비계飛階와 기체를 압축하는 금속 피스톤을 모두 지탱했다. 그래도 여전히 고리는 이 장치의 중요성을 언젠가는 후원자들이 알게 될 것으로 생각했다. 부유한 후원자에게서 자금을 지원받는다면, 모양새를 손볼 수 있을 터였다.

고리는 북쪽으로는 뉴욕, 서쪽으로는 오하이오, 남쪽으로는 미시시피 삼각주를 돌아다니며 자신의 기계에 투자해줄 사람을 찾아다녔다. 그렇지만 흥미를 보이는 사람은 거의 찾아볼 수 없었고, 대부분 회의적인 반응을 보였다. 오랜 수소문 끝에 고리는 뉴올리언스의 한 후원자로부터 자금 지원을 약속받았지만, 그가 합의를 마무리 짓기도 전에 사망했다. 투자자들이 외면한 이유는 기계의 투박한 모양새와 고리가 선택한 냉매 때문일 수 있다. 하지만 역사가들은 보스턴의 거물

급 사업가이자 동부 해안 지방의 '얼음 왕Ice King'으로 불렸던 프레데릭 튜더Frederic Tudor가 그의 사업을 훼방 놓았을 거라고 말하기도 한다.[25] 튜더는 전 세계로 얼음을 수출했고, 그때까지 그의 명성에 금이 가는 일은 없었다. 튜더는 매체와의 관계를 이용해 고리를 '괴짜'로 부르는 나쁜 언론에 얼음 제조기를 '전혀 말이 안 되는 것'으로 보도하게끔 했을 것이다. 그대로 있으면 그 장치가 그의 독점 사업을 위협했을 것이기 때문이다.

그렇다 해도 이러한 가설은 고리가 실패한 현실적 이유는 설명하지만, 에어컨에 대한 대중의 거부는 설명하지 못한다. 믿기 어렵겠지만, 1850년대 미국 사람의 대부분은 에어컨을 원하지 않았다. 심지어 남부에서도 마찬가지였다. 벽난로에서 보일러에 이르기까지 실내 난방은 서구 문명에 오랫동안 존재했던 일반적인 생활양식이었다. 그 이유 중 하나는 난방이 비교적 쉬웠기 때문이다. 난방을 하려면 그냥 무언가를 태우기만 하면 되었다. 또 다른 이유는 역사적으로 극심한 추위가 극심한 더위보다 훨씬 더 많은 목숨을 위험에 빠뜨렸기 때문이다(이는 변하고 있지만 아직 여전히 사실이다). 하지만 대부분의 사람은 개인적 안락함을 위한 냉방이 건강에 완전히 해롭지 않다고 해도 너무 이상하다고 생각했다. 한 역사학자가 썼듯이, 오늘날 에어컨이 생활필수품이라고 생각하는 습기 많은 플로리다에서도 '땀을 흘리는 것은 삶의 한 방식'[26]으로 받아들여졌다. 실제로 그 '삶의 방식'은 남부를 **정의했다**. 가장 덥고 습한 지역의 19세기 농장 저택(커다란 처마, 바람이 통하는 통로, 베란다가 있었다)은 이들의 주인인 백인들의 더위를 덜어주었다. 물론 부유한 백인들은 노예나 박봉의 노동자들을 부렸기 때문에 육체노동으로 몸이 더워질 일이 거의 없었다. 때로 금전적으로 여유가 있는 사람들은 지금도 그렇듯 여름에 더 시원한 지역으로 떠났지만, 그러한 곳에도 더위는 여전히 존재했다. 그런데도 1850년대에 투자를 할 만한 사람들이 불쾌함에 대해 가졌던 생각은 지금의 우리와 달랐다. 에어컨 역사가 마샤 아커만Marsha Ackermann이 말했듯, 지역을 막론하고 상류층은 '불쾌함을 아랑곳하지 않는 타고난 습관'[27]을 물려받았다. 불쾌함은 단지 인격 형성의 다른 이름일 뿐이었다.

오랫동안 유럽의 비평가들은 에어컨에 대한 열정이 미국을 정의하는 특징이라고 주장해왔다. 하지만 이러한 주장이 제기될 수 있다 해도, 이는 이 나라가 세워지고 2세기 후인 1960년대 이후에야 문화에 적용된다. 방해 공작, 무능 또는 순전한 불운 때문일 수 있는 고리의 불행은 (20세기 전반기 내내, 수십 년에 걸쳐 에어컨을 받아들이기를 꺼렸던 대중과 함께) 우리가 분명히 명심해야 할 생각, 즉 인공 냉방에 대한 열망은 보편적인 것이 아니라, 역사적으로 확립된 것임을 보여준다. 냉방이 되는 실내 공간에 대한 열망의 강렬함과 일관성은 우리가 이제 알게 된 것처럼 우리 시대의 고유한 것이며, 빠르게 퍼지고 있으나 여전히 주로 미국에 한정되어 있다. 더위에 지친 사람들은 늘 순간적인 바람이 그들을 식혀주길 바랐지만, 20세기 중반 미국 교외의 생활 방식이란 것이 새로이 생기고 나서야 많은 사람이 여름 내내 시원한 온도를 원하거나 기대하게 되었다.

당시의 고리는 정말로 범상치 않은 사람이었다. 그는 사업을 시작하기 10년 전에 다음과 같은 글을 썼다. "남부 주들의 깨어 있고 애국심 넘치는 시민이라면 도시의 여름 기온 조절이 제조업과 상업,

사회, 심지어 정치적·도덕적 관계에 미칠 수 있는 유익한 영향에 무관심할 수 없다."[28] 단추를 꼭꼭 채우고 있는 아열대 반도의 사람들, 습한 남부 지역의 귀족들, 후텁지근한 정부 청사에 자리를 지키고 앉아 있는 정치인들은 마침내 더위에서 해방된 기분을 느낄 수 있게 될 것이다. 그런데 불가능한 일이 일어났다. 아무도 그런 장치를 원하지 않았다. 아무도 냉방 장치가 필요하다거나 심지어 바람직하다고도 생각하지 않았다. 고리는 남부 주에서 깨어 있고 애국심 넘치는 사람들을 전혀 발견하지 못했다. 그 사실은 당시의 그에게 매우 충격이었을 것이다. 지금 우리가 그런 것처럼 말이다. 누가 플로리다의 여름 같은 날에 에어컨이나 얼음을 거부할까?

몇 년이 지나도 투자자를 만나지 못한 고리는 빈털터리가 되었고 절망에 빠졌다. 여행을 마치고 집으로 돌아온 그는 깊은 우울증에 빠져 아내와 함께 애팔라치콜라의 집에 틀어박혔다. 그는 방문객을 거부했다. 그의 명성은 곤두박질쳤고, 플로리다에서 사기꾼과 바보로 알려졌다. 이웃 중 1명이 1855년 여름에 그가 담요로 몸을 감싸고 현관에서 몸을 흔드는 모습을 마지막으로 봤다고 말했다. 몇 달 후 그는 53세의 나이로 사망했다. 자신이 치료하려고 노력했던 그 질병인 말라리아로 사망하고 말았다.

그가 사망했을 당시 에어컨에 대한 그의 특허는 아직 출원 중이었다. 미국 특허청은 그의 아내에게 기계 설계에 관한 좀 더 자세한 내용을 요청했지만, 그녀는 필요한 서류를 제출하지 않았다. 20년 후, 특허 출원은 무효가 되었다.

고리의 삶은 일반 대중에게 거의 알려지지 않았지만, 미국 국회의사당에는 그의 동상이 서 있다. 1913년에 세워진 이 동상은 부분적이긴 하지만 세계를 뒤흔든 그의 업적을 인정하고 있다. 주추*에 그를 '얼음 기계와 기계식 냉방의 발명가'로 적었기 때문인데, 이는 완전한 사실이 아니다. (우리가 버번 온더록스와 아이스티를 어느 정도 빚지고 있는 이름 모를 '하인'에 대한 언급은 없다.) 고리에 대한 더 정확한 경칭은, 지금 알려진 대로 에어컨의 할아버지일 텐데, 1913년에는 '에어컨'이란 단어가 세상에 나온 지 겨우 7년밖에 되지 않은 때여서 여전히 흔하지 않은 물건이었다. 고리는 그가 남긴 업적의 영향을 사람들이 완전히 이해하기도 전에 추모되었다.

국회의사당에서 고리의 대리석상은 오른손을 엉덩이쯤에 편하게 올려놓은 채 주추 위에 서 있다. 그는 살면서 거의 그래 본 적이 없지만 편안하고 쾌활해 보인다. 마침내 사람들에게서 인정받고 잊히지 않고 구출되어 안도한 것처럼 말이다.

그러나 프레온의 이야기에서 고리가 미친 영향력은 기술 진화의 어떤 단순한 기준점을 넘어선다. 그의 기계는 최초였고 사실이었지만, 그의 매우 급진적인 비전은 여전히 간과되고 있다. 에어컨을 만드는 동안 그는 도시 안팎 전체의 냉각을 제안한 에세이《도시의 냉각과 환기Refrigeration and Ventilation of Cities》[29]를 발표했다. 그의 글은 부분적이긴 하지만 엉뚱한 과학적 추측에 근거했다. 이를테면 그는 대기의 압력이 도시 전반에 냉기를 유지해줄 것으로 판단했고(틀렸다), 의회와 기업들이 총비용(터무니없게도 몇십억 달러에 달했다)을 부담할 것으

● 기둥이나 동상 밑에 괴어 놓는 물건.

로 예상했다.

이 계획은 또한 개인의 소득과 상관없이 '도의적 건강'[30] 증진의 수단으로서 냉방에 대한 보편적 접근을 구상하고 있다. 냉방은 '공동체가 그 안에서 서로 단결할 수 있게 하고, 국가 부의 많은 부분을 공동체 스스로 통제할 수 있도록 할 것'이기 때문이었다. 다시 말해, 냉방은 '우리가 원하는 대로 공기를 조절하는 실용적인 시스템'[31]을 가능케 함으로써 사업과 농업이 날씨 때문에 방해받지 않고 번창할 수 있게 해줄 것이다. 고리는 에너지 소비에 내재하는 정치를 이해했다. 시원한 도시는 가장 무더울 때 부자들이 냉방이 되는 저택에 틀어박혀 있거나 시원한 날씨를 찾아 떠나고 나머지 주민들은 불가피하게 고통받는 상황을 막을 것이다. 그는 또한 냉방에 대한 대중적 접근이 주민들 사이의 관계를 강화할 것이라고 썼다. "사람들 사이의 사회적 관계를 더 두텁고 가깝게 만드는 모든 것은 사람들이 상호 간의 의무를 더 잘 인식할 수 있게 하는 확실한 효과가 있기"[32] 때문이었다. 그는 사람들 사이의 그처럼 긴밀한 유대는 "건강하지 못하고 불편한 도시를 안전하고 쾌적한 주거지로 만드는 데 확실히 중요하다"라고 믿었다.

고리는 개인적인 편안함보다는 **대중의 편안함**, 즉 공동체의 회복력에 초점을 맞췄다. '나쁜 공기'가 없고 말라리아나 황열병이 없으면, 시원한 도시는 건강한 도시가 될 것이다. '원하는 대로 공기를 조절'[33]함으로써 '우리의 일부 남부 도시는 급격한…성장을 이루게 될 것'이다. 휴스턴과 애틀랜타와 같은 대도시의 탄생을 예측한 것이지만, 실제로 이러한 팽창은 무질서하게 뻗어 나가는 도시 형태로 생태계 파괴를 일으킬 것이었다. 고리의 궁극적 목표는 여유가 있는 사람들에게 개별적으로 에어컨을 공급하는 것이 아니었다. 그는 더 훌륭하고 건강한 세상을 바랐다.

음, **백인들에게** 더 훌륭하고 건강한 세상이었다. 고리의 에세이는 프랭클린의 것과 마찬가지로 인종차별주의적 논리를 확고히 세우고 있는데, 이는 당시 백인 미국인들이 흔히 갖고 있던 생각이었다(흔했다니 더욱 충격적이다). 고리는 다음과 같이 썼다. "영미 인종은…열대 지방이나 그 인근에서…일하기에 유리하지 않다. 태양열은 백인 인종의 체질에 단독으로 영향을 준다."[34] 반면 '인류의 다른 종'[35]은 '지능'은 부족하지만, '태양열을 무사히 견딜 수 있는 능력'을 갖고 있다. 놀랄 것도 없이, 당시 대부분의 백인 미국인, 노예 소유자들과 노예 폐지론자들 모두와 마찬가지로 고리 역시 흑인 미국인의 인간성을 인식하지 못했다. 그러나 그의 계획이 내세우는 논리를 완전히 분석하긴 어렵지만, 그의 말은 묘하게 노예제 폐지에 대한 은근한 주장처럼 읽히기도 한다. 그는 농장 지대의 온도를 낮추면 백인들이 일을 할 수 있게 되고, 온도를 낮춤에 따라 노예제를 부추겼을 것으로 추정되는 극한의 기후 조건이 해결되면 노예제의 '상황'을 끝낼 수 있으리라고 생각했다. 그의 주장은 윤리적이지 않았다. 대신 경제적이고 국수주의적이었다. 그러나 이러한 인종차별주의적 가정에도 불구하고, 그의 주장은 제한적이긴 해도 초기 냉각의 공정성을 보여준다.

문자 그대로 주추 위에 서 있는 그의 위치에 대한 정당화, 그에 대한 존경을 배제하고 고리가 내세운 주장을 구제할 방법은 없을까? 고리가 틀렸음을 인정하면서도, 공기조절이 여전히 형평성과 윤리를 위한 도구 역할을 할 것이라 볼 수도 있지 않을까? 우리는 모두 이 세상의 공기를 공유하고 있고 이 세상의 공기는 우리 모두에게 닿기 때문에, 우리 모두가 냉각에 접근할 수 있는 한, 그것이 더운 세상에서 우리를 분열시키기보다는 우리의 상호 관계를 개선시킬 수도 있지 않을까? 그가 글에서 내세운 억지 근거에도 불구하고(혹은 아마도 바로 그 억지 근거 때문에), 나는 고리의 공상 과학 이야기를 개인, 지역 또는 국가로서가 아닌 하나의 행성으로서 우리가 함께 여행할 수 있는 유토피아적 시각으로 다시 써보는 것이 중요하다고 생각한다.

육체적 건강뿐만 아니라 평등한 건강을 이야기했고, 더 두터운 관계와 공동체 회복력에 초점을 맞춘, 냉방이 되는 미국이라는 이 최초의 꿈을 생각하면 그 반대의 일이 얼마나 빨리 일어났는지에 놀라게 된다. 그 폭력성은 한 세기가 지나지 않아 작가 헨리 밀러Henry Miller가 발표한 《냉방의 악몽The Air-Conditioned Nightmare》이라는 제목의 미국 여행기에 여실히 드러난다.

4

습도를 지배한다는 것

고리의 사망 이후 수십 년 동안 먹거리와 마실 거리를 보존하기 위한 기계 냉장 기술이 꾸준히 발전했다. 냉각 장치는 더 작고, 더 효율적이고, 더 원하는 대로 제작될 수 있었고, 더 다양해졌다. 맥주 양조업과 도축업은 기계식 냉장의 성공을 보장해, 1890년대 시카고의 가축 수용소에서 쇠고기와 돼지고기를 냉장 철도 차량으로 운송하는 것이 일반적인 일이 되었다. 냉장된 붉은 고기가 마치 생혈처럼 미국의 심장부에서 뿜어져 나왔다. 또 얼음을 만드는 공장들이 남부와 미국 전역에 우후죽순처럼 생겨났다. 이제 미국인들은 캐나다나 노르웨이에서 '자연산' 얼음 덩어리를 가지고 오는 배를 기다릴 필요가 없었다. 그들은 전능하신 하느님처럼 얼음을 만들 수 있었다. 19세기 말 산업용 냉장고가 보편화되었다.

도살된 돼지가 냉각되는 방식과 인간이 땀을 흘리는 방식은 비슷하지만, 이 둘을 대하는 초기 대중의 감정은 그렇지 않았다. 인간의 안락함을 위한 시원한 공간은 아무리 생각해도 대부분의 사람에게 너무 이상했다. 그리고 인간을 시원하게 하는 일은 특별한 과제를 수반했다. 바로 여름을 한층 더 짜증 나게 하는 습도를 낮추는 일이었다. 반세기 동안의 실험이 냉각, 환기, 청결도에 대한 우리의 지배력을 높이긴 했지만, 습도는 여전히 거칠고 다스리기가 어려웠다. 현대적인 기계식 에어컨으로의 전환은 습도를 다스리는 데 달려 있었다.

어느 누구도 습도를 지배하지 못했다. 하지만 역사학자 게일 쿠퍼Gail Cooper가 그녀의 저서 《냉방 중인 아메리카Air-conditioning America》에서 말했듯이, 습한 공기에 대한 지배력을 우리는 적어도 세 사람, 즉 알프레드 울프Alfred Wolff, 윌리스 하빌랜드 캐리어Willis Haviland Carrier, 스튜어트 크래머Stuart Cramer에게 빚지고 있다.[36] 이들 각각은 기술적인 면만큼이나 심리적인 면이 반영된 에어컨의 출현을 위한 토대를 마련했다.

알프레드 울프는 1890년대에 난방과 환기시스템으로 매우 유명했다. 한창 잘나가던 때의 사진을 보면 그는 턱수염을 짧게 다듬은, 이제 겨우 40세가 된 잘생긴 남자다. 자칭 '증기 기술자'였던 울프는 1899년 맨해튼 코넬Cornell 의과대학의 시체 해부실에 작은 냉각 시스템을 설치했다. 울프의 기계는 피스톤 구동 증기 압축과 증발이 아닌, 냉매가 다른 흡수액으로 빠르게 흡수되는 방식으로 온도를 낮췄다. 그는 증기 압축과 같은 열 물리학의 원리를 이용하긴 했지만(빠르게 증발하는 액체가 열을 가져가 냉각하는 방식), 흡수식 냉각은 엔진이나 움직이는 부품 대신 열만 있으면 되었다. 이 방법은 소음 감소 등 분명한 이점을 갖고 있지만, 액체를 기계적으로 다시 분리하는 것은 까다로워 냉각 효율이 떨어질 수 있다. 냉매가 다른 흡수액에 용해되어야 하므로, 독성이 있고 부식성이 있는 암모니아가 거의 쓰인다. (만약 여기서 암모니아가 누출되면, 주변인들의 절반은 이미 죽은 목숨이다.) 그의 냉각 장치는 전국으로 날고기를 실어 나르는 냉장차들처럼 오로지 사체의 부패를 막기 위한 것이었지만, 시체실이 도시의 열기를 피할 수 있는 곳이었기 때문에 학교 측은 여름 졸업식을 그곳에서 진행하기로 했다. (확인할 수는 없지만, 그 방의 시체들이 모두 치워졌길 바란다.)

울프는 1,500명의 학생이 졸업식에 참석하는 것을 지켜봤다. 그는 온도 조절기와 습도 조절기의 숫자를 기록했는데, 두 장치는 더 완벽한 냉방 시스템을 개발하도록 도움을 주었다. 짐작하는 것처럼, 그의 흡수식 냉각기는 따뜻한 피가 흐르는 사람들로 실내가 가득해지자 더 바쁘게 작동했다. 이는 앞으로의 공기 시스템 설계를 위한 중요한 통찰을 그에게 제공했다. 그는 온도를 조절하기 위해서는 움직이는 기계가 내는 열뿐만 아니라 따뜻한 몸도 고려해야 한다는 것을 깨달았다. 하지만 그가 그날 확인한 가장 중요한 것은 쾌적함에 대한 사람들의 인정된 욕구, 즉 시장이었다. 그의 기록은 쾌적한 실내 냉방에 대한 초기 대중의 관심을 설명한다.

1902년 울프는 사람들의 쾌적함을 목적으로 고안된 세계 최초의 완전한 냉각 시스템을 설치하는 프로젝트를 이끌었다. 행운을 거머쥔 사람들은 뉴욕증권거래소 현장의 거래원들이었다. 브로드가 Broad Street에 새로 설계된 장애물 없이 탁 트인 거래장은 약 24m 높이의 금박을 입힌 천장과 석재로 된 실내로 햇빛을 비추는 거대한 창문이 있어 울프의 경고대로 여름 몇 달 동안은 '사람이 지낼 수 없게'[37]

만들었다. 건축위원회는 거래원들에게 미칠 더위와 습도의 영향을 걱정했다. 다시 말해, 건축위원회는 더위와 습도가 거래에 미칠 영향을 걱정했다. 위원회는 건물의 환기를 위해 울프를 고용했지만, 울프는 위원회의 반대에도 불구하고 환기 이상의 것을 고집했다. 그는 고리의 피스톤 구동 기계보다 더 조용한 암모니아 흡수 냉각기를 이용한 '냉각 시설'을 원했다. 그 시설은 공기 중의 수분을 빨아들일 수 있는 염화칼슘 브라인calcium chloride brine을 통해 찬 공기를 통과시켜 습기를 없앨 수 있었다.

위원회는 울프의 계획을 스타 기술자가 되고 싶은 이기적 시도로 보고 그를 비웃었다. 비용이 애초 계획했던 것보다 훨씬 많이 들었다. 하지만 울프는 위원회가 보지 못한 것을 보았다. 7월에서 9월까지의 여름 더위가 이 건물을 사람이 지낼 수 없는 곳으로 만든다면, 위원회는 정확히 어떻게 이 거래원들이 여름의 무더위를 견디며 일을 하고, 불쾌한 공기 속에서 돈을 벌 수 있을 거라고 생각하는 걸까? 빠르게 미국의 명물이 되어가는 흑마술이라도 있다고 생각하는 걸까? 울프는 이 시스템이 결국은 거래원들에게 돈을 벌 수 있게 해줄 것이고, 만약 돈을 벌지 못한다면 월스트리트가 왜 있는 것이냐며 위원회를 설득했다. 위원회는 마지못해 그의 의견에 동의했다. 울프의 냉방 시스템(암모니아 흡수로 냉각된 공기를 거래장 주변에 적절하게 배치된 통풍구로 운반하는 거대한 배관 시스템)은 효과가 있었다. 이 시스템은 이후 20년 동안 뉴욕증권거래소의 온도와 습도를 낮추었다.

냉방이 실제로 증권거래에 영향을 미쳤을까? 날씨와 증권거래의 상관관계를 보여주는 최근 연구에 따르면, 영향을 미쳤다. 울프의 냉방 시스템이 설치되기 전인 1885년에서 1903년까지를 대상으로 한 연구는 "쾌적한 온도에서의 수익률이 지나치게 높은 온도에서의 수익률보다 상당히 높았다"[38]라고 결론 내렸다. 하지만 1903년 냉각 시스템이 설치된 후에는 수익률 차이가 갑자기 '의미 없는' 수준이 되었다. 다시 말해, 안정된 온도가 자본의 안정적 흐름을 가능하게 했다는 의미다.

이처럼 인간의 쾌적함을 목적으로 한 최초의 완전한 냉방 시스템(10여 년간 최적의 사례 중 하나)은 쾌적함 그 자체를 위한 것이 아닌 자본주의의 지속을 위해 설계되었다. 고전 자유주의 경제학의 정신에 따라 뉴욕증권거래소는 자본의 흐름에 방해가 되는 모든 장벽과 한계를 없애고자 했다(이 경우에는 열과 기후). 이것이 미국의 우선순위를 말하는 게 아니라면, 무엇이 그러할지 잘 모르겠다.

심지어 미국의 대다수가 생활공간에 대한 냉방의 가치에 동의하기도 전에, 울프는 월스트리트에 안전한 투자 수단으로 냉방과 관련된 주식의 가치를 설득했다. 그는 건축위원회에 보내는 서한에 다음과 같이 썼다. "보셨겠지만, 이러한 공기 냉각 시스템은 전에 없던 시스템입니다."[39] 그는 위원회의 멤버들에게 그들이 변화의 출발점에 서 있다고 확언했다. 그는 "제 생각에는 곧 다가올 일입니다"라고 썼다. 그리고 얼마 지나지 않아, 1909년 그는 사망했다.

공기의 냉각이 다가오고 있긴 했지만, 그것은 서서히 다가왔다. 수십 년간 뉴욕증권거래소의 쾌적한 냉각 시스템을 모방한 이들은 거의 없었지만, 기술적인 변화나 진보를 넘어서는 무언가가 고리의 시대 이후 바뀌었다. 무언가, 역사적 기록으로는 명확하게 설명하기 어려운 무언가가 서서히 변화하고 있었다.

울프가 증권거래소에 냉방 시스템을 설치한 같은 해, 25세의 엔지니어 윌리스 하빌랜드 캐리어Willis Haviland Carrier[40]는 버팔로 제련 회사Buffalo Forge Company에 입사해 인쇄소의 습도를 조절하는 일을 맡았다. 브루클린의 이스트 윌리엄스버그에 있는 이 새킷앤빌헬름 인쇄소Sackett & Wilhelms Lithography and Printing Company는 〈저지Judge〉라는 주간지를 발행했다. 주로 정치적인 풍자와 시사적 사건들을 재치있게 다룬 이 잡지는 사람들에게서 많은 인기를 끌었다. 그런데 잡지에는 문제가 하나 있었다. 지난여름 6월부터 8월까지 폭염이 미국 전역을 덮친 때였다. 뉴욕에서만 1,000명 이상의 사망자가 발생했을 정도였다. 기온이 점점 상승하는 지금에도 1901년 7월은 기록상 이 나라에서 가장 더웠던 달 중 하나로 남아 있다. 정말이지 너무나 더워서(공기 중에 습기가 가득했다) 길을 나선 마차의 말들이 쓰러져 죽을 정도였다. 쓰레기와 오물은 말할 것도 없고, 떠도는 열기 사이로 썩어가는 말 사체의 악취가 사방으로 퍼져나갔다.

4주간의 힘든 시기를 보낸 후, 〈저지〉는 이 상황을 다음과 같이 꼬집었다. "평소 기상청은 우리가 계속 날씨를 추측하게 하지만, 최근의 폭염은 아주 확실히 최악이었다."[41] 같은 문제로 질려버린 이가 한마디를 더했다. "더위 때문에 자살하지 마세요.[42] 이보다 더 뜨거운 곳도 있답니다." 두 페이지에 걸쳐 게재된 빅터 길럼Victor Gillam의 "아무 것도 하지 마! 날이 더우니까"라는 제목의 전면 컬러 정치만화에도 이러한 상황이 잘 나타나 있다.[43] 이 만화는 미국의 여러 산업을 의인화하고 있는데, 그림에서 이들은 모두 해먹에 한가로이 누워 있다. 땅딸

막한 한 남자가 입을 크게 벌린 채 잠을 자고 있는데, 그의 손에 들린 석탄이라고 쓰인 표지판이 손가락을 거의 빠져나가고 있다. 그의 밑에는 민주 정치라고 쓰인 꼬리표를 단 당나귀 한 마리가 발굽을 공중으로 향한 채 등을 대고 누워 있다. 그리고 가운데에는 거대한 코끼리, 공화당 정치가(당시의 대통령 윌리엄 매킨리William McKinley)가 시가를 피우고 있는데, 한쪽 발은 탄산수 병을 받치고 있고, 코는 컵을 감고 있으며, 눈은 뜨려고 애쓰고 있다. 이들은 모두 김빠진 채로 누워 공중에 매달려 있다. 침체 상태다. 일하지 않으니 발전도 없다(더위 때문인가? 확실하지 않다).

　　이 잡지가 인쇄된 것은 완전히 행운이었다. 지독한 습도 때문에 표지를 비롯한 잡지의 컬러 부분을 제대로 표현하는 것이 거의 불가능했기 때문이다. 종이는 다른 색의 잉크를 사용해야 할 때마다 매번 인쇄기를 통과했다. 그러나 덥고 습도가 높은 날에 종이는 (공기 중의 수분을 흡수해) 쭈글쭈글해졌고, 기계를 통과할 때 미세하게 위치가 바뀌면서 이미지와 글이 지저분해졌다. 잡지사는 흐릿하고 읽기 힘든 잡지 수천 부를 인쇄하고 있었다. 그해 여름, 이들은 종이, 노동, 돈, 시간(빨리 다음 잡지를 내야 하는 처지로서는 이미 빠듯했던 요인들)을 낭비했다. 해결책을 찾지 못하면, 더위가 이어지는 동안은 잡지의 발행을 중단해야 했다.

　　1902년 여름이 전과같이 끔찍한 여름이 될 것으로 보이기 직전에, 인쇄소는 환풍기와 용광로를 만드는 버팔로 제련회사에 도움을 청했고, 캐리어가 그 일을 맡게 되었다. 코넬대학을 갓 졸업한 '까무잡잡한 녀석'[44]이었던 캐리어는 통풍과 난방에 대해서는 잘 알았지만,

공기 중의 습도에 대해서는 아는 것이 전혀 없었다. 그래도 그는 강한 의지를 내비쳤고, 그 일을 한번 해보기로 했다. 아마도 자신의 가치를 증명하고 싶은 마음에서였을 것이다.

처음에 캐리어는 염화칼슘 염수에 적신 삼베를 바람에 날려 공기 중의 수분을 끌어모으려고 시도했다. 그 작업은 효과가 있었지만 이 과정을 실행하려면 **추가로** 두 사람이 필요했다. 이미 재정적 어려움에 처한 인쇄소로서는 고용하기 버거운 인력이었다. 게다가 염수는 공기 중에 너무 많은 소금기를 남겨 금속으로 된 인쇄기가 녹슬 수 있었다. 하지만 그에게는 또 다른 아이디어가 있었다. 뜨거운 공기는 많은 수분을 보유할 수 있지만(공기가 뜨거울수록 더 많은 수분을 보유할 수 있으므로 공기는 더 습해진다), 차가운 공기일수록 수분을 보유할 수 있는 능력이 떨어진다. 그렇다면 냉각은 공기 중의 수분을 짜낼 것이다.

캐리어는 온도, 공기 속도, 습도를 맞추기 위해 미국 기상청의 이슬점에 대한 기록(온도와 그에 상응하는 수분포화도 목록)을 참조했다. 인쇄를 위해 필요한 이상적인 온도는 여름에는 약 27℃, 겨울에는 약 21℃였으며, 이상적인 연중 상대습도는 55%였다. 이 기준을 참고해 캐리어는 전에 없던 수준의 정확도와 밀도를 달성하려 했다. 결국, 그가 완성한 공기조절 장치는 울프가 월스트리트의 증권거래소에 설치한 것과 유사했지만 습도 제어 기능이 강화되었다. 이 프로젝트는 산업 환기가 하나의 과학이 될 수 있음을 암시했다.

아쉽게도 캐리어가 설계한 장치는 인쇄소 전체보다는 인쇄물에 한해 효과가 있었다. 비용을 절감하기 위해[45] 그는 처음부터 장치를 설계하는 대신 기존의 난방 장치를 개조했는데, 그 결과는 이상과는 거리가 멀었다. 장치를 가동하는 데 캐리어가 예상했던 것보다 많은 비용이 들었고, 습도 수준도 오르락내리락하며 일관되지 못했다. 장치를 설치한 지 1년 후, 인쇄소는 이 시스템을 폐기했다. 시스템은 폐기되었지만, 그 건물은 공기를 통제하려 한 최초의 체계적 시도를 위한 기념비로써 브루클린의 그랜드앤모건가 모퉁이에 아직 남아 있다(지금은 예술가들이 모이는 장소와 칵테일바가 되었다).

그러한 문제에도 불구하고, 캐리어의 첫 번째 프로젝트는 제조업에 특정된 공기 조건을 제어하는 '공업용 에어컨process air-conditioning'를 선보였다고 할 수 있다. 이때의 에어컨은 온도를 낮추는 것뿐만 아니라 올리는 것도 의미했다. 핵심은 냉방이 아니라 통제였다. 브루클린의 인쇄소에서 캐리어는 통제가 마음대로 되지 않아 실망했지만, 그는 그것을 완성하기로 마음먹었다.

사람들 말에 따르면 그는 '공기 연구'에 집착하게 되었다. 그는 끊임없이 습도를 생각했다. 샤워할 때도, 면도할 때도, 걸을 때도, 먹을 때도, 다른 사람들이 그에게 말을 하고 있을 때(동료들로서 정말 화가 나는 순간이다)조차도 습도에 대한 고민에 빠져 있었다. 그는 저녁 약속을 잊고, 식사 때를 놓치고, 여행 가방에 달랑 손수건 한 장만 넣은 채 펜실베이니아로 떠나는 등 늘 딴 데 정신이 팔려 있는 것으로 악명 높았다. 그는 동료들과의 점심시간도 식탁보 위에 자신이 구상한 공기 시스템을 그리며 보냈다. 말도 안 하고 먹지도 않았다. 젊은 시절 사진 속의 그는 눈 밑에 다크서클이 있는데, 만약 그것이 잠을 자지 못해 생긴 것이라면, 그는 미국 발명가들로 이루어진 막강한 민병

대(가장 유명한 사람으로 토머스 에디슨이 있다)의 일원이라고 할 수 있다. 이들은 좀처럼 잠을 자지 않았지만, 늘 꿈을 꾸었다.

1902년 어느 추운 가을 저녁, 캐리어는 짙은 안개 속을 헤매서, 버펄로로 돌아가기 위해 말 그대로 구름(짙은 안개)으로 뒤덮인 피츠버그 기차 플랫폼에 들어섰다. 플랫폼에 발을 들여놓으면서 그는 자신이 습도 문제를 풀 수 있는 답에 다가가고 있음을 깨달았다. 그는 나중에 이 답을 "거의 100%의 수분으로 포화된 공기"[46]라고 썼다. 완전히 포화상태였지만 공기는 차가워서 따뜻한 공기가 할 수 있는 만큼 수증기를 포함할 수 없었다. 차가운 공기와 따뜻한 공기는 모두 수분으로 포화되는데, 온도에 따라 포함할 수 있는 능력이 다르기 때문에 각기 포함할 수 있는 수분의 양이 **다르다**. 무언가가 떠올랐다. 그는 안개를 만들었다. 그는 특정한 낮은 온도에서 공기를 포화시켰다. 그런 다음 수분의 양을 유지하면서 공기를 가열했다. 수분을 공급하지 않고 공기를 가열하니 습도(%)가 떨어졌다. 온도가 올라갈수록 습도는 떨어졌다.

1904년까지 캐리어는 이 정밀한 습도 제어 기능을 다른 기계에 통합했고, 기계는 '공기처리장치'로 특허를 받았다. 그런 다음 몇 가지 계약들이 뒤따랐다. 노스캐롤라이나에 있는 한 직물공장의 섬유가 건조한 열기로 해지고 있어서 캐리어가 공기조절에 나섰다. 디트로이트에 있는 한 제약회사에서는 젤 캡슐이 녹고 있어서 캐리어가 공기조절에 나섰다. 또 뉴욕에 있는 한 실크 공장은 습도로 인해 방적에 문제가 생겨 캐리어가 공기조절에 나섰다. 담배, 강철, 면도날, 영화 필름, 씹는 껌과 초콜릿, 가죽, 마카로니, 종이, 곡물, 맥주, 비누, 고무 등 모든 것에 정확한 습도 조절이 필요했다. 캐리어는 공기를 조절했고, 각 산업은 일관된 품질(각 원료에 필요한 고유의 품질)을 유지하여 매출이 급증했다.

업계는 공업용 에어컨을 통해 날씨와 상관없이 공기를 균질화하고 일관되게 유지함으로써 제조 이익을 극대화하고자 했다.

1915년 캐리어는 버펄로 제련회사를 떠나 자신의 회사인 캐리어엔지니어링 회사Carrier Engineering Corporation를 설립했다. 회사는 그의 성과를 찬양하는 강력한 고객 명단을 확보했다. 다른 에어컨 기술자들과 회사들도 있었지만, 캐리어 같은 사람은 없었다. 캐리어라는 이름은 아주 고질적인 특성을 잡아낼 수 있는 능력뿐만 아니라 기술적, 과학적 진보의 개념 그 자체를 의미했다. 때로 냉담함을 보이긴 했지만, 그는 훌륭한 판매업자이자, 흥미로운 시장주의자이자, 뛰어난 사업가였다. 그는 이제 남부에서는 진부한 표현이 된 '더위가 아닌 습도'에 집중함으로써 계속 계약을 따냈다.

세 번째 기술자인 스튜어트 크래머 역시 비슷하게 습도에 초점을 맞추면서 현대식 에어컨의 형태에 영향을 미쳤다. 노스캐롤라이나에서 태어난 크래머는 남부 전역에 여러 개의 직물공장을 소유하고 관리했다. 내가 찾은 유일한 사진 속의 그는 프리드리히 니체Friedrich Nietzsche를 일부러 흉내 낸 것처럼 보이는 큰 팔자수염에, 울 코트를 입고, 시선은 옆을 향한 눈에 띄는 인상의 청년이었다. 1906년 노스캐롤라이나 애슈빌에서 열린 미국 면화제조자협회American Cotton Manufacturers Association의 제10회 연례회의에서 크래머는 당시의 직물공장에서 흔히 볼 수 있는 문제를 설명했다.[47] 그 문제는 건조한 공기 속에서 면사가 더 쉽게 끊어지는 바람에 시간과 비용이 많이 든다는 것이었다. 이에 그는 온도를 높이고 공기 중에 물을 분사해 습도를 높일 수 있는 말 그대로 캐비닛처럼 생긴 '자동 조절기Automatic Regulator'를 개발했다. 기계는 여러 개의 온도계와 습도계로 정확한 수준을 유지했다. 그의 설명에 따르면, 기계는 증기 압축으로 냉각할 수 있는 능력은 거의(아예) 없었던 것으로 보이지만, 차가운 물을 사용하거나 외부 공기를 공장으로 유입했을 가능성이 있다. 어쨌든, 그의 관심은 냉각이 아닌 가습에 있었고, 1910년대까지 남부 직물공장 3분의 1의 공기 상태가 그의 통제 아래 있었다.

크래머가 애슈빌 연설에서 지적했듯이, 그의 자동 조절기가 제품을 위해 공기를 개선하기는 했지만, 공기 상태가 노동자들에게 늘 좋게 작용한 것은 아니었다. 사실, 그들은 자주 위험한 상태에 놓였다. 공장 소유주, 엔지니어, 관리자들의 우선순위는 노동자들의 복지가 아니라 수익이었다. 게일 쿠퍼는 "엔지니어들은 창문을 굳게 닫고, 문을 닫고, 작업 패턴과 생산 공정의 변경을 금지함으로써 자신들이 보증한 것과 약속한 (에어컨) 기술을 이행하려 했다"[48]라고 썼다. "환경 제어를 위해 공조空調* 엔지니어들은 우선 공장 건물을 통제한 다음, 점차 건물 내에서 이루어지는 활동들을 통제할 것을 주장했다." 특히 직물공장의 경우, 극도로 높은 습도는 방적공들의 삶을 지옥으로 만

---

* 공기조화의 줄임말, 기계 장치를 이용해 실내의 온도, 습도, 세균, 냄새 등을 그 장소의 사용 목적과 보건에 적합한 상태로 유지하는 일.

들었다. 몸의 열기와 방적기의 지긋지긋한 윙윙거림이 이미 끔찍한 상황을 더 끔찍하게 했다. 관리자들은 창문을 닫아야 한다고 주장했다. 크래머가 말했듯 "그들은 외부 공기가 유입되면 내부의 대기 상태가 흐트러져 일이 '엉망'이 될 것을 알았기 때문"[49]이다. 노동자들도 이 사실을 알고 있었다. 하지만 그들은 관리자들과는 달리 숨을 쉬기 위해 고군분투했다. 노동자들은 손이 닿는 거리에 있으면 '불편하다고 느낄 때마다' 창문을 활짝 열어놓곤 했다. 크래머가 편안함의 관점에서 이야기한 것은 이 정도가 전부였다(그와 그의 콧수염은 분명히 동정심이 없었다).

의도한 것은 아니지만 공기조화가 노동자들의 환경을 개선시킨 공장들도 있다. 예를 들어 카메라 필름과 같은 제품이 더 깨끗한 공기, 더 시원한 온도, 더 낮은 습도가 필요하다면, 공장은 여름 더위를 피할 수 있는 피난처가 되었다. 어느 경우 더위에서의 해방은 노동자들의 효율을 보장하기도 했지만, 이는 노동자들이 급여를 어떻게 받느냐에 따라 달라졌다. 완성된 제품의 개수에 따라 돈을 받는 경우, 그들은 가능한 많은 제품을 만들기 위해 대개 어떠한 불편 속에서도 충분한 동기를 부여받았다. 그렇지 않고 시간당 임금을 받는 경우, 그들은 환경이 쾌적할 때 더 높은 효율성을 발휘했다. 하지만 대부분 공업용 에어컨의 결과는 노동자들의 극심한 불편으로 이어졌다.

크래머와 같은 엔지니어들은 노동자들의 감정에 주의를 기울였는데, 이는 순전히 그들이 수익률에 영향을 줄 수 있다고 생각했기 때문이다. 크래머는 마지못해 애슈빌의 청중들에게 성공적인 엔지니어는 제조되는 물건뿐만 아니라 '고용된 인력'[50]에 맞는 이상적인 조건을 고려해야 하며, '둘 모두에 적합한 환경을 만드는 것'을 목적으로 해야 함을 인정했다. 이처럼 우회적인 방법으로 그는 공조와 냉방의 동시 전개를 통해 노동자의 효율 개선이라는 에어컨의 또 다른 초기 용도를 드러냈다. (인간을 위한) 쾌적한 냉방은 때로 (제조를 위한) 공조와 대조된다. 그러나 크래머는 이 둘을 합쳤을 때의 힘을 보았다. 노동자들의 쾌적함은 노동으로부터 이익을 얻어낼 수 있는 수단을 보장했다. 하지만 공장의 입장에서, 모든 공조는 결국 공업을 위한 공조였다.

역사학자들은 일반적으로 크래머의 1906년 애슈빌에서의 발표를 노동력 착취가 아닌 다른 이유에서 언급한다. 크래머는 이 발표에서 '공기조절air-conditioning'이라는 말을 처음 사용했다(그는 이 용어를 만든 공으로 가장 유명하다). 이 용어가 처음 등장한 논문은 이제는 우리에게 너무도 익숙해진 이 말의 함축적 의미를 강조한다. 당시 좀 더 설명적 대안이었던 '공기 냉각', '안락한 냉방', '처리된 공기', '만들어진 공기', '인공 날씨'를 생각해보자. 크래머는 해당 공정에 좀 더 정확한 이름을 붙이고 싶었기 때문에 '공기조절'이라는 용어를 만들었다. 그것은 단순한 냉방 이상이었고, 난방 기능도 했다. 가습과 제습을 했고, 여과와 환기를 했다. '조절conditioning'은 사람들이 아닌 엔지니어의 손에서 완전히 제어되는 것을 의미했다.

이 공기조절이라는 단어가 가지는 애매한 의미도 생각해보자. **조절된다는 건 정확히 무엇을 의미하는가? 무엇이 혹은 누가 제어되고 있는가?** 물론 크래머는 공기라고 답할 것이다. 하지만 이 단어는 또한 공기가 그 안에 있는 것(사람)들을 **조절**할 가능성을 뜻하기도 한다. 당시 동사 '조절하다(condition)'는 '원하는 상태나 조건에 이르게 하는 것, 적당하거나 좋은 조건으로 만드는 것'을 의미할 수 있었다. 크래머는 특히 이런 면에서의 의미를 의도했고, 옥스퍼드 영어사전은 이제 '조절하다'가 '공기를 깨끗이 하다'라는 보다 구체적인 의미도 담고 있다고 말한다. 흥미롭게도 이 단어의 정의에 수반되는 또 다른 예시 문장은 더 심상치 않은 용법을 보여준다. '물 건너편의 우리 친구들은 **개를 어떻게 길들이는지**how to condition a dog 모르는 것 같다.' (저자 강조) 이 단어가 그 밖에 '조건 반사 혹은 조건 반응을 일으키게 하다'로도 정의된다는 점을 생각해보자. 사전의 이 항목에는 파블로프의 개가 흘리는 침이 예시로 따라다닌다.

이때는 크래머가 확실히 '조절'을 의미했지만, 이 단어는 '우리의 존재나 인지를 제한하는 것', '우리의 존재 조건을 지정하거나 만드는 것'을 의미할 수도 있었다. 두 가지 의미는 모두 온도 조절이 세상에 미칠 영향을 예고했다. 온도 조절은 제한하면서 확장할 것이다. 온도의 범위를 제한함으로써 에어컨은 인간이 살 수 있는 곳의 범위를 넓힐 것이다. **우리는 어디든 있을 수 있게 된다**(적어도 한동안은). 20세기 말이면 알게 되겠지만, 공기조절은 단기적으로는 우리의 공간과 시간의 범위를 확장하는 반면, 장기적으로는 '존재와 인지' 모두를 제한할 것이었다. 그것은 전 세계적으로 우리의 '존재 조건'을 지정하거나 만들 것이었다.

1906년 '공기조절'이라는 용어는 크래머가 의도했던 것 이상으로 적절하다는 것이 증명되었다. 그것은 이중의 힘을 갖고 있었다. 직접적으로, 에어컨은 공기를 제어했지만, 공기를 제어할 때 그 안의 프로세스와 사람들도 제어했다. 제어함으로써 제한하기도 했다. 즉 에어컨은 지구에서의 우리의 가능성을 더욱 제한하게 될 화학적 냉매와 전기를 점점 더 많이 써가면서 공기를 유한한 범위의 조건으로 제한했다.

만약 실제로 그 이름에서 알 수 있듯이, 행동을 조절할 수 있다면, 그것이 어떤 행동을 조절했을지는 두고 볼 일이다.

5

균일하고 보편적인
공기에 대한 믿음

공장 노동자와 관리자 간, 개인적 안위와 회사의 이익 간, 변덕스러운 자연 바람과 단조로운 인공 바람 간의 은근한 다툼에도 불구하고 공업용 에어컨은 큰 인기를 누렸다.[51] 공기조화라는 **개념**이 유행하기 시작한 것이다. 난방과 환기 장치를 연구하던 엔지니어들은 돈을 벌어다 줄 산업이 도래하는 모습을 보았다. 엄격한 환경 통제가 필요한 물건을 생산하는 공장의 주인들은 이제 단순히 좋은 날씨만을 바라던 시절은 지나갔음을 알게 되었다. 그들은 날씨를 만들 수 있었다. 공기가 조절되는 세상에 대한 고리의 꿈이 되살아난 것만 같았다.

그러나 공장 밖에서는 대기조건에 대한 더 공공연한 다툼이 벌어졌다. 캐리어, 크래머, 울프는 제품을 만드는 데 열심이었을 뿐이었지만, 그들이 발명한 기계는 이제 시민들의 관심사, 즉 공립학교 교실을 중심으로 새로운 파벌들이 만들어지는 더 큰 국가적 논쟁으로 돌입했다. 대중의 논쟁에 더욱 불을 붙인 것은 교실에 꽉 들어찬 아이들과 호르몬 변화가 심한 청소년들이 느끼는 불쾌함이었다.

모든 사람이 더운 날의 붐비는 실내, 예를 들면 백화점 고층, 기차역 대기실, 비좁은 사무실에서 느껴지는 불쾌함을 잘 알고 있었다. 1890년대에 도시 인구가 늘어나기 시작하면서 자연히 인구 밀도가 높아졌다. 1860년 뉴욕의 인구는 100만 명이 조금 넘었다. 그러다 1880년에는 인구가 거의 2배가 증가해 인구밀도는 제곱마일당 20만 명을 기록했고, 1900년에는 거의 400만 명으로 늘어나 인구밀도가 제곱마일당 30만 명에 달했다.[52] 뉴욕 시민 '3명 중 1명'은 '통풍이 안 되고 창문이 없는 방'에서 잠을 자야 하는 지저분한 공동주택에서 가난하게 살았다. 공공장소에서는 사람이 많아질수록 불쾌함도 커진다. 모두가 그러한 불쾌함을 느꼈지만, 그 느낌이 무엇 때문인지 혹은 그것이 어떤 영향을 미칠지 아는 사람은 거의 없었다.

20세기에 들어설 무렵까지도 의료계 외부에서는 많은 사람이 고리의 시대 때부터 전해져 내려오는 '나쁜 공기'설을 여전히 믿고 있었다. 그들은 나쁜 공기의 화학적 성분이 직접 병을 일으키지는 않지만, 악화시킨다고 생각했다. 1880년대에 과학자들이 말라리아와 결핵을 일으키는 세균을 발견한 후에도 나쁜 공기에 대한 근거 없는 믿음은 대중의 머릿속에 계속 남아 있었다. 뻔하지 않겠는가? 공동주택 안에 빽빽이 모여 사는 도시 빈곤층의 높은 결핵 발병률을 보면 그런 생각이 들 수밖에 없을 것이다. 밀집 그 자체로 인해 발생하는 어떤 화학물질이 환기가 잘되지 않는 공간에서 병을 일으킨 것이 틀림없었다. (물론 이는 사실이 아니었지만, 지금과 마찬가지로, 미국인들은 눈에 보이는 것을 보이지 않는 것보다 더 진실에 가까운 것으로 생각했다.)

두 세기 동안 과학자들은 나쁜 공기의 원인이 숨을 내쉴 때

나오는 이산화탄소라고 생각했다. 과학자들은 밀폐된 유리 시험관에 쥐들을 넣고 질식하는 모습을 지켜보았다. 그들은 그 원인을 (산소의 부족이 아닌) '탄산으로 과충전된 공기'[53]라 보았지만, 1800년대 중반에 수많은 실험이 이루어지면서 탄소는 안전하고 별문제 없다는 것이 증명되었다. 그런데 이는 한 세기 동안만 유효했다. 후에 과학자들이 이 탄소를 지구온난화와 연관시켰기 때문이다. 화학적인 설명을 포기하고 싶지 않았던 의사와 건축가들은 나쁜 공기가 뭔가 다른 감지하기 힘든 오염물질에 의한 것이 틀림없다고 생각했다. 그 유령 같은 화학물질의 존재를 증명할 수는 없었지만, 그들은 그 물질을 가시 스펙트럼으로 끌어들이려는 듯 그것에 이름을 붙였다. 어떤 이들은 그 물질을 '집단 독crowd poison'이라 불렀고, 또 어떤 이들은 '병원성 물질morbific matter'이라 불렀다. 그리고 가끔은 (내가 개인적으로 가장 선호하는) '인류 독anthropotoxin'[54]이라 부르기도 했다. 이름을 붙이는 것은 안다는 것이기에, 과학자들은 증거에 기반한 지식은 없었지만 지식이 곧 따를 것이라는 부질없는 희망을 품고 어쨌든 이름을 붙였다.

공조 업계로서는 다행스럽게도, 사람들 사이에 대규모 환기가 '집단 독'의 축적을 막을 수 있다는 의견이 지배적으로 나돌았다. 팬과 배관은 '독성이 있는' 실내 공기를 밖으로 뿜어내면서 건물 안으로 '신선한 공기'를 대량으로 끌어올 터였다. 1890년대부터 건축법에 따라 기계적 환기가 의무화되었다. 비용이 드는 일이긴 했지만, 필요한 선택이었다. 그 결과 환기 사업이 갑작스러운 호황을 맞게 되었다. 새로 설립된 미국난방및환기협회American Society of Heating and Ventilating Engineers, ASHVE는 뉴욕주에 있는 모든 공립학교 건물에 공기 순환 규정(1인당

30CFM)[•]을 시행하도록 하는 법안이 통과되도록 로비했다. 이 규정을 만족할 수 있는 활발한 공기 교체는 1880년대 이후 보편화된 전동 팬만이 할 수 있었다. 1904년까지 뉴욕주는 모든 공립학교에 환기시스템을 설치하도록 요구하여 어린이의 건강과 편안함을 지원하는 만큼이나 업계의 주머니도 채웠다. 의사들은 이 문제에 거의 관여하지 않았다. 창문이 닫히고, 기계적으로 설계된 정밀한 시스템이 공기 흐름을 제어하기 시작하여, 사악하고 신비로운 '인류 독'이 포함된 실내 공기를 정화했다. 업계는 뉴욕 건물들이 전국적으로 새로운 건축물의 기준이 되어, 앞으로 싹틀 공조 산업의 법적 기반을 마련해주기를 바랐다. 그리고 실제로 그렇게 되었다. 1925년까지 미국의 22개 주에서 새로운 학교 건물에 기계적 환기시스템을 요구했다.[55] 건물과 엔지니어들 모두 좀 더 편하게 숨을 쉬기 시작했다.

그러나 뉴욕주가 법안을 통과시키기 무섭게, 반대하는 이들이 나타났다. 1883년 잘 알려지지 않은 네덜란드의 한 과학자는 실내에서 시간을 보낼 때 느끼는 불쾌함이 위험한 화학물질 때문이 아니라 물리적 조건, 즉 "높은 온도와 습도, 공기 흐름의 부족"[56] 때문이라고 확신했다. 또 뉴욕주가 기계적 환기를 요구한 지 1년 후인 1905년에는 독일의 치과위생사 카를 플뤼게Carl Flügge가 '인류 독' 이론이 틀렸음을 입증했고, 1911년 영국의 생리학자 레너드 힐Leonard Hill은 연구를 통해 점점 늘어나고 있던 증거에 또 다른 증거를 더했다. 덥고 답답한 방에서 느껴지는 불쾌함과 두통은 (연구에 따르면) 어떤 화학물질이나

● CFM은 Cubic Feet per Minute의 약자로 분당 공급되는 공기의 양을 말한다.

독성 (그리고 분명히 어떤 알 수 없는 '집단 독') 때문이 아니라 피부에서 땀이 충분히 증발하지 않기 때문이었다(벤자민 프랭클린이 1757년에 보낸 편지에 이와 비슷한 이야기를 이미 한 적이 있다). 당시 초점은 실내 공간의 상태에 맞춰져 있었지만, 에드워드 시대에 단추를 꼭 채운 옷들 또한 고려해볼 필요가 있다. 남자들은 무거운 천으로 된 스리피스 양복을 입었고, 여자들은 속치마와 목선이 높은 층진 드레스를 입었다. 서양 옷들은 대부분 땀을 증발시킬 수 있을 만큼의 피부를 드러내지 않았기 때문에 몸이 자연적 냉각 시스템의 기능을 행하도록 허락하지 않았다.

증거는 확실했다. 붐비는 실내에서 느끼는 불쾌함의 원인은 화학물질 때문이 아니었다.

흥미롭게도 힐의 연구도 더운 방에서 인체가 만들어내는, 때로 '인류 독'의 존재를 나타내는 것으로 여겨졌던 '불쾌한 냄새'의 해로움을 중요하게 생각하지 않았다. 그는 '냄새가 역겹긴 하지만',[57] 그렇게 느끼는 이유는 단지 "교육을 받은 예민한 사람들이…냄새는 유기 화학적 독의 존재를 나타낸다고 믿도록 배워왔기 때문"이라고 썼다. 그는 불과 1세기 전까지만 해도, 결핵을 앓는 어른들이 "어리고 활기찬 이들의 호흡이 자신들의 병을 고칠 수 있을 것이라는 말도 안 되는 상상을 하면서 붐비는 학교 교실에 일부러 숨을 쉬러 가기도 했다"라는 사실을 독자들에게 상기시켰다. 젊은 체취의 치유력에 대한 거의 흡혈귀를 연상시키는 이 믿음은 병자들이 '믿음과 희망을 품고 답답한 공기를 마시도록' 했다(다행히도 이제는 우리가 버린 믿음이다). 힐은 쾌적함을 정의하는 것이 각기 다른 문화적 기대로 인해 어렵다는 것을 인정했다. 그는 우리가 감각을 통해 인식하는 것에는 늘 어떤 의미가 이미 새겨져 있음을 시사했다. 그는 세상의 어떤 현실을 부정하려는 것이 아니라 우리가 알고 있는 것에 의문을 제기하려 했다. 감각의 영역을 통해 보편적 객관성을 가정하는 것은 보편적 신체를 가정하는 것이다. 이는 나중에 열적 쾌적성thermal comfort에 대한 정의를 형성하게 될 그 당시에 흔했던, 그리고 지금도 여전히 흔한 가정이다. 놀랍게도 힐의 글은 그러한 보편적인 가정에 이의를 제기했다.

실험 결과, 내쉬는 숨에 휘발성의 화학적 독이 없다는 것이 확실해졌다. 게다가 더위나 추위 모두 직접 병을 일으키지 않았다. 힐이 "따라서 불쾌함의 유일한 원인은 열 정체이며, 소위 붐비는 실내의 오염된 공기 속에서 발생하는 모든 증상이 열 정체에 달려 있다"[58]라고 썼다. 힐의 추천은? 여름에는 창문을 열어라. 그는 "갓난아기의 몸은 수백만 년에 걸친 진화의 유산으로, 영광스럽고 완벽한 기계"[59]라고 적었다. 그는 완벽한 기계에 손을 대지 말 것을 제안했다. 자연이 알아서 하도록 내버려두길.

힐의 연구 이후 창문을 둘러싼 대중의 대화가 폭발적으로 늘어났다. 뉴욕주의 의무적인 학교 환기에 대한 필요성은 업계에서 세심하게 지어낼 필요가 있었던, 이제는 신뢰를 잃은 독성 화학물질이론과 위태롭게 균형을 이루었다. 이제 그 필요성은 피부의 땀처럼 증발하는 듯했다. 하지만 이상하게도, 힐은 자연 환기를 지지했음에도 불구하고 다음과 같은 결론을 내렸다. "공기를 빠르게 움직이고, 식히고, 건조시키는 것(몸이 열을 발산할 수 있게 하는 기계적 수단)은 덥고 폐쇄된 공간 안에 있는 사람들의 괴로움을 즉시 덜어줄 수 있다."[60] 이미

국가가 돈을 낭비했다는 생각으로 화가 나 대규모 환기를 비판하던 사람들은 그러한 뉘앙스를 놓쳤음이 틀림없다. 납세자가 낸 돈을 낭비한다고 생각해 분노한 대중들은 기계적 환기의 필요성에 의문을 제기했다. 그것은 신체의 자연 냉각 기능을 촉진하는 환기의 효과를 무시한 과잉 교정이었다.

창문을 닫고 하는 환기에 가장 강력하게 반발한 이들은 오픈에어크루세이더스Open Air Crusaders(야외 십자군)의 조직위원들과 교육자들이었다. 이 단체는 환기 산업(당시 초기 단계의 공조 산업)을 무너뜨린 장본인인 자선가 엘리자베스 맥코믹Elizabeth McCormick이 이끄는 단체였다. 오픈에어크루세이더스는 기계적 환기가 사기라고 믿었다. 맥코믹과 그녀의 추종자들(대부분 의사가 아니라 동료 자선가들)은 굳게 닫은 창문을 결핵 및 다른 질병과 연관시켰다. 크루세이더스는 도시와 시골의 공립학교에 '신선한 공기'를 제공할 것을 요구했다. 그들은 미네소타의 햇살이 반짝이는 창문 바로 밖, 결핵 요양소가 지어지고 있는 소나무 숲에서 상쾌하고 향기로운 공기가 곧장 불어오는데도, 좀처럼 문을 열지 않는 시골 교회[61]와 여러 세대에 걸쳐 거미들이 쳐놓은, 아무도 손대지 않은 거미줄로 창문이 어둡게 덮인 시 청사를 맹렬히 비난했다. 이러한 기관들은 탁 트인 들판의 달콤하고 깨끗한 공기가 만들어놓은 폐 조직을 파괴하는 데 각자의 몫을 다했다. 그들은 극장, 시장, 은행, 사무실, 지자체 건물처럼 공기 시스템으로 밀폐되기 시작한 많은 공공장소를 지적했지만, 그들의 주된 관심사는 미국 학교의 교실이었다. 다시 말해, 그들의 관심사는 주로 어리고 감수성이 풍부한 아이들이었다. 그들은 기본 지침을 통해 사람들이 염두에 두어야 할 원칙의 목록을 작성했다. '모든 학교의 환기시스템과 관련하여 물어야 할 질문:[62] 환기가 제대로 됩니까?' '아이들에게 탁 트인 야외를 친구 삼도록 가르치십시오.' '모든 사람에게 충분한 두 가지는 신선한 공기와 햇빛입니다. 각자의 몫을 챙기십시오.'

크루세이더스의 요구는 공기가 정말로 '신선한' 미네소타에서는 설득력이 있었다. 하지만 공조 업계는 정치적인 이유로, 그리고 사리사욕을 초월한 이유로 '신선한 공기'라는 용어를 거부했다. 1900년대 초 8월 어느 날, 맨해튼과 시카고의 공기는 실제로 얼마나 '신선'했을까? 별로 신선하지 않았다. 보도에는 쓰레기가 흘러넘쳤고, 공장의 스모그가 공기 중을 떠돌았으며, (소음은 물론) 배기가스와 배설물 냄새가 거리 전체를 뒤덮었다. 다음 반세기 동안 도시의 공기 질은 산업화의 진행으로 더욱 나빠지기만 했고, 그러다 1952년 런던의 강한 유독성 스모그[63]로 인해 일주일새 거의 1만 2,000명의 사망자가 발생할 정도였다. (공조 업계에 따르면), '탁 트여 있고 신선하다'라는 실외 공기의 개념은 우리가 실내와 실외 공간을 임의로 어떻게 분리하는지를 보여줄 뿐이었다. 닫힌 창문은 우리를 세상과 분리할 뿐이었다. 그리고 공기는 우리가 만든 만큼만 신선했다.

크루세이더스는 특히 단조로운 실내 공기가 아이들에게 해를 끼친다고 단호히 주장했다. 신체적인 손상은 차치하더라도, 그것은 아이들의 **마음**을 감염시키고 있었다. 그들은 학교를 몇 개 세웠는데, 그중 일부는 특히 결핵에 걸리거나 '지적 장애가 있는' 아이들을 위한 것이었다. 일부 학교는 창문을 연 상태로 수업했지만, 나머지는 전적으로 야외에서 수업했다. 한 야외 학교는 1912년 1월, 낮 최고 기온이 불과 −11℃ 정도밖에 되지 않던 날에도 시카고의 빌딩 옥상에서 수업을 했다. 이들의 활동에 대한 공식 기록은 1913년 출간된 《야외 십자군: 아동의 개성 대 시스템Open Air Crusaders: The Individuality of the Child Versus the System》이라는 책에 잘 나와 있다. 책에 실린 사진 속 아이들은 모두 학교에서 지급한 '두꺼운 담요로 만든 인상적인 에스키모 옷'을 입고 옥상에 놓인 책상에 앉아 있다.[64] 또 다른 사진 속에서 아이들은 창문을 열어 놓은 학교에 줄줄이 앉아 있는데, 마치 전쟁 난민처럼 두꺼운 담요에 싸인 채 어리둥절한 눈길로 카메라를 바라보고 있다. 열린 창문 쪽에 일렬로 앉아 있는 아이들의 뒤로 어깨 폭이 넓은 원피스와 단정한 양복을 입은 성인 교직원과 행정 직원의 실루엣이 내리쬐는 햇볕에 어렴풋이 모습을 드러내고 있다. 사진 설명에는 '클리블랜드가 아이들을 돌보는 방법'이라고 쓰여 있다. 책의 저자는 "한 가지 무조건적인 규칙은 아이가 편안해야 한다는 것"[65]이라고 썼다. 크루세이더에게 편안함이란 오로지 '자연(우리가 항상 따옴표로 묶어야 하는 단어)'이 제공할 수 있는 것뿐이었다. 그들은 가장 가혹한 환경에서도 가장 잘 가르치는 것은 '자연'이라고 주장했다.

오픈에어크루세이더스는 날로 더해가는 삶의 현대화에 정면으로 대응했다. '탁 트인 공기, 열린 마음'은 그들의 좌우명이었고, 혹독한 겨울은 아이들을 실내에 가두고 '신선한 공기'와 햇빛을 차단함으로써 생기는 해로운 결과에 비교하면 아무것도 아니라고 믿었다. 그들은 "모든 어린이는 신선한 공기를 마실 권리, 고유의 개성을 가질 권리, 학교의 이해를 얻을 권리, 학교 시스템을 알 권리"[66]가 있다고 적었다. 크루세이더스에게 신선한 공기는 개성을 나타냈지만, 산업용 환기와 에어컨의 '등장'은 아이들을 제쳐두고 균일한 제품을 위해 균일한 환경을 요구하는 공장 시스템, 예를 들면 '포드'의 공장 시스템을 나타냈다. 여기에서 그들이 말하는 제품은 사람들의 생각이기도 했다. 그들은 사람들의 생각이 균일해진다고 보았다. 반면 자연은 우리에게 다양한 상태의 공기를 제공하고, 그러한 공기의 무작위성이 건강을 좋게 한다고 주장했다.

크루세이더스는 점점 기계화되는 세상에 맞서 야외를 선호하며 극단주의적 입장을 내세웠다. 업계는 이들을 러다이트Luddite•로, 피할 수 없는 진보의 장애물로 여겼을 것이다. 크루세이더스가 공기로 인한 건강 문제를 극단적으로 받아들여 역설적이게도 아이들의 건강을 위험에 빠뜨렸을지 모르지만, 나는 그들의 주장 중 일부를 진지하게 고려하지 않을 수 없다. 균일한 환경이 우리에게 심리적으로 영향을 미칠까? 아니면, 좀 더 그럴듯하게, 실내 환경의 균질화가 획일적 사고를 가져올까? '열적 단조로움'을 실현하려는 노력은 모든 사람을 위한 이상적이고 보편적인 환경이 존재한다는 믿음을 기반으로 하는 것일까? 우리는 왜 이상이 존재한다고 생각할까? 왜 우리는 모두에게 이상적인 균일하고 보편적인 공기가 있다고 믿을까?

적어도 마지막 질문에는 대답할 수 있다. 균일하고 보편적인 공기에 대한 믿음은 이상적이고 보편적인 인간의 경험을 믿는 경우에만 가능하다. 그러한 믿음은 보편적 요구를 가진 보편적 신체를 가정

• 1811~1817년 영국의 섬유 공업지대에서 일어난 기계 파괴 운동. 노동자들은 실업의 원인을 기계 때문으로 생각하고 이 같은 운동을 벌였다. 신기술 반대자의 뜻으로도 쓰인다.

한다. 하지만 이는 이론상으로만 가능하다. 모든 사람이 보편적 평균에 이를 수는 없다. 문제는, 물론 보편적 신체가 있다는 가정과 함께, 보편적 신체를 정의하는 사람들은 그것이 모두 허구라는 사실을 넘어서서 자신만의 이미지로 그러한 믿음을 만들어낸다는 것이다. 더 정확히 말하자면, 엘리자베스 맥코믹과 다른 여성 교육자들이 치열하게 맞서 싸운 **남성의** 이미지라고 하는 것이 좋겠다. 1910년대의 기계 엔지니어들은 보편적 신체를 주장했지만, 그들이 염두에 두었던 신체는 다름 아닌 자신의 신체, 즉 지배적인 젊은 백인 남성의 신체였다.

6

편안함의 과학화

교실 창문을 열어야 할지 닫아야 할지, 기계적 환기를 중단해야 할지 의무화해야 할지를 두고 사람들 사이에 혼란이 일었다. 당연했다. 하지만 실내 공기가 건강과 안위에 미치는 영향에 대해 광범위한 연구를 수행하는 과학자는 거의 찾아볼 수 없었다. 이 문제를 해결하기 위해 1913년 뉴욕 주지사는 미생물학자이자 공중보건 전문가인 찰스 에드워드 아모리 윈슬로Charles-Edward Amory Winslow가 이끄는 6명의 환기위원회를 구성했다. 윈슬로를 선택한 것은 적절했다. 그는 이미 공중보건과 실내 환경 부문에 많은 기여를 하고 있었다. 그가 위원회에 임명될 무렵에는 이제 소수의 사람만이 답답한 실내 환경이 화학적 또는 미생물적 위험 요인이라고 믿고 있었다. 하지만 실내의 더운 기운이 인간 생리에 미치는 영향은 여전히 풀리지 않는 문제로 남아 있었다. 위원회는 성인 근로자들과 아이들의 육체적, 정신적 활동을 더 잘 이해하기 위해 다양한 온도, 습도, 공기 조건에서 일련의 실험을 수행하기로 했다. 특히 위원회는 공기 조건이 '근로자의 작업 의지'[67]에 미치는 영향을 알고 싶어 했다. 궁극적으로 위원회는 더 긴급한 질문에 답해야 했다. 실내의 열 정체가 인체에 미치는 영향을 고려했을 때, 공공 건물을 환기하려면 어떻게 해야 하는가? 어떻게 하면 근로자가 계속 일할 수 있는가?

위원회는 1914년 12월부터 1916년 1월까지 할렘에 있는 뉴욕 시립대학의 연결된 두 방에서 실내 공기 실험을 15번 진행했다.[68] 실험 대상자들은 엄격하게 통제되는 대기 조건 아래 긴 나무 의자와 책상(일반적인 사무실이나 교실에 배치된 것과 같은 물품)이 있는 '관찰실'로 들어갔다. 위원회는 온도를 조절하는 난방 장치와 암모니아 냉각 코일이 갖춰진 '장치실'에서 한쪽 면에 있는 유리창을 통해 이들을 관찰할 수 있었다. 온도는 20℃에서 30℃ 사이에서 조정되었다. 온도는 극단적으로 변하지 않았고, 6월 북동부의 평균 온도를 크게 벗어나지도 않았다(미국 남부의 환경은 이와 완전히 달랐다). '신선한 공기'를 위해 해치가 바깥으로 열렸고, 기계적 배관이 '오염된 공기vitiated air*'를 공급했다. 전기 팬이 원활한 공기 흐름을 도왔고, 최신 습도 조절 장비가 공기 중의 습기를 조절했다.

이 연구에는 주로 시립대학의 학생들(16세에서 22세 사이의 남성)이 참여했고, 마지막 몇 번은 여성들도 소수 참여했다. 연구원은 대상자들에게 하루 8시간의 실험 중에 입을 속옷과 카키색 바지, 스웨터를 지급했다. 관찰자들은 이들의 활력 징후vital sign뿐만 아니라 서기, 기대기, 실내 자전거 타기, 역기 들기, 수학 방정식 풀기, 타이핑하기,

● 뒤에 나오지만 환기 장치에 의해 재순환되는 공기를 말한다.

손글씨 쓰기, 에세이와 시 쓰기를 얼마나 잘 하는지도 평가했다(이러한 일의 '성취도' 또한 다른 항목들과 마찬가지로 과학적으로 평가되었다). 그리고 대상자들은 '신체적 편안함에 대한 일반적 느낌'을 1(여느 때처럼 편안함)부터 5(심각한 두통이 왔을 때나 독감에 걸린 것처럼 불편함을 느낌)까지의 수준으로 나타냈다.[69]

1917년, 조사 결과에 따라 위원회는 '사람들로 채워진 평범한 실내' 공기의 화학적 구성이 그 안에 있는 사람들의 '건강과 편안함'에 거의 영향을 미치지 않는다는 사실을 확인했다.[70] 다른 연구에서도 이를 주장했지만, 아무도 이들처럼 국가의 지원을 받지는 못했다. 위원회는 또한 열, 습도, 공기 흐름의 중요성도 주장했다. 대부분의 실험 대상자는 몸이 잘 식지 않아 덥고 습한 환경에서의 신체 활동을 더 어려워했다. 이와는 대조적으로, 온도가 높더라도 미풍이 더해진 낮은 습도는 피부에서 땀이 증발하면서 몸을 식히는 데 도움이 되었다. 열은 의지를 약화할 순 있어도 수학 방정식의 정확한 풀이나 문학의 질에는 영향을 미치지는 않는 것으로 보였다. (수필가와 시인은 주목하길!) 그렇다면 어떤 환기시스템이 피부가 열을 빨리 발산하게 하고…적당한 시원함과 공기 흐름으로 피부를 자극할 수 있을까?[71]

위원회는 열 가지의 다른 환기 방법을 사용하는 미국 중서부와 북동부의 216개 학교를 조사했다. 바람이 없는 날은 공기 정체가 발생할 수 있어서, 창문을 열어두는 것만으로는 연구에서 이상적인 것으로 확인된 조건을 거의 재현하지 못했다. 하지만 팬이나 자연 환기 장치의 도움을 받는 열린 창은 최상의 결과를 안겨주었다. (자연 환기 장치는 공기의 흐름을 제어하는 데 동력을 거의 또는 전혀 사용하지 않았다. 열린 창문 맞은편과 천장 근처에 설치된 환기구가 더 차가운 공기를 끌어들이면서 자연적 부력을 가진 뜨거운 공기가 상승해 방을 빠져나갈 수 있도록 했다.) 보고서는 전적으로 기계적 환기에 대한 논평으로 다음과 같이 끝을 맺었다. 비록 연구를 통해 기계적 환기가 학생들에게 해롭다는 증거는 발견하지 못했지만, '불쾌함을 느끼거나 불만족스러울 수 있기 때문에 이 방법을 일반적인 절차로 권장하지는 않는다'[72]. 국가의 힘에 의한 이러한 제지는 업계에서 가장 빠르게 성장하는 시장 중 하나를 끝내겠다고 위협하는 것이나 다름없었다.

위원회가 과학적 객관성을 입증하면서 찰스 에드워드 윈슬로와 연구 자금을 지원하던 자선가는 열린 창문을 강력히 지지하게 되었다. 연구에서 사용한 외부 공기('신선한 공기')와 환기 장치에 의해 재순환되는 공기('오염된 공기', 즉 '변질된' 혹은 '질이 저하된' 공기)에 대한 용어는 실험에 내재된 편향성을 암시했다. 적어도 기계 엔지니어들은 그렇게 보았다. 하지만 주지사의 지시로 3년 이상 방대한 자료를 수집해 만든 600페이지 분량의 연구 결과를 반박하기는 어려웠다.

뉴욕주의 환기위원회는 정확히 공기조절 자체에 영향을 미치진 않았지만, 두 가지 중요한 방식으로 향후 냉각의 방향에 영향을 미쳤다. 첫째, 이들의 연구는 편안함의 과학, 즉 미카엘 하드Mikael Hård가 이후 냉장의 역사에 관한 사회경제학적 연구에서 편안함의 '과학화'[73]라고 부르게 되는 것을 시작했다. 해당 연구는 그 수행 과정을 통해 개인적, 주관적 경험을 넘어 인간의 편안함에 대해 어느 정도 객관적으로, 확실하게, 구체적으로 알 수 있음을 가정했다. 이러한 가정은 '에 플루리부스 우눔E Pluribus Unum•'의 역설적 본질을 보여주는 것으로, 실제로 많은 실험 대상자에게서 편안함에 대한 통일된 생각이 나타났다. 연구는 또한 개인 안에서 일정한 범위의 편안함, 즉 우리가 출생에서 죽음에 이르기까지 우리 자신 안에 갖고 있는 '자연적' 한계를 가정했다. 사실 위원회는 아이러니하게도 인간의 편안함에 관한 통일된 이론을 세우기 위해 편안함과 관련된 다양한 경험을 수집하고 종합했는데, 이 이론은 **일반적인 미국인이 편안함에 대해 갖고 있던 개별적 기대의 한계를 바꾸게** 된다. 그리고 위원회는 20°C에서 30°C 사이의 온도를 유지하면서 그들의 체계적인 조사가 위험한 조건이 아니라, 최악의 경우라도 불편한 조건(중요하지만, 위험함과 불편함은 때로 구분하기가 어렵다)에서 시행될 수 있도록 했다. 그런 식으로 보고서는 편안함에 대한 권위 있는 과학을 확립했을 뿐만 아니라 그 문제를 매우 중요시했던 건물 및 환기 엔지니어에게 편안함과 관련된 **비즈니스**를 넌지시 암시하기도 했다. 업계는 금속으로 된 환기구와 배관을 파는 것만큼이나 건강과 편안함에 대한 개념을 상품에 적용해 팔게 되었다.

둘째, 보고서 대부분은 당시 기계식 환풍기의 효율성을 비판하는 내용이었지만, 위원회는 기계식 환풍기를 전적으로 무시하지 않았고 대신 공기 시스템 설계 향상의 중요성을 지적했다. 윈슬로는 〈보편적 필수 요소인 과열 방지Avoidance of Overheating the One Universal Essential〉라는 제목의 글 마지막 즈음의 단락에서 실험의 초점이 공기 흐름에 맞춰지긴 했지만, 환기 방법은 교실 온도계의 수은주 상승을 제지

● 라틴어로 '여럿이 모여 하나'라는 의미이며, 미국의 건국 정신을 나타낸다.

하는 것보다 덜 중요했다고 썼다.[74] 주된 적은 열이었고, 정체된 공기는 그것의 잠재적 징후일 뿐이었다. 보고서는 냉각 정밀도가 아직 부족했던 울프나 캐리어, 크래머의 것과 같은 시스템을 이용해 환경을 완전히 기계적으로 제어하는 데 회의적이었지만, 전체적인 공기조절의 **개념**을 공격하진 않았다. 기계적 냉각이 아직 초기 단계에 머물러 있던 때, 마지막 단락은 엔지니어가 냉각과 제습을 완벽하게 통제할 수만 있다면, 최고의 건강과 쾌적함을 얻을 수 있는 환기 방법으로 에어컨이 열린 창문을 대체할 수 있다고 제안했다.

환기위원회는 1917년에 연구를 마쳤지만, 미국이 4월에 마침내 제1차 세계대전에 참전하면서 보고서의 발표가 연기되었다. 이 나라에는 환기보다 더 중요한 문제가 있었다. 어쨌든 발표가 연기되었지만, 보고서가 권고하는 사항은 업계 전문가들 사이에서 공공연한 비밀로 떠돌았다. 해외에서 전쟁이 벌어지는 동안, 조사 결과는 염소가스처럼 허공을 맴돌았다.

환기시스템과 공조 엔지니어들을 대표하는 산업 단체인 미국 난방및환기협회는 보고서의 지연을 이용했다. 나라가 세계대전의 폭력에 정신이 팔려 있을 때, 이 단체는 자체 연구실에서 진행된 자체 연구를 기반으로 편안함과 관련된 자체 이론을 수립하고, 환기위원회가 보고서를 발표하기에 앞서 다음과 같은 결론을 먼저 발표했다. "과열은 확실히 실내 환경에서 가장 중요한 요인이었다. 학교뿐만 아니라 모든 공공건물에서 이를 해결하는 방법은 새롭고 진보적인 공조 과학이 될 것이다."

그리고 안전지대를 정의하기 위한 경쟁이 시작되었다.

제1차 세계대전 전에 공조 산업은 비체계적이고 개별적으로 운영되었다. 주요 데이터와 이론, 열을 다루는 기술과 실험 결과들이 경쟁사보다 우위를 점하기 위해 기업들 사이에 흩어져 있었다. 주의회 의원과 시민 활동가들의 반대가 모든 것을 바꿔놓았다. 그러던 중 불현듯 미국난방및환기협회는 날씨 이상의 것을 만들어내야 한다는 것을 깨달았다. 이들은 엔지니어인 자신들이 쥐고 있는 전문적 정보에 대해 의사나 보건 위원의 권위와 견줄 만한 나름의 권위를 만들어야 했다. 전쟁에서 이기려면, 다른 제조업과 마찬가지로 에어컨의 기반을 구축할 수 있는 확실한 데이터로 이길 필요가 있었다.

1919년, 세상이 여전히 어지러운 가운데, 미국난방및환기협회는 미국 광산국Bureau of Mines이 있는 피츠버그 건물에 연구소를 설립했다. 모든 전쟁을 끝내기 위한 전쟁은 끝이 났지만, 공기를 지배하기 위한 전쟁은 이제 막 시작되었을 뿐이었다. 공기조절에 완벽한 창문 없는 지하실을 비롯해 실험할 수 있는 충분한 공간을 갖춘 미국난방및환기협회는 이상적인 실내 기후를 찾기 시작했다.

공업용 에어컨의 초기 실험 중 윌리스 캐리어는 특유의 관점으로 방문하는 각 공장에 맞는 이상적인 (제조되는 제품이 무엇이든 그에 맞는) 공기 조건을 결정하려고 시도했다. 그는 인간의 건강이나 쾌적함이 아닌 생산성과 효율성에 관심을 가졌다. 몇 번의 시도를 거친 후, 그는 향후 프로젝트에 도움이 되도록 시각적 축을 따라 배운 내용을 그려보게 되었다. 1904년 그는 최초의 공기선도空氣線圖, 즉 다양한 온도에서 공기 중 수분을 표시한 그래프를 그렸다. 그 초기 선도는 초보적인 것이었지만, 그는 계속된 수정작업을 거쳐 1911년 〈합리적 공기 선도 공식Rational Psychrometric Formulae)이라는 제목으로 2개의 선도를 발표했다. 두 선도는 약 −7℃에서 177℃ 사이의 온도에서 수분 포화점을 표시한다. 연필로 정교하게 그린 격자에 수분 포화도를 나타내는 선이 평평한 표면에 3차원을 부여하기라도 하려는 듯 위쪽으로 부드럽게 구부러진다.

캐리어는 공기 선도를 통해 제조에 적합한 공기의 물리적 상태를 표시하려 한 것이지만, 미국난방및환기협회 연구소는 이를 모델로 사용해 인간의 편안함이라고 불리는 그 규정하기 힘든 영역의 발견되지 않은 경계를 정의하려 했다. 공기의 독성에 대한 많은 이론이 틀렸음이 밝혀졌기 때문에 공조 산업은 한때 주장했던 인간의 건강에 도움을 주는 산업이 아니라 터무니없는 사치품을 파는 행상行商처럼 보였다. 과학적 방법을 사용해 이상적인 쾌적 지대를 정의할 수 있다면, 편안함의 개념을 생리학과 연결할 수 있었다. 그들이 널리 알려야 할 새로운 개념은 개인의 안위가 단순한 사치가 아니라 공중보건의 문제라는 것이었다.

1923년 1월, 위원회의 보고서 발표를 코앞에 두고 F. C. 호우튼Houghten과 C. P. 야글로글루Yagloglou(둘 다 피츠버그 미국난방및환기협회 연구소의 연구원이었다)가 2개의 논문 중 첫 번째 논문을 발표했다.[75] 각 논문에는 편안함에 대한 이론을 정립하는 핵심 원칙들이 담겨 있었다. 첫 번째 논문은 '유효 온도'를 정의했다. 온도계의 숫자와 달리, 유효 온도는 상대 습도, 수분의 양, 건구 온도(복사열이나 습기의 영향을 받지 않는 공기의 온도)의 조합으로 정해진다(21세기에 사는 우리는 유효 온도를 일기 예보의 '체감 온도' 정도로 이해하면 될 것이다). 연구원들은 캐리어의 공기 선도를 조정해 그들이 '동일 쾌적선equal comfort lines(캐리어의 온도, 상대 습도, 습기 변수를 가로지르는 직선)'이라고 부르는 것을 그려 넣었다. 그들은 사람들이 그 선에 있는 어느 지점에서든 '동일한' 편안함을 느낄 수 있을 것이라고 썼다. 수은주가 상승하면 동일 쾌적선이 아래쪽으로 기울어졌는데, 이는 비슷한 편안함에 도달하기 위해서는 더 낮은 상대 습도가 필요하다는 것을 나타냈다. 따라서 공기를 만들어내는 기기를 제어하는 사람들은 단순히 온도가 아니라 세 가지 변수를 모두 조정해야 실내에서 쾌적함을 느낄 수 있었다.

후속 논문인 〈지대 내 유효 온도의 추가 검증을 통한 쾌적 지대 결정Determination of the Comfort Zone with Further Verification of Effective Temperatures Within This Zone〉은 현대 버전의 엘도라도El Dorado, 즉 쾌적 지대로 가기 위한 생각들을 결집한 것이다. 연구원들은 수개월 간 실험을 통해 업계가 '쾌적선'[76]이라고 부르기 시작한 것, 즉 "집과 주거지를 따뜻하게 할 때 우리가 편안하게 느끼는 온도를 통과하는" 하나의 동일한 쾌적선을 정의하고자 했다. 하지만 이 논문은 하나의 선이 아니라 '가장 많은 사람'[77]이 신체적 편안함을 느낄 수 있는 특정 영역에 대한 지도를 제시했다. 연구원들은 다양한 공기 조건의 방에서 상당한 시간을 보낸 실험 대상자들의 응답을 이용해 습도가 약 55%, 온도가 약 17℃에서 약 22℃ 사이인 쾌적 지대의 '위치와 폭'을 그렸다.

얼핏 보면 이 실험은 과학적으로 엄밀하게 진행된 것 같지만, 자세히 살펴보면 실험을 통해 얻은 답보다 더 많은 의문이 생겨난다. 실험 대상자들의 응답 중 일부는 '전반적으로 편안함' 또는 '시험 내내 약간의 쌀쌀함을 느낌' 정도로 간단한 편이다. 그러나 많은 경우,

이들의 응답은 지도에 쉽게 표시되지 않는다. 예를 들어, 약 15℃의 쌀쌀한 방에서 두 시간 후 약 20℃의 방으로 옮겨간 한 남자의 응답을 보자.

"첫 번째 방에서 두 번째 방으로 옮겼다. 이 방에 들어왔을 때의 첫 느낌은 이전에 있던 방보다 약간 따뜻하다는 것이었다. 아마도 더 활기찬 방의 분위기 때문일 것이다. 하지만 시간이 지날수록 점점 더 첫 번째 방에서 느꼈던 것과 같은 쌀쌀함이 다시 느껴졌다. 방을 나가면서 나는 따뜻함에 관한 한 두 방이 같다고 생각했다."[78]

이 실험 대상자는 편안했을까 아니었을까? 편안했다면, **얼마나** 편안했을까? 편안함을 측정하는 단위는 무엇인가? 만약 그 방이 편안함을 제공했는데, '활기찬 분위기'가 제공한 편안함이라면? 연구원들은 생각했던 것보다 훨씬 더 곤란한 사례들과 맞닥뜨렸다.

게다가 논문에는 동일 쾌적선이 '평범한 옷을 입은 개인의 주된 감각 반응을 이용해 쾌적 지대'[79]를 나타내기 위한 것이라고 언급되어 있다. 그런데 정확히 주된 감각 반응이란 무엇이고, 부차적 감각 반응이라 부르는 것과 어떻게 다를까? 그리고 '평범한 옷'이 무엇인지도 궁금하다. 쾌적 지대를 정의할 때, '평범한' 조건(의복과 행동 모두)의 가정은 그러한 조건을 강화하는 불안한 효과가 있을 수 있다. 미래의 엔지니어와 입법자들은 대기 기준을 마련하기 위한 지침으로 이 쾌적 지대를 바라볼 것이고, 이는 결국 건물의 조건을 그 기준에 따라 편안함을 느낄 수 있는 수준으로 제한할 것이었다.

아마도 가장 혼란스러운 사실은 '평범한 인간에 대한 이 모든 질문은 인간이 결코 딱 꼬집어 대답할 수 없는 것'[80]이라는 논문의 인정일 것이다. '1920년대의 젊은 여성부터 마차 몰이꾼에 이르기까지' 그 다양함을 정확히 지적한 후에도, 연구원들은 스스로 '단언하기 매우 힘든 것'으로 인정한 '법칙'을 정의하려고 했다.

'합리적'이며 '공식적'인 선도는 업계의 강력한 의견, 즉 과학과 기술이 이상적인 기후, 이상적인 온도, 이상적인 세상, 봉쇄되고 통제된 세상, 이 세상으로부터 차단된 세상으로 이끌 수 있다는 생각의 권위 있는 토대가 될 터였다. 바꿔 말해, 선도의 존재는 보편적이고 명백한 그래프로 인간이 안락함을 느끼는 영역(거의 완벽한 영역, 매우 극단적이거나 비참한 상태의 사람을 제외하고는 빠져나갈 수 없는 영역) 혹은 아마 더 정확하게는 인간의 영역 그 자체를 그릴 수 있음을 나타냈다. 이 생각에 내포된 다른 의미는 더 골치 아프다. 그 의미를 보자면, 이상적인 온도는 변하는 것이 아니며 보편적인 것이다. 혹은 이상적인 온도는 문화적 요구에 구애받는 것 없이 모든 시간과 장소에서 우리가 모두 동의할 수 있다는 것이다. 만약 이러한 생각들이 오늘날 평범하거나 합리적인 것으로 느껴진다면, 우리는 그러한 생각들에 이미 익숙해진 것이다.

더불어, 미국난방및환기협회와 뉴욕주의 환기위원회는 모두 그들이 신체 건강보다 인간의 편안함에 더 관심이 있다는 것을 인정했다. 미국난방및환기협회는 "공기조절 문제를 꼼꼼히 검토하여 근로자의 복지와 최대한의 생산을 위해 가능한 최고의 대기 상태를 보장해야 한다"[81]라고 말했다. 이후 1931년 윈슬로 또한 "과한 열을 피하는 것이 편안함과 효율성의 증진을 위해 가장 기본적으로 중요하다"[82]라며 그 이중적인 목적을 반복했다. 두 보고서 모두 '편안함'과 '효율성'을 구분하려고 했지만, 연구원들은 그 두 가지를 연결(작업자의 효율성을 극대화하기 위한 편안함의 증진)함으로써 솔직한 속내를 드러냈다. 1931년에 업데이트된 위원회의 보고서를 보면, 특히 제1차 세계대전이 미국을 지배적인 세계 강국으로 만든 후 학생들의 지적 생산물에 대한 이 나라의 관심이 뚜렷하게 증가했음을 확인할 수 있다. 미래 시민의 교육과 세계 민주주의의 운명은 부분적으로 교실의 과한 열을 없앨 수 있는 능력에 달려 있었다.

오랫동안 기다려온 600페이지 분량의 뉴욕주 환기위원회 보고서를 포함해 미국난방및환기협회 보고서에 대한 논란과 반론이 이어졌지만, 생산량의 극대화라는 이상에 반기를 든 사람은 거의 없는 것 같았다. 관련된 거의 모든 사람이 쾌적 지대의 정의와 그곳을 점령할지에 대해(대답은 "네"였다) 합의했으나, 그곳에 어떻게 도달할지는 합의에 이르지 못했다. (이 점을 지적해야 하는데, 여기서 '모든 사람'은 모든 사람이 아니었다. 캐리어 회사에서 일했던 미국 최초의 여성 기계 공학자인 마가렛 잉겔스Margaret Ingels를 제외하고는 모두 같은 나이와 수입, 경험, 세계관을 가진 백인 남성들이었다. 바로 이들이 우리가 어떤 조건에서 편안함을 느껴야 하고 느껴야 하지 않는지를 결정하고 있었다.)

윈슬로가 이끄는 환기위원회는 3년 후 이번에는 주의 지원 없이 야외 공기에 대한 또 다른 조사를 시작했다.[83] 그리고 1926년 1월, 반기별로 진행되는 미국난방및환기협회 회의에서 분노한 엔지니어들이, 학교에서 기계적 환기를 할 '합리적 근거가 없다'[84]라는 윈슬로의 주장을 공개적으로 질타했다. 업계 협회가 직접 윈슬로를 회의에 초대했는데, 이는 단지 그의 생각을 신랄히 비판하기 위해서였던 것처럼 보였다. 이에 기계적 환기의 주창자인 E. 버논 힐Vernon Hill 박사는 "윈슬로 교수를 이곳에 단독으로 초대해 논문을 발표하게 해놓고 모든 사람이 그를 비난하는 것은 공정하지 않은 것 같다"[85]라고 말했다. 하지만 힐 박사는 윈슬로의 '자연적 환기'에 대한 각각의 주장을 일축하며 거리낌 없이 준비한 발언을 계속했다. 그는 "기계 환기의 핵심은 통제입니다"[86]라고 결론지었다. "기계 환기를 하는 공간은 그 어느 것도 운에 맡기지 않습니다. 그러나 창문으로 환기를 하는 공간은 운에 맡기는 **수밖에** 없죠." 엔지니어들에게 운은 자칭 시대의 진보주의자들을 괴롭히는 만큼이나 자신들을 괴롭히는 몹쓸 망령이었다. 인간은 행운의 여신이 준 솜씨를 발휘할 수 있는 시점까지 진화하지 않았는가? 인간은 자연에 안장을 얹고 자연의 주인으로서 자연을 미지의 미래로 데려갈 방법을 찾지 않았는가? 그런데 그것을 포기하는 것은 우리의 인간성을 포기함을 의미하지 않을까? 엔지니어들은 확실히 그렇게 생각했고, 서서히 증가하는 미국의 인구 역시 그렇게 확신하고 있었다. 시대의 정신이 굳어지고 있었다.

　　문제는 조금도 해결되지 않았지만, 쾌감 선도comfort chart는 정확히 업계가 향후 수십 년 동안 나아가는 데 필요한 종류의 과학적 자료였다. 편안함은 무모한 짐작에서 과학으로 탈바꿈했다.

　　쾌감 선도는 시각적 경이로움으로 합리성을 부여한다. 매력과 의심이라는 두 가지 감정을 불러일으키는 곡선에는 완벽함이 있다. 선도에는 거문고의 현과 같은 그래프의 교차선이 겹겹이 그려져 있는데, 각 교차점은 편안함의 음을 울리는 현이 뜯기는 지점이다. 편안함과 같은 감정(극단적인 감정이 **없는** 상태로 생각하는 것이 더 나을 수도 있다)이 큰 오차 없이 격자 화면의 팽팽한 현으로 표현될 수 있다는 개념은 좀 의심스러워 보인다. 업계는 이 선도가 모든 사람에게 안락함을 제공할 순 없다는 것을 알고 있었지만, '다수'를 위해 그렇게 하기를 희망했다. (하지만 그들의 안일한 태도가 만들어낸 소수의 편안함은 어떻게 되는 걸까?)

　　지금의 관점에서 고요한 선도를 들여다보고 있으면 묻지 못한 질문들이 줄을 진동시킬 정도로 일제히 엄청난 소리를 내며 쏟아져 나온다. 인간의 주관적인 느낌이 그래프로 표현될 수 있을까? 관련 노동자들이 마카로니와 영화처럼 대량으로 안락함을 제공해줄 수 있을까? 날씨를 예측할 수 없는 우리나라에서 누가 그 경계를 넘어 쾌적 지대로 들어갈 수 있을까? 그리고 그 지대가 공기 변수를 사용하여 실제로 깔끔하게 그래프로 표시될 수 있다면(의심스러울 정도로 단순화되었을 가능성이 있다), 업계에서 쓰일 선도의 기초가 된 그래프를 그리고, 달랑 손수건 한 장만 든 채 주 경계를 넘고, 그토록 단호한 마음가짐으로 사느라 끼니조차 거부한 캐리어 같은 사람은 무엇을 할 수 있을까? 그런 사람이 보편적인 신체적 편안함의 영역을 그리는 것에 대해 무엇을 알 수 있을까?

7

영화관과 냉방의 대중화

1920년대 무렵 미국인들은 산업과 교육 분야에서 냉방의 분명한 가치를 알게 되었지만, 공적 및 사적 편의를 위한 냉방 장치는 여전히 말도 안 되는 생각으로 남아 있었다. 왜 그런 비현실적인 사치에 돈을 낭비하는가? 그런데도 사업주들은 곧 기계적 냉각이 그 자체로서 매력으로 작용할 수 있다는 것을 깨닫기 시작했다. 터무니없는 비용이 들지라도, 인공 냉각에 대한 가능성, 즉 새롭고 **현대적인** 경험은 썩어가는 살로 몰려드는 파리 떼처럼 실내로 사람들을 끌어들일 수 있었다.

대부분의 일반적인 미국인(사실 세계 대부분의 사람)에게는 1904년에 열린 세인트루이스 세계 박람회St. Louis World's Fair[87]에서 예고 없이 완전히 형성된 쾌적한 냉방이 나타난 것처럼 보였다. 박람회에서 냉방을 담당했던 엔지니어인 가드너 부리스Gardner T. Voorhees는 약 5km²에 이르는 박람회장 전체의 각 실내 공간에 냉방을 공급할 계획이었다. 하지만 비용과 기술적 어려움 때문에 기획위원회는 부리스의 제안을 거절했다. 대신 이들은 특히 미주리 주립 빌딩과 같은 몇몇 공간으로 냉방을 제한했다. 건물 내부에서는 암모니아 압축기가 지하의 탁 트인 원형 홀을 냉각시켰다. 이곳에는 약 4.6m 높이까지 차가운 물이 치솟는 '아름다운 전기 분수'도 있었다. 1,000석 규모의 강당 공기도 차가워졌다. 박람회가 열리는 동안, 미주리 주립 빌딩과 후에 캐리어가 '만들어진 날씨'라고 부르게 될 현대 역학으로 냉각된 새로운 공기는 1,900만 명 이상의 방문객에게 쾌적한 냉방(이해하는 데 수십 년이 걸리게 되는 개념)의 경험을 선보였다. 가장 더운 여름날에 세계 박람회에서 시원한 공기를 경험한 수백만 명의 사람들은 가장 가혹한 계절의 불쾌함을 덜어주는 기술의 힘에 분명히 처음으로 관심을 갖게 되었을 것이다. 에어컨 업계의 역사가 주장하는 바에 따르면, 이와 같은 기계적 냉각에 대한 대중의 초기 경험은 '매우 드물긴 했지만, 대중이 쾌적한 냉각에 노출되기 시작함으로써 미래 기업가에 대한 수요를 증가시켰다.'[88] 여기서 인과관계의 순서(역시 업계가 직접 기록)가 중요하다. 쾌적한 냉각에 대한 노출이 새로움과 사치로서 먼저 왔고, 다음으로 필요성의 증가와 함께 수요 증가가 뒤따랐다.

　　세계 박람회에 참석하지 못한 사람들은 아마도 도시에서 쇼핑할 때 기계식 냉각을 처음 경험했을 것이다. 에어컨이 설치되기 전 백화점은 특유의 환기가 되지 않는 넓은 공간이 덥고 정체된 공기를 만들어냈는데, 햇빛이 비치는 채광창과 철제 시설물 때문에 그렇지 않아도 더운 공기가 더 뜨거워졌다. 쇼핑객(대개 압박감이 있는 천 조직 때문에 질식한 여성)이 모자 쇼핑을 하는 동안 마치 불볕더위 속의 말처럼 실신하는 일도 흔한 일이었다. (그래도 이보다는 나았기를 바란다.) 한 역사가는 1896년 폭염 당시 DC 백화점의 실내 공기가 너무 뜨거워서 한 여성이 판매대에서 열사병으로 사망했다고 기록했다.[89] (쇼핑을 하다 사망한 것보다 더 미국적인 것이 있을까?) 그렇다 해도, 10층짜리 아트리움을 효율적으로 식히는 것은 상상하기 어려웠다. 이 때문에 1910년대의 몇몇 백화점(가장 유명한 것은 보스턴의 필렌스Filene's 백화점)은 물건값이 싼 지하층에만 에어컨을 설치하기 시작했는데, 시원함을 찾아 왔다가 가격 때문에 머무는 고객을 유인하는 추가적인 이점이 있었다. 시원한 공기는 열기로 인한 실신을 방지하기도 했지만, 에어컨 경험을 계급과 성별에 따라 나누기도 했다. 에어컨은 노동 계급과 부유층 모두에게 중산층의 좀스러운, 전형적인 미련한 소비를 나타내는 불필요한 사치로 경멸받았다. 귀족 여성이라면 물건값이 싼 지하층에 있는 모습을 보이고 싶지 않을 것이다. 그리고 노동 계급은 그러한 일에 쓸 시간도 돈도 없었다.

공교롭게도 대중이 에어컨을 받아들인 건 할리우드의 부상과 때를 같이 했다. 미국 대중에게 쾌적한 냉방에 대한 자신들의 욕망을 가장 제대로 그리고 널리 확신시킨 것은 영화관이었다. 1920년대 이전 극장과 강당에서의 공기는 상당히 정체되기 쉬웠기 때문에 유감스럽게도 좀처럼 시원해지지 않았다. 특히 후텁지근한 여름에는 더 그랬다. 영화관은 필름을 제대로 투사하기 위해 빛을 차단해야 한다. 그런데 빛은 환기하기에 가장 적합한 수단인 창문으로 들어온다. 초기의 5센트짜리 극장에는 공기의 흐름이랄 것이 전혀 없었다. 며칠 동안 목욕을 하지 않은 사람들이 빽빽이 모여 내뿜는 담배 연기와 땀 냄새, 몸 냄새는 작은 지옥을 만들어 감각을 괴롭혔다. 싼 가격과 끔찍한 환경으로 인해 초기의 극장 손님은 대부분 노동자 계급이었다. 중산층과 상류층은 지독한 빈곤이 자신들에게까지 퍼질까 두려워했다. 그들은 세균이 옮겨 붙거나 더 심하게는 가난한 사람들의 정신 상태에 감염될 수 있다고 생각했다.

그럼에도 불구하고 무성 영화가 사람들 사이에 인기를 끌면서 로스앤젤레스, 시카고, 뉴욕, 기타 도시에 기계식 환기 혹은 냉방 시스템을 갖춘 대형 영화관이 세워졌다. 이러한 시스템은 환기가 잘 안 되고 가난한 사람들이 모이는 극장을 피하고 싶어 한 중산층 고객들을 끌어들이기 위한 것이었다. 1917년 앨라배마주 몽고메리에서는 뉴엠파이어 극장New Empire Theatre이 최초로 '냉방 시설(사람에 따라 차별되었다는 점을 기억하라)'을 갖춤으로써 이러한 흐름을 촉발시켰다. 흑인 차별법에 따라[90] 백인들만이 바닥에 놓인 좌석에 앉을 수 있었다. 흑인들은 보통 더 붐비는 위쪽 발코니, 그러니까 더 더운 쪽에 앉았다. 쾌적함의 수준은 가혹한 방식의 인종차별 규율을 나타내는 핵심적인 특징이었다. (기묘하게도 이 냉방 시설을 갖춘 극장은 38년 후 로자 파크스Rosa Parks가 인종차별에 저항한 혐의로 체포되는 바로 그 극장이다.)

비슷한 시기에 시드 그라우맨Sid Grauman이 설립한 로스엔젤레스의 호화로운 밀리언달러Million Dollar극장과 이집션Egyptian 극장은 화려해지는 건물의 추세를 보여줬지만, 관객석의 규모가 커지자 냉방의 복잡성도 커졌다. 서로 얽힌 두 가지 주요 문제가 초기 영화관의 에어컨 기술자들을 당황하게 했다. 공공장소 설계상 두 가지 문제 모두 너무 만연해지는 바람에 결국 이들은 새로운 냉매가 필요하게 되었다.

첫 번째 문제는 냉매의 독성이었다. 프레온이 나오기 전, 냉방에는 상당한 위험이 따랐다. 그 시절 사용 가능했던 천연 냉매는 위험하고, 불쾌하고, 비싸고, 예측할 수 없고, 비효율적이었으며, 때로는 이 모든 것에 해당했다. 물과 이산화탄소는 너무 많은 에너지를 필요로 했고, 아황산가스는 유독했으며, 염화메틸은 폭발성이 강해서 니트로글리세린과 다를 것이 없었다. 1923년까지 알려진 가장 효과적인 대형 공간의 냉방 방법은 무수 암모니아anhydrous ammonia[•] 압축기를 사용하는 것이었지만, 암모니아가 그것이 든 구리 배관을 부식시켰다. 여름날 영화 상영 중간에 암모니아가 누출되면 눈에 보이지는 않더라도 극장에 오줌 냄새를 퍼뜨릴 것이고, 그렇게 되면 너무 자극적인 냄새에 관객들은 허둥대며 건물 밖으로 나가 구토까지 할 수 있다. 가장 극단적인 경우, 적절한 대피 없이 많은 양의 암모니아에 노출되면 사망에 이를 수도 있다. (짐작하겠지만 고객의 사망은 사업에 그리 좋지 않다.) 냉매의 독성은 냉방 장치가 가정으로 들어오는 속도 역시 늦추었다. 암모니아나 염화메틸이 누출되면, 일반 냉장고는 아이를 질식시키거나 병원 바닥을 오염시키거나 지하실을 폭파할 수 있었다.

이론적으로는 이러한 냉매는 인간에게 해를 끼치지 않는 것이어야 했다. 유리 온도계 안에 든 치명적인 수은처럼 냉매는 폐쇄된 금속 코일 안에 안전하게 들어 있을 때만 유효하다. 하지만 물론, 열역학자들이 너무 잘 알고 있듯이 대부분의 시스템은 실제로 폐쇄되어 있지 않다. 특히 냉매가 파이프를 부식시킬 때, 코일에서 냉매는 간간이 누출된다. 냉매 누출은 돈의 문제를 넘어 온갖 종류의 문제를 일으

• 질소와 수소로 구성된 순수 암모니아로 강력한 독성이 특징이다.

킬 수 있다. 누출이 일상적인 일은 아니었지만, 그렇다고 드문 일도 아니었다. 당시 신문은 냉매 누출로 사람들을 대피시킨 건물들에 관한 기사로 심심찮게 지면을 채웠다. 기사들은 대개 사무적인 어조로 다뤄졌는데, 이는 당시 미국인들이 가졌던 불편함과 위험에 대한 더 높은 문턱을 시사했다. 그렇다 해도 중산층 고객을 끌어들이려 했던 극장주들은 당연히 냉방 장치의 설치를 꺼렸다. 가장 무더운 날, 냉방이 되지 않는 극장의 기계적 환기는 8월 거리의 무더운 공기와 양복을 입고 극장을 찾은 사람들의 땀에 젖은 진한 악취를 바꿨을 뿐이었다.

엔지니어들을 괴롭히는 두 번째 문제는 효율이었다. 기계적으로 냉각된 공간은 제대로 된 효과를 발휘하지 못했다. 사람들이 꽉 들어찬, 암모니아 압축 시스템으로 영화관의 온도와 습도를 제어하는 일은 쉽지 않았다. 이 '냉방' 제공 극장은 때로 살아 있는 사람들을 위한 초대형 크기의 냉동고처럼 느껴졌다. 완벽하게 안전한 냉매라는 이산화탄소를 사용하는 냉방 시스템 역시 한 역사가의 완곡한 표현대로 '에어컨 공학의 경이로움'[91]을 보여주지는 않았다. 역사가의 설명대로, 사실 그것은 '여름의 시원함을 위해 일부 냉각 장치가 추가된 난방 시스템'일 뿐이었기 때문에 별 효과가 없었다. 겨울 동안 극장 난방은 잘 되었다. 열이 상승한다는 원리를 이용해 영화 관람객들의 발 부근에 있는 버섯 모양의 통풍구에서 증기 열이 나왔는데, 이 열이 관람객들의 몸에서 나는 자연적인 열기와 섞여 상승해 천장의 통풍구를 통해 빠져나갔다. 그러나 여름에는 냉각 장치가 새로 장착된 버섯 모양의 통풍구에서 얼어붙을 듯한 공기가 뿜어져 나왔고, 이는 차가워 상승하지 못하고 극장 바닥을 돌아다녔다. 관람객들은 마치 발목을 얼음물에 담그고 있는 듯했다. 그래서 그들은 비록 얇지만 발목 주위에 펼쳐 임시 담요 역할을 할 수 있는 그날 신문을 가져오게 되었다. 이 산화탄소 시스템을 사용해도 기껏해야 전체 극장의 온도를 외부보다 약 5.5℃ 정도 더 떨어뜨릴 수 있을 뿐이었다. 38℃가 넘는 더운 날, 초기의 기계식 냉각은 불쾌함을 더는 데 큰 도움이 되지 않았다.

설상가상으로 에어컨은 일단 신기했고 관객을 끄는 힘을 갖고 있었기 때문에, 자신들이 한 놀라운 약속을 지키고자 했던 영화관 관리자들은 아무도 거짓 광고라고 비난할 수 없도록 관람객들의 피부로 강한 찬바람을 내보냈다. 관객들이 냉방으로 느끼는 불쾌함은 인간의 진보를 보여주는 듯했다. 우리는 과학적 발명이라는 순전한 의지의 산물로 가장 뜨거운 여름날 몸을 떨 수 있었다. 우리는 어떻게 고통받을지 선택할 수 있었다.

영화를 보러 가는 목적이 탈출이었다면, 이 초기의 냉방 시스템은 탈출을 막았다. 사람들은 몸을 떠느라 쉽게 영화에 집중하지 못했다.

냉매의 위험성과 더불어, 어설프기 그지없는 에어컨은 넓은 공간을 효과적으로 냉각시키지 못했다. 결과적으로, 이 장치들은 쾌적함에 대한 미국 대중의 욕구를 비현실적인 환상, 상상하면 즐겁지만 도달하기 불가능한 지평선으로 만들어버렸다.

그러나 1922년경 윌리스 캐리어는 두 가지 문제를 거의 동시에 해결함으로써 에어컨의 상태를 다시 한번 바꿨다. 1910년대 말, 그는 피스톤 구동 펌프를 사용했던 초기의 냉각기 이후 기계 장치들이 놀라울 정도로 발전했지만, 엔지니어들이 다른 산업에서 사용되는 '고속 회전 터빈'을 아직 에어컨 시스템에 통합시키지 못했다는 사실을 깨달았다.[92] (그는 그 사실은 알아차렸을지 몰라도, 정작 거리에서 동료와 그 문제를 논의하는 한 시간 동안 자신의 머리를 강타하는 폭우는 거의 알아차리지 못했다.[93] 윌리스와 이야기를 나눈다는 것은 현실 세계의 계절과 날씨가 어떻든 자기 자신을 잊을 수 있으며, 완전한 데카르트의 증명[●]처럼 자신의 반은 이 세상의 흙 속에, 다른 반은 마음의 창공에 둠으로써 자신을 분리시킬 수 있는 한 남자의 청중이 되어주는 것이었다.)

캐리어는 증기 구동식 피스톤에서 전동식 터빈[◆]으로 전환하면 실린더[▲]를 팽창·수축시키는 대신, 가스를 매우 빠르게 회전시켜 터빈 중심에서 가스를 멀리 밀어내는 식으로 압력을 가함으로써 냉매를 압축할 수 있다는 것을 알게 되었다. 회전 엔진은 증기 엔진보다 더 강력하고 에너지 효율적이었으며, 냉각 강도를 높이는 동시에 시스템의 크기도 줄일 수 있었다. 하지만 이러한 특수한 기계적 변화를 위해서는 시중에서 구할 수 있는 냉매와 다른 냉매가 필요했다. 캐리어는 완전히 모르고 있던 더 안전한 냉매가 필요했다. 그러한 냉매가 존재할까? 그것을 찾을 수만 있다면, 많은 수익을 기대할 만했다.

화학 서적을 뒤적이던 캐리어는 당시 독일에서 액체 세제로 쓰이던 독성이 없고, 부식되지 않고, 냄새가 없고, 약간의 인화성을 띤 딜렌dielene을 발견했다. 캐리어 엔지니어링 회사는 상당한 비용을 들

● 데카르트는 이원론을 통해 관념 세계와 실제 세계를 분리했다.
◆ 연소가스로 터빈을 가동하는 회전동력기관.
▲ 증기기관에서 피스톤이 왕복 운동을 하는 원통 모양의 장치.

여 유럽에서 얼마간의 딜렌을 수입하고 압축기 제조를 외부에 위탁했다. 캐리어의 직원들이 뉴저지 본사에서 직접 부품들을 조립했다. 캐리어는 그 완전한 전환에 회사의 사활을 걸었다. 압축기의 혁명은 곧 냉각의 혁명을 의미했다.

1922년 5월 새 장치의 가능성에 흥분한 캐리어는 그의 새로운 기술적 혁신을 소개하기 위해 각지에서 300명의 주요 엔지니어들을 공장으로 초대했다.[94] 자부심과 남들보다 앞서 나갈 기회에 사로잡힌 그는 압축기를 좀 더 꼼꼼히 테스트하기도 전에 초대장을 보냈다. 운 좋게도 날은 더웠고, 원심 압축기는 도우미들이 몇 줄로 연회 테이블을 준비해둔 넓은 판금 작업장을 성공적으로 냉각시켰다. 손님들이 식사하는 동안 재즈 밴드가 한껏 자유로운 형식의 축하 음악을 연주했다. 하지만 제어하고, 제어하고 또 제어하는 것이 일인 남자들에게 이보다 더 귀에 거슬리는 음악은 없었다. 이윽고 캐리어는 일어서서 곧 손님들에게 공개할 원심 압축기에 대해 설명했다. 그는 자신의 발명품이 우리 생활의 본질, 적어도 실내 생활의 본질을 영원히 바꿀 것으로 예측했다. 그런데 그가 말하는 동안 옆방, 즉 동작 중인 압축기가 있는 방에서 '덜거덕거리는 소리가 길고 낮게'[95] 나기 시작했다.

자신이 내세운 높은 기준을 충족시키지 못할 거란 사실에 긴장한 캐리어는 보통 때와 뚜렷이 다른 소리를 듣고는, 단지 몇 번 시험해보았을 뿐인 원심 압축기가 '산산조각으로 해체'[96]되고 있다고 생각했다. 그가 나중에 썼듯이, 금속이 마찰하면서 내는 그 난폭한 소리는 공공연한 실패의 소리로 들렸다. 그 순간, 그는 자신이 평판을 잃었다고 생각했다. 다행히도 그는 자신의 이원화 능력(이 세상에 서 있지만 내일 더 발전할 수 있으리라 생각하면서 다른 곳에서 살고 있는) 덕분에 아무 일도 없는 것처럼 덜거덕거리는 소리를 무시하고 이야기를 계속해 나갈 수 있었다. 말을 계속하는 한, 실패가 밝혀지는 일을 늦출 수도 있었다. 무언가 잘못되었음을 감지한 캐리어의 사업 동료가 기계를 확인하기 위해 옆방으로 슬그머니 들어갔다. 캐리어는 계속 말을 이어 갔다.

놀랍게도, 그의 파트너가 돌아와 뒤쪽에서 모든 것이 괜찮다는 신호를 보내왔다. 그것은 압축기 소리가 아니라 금속으로 된 탁자를 방에서 끌고 나가면서 나는 소리였다. 도우미들이 캐리어의 연설이 끝난 후 시작될 권투 시합을 위해 방을 정리하고 있었던 것이다(오락에 관한 한, 재즈는 분명히 충분치 않았다). 캐리어는 설명을 마치고 엔지니어들을 옆방으로 데려가 압축기를 공개했다. 결국은 모든 것이 계획대로 되었다.

압축기를 공개한 후, 아마추어 선수들이 손님들 앞에서 권투 경기를 펼쳤다. 모두 남자들뿐이었다. 그날 밤, 거친 남성성을 과시하기라도 하듯 권투 선수들은 서로의 몸에 주먹을 날렸다.

캐리어는 다시 한번 실내 환경을 장악했다.

1923년 캐리어가 뉴욕 지부장으로 있었던 미국난방및환기협회는 편안함을 느끼는 온도와 보편적 쾌적 지대에 관한 연구 결과를 발표했다. 그리고 이듬해, 완벽한 타이밍에 캐리어는 개선된 원심 압축기 몇 대를 제조사에 판매했다. 하지만 이제 상업 공간, 특히 백화점과 영화관에서 수요가 증가하기 시작했다.

맨해튼 미드타운에 있는 리볼리Rivoli 극장에 냉방 시스템을 설계하는 새로운 계약이 성사되면서 캐리어의 원심 압축기는 시험대에 오르게 되었다. 캐리어는 다시 한번 대중을 위한 개선된 쾌적 냉방이라는, 이번에는 매우 가시적인 공개에 그의 명성을 걸었다. 극장의 새로운 냉방 시스템은 1925년 전몰장병 추모일Memorial Day에 도시의 무더위에 맞춰 처음 가동될 예정이었다. 당연히 여름에 영화관을 찾는 사람은 많지 않았다. 대낮에 센트럴파크의 산들바람을 즐길 수 있는데 누가 어둡고 습한 실내에서 1시간 동안이나 앉아 있고 싶어 하겠는가? 영화관들은 여름에 근근이 버티거나 아예 문을 닫았다. 리볼리 극장은 그러한 상황을 바꾸고 싶었다. 냉방으로 사람들을 끌어모을 수 있다면, 여름은 영화 관람에 이상적인 시기가 될 수도 있었다.

그러나 이 시스템을 계획하고 설치하는 과정에서 캐리어는 뜻밖의 난관에 부딪혔다. 악명 높기로 유명한 뉴욕시의 건축 법규가 독일에서 들여온 더 안전한 냉매인 딜렌을 '승인된 냉매'로 등재하지 않은 것이다. 그는 특별 허가를 신청했지만, 시의 안전 담당관은 이를 거부했다. 누가 외국 화학물질인 딜렌에 대해 들어봤겠는가? 그런 면에서, 누가 전적으로 안전한 비폭발성 냉매에 대해 들어봤겠는가? 캐리어는 몹시 자신만만했고, 이런 반대 의견이 사실에 대한 무지에서 비롯된다고 생각했다. 그는 안전 담당관에게 전화를 걸어 딜렌 압축기가 이미 로스앤젤레스에서부터 텍사스에 이르기까지 극장에서 안전하고 효율적으로 냉방에 쓰이고 있음을 확실히 전했다. 걱정할 것은 아무것도 없었다. 딜렌은 그들이 숨 쉬는 공기만큼 안전했다. 하지만 어쨌든 담당관은 허가를 거부했다. 댈러스에서는 딜렌을 쓸 수 있을지 몰라도, 맨해튼에 영화를 보러 온 수백 명의 관람객이 위험해지는 일은 없어야 했다.

또다시 공개적인 굴욕[97]에 직면한 캐리어는 안전 담당관의 사무실을 직접 찾아갔다. 눈에 띄게 화가 난 그는 사무실로 걸어가 액체 상태의 딜렌을 병에 붓고는, 그 병을 담당관의 책상 위에 놓았다. 그러고는 성냥에 불을 붙인 뒤 담당관이 분명히 위협으로 해석할 몸짓과 함께 그것을 냉매 속에 집어넣었다. 성냥불은 켜진 채로 있었지만, 조용히 타오르기만 했다. 캐리어가 알고 있었던 것처럼 딜렌은 폭발하지 않았으나, 안전 담당관은 폭발했다. 충격을 받은 담당관은 아무 생각 없이 냉매에 불을 집어 던진 무책임한 캐리어에게 모든 사람을 위험에 빠뜨릴 생각이라면 지금 바로 사무실을 나가라고 명령했다. 한편 성냥불은 병 속에서 안전하게 계속 타올랐다.

안전 담당관의 분노는 1920년대의 냉매 전문가가 그 폭발성과 독성을 얼마나 당연시했는가를 보여준다. 냉각은 위험을 의미했지만, 위험이 흔한 제조업에서는 근로자의 생명과 안전을 희생해가면서까지 감수할 가치가 있는 위험이었다. 그러나 오락 산업에서는 화재나 중독의 위험이 이윤에 대한 의지를 꺾었다.

어쨌든 그 일이 있고 난 뒤에도, 캐리어는 무반응을 보이는 담당관을 상대로 계속해서 끈기 있게 자신의 말을 들어줄 것을 요구했다. 다소 팽팽한 협상 끝에, 마침내 안전 담당관은 썩 내키진 않았지만 딜렌의 사용을 허가했다. 담당관은 일반적인 안전 예방책에 딜렌에 특화된 완전히 새로운 내용을 추가했다.

마침내 캐리어는 1925년 리볼리 극장의 개장에 맞춰 원심 압축기를 성공적으로 설치함으로써 상업 공간에서의 대중을 위한 더 효과적이고 쾌적한 냉방의 탄생을 알렸다. 그 주 주말은 찌는 듯이 더웠다. 극장 밖에는 '냉방 완비'라고 광고하는 현수막이 걸렸고, 실내에서는 온도를 나타내는 온도계가 '시원하고 깨끗하고 건조한 공기가 만드는 쾌적함'을 보증했다. 에어컨이 설치된 밤에 처음으로 나타난 사람은 캐리어가 고객으로 모시고 싶어 했던 파라마운트 픽쳐스Paramount Pictures의 회장 아돌프 주커Adolph Zukor였다. 영화가 시작되고 난 후 몇 분 동안은 많은 관객이 부채질을 했지만, 딜렌 압축기의 냉기가 사람들의 체열을 떨어뜨리자, "서서히, 거의 눈에 띄지 않을 정도로 부채가 무릎 위로 떨어졌다. 에어컨의 효과가 분명해지고 있었다"[98]라고 캐리어가 나중에 썼다. "몇몇 사람만이 습관적으로 부채질을 계속했지만, 그들 역시 곧 부채질을 멈췄다. 우리는 그들을 시원하게 한 뒤 안도의 한숨을 내쉬었다." 그로부터 몇 주 후, 리볼리의 매니저도 에어컨이 설치된 극장이 "브로드웨이의 화제"가 되었다고 글을 썼다.

리볼리의 성공은 극장은 물론, 백화점, 정부 청사, 은행, 호텔 등 에어컨이 필요한 공간에 열풍을 불러일으켰다. 계약이 크게 증가했다. 원심 압축기가 보여준 안전성과 효율성에 대한 기대감을 갖고 그는 독일에서 수입할 필요가 없고 더 엄격하게 제조를 통제할 수 있는 새로운 냉매를 조사하기 시작했다. 그리고 1927년, 끓는점이 약 11℃ 더 낮은 꽤 독성이 강한 화학물질인 염화메틸렌을 찾아냈다. 그것은 안전한 냉매라기보다는 안전한 투자였다. 그는 자신의 이름으로 구축된 신뢰를 이용해 이 냉매를 캐린 1Carrene 1이라고 불렀다. 캐린은 각각의 캐리어 압축기를 채우게 될 것이었다.

그해 캐린 1 압축기는 한 점쟁이가 젊은 여성에게 웅장한 환영으로 그녀의 미래를 보여주는 무성 영화 〈수냐의 사랑The Love of Sunya〉 상영에 맞춰, 세계 최대의 영화관인 6,000석 규모의 새로운 록시Roxy 극장을 시원하게 했다. 〈수냐의 사랑〉을 보기 위해 극장을 찾은 관객들은 미국의 앞날을 보여주는 그들만의 웅장한 미래상을 경험했다. 미국의 공기는 에어컨으로 조절될 것이다. 에어컨의 시대는 정말로 오고 있었다. 사실, 이미 도착해 있었다. 그해 말, 최초의 유성 영화인 〈재즈 싱어The Jazz Singer〉는 영화 감상의 경험을 완전히 새로운 감각으로 확장했다. 관객들은 이제 영화를 보는 것 외에 들을 수도 있었다. 하지만 이 초기 영화관의 역사를 정의한 것은 제3의 감각이었다. 넓은 실내에 냉방을 제공할 수 있었던 캐리어의 능력 덕분에, 영화는 영원히 피부로 느끼는 경험이 되었다.

한 역사가는 냉방이 되는 영화관의 출현을 두고 "인류 역사상 처음으로 더위에 지친 사람들이 계층이나 소득에 상관없이 더운 날씨를 피할 수 있는 저렴하면서도 틀림없이 시원한 곳이 생겼다"[99]라고 주장한다. 하지만 이는 백인 미국인에게만 해당하는 사실이었다. 1965년 이전에 메이슨 딕슨선Mason-Dixon Line*의 북쪽과 남쪽에 있는 극장들은 모두 흑인과 그보다는 좀 덜하지만 유럽 소수 민족에 대한 접근을 제한했다. 더글러스 고메리Douglas Gomery는 《공유하는 즐거움: 미국 영화 상영의 역사Shared Pleasures: A History of Movie Presentation in the United States》라는 책에서 한 챕터를 '흑인 위주'의 극장에 할애한다. 흑인 차

● 메릴랜드주와 펜실베이니아주의 경계선으로 미국 남부와 북부를 가르는 선.

별법의 인종 차별적 분류에 따라, 몽고메리의 뉴엠파이어 극장처럼 영화관들은 흔히 인종과 법에 따라 사람을 차별했다.

영화는 보는 사람이 백인인지 흑인인지에 따라 다른 느낌의 경험을 제공했다. 보통 흑인 관객은 더 작고 불편한 발코니와 같은 특정 구역에 앉아야 했는데, 나중에 이 구역은 경멸적으로 '독수리 홰buzzard roosts'나 '땅콩 좌석peanut galleries'으로 알려졌다. 북부의 경우 법이 강제하진 않았지만, 폭력적인 사회적 관습과 백인들이 느끼는 불쾌함 때문에 상황은 크게 다르지 않았다. 다른 사례로, 미국 최남부 지역은 전체 극장이 인종에 따라 구분되었다. 흑인 거주 지역에 있는 '흑인 위주'의 극장은 보통 몇 개 되지 않아서 사람들이 붐볐고, 영사기 관리와 시설 청결을 소홀히 하는 백인이 소유하고 있었으며, 극장 개봉 1년이 지난 후에야 마지막으로 필름을 넘겨받았다. 극장이나 발코니에 이용할 수 있는 흑인 자리가 부족할 때 백인 소유주들은 다른 방법을 꾀하기도 했다.[100] 가령, 관객석 한가운데에 막을 쳐서 사람들을 분리하거나, 흑인은 자정에만 볼 수 있게 하는 등 관람 시간을 다르게 하거나, 심지어 영화 스크린 자체로 관객을 분리했다(공간 역시 분리되었고, 사람들은 양쪽으로 나뉘어 같은 화면을 다른 방향에서 바라보게 했다. 이 나라를 아주 간단명료하게 보여주는 장면이다). 진정, 공유하는 즐거움이었다.

이처럼 서로 분리되고 거의 평등하지 않았던 쾌적함의 폭력적 역사를 고려할 때, 미국의 영화관은 무더운 날 모든 사람의 피난처로서 제대로 기능한 적이 없다. 하지만 그래도 영화관들은 건축물로서 더위를 피할 수 있는 장소라는 **개념**을 구체화했다. 비록 상당수의 사람이 들어가지는 못했지만, 원심 압축기의 효율성 덕분에 영화관은 인류 역사상 대중에게 여름 피난처를 제공하는 최초의 장소가 되었다. 1850년대에 존 고리는 도시 전체의 냉방이라는 자신의 꿈을 실현하는 데 실패했으나, 그의 아이디어는 고뇌하는 그의 영혼처럼 그보다 더 오랫동안 이 나라를 맴돌았다.

하지만 캐리어의 원심 압축기가 개발된 후에도 많은 극장이 냉방 전문가의 공학적 원칙을 오해하거나 고의로 무시했다. 엔지니어가 생각하는 좋은 에어컨은 실내 공기를 완전히 제어하여 청중들이 그에 대해서는 전혀 신경 쓰지 않게 하는 장치를 뜻했다. 반면, 영화관의 소유주들은 관객들이 무더운 거리에서 극장으로 처음 들어오는 순간 급격히 떨어진 온도를 알아차리기를 바랐다. 그 차이는 크면 클수록 좋았다. 관객들을 매료시키는 것은 섬세하게 설계된 공기가 아닌 기계적 냉각의 새로움이었다. 찌는 듯한 더위와 비교해 쌀쌀한 극장은 몇 분 동안은 좋게 느껴지겠지만, 정말 몇 분뿐이었다. 쾌적함은 빠르게 불쾌함으로 바뀌었다. 더욱이 온도에 대한 근시안적 관점을 고집하는 극장의 관리자들은 때로 습도를 아예 무시하기까지 했다. 그 결과 관객들은 거의 얼 것 같은 추위뿐만 아니라 엄청난 축축함을 느꼈고, 에어컨을 오한과 질병, '인공적인' 공기와 연관시키기 시작했다. 오후 몇 시간 동안 여름 더위를 피하는 것은 좋았지만, 여전히 대부분의 미국인은 만들어진 그런 공기를 집으로 들여오기를 꺼렸다.

캐리어와 같은 엔지니어들은 극장의 관리자들이 이해하지 못하는 것을 이해했다. 즉 이상적인 온도는 사람들이 알아차리지 못한다는 것이다. 판매가 까다로운 것은 바로 이 때문이었다. 가장 알아차리기 힘들 때가 가장 잘 동작하는 상태인 제품을 어떻게 마케팅할까? 어떻게 하면 열적 쾌적성을 제공하는 추상적이고 정의하기 어려운 제품을 팔 수 있을까?

8

개인적 편안함에 대한 정의

여느 추상적인 개념처럼 '편안함'은 간결하게 정의하기가 힘들다. '개인적 편안함'은 더욱 그러하다. 편안함은 말로 표현하는 것보다 직접 경험해보는 편이 더 쉽다. 일반적으로 우리가 '편안함'이라는 단어를 사용할 때는 물질적, 정신적, 영적 면에서의 '만족' 또는 '편함'을 의미한다. 내가 가진 사전은 편안함이 '고통이 없는 상태'라고 말하지만, 여기에는 오해의 소지가 있다. '편안함'이 단지 '고통이 없는 상태'라면 더 가볍지만 뚜렷한 범주의 감정인 '불편함'도 마찬가지다. 그렇다면 '편안함'을 무언가가 아닌 것으로 정의하는 것이 좋을지도 모르겠다. 편안함이 기쁨은 아니지만 그 둘은 종종 붙어 다닌다. (편안함과 기쁨으로 표현된다는 것은 이 둘 사이에 확실한 차이가 있음을 나타낸다.) 편안함은 행복도 아니다. 하지만 편안함이 행복을 추구할 수는 있다. 그리고 단언컨대 편안함은 쾌락이 아니다. 쾌락은 위험을 수반하는 더 극단적인 상태로, 오르가슴의 완곡한 표현인 '실신little death'이 정확히 그 의미를 담아낸다. 육체적 쾌락은 사람이 몸에 더욱 집중하게 한다. 그에 반해 육체적 편안함은 몸을 인식하지 못하게 한다.

실제로 육체적 자각이 편안한 상태와 극단적이거나 나쁜 상태 사이의 차이를 가장 잘 정의할지도 모른다. (이 점에서 그리고 이 점만으로도, 나는 문화사학자인 존 크롤리John E. Crowley의 의견에 동의하지 않는다. 그는 '편안함'을 "육체와 현재 당면한 물리적 환경 사이의 관계에 대한 자각적 만족"[101]으로 정의했다.) 찌는 듯한 거리에서 냉방이 되는 공간으로 발을 들여놓을 때, 우리는 격한 안도감을 느끼고 급격한 온도 변화를 인식하면서 '쾌감'을 느낄 수 있다. 하지만 그러한 환경에 몸이 적응하고, 계속 일을 하다 보면 그 쾌감에 대한 인식, 그리고 쾌감 자체가 사라진다. 우리가 '편안함'이라고 부를 수 있는 것은 (초기 영화관이 극단적 냉방을 추구했던 것과 달리) 에어컨이 적당한 온도로 가동될 때의 쾌락도 고통도 아닌 육체적 자각의 부재 상태다. 이러한 육체적 혹은 정신적 상태는 보통 '거슬리는 것이 없는' 상태를 뜻한다. 그렇다면 우리는 편안함을 뚜렷한 느낌이 아니라 뚜렷한 느낌의 **부재**, 다시 말해 의식하지 못하는, 순간적인 마취 상태로 생각할 수도 있다.

아마도 편안함에 대한 가장 적합한 정의는 편안함과 불편함과의 밀접한 관계를 상기시키는 단순히 '불편하지 않은 상태'일지 모른다. 자, 그렇다면 불편함이란 무엇일까?

불편함은 비평가 일레인 스캐리Elaine Scarry가 "언어를 적극적으로 파괴한다"[·102]고 주장하는 고통에 시달리는 몸만큼 극단적인 상태

● 일레인 스캐리는 《고통받는 몸The Body in Pain》에서 "육체적 고통은 단순히 언어에 저항하는 것이 아니라 적극적으로 언어를 파괴한다"라고 썼다. 즉 언어로 표현하기 힘든 만큼의 고통을 말했다.

는 아니다. 우리는 우리가 느끼는 불편함을 말로 표현할 수 있다. 우리 중 일부는 그것을 아주 감상적으로 상세히 표현하기도 한다. 불편함은 만성인 것이든 급성인 것이든 우리를 소모시키는 고통만큼 극심한 것은 아니다. 불편함은 우리가 능동적일 때는 노력이나 분투에서 비롯되고, 수동적일 때는 걱정이나 불안에서 비롯된다. 하지만 불편함은 분명히 고문이 아니며, 삶 자체가 일상적으로 주는 고통만큼 큰 고통도 아니다. 편안함과 달리 우리는 대개 불편함을 잘 인지한다. 우리는 불편함 때문에 죽진 않지만, 그렇지 않다고 주장할 독선적인 사람들을 몇 명 알고 있긴 하다.

우리는 편안함을 안정되고 모든 것이 적당한 상태(기준선)로, 불편함을 단지 편안함의 부재 상태로 간주하는 경향이 있다.《불편함의 철학A Philosophy of Discomfort》에서 자크 페제우 마사부오Jacques Pezeu-Massabuau는 '평안well-being은 그것을 박탈당한 사람들에게는 허상'[103]일 뿐이므로 그 반대 개념의 경우를 가정하는 것이 더 합리적이라고 주장한다. 그리고 거의 모든 사람이 빈곤에 의해서가 아니어도, 사회적 의무, 육체적 공격 또는 도덕적 강압에 의해 습관적으로 평안을 박탈당한다고 지적한다. 세상은 다른 사람들로 가득하고, 그 사람들은 흔히 우리의 의지에 반하는 것을 우리에게 요구한다. 문화적 규범과 공공 예절이 우리가 입을 수 있는 것과 없는 것, 우리가 바꿀 수 있는 것과 없는 것을 결정한다. 불편함을 기준선으로 했을 때 편안함의 부재는 단지 '독특하고 물질적인 진실'일 뿐이다. 1967년에 나온 공기조절 매뉴얼이 이와 뜻을 같이하는 것 같다. 매뉴얼은 "인간은 자신에게 적대적인 환경에서 태어난다"라고 시작한다. 우리는 벌거벗고, 연약한 상태로, 소리를 지르며 태어났다.[104] 그리고 꼭 장담하지는 못하지만, 우리가 이 세상을 더 낫게 만들 것이라 희망한다. 하지만 그렇게 생각하지 않는 사람들도 있다. 미국의 많은 진보주의자가 이러한 생각에 공감하기 어려워하는 이유는 (적어도 현재만 봐서는) 우리 중 많은 사람이 신체적·정신적으로 편안함이 지속되는 세상에 살고 있기 때문이다. 그러나 우리가 편안함을 느끼는 것은 고된 일로부터 해방될 때이며, 이런 편안함은 인간이나 신의 어떤 행위에 의해서 순식간에 우리에게서 멀어질 수 있는 것이다.

정의에 난이도를 더하자면, 편안함은 거의 전적으로 상대적이다. 지금 나를 가장 편안하게 하는 것이 다시는 나를 편안하게 하지 못할 수도 있는 것처럼, 나를 가장 편안하게 하는 것이 다른 사람을 가장 불편하게 할 수도 있다. 우리는 개인적 편안함에 대한 관심이 때로 집단(우리의 공동체, 우리의 국가, 우리의 대륙, 우리의 지구)의 안위에 대한 관심을 넘어서더라도, 이러한 상대성을 직관적으로 잘 인지한다. 개인적 편안함에 대한 특성은 더 부유한 영역 안에서 보내는 시간이 많아질수록 더 인지하기 힘들어진다. 편안함은 추위와 비슷하다. 둘 다 얼마나 부재하느냐로 표현될 뿐 존재하는 것이 아니다. (초기의 에어컨 마케팅에서 '차가움'을 만들어내는 기계로 판촉되긴 했지만) 우리가 춥게 느끼는 공기에는 '추위'라는 측정 가능한 무언가가 포함되어 있지 않다. 추운 공기에는 '차가움'[105]이 포함되어 있지 않으며, 오히려 어느 정도 낮은 수준의 열이 포함되어 있다. 추위는 우리 몸의 따뜻함과 공기의 따뜻함의 차이를 나타내는 척도이며, 추위에 대한 우리의 경험은 늘 어떤 더 따뜻한 상태와 비교된다. 반면 열은 실증적인 것으로, 분자가 진동하는 주파수, 즉 분자가 그 진동을 다른 곳으로 전달할 수 있는 능력을 나타낸다.

편안함 역시 우리가 가장 잘 알고 있는 불편함을 통해서만 측정될 수 있다. 편안함은 늘 맥락과 관련된다. 즉 직전에 있었던 일과 관련되며, 뜨겁고 차가운 것에 대한 우리의 인식과 유사하다. 신체 감각적인 면에서만 그런 것이 아니다. 페제우 마사부오는 "개인적 편안함의 추구 그리고 무엇보다도 이를 어떻게 느끼느냐는 민족성과 상관없이 사회의 영향을 받는다"[106]라고 썼다. 우리 집안의 물건부터 마을의 풍습에 이르기까지 우리가 편안함을 느끼는 영역의 경계는 적지 않게 문화에 의해 좌우된다. 우리는 민족적 전통에서부터 윌리스 캐리어에 이르기까지 느리면서도 신속한 힘에 의해 결정되는 늘 변화하지만, 매우 고유한 쾌적 지대에서 태어났다.

단조로움은 편안함을 불편함으로 바꿀 수 있다. 그리고 불편함은 결국 습관의 반복으로 완전히 사라질 수 있다. 실제로 페제우 마사부오는 습관을 "나의 개인적 선택과 사회적 조건 사이에서 기동할 여유를 만들어주는 유일한 것"[107]이라고 말한다. 다시 말해, 우리는 거의 모든 것에 익숙해질 수 있다. 한때 우리에게 마음의 평화를 가져다주었던 것이 지금은 시민 간의 충돌을 불러일으킨다. 또 한때 우리를 불안하게 했던 것이 지금은 우리를 진정시킨다. 관행적 편안함은 일종의 문화적 습관이므로, 편안함을 위한 특정 습관을 고치는 유일한 도구가 또 다른 습관을 형성하는 것일 수 있다는 생각은 합리적이다. 나는 이 가능성이 그 자체로 일종의 위안이 된다는 것(좋은 쪽으로)을 깨달았다. 점점 더 통제할 수 없는 것이 많다고 느껴지는 세상에서,

우리는 편안함의 습관을 바꿀 수 있는 힘을 어느 정도는 갖고 있다.

편안함에 대한 이처럼 애매한 정의에도 불구하고 프레온 이전, 즉 미국 대중이 쾌적한 냉방의 개념을 받아들이기 이전의 업계는 '편안함', 정확히 말하면 '열적 쾌적성'에 대해 새롭고, 다소 제한적이긴 하지만 보편적인 개념을 만들어냈다. 그 제한적 정의는 에어컨의 제국과 그에 따른 기적의 냉매, 즉 프레온의 확산 모두를 정당화할 것이다. 다가오고 있는 것은 단순히 '에어컨'이라는 어떤 새로운 상품이 아니라 **열적 쾌적성**이었다. 이는 작업 습관, 근무 시간, 의복, 건축물 또는 온도에 대한 기대치를 바꾸지 않고도 지속적이고 일관적으로 실내의 더위로부터 사람들을 해방시켰다. 에어컨은 단지 그 수단일 뿐이었다.

쾌적 지대를 구상할 때 업계는 몇 가지 핵심적인 가정을 했다. 그중 어느 것도 자명하진 않았지만, 모두 그 시대의 특징을 나타냈다. 첫째, 미국난방및환기협회 연구진은 열적 쾌적성의 문제가 심리, 문화적 관습, 행동 혹은 이 세 가지가 어우러진 문제가 아니라 주로, 심지어 오로지 생리학, 즉 신체적 느낌의 문제라고 가정했다.[108] 레너드 힐 박사가 '인류 독'이 사실이 아님을 입증한 이후, 연구원들은 그 문제가 전적으로 '피부 기능'과 관련이 있다고 가정했다. 둘째, 열적 쾌적성은 주로 신체적 문제이기 때문에 광범위한 과학적 실험을 통해 편안함을 느끼는 범위를 정량화할 수 있다고 가정했다. 셋째, 일반적으로 인간이 느끼는 열적 쾌적성의 범위는 상대적이거나 상관적인 것이 아니라 신체의 본질적 한계, 가령 눈의 색처럼 고정된 것이라고 가정했다. 넷째, 이러한 편안함의 범위는 보편적인 것이라고 가정했다. 말하자면 이는 작업 습관, 의복, 활동, 정신 상태, 신체 크기, 기억력과 상관없이 언제 어디서든 모든(또는 대부분) 사람에게 적용되는 거의 고정된, '정해진' 범위였다. 이 네 가지 가정을 바탕으로 한 연구를 통해 미국난방및환기협회는 '쾌감 선도'를 개발했다. 건축가와 엔지니어들은 지금도 이 논리를 따르며, 이들은 교육을 통해 쾌적 지대를 거의 불변의 사실로 가르쳐왔다.[109]

하지만 편안함에 관한 점점 더 많은 연구 결과가 이 오랜 가설에 이의를 제기하고 있다.[110] 그중 가장 많이 인용된 헤더 채펠스Heather Chappells와 엘리자베스 쇼브Elizabeth Shove의 연구 결과를 보면, 이들은 문화적 기대와 이전 경험에 기반한 열적 쾌적성이 신체적인 것만큼이나 심리적으로 '상당히 절충 가능한 사회문화적 개념'[111]이라고 본다. 그리고 편안함의 수준은 사회적, 환경적, 개인적 상황에 따라 근본적으로 변할 수 있으며, 우리가 느끼는 편안함의 한계는 매우 유연한 성질을 갖고 있다고 말한다. 그러나 2006년 미국에서 있었던 한 연구에 따르면, 대부분의 사무실 건물이 업계가 표준으로 제시한 쾌적 지대에 따라 공기 조건을 조절하지만, 조사한 건물의 약 11%에서만 80% 이상의 거주자가 편안함을 느꼈다고 응답했다.[112]

여기서 가장 어려운 교훈 중 하나는 '개인적 편안함'에 대해 우리가 지금 믿는 것이 보편적인 것이 아니라 시대에 따라 달랐다는 것이다. 초기 근대 이전에 '편안함(편안함의 어원적 선조 포함)'은 거의 전적으로 정신적이거나 감정적인 것을 가리켰다. 초기 유럽과 아메리카의 물질적 편안함의 개념을 기술한 존 크롤리의 저서《편안함을 위한 발명The Invention of Comfort》에 따르면, 편안함은 '개인적 지지를 나타내는 도덕적 용어'[113]였다. 그 정신적 의미는 전도서에 나오는 다음의 침울한 번역문과 같이 르네상스 시대의 영어에도 지속되었다. "보라 학대받는 자들의 눈물이로다. 그들에게는 위로자comforter가 없도다. 그들을 학대하는 자들의 손에 권세가 있으나 그들에게는 위로자(이불*을 말하는 것이 아니다)가 없도다." 서구에서 자본주의가 부상함에 따라, 이전 시대였다면 가톨릭 주도의 질서가 죄로 여겼을 물질적 상품의 대량 소비에 대한 새로운 집착이 허용되어야 했고, '편안함'은 더 자주 '물질적 편안함'을 의미하기 시작했다. 게다가 대중문화가 성장하면서 '필수품과 사치품 간의 전통적인 구분도 실질적으로 사라졌다'.[114] 한때 눈살을 찌푸리게 했던 의식적인 육체적 편안함은 영적인 편안함의 긍정적 의미를 서서히 받아들여 18세기를 지나면서 욕구와 필요, 부유함과 번영 사이의 경계선이 희미해지기 시작했다. 크롤리는 '편안함'이라는 단어의 사용 빈도가 다음 세기에 계속 증가했음을 지적한다. 1900년 즈음 '최상의 열적 쾌적성'을 향한 질주는 다원주의적 문명 진화의 과정에서 자연스럽고 어쩌면 피할 수 없는 것으로도 보였다.

근대에 유럽과 아메리카에 물질적 편안함의 개념이 생겨난 것을 인류 진보의 증거로, 인류가 긴 암흑기의 고통 이후 인류의 평안에 관심을 두게 되었기 때문으로 이해하고 싶을지 모르겠다. 하지만 역사적 기록은 이러한 단순한 틀이 아닌 훨씬 더 복잡한 무언가를 시사한다. 중세 유럽 문화에는 우리가 생각하는 '정상적인 몸'의 개념이 없었다.[115] 이 개념에 가장 가까운 것은 아마 예수 그리스도의 '이상적인 몸'이었을 것이다. 그에 비해 다른 모든 사람은 부족한 사람들이었는데,

● comforter에는 이불이라는 뜻도 있다.

이는 우리가 지금 생각하는 방식의 육체적 불편함에서가 아니라 인간의 타고난 불완전함에서 오는 '고통'에 대한 공통적 외침이었다. 초기 근대 유럽과 계몽주의 시대의 점진적 세속화와 과학화와 함께 '이상적인 몸'은 수백 년에 걸쳐 통계와 평균에 근거해 만들어진 '정상적인 몸'이 되었다. 통계와 평균은 19세기 중반 다윈의 진화론 출현으로 백인 중산층 우생학자들에게 중요해진 개념이었다. (확실히 많은 우생학자가 현대 통계학의 창시자들이다.) 레나드 데이비스Lennard J. Davis는 《정상 상태의 강요: 장애, 청각장애 그리고 몸Enforcing Normalcy: Disability, Deafness, and the Body》에서 "부르주아의 패권과 함께 적당함과 중간 계급의 이념에 대한 과학적 정당화가 시작된다. 평균적인 남자, 중간 수준에 있는 남자의 몸이 그 본보기가 된다"[116]라고 썼다. 암암리에 그 평균적인 남자는 늘 백인, 유럽인, 중산층, 남성, 몸이 건강한 사람, 이성애자였다. 얄궂게도, '정상적인 몸'은 늘 그것이 어떤 적자생존의 종점이라는 잘못된 가정과 함께 새로운 이상, 즉 '절실히 바라야 할 위치'[117]가 되었다. 이 이상에는 '대다수의 인구가 반드시 또는 어떻게든 그 정상인의 일부가 되어야 한다'[118]는 가정이 수반되었다. 이러한 사회문화적 개념의 밖에 있는 사람들은 단순히 기대되는 정상 상태에서 벗어남을 의미하는 '비정상인'으로 간주되었다(초인적인 능력과 같은 사회적으로 바람직한 특이성을 가진 사람이 아니라면 말이다. 이 경우의 비정상인은 바람직한 괴물로 탈바꿈되었다). 업계가 쾌감 선도를 발표할 때 "평범한 인간의 정의에 관한 모든 질문은 인간이 결코 딱 꼬집어 대답할 수 없는 것"[119]이라 인정했다는 점을 기억하자. 요컨대 서양의 신체 개념은 편안함과 마찬가지로 근대에 사회역사적으로 구축되었다.

더욱이 중세 유럽인들이 우리보다 덜 편안했다는 가정은 그 주제를 다룬 제대로 된 기록이 없다는 것뿐만 아니라 물질적 편안함과 정신적 편안함 사이의 보통은 골치 아픈 구분을 무시하는 것이다. 편안함이 순수하게 육체적인 것일 수 있을까? 육체적 편안함의 일부는 늘 정신적인 것이고, 그 반대도 마찬가지가 아닐까? 육체적 편안함에 대한 언급이 많이 없었다고 해서 수백 년 동안 이어진 유럽인의 정신적 편안함에 대한 관심이 육체적 편안함을 무시하거나 부정하는 것을 의미해서는 안 된다. 이는 단지 인과관계의 순서를 확고히 하는 것일 뿐이다. 우리가 우리 자신의 틀을 벗어나 편안함을 찾을 수 있다고 생각한다면, 우리가 플라톤의 동굴을 탈출해 무턱대고 빛을 향해 비틀거리며 나아갈 수 있다고 생각한다면, 우리는 우리 자신을 속이고 있는 것이다.

우리는 또한 식민지 정복, 토착민 몰아내기, 아프리카인의 노예화를 통해 말 그대로 유럽계 미국인이 가진 물질적 편안함에 대한 개념을 세우게 되었음을 기억해야 한다. 예일대학의 미국학 및 식민지사 교수인 리사 로우Lisa Lowe는 이를 《4대륙의 친밀함The Intimacies of Four Continents》에서 아주 설득력 있게 주장한다. 로우는 윌리엄 메이크피스 새커리William Makepeace Thackeray의 1848년 소설 《허영의 시장 Vanity Fair》에 나온 차를 마시는 짧은 장면을 자세히 살펴보면서, 소위 영국식 티타임의 관습이 "서인도 제도의 설탕, 중국에서 들여온 차 도구, 역시 서인도 제도의 단단한 목재로 만든 테이블 그리고 인도의 면으로 만든 화려한 드레스"[120]에 의존했음을 설명한다. 말하자면, 이들은 모두 식민 지배나 강압적 무역의 산물들이었고, 심지어 영국의 것

이라고 할 만한 물건은 조금도 없었다. 그렇다면 이 편안함은 누구의
것인가?

　　세부적인 내용은 다를지 몰라도, 비슷한 식의 인간 착취가 식
민지 시대 아메리카의 물질적 편안함을 뒷받침했다. 1619년 8월 포인
트 컴포트라는 곳에[121] 아프리카의 은동고Ndongo 왕국(아프리카 남서부
에 있는 나라인 지금의 앙골라)에서 온 최초의 노예화된 노동자들이 영
국인에 의해 해안가에 내려졌다.* 어느 쪽의 역사를 따라가느냐에 따
라 다르겠지만, 포인트 컴포트라는 이름은 아이러니한 만큼이나 적절
한 이름이었다. 18세기에, 한때 귀족의 영역이었으나 점점 부상하는
중산층도 점차 누릴 수 있게 된 물질적 편안함에 의존했다. 예를 들
면, 면직물에 달려 있었다. 면은 점령된 원주민 땅에서 재배되어 노예
들의 손으로 수확되었고, 캐롤라이나에 있는 또 다른 노예들의 손에
의해 화학적으로 유독한 과정을 거쳐 제조된 인디고 염료로 염색되
었으며, 항상 럼주, 설탕, 노예와 함께 세계사에서 빠지지 않게 되었다.
소위 평균적인 미국인들(역설적이게도 아무도 아니면서 점점 더 많아진 사
람들)은 다양한 하층민을 대상으로 한 지속적 착취를 통해 (매우 좁은
의미의) 개인적 편안함에 대한 정의를 내렸다. 20세기에 미국 국경 안
에서 이미 노예가 되었거나 예속된 사람들의 물질적 복지가 어느 정
도 서서히 개선되자, 여유 있는 사람들을 위해 편안함을 생산하는 일
은 점점 더 미국 밖에 맡겨지게 되었다. 겉으로 봐선 캘리포니아 쿠퍼

　　● 1619년 8월 버지니아주 포인트 컴포트에 최초로 20명의 흑인 노예가 내려지면
　　　서 미국 노예제도가 시작되었다.

티노에서 온 것으로 보이는 내 전화기[122]는 43개국의 노동력을 필요로 하며, 채굴 지역에서 정치적, 환경적 폭력을 역대급으로 부추긴 분쟁 광물과 희토류 금속을 포함하고 있다. 나와 세상을 안정적으로 연결해주는 내 전화기는 그 재료가 채굴되는 지역을 덜 안정적으로 만들었다. 나의 안정성은 내가 이름조차 알지 못하는 공동체의 늘어난 불안정성에 의존한다. 다시 말해, 이 편안함은 **누구의** 것인가?

'편안함'이 사회문화적으로 구축된 것이라는 이러한 생각과 결을 같이하는 최근의 연구에 따르면, 열적 쾌적성의 경계는 평생 주어진 문화와 개인 안에서 놀라울 정도로 유연해질 수 있다. 이 경계는 사회적 환경뿐만 아니라 시간과 장소에 따라 달라진다. 경계는 변화할 수 있고 또 실제로 변화한다. 채펠스와 쇼브는 다음과 같이 썼다. "사람들이 너무 덥거나, 춥거나, 젖거나, 건조하면 죽는다는 것은 사실이다. 그런데 사람들이 6~30℃ 사이의 온도에서 편안함을 느낀다고 말한 것 또한 사실이다."[123] 이 범위가 극한 환경에서의 생존 범위가 아니라 **편안함**의 범위라는 점에 주목하라. 우리는 꼭 만족스럽진 않을지 몰라도, 대단한 기술적 도움 없이 이 범위를 약간 넘어 살 수 있고 또 살고 있다. 채펠스와 쇼브는 개인적 편안함의 경계가 햇볕에의 노출, 공기 질, 심지어 (또는 특히) 기대치와 같은 조건에 따라 평생 '상당히'[124] 바뀔 수 있다는 사실을 발견했다. 이들 연구에 따르면, 실현될 수 없는 더 낮은 온도를 **기대**할 때 불쾌함의 지수는 더 올라갔다. 마찬가지로 온도에 대한 과거의 기억 또한 복잡하고 중요한 방식으로 우리의 삶에 영향을 미친다. (아주 개인적인 예를 하나 들자면, 나의 할아버지는 제2차 세계대전 당시 가장 치열했던 전투 중 하나인 벌지 전투Battle of the Bulge에서 미군 지상군으로 싸웠다. 전투는 1944년 겨울 서유럽의 눈 덮인 숲에서 시작되었다. 하지만 그로부터 50년이 지난 후에도 할아버지는 자신의 발이 절대 따뜻하다고 느끼지 못했다. 울 양말을 여러 켤레 겹쳐 신어도 마찬가지였다. 의식적인 것이든 아니든, 몇 주 동안 눈밭에서 목숨을 걸고 싸워야 했던 육체적, 정신적 경험의 결과였다. 할아버지는 할머니에게 히터를 켜 달라고 부탁할 때만 넌지시 언급했던 동상이라는 트라우마를 갖고 있었다.) 열에 대한 과거의 기억과 그 대처 방법은 지금의 열적 불쾌함을 더 잘 견딜 수 있게 한다. 하지만 그와 동시에, 과거의 극단적 열에 대한 기억은 더위를 더 피하게 한다. 흥미롭게도, 우리가 실내 기후를 바꿀 수 있을지 아느냐 모르느냐에 따라 우리가 편안함을 느낄지 아닐지가 결정될 수도 있다.

실제로 일부 연구는 에어컨 등으로 인해 일정한 온도에 반복적으로 노출되면 다른 온도에 대한 내성이 약해진다는 것을 발견했다. 가령, 7월에 약 18℃로 냉방된 맨해튼의 사무실에서 시간을 보내는 회사원은 점심을 먹으려고 건물을 나서거나 에어컨을 켜둔 자신의 아파트로 퇴근할 때, 대부분 시간을 바깥에서 보내는 다른 근로자보다 훨씬 더 불쾌함을 느낄 것이다. 우리는 밀폐된 공간에서 다른 공간으로 이동할 때 거의 말도 안 되는 수준의 일정한 온도를 기대한다. 하지만 온도가 통제되는 곳에서 아닌 곳으로 이동할 때 기온의 급격한 변화는 우리 몸에 타격을 줄 수 있다. 우리 몸은 반복적으로 짧게 높은 온도에 노출되면서 자신을 방어하는 법을 배운다.

온도가 급격히 상승하면 더위에 익숙하지 않은 사람은 몇 주 동안 더위를 견딘 사람보다 뇌졸중을 겪을 가능성이 훨씬 크다. 미국

고등학교 미식 축구팀을 대상으로 한 2019년 연구에 따르면, 시즌이 시작되기 몇 주 전, 두 시간을 초과하지 않는 선에서 선수들을 더운 날씨에 계획적이고 점진적으로 노출시킨 결과 이들의 열 관련 질환이 55% 감소되었다.[125] 물론 연구 대상은 취약한 육체와는 거리가 먼 그야말로 젊은 운동선수들이었지만, 연구 결과는 이례적인 것이 아니었다. 다시 말해, 채펠스와 쇼브가 주장하듯 우리에게는 분명히 한계가 있지만, 그 한계는 우리가 생각하는 것보다 대체로 훨씬 더 높다. 견디는 것은 수용으로 바뀔 수 있고, 그러다 결국에는 놀랍게도 편안함에 가까운 무언가로 바뀔 수도 있다.

하지만 우리의 한계를 넘어 건강을 위협하는 진짜 위험한 온도는 어떨까? 폭염이 냉방보다 더 많은 생명을 앗아가지 않았나? 정확히 그렇지는 않다. 먼저, 폭염은 다른 이유 중에서도 에어컨 사용의 증가로 더 뜨거워지고, 길어지고, 빈번해지고 있다. 여기서 핵심은 에어컨을 절대 용납할 수 없다는 것이 아니다. 에어컨에 거의 접근할 가능성이 없는 사람들에게는 용납할 수 없는 것이 맞겠지만 말이다. 핵심은 역사적으로 에어컨이 (위험 요인으로 흔히 오해되었던) 단기적 열적 불쾌함에 대한 해결법으로서 지구상의 보다 편안히 지내는 거주자들에 의해, 또 그들을 위해 처방되어 왔다는 것이다. 이 만병통치약은 아이러니하게도 지구를 이제 실제로 더 위험한 상황으로 몰아넣었는데, 특히 기계적 냉각 장치를 이용하지 않는 사람들에게 더욱 위험으로 다가왔다.

프레온 이전의 세상은 지구인들이 단지 개인 차원이 아니라 **공동체**로서 열을 다루는 방법을 아는 세상이었다. 부자라면, 가장 무더운 여름날에 대처하는 방법은 쉬웠다. 그저 바닷가에 있는 여름 휴양지나 산속 별장으로 느긋하게 떠나면 되었다. 그들의 '불쾌함을 무시하는 타고난 습관'은 실제로 더위를 물리치는 전략 중 하나였다. 놀랄 것도 없다. 하지만 저소득층 도시민들은 다른 뾰족한 수가 없었기 때문에 도시를 떠나지 않고 1901년 뉴욕의 폭염을 버텼다. 그들은 별을 보며 옥상이나 화재 대피용 비상계단 또는 공원에서 잠을 잤다. 그들은 일하는 습관을 고쳤고, 옷을 적게 입었으며, 소화전의 물을 틀었다. 일부는 한때 시 당국이 제공했지만 지금은 사라진, 도시의 상수도와 연결된 가로등 크기의 샤워기 아래에 서 있기도 했다. 그들은 **함께** 버텨냈다. 어떤 경우에는, 1950년대 시카고의 흑인 다수 거주 지역인 브론즈빌에서처럼 그들은 함께 버텨냈을 뿐만 아니라 **변성**하기까지 했다. 사회학자 에릭 클라이넨버그Eric Klinenberg는 냉방이 되기 전 브론즈빌의 여름을 "거리에 있는 거의 모든 사람이 참여했다가 더위를 피해 비상계단에서 자는 것으로 끝이 나는 하나의 긴 공동체 축제"로 묘사했다. 브론즈빌은 '공고한 공동 지역'[126]이었다. 클라이넨버그는 이 전략 덕분에 1955년 폭염으로 인한 이곳 사망률이 **1995년 시카고 폭염으로 인한 사망률의 절반** 수준이었다고 주장한다. 즉 에어컨 사용이 늘어난 지난 40년간, 같은 도시에서 비슷한 폭염으로 인한 사망률은 2배로 증가했다. 1990년대에 이르러 도시 범죄의 증가에 따라 도시 범죄에 대한 **두려움** 증가, 공간의 민영화와 부랑자의 범죄율 증가는 공공 냉방센터 이용 외에 지역사회의 열관리 전략을 사실상 종식시켰다. 클라이넨버그는 그때와 지금을 비교할 때 기계적 기술 못지않게 사회적 면도 차이가 있음을 보여준다.

설계학자인 카메론 톤킨와이즈Cameron Tonkinwise는 아마도 논란의 여지가 있을 좀 다른 관점을 제시한다. 그는 20세기 초 뉴욕 노동자 계급의 더위에 대한 생각이 보통은 상류층의 그것과 비슷했다고 지적한다. 그는 "20세기 초의 기온은 지금과 크게 다르지 않았다"[127]라고 썼다. (단지 높은 온도가 아니라 고온이 계속된 일수가 중요하기 때문에 이는 논쟁의 여지가 있다.) "역사적으로 더 부유한 사람들은 여름에 뉴욕을 떠났지만, 에어컨 없이 뉴욕에 남아 있는 사람들도 많았다. 이들은 지금의 우리보다 더 많은 옷, 더 무겁게 짜인 옷을 입었으며, 지금보다 훨씬 더 많은 양의 폐열을 발생시키는 방법으로 요리했다. 하지만 그들이 불편함을 느꼈다 해도, 도시의 사회사 기록을 차지할 정도는 아니었다."

톤킨와이즈는 "우리는 조상들보다 같은 온도를 덜 참게 되었다"[128]라고 주장한다. 에어컨이 나오기 전, 평범한 미국인들이 멀리 여행할 필요 없이 노출되었던 다양한 환경을 고려하면, 이는 이해하기 어렵지 않다. 하지만 지금 에어컨이 완비된 뉴욕 지하철을 이용하는 많은 통근자가 말하는 것처럼 당시 모든 사람이 고통을 겪은 것은 아니었다. "에어컨이 나오기 전에는 어땠을지 상상이 되나요?" 그들은 마치 에어컨이 없는 세상, 그러니까 1900년 이전 인류의 모든 역사를 상상도 할 수 없는 것처럼 묻는다. 그것은 단순히 에어컨 없는 세상을 상상할 수 없는 것이 아니다. 그것은 변화무쌍한 역사 속에서 상황에 따라 끊임없이 재구성되었던 지혜를 상상할 수 없는 것이다.

나는 그곳에 없었지만, 에어컨이 없던 세상이 어땠는지는 말할 수 있다. 전반적으로 시원했다. 그리고 여름에는 실내가 더 더웠다. 때로 생명을 위협하는 폭염 때문에 사람들이 사망에 이르기도 했다. 당시 상황의 심각성을 축소하려는 것은 아니지만, 20세기 후반의 상황이 보여주듯이 가정용 에어컨의 등장도 문제를 거의 해결하지 못하고, 악화시키기만 했을 뿐이다. 프레온 이전의 세상은 끊임없는 고통의 세상이 아니었다. 불편함에 더 자주 근접했을 수 있고 불편함을 더 예측하지 못했을 수 있지만, 그때는 불편함을 더는 데 도움이 되는 공동의 문화적 지혜가 존재했다. 하지만 제2차 세계대전 후 이 지식 체계는 무너지기 시작했다. 그리고 업계가 모든 공공장소 및 가정에 에어컨 설치를 추진함으로써 톤킨와이즈의 말대로 "우리가 느끼는 자연은…바뀌었다".[129] 공공장소와 공동체의 안녕에 대한 관심이 거의 사라지면서 상황이 바뀐 것이다.

의도적인 것이든 아니든, 열적 쾌적성에 대한 업계의 가정은 냉방 시스템이 열적 불쾌함에 대한 가장 합리적인 해결책이라는 다섯 번째 가정으로 이어졌다. 하지만 에어컨을 통한 열적 쾌적성의 달성은 동등한 논쟁의 여지가 있는 두 번째 가정들에 달려 있었다.

첫째, 앞서 보편적인 편안함의 범위를 가정했던 것처럼 업계는 변하지 않는 실내 환경을 최상의 기후로 가정했다. 쾌감 선도는 쾌적 지대의 엄격한 경계를 통과해 구부러지는 쾌적선을 정의했다. 우리는 국경과 정치적 경계가 국가 정체성에 가장 중요한 시기였던 양 대전 기간 동안 업계가 은유적으로 사용했던 이러한 지대와 경계선의 맥락을 신중히 고려해야 한다. 시대정신에 따라 업계는 쾌적 지대와 불쾌 지대를 구분하기 위해 지도 제작 전략을 채택했다. 쾌적 지대는 단순히 열적 쾌적성을 보여주는 것이 아니라, 사회적 진전을 보여주었다. 이민자는 누구나 미국의 민주적 정신을 통해 불쾌 지대에서 쾌적 지대로 이동할 수 있었다.

미국난방및환기협회의 현대적 형태인 미국냉난방공조학회The American Society of Heating, Refrigerating and Air-Conditioning Engineers, ASHRAE는 여전히 표준 55Standard 55에 정기적으로 개정된 쾌감 선도를 발표하고 있으며, 이는 실내 환경 설계의 국제적 참고 자료가 된다. 선도는 옷을 겹쳐 입을 때의 공기층, 수면에서 레슬링에 이르는 활동의 신진대사율, 직사광선, 기류뿐만 아니라 온도와 습도의 변수 등 여러 상황을 고려하면서 더욱 복잡해졌다. 그들은 이러한 측정 기준을 통해 적어도 건물 '거주자'의 80%가 쾌적함을 느끼도록 노력한다. 쾌적함에 대한 이러한 기준은 점점 더 유연해지고 있고 발전의 여지도 있다. 하지만 쾌적함을 연구하는 게일 브래거Gail S. Brager와 리처드 드 디어Richard J. de Dear는 2003년, 이 표준에 "쾌적함에 대한 사고방식이나 특정 열적 조건에 대한 선호도가 문화적, 지역적으로 다를 수 있다는 인식"[130] 이 아직도 부족하다고 밝혔다. 그들은 또한 이 표준이 애초에 국제 표준을 제정할 필요성에 의문을 제기하지 않는다는 점에 주목했다. 브래거와 드 디어가 이 글을 쓴 지 10년이 지나서야, 미국냉난방공조학회는 지침을 수정해 66페이지의 개정본 중 문화란에 한 줄을 포함시켜, "이 모델은 현장 연구에 기초하며 사회의 모든 문화와 거주 유형에 규칙이나 규범으로서 적합하지 않을 수 있다"[131]라고 인정했다. 심지어 미국냉난방공조학회가 사용하는 '점유자occupants'란 표현은 다른 연구원도 지적했듯이, 주민들inhabitants이 함께 적극적으로 쾌적함을 만들

어내는 사람이 아니라 '일터에 제공되는 환경의 수동적 수혜자'임을 암시한다.[132]

둘째, 첫 번째와 비슷하게, 업계는 열적 쾌적성을 얻는 가장 좋은 방법이 균일하고 안정적인 실내 공기 조건을 만드는 것, 혹은 한 현대의 연구원이 '열적 단조로움'[133]이라고 부르는 것, 즉 공기의 '균질화'라고 가정했다. 그러나 그 연구원이 지적한 것처럼 '현실은 좀처럼 이론에 순응하지 않는다'. 우리의 선호도는 대개 이미 구축된 환경 자체에 의해 형성되지만, 그래도 여전히 기후의 영향을 상당히 받는다. 열적 단조로움은 어쩐지 의심스럽게도 열적 쾌적성을 이끌어내는 데 빈번히 실패했고, 지속적 쾌적함(불가능한 것)이 아닌 이에 대한 기대만 형성한 것으로 보인다. 당연히 실내 공기 환경이 이러한 기대를 충족시키지 못하면 불쾌함이 따르기 마련이지만, 열적 단조로움에 대한 기대는 미국인을 불쾌한 기분에 훨씬 더 쉽게 취약하게 만드는 기이한 효과를 가져왔다. 미국냉난방공조학회는 표준화 작업 자체가 전 세계적으로 쾌적함에 대한 기대치에 영향을 미쳤다는 사실을 인정하지 않는다.

셋째, 업계는 몸이 아닌 공간을 시원하게 하는 것을 택했다. 안에 있는 인간을 식히기 위해 아스트로돔Astrodome* 전체를 식힐 필요는 없다. 더 쉬운 방법이 있다고 말하는 것은 아니다. 하지만 대부분은 인간의 피부를 둘러싸지 않는 약 120만 m^3의 공기를 식히기 위해 엄청난 양의 에너지를 소비하기로 한 결정은 의도적인 선택이었다.

● 텍사스주 휴스턴에 있는 돔형 야구장.

집도 마찬가지다.

　　넷째, 업계의 가정은 공공장소와 일터에서 온도를 사람들이 거의 직접 통제할 수 없는 상황으로 이어졌다. 우리가 자주 가는 곳에서 온도를 조절할 수 있는 공간은 얼마나 될까? 사무실? 은행? 극장? 많은 연구에 따르면, 우리가 주어진 실내의 공기 상태를 제어할 수 있다는 단순한 믿음은 복잡한 방식으로 우리가 편안함을 느끼는 수준에 영향을 미친다. 때로 실내 기후가 조정될 수 없다는 생각은 다른 대안이 없기 때문에 불쾌함을 없앨 수 있다. 하지만 실내 기후가 조정될 수 있는데도 개인적으로 그것을 바꿀 수 없다는 생각은 불쾌함을 가중시킬 수 있다. 때로 가장 쾌적한 환경은 공기의 상태를 마음껏 통제할 수 있는 환경이다.

　　'열적 쾌적성'이란 말을 들어보기도 전에, 식당에서 종업원으로 일하던 나는 이와 관련된 경험을 직접 한 적이 있다. 손님 중에 누군가 온도를 좀 조절해달라고 요청하면, 매니저는 나에게 손님의 말에 일단 동의한 후, 뒤쪽으로 걸어가 눈에 띄지 않는 곳에 있다가 아무것도 하지 않고 30까지 센 다음, 다시 돌아와 손님에게 온도를 조절했다고 말하라고 가르쳤다. 아니나 다를까 30분 후 손님은 나를 불러 온도를 조절해줘서 고맙다고 말했다. 이제 훨씬 편해졌다고 말이다.

　　다섯째, 냉방 시스템이라는 처방은 열린 창문을 둘러싼 논쟁을 억눌렀을 뿐만 아니라, 논쟁이 다시 쉽게 되풀이될 수 없도록 했다. 프레온의 시대에 열린 창문은 빠르게 비효율적이고, 원시적이며, 심지어 위험한 것이 되어 예측할 수 없고 정복할 수 없는 방식으로 비바람에 노출될 터였다. 결국, 미국의 실내는 마치 쌍각류처럼 문을 닫기 시작했다.

여섯째, 가장 문제가 되는 것은 냉방 시스템을 지지하는 사람들이 미국의 가장 곤란한 통념, 즉 결과를 고려하지 않은 채, 값싼 에너지가 무한대로 공급될 것이라는 믿음을 사실로 받아들였다는 것이다. 처음부터 미국은 소위 더 문명화된 세계 건설에 일조하기 위해 (명백하게 인간을 노예화함으로써) 무료이거나 값싼 노동력을 이용할 수 있다는 가정하에 운영되었다. 노예 해방령이 노골적인 노예제도를 끝낸 후 10년도 채 지나지 않아 미국은 물, 나무, 육체적 힘을 활용하던 경제에서 주로 화석 연료에 의존하는 경제로 전환했고, 후자는 전자를 (부)자연스럽게 뒤따르게 되었다. 노동 착취를 위한 노예화된 인간과 탐욕스럽게 소비되는 화석 연료라는 에너지의 두 원천은 연결되어 있다. 에어컨은 결과야 어떻든 자유롭게 쓸 수 있는 에너지라는 믿음을 이용해 보급될 것이었다. 식민지 지배와 노예화에서 비롯된 이러한 그릇된 통념은 열적인 것이든 아니든 편안함을 생각할 때 늘 우리를 사로잡는다.

이러한 가정들은 미국을 강화하는 식으로 미국을 재구조화하기 시작했지만 그 어느 것도 필연적인 것은 아니었다. 그러나 그 어느 때보다 더 자연스럽고 무너뜨리기 어려운 것으로 보였다.

현대 미국인들의 편안한 휴식에 대한 개념은 의식적으로 만들어졌지만 자연스러워 보이는 토대 위에 자리 잡고 있다.

9

냉방 자본주의

기계적 냉각을 통한 열적 쾌적함의 생성은 공기조절을 넘어 실내 환경에서 일어나는 활동들을 조절했다.

프레온을 이용한 기반시설의 성공은 구축된 환경의 대대적 밀폐와 그 경계 안에 있는 모든 것을 완전히 통제하는 이후의 운영에 달려 있다. 멀리서 보면 미국 에어컨 역사의 첫해는 철학자 발터 벤야민Walter Benjamin이 "하나하나가 함께 모여 이제 별자리를 형성하는"[134] 이미지로 표현했을 법한 길고 느린 밀폐의 과정으로 보인다. 그 모습은 마치 우리가 역사의 긴 복도(참나무로 판벽을 댄 꽃무늬 벽지의 복도), 과거에서 현재로 이어지는 통로를 질주할 때, 수십 년 동안 열려 있던 방들이 이제는 은행의 강철 금고처럼 보이지 않는 이면에서 스스로 봉인하는 것 같다. 창문이 닫히고 문이 닫힌다. 다른 통로로 통하는 문들, 즉 선택 가능한 다른 기회로 이어지는 문들이 닫히고, 잠기고, 틈이 메워진다. 20세기가 지나는 동안 밀폐의 속도는 빨라져 내부 활동에 대한 전례 없는 통제가 가능해진다.

냉방은 공장에서 시작되었지만, 사무실, 호텔, 은행, 영화관 등 냉방 시설을 갖춘 새로운 범주의 공간도 일종의 공장 그 자체가 되었다. 역사학자 린디 빅스Lindy Biggs는 이를 '정확하고 예측이 가능'한 현장, '합리적 공장'[135]이라고 부른다. 건물은 단순히 안에 기계들을 둔 공장과 같은 껍데기가 아니었다. 그 시기는 가장 적합한 말로 비유하자면, 건물 자체가 기계였고, 그 안에 있는 사람들은 점점 톱니바퀴의 톱니가 되어가던 때였다.

1935년 벤야민은 한 영화 매체에 글을 기고해 초기 영화관들이 어떻게 밀폐와 통제로 돌아섰는지를 설명했다. 그는 "술집과 도시의 거리, 사무실과 가구가 비치된 실내, 기차역과 공장이 우리 주변에서 가차 없이 문을 닫는 것 같다"[136]라며 팽창하고 있지만 왠지 모르게 세상은 축소되는 것처럼 보이는 역설적 세계를 묘사했다. 이어 1930년대 초 냉방 시설을 갖춘 완전한 어둠 속의 영화관을 언급했다. "그리고 영화가 나왔다. 영화는 이 감옥 같은 공간을 눈 깜짝할 새 다이너마이트로 폭파했다. 우리는 그 잔해들을 멀리한 채 태연하게 여행을 떠날 수 있었다. 클로즈업은 세상을 확장하고, 슬로모션은 움직임을 연장한다." 다시 말해, 미국 대중이 자신으로부터, 서로로부터, 세상으로부터 멀어져 극히 소외감을 느끼기 시작했을 때, 콘크리트와 대리석과 유리와 강철로 된, 도시 이곳저곳에 생겨난 영화관은 그들에게 장소를 제공해주었다. 영화관은 이들에게 상상의 공간, 정신적 공간을 제공했다. 영화관은 밀폐되었고, 영화는 일종의 통제되는 환상, 욕망, 흥밋거리였다. 프레온이 나오기 이전에도 냉방은 이러한 통제에 분명히 도움이 되었다.

하지만 업계의 에어컨 시스템 추진은 미국 대중의 공간적 한계에 대한 생각만 바꾼 것이 아니었다. 이 미국식의 밀폐된 건물은 몸 자체를 갖는다는 것이 어떤 의미인지에 대한 우리의 개념을 비틀어놓았다. 본질적으로 이는 미국인들이 기후와 기후가 우리 몸에 미치는 영향을 무시하도록 부추겼다.

철학자 미셸 푸코Michel Foucault는 《감시와 처벌Discipline and Punish》에서 17세기와 18세기 동안 서양에서 점진적으로 발전한 군사, 의학, 법, 교육 등 거대한 규율의 권력 구조가 부당하게 이용한 '인체 예술'[137]이 어떻게 시작되었는지 설명한다. 유럽계 미국인의 규율 체계는 '개별적이고 집단적인 신체의 강제'[138]를 규정했다. 19세기와 20세기는 이러한 체계를 물려받았을 뿐만 아니라, 그것들을 한층 더 확대했는데, 푸코의 추론에 따르면 "교묘하고…중단되지 않고, 끊임없이 계속되는 강제"[139]가 서양사의 거의 모든 면을 관통한다. 책 속에서 푸코가 예로 든 장소 두 곳은 공장과 학교다. 같은 장소에서 초기의 기계 냉각이 발전했다는 점을 고려할 때, 에어컨은 푸코의 생물 정치학*적 설명을 위한 또 하나의 도구가 될 수 있을 것이다. 그 도구는 인간의 몸이 유용해질수록 더 순종적으로 만들기 위해,[140] 또 그 반대를 위해 인지하지 못하는 사이 인체를 단련시켰다. 의도야 어쨌든 그 결과는 기후에 영향받지 않는 단련된 신체였다. 현대인들은 더 이상 그들이 머무는 환경의 외부 조건에 대한 인식이 필요하지 않게 되었다. 그들은

• 인간도 동물이라는 점에 착안해 진화론을 응용하여 인간의 행동, 사회, 정치를 설명하고자 하는 학문.

필요에 맞게 실내 환경을 바꾸기만 하면 되었다.

　　푸코는 이 단련법이 점차 기반을 다지게 된 몇 가지 방법을 정의했다. 가장 분명한 방법은 건축기법과 설계를 통해 공간을 물리적으로 닫는 '울타리enclosure', 또는 그의 말대로 '다른 곳들과 다르게 그 자체적으로 폐쇄된 특정한 구역'[141]을 만드는 것이었다. 특히 공장은 울타리 치기의 모범을 보여주는 곳이었다. 울타리에는 외부 환경으로부터 개별 건물을 봉쇄하는 것뿐만 아니라 사람들을 서로에게서 '분리'하는 것, 다시 말해 집단 감각의 느리고 꾸준한 침식이 포함된다. 그 '세포적' 성향은 사람들이 공공의 복지보다 개인의 편안함에 대해 더 많이 고려하도록 만들 것이다.

　　밀폐된 환경은 시간이 지남에 따라 그리고 지리적 장소와 관련된 다른 종류의 통제도 가능하게 했다. 19세기의 기차와 공장이 시간의 표준화를 강요했다면, 냉방 설비를 갖춘 20세기의 환경은 주어진 경계를 넘어 시간과 장소를 확장했다. 실내 공기가 일정하게 유지되면서 더는 노동자들이 여름날 오후 가장 더운 시간에 따로 쉬지 않아도 되었다. 또한, 시원하고 건조한 작업 환경이 처음으로 미국 최남단 지역에서도 재현될 수 있었다.

　　궁극적으로 냉방은 이상적 노동 조건을 만들기 위한 하나의 방법으로 미국 무대의 한편을 차지했다. 푸코는 건물을 밀폐함으로써, "목표가 생산력을 높여…최대한 이익을 끌어내고 불편함을 없애는 것, 재료들과 도구를 보호하고 노동력을 지배하는 것"[142]이라고 썼다. 그러나 공기조화의 목적이 공업용 공조에서 쾌적한 냉방으로 옮겨갔음에도 불구하고, 노동의 과도한 연장이라는 목적은 지속되었다. 지금도 마찬가지다.

　의식적이든 무의식적이든, 자본주의 사회가 엄격하고 체계적인 근로 조건에서 노동자들을 재생산하려고 한다는 생각은 1867년 카를 마르크스Karl Marx의《자본론Capital》제1권에서 결정체를 이루었다. 향후 이러한 사고는 아주 유명해졌고 영향력도 커졌다. 그는 '노동력의 구매와 판매' 장에서 온종일 고된 노동을 한 후에도 "노동자는 내일 다시 같은 수준의 건강 상태와 힘을 가지고 같은 과정을 다시 반복할 수 있어야 한다"[143]라고 썼다. 실제로 한 세기 후 에어컨이 가정에 쾌적함을 제공하기 시작했을 때, 세심하게 조정된 공기는 거주자가 기력을 회복하고 다음 날 다시 일터에 복귀할 수 있도록 휴식을 가져다주었다. 에너지의 원천인 노동자들, 다시 말해 노동자층뿐만 아니라 돈을 벌지 않으면 굶어 죽게 되는 우리는 모두 일터에서 일관된 성과를 낼 수 있을 만큼 충분히 만족하는 삶을 살기 위해 생필품을 살 수 있어야 하고 때로는 원하는 것도 얻을 수 있어야 한다. 마르크스는 "음식, 의복, 연료, 주택 등 노동자에게 꼭 필요한 것은 각 **지역의 기후 및 다른 신체적 특성에 따라 다르다**(내가 특히 강조하는 것)"라고 덧붙였다. 노동자들이 덥고 습한 여름 기후 때문에 과열된 상태로 일을 할 수밖에 없거나 일터로 복귀하는 데 필요한 힘을 회복할 수 없을 정도로 충분히 잠을 잘 수 없다면, 생산 수단의 소유주들은 오직 두 가지 선택을 할 수밖에 없다. 하나는 노동자들이 해야 할 일을 줄이는 것(그러면 소유주는 손해를 본다)이고, 다른 하나는 '해당 공간의 기후적 … 특성'을 바꾸는 것이다. 에어컨의 부상은 두 번째 안이 선택되었다는 증거다(기후는 먼저 실내에서 의도적으로 바뀌었다. 그리고 다음으로 실외에서 의도치 않게 지구온난화를 통해 바뀌었다).

앞서의 인용문에서 마르크스는 환경에 따라 달라지는 필요의 복잡성을 암시했다. 그는 이 문제에 대해 더 이상 언급하지는 않았지만, 그 안에 파괴의 씨앗을 품고 있는 자본주의 사회의 역설적 작동 방식을 이해하려던 그의 야심 찬 계획의 맥락에서 봤을 때, 그 의미는 분명했다. '기후 및 다른 신체적 특성'에 대한 획일적 통제(균질화된 냉방의 힘만이 수십 년 후 해낼 수 있는 진정한 통제)는 주어진 공간 내의 사람들에게 쾌적함을 부여해 그 안에서 행해지는 노동의 효율성을 극대화하기 위한 것이었다. 결과적으로 그 통제는 모든 지역의 기후 및 다른 신체적 특성에 대한 사람들의 일반적인 개념을 완전히 무너뜨렸다.

에어컨 업계의 전략은 놀라울 정도로 효과적이었다. 열적 쾌적성에 관해 그들이 가정한 것은 여전히 주로 우리 몸의 한계, 지속적인 노동의 필요성, 무한한 에너지, 이상적인 기후를 유지해야 할 필요성에 대한 서구의 가정이다. 서구에서 '쾌적함'의 획득은 곧 북반구 선진국의 냉각 산업뿐만 아니라 지구 전체에 엄청난 영향을 미칠 것이었다. 그리고 업계는 편안함의 정의를 확실히 내림으로써 프레온으로의 전환을 필수적인 것으로 증명해 보일 터였다.

가장 좋게 봤을 때, 편안함은 목적을 위한 수단이다. 편안함은 우리가 세상에서 다른 일, 바라건대 세상에 좋은 일을 하게 해준다. 우리는 편안할 때, 한나 아렌트가《인간의 조건》에서 주장한 인간 고유의 활동인 지속적 공공사업과 공동체 활동에 더 자유롭게 참여할 수 있다. 아렌트는 "신체가 자극받지 않거나, 자극이 끝난 후 몸이 원래대로 되돌려져야만 우리의 신체 감각이 정상적으로 기능할 수 있고 주어진 것을 받아들일 수 있다"[144]라고 썼다. 하지만 나는 불편함의 영역에는 아렌트가 말한 것보다 훨씬 더 많은 여지가 있다고 생각한다. 수많은 위대한 업적과 일들이 불편함의 징후 아래 이루어졌다. 아렌트는 고통과 불편함을 구분하지 않았고, 어떤 불편함이 편안함으로 습관화될 수 있다는 걸 생각하지 않았다. 그녀는 고통을 생각하면서 "육체의 생명에 대한 온전한 집중보다 더 근본적으로 세상을 잊게 하는 것은 없다"[145]라고 썼다. 하지만 즐거움도 마찬가지다. 그리고 편안함을 수단으로서가 아니라 목적으로서 지속적이고 끈질기게 추구하는 것도 마찬가지라고 생각한다.

초기의 에어컨 산업은 불편함은 구식이고, 어쩌다 겪는 불편함이라는 낡은 생각은 진보의 흐름을 역행하는 것이며, 예전의 '나쁜 공기'나 '집단 독'처럼 불편함은 무슨 수를 써서라도 근절시켜야 한다는 생각을 밀어붙였다. 그렇게 업계는 대단히 심각하고 유독한 생활 수준을 안전한 것으로 인식되도록 세상을 세뇌시켰다. 편안함은 목적을 위한 수단이 아니라 그 자체를 위해 갈망하고 획득해야 하는 상품이 되었다.

프레온이 나오기 이전 초기 에어컨의 불편한 역사는 쾌적함에 대한 우리의 기준이 전적으로 우리만의 것이 아님을 보여준다. 열적 쾌적성의 면에서 봤을 때, 이 열적 쾌적성은 소수의 영향력 있는 사람들에 의해 우리에게 강요되었다. 그중 다수는 고정된 편안함의 수준을 정의하는 데 혈안이 된 성인 백인 남성들로, 그들은 자신들이 백인 중산층 미국인의 생활 방식이라고 믿는 것을 개선하려 했다. 그들은 백인이 아닌 사람들에게는 같은 생활수준을 인정하지 않으려 애썼다.

노예해방론자였던 프레더릭 더글러스Frederick Douglass는 에어컨이 나오기 전인 1881년 '쾌적선The Comfort Line'이라는 제목이 될 수도 있었을 그의 에세이 《컬러 라인The Color Line》에서 미국에 존재하는 이러한 독성을 넌지시 언급했다. 더글러스는 "이러한 감정으로 고통받아 온 모든 인종과 여러 사람을 통틀어, 그 고통을 가장 많이 견딘 사람은 이 나라의 유색 인종"[146]이라고 썼다. 그들은 일, 예배, 투표, 재판을 거부당했다. 더글러스는 윌리엄 셰익스피어William Shakespeare의 《베니스의 상인The Merchant of Venice》에 나오는 인물 중 반유대주의에 직면한 샤일록을 인용하면서, 유대인인 그도 "기독교인과 마찬가지로 여름에는 덥고 겨울에는 춥지 않은가?"라며 그의 인간성을 주장한다. 지구온난화 가스의 배출을 예고라도 하듯이 더글러스는 제도적 인종차별에 대해 다음과 같이 말했다. "미국 생활의 거의 모든 부문에서 흑인들은 이 은밀히 퍼지는 영향력에 직면한다. 이는 대기를 가득 채운다." 반세기가 지난 후에도 공기는 여전하다. 프레온이 추가되긴 했지만.

그래서 1930년 즈음 냉방이 세계 자본주의와 그 모든 폭력적인 결과의 도구가 될 완벽한 위치에 있었다고 직접적으로 말하는 것이 공평하지 않다면, 그 역사를 고려했을 때, 제국주의의 고조, 자본주의의 확산, 노동자의 착취 가속화, 다른 사람보다 우월한 특정 신체에 대한 지속적인 인종차별주의적·계급차별주의적 사상을 말하는 것은 분명히 괜찮을 것이다. 그리고 마침내, 에어컨 산업의 부상이 아주 가까이, 두려울 정도로 아주 가까이 다가왔다.

프레온 회수 업자
샘과 그의 일에 관하여
I

자동차 여행을 떠나기 전에, 나는 샘에게 전화를 걸어 그가 보통 자신의 직업을 사람들에게 어떻게 소개하는지 물었다. 샘은 거래를 하지 않을 때는 자신이 하는 일에 대해 자유롭게 이야기하지만, 먼저 물어볼 때만 그렇게 한다고 했다. 나는 샘이 하는 일에 관한 이야기를 샘보다 레베카에게서 더 많이 들었다. 셋이 모였을 때 레베카는 샘의 일화 중 하나를 떠올리고 웃으면서 이야기를 들려주기 시작했고, 그러다 갑자기 샘의 어깨에 부드럽게 손을 얹고는 대신 그 이야기를 끝내라고 재촉했다. 샘의 말대로라면, 그는 자신이 지구온난화에 관해 요란하게 떠드는 사람처럼 보일까 봐 스스로 그 주제를 꺼내길 주저했다. 하지만 일단 이야기가 시작되면 장황하게 말을 늘어놓았고, 그러다 문득 하던 말을 멈추고 조용해져서는 자신이 너무 흥분했다고 말하곤 했다.

"내 일을 소개해달라고?" 그가 물었다. "그러니까, 칵테일파티에서 하는 것처럼?"

나는 그렇다고, 어서 이야기해달라고 말했다.

"음, 우리는 보통 지구상에서 가장 나쁜 물건들, 그러니까 R-12 라는 걸 파괴하면서 후대에 아주 좋은 일을 하고 있다고 이야기하지."

샘은 웃었지만, 나는 그것이 그가 하는 일에 대한 가장 정직한 설명이라고 생각했다. 그의 정식 직함인 탄소 프로젝트 관리자는 환경오염방지 스타트업에서 그와 동료 11명이 맡은 다양한 역할들을 숨기고 있었다. 그는 회사를 직접 설립하진 않았지만, 회사가 CFC 사업을 시작할 때부터 그곳에서 일했다.

샘이 '프레온 일'이라고 부르는 이 모든 일은 즉흥적으로 시작되었다. 약 10년 전, 사회정책학 학위를 받은 그는 시카고의 지속 가능한 업계에서 유명했던 롭Rob이라는 사람에게 고용되었다. 샘은 한동안 롭의 첫 번째이자 유일한 직원으로 일했다. 두 사람은 지역 풍력 발전, 태양광 발전, 버려진 탄광의 메탄 유출 방지 등 다수의 저탄소 에너지 프로젝트를 함께했다. 어떤 프로젝트를 하든, 그들의 목표는 사회 정의와 공동체 회복력에 초점을 맞추면서 재생 가능한 에너지 벤처기업을 설립하는 것이었다. 롭은 기업체가 환경 문제에 대해 지역 및 전 세계의 해결책과 갈등을 빚을 필요가 없다는 것을 보여주고 싶었다.

처음에는 프로젝트 중 어느 것도 제대로 되는 것이 없었다. 두 사람은 중서부 지역에 풍력 발전소를 몇 개 설치하려 했으나, 이는 완전한 실패로 끝났다. 땅의 소유주는 풍력 터빈으로 이득을 볼 수 있었을지 몰라도, 미국에서는 그 이웃들이 두통에서 말기 암에 이르기까지 자신들이 아픈 것이 모두 다 그 새로운 기계 때문이라고 탓하는 일이 흔했다. 이러한 증상은 의료계에서는 인정하지 않는 신체 상태인 '풍력 터빈 증후군'으로 불리는데, 검증된 어떠한 연구도 풍력 터빈과 건강에 미치는 악영향 사이의 연관성을 발견하지 못했다. 새로 세워진 풍력 발전소의 인근 주민들은 공식적으로는 불만의 원인이 '풍력 터빈 증후군'이라 했지만, 판사와 배심원단의 귀가 닿지 않는 곳이라면 실제 문제를 인정할 것이다. 터빈이 미국 시골의 경치를 망친다고 말이다.

많은 미국인에게 풍력 터빈은 미국의 어떤 목가적인 풍경을 뒤흔드는 것으로, 이러한 생각은 토머스 제퍼슨Thomas Jefferson이 꿈꾼 자유농민 국가의 환상(불합리하게도 노예 소유주가 말하는 꿈)을 연상시킨다. 그러나 미국 시골의 풍경은 이미 곡물 건조기가 내는 끔찍한 소음, 낙농장의 악취, 마치 거대한 게임판 위에 선을 그리듯 평야에 흔적을 내는 송신탑의 줄 등 기계적 혼란으로 가득하다. 이는 모두 산업화와 기업식 농업의 산물로, 여기에 '자연스러운' 것은 아무것도 없다. 샘에 따르면 그러한 소음과 냄새와 케이블이 풍력 터빈과 유일하게 다른 점은 그것들은 **이미** 자연 속에 녹아들었다는 것이다. 그것들은 매끈하고 심플한 금속 바람개비와 같은 이 새로운 장치와 달리, 미국의 목가적인 풍경과 어울린다. 철학자 티모시 모튼Timothy Morton은 풍력 터빈이 어떤 사람들에게는 탄소에 대한 거부를 상징한다고 말한다. 그는 "사실상 '풍경'을 방해하지 않으면서 땅 아래로 지나가는 보이지 않는 관들"[147]과 대조적으로, "풍력 터빈의 가시성은 풍력 발전소를 불안감을 주는 것으로 만든다"라고 썼다. 풍력 터빈을 극도로 경계하는 사람들은 터빈을 통해 정치적 입장을 표명한다. 그의 글이 이어진다. "풍력 발전소에 반대하는 사람들은 '환경을 구하라!'라고 말하는 것이 아니라, '우리의 꿈을 방해하지 말라!'라고 말한다."

결과적으로 샘과 롭의 풍력 발전 프로젝트는 님비주의(엄밀하게 반환경주의적이진 않지만, 집단의 복지에 앞서 개인의 이익을 보호하기 위한 가장 비합리적인 형태로 사람들이 쉽게 취하는 '내 뒷마당에선 안 돼Not In My Backyard'의 태도)로 인해 무너지고 말았다. 중서부의 지역 공동체 구역위원회는 '뒷마당'을 토지 경계선에서 약 1.2km에 이르는 곳까지로 정의했다. 이 금지령은 인구가 적은 지역에서의 풍력 터빈 설치도 효과적으로 방지했다. 지역사회의 꿈은 방해받지 않았다.

특히 논쟁이 심했던 한 마을회의가 샘의 마음을 괴롭혔다. 지역사회는 풍력 발전소를 거부했고, 두 사람은 패배를 인정할 수밖에 없었다. 시카고로 함께 차를 타고 돌아가는 동안 롭은 분위기를 바꾸기 위해 환경밖에 모르는 두 괴짜를 위한 일종의 게임을 생각해냈다. 집에 가는 길에 프레온을 몇 킬로그램이나 찾을 수 있을까?

몇 달 전, 샘과 롭은 CFC의 책임 있는 폐기에 대한 연구를 시작했다. CFC는 지구온난화에 강력한 영향력을 미치기 때문에 캘리포니아에서는 새롭게 시행되는 탄소 배출권 거래제를 통해 탄소 배출권을 얻을 수 있게 했다. 그들은 CFC를 찾아내 파괴함으로써 돈을 벌 수 있을지 궁금했다. 그래서 보물과도 같은 버려진 냉매가 있을 만한 곳을 찾아 돌아다녔지만, 그들이 도착했을 때는 이미 더 큰 회수업체가 왔다 간 후였다. 대형 회수업체가 맹금이라면, 샘과 롭은 작은 굴뚝새에 불과했다. 그런 식이라면 구매자의 눈길을 끌만큼 충분한 배출권을 얻지 못할 것 같았다.

샘이 프레온을 거의 포기했을 때쯤, 어느 날 저녁 롭이 인터넷에서 프레온 탱크를 하나 샀다는 문자를 보내왔다. 샘은 믿기지가 않아서 전화기를 떨어뜨릴 뻔했다. 왜 그 생각을 좀 더 일찍 하지 못했을까?

일주일 후, 나중에 샘과 내가 멤피스에서 함께 찾았던 것과 똑같은 약 14kg짜리 흰색 원통 하나가 그들의 사무실에 도착했다. 보통 때는 눈에 띄지 않는 CFC-12가 마치 다른 차원에서 갑자기 불려온 것처럼 자신을 드러내며, 인터넷을 통해 접근할 수 있는 미사용 냉매의 잠재적 네트워크가 미국 전역에 퍼져 있음을 알렸다. 그들은 온라인으로 시장가보다 훨씬 더 비싸게 프레온을 샀지만, 물건이 도착했을 때 그들은 〈X-파일The X-Files〉 에피소드의 결말을 확인할 때와 같은 어떤 초자연적인 기이함을 느꼈다. 저 너머에 진실이 있었다. 그들은 궁금했다. 규모를 확장해 좀 더 수익을 낼 수 있을까?

그래서 샘은 집으로 돌아가는 길에 풍력 발전소 프로젝트의 실패가 그 밤을 망치게 하지 않으려고 롭이 제안한 CFC 게임을 하기로 했다. 그들은 집으로 향하는 동안 가능한 많은 프레온을 찾으려 했다. 샘은 전화기를 꺼내 가는 길에 있는 관련 업체들을 찾아보았다. 냉매가 있을 만한 데가 어디일까? 그는 대략 짐작해본 후 전화를 걸었다. 혹시, CFC-12를, 냉매-12, 그렇죠, 프레온 같은 게 뒹굴고 있을까요? 지나가는 길인데, 탱크 한두 개 좀 살 수 있을까요?

알고 보니, 그들은 정말로 물건들을 갖고 있었다.

집으로 가는 그 길이 샘과 롭의 모든 것을 바꿔놓았다. 그들은 업체에 전화를 걸고 인터넷 게시판을 샅샅이 뒤지기 시작하면서 화이트보드에 프레온을 보유한 마을과 사람 이름을 적어두었다가 탱크를 수거하면 그 이름들을 지웠다. 메모할 공간이 부족해지자 그들은 컴퓨터로 지도를 그리고, 냉매 공급원에 대한 정보를 세 가지 색상의 핀으로 표시했다. 빨간색은 소량의 냉매가 있는 곳을 나타냈다. 그 자체만으로는 먼 길을 갈 가치가 없지만, 가까운 곳에 있다면 갈만 했다. 파란색은 약 23kg 이상의 냉매가 있는 곳을 나타냈고, 초록색은 단골 업자를 나타냈다. 때로 이 단골 업자들은 정보의 원천이 되기도 했다. 냉매를 갖고 있지 않더라도 누가 가졌는지는 알고 있었기 때문이다.

지도가 확장되었다. 지도에 연락할 사람들과 파괴할 냉매를 표시했다. 결국, 지도에는 인접한 48개 주에 있는 CFC-12가 표시되었는데, 이는 흥미로운 풍경을 보여주었다. 빨간색, 파란색, 초록색 핀이 만들어낸 군집의 형태를 한번 훑어보면, 20년간의 생산 중단에도 불구하고 여전히 미국에 엄청난 양의 프레온이 남아 있다는 사실을 알 수 있었다. 관련된 업체들에게는 희소식이겠지만, 그 외의 사람들에게는 아주 끔찍한 사실이다.

CFC를 꾸준히 입수하면서 회사는 점점 더 성장했다. 프로젝트와 직원을 늘리고, 사무실도 시카고 웨스트루프에 있는 더 큰 곳으로 이전했다. 그리고 몇 년 후, 회사는 기업이 환경과 관련된 목표들과 갈등을 빚을 필요가 없음을 증명하는 회사의 목표를 실현하기 시작했다. 파괴를 통한 목표의 실현은 필요 없는 돌을 제거함으로써 자신이 꿈꾸던 것을 드러내는 조각가들의 그것과 다르지 않았다.

샘에게 프레온 회수는 어쩌면 낯설게 느껴지는 일이었을 수 있다. 그의 말대로라면, 그 일은 그에게 대부분 도시에 사는 좌파 성향의 친환경 사업가나 환경운동가들이 거의 목격하지 못한 있는 그대로의 미국을 엿볼 기회를 제공했다.

몇 가지 눈에 띄는 예외 사례를 제외하면, 샘이 거래하는 사람들은 일반적으로 특정한 인구통계학적 범위에 속했다. 그들은 그들과 비슷하다고 느끼는 다른 백인 남성들과 함께 있을 때 편안함을 느끼는 백인 남성들이었다. 즉 보통 중년 나이의 이들은 시골의 자동차 애호가인 경우가 많았으며, 대체로 정부와 재담가와 진실하지 않다고 의심되는 모든 것을 경계하고, (남자가 아니더라도) 여성성을 경계하고, 냉매 말고도 온갖 종류의 사용하지 않는 모든 것을 사고파는 사람들이었다. 그러나 샘과 함께라면 적어도 처음에 보였던 거친 태도는 거래를 하는 짧은 시간 동안 관대함으로 녹아들 수 있었다. 대부분은 가진 것이 거의 없는 사람들이었지만, 이들은 샘에게 자동차 여행에 필요한 물과 음식, 생필품, 물건을 내주었다. 그들은 대개 그에게 정중하고 공정했으며, 직업이나 취미 때문인 경우를 제외하고 냉매를 소중히 여기는 사람을 보면 놀라워했다. 샘은 냉매로 무엇을 할 계획인지 좀처럼 이야기하지 않았다. 때로 그의 침묵은 레이저백과 그랬던 것처럼 의심을 불러일으켰지만, 샘의 예의 바르고 온당한 태도가 그 의심을 잠재웠다. 샘과 그의 거래자는 낯선 사람으로 만났다가 친구로 헤어졌다(옆에 있는 사람이 관찰하기에 그래 보였다).

장담컨대 많은 이가 자신을 정치적이라고 생각하지 않겠지만, 이들 중 많은 사람이 사실 정치적으로 보수적이다. 만약 그들이 내가 어렸을 적부터 알고 있던, 정부를 경계하는 중년의 자동차 애호가와 같은 사람들이라면, 정치는 낯선 사람과의 대화 주제로는커녕 저녁 식사 자리에서의 주제로도 적절해 보이지 않는다. 이들에게 정치란 머릿속으로만 생각하고 투표함 밖으로는 거의 공유하지 않는 생각이며, 일종의 궁극적인 개인적 자유의 표명, 즉 자신들에 관해 알지 못하는 사람들이 통제할 수 없는 것이다. 물론 이러한 정의 자체는 논쟁거리가 될 수 있다. 나는 극단적인 억측까지는 아니지만, 극단적이라 해도, 그들에 대해 대담하게 한번 말해보는 것이다. 어쨌든, 이들이 자신을 어떻게 바라보며 자신의 생각을 어떻게 정당화할지를 이해하는 것은 중요하다.

이들을 하나로 묶는 이데올로기는 전통적 의미의 정치를 넘어선다. 이들은 손으로 일을 하는 사람들이고, 손으로 하는 일의 가치를 아는 사람들이다. 그런 면에서 기교와 솜씨에 대한 이들의 관심은 예술가들의 그것과 크게 다르지 않다. 하지만 못 쓰게 되고 망가진 연장의 진가를 인정하는 예술가들과 달리, 이들은 제대로 기능하는 연장을 찬양한다. 그러한 이유로 이들은 CFC 파괴를 낭비라고 본다. '유용한 연장'의 너무 이른 폐기이기 때문이다. 그들의 보수성은 말 그대로 환경으로까지 확장된다. 그래서 쓰레기 더미를 뒤지고, 찾은 물건을 재사용하고, 아껴둔다. 그들은 CFC의 금지를 막강한 권력을 가진 정부가 통제권을 행사하는 것으로 본다. 그들이 보기에 연방정부는 늘 그래왔듯이 비민주적 수단을 통해 유용한 물건을 쓰레기로 만들었다. 그들은 환경보호국을 혐오하며, 1850년대에 특정 개신교 단체가 미국의 청교도적 이상을 전복하려는 교황의 음모를 확신했던 것과 다르지 않게 환경보호국을 음모를 꾸미는 곳으로 말한다(아니, 막연하게 암시했을 가능성이 크다). 이상하게도 이들은 땅과 공기, 물의 온전함을 보존하려는 환경보호국의 많은 목표를 공유하지만, 그 땅과 공기, 물이 누구를 **위해** 보존되어야 하는지에 대해서는 동의하지 않는다. 아마도 보존 자체가 그들에게는 낭비로 보이기 때문인 것 같다. 그들이 선호하는 보존 방법과 어느 수준으로 장소를 보존해야 하는지에 대해서는 환경보호국과 큰 의견 차이를 보인다. 어류 남획과 (늑대나 코요테와 같은 포식자를 다시 불러들이는 대신) 사슴을 죽이는 것이 어떻게 토착 생태계에 혼란을 지속시키는지 아랑곳하지 않는 이들에게 숲과 강, 호수 보존의 핵심은 마음대로 사냥하고 낚시할 수 있는 개개인의 자격을 유지하는 것이다. 아니면 이들에게 보존은 자신의 소유가 아닌 땅에 대한 책임을 강화함으로써 국가에 기여하는 것이다. 그들은 또한 기후 변화가 사기이거나 최소한 과장된 것이며, 급진적 좌파가 낭비적이고 자기애적인 의제를 내놓고 권력을 행사하는 또 다른 방법이라고 믿는 경향이 있다. 그들의 관점에 따르면, 소위 환경운동가들은 자원에 대한 비보수적 견해를 쏟아내는 위선자들이다. 묘하게도 이 보수적인 남성들과 좌파 환경운동가들의 진짜 차이는 핵심 가치에 있는 것이 아니라 관점, 즉 지역적 관점과 세계적 관점 사이에 있다.

이 백인 남성들을 하나로 묶는 또 하나의 특성을 정의해보고자 한다. 그들은 지리적으로 고립되어 있다. 존 던John Donne을 거부하는 이 각각의 남성은 그 자체로 섬이다.* 아니면 자신이 그렇다고 믿는다. 나는 한 남자를 만나기 위해 몇 시간을 운전해 미시시피주 오클랜드 외곽 어딘가의 달러제너럴Dollar General* 주차장에 도착했을 때 이를 느낄 수 있었다. 알고 보니 그는 디클로로디플루오로메탄 탱크 대신 테트라플루오로에탄▲(어림도 없지)을 가지고 나왔고, 결국 우리는 빈손으로 헤어졌다. 어떤 거래는 그렇게 실패로 끝나기도 했다. 샘에게 실패는 시간과 탄소의 낭비를 의미했다. 자신의 실수를 깨닫고 콘크리트 부지에 시선을 고정한 판매자에게는 분명히 더 큰 의미였을 것이다. 행운을 빌었지만 판매자는 내 눈을 피했다. 그는 어색하게 가지고 왔던 탱크를 들어 올려 트럭 뒤로 던져 넣었다. 나는 그가 '저들은 내가 저들을 속이려 했다고 생각할까'라고 생각하는지 궁금했다. 하지만 나는 그가 그런 생각을 하지 않는다는 것을 알았고, 그 반대의 가능성을 제시하지 않고 그 사실을 인정할 수 있었으면 싶었다. 어쨌든, 그 생각이 내 머릿속을 채우고 있을 때, 그는 이미 차를 빼서 고속도로를 타고 있었고, 나는 다시는 그를 볼 일이 없다는 것을 알았다.

이러는 순간 거리는 점점 멀어져 갔다.

주차장에 달랑 남겨진 우리 세 사람(샘과 레베카, 나)은 달러제너럴 매장으로 들어갔다. 그리고 나는 그곳에서 또 다른 거리감을 느꼈다. 화장실 열쇠를 달라고 했을 때, 나는 계산원과 매니저, 가게 안의 유일한 다른 손님이 나를 보는 시선을 느꼈다. 열쇠를 돌려주었을 때 계산원이 내게 이 근처에 사는지 물었다. 그녀는 답을 알고 있었고, 나도 그녀가 답을 안다는 것을 알았다. 그녀는 단지 음악도 라디

● 영국의 시인이자 성직자인 존 던의 기도문 중 "누구든 그 자체로서 완전한 섬이 아니다"라는 구절을 빗대었다.
◆ 주로 저가의 제품을 취급하는 생활용품매장.
▲ 무색이며 거의 냄새가 없는 불연성가스로 용제 및 소화제로 사용된다.

오도 없는 가게의 뚜렷한 침묵을 감추기 위해 의미 없는 말을 건네고 있었다. 분명 내가 무언가를 방해한 것 같은 느낌이 들었다. 그녀는 "맞아"라고 말하고는 계산기의 번호키를 천천히 몇 개 눌러 껌 한 통의 값을 입력했다(매니저가 그녀의 뒤에서 팔짱을 낀 채 나를 똑바로 쳐다보았다). 영수증이 기계에서 빠져 나왔다. 그녀는 그것을 찢은 다음 얇은 파란색 펜과 함께 계산대 위에 놓았다. "왜냐하면," 내가 서명을 하는 동안 분명한 추리를 하며 그녀가 말했다. "우린 당신을 본 적이 한 번도 없거든요."

CFC 파괴 사업은 샘에게 카멜레온의 기술을 가르쳤다. 첫 번째 전화에서 그는 약간의 남부 억양을 넣어 천천히 말했다. 그 억양은 일부 사람들에게는 지리적 구분이 아니라 '블루칼라'로 인식되는 기이한 효과가 있었고, 그런 식으로 말하면 관계의 초기 단계에 가속이 붙을 수 있었다. 억양은 이해의 문제가 아니라 어떤 거래에서건 중요하게 작용하는 신뢰의 문제였다. 느릿함은 남부 말투의 핵심이었다. 그러한 말투는 '나는 이곳에서 태어나고 자랐어요. 우리는 같은 도덕과 가치를 공유하고, 심지어 상스러운 유머를 공유하고 있을지도 모르죠. 당신은 나를 믿어도 됩니다'라고 말하는 것이나 다름없었다.

사람들을 직접 만날 때 샘은 뭐라고 설명하긴 어렵지만 그가 만나는 사람들과 비슷하게 옷을 입으려고 했다. 너무 가볍지도 않고 너무 차려입은 스타일도 아니었다. 대개는 거친 청바지와 가죽 부츠, 플리스 스웨터 차림이었다. 그가 말했다. "그들은 내가 자신들과 비슷할 거라고 생각해." 결과적으로 보면 그는 비웃지 않는 노동자층 기계

공의 도플갱어 같았다. "이 물건을 유용하게 여기는 이유가 자신들과 같을 거라고 생각하지." 샘이 신뢰를 얻었다면, 그가 프레온을 사는 동기에 대한 침묵은 의심을 불러일으키기보다는 자신감을 나타냈다. 샘은 그 적막한 침묵을 그들이 스스로 깨도록 했다. 전통적으로 남성적 직업을 가진 시골 미국인 남성이라면 아마도 친숙하게 느낄 상황이었다. (샘은 주로 혼자 판매자들을 만났는데, 레베카와 나의 존재가 신뢰 형성에 어떤 영향을 미쳤을지 궁금하다.)

대부분의 경우 샘은 환경 정의, 인종 평등, 기후 행동주의와 같이 애초에 그가 일을 시작하게 된 문제에 대해 침묵해야 한다고 느꼈다. 언젠가 샘은 버지니아에서 상점을 운영하는 한 단골 업자(그를 지미라고 하자)를 만나러 간 적이 있다. 샘에게 다량의 프레온을 팔고 난 후, 지미는 그에게 주변을 구경시켜 주겠다고 제안했다. 지미는 자신을 '환경보호론자'라고 분명히 말하면서, 환경을 파괴하지 않고 보호하고 싶다는 그의 바람을 밝혔다. 이는 샘이 처음에 깊은 인상을 받은, 샘에게도 익숙한 환경 목표였다. 지미가 샘을 차로 데려가는 동안, 그들은 한 줄로 늘어선 사물함을 지나쳤는데, 그중 하나는 남부 연합기•로 장식된 지미의 것이었다.

어떤 깨달음이 샘을 몸서리치게 했다. 샘이 그와 그의 파트너들 사이에서 '다정함'이라고 생각하게 된 것은 실제로 다름에 대한 증오의 언어, 금전 거래를 할 때를 제외하고는 모든 진정한 친밀함과 신뢰를 차단하는 어휘들을 기반으로 구축된 미국 백인 사업가들의 형

● 남북전쟁 당시 노예제도를 지지한 남부연합 정부의 공식 국기.

제애에서 비롯된 것이었다.

샘은 이런 순간들의 침묵에 불편할 정도로 상반된 감정을 느꼈다. 그의 침묵은 그가 반흑인 인종차별 선전에 연루된 것처럼 느끼게 했다. 그러면서 동시에, 그는 자신이 미국의 유색 인종사회에 처음이자 최악의 영향을 미치는 과정을 늦추는 데 기여한다고 느끼기도 했다.* 만약 그가 반흑인 인종차별 선전에 대한 대화를 시작한다면 거래는 실패로 끝날 수도 있었다. 하지만 솔직히 그는 자신이 마음을 바꿀 일은 거의 없다고 느꼈다. 이런 순간들마다 샘은 복잡한 일 사이에 끼어 있는 기분이 들었다.

어떤 경우 샘은 확실히 신체적 위험을 무릅쓰기도 했다. 거래가 불발로 끝나자, 샘이 잔디밭 한가운데에서 만난 한 덩치 큰 남자는 냉매가 담긴 금속 통을 흉기처럼 휘두르기 시작했다. 샘은 재빨리 조심스럽게 물러나 차를 타고 떠났지만, 백미러 속의 그는 여전히 통을 휘두르고 있었다. 앨라배마에서는 이런 일도 있었다. 샘이 서류에 사인하는 동안 판매자가 말했다. "버밍햄은 변했어." 그의 말에는 인종적 비방으로 가득했다. "그래도 이게 있어 다행이야." 그는 청바지 뒤쪽에 꽂아놓았던 권총을 드러냈다. 협박이었을까? 그는 샘을 정치적으로 진보에 속하거나 열렬한 환경운동가이거나 유대인으로 의심했을까? 샘은 집으로 돌아가면서 자신이 무장한 백인 우월주의자 앞에서 완전히 속수무책이었다는 사실을 깨달았다.

● 거래가 성사되면 프레온을 폐기할 수 있으므로, 프레온으로 인해 특히 유색 인종이 처음이자 최악으로 겪게 되는 온난화를 늦추는 효과가 있음을 말한다.

미주리에서 있었던 또 다른 거래는 엽총과 권총이 가득한 채 열려 있는 총기 보관장 앞에서 이루어졌다. 샘이 도착했을 때 그와 거래를 하기로 한 사람은 그의 자동차 정비소 주차장에서 새 총을 사고 있었다. 첫 번째 거래를 마친 후 그 남자는 샘이 기다리고 있는 곳으로 걸어와 권총을 보관장에 걸고는 샘을 향해 몸을 돌렸다. 그는 분명히 자극적이라고 생각되는 연속된 거래 중 제2라운드에 임할 준비가 된 상태였다. "이 나라는 정말 위대하죠?" 그는 주차장에서 총을 살 수 있고, 금지된 냉매를 낯선 사람에게 팔아 몇 분 만에 다시 돈을 벌 수 있는 이 나라에 대한 긍지로 가득해서 샘에게 물었다. 샘은 전혀 다른 것이 궁금해졌다. 이런 총기 보관장을 가진 판매자가 얼마나 될까? 그 순간 마치 절대 지워지지 않는 펜으로 그리듯 무기와 냉매가 연결되었다. 샘은 이 두 가지가 모두 파괴의 도구라고 말했다. 그 생각은 이후 이루어지는 거래에서도 계속해서 그를 괴롭혔다. 특히 거래가 틀어질 때는 더욱 그랬다.

이따금 샘의 위장은 역효과를 낳기도 했다. 그의 외모와 태도 때문에 그들의 예상 범위를 벗어난 조금 특별한 판매자들은 그를 별로 좋게 생각하지 않았다. 언젠가 한 업자의 딸이 샘의 차로 프레온 탱크를 나른 적이 있었다. 그녀는 프레온을 차에 집어넣으면서 아버지에게는 들리지 않는 목소리로 과학 선생님이 이 물건이 환경에 해롭다고 해서 기분이 찝찝하다고 샘에게 속내를 털어놓았다. 그녀는 그 물건을 파는 것이 마음에 들지 않았다. 이 말을 들은 샘은 실은 자신이 이 물건을 폐기하는 일을 하고 있다고, 그러니까 그녀는 이 물건을 세상에서 제거하는 일을 돕고 있는 셈이라고 말했다. 그러자 그녀의 얼굴이 밝아졌다. 하지만 아마 그녀는 그 사실을 아버지에게 비밀로 남겨 두었을 것이다.

또 다른 경유지였던 코네티컷 외곽에서 샘은 톰이라는 남자로부터 프레온을 샀다. 처음에 톰은 자동차에 관심이 있는 전형적인 보수 백인 남성으로 보였다. 톰을 만나기 며칠 전에 샘은 그에게 전화를 걸었다가 자동응답기에 메시지를 남겼다. 톰과 다른 남자의 집이라는 인사말이 나오는 자동응답기였다. 프레온 가격에 합의한 후, 샘은 톰에게 현금을 건넸고, 거스름돈을 받아야 했다. 톰은 괜찮다고, 형(그는 이 단어를 천천히 말했다)에게 잔돈이 있는지 물어보겠다고 했다. (그는 망설이며 샘을 한번 바라보고 잠깐 무언가를 생각했다. 샘은 그 망설임의 순간을 생각이나 했을까?) 톰이 형의 이름을 부르자 다른 남자가 집에서 터벅터벅 걸어 나왔다. (둘은 전혀 닮지 않았고, 분명히 형제로는 보이지 않았다. 그들이 혈육이긴 했을까?) 샘은 그 남자와 악수를 하며 톰의 형을 만나서 반갑다고 말했다. 하지만 형이라는 단어를 내뱉었을 때, 샘은 자신이 무언가를 잘못 말했음을 직감했다. 그 '형'은 약간 당혹하여 톰을 힐끗 보더니 상황을 눈치챘고, 짜증스러운 얼굴로 한숨을 내쉬었다. '형'은 잔돈을 내밀고 힘없이 미소를 지어 보이고는 찡그리며 집으로 돌아갔다.

샘은 나에게 그 순간 자신은 그들이 생각하는 그런 사람이 아니라고 말하고 싶었다고 했다. 하지만 어떠한 말도 그 곤혹스러운 오해를 아무렇지 않게 풀어줄 순 없었다. 샘은 그들에게 감사 인사를 하고 떠났다. 샘은 보통의 판매자들이 중립적인 사람이라고 인식할 수 있는 모습으로 가장하기 위해 열심히 노력했다. 그러나 한 사람의 중립은 다른 사람에게는 억압이 될 수 있다.

샘이 이런 이야기를 들려주는 동안 나는 자기 자신을 보호하기 위해 다른 사람들도 샘처럼 연기를 하고 있을지 모른다고 생각했다. 동질적인 것으로 보이는 집단도 같은 역할을 다양하게 연기하는 극도로 이질적인 집단일 수 있다. 내가 지금 전체적인 일반화를 통해 설명하고자 하는 범주의 판매자들은 실제로 일종의 집단적 가장을 한 이들로, 인종 차별, 여성 혐오, 치명적 남성성, 동성애 혐오 등의 폭력과 얽힌 공동의 정체성을 유지하면서도 취약한 개인차를 억누르는 연기를 한다. 그러한 연기는 배제를 통해 동질성, 즉 소속감이라는 허구를 만들어낸다. 그리고 때로 역효과를 낳는다.

그래도 대부분의 경우 샘의 중립적 태도는 프레온을 구하는 데 효과가 있었다. 주로 침묵을 고수한 덕이긴 했지만 말이다. 말은 적을수록 좋았다. 그는 물론 냉매를 거래했지만, 냉매를 넘어 눈에 보이지 않는 무언의 확신을 거래했다. 공통의 정치관, 배경, 관심사 등 샘이 그들과 공유한 가치관은 물론 분명히 꾸며낸 것이었으나(억양과 복장에 영향을 받지 않는 남성들에게도), 많은 사람에게 일종의 연결점으로서 진실로 작용하기에 충분했다.

샘은 매일 열성을 다해 CFC-12를 파괴하기 위해 노력했다. 냉매는 그가 고속도로를 타고 대륙을 가로질러 외진 마을을 향해 달리도록 이끌었다. 캘리포니아가 해외 배출권 거래 시장의 탄소 배출권을 포괄할지 모른다는 추측이 나돌 때, 그는 캘리포니아의 시스템에 아직 포함되지 않은 해외 지역으로 나갈 생각까지 했다(시장은 결국 열리지 않았지만). 샘의 삶은 프레온을 소유한 사람들의 삶과 얽히게 되었다. 그 끈질긴 면으로 봐서 CFC-12는 살아 있는 사람에게 의지를 행사하는 것처럼 보였고, 소유주들이 프레온을 소유하는 만큼이나 프레온도 소유주들을 지배하는 듯했다. 프레온의 의지는 화학적이었고, 샘의 의지는 원칙적이었다. 그는 할 수 있는 한 모든 파괴적이고 파괴 가능한 분자를 찾아내는 데 단호했다.

샘은 내가 이해할 수 없을 정도의 공감과 연민을 가지고 일했다. 언젠가 샘은 판매자가 방금 차에 실은 냉매 값을 치를 현금이 부족하다는 사실을 깨닫고는, 그에게 은행에 갔다가 내일 아침에 돈을 갖고 와도 되겠냐고 물었다. 판매자는 샘이 아침에 돌아올 것을 믿었을까? 업자는 아무렇지도 않게 샘과 악수하며 "괜찮다"라고 말했다. "나는 당신을 압니다. 당신은 나를 속이지 않을 거고, 나도 당신을 속이지 않을 거요." 샘은 그저 고개를 끄덕이고는 떠났다가 다음 날 아침 현금을 들고 돌아왔다. 나는 그에게 그런 일이 신경 쓰이지 않느냐고 물었다. 그는 물론 그렇긴 하지만, 자신은 개인적 책임보다는 그런 식으로 말할 수 있는 부류의 사람을 만들어내는 사회적, 정치적 조건에 초점을 맞추려 노력한다고 말했다. 더불어 자신의 최우선순위는 지독히도 강력한 온실가스의 파괴임을 상기시켰다.

나는 그 복잡한 심리에 감탄했다. 샘은 좌파 환경운동가와 백인 진보주의자들에게서 곧잘 볼 수 있는 순수주의자들의 화려한 언변, 다시 말해 정작 오염된 곳에 사는 당사자들은 배제한 채 내뱉는 뻔지르르한 말들, 해맑기만 한 행동을 경계했다. 순수에 대한 근거 없는 믿음은 인간 행동의 복잡성을 무시한다. 세상을 선과 악으로 나누기는 쉽지만, 그렇게 하는 것은 옳지 않다. 훨씬 어렵긴 해도, 우리는 질문을 던져야 한다. 어떻게 하면 정의에 대한 우리 고유의 가치를 훼손시키지 않으면서 폭력적인 신념을 가진 사람들과 공동체를 형성할 수 있을까? 어떻게 하면 그들에게 책임을 묻고 앞으로 나아갈 수 있을까? 점점 늘어나는 회복적 정의의 움직임이 길을 제시하는 것처럼 보이지만,* 쉽고 보편적인 대답은 없다. 나는 정의가 결코 복수의 모습과 닮아 있진 않을 거라고 생각한다.

샘은 상냥하고 접근하기 쉬운 사람이긴 했지만, CFC-12를 구하러 다니는 동안 아합♦과 비슷한 편집광적 집요함을 드러냈다. 그는 CFC-12에서 이해할 수 없는 악의를 보았으나, 태양을 치진 않았다.▲ 프레온을 찾으러 다닐 때 샘은 아합의 근시안적 사고를 보이진 않았지만, 그것은 오로지 그가 그렇게 할 수 없었기 때문이다. 그의 적인 프레온은 너무 많아서 군단이라고 할 정도였고, 하늘을 떠다녔다. 사람들 앞에서 자신이 하는 일에 관해 이야기할 때 그는 감상에 젖진 않았지만(그는 사람들에게서 칭찬을 받아도 어깨가 으쓱해지지 않도록 조심하는 사람이었다), 나는 그의 내면 어딘가에 감정적인 부분이 있다는 것을 알았다. 그것은 개인적인 것이었다. 디클로로디플루오로메탄은 사람들에게 잘 알려지지 않았을지도 모른다. 하지만 샘은 그 물질이 우리 모두에게 똑같이는 아니더라도 어떤 영향을 미치는지 잘 알고 있

● 가해자 처벌이 목표인 '응보적 정의'와 달리, 관계 회복, 피해 회복, 공동체 회복을 중시한다.
◆ 소설《모비 딕》속 선장의 이름.
▲ 《모비 딕》에서 아합의 "태양이 나를 모독하면 태양을 치겠다"라는 말을 빗댔다.

었다. 한 사람은 허구의 인물이고, 한 사람은 실제 인물인 두 사람, 아합과 샘 사이에는 아마도 미친 투지라는 공통의 언어가 있을 것이다.

그가 나중에 내게 말했다. "대기 중 온실가스의 양으로 봤을 때, 우리가 정말로 사태를 안정시키고 싶다면, 앞으로는 제한된 양의 온실가스만 내보내야 해. 그 정확한 숫자는 정치적인 것이고." 어떤 사람들은 그 숫자가 0이라고 주장한다. 그러나 적절한 구조적 지원 없이 화석 연료 연소로 인한 가스 배출을 갑자기 완전히 중단하면 혼란이 일어날 수 있다. 기후 과학에서 가장 권위 있는 출처로 널리 알려진 '기후 변화에 관한 정부 간 협의체Intergovernmental Panel on Climate Change, IPCC'의 최신 보고서[148]에 따르면, 지구온난화 수준을 1.5℃ 이하로 제한한다는 것은 2050년까지 추가되는 배출량을 420~580기가톤으로 제한해야 한다는 것을 의미한다. 이 범위 내에서 우리가 1.5℃ 이하로 온난화를 유지할 확률은 배출량이 늘어날 때마다 감소한다. 대부분의 전문가들은 현재 상태가 계속된다면 약 15년 이내에 목표 온도를 넘어설 것이라는 데 동의한다. 구체적인 배출량과 상관없이, 여기에는 한계점이 있다.

"따라서," 샘은 내게 말하는 만큼이나 스스로에게 말했다. "이런 식으로 우리가 그런 가스를 계속 내보내다간, 내 시체 위를 떠도는 것은 대부분 CFC-12가 될 거야."

빠르게 몇 차례 프레온을 입수하고 나자 차 뒤에 흰색 탱크가 늘어나기 시작했다. 렌터카의 트렁크를 열고 샘이 다른 탱크를 줄 세웠다. 우리 셋은 그 탱크들을 살펴봤다. 물건들이 마치 인질이라도 되는 듯 한 줄로 쪼그리고 앉아 있었다.

레베카도 샘과 마찬가지로 파괴를 생각하고 있었다. 레베카의 문제가 좀 더 목전에 닥쳐 있긴 하지만 말이다. 차 뒤의 흰색 탱크는 묶여 있지 않았고, 안전이 보장되지 않았다. 특유의 상상력을 발휘해 최악의 시나리오를 생각하던 레베카는 만약 차가 뒤에서 들이받히기라도 하면 폭발하는 게 아닌가 걱정했다. CFC-12가 비폭발성 물질이긴 해도 탱크는 높은 압력을 받고 있었다. 혹시 금속 파편이…? 내 눈빛에서 두려움이 느껴진 것이 틀림없다. 샘이 나를 본 후 레베카에게 분명히 말했다. "괜찮아." 우리는 다시 여행을 시작해야 했다. 샘이 트렁크를 닫았다. 레베카와 나는 서로를 바라보았다. 나는 사방으로 흩어지는 탱크의 금속 파편을, 이 감지하기 어려운 살인자의 새롭고 더 역동적인 위험을 상상했다. 어쨌든, 어쩔 수 없는 일이었다.

남쪽으로 차를 몰고 가다 뉴올리언스에 가까워지면서 우리는 고속도로를 우회해 빠져나갈 준비를 했다. 출구로 나오는 중에 뒤쪽에 있는 탱크들이 서로 부드럽게 부딪치면서, 그렇지 않으면 보이지 않고 알아차릴 수 없을 바람의 존재를 알리는 종소리처럼 불길하게 땡그랑거렸다.

2장

프레온의
시대

계 속 되 는

안 전 의

불 확 실 성

고통이 우리의 쾌락(이윤)을 배가시켜 주는데,
어째서 우리가 걱정해야 하는가?

- 카를 마르크스, 《자본론 I》(1867)

1

모더니즘의 화신,
기적의 냉매 프레온

1930년 미국화학협회American Chemical Society[1]의 회의는 일반인들에게도 열렬히 기대되는 행사였다. 미국의 저명한 화학자들이 애틀랜타의 빌트모어Biltmore 호텔에 모였다. 기둥이 줄지어 늘어선 이 호텔 위에는 2개의 라디오 송신탑이 세워져 있는데, 그 사이에는 세계가 얼마나 긴밀히 연결되어 있는지, 또 얼마나 빨리 작아지고 있는지를 보여주기라도 하듯 케이블이 연결되어 있었다. 월스트리트 11번가의 거래원들이 에어컨이 설치된 곳에서 쾌적하게 여름을 보내게 된 지 27년 후, 10월 주식시장이 무너졌다. 1929년의 그 충격적인 폭락은, 아무 제약 없이 10년간 자동차를 사용한 후, 마치 보이지 않는 손이 어떤 이해할 수 없는 형벌을 주는 것처럼 느껴졌을 것이다. 시장이 상황의 심각성을 보여주었고, 국가는 경제만큼이나 정신적으로도 암울한 상황에 빠졌다. 진보에 대한 무조건적 추종이 어느 정도 주춤해진 반면, 과학과 기술에 대한 신뢰는 어느 때보다 강해졌다. 사람들 사이에는 미국에 내린 신들의 고유한 축복에 대한 믿음이 팽배했다. 화학이 이 나라를 구할 것이고, 그렇지 않으면 이 나라는 구원받지 못할 것이었다.

주요 신문들은 분명한 예언 조로 학회의 79번째 연례회의를 소개했다. 그들은 현대 화학의 마술을 통해 구원이 다가오고 있다고 말하는 듯했다. 과학자들의 세상에 대한 지식, 이를테면, 맥주를 발효시키는 박테리아, 노화를 늦춘다는 '비타민 G(현재 리보플래빈이라고 불리는 것)'의 발견, 미국 남부산 소나무로 만든 고급 신문 용지, 인조견의 개발, 금주법 시행 시대의 당혹스러웠던 공업용 알코올과 식용 알코올의 공공연한 혼합, 그리고 무엇보다도 가장 기대되는 새로운 '기적의' 냉매 발표가 이 나라의 목표와 문제들을 처리할 것이다.

조지아의 4월 치곤 이상하게 쌀쌀했던 회의 시작 첫날, 화학자들이 첫 시연에 참석하기 위해 대강당 무대 주위로 모여들었다. 일종의 과학적 시연이었지만 마술과도 같은 행사였다. 새로운 기적의 냉매를 개발한 40세의 토머스 미즐리Thomas Midgley Jr.가 유리로 된 통 2개와 아직 불을 켜지 않은 초가 놓인 테이블 뒤에서 청중들을 마주하고 있었다.

맨 먼저 미즐리는 초에 불을 붙였다. 조심스럽게, 초를 고무관이 부착된 통의 안쪽에 두고 불을 붙였다. 그는 잘 보라는 듯 몸을 굽혀 튜브에 입김을 불어 넣었다. 불꽃이 흔들렸지만 촛불은 계속 타올랐다. 다음으로 그는 빈 통에 과냉각된 무색의 액체를 부었다. 실내의 공기가 액체를 감싸자 액체가 끓기 시작했다. 그 경이로운 광경의 핵심은 놀랄 만큼 낮은 응축점*이었다. 흰 증기(잠깐 보임)가 피어올라 유

---

* 액체 물질의 증기압이 외부 압력과 같아져 끓기 시작하는 온도.

리 가장자리에 성에를 만들었다. 미즐리(과장된 연기만은 알아줘야 할 정도였다)는 동그란 렌즈의 안경 때문에 더 둥그렇게 보이는 그의 얼굴을 증기 속으로 집어넣고 몇 초 동안 디클로로디플루오로메탄의 불투명한 연기를 폐로 빨아들였다. 지금의 우리에게는 거대한 마리화나 물담배를 피우는 것으로 보이는 모습이었다. 그는 오리 간 무스 한 덩이 같은 그의 머리카락을 바로 잡으려는 듯 몸을 편 다음, 초가 있는 통에 연결된 관을 잡고 숨을 내쉬었다. 그러자 한 기자의 말대로, 이제는 보이지 않게 된 냉매 가스가 유리통을 가득 채우며 '꼬집듯이'[2] 불을 껐다.

회의장이 깜짝 놀란 사람들의 박수 소리로 가득 찼다.

협회 참석자들 대부분이 알고 있었겠지만, 산업용 냉매에 관해 조금이라도 아는 사람이라면 그 '꼬집듯이' 불을 끈 행위는 기립박수까지는 아니더라도 박수 몇 번은 받을 만한 가치가 있었다. 미즐리의 과장된 연기는 그들에게 당시로서는 놀라운 두 가지를 증명했을 것이다. 첫째, 새로운 냉매는 소위 천연 냉매라는 암모니아, 염화메틸, 브롬화메틸, 부탄과 같은 많은 기존 냉매와 달리 불에 타지 않았다. 사실 새로운 냉매는 불꽃을 사그라지게 했는데, 나중에 미즐리는 이 특성을 이용해 소화기에 사용할 목적으로 관련 화합물에 대한 특허를 내게 된다. 둘째, 미즐리가 그 기체를 대담하게 빨아들여 보여준 것처럼 냉매에는 독성이 없었다. 그때까지 업계가 실내 냉각제로 제공할 수 있는 최선의 냉매는 이산화황이었다. 왜냐하면 이산화황은 독성이 매우 강하긴 했지만, 누출(이 과정에서 냉장고의 내용물 전체를 망칠 수 있었다)을 경고하는 강한 사향 냄새를 풍겼기 때문이다. 다른 냉매들(메틸기-CH$_3$)은 그 해로움을 감지하기가 어려웠기 때문에 더 위험했다. 하지만 이제 곧 프레온으로 알려지게 될 CFC-12가 이 두 가지 문제를 단번에 해결하게 된 덕에 그러한 위험은 이제 염두에 두지 않아도 될 것으로 보였다. 다음 날 한 신문은 프레온의 안전성을 이렇게 강조했다. "독성도 없고 폭발성도 없다."[3]

1930년 프레온이 출시되었을 때, 한 회사는 '화학을 통해 더 나은 삶'[4]을 제공하겠다며 프레온을 완전히 안전한 것으로 선전했다. 동원 가능한 모든 증거를 고려했을 때 해가 없음은 사실이었다. 듀폰은 프레온의 성공 직후 그 슬로건을 내놓았고, 그렇게 프레온은 현대 과학이 세상에 제공할 수 있는 모든 것, 즉 효율성, 일관성, 진보된 기술, 개인적 편안함 그리고 무엇보다 통제를 통한 안전성을 상징하게 되었다.

1929년 4월, 미즐리의 시연이 아직 1년이 남은 시점에 화학자들이 프레온의 안전성을 시험하고 있을 때, 미국의 철학자 존 듀이John Dewey는 에든버러에서 '확실성의 추구The Quest for Certainty'라는 제목의 강의를 하고 있었다. 그는 "위험한 세상에 사는 사람은 안전을 쫓을 수밖에 없다"[5]라고 강의를 시작했다. 그리고 우리는 우리를 위협하는 자연적 '조건과 힘'에 대한 통제력을 얻음으로써 이러한 위험들을 헤쳐나간다고 말했다. 하지만 역설적으로, 힘을 가진 인간이 자연의 힘을 통제하기 위해 행동할 때, 확실하게 통제할 수 있는 것은 아무것도 없다고 했다. 그는 "이질적이고 무심한 자연의 힘, 예측할 수 없는 상황이 들어와 결정적인 목소리를 낸다"[6]고 설명했다. "그러한 이유로 우리는 외부의 영향이 없는…활동 영역을 찾기를 열망해왔다." 그는 미국의 많은 사람이 '안전제일(불확실한 행동에 대해 정신적 확신을 갖는 것으로 보이는 특권)'을 신조(더 정확한 모토는 '**일부 사람들**에게 우선인 안전!'이겠지만)로 삼고 있다고 말했다. 그는 안전에 대한 맹목적 믿음은 그것이 실제적인 것보다 이론적인 것을 우선하며, 불확실하고 위험한 세상에서 확실성과 안전이라는 환상을 준다는 점에서 위험하다고 경고했다.

몇 달간의 시험 끝에 듀이의 생각에 도전이라도 하듯 프레온이 등장했다. 프레온은 외부 영향이 없는 화학물질이었다. 프레온은 증기기관이 배와 기계뿐만 아니라 산업혁명을 이끈 이데올로기를 추진했던 것과 비슷하게 나타난 모더니즘의 화신이었다. 미국은 어딘가로 나아가고 있었고 프레온이 그 산업적 증거였지만, 그 대가는 여전히 의문으로 남아 있었다. 답은 확실하지 않았고 대부분은 그에 관해 묻지도 않았다. 미국인들에게 프레온의 등장은 마치 어디선가 나타난 것 같은 안전한 냉매일 뿐만 아니라 안전한 세상을 의미했다.

그러나 지구상의 모든 생명체를 거의 파괴할 수 있는 화학물질에 '안전'하다거나 '독성이 없는' 물질이라는 이름을 붙이는 것은 불합리한 일이다. 수많은 환경 위기의 경우가 그렇듯 문제는 그 기준이다. 누구에게 안전한가? 그리고 얼마나 오래 지속될 것인가? 그에 대해 보통의 미국인이 생각하는 기준(한 세대에 걸친 개인의 기준, 업계가 전례 없는 속도로 단일 화학물질을 대량 생산할 수 있는 능력을 갖추게 된 포드 시대 이후, 상당히 믿을 수 없게 된 의사 결정 기준)은 집단적 건강에 대해 여러 세대에 걸쳐 형성된 지구 공동체의 기준과는 매우 달라 보인다.

프레온이 오존이나 지구온난화에 미치는 영향을 예측할 방법은 없었지만, 돌이켜보면 미즐리는 박수갈채에 이어진 연설에서 이를 거의 무의식적으로 의심했던 것 같다. 청중들 앞에 선 그는 냉매를 "폭발하지 않으며, 독성이 없는 물질로 믿는다"[7]라고 말했다. 그 '믿는다'라는 말은 이 나라의 저명한 화학자들 앞에서 방금 가스를 들이마신 사람치고는 기이할 정도로 모호한 발언이었다. 미즐리는 그답게 자신의 발견을 서사적 과정의 틀에 맞는 이야기로 극화하기 위해 여러 차례 자신의 건강보다, 또 인류의 건강보다 화려한 시연을 우선시했던 사람이었다.

냉매는 흡입할 때 미즐리가 '일종의 중독'[8]이라고 부르는 것을 유발했다. 실제로 그랬고, 심지어 흡입하지 않을 때도 그랬다. 마약단속국Drug Enforcement Administration의 감독을 받지 않는 화학물질 중 세상을 바꾸는 냉방과 냉각이라는 프로젝트를 부채질하면서 그렇게 중독적인 열풍과 정신의 변화를 일으킨 물질은 지금껏 거의 없었다.

1930년 4월 화학자들의 회의는 성공적으로 끝났다. 과학의 힘으로 더 효율적이 된 미래, 더 빨라지고 의심할 여지없이 더 안전해진 미래에 대한 이미지는 여전히 세계 경제의 불확실성과 씨름하고 있는 사람들을 위로했다. 화학자들은 그들의 기지와 기술을 이용해 이 혼란스러운 상황을 빠져나갈 수 있게 하겠다고 약속하는 것처럼 보였다.

주요 신문에 미즐리의 기사가 실렸다. "얼음같이 찬 입김이 젖은 담요처럼 촛불을 *끄다*."[9] 그 주 수요일은 쌀쌀했지만, 주말쯤이면 애틀랜타의 더위가 서서히 밀려들 터였다.

기후 역사상 가장 지독한 그림자를 드리운 미친 천재, 토머스 미즐리

미즐리의 이야기에는 단순히 프레온의 기원을 설명하는 것 이상의 중요성이 담겨 있다. 미즐리의 삶과 경력은 프레온의 시대를 관통해 거의 재앙에 가까운 절정으로 치닫게 되는 상황에 불길한 서곡을 제공하기 때문이다.

미즐리는 역사상 위대한 괴짜 중 한 사람이다. 신문은 그의 입김을 젖은 담요에 비유했지만, 그는 젖은 담요와는 거리가 먼 사람이었다. 미즐리의 초상화는 동료와 친구들의 말을 바탕으로 제작되었는데, 기술적인 말과 교양만큼이나 표면적인 모습과 과장된 몸짓에도 깊은 관심을 가졌던 그는 그림 속에서 꽤 생기 있어 보인다. '허물없다 folksy'라는 단어가 떠오른다. 미즐리에게 규칙은 단지 누군가의 의견일 뿐이었고, 조금이라도 재미가 없는 일은 무의미했다. 그는 부인할 수 없을 정도로 쾌활했고, 파티의 중심이었으며, 뼛속까지 사교적이었다. 그의 상냥한 성격은 공감 능력이 좋은 동료, 엔지니어, 기업가들로 이루어진 일종의 생태계를 형성했다. 당시만 해도 그가 전 세계적 파괴의 대리인이 될 가능성은 거의 없어 보였다.

1889년 작은 펜실베이니아 마을에서 태어난 미즐리는 자랑스러운 발명가 집안 출신이었다. 그의 아버지는 고무 타이어와 탈부착이 가능한 바퀴 테를 만들었고, 할아버지는 톱니 날을 톱몸에 심어 사용하는 톱을 발명했으며, 결혼 전 성이 에머슨Emerson이었던 어머니는 보다 통사론적 유형을 창안한 랠프 왈도Ralph Waldo•의 친척이었다. 가문의 주장에 따르면, 그는 수천 척의 증기선을 띄운 제임스 와트James Watt(제임스 와트가 아니라 그의 조수였던 것으로 알려져 있다)의 직계 후손이었는데, 그러한 주장은 자신 있게 추적하기 어려운 관계에 대한 주장이며 소문일 뿐이었다.

화학을 연구하는 사람치고 미즐리는 좀 흔치 않은 사람이었다. 그는 정식으로 화학자가 되기 위한 교육을 받은 적이 없었고(그가 남긴 다듬어지지 않은 유산을 보면 분명히 알 수 있다) 오히려 기계공이 되기 위한 교육을 받았다. 그는 독학으로 화학을 익혔다. 이런 외부인으로서의 관점은 그가 혁신적인(무모했다는 뜻이다) 사고방식을 가질 수 있게 했다. 그는 공식적으로는 화학과 거리가 멀었지만, 마치 주술을 부리는 것 같은 주기율표에 일찍부터 흥미를 가졌다. 그 의미를 두고 선생님과 다툼이 있긴 했지만 말이다. 선생님의 주장에 따르면 주기율표의 질서 정연한 배열은 신의 존재를 증명하는 것이 아니라, 단지 더 작은 입자와 성질의 존재를 증명하는 것이었다. 에머슨과 마찬가지로 미즐리의 믿음은 보이지 않는 힘, 신의 일부나 입자에 있었다. 하지만

● 미국의 작가이자 철학가.

미즐리는 주술사의 미학적인 면만 차용했을 뿐, 철학은 차용하지 않았다.

　교육적인 면 외에도 미즐리는 다른 많은 면에서 특이했다. 엉뚱한 생각, 창의성, 특이한 식생활, 때로 밤부터 이른 아침까지 일하는 습관, 한계에 대한 무심한 거부, 유머, 과학 출판물에 자신이 쓴 시를 실을 정도의 시에 대한 사랑 등에서 그랬다. 그가 창안한 것은 일상적인 물건에서부터 서사시에 이르기까지 다양했다. 골프에 열성적이었던 그는 집 잔디밭을 완벽한 작은 골프장으로 바꿔놓았다. 그는 스프링클러 시스템을 집 전화에 연결하여, 출장 중에 어떤 초자연적 연결로 잔디가 시드는 것을 감지하면, 전화기를 들고 잔디에 물을 뿌릴 수 있는 코드를 눌렀다. 그는 (혹은 그의 자녀들에 따르면) 자신의 가장 위대한 발명품이 스크루드라이버(도구가 아닌 칵테일)라고 농담했다. 보드카 대신 진을 넣긴 했지만.

　미즐리는 기업의 경영진이 그에게 바라는, 그러니까 신뢰할 수 있는 사람이 아니었다. 그는 습관적으로 연극조로 말하고 과장된 행동을 하는 경향이 있었다. 심지어 얼빠진 사람처럼 보이기도 했다. 파티광이었고 술을 좋아했다. 나중에 돈을 많이 벌었을 때, 그는 오하이오 저택 아래에 맥주 방을 만들었는데, 그 입구에는 다음과 같은 표지판이 걸려 있었다. '마실 수 있을 때 마음껏 마셔라.'[10] 동료들은 그가 밤늦게까지 진탕 마셔댔을 거라고 장담했지만, 그는 다음 날 아침 8시 정각에 연구실에 나타났다. 마치 3시간 전에 잠만 잔 것처럼 초롱초롱하고 맑은 눈을 하고 말이다. 언젠가 그의 상사는 그의 괴상한 행동에 너무 짜증이 나서 연구동에서 서쪽으로 세 블록 떨어져 있는,

나무가 줄지어 늘어선 빅토리아식 저택을 미즐리가 사용할 실험실로 개조했다. 미즐리는 그곳 박공지붕* 아래에서 합성고무를 연구하며 많은 시간을 보냈다.

미즐리는 직감에 따라 일했고 스스로 최고가 되기를 바랐다. 그는 훗날 화학자들이 '미친 천재'라고 부르게 될 사람이었다. 그가 그 역할을 잘해낸 것은 연기하는 것이 아니라, 어떤 의미에서 진짜 미쳤기 때문이다. 그런 점에서 그는 현대의 기술자라기보다는 문자 그대로 고전적 연금술사에 가까웠다. 역사상 누군가가 납을 금으로 바꾼 적이 있다면, 그 사람은 미즐리였을 것이다. 프레온을 발명하기 이전에 그의 가장 유명한 발명품은 그를 부자로 만들어준 납이 함유된 휘발유였다. 그의 친구들은 그를 미지Midge♦로 불렀는데, 참 아이러니한 애칭이었다. 그의 발명품들을 생각했을 때, 역사상 그처럼 거대한 그림자를 드리운 사람은 거의 없었기 때문이다.

1911년 기계공학 학위를 취득한 후 미즐리는 다양한 직업을 전전하다, 제너럴모터스General Motors의 산업 연구 부서인 데이턴Dayton 엔지니어링 연구소(델코Delco)에 입사했다.[11] 포드의 떠오르는 경쟁자로서 델코는 그 기술적 발명으로 20세기를 장식하며, 1905년 라이트 형제가 최초로 실용적 비행기를 개발했던 오하이오주 데이턴을 미국 혁신의 중심지로 만들게 된다. 델코의 설립자인 찰스 케터링Charles Ketter-

● 책을 엎어놓은 형태의 예리한 경사가 있는 지붕.
♦ 모기 등의 작은 날벌레나 꼬마를 뜻한다.

ing(직장에서는 케트Kett 사장으로 주로 불렸다)은 금전 등록기에 장착된 모터를 최초로 실용적인 전기 자동차 시동 장치로 탈바꿈시킨 것으로 유명했다. 오늘날 우리가 무심코 열쇠를 돌리거나 버튼을 눌러 시동을 켜는 것은 기동성의 면에서 혁명이나 다름없다. 이전에 자동차는 크랭크crank라는 쇠막대기를 손으로 돌려야 시동이 걸렸는데, 이는 근력이 필요한 성가시고 위험한 행동이었다. 하지만 케터링이 시동 장치를 발명하면서 신체적인 능력과 상관없이 모두에게 도로가 열리게 되었다.

그러나 일단 시동이 걸린다 해도 초기의 연소 엔진은 대개 양철통을 두드리는 것 같은 큰 소리를 냈다. 꼭 건조기 안에서 한 움큼의 나사들이 서로 계속 부딪치며 쩽그렁거리는 것 같았다. 후에 '노크 Knock'로 불리게 되는 이 소리는 우리의 귀와 지갑, 지구의 화석 연료 자원에는 말할 것도 없고 모터에 연료 낭비와 고통의 신호를 보냈다. 아무도 그 원인이 무엇인지 확실히 알지 못했지만, 사람들은 케터링의 전기식 시동 장치를 탓했다. 위기의식을 느낀 케터링은 자신의 발명품에 문제가 없음을 증명하고 시장성 있는 해결책으로 문제를 해결하기 시작했다. 1916년 포드가 만든 최초의 자동차인 '모델 T'가 조립 라인을 떠난 지 10년이 채 되지 않았을 때, 케트 사장은 새로 고용한 20대의 기계 엔지니어인 토머스 미즐리에게 엔진의 골치 아픈 노크 소리를 고쳐 보라고 지시했다.

미지는 수프 캔에 감광막을 감싸 만든 임시 장치로 시동이 걸릴 때 자동차 엔진의 어두운 내부 공간을 확인했다. 케터링을 비난하던 사람들은 그의 전기식 시동 장치가 연료를 너무 일찍 점화시킨다고 주장했지만, 점화 플러그가 점화될 때까지 감광막에 엔진이 내는 빛은 보이지 않았다. 케터링으로서는 다행스럽게도 점화 문제는 아니라는 증거였다. 그런데 문제는 엔진에 있는 것도 아닌 것 같았다. 미지는 문제가 연료 때문이라고 판단했다. 예를 들어 등유는 휘발유보다 훨씬 더 심하게 노크 소리를 냈다. 해결책은 화학적인 것이어야 했다. 그러나 케터링은 화학자를 고용하는 대신 미지가 직접 해결책을 찾아보도록 했다.

미지는 어떤 물질이 노크 소리를 멈출 수 있을지 몰라 연료 탱크에 임의의 화학물질들을 부으며 험난한 실험을 시작했다. 그 방법을 약 100번 시도해본 후(이를 두고 방법이라고 할 수 있다면) 미지와 케트 사장은 이야기를 나누었다. 그리고 일반적으로 과학이 아주 싫어하는 새로운 방법, 관련은 없지만 비슷한 특성을 가진 대상을 가지고 시험하는 방법을 시도했다. 잘 돌아가는 엔진에서는 연료 증발, 연소실 압력, 엔진 피스톤의 추력이 리드미컬한 조화를 이룬다. 그들은 등유가 충분히 빨리 증발하지 않아서 노크 소리가 나는 것이라고 생각했다. 어떻게 하면 등유를 더 빨리 뜨거워지게 할 수 있을까? 답을 찾던 두 사람은 우연히 식물로 눈을 돌리게 되었다. 철쭉과의 상록관목은 눈도 녹지 않은 초봄에 일찍 꽃을 피웠는데, 그 이유가 붉은 잎 때문인 것 같았다. 붉은색의 전자기 파장은 추운 날씨에 잎이 더 많은 열을 흡수할 수 있게 해주었다. 유추하자면, 경유를 붉은색으로 착색시키면 증발 속도가 빨라질지도 몰랐다. 현대 화학자에게 이러한 추론은 어리석은 것까진 아니어도 비과학적인 것으로 들린다. 색은 특히 빛이 없는 탱크에서 연료의 휘발성에 아무런 영향을 주지 않지만, 어쨌든 미지는 그 방법을 고집했다. 그는 붉은색 염료를 구하기 위해 화학실험실로 갔는데 염료를 찾을 수 없었다. 그래서 대신 자신이 찾을 수 있는 가장 비슷한 것, 붉진 않지만 아마도 충분히 붉다고 판단되는 짙은 자주색 요오드를 가지고 돌아왔다. 그가 등유에 요오드를 붓자 놀랍게도 노크 소리가 멈췄다. 백만분의 일에 해당하는 확률이었다. 물론 그 해결법은 연료의 색과는 아무런 관계가 없었다. 노크 소리를 멈추게 한 것은 요오드의 분자 구조였다. 하지만 이 사건은 미지가 자신만의 방식을 밀고 나가게 한 그의 감성적이고 충동적인 힘(때로는 거칠지만 늘 운이 따르는 힘)을 잘 보여준다.

그러나 요오드는 노크 소리를 끝내기 위한 이상적인 첨가제는 아니었다.[12] 요오드를 쓰면 휘발유 가격이 갤런당 최소 1달러는 오르는데, 이는 일반 소비자들이 감당할 수 있는 비용이 아니었다. 그리고 엔진의 구리, 아연, 철은 요오드와 반응하면 금속을 부식시켰다. 하지만 어쨌든 요오드는 첨가제가 문제를 해결할 수 있음을 증명했다. 만약 그러한 다른 첨가제를 발견할 수만 있다면, 부자가 될 수도 있었다. 첨가제는 노크 소리를 없앨 뿐만 아니라 연료 효율을 높이고 가속을 빠르게 할 것이다. 노크 소리가 나지 않는 휘발유는 획기적인 연료 절감 효과가 있을 수 있었다.

그 후 몇 달 동안 그들은 실험실에 있는 모든 화학물질을 시험하기 시작했다.

세계는 제1차 세계대전이 이미 한창이었고, 미국은 이듬해인 1917년 4월에 참전했다. 그에 따라 연료 연구의 중요성이 더욱 커졌다. 세계 최초의 공중전에서 엔진의 노킹knocking을 억제하는 물질은 항공기 엔진에 상당한 힘과 효율을 더할 수 있었다. 납이 함유된 휘발유, 즉 유연 휘발유의 역사가 때로 대강 뭉뚱그려지는 것은 바로 그 우수함과 궁극적인 용도 때문이다. 미국인들은 자주 안전과 보안이라는 미사여구로 그 사실을 꾸며 말하지만, 어쨌든 유연 휘발유는 세계 지배에 연료를 공급할 에너지를 찾던 중 발견된 산물이었다. 미국이 주인이 되면, 세계는 마침내 안전해질 터였다.

완벽한 노킹 방지제를 찾기 위한 수년간의 연구와 실험이 이어졌다. 그러던 어느 시점에 미지는 셀레늄과 텔루르 화합물이 엔진의 노크 소리를 훌륭히 잠재운다는 사실을 발견했지만, 냄새가 참을 수 없을 정도였다(따라서 시장성도 없었다). 몇 달 동안 미즐리와 그의 조수들의 몸에서는 썩어가는 '지독한 마늘 냄새'[13]가 풍겼다. 고약한 냄새 때문에 사람들이 있는 데서 미즐리의 존재는 기껏해야 곤란한 정도에 그쳤는데, 그는 나중에 이러한 상황을 두고 단 몇 분 만에 극장이나 기차 객실을 독차지할 수 있다고 농담했다. 또 공공장소에서 자신이 악취를 어떻게 해결하는지 자신만의 교묘한 해법[14]을 자랑하기도 했다. 그는 영화관에 들어가면 무조건 '지중해 출신'의 남자 옆에 앉았다. 그러면 그의 말대로, "냄새를 맡은 다른 관객들이 모든 방향에서 그 남자를 쏘아보았다". 미즐리는 또한 마늘을 즐겨 먹던 그의 이발사가 자신에게 텔루르를 좀 팔아달라고 했다고 말했다. 이발사가 텔루르를 "가게 구석구석에 뿌려놓고 모든 손님에게 그 냄새를 배게 해" 사람들이 마늘 냄새로 이발사를 탓하지 않게 하려 한다는 것이었다.

한편, 미즐리의 기이한 행동은 계속되었다. 한번은 폭발로 인해 금속 파편들이 그의 눈으로 들어가는 일이 있었다. 하지만 현장에서 의사는 각막에 박힌 커다란 덩어리만 제거할 수 있었고, 작은 파편들이 눈 안에 그대로 남게 되었다. 미즐리는 전문의를 보러 가는 대신 독성이 높은 정제된 수은 한 병을 구해 2주 동안 그 액체 금속을 맨눈에 한 방울씩 떨어뜨렸다. 서서히, 조각조각, 수은이 작은 파편들을 미즐리가 직접 제거할 수 있을 만큼 큰 덩어리로 만들었다. 결국, 그는 스스로 금속을 모두 뽑아냈다. 그는 임시 의사역을 하며 자신의 시력을 직접 회복시켰다.

전쟁은 미지와 그의 팀이 적절한 첨가제를 찾기 전에 끝났다. 상관없다. 언제나 그랬듯이, 전쟁은 또 있을 테니까.

1921년, 미즐리와 그의 동료들은 마침내 이상적인 첨가제로 테트라에틸납tetraethyl lead을 개발했다. 테트라에틸납은 비용 면에서 효율적이었고, 반응성이 없으며, 약간의 퀴퀴한 냄새가 날 뿐이었다. 몇 주 동안 피부에 배어 있던 '지독한 마늘' 냄새에 비교하면 아무것도 아니었다. 1923년 2월 GM은 나중에 프레온을 만들게 되는 듀폰의 도움으로 오하이오주 데이턴의 고객들에게 최초의 유연 휘발유를 판매했다. 그리고 1924년, 처음에는 주저했지만 듀폰이나 GM보다 휘발유 제조 경험이 풍부했던 스탠더드 오일Standard Oil이 GM과 협력하여 뉴저지주 엘리자베스에서 유연 휘발유 생산 공정을 효율화하는 데 합의했다. 이 합의에는 스탠더드 오일의 이사회장[15]이 비버폴즈에서 미즐리와 함께 자랐다는 사실, 그리고 미즐리에 따르면 어릴 적 생일 파티에서 이사회장이 자신을 땅바닥으로 걷어찼다는 사실이 적잖이 도움이 되었다고 한다. (나는 분명히 그 연관성이 과하다고 평가하지만 한 세대의 환경 폭력을 유발하게 될 결정이 이사회장의 어린 시절에 꼬마 미지를 괴롭히면서 생긴 잠재적 죄책감의 결과로 나왔을지 모른다고 생각하면 여전히 몸서리가 쳐진다.) GM에서 케터링은 테트라에틸납의 이름을 '에틸Ethyl'이라는 상표명으로 줄여 일반인을 대상으로 판매함으로써 '납'이라는 단어를 사실상 지워버렸다. 그리고 부조리한 이름을 형식적으로 상기시키는 에틸 사Ethyl Corporation라는 이름의 회사가 새로 설립되었다. GM과 스탠더드 오일이 공동 소유하고 미즐리를 부사장으로 앉힌 자회사였다. 그들은 휘발유를 붉게 물들였다.

그러나 첨가제의 이름에서 '납'이라는 단어를 없애려는 시도는 많은 사람을 속이지 못했다. 납은 적어도 고대 로마 때부터 위험한 물질로 잘 분류되어 왔으며, 우연히도 1920년대는 아이들이 어쩌다 삼키고 있던 납 페인트 가루가 끔찍한 결과를 낳으면서 작업장과 납 페인트 속 독성에 관한 관심이 다시 높아진 때였다.

납의 위험성은 특히 치명적이다. 일반적인 독성 물질과 달리 납은 몸에서 걸러지지 않는다. 납은 노출되면 뼈와 신경에 자리를 잡고 몸에 축적된다. 이처럼 납 중독은 우리 몸에 장기적으로 해를 입힐 수 있지만, 당시에는 이를 감지하기가 어려웠다. 몸에 납이 쌓이면 심각한 정신 쇠약, 운동 기능 상실, 사고 및 학습 장애, 편집증, 환영 및 환청, 현저한 체온 저하, 떨림, 발작 그리고 솔직히 그 단어가 용납된다 해도 부르기 주저하게 되는 것, '정신병'을 유발할 수 있다. 아이들은 특히 민감하다. 납 중독은 결국 죽음으로 이어지는데, 그로 인해 삶의 질이 얼마나 떨어지는가를 생각하면 죽음은 차라리 납 중독의 가장 자비로운 결과일지 모른다. 납 중독은 납을 섭취하지 않아도 발생할 수 있다. 납은 에틸사 제조 공장의 근로자들이 그랬던 것처럼 피부와 폐를 통해 쉽게 흡수된다. 이는 유연 휘발유의 매연에 노출되는 경우 모든 미국인에게도 해당하게 될 사실이었다.

그래서 거의 즉시, 1923년 판매가 시작되기도 전에 에틸은 대중의 격렬한 항의를 일으켰다. 에틸의 직원들은 그것을 '미치광이 가스'로 불렀고, 언론도 그 소문을 듣게 되었다. 일부는 사실이었는데, 제조 공장에서 일하는 노동자들이 보이지 않는 영혼이 보인다며 미쳐 날뛰고, 보이지 않는 벌 떼를 필사적으로 때려잡고, 어느 순간 행복감에 젖었다가 갑자기 또 몹시 화를 낸다는 소문이 퍼졌다. 역사학자 샤론 버치 맥그레인Sharon Bertsch McGrayne에 따르면, 그 소동에 당황한 미즐리는 "배기가스에서 직접 납을 찾으려고 했지만 찾지 못했다. 하지만 독학한 사람들 특유의 자신감으로 그는 측정이 잘못되었을 수 있다는 생각은 하지 않고 배기가스에 납이 포함되어 있지 않다는 결론을 내렸다"[16]고 했다. 그런데 사실 배기가스에 납은 포함되어 있었다. 나중에 발표된 기사에서 미즐리는 "일반 대중들의 건강에 위험을 일으킬 수 있는 물질이 배기가스에 존재한다는 주장을 입증할 데이터를 찾는 것은 불가능했다"[17]라고 썼다. 그가 예외적 사례로 기술한 것은 그것으로 "몸의 일부를 씻거나, 빵을 굽기 위해 휘발유로 불을 피우는 것과 같은 유연 휘발유의 부적절한 사용"이었다. "이 경우 그 빵을 먹으면 며칠 후 페인트공이 앓는 배앓이와 같은 것을 앓을 수 있었다."

2명의 저명한 화학자가 유연 휘발유의 독성에 대해 경고했음에도 불구하고, 에틸사는 자동차 매연에 농축된 테트라에틸납이 도시에 노출될 때의 장기적 영향을 파악하기 위한 연구를 제대로 수행하지 않았다. 스탠더드 오일, 제너럴 모터스, 듀폰을 비롯한 투자자들과 그들로부터 은밀히 뒷돈을 받은 시험 기관들은 재빨리 이 물질이 안전하다고 대중에게 선언했다. 하지만 그 문제에 대해 발언할 수 있을 만큼 충분히 아는 사람은 거의 모두가 재정적으로 어떤 식으로든 유연 휘발유의 생산과 관련되어 있었다. 이쯤에서 업튼 싱클레어Upton Sinclair*의 명언이 떠오른다. "누군가의 월급이 그가 알지 못하는 것에 달려 있을 때, 그것을 알게 하는 것은 어려운 법이다."[18]

사람들을 특히 불안하게 한 것은 유연 휘발유 제조와 관련된 사람들이 반드시 그 완전한 안전성을 주장하진 않았다는 것이다. 에틸사는 유일한 위험은 제조 과정에 있다고 주장했다. 사실 그런 주장은 공장 노동자들을 기꺼이 희생하겠다는 회사의 의지를 말해주었다. 노동자의 희생은 과학적 진보, 역사적 진보의 대가였다. 케터링의 전기 작가이자 전 연구 조수였던 T. A. 보이드Boyd는 테트라에틸납에 대한 대중의 반발이 한창일 때 케터링이 주변 사람들에게 그 생각을 분명히 밝혔다고 주장했다. 케터링이 말했다. "새로운 것을 내놓을 때, 문제는 생기기 마련이다. 그것이 규칙이다. 그래서 내가 진보에는 문제라는 대가가 따르는 법이라고 그처럼 여러 번 말해온 것이다."[19] 이 말에는 세계를 집어삼키는 이데올로기가 담겨 있다. 진보의 대가는 문제다. 그 말은 일부 생명이 다른 생명보다 더 귀하고, 일부 생명이 위험

● 미국의 소설가이자 비평가.

에 노출되어야 다른 생명이 안전하게, 더 엄밀하게는 안전하다는 인식 속에서 살 수 있다는 명백한 사실 외에 무엇을 의미할 수 있을까?

언론에서 떠들썩하게 보도를 시작했을 때, 미즐리는 틀림없는 납 중독 증상에서 회복하기 위해 마이애미로 골프 여행을 떠났다. 그는 자신의 폐를 '납이 덮은 폐'라고 농담 삼아 이야기했다. 하지만 일주일간 플로리다에서 골프를 친다고 해서 납에 노출된 몸이 회복될 일은 없었다. 체온이 정상보다 몇도 낮았던 미즐리는 납에 심하게 중독되어 있었다.

에틸이 시장에 나온 지 1년도 채 안 된 시점에, 뉴저지주 엘리자베스에 있는 회사의 베이웨이 정유Bayway Refinery공장에서 눈에 띄는 사고가 발생했다.[20] 이 사고로 5명의 작업자가 사망하고 30명 이상의 사람들이 '시달리거나 아팠다(신문은 영구적인 뇌 손상을 이처럼 설명했다).' 공장에 있던 직원 45명 중 남은 사람은 10명뿐이었다. 최소한 1명의 노동자가 구속복을 입은 채 비명을 지르며 현장에서 내쫓겼는데도, 에틸사의 관계자는 사람들의 반발을 '명백한 신의 선물'[21]에 대한 히스테리라고 비난했다. 〈뉴욕타임스〉는 노동자들이 '날개 달린 곤충의 환각'[22]으로 고통을 겪고 있다고 보도했다. "피해자는 일을 하거나 정상적으로 대화를 하다가도 잠시 허공을 열심히 응시하다가 거기에 없는 것을 낚아챘다." 듀폰의 딥워터Deep Water 테트라에틸납 공장의 직원들은 그곳을 '나비의 집'이라 부르기 시작했다. 얼마 지나지 않아 나비의 집에서 일하던 근로자 중 8명이 사망했고, 직원 중 약 80%에 해당하는 300명이 납에 중독되었다.

이에 언론이 스탠더드 오일의 뉴욕 지사에 떼를 지어 나타났고, 미즐리를 비롯한 엔지니어들이 이들을 만났다. 한 기자가 이 새로운 산업을 탄생케 한 아버지 미즐리에게 그 휘발유가 정말 위험하다고 생각하는지 물었다. 미지는 몇 년 후 화학협회에서 프레온을 시연할 때처럼, 특유의 과장된 몸짓으로 테트라에틸납이 든 병을 하나 가져다가 그것이 세제라도 되는 것처럼 자신의 손에 붓고 비빈 후 깊게 그 냄새를 들이마셨다. 순간적 무지 혹은 인지 부조화에서 나온 행동이었다. 그는 이 행위가 유연 휘발유의 독성에 대한 의문을 잠재우고 결과적으로 그가 버는 돈에 대한 어떠한 힐난도 잠재우기를 바랐다. 그가 몸소 보여준 행동은 어떠한 말보다 효과가 있었다. 하지만 한 역사가가 후에 말했듯, 미즐리는 손에 묻지도 않은 핏자국의 망상에 시달리는 현대판 맥베스 부인처럼 즉시 싱크대로 달려가 손을 씻었다. 그가 말하는 것이 들렸다. "이젠 어떤 모험도 하지 않을 거야."[23] 1년 후 그는 테트라에틸납의 흔치 않은 '위험'에 대한 기사를 통해 이 물질이 '신체 일부를 씻는' 용도로 사용되어서는 안 된다고 사람들에게 경고했다.

미즐리가 언론에 그 안전성을 장담했음에도 불구하고, 동부 해안의 여러 도시가 유연 휘발유 판매를 중단했고, 미국 광산국은 일련의 독성 테스트를 시행했다(에어컨 업계가 같은 건물 지하실에서 쾌적 지대에 관한 테스트를 시행하던 때와 거의 비슷한 시기였다). 하지만 이 연구는 주로 에틸사와 이해관계에 있는 사람들에게서 자금을 지원받아 진행되었다. 놀랄 것도 없이 보고서에는 유연 휘발유 배기가스에 함유된 납 입자의 영향이 무시할 수 있는 수준으로 나타났다.

비록 테트라에틸납의 판매가 중서부에서 계속되고 있었지만, 에틸사는 유연 휘발유의 안전성에 대한 공개 재판으로 기능할 미 공중위생국Public Health Service 회의를 바로 앞둔 1925년 전국적인 생산을 일시 중단했다. 휘발유 판매를 자발적으로 중단함으로써 회사는 어떠한 위험도 인정하지 않는 동시에 자신들이 적절한 신중을 기하고 있음을 보여주기를, 즉 대중의 신뢰를 얻는 데 도움이 되는 홍보 효과를 거두기를 바랐다. 회의가 시작되고 저명한 납 독물학자이자 하버드대학 최초의 여성 교수인 앨리스 해밀튼Alice Hamilton이 테트라에틸납을 공격했다. 케터링은 그녀가 괜한 히스테리를 부린다고 일축했다. 그로부터 수십 년 후 레이첼 카슨Rachel Carson이 《침묵의 봄Silent Spring》을 발표한 뒤 남성 과학자들로부터 받게 되는 것과 같은 종류의 취급이었다. 회의가 끝난 뒤 해밀튼은 복도에서 케트 사장에게 다가가, 자신의 말을 똑바로 알아듣도록 또렷한 발음으로 그에게 말했다. "살인자 주제에."[24] 그러나 해밀튼의 비난은 너무 늦었다. 1926년 공중위생국의 최종 승인을 받은 후 에틸사는 다시 유연 휘발유를 제조하기 시작했다.

역사는 해밀튼이 모든 면에서 옳았음을 증명했다. 1979년 허버트 니들맨Herbert L. Needleman이 이끄는 신경심리학 연구팀은 수천 명에 이르는 어린이의 치아를 조사한 끝에 매연으로 인해 몸에 납이 더 많이 축적된 아이들이 표준화된 시험에서 훨씬 더 나쁜 결과를 보인다는 사실을 발견했다. 더 큰 문제는 납에 노출된 아이들이 교실에서 온갖 공격적이거나 문제가 되는 행동을 보였다는 것이다.[25] 장기간의 유연 휘발유 노출은 전체 세대, 특히 전후 자동차 문화에 빠져 지내던 미국인들에게 분명히 정신적, 육체적 해를 입혔다. 니들맨의 연구는 1990년대에 유연 휘발유를 금지하는 데 중요한 역할을 했다. 케터링은 해밀튼이 의미하지 않은 또 다른 의미에서 살인자였다. 그는 적어도 미국인들이 공기의 영속성에 대해 다시 이야기하기 시작한 1966년까지 유연 휘발유에 대한 논쟁 자체를 막았다.

3

쾌적 냉방의 시작과
화학적 쇼맨의 죽음

유연 휘발유에 비하면, 세상을 뒤엎은 미즐리의 두 번째 발명품은 전혀 저항에 부딪히지 않았다. 이유는 그것이 생태학적으로 더 안전했기 때문이 아니라, 당시 그 위험성을 볼 수 있는 사람이 아무도 없었기 때문이다.

1928년 제너럴 모터스의 냉각 사업부였던 프리지데어Frigidaire의 매출은 전기냉장고의 수요가 높았음에도 하락 중이었다. 안타깝게도, 가격이 비쌌기 때문이다. 또 독성 냉매 누출에 대한 사람들의 두려움도 컸다. 가격과 두려움 모두 중산층 소비자들이 아이스박스를 버리지 않는 데 일조했다. 케터링은 프리지데어가 새로운 냉매를 찾을 수 있다면 매출이 호전될 수 있다고 생각했다. 미국인들은 아직 가정용 냉방에 넘어가진 않았지만, 냉매를 이용한 냉각은 이미 그들을 유혹하고 있었다.

테트라에틸납을 둘러싼 논란 이후, 미즐리는 세간의 이목을 피해 지냈다. 그는 오하이오를 떠나 코넬대학에서 합성고무 연구에 몰두했다. 케터링이 '구경거리가 될 만한(보이지 않는 물질을 표현하는 것치고 재미있는 형용사다)'[26] 냉매를 찾을 가능성에 대해 그에게 전화를 건 것은 그때였다. 케터링이 말한 '구경거리가 될 만한' 새로운 냉매는 최소한 다음의 네 가지 특성, 즉 끓는점이 -40℃에서 0℃ 사이이고, 독성이 없으며, 불에 타지 않고, 매우 안정된 특성을 가진 냉매였다. 이상적인 냉매라면 여기에 우선순위가 높진 않지만 '누수감지를 위한 쾌적하고 뚜렷한 냄새'와 저렴한 제조 공정이라는 특성이 더해질 것이다. 미즐리는 케터링이 말한 프로젝트에 관심이 없다는 뜻을 밝히고는 합성고무 연구에 몰두했다. 하지만 약간의 회유 끝에 케터링은 마침내 미즐리가 데이턴으로 돌아가도록 설득하는 데 성공했다.

1928년 어느 토요일 오후, 미즐리는 2명의 조수 앨버트 헨느Albert L. Henne와 로버트 맥나리Robert R. McNary를 실험실로 개조한 자신의 저택 서재로 불러 모았다. 세 남자는 식당의 벽지를 벗기고 흰 종이 두루마리를 벽에 압정으로 고정한 후 알려진 모든 기체 냉매의 끓는 점, 이산화탄소(약 -79℃), 암모니아(약 -33℃), 염화메틸(약 -24℃), 이산화황(-10℃), 부탄(-0.5℃), 브롬화메틸(3.5℃)을 표시했다. 효율을 극대화하려면 이상적인 끓는점은 암모니아와 부탄 사이 어디쯤이 되어야 했다. 기체가 액화되는 임계 압력 등 기체들을 살피기 시작했을 때, 미즐리는 평소 주머니에 접어 갖고 다니던 최신 주기율표를 꺼내 작업대 위에 평평하게 펴고 원자의 지혜를 얻고자 했다. 미즐리는 1860년대 이후 죽은 자와 접촉하기 위한 방법으로 전쟁 후 엄청난 인기를 끌었던 점괘판을 읽듯 주기율표를 읽었다. 미즐리는 나중에 이 발견에 관해 다음과 같이 그 신비로운 경험을 언급했다. "우리는 끓는점을 표시하고, 데이터를 찾고, 수정작업을 거치고, 계산자, 모눈종이, 지우개 가루, 연필 깎은 부스러기 그리고 과학적 투시력을 찾는 사람의 삶에서 찻잎과 수정구를 대신할 나머지 모든 용품을 찾아 실험에 활용했다."[27]

주기율표를 읽던 미즐리는 순간, 만약 불에 타지 않고, 무독성이고, 부식되지 않고, 안정적인 냉매가 존재한다면, 그것은 인간에게 매우 유독하고 금속에 부식을 일으키는 원소인 불소와 관련되어 있을 가능성이 있다는 것을 깨달았다.[28] 그들이 안전한 냉매를 찾고 있었다면 불소는 별로 좋은 시작이 아니었다. 하지만 원자는 다른 원자들과 결합하면 특성이 바뀔 수 있다. (헨느는 불소가 풍부하게 함유된 굴이 아직 메인주의 사람들을 독살시키지 않은 점을 지적했다.)[29] 실제로 1890년대에 벨기에의 화학자 프레데릭 슈바르츠Frédéric Swarts는 그날 이들이 찾는 디클로로디플루오로메탄을 이미 합성했었다. 디클로로디플루오로메탄은 역시 벨기에 출신인 헨느가 박사학위 논문에서 다룬 불소화합물이기도 했다. 슈바르츠는 이 물질의 상업적 용도를 끝내 찾지 못했다. 덕분에 프레온 발명의 모든 공이 미즐리에게 돌아갔지만(또는 모든 비난이 돌아갔지만), 헨느도 그 화합물을 제안한 만큼 공을 인정받을 가치는 있다. 미즐리는 한번 해볼 만하다고 생각했다.

미즐리는 삼플루오르화안티몬을 5병 주문했다.[30] 물건이 도착하고 난 후 헨느가 병 하나를 집어 사염화탄소와 섞는 동안 미즐리는 그의 뒤를 왔다 갔다 했다. 그 결과는 헨느도 알았듯이 문제의 화학물질인 디클로로디플루오로메탄이었다. 독성을 시험하기 위해 미즐리는 직접 그 가스를 들이마셨지만, 이들은 보다 통제된 시험을 위해 신시내티에 있는 실험실로 그 화학물질을 보내야 한다는 데 동의했다. 그리고 그곳에서 한 박사가 종 모양의 유리 덮개 아래 새로 합성한 가스를 가득 채우고 기니피그를 놓아두었다. 기쁘게도 그 작은 생물은 '갑작스레 숨을 헐떡거리며 죽지 않았다'.[31] 하지만 다른 병에 든 삼플루오르화안티몬을 사용한 다음 실험에서는 다른 결과가 나왔다. 맥나리는 이 두 번째 병을 신시내티에 있는 실험실로 옮겼다. 그곳에서 박사는 처음처럼 유리 덮개 아래 기니피그를 놓아두었는데, 기니피그는 죽고 말았다. 맥나리는 이 화합물에서 처음과는 다른 냄새가 난다는 사실을 알아차렸다. 그는 삼플루오르화안티몬 5병 중 4병이 오염되었다는 사실을 발견했다. 첫 번째 실험에서 미즐리와 그의 팀은 우연히 오염되지 않은 병을 골랐는데, 만약 1/5의 확률로 다른 병을 골랐다면, 이들은 초기에 세운 가정을 확신하고 실험을 끝냈을지 모른다. 미즐리는 자신이 구한 것이 미국 전체에 유일하게 존재하는 삼플루오르화안티몬이었다고 주장했는데, 그렇다면 이는 그가 이 나라에서 유일하게 오염되지 않은 삼플루오르화안티몬 병을 선택했음을 의미한다. 토머스 미즐리에게는 운이 정말로 자주 따라주었기 때문에, 그 행운은 마치 그가 연마한 기술처럼 보일 정도였다.

공식적인 설에 따르면, 미즐리와 그의 조수들은 저택 서재에서 브레인스토밍을 시작한 지 불과 몇 시간 만에 냉매 문제에 대한 실현 가능한 해결책을 생각해냈다고 한다. 안전한 화학물질을 찾는 과정에서 무모하리만큼 대담했던 미지는 가장 안전하지 않을 것 같은 화합물을 먼저 시험해보기로 했다. CFC-12는 케터링이 요구한 '구경거리가 될 만한' 냉매의 네 가지 요건을 모두 충족했다. CFC-12는 독성이 없었고, 불에 타지 않았으며, 안정적이었고, -30°C에서 끓었다. 만들기에도 비싸지 않았고, 그에 대한 수요는 오히려 제조 원가를 낮출 뿐이었다. 유일하게 부족했던 점은 누출을 알리는 자극적인 냄새가 없다는 것이었다. 처음에 팀은, 프레온이 조금이라도 누출되면 불과 유황 냄새가 나도록 약간의 유독성 이산화황을 추가해 이 문제를 해결하려고 했다. 그러나 프레온이 누출되어도 위험하진 않을 것이기 때문에 회사는 대신 제조실에 있던 미량의 가스를 탐지할 수 있는 별도의 계량기에 의존하기로 했다.[32] 그러면 프레온 대부분은 눈에 띄지 않게 누출될 것이었다.

몇 달 지나지 않아 미즐리와 그의 팀은 듀폰에서 제조하고 판매하게 될 CFC-12를 비롯해 클로로플루오르카본 계열 전체를 개발했다. 여기에 속한 CFC-11, CFC-13, CFC-113, CFC-114, CFC-115는 서로 다른 온도에서 끓었기 때문에 냉각 강도가 각기 다른 기계들에 적합한 융통성 있는 범위의 냉매를 제공했다. 모든 가스는 튼튼한 안정성과 안전성을 보장했으며, 네 가지 주요 면에서 구경거리가 될 만했다.

미즐리는 CFC 외에도 약간 다른 종류의 화학물질인 HCFC와 할론을 합성했다. CFC와 달리 HCFC는 수소를 함유하고 있어 하층 대기에서 안정성이 떨어지고, 수십 년 더 빨리 분해된다. 게다가 대부분 HCFC의 끓는점은 이상적인 범위를 벗어났다. HCFC는 CFC의 다른 많은 특성을 갖고 있었지만, 이러한 두 가지 특성 모두 특정 기계나 냉각 상황을 제외하고는 이상적인 냉매에 어울리지 않았다. 할론은 불연성이 높은 브로민이라는 성분을 함유하고 있어, 곧 소화기의 핵심 재료가 되었다.

이후 2년 동안 미즐리와 그의 팀은 냉각과 제조에 사용되는 수십 개의 냉매에 대한 특허를 받았다. 하지만 이 냉매들을 뭐라고 부르면 좋을까? 듀폰이 사용할 상표명을 결정하기 위해[33] 이들은 색인 카드에 몇 가지 후보를 적어 벽에 붙였다. 뒤로 물러서서 미즐리가 다트를 던졌는데, 다트가 '프레온'에 꽂혔다. 그 단어는 마치 접미사 '-on'과 함께 '이제 멈춰freeze'라고 말하는 듯했다(접미사 '-on'은 가령 라돈radon처럼 아원자 입자 및 원소와 같은 기본 단위의 이름을 짓는 데 사용되었다). 마침내 이 세 남자는 그들이 발견한 물질을 발표했고, 미즐리는 1930년 애틀랜타에서 열린 화학협회에서 청중들에게 퍼포먼스를 선보이며, 곧 모든 것을 바꿀 새로운 냉매를 세상에 소개했다.

이 놀랍도록 단순한 CFC-12 기원에 관한 이야기의 요점은 이 물질이 실제로 무독성이었다는 것이지만(단기적으로, 아주 적은 양만 봤을 때), 여기서 무언가 불길한 일이 일어났음을 알아차리기란 어렵지 않다. 기니피그는 첫 번째 실험에서 살아남았으나, 두 번째 실험에서는 결국 죽었다. 확실했던 안전의 징후는 겨우 얼마 뒤 명백히 존재하는 위험에 의해 흐릿해지고 말았다.

안전성, 경제성, 안정성, 효율성의 벡터가 CFC를 집중적으로 향함에 따라 엔지니어들은 가정용 실내 냉각기의 시대, 완전히 새로운 가정용 에어컨 시장이 마침내 도래하기를 희망했다. 프레온의 등장으로 여러 냉각 회사가 가정용 장치를 개발하게 되었지만, 장치는 부피가 크고, 투박했으며, 고질적으로 부정확했고, 여전히 비효율적이었다. 폐열을 실외로 내보내는 것은 보기 좋은 모습이 아니었다. 일부 기계들이 배기가스를 근처 창문을 통해 내보냈지만, 에어컨보다 창을 통한 환기가 더 시원할 때 이는 좀 우스꽝스러워 보였다. 에어컨이 방 2개에 걸치는 경우도 있었는데, 이 경우 에어컨은 한 곳에는 열을 방출하고, 다른 곳으로는 제습되고 여과되고 시원해진 공기를 내보냈다. 이러한 이유 때문이든 또 다른 이유 때문이든 미국 대중은 가정 냉방의 가능성을 탐탁지 않아 했다.

　　게다가 타이밍이 그보다 더 나쁠 순 없었다. CFC의 특성이 마침내 가정용 냉방을 위한 완벽한 조건을 제공했지만(적어도 이론상으로는), 미국 역사상 가장 경제 상황이 좋지 않은 때에 속했던 당시로써는 장치 자체가 터무니없이 비쌌다. 완벽한 냉매 찾기에 집착하던 윌리스 캐리어(습도를 다스린 남자)는 곧바로 프레온 등장의 중요성을 알아보았다. 1930년 애틀랜타에서 진행된 미즐리의 시연 소식을 전해들은 후, 그는 바로 프리지데어 공장을 방문해 CFC-11 샘플을 몇 개 가져왔다. 그로부터 2년 뒤 캐리어는 나무 장식장처럼 생긴 최초의 가정용 실내 냉각기인 '공기 캐비닛Atmospheric Cabinet'을 설계했다. 기계는 방 2개를 차지했다. 캐리어는 기계의 냉각 코일 안에 들어가는 물질로 특허 받은 프레온-11을 사용했지만, 마치 자신이 발명한 것처럼 그것을 캐린 2라고 부르기를 좋아했다(그의 전기에는 노골적으로 언급되어 있지 않지만, 그는 질투한 것이 틀림없다). '공기 캐비닛'의 가격은 지금의 물가 상승률을 고려할 때 가장 저렴하다 해도 1만 5,000달러에 달했다. 기계는 리먼 브라더스Lehman Brothers에 몇 대 팔렸는데, 그 정도가 전부였다. 새로운 냉각기는 망했다. GE나 켈비네이터Kelvinator 같은 다른 회사의 상황도 크게 다르지 않았다.[34] 많은 미국인이 그야말로 빵 한 조각을 사기 위해 고군분투하던 때였다. 시원한 공기가 필요하다면 영화관에 가면 되었다. 이듬해 여름 극장에서는 동전으로 꾸민 옷을 입은 배우 진저 로저스Ginger Rogers가 현실과 집 안의 더위를 피해 한숨 돌리고자 쌀쌀한 극장을 가득 채운 돈 없는 관객들에게 '우린 부자야 We're in the money!'●를 노래했다. CFC는 극장에서 사용되는 것(대부분이 캐리어 시스템)과 같은 상업용 원심 냉각기에 즉각 채택되었고 엄청난 성공을 거두었다.

냉방이 되는 영화관은 늘 육체적인 쾌적함뿐만 아니라 안전이라는 환상 속에서 편안함을 경험하게 해주었다. 영화와 시원한 환경은 모두 집단적 허구, 즉 서사의 통일성, 일관성, 감각, 인물의 연속성, 한계, 시작과 끝, 질서, 열적 평온함을 지속시켰다. 물리학의 발전, 불안정한 국제 관계, 완전히 무너진 경제가 확실한 것은 아무것도 없다고 말했지만, 끝까지 앉아서 볼 만큼 오늘날에도 의심의 여지가 없는 그 환상을 고수했다. 이런 면에서 볼 때, 냉방이 되는 영화관은 20세기 미국 사상이 낳은 가장 유력한 이데올로기적 유산일지 모른다. 세상과 차단된 채 투영되는 빛과 소리와 시원한 공기 속에서 자신을 잊을 수 있는 곳이 또 있을까? 냉방이 되는 영화관은 17세기 청교도 정착민들의 환상을 실현할 수 있게 해주었다. 그들은 세상에 있지만, 세상에 속하진 않았다.

● 영화 <황금광들Gold Diggers>(1930)의 삽입곡으로, 경제 대공황으로 고통받던 1930년대에 부자가 되어 마음껏 돈을 쓰면서 살고 싶은 마음을 담은 노래다.

한편 미즐리는 대공황 기간 내내 선전했다. 가정용 냉각기의 판매는 고전을 면치 못했지만, CFC는 케터링이 바랐던 만큼 큰 성공을 거두었다. 순식간에 프레온은 표준 냉매가 되었고, 듀폰의 상표명이었던 프레온은 이제 '냉매' 그 자체가 되었다. 그 일이 너무 빠르고 비약적으로 진행되어서 CFC 냉매는 '기적'이라는 단어 없이는 논할 수 없게 되었다. 낙관에 취한 미즐리는 1935년 열린 미국화학협회 연설에서 다음 세기에 화학적 '진보'가 가져올 유토피아적 미래에 대한 '마구잡이식 추측'[35]을 늘어놓았다. 그는 2035년의 세상이 1935년의 세상보다 "더 크고, 더 밝고, 더 안전하고, 더 빨라질 것"[36]이라고 예측했다. 그때쯤이면 물리학자들은 우주의 신비를 풀 것이고, 교육, 건강, 교통이 더욱 발전할 것이며, 농업 기술 역시 발전할 것이다(미지는 각각에 대해 마치 주술사처럼 말했다). 그는 또한 2035년 즈음이면 화학자들이 '지구 대기 중의 오존량을 늘려 농업에 쓰일 자외선을 제한'해 작물 수확량을 늘릴 수 있을 것이라고 예측했다.[37] 사실은 반대로 미즐리가 발명한 프레온의 직접적 영향으로 인해 치명적 오존 **손실**이 발생하게 되지만 말이다.

그는 편안함의 미래에 대해 말하면서 연설을 마쳤다. "편안함은 습관과 밀접한 관계가 있습니다.[38] 습관을 바꾸는 것은 분명히 불편합니다. 따라서 편안함을 위해서는 불편함(새로운 것에 대한 불편함, 편안함이 유발할 수 있는 만일의 사태에 대한 인정)의 과도기를 거칠 필요가 있습니다." 그의 연설은 살균제로 하는 샤워와 일회용 속옷 그리고 부메랑 경기가 있는 지금과는 전혀 닮지 않은 미래 세계를 연상케 했다. 하지만 1930년대의 그러한 경제 침체 속에서도 하나의 개념으로서 우리가 편안함에 기울인 관심과 편안함에 부여한 중요성은 어떻게 이 나라가 편안함의 성취, 나아가 편안함 자체를 꿈꾸기 시작했는지를 보여준다. 이 나라의 대다수 국민이 상업적 공간 밖에서는 아직 누릴 수 없는 것이었다 해도 말이다.

같은 해, 미즐리는 〈합성된 날씨〉라는 제목의 글에서 처음으로 냉방에 대해 언급했다. 물론 그는 우리가 예상할 수 있는 모든 이유를 들어 냉방을 칭송했지만, 인간이 만들어낸 것의 한계도 인정했다. 그는 "다른 많은 합성 물질과 마찬가지로 합성된 날씨는 자연이 주는 최고의 날씨보다는 아직 부족하다"[39]라고 썼다. 미즐리는 당시 지배적이었던 의견을 말했다. 대다수의 미국인은 가정용 에어컨을 구입할 여유가 없었지만, 그들 대부분은 에어컨이 지역의 주어진 기후 조건을 개선시킬 수 있을 거로 보지 않았다. 미국인들은 여전히 집에서 합성된 날씨를 원하지 않았다. 만약 가정용 에어컨이 **필요하다**는 의견이 지배적이었다면, 에어컨 제조업체들은 분명히 그 기계를 더 저렴하게 만들 방법을 찾았을 것이다. 그러나 미즐리의 '아직 부족하다'라는 표현은 기술이 향상되면 미국인들이 합성된 날씨를 (아마도 필연적으로) 높게 살 수도 있음을 의미한다. 실제로 미국인들의 마음은 바뀌게 된다. 하지만 아직 그런 이유에서는 아니었다. ('유기농'과 '천연'이라는 단어에 매달리는 지금, 대부분의 미국인이 에어컨을 '합성된' 것이라고 거부하지 **않는** 것은 참 신기하다.)

그러나 상업 분야에서 에어컨은 느리지만 강력한 상승세를 타기 시작했다. 대공황과 가정용 에어컨에 대한 거부가 계속되었음에도, 1935년 즈음 상업 공간과 공공장소용 에어컨의 판매량은 주로 프레온이 제공하는 냉방 효율성과 안전성 덕분에 1930년의 16배까지 치솟았다. 그 결과 실내 공간의 성격과 공공 생활의 질이 변화하고 있었다. 더 크고 더 다양한 유형의 공간들이 여름에 시원해졌고 인기도 많아졌다. 공공 생활은 더 내밀해지고 배타적이 되어갔다.

1930년대부터 1950년대 전반기까지 쾌적 냉방은 거의 사업체의 전유물이었다. 1940년 즈음 미국에서 사용되는 에어컨의 약 90%는 경제사학자 제프 비들Jeff Biddle이 '상업적 쾌적함'[40]이라고 부르는 것을 제공하기 위한 것이었다. 상업 공간은 더 많은 손님을 끌어모으기 위해 명시적으로 냉방을 채택했다. 고객이 공간 안에서 보내는 시간이 길수록, 제품이나 서비스의 필요성이 낮을수록 해당 공간이 냉방을 채택할 가능성은 더 커졌다. 가령, 집에서 직접 음식을 하는 것보다 사치스러운 것으로 인식되고, 체류 시간이 1시간가량 되는 음료수 판매점과 식당은 냉방을 할 가능성이 컸다. 반면 대안이 거의 없고 고객들이 10분 이상 머물지 않는 식료품점은 그렇지 않았다. 에어컨은 특히 실내 환경이 중요한 경우, 비들이 말한 대로 '경쟁에서 싸워 이길 무기',[41] 즉 경쟁적 우위를 사업체에 제공했다. 여름에 두 식당이 거의 비슷한 위치에 있다면, 에어컨이 설치된 식당이 더 많은 손님을 끌어모았다. 그리고 에어컨 요금이 전기 요금의 거의 절반을 차지했기 때문에,[42] 비들은 또한 그 수십 년간 상업적 냉방이 채택될 수 있었던 이유로 전기 요금의 꾸준한 하락을 꼽는다.

냉방은 아직 실내에서 일반적으로 경험할 수 있는 것이 아니었고, 또 냉방을 하는 상업 공간도 절반이 안 되었지만, 그래도 더는 새로운 것은 아니었다. 에어컨 덕분에 이제 승객들은 땀을 뻘뻘 흘리는 대신 건조한 상태로 특급 열차를 타고 사막 지대를 호화롭게 통과해 목적지에 다다를 수 있었다. 아직 객실까지는 개별적으로 에어컨이 설치되지 않았지만, 여행객들은 호텔 로비의 오아시스에서 느긋하게 쉴 수 있었다. 극도로 차가운 공기가 화려하게 장식된 아트리움에서 세일즈맨과 관리자들을 맞았다. 직장인들은 50층 높이의 건물에서 스웨터를 꼭 여미고 땀에 젖은 보행자들을 내려다보았다. 교인들이 실신한다면, 그것은 오로지 성령의 열기로 인한 것이었다.

프레온은 사람들이 머무는 공간뿐만 아니라 사용하는 기기도 만들기 시작했다. 매끈한 냉장고가 서서히 아이스박스를 대체하기 시작했는데, 이러한 과정은 향후 20년 동안 계속되었다. 냉장은 자연적 부패를 막아 음식의 부패와 질병을 예방했다. 냉장고 속 프레온의 힘은 그 특성을 인간의 삶에도 전달하는 것 같았다. 병원은 환자뿐만 아니라 의약품도 시원하게 함으로써 효능을 더욱 오래 유지했다. 혈액은행이 번창했다. 냉각은 우주의 증가하는 엔트로피를 거슬러 시간을 벌었다.

미국인들은 '더 크고, 더 밝고, 더 안전하고, 더 빠른 세상'을 위해 2035년까지 기다릴 필요가 없어 보였다. 그러한 세상은 이미 도착해 있었다.

요컨대, 미국인들은 쾌적 냉방을 위한 준비를 서서히 하고 있었다.

경이롭고 새로운 기적의 냉매가 미국의 공간을 하나씩 점유하면서 10년이 흐르는 동안 다른 대륙에서는 또 다른 전쟁이 일어났고,

미즐리는 무덤까지 가져갈 열정을 보이며 합성고무에 대한 연구로 다시 돌아왔다. 그의 발명품들이 미국인의 삶의 양식을 마치 스스로의 의지인 듯 뒤바꾸며 완전한 영향력을 행사하기 시작하던 1940년, 그는 만성적인 고통을 느끼기 시작했다. 그를 괴롭힌 것은 확실히 납 중독으로 인한 피로가 아니었다. 놀랍게도 그는 51세의 나이에 자신이 소아마비에 걸렸다는 사실을 알게 되었다. 40대까지만 해도 쌩쌩했지만, 통증을 처음 느낀 지 몇 주 만에 다리를 쓰지 못하게 되었고, 갑작스레 허리 아래가 마비되어 휠체어에 의존하게 되었다. 기계공으로서의 자신의 뿌리를 생각하며 그는 침대에서 휠체어로, 또 그 반대로 이동할 수 있도록 침실에 밧줄과 도르래를 설치했다. 아내가 도와줄 수 있었지만, 그는 당시 많은 미국 남성들이 그랬듯 스스로 하는 행동에 자부심을 느꼈다. 공교롭게도 그가 개발한 프레온은 미국에서 곧 소아마비를 없앨 백신을 차갑게 유지하여 효과를 높이는 데 핵심적 역할을 하게 될 터였다.

소아마비 진단을 받은 후에도 미즐리는 합성고무 연구로 돌아와 회의에 참석하고, 논문을 쓰고, 상을 받고, 명예를 높이는 등 계속해서 눈에 띄는 활동을 했다. 그는 노벨상을 제외하고 화학자가 받을 수 있는 거의 모든 상을 받았다(나중에 스웨덴 한림원은 프레온으로 인한 오존 파괴를 연구한 대기 화학자들에게 노벨상을 수여했다). 1941년 9월, 미즐리는 뉴저지주 애틀랜틱시티에서 열린 미국화학협회 회의에 참석해 '화학에 대한 뛰어난 공로'를 인정받아 프리스틀리 메달Priestley Medal을 받았다. 수상소감 대신, 그는 자신이 좋아하는 화학적 쇼맨의 역을 다시 맡았다. 무대에는 1기통 엔진과 각각 연료를 채운 2개의 유리 탱크가 놓여 있었다. 미즐리가 먼저 일반적인 맑은 휘발유를 사용해 시동을 걸었다. 그러자 이제는 구식이 되었지만 익숙한 노크 소리가 실내를 채웠다. 금속이 부딪히듯 탱하고 쨍그랑하는 불편한 소리가 지나간 뒤, 미즐리가 레버를 당기자 불그스름한 유연 휘발유가 엔진으로 쏟아져 들어갔다. 그러자 이번에는 한 기자의 말대로 '크림을 가득 문 새끼 고양이'가 그러듯 '부르릉'[43] 하는 낮은 소리가 들렸다. 언제나 그랬던 것처럼 청중은 격렬한 박수를 보냈다. 영원히 이어질 것 같은 찬사가 계속되었다.

그는 그러한 모습으로 업계에 자주 모습을 드러냈지만, 1941년 말 미국의 참전 이후 한때 가능성과 발전, 에너지로 가득했던 그의 연설 주제는 눈에 띄게 전과 달라졌다. 그는 세계에서 가장 중요한 화학적, 기계적 발견들의 목록을 작성하고, 그 발명가들이 성공한 나이를 옆에 강박적으로 적어 넣기 시작했다. 그는 패턴을 발견했다. 40세가 넘어 현대 사회에 의미 있는 기여를 한 사람은 거의 없었다(혹은 그렇게 믿었다). 노화가 그를 괴롭혔다. 너무 노쇠해진 것이었을까? 그저 납 중독으로 인한 심각한 정신적 고통과 갑작스러운 신체 마비로 인한 두려움과 더불어 그에게 어떤 심리적 영향이 있었을 거라고 짐작만 할 뿐이다.

1944년 미즐리는 미국화학협회의 의장이 되었지만, 그 영광스러운 자리에도 불구하고, 화학 및 산업 부문에서 잊히려야 잊힐 수 없는 인물이 될 그 남자는 점차 퇴색되어가기 시작했다. 그는 1944년 9월에 열린 회의에 직접 나타나지 않고 전화로 연설을 대신했다. "나이가 많은 이들에게 이 말을 전하지요."[44] 전화기를 통해 나오는 그의 목소리는 저 멀리에서 들려오는 듯했다. "책임과 신뢰의 위치에 있는 능력자 여러분, 여러분은 어느 정도는 젊은이들이 제공하는 술파제와 페니실린 덕분에 그 자리를 지키고 있습니다. 여러분이 최선을 다해 젊은이들의 천재성과 독창성을 개발시켜, 그들이 마땅히 받아야 할 인정과 승진할 기회를 마련해주지 않는 한, 깨끗한 양심으로 사회를 대할 수 있을까요?" 그가 말했듯이 그의 생각은 '나이든 사람들'이 새로운 세대를 위한 자리를 만드는 데 방해가 되어선 안 된다는 것이다. 그는 동요의 운율을 살린 독창적 시로 연설을 끝냈는데, 그 어조가 희극적인 것과 병적인 음울함 사이에서 미적거렸다. "비록, 내가 가버린다 해도 많은 연장자가 남겠지만 / 내가 죽어가고 있다고 해서 후회하진 않을 거예요 / 이 비문을 내 묘비에 간단히 새겨 주세요 / '이 사람은 무척 짧은 시간 동안 다양한 삶을 살았다.'"[45] 시는 으스스한 작별 인사로 들렸다.

정말로 그랬다. 미즐리는 1944년 가을을, 물론 일말의 죄책감도 작용했을 거라고 말하고 싶지만, 중독과 육체적 고통으로 인한 우울의 나락에 빠져 보냈다. 11월 어느 날 아침, 전화로 연설한 지 두 달 만에 그는 마지막 공연을, 높게 매단 밧줄을 이용한 마지막 연기를 했다. 오하이오 저택에 있는 그의 방으로 걸어 들어간 아내는 미즐리가 직접 개발한 도르래 밧줄에 매달려 죽어 있는 것을 발견했다. 그의 나이 55세였다.

수년 동안 미즐리의 죽음은 사고, 잔인한 운명의 장난, 발명가가 자신의 발명품에 '우연히' 목을 조이게 된 것으로 알려졌다.[46] 그러나 최근의 전기 작가들은 공식 검시관이 다른 방향의 결론을 냈음을 발견했다. 우리는 1940년대에, 특히 사회적으로 저명한 가정에서 스스로 생을 마감하면 심한 낙인이 찍히고 그 행동은 거의 논의조차 되지 않았다는 것을 기억해야 한다. 지난 몇 달간 명백한 작별 인사를 나눈 것으로 봤을 때, 미즐리가 스스로 목을 맨 것은 확실해 보인다.

미즐리의 무덤 옆에서 사제가 성경의 디모데전서를 읽었다. "우리가 세상에 아무것도 가지고 온 것이 없으매 또한 아무것도 가지고 가지 못하리니."[47] 장례를 마치고 집으로 돌아오는 길에 상사로서, 동료로서, 또 친구로서 참석했던 케터링은 "미지라면, 이 말을 추가하는 것이 적절했을 것 같다고 생각했다. '하지만 우리는 세상을 위해 많은 것을 남길 수 있으니.'" 프레온이 오존에 미치는 영향이 처음 발견되기 전인 1974년 이전에 쓰인 역사에서 케터링의 발언은 잘 만들어진 코다*, 듣기 좋은 화음, 비판을 잠재우는 역할을 했다. 하지만 그 이후의 기록에서는, 우리가 지금 알고 있는 것을 고려할 때, 같은 말들이 불쾌한 불협화음으로 들릴 뿐이다.

어떤 사람들은 미즐리의 삶을 마땅히 당할 만한 것을 당한 남자의 우화, 악마에게 영혼을 판 파우스트의 이야기, 어리석은 거래에 따르는 인과응보의 이야기로 표현한다. 올바르게 행동하는 것에 대한 얼마간의 지혜를 얻기 위해 미즐리의 삶을 이런 식으로 보는 것은 쉽다. 2006년 영국의 한 코미디 퀴즈 쇼는 사람들의 이러한 도덕관념을 잘 보여준다. 방송(주제는 '점술'이었다)을 진행하면서 진행자가 묻는다.

● 악곡 끝에 끝맺는 느낌을 강조하기 위해 덧붙인 부분.

"역사상 가장 크게 환경을 파괴한 사람은 누구일까요?" 참가자들이 앞다투어 답을 내놓는다.

"조지 부시George Bush?" 누군가가 말한다.

"이오시프 스탈린Josef Stalin?" 또 다른 누군가가 말한다.

"마오쩌둥Mao Zedong?"

"칭기즈 칸Genghis Khan?"

잠시 정적이 흐른다.

"마거릿 베킷Margaret Beckett?" (영국 관객들이 함성을 지른다.)

마침내 진행자가 답을 공개한다. "그는 납 수백만 톤을 대기 중으로 내보내 수백만 명의 사람들에게 해를 끼쳤습니다. 하지만 그걸로 만족하지 않았죠." 관객들이 낮은 탄성을 내뱉는다. "최초로 프레온을 발명했지만, 그가 프레온에 대해 몰랐던 것은 무엇이었을까요? 바로 오존층을 파괴한다는 것이었습니다."

"다음 못된 짓은 뭐였나요?" 참가자 중 1명이 농담한다. "담배?"

"그런 다음 그는 중개상을 없애고," 다른 사람이 말한다. "망치로 아기들을 죽이기로 했죠." 관객들이 다시 소리 지른다.

방송을 보면서 나는 마음이 불편해졌다. 정말 당황했다. 역사적 기록에 따르면 미즐리는 세상을 더 안전한 곳으로 만들었다고 생각하고 사망했다. 그는 자신의 업적이 인위적으로 더 시원해진 세상에서 바이러스 전염병의 완전한 근절, 먹거리의 부패 방지 그리고 (일부 사람들에게, 한동안은) 편안함과 건강의 증진을 위한 문을 열게 될 것이라고 믿었다. 그리고 실제로 그렇게 되었다. 비록 환경에 미치는 영향 외에 그의 발명품을 다르게 생각하는 것은 이제 어렵게 되었지만 말이다.

　동시에 미즐리는 한 동시대 화학자의 표현에 따르면 '환경 전과 2범자'[48]였다. J. R. 맥닐은 20세기 환경 파괴의 역사에서 미즐리보다 "역사상 대기에 더 많은 영향을 미친 단일 유기체는 없다"[49]라고 단언했다. 아주 놀라운 생각이다. 또 다른 곳에서 미즐리는 단순히 천벌을 받아 죽은 것으로 여겨지기도 했지만 무비판적 열광과 함께 칭송받기도 했다. 내 생각에 그의 삶과 일은 어느 것도 정당화될 수 없는 것 같다.

　만약 미즐리가 우리에게 윤리적 성찰을 고취한다면, 그것은 우리 유산의 복잡성에 관한 것이 될 것이다. 우리는 우리가 세상에 내놓은 것의 결과를 통제할 수 있다고 생각하고 싶어 한다. 그러나 현실적으로 우리가 떠나면 우리의 이름, 우리의 역사, 우리의 유산은 우리의 손에서 벗어난다. 최선을 다하는 것 외에 혹은 최선을 다한다고 믿는 것 외에 우리가 무엇을 더 할 수 있을까? 나는 미즐리가 할 수 있는 최선을 다했는지도, 최선을 다했다고 진정으로 믿었는지도 확신할 수 없다. 하지만 그와 상관없이, 어느 쪽이든 그의 유산에 대한 불쾌한 인식을 바꿀 것 같진 않다. 우리는 앞으로의 세대가 우리가 남긴 것을 어떻게 볼지, 혹은 다시 볼 수 있을지 결코 알 수 없다. 우리가 죽은 후에 그들과 우리에게 일어나는 일은 전적으로 우리에게 달려 있지 않다. 미즐리가 1944년에 쓴 또 다른 시의 마지막 구절을 인용해 본다. "죽음이 선물을 다시 앗아가면 게임은 끝이 난다."[50]

　하지만 역사를 규명할 기회인 유산보다 훨씬 더, 우리가 미즐리의 삶을 통해 반추해봐야 할 것은 아마도 창조 행위 자체에 관한 것일지 모른다. 우리는 우리가 세상에 내놓은 것을 결코 되돌릴 수 없다. Ctrl+Z의 시대에 이는 납득하기 어려운 가르침이다. 아마 실수를 쉽게 되돌릴 수 있다는 생각을 뒤집으려면 한 세대는 걸릴 것이다. 너무 많은 환경 운동이 만약 우리가 엉망이 되기 **이전**의 상태로 돌아갈 수 있다면, 즉 화석 연료, 세계적 자본주의, 자원 채취, 식민 지배의 흐름을 뒤집을 수 있다면, 더 나아질 거라고 주장하는 일종의 향수(지나치게 소극적인 태도다)를 기반으로 이루어진다. 분명히, 인간과 인간 이외의 생명체에 대한 파괴는 지속되고 있다. 하지만 열역학의 핵심 원칙(시간의 화살)은 관찰자를 제외하고는 과거로의 진입을 막는다. 악마의 상자가 열리고, 아무리 나쁜 것들을 잡아넣는다 해도 세상은 원래대로 돌아갈 수 없다. 우리는 우리에게 단 두 가지의 선택(지금처럼 지내거나 전처럼 지내거나)만 있는 것이 아님을 인지해야 한다. 우리에게는 단순히 추가적인 선택이라기보다 무한하다 할 수 있을 정도인 적어도 세 번째 안이 있다. 이는 우리가 해롭다고 여기는 독성 효과들이 우리의 잔인한 현재가 아닌 **과거가 되도록** 어떻게 세상을 변화시킬 것인가에 관한 것이다.

내가 말하고자 하는 것은 우리가 냉방이 되기 이전, 프레온이 있기 이전의 세계로 마법처럼 돌아갈 순 없다는 것이다. 그런 것을 원해서도 안 된다. 우리가 해야 할 일은 우리가 다음에 어디로, 왜 가고자 하는지 알아내는 것이다. 그리고 가장 중요하게는 어떻게 가고자 하는지 알아내는 것이다.

"그는 휘발유에 납을 넣었습니다. 그는 CFC를 발명했죠." 코미디 퀴즈 쇼의 진행자가 말한다. "하지만 그는 51세의 나이에 소아마비에 걸리고 맙니다."

"오호, 완전 잘됐네." 참가자 중 1명이 말한다. 청중(엔진)이 웃음으로 노크 소리를 낸다.

그 자리에 있진 않았지만, 나는 그 웃음이 느껴졌다. 웃음소리가 나를 통해, 나를 지나, 역사의 복도를 따라 울려 퍼지는 것이 느껴졌다. 복도에는 양면거울이 흥미롭게 늘어서 있다. 거울을 통해 현재의 우리는 과거를 분명하게도, 편파적으로도 들여다볼 수 있지만, 우리를 뒤따르는 사람들은 볼 수 없다. 우리의 현재가 거듭 변화하면서 우리를 따르는 사람들뿐만 아니라 우리보다 앞서간 사람들을 구체화하고 있음에도, 미래는 불투명하다.

아마 어제였다면 여러분은 퀴즈 진행자의 질문에 답하지 못했을지 모른다.

하지만 이제는 할 수 있다.

4

더위와 인종 차별의 역학

미즐리는 환상적인 미래를 예언했지만, 정작 프레온의 황금기를 목격
하진 못했다. 그가 죽은 지 1년 만인 1944년, 공조 시스템은 전쟁에서
큰 활약을 했다. 이어 불소화된 가스가 번창할 수 있게 해주는 여러
물질적, 정신적 조건들이 뒤따랐다.

 미국은 전쟁에 정식으로 참여하기 전부터 제조업의 속도를 올
리기 시작했고, 1941년 진주만 공격 이후 본격적으로 제2차 세계대전
에 참전하면서 군수 장비를 단계적으로 증강했다. 윌리스 캐리어의 전
기 작가인 마가렛 잉겔스가 언급했듯이 이러한 과잉생산은 "공조 시
스템뿐만 아니라 극도로 낮은 온도를 구현할 수 있는 냉각 시설에 대
한 수요로도 해석되었다".[51] 캐리어가 개척한 공조 시스템은 군함과 화
물선부터 배 안팎의 냉장 및 냉동 시설, 밀폐된(숨 막히는) 선박과 잠
수함의 냉각 장치에 이르기까지 모든 군수 물자의 효율적인 생산을
정밀하게 지속하는 데 중요한 역할을 했다. 공업용 에어컨은 공기의
균질화로 시간과 공간의 한계를 확장하는 거의 초자연적 능력을 발휘

함으로써, 한 역사가가 지적하듯 '24시간 내내'[52] 총알과 폭탄, 기타 탄도의 통제된 생산을 가능하게 했다. 심지어 연방정부는 캐리어사와 함께 그때까지 가장 '어렵고, 까다롭고, 중대한'[53] 장치를 개발하기까지 했는데, 클리블랜드에 있는 이 풍동*은 '미항공우주국National Advisory Committee for Aeronautics이 매섭게 추운 고공 조건에서 시제품 비행기를 시뮬레이션'해볼 수 있는 시스템이었다. 나중에 캐리어가 자랑스러워하게 될 이 풍동 덕분에 전쟁은 '수개월' 단축될 수 있었다.

1942년 전시생산국War Production Board은 가정용 냉방 장치와 거기에 쓰이는 프레온의 생산을 금지했고, 이듬해에는 모든 '쾌적 냉각 시스템'의 생산과 수리를 금지하여 냉각과 관련된 모든 작업이 거의 전적으로 군수 물자로 옮겨 가게 했다.[54] 냉각설비에 대한 연방정부의 수요가 너무 컸기 때문에 정부는 메이시스Macy's를 비롯한 다른 주요 백화점에서 원심형 에어컨을 빌리기까지 했다.[55] 마치 이 나라가 보기에 끔찍할 정도로 하나의 거대한 전쟁 엔진이 된 것 같았다. 멈출 줄 모르고 계속된 그러한 움직임은 적어도 어느 정도는 프레온이 안전하고 효율적으로 열 환경을 제어했기 때문이었다.

토머스 미즐리가 남긴 유산 중 두 가지는 미국이 세계를 지배하는 데 중요한 역할을 했다(세 번째 유산도 아마 기여했을 것이다). 미즐리의 연구로 세상에 존재를 드러낸 고옥탄가* 휘발유와 CFC는 제2차 세계대전에서 연합군이 파시스트 세력에 대항해 승리하는 데 핵심적

● 인공 바람을 일으켜 항공기 등에 공기의 흐름이 미치는 영향을 시험하는 통 모양의 장치.

인 역할을 했다. 테트라에틸납 덕분에[56] 미국 항공기는 독일 항공기보다 더 빠르게, 더 멀리, 더 높이 날 수 있었다. 또 미국 항공기는 더 빠르게 속도를 올릴 수 있어 독일과 일본 항공기가 필요로 하는 활주로 길이의 5분의 1밖에 필요하지 않았다. 이는 항공모함에서 발사되는 비행기들에 결정적 이점으로 작용했다. 군 당국의 손에서 무기화된 유연 휘발유 항공기는 연료 소모가 적어 더 많은 폭탄을 실어나를 수 있었다.

문자 그대로의 폭탄 말고도, 미군은 태평양 전장에서 말라리아모기를 전멸시킬 목적으로 '곤충 세계의 원자폭탄'[57]으로 불리는 특수 분무기식 살충제를 만들기 위해 프레온 생산에 대한 통제권을 거의 완전히 장악했다. (존 고리 박사는 끝내 알지 못했지만, 이제 세상은 말라리아가 모기 때문이라는 것을 알고 있었다.) 살충제는 프레온과 DDT를 혼합해 만들었는데, 이 DDT는 나중에 레이첼 카슨이 청문회에 참석해 그 실상을 알리게 될 새로운 환경 파괴물질이었다. 뛰어난 비반응성 덕분에 프레온은 어느 것과도 안전하게 혼합되었고 끓는점이 낮아 당시 참신한 아이디어였던 분무기식 살충제를 위한 완벽한 추진제가 되었다.

대부분의 에어로졸 분무제에는 액체 형태의 내용물(이 경우에는 DDT)과 이를 분사할 수 있는 추진제(이 경우에는 대기압에서 기체 상태인 프레온)의 두 가지 성분이 포함되어 있다. 통에 압력을 가하면 추

◆ 휘발유의 내폭성을 나타내는 수치로, 옥탄가가 높은 휘발유일수록 이상폭발을 일으키지 않고 잘 연소한다.

진제가 액화되어 내용물과 혼합된다. (스프레이 캔을 흔들면 화학물질과 추진제가 액체 형태로 섞여 안에서 찰랑거리는 것을 느낄 수 있다.) 스프레이 노즐을 누르면 혼합물이 공기 중으로 방출되고 압력의 강하가 추진제를 기화하면서 미세한 방울로 된 내용물이 공기 중으로 흩어진다. (부수적으로 통을 약간 식히기도 한다.) 프레온은 살충제를 미세한 안개 형태로 분무되게 해 비행기, 군인들의 제복, 막사 안을 살충제의 얇은 막으로 덮었다. DDT-프레온으로 만든 이 살충제는 한 번만 분무해도 몇 주 동안 곤충을 사라지게 할 수 있었다. 추진제로서의 프레온 사용은 곧 헤어 제품에서 페인트까지 무엇이든 뿜어내는 스프레이 캔의 번창하는 시장을 만들어내게 된다.

합성고무에 관한 미즐리의 연구[58]는 시장성 있는 제품으로 이어지지는 못했지만, 미즐리는 1920년대 그의 초기 연구에서 고무의 분자 구조를 밝혔으며, 황을 첨가해 고무를 단단하게 하고 탄성을 강화하는 과정인 가황에 대해 우리가 새롭게 알 수 있게 해주었다. 두 가지 성과 모두 후대 화학자들이 비용 효율이 높고 강력한 합성 제품을 개발하는 데 도움이 되었을 것이다. 1940년대에는 많은 나라가 전쟁 중이었기 때문에 천연고무가 부족했다. 그 때문에 타이어와 부츠, 기타 장비에 사용되는 재료의 합성 원료가 매우 중요했다.

그렇다면 연합군이 미즐리의 화학적 성과 덕분에 추축국과의 전쟁에서 승리했다고 해도 과언은 아닐 것이다.

군 당국이 전쟁 동안 프레온을 독점하면서 프레온은 희귀해졌다. 그에 따라 1942년 미국에서 에어컨의 보급은 돌연 중단되었고, 심지어 후퇴하는 것처럼 보였다. 정부는 기존 공조 시스템의 사용을 허락했지만, 냉매가 누출되었을 때 재충전할 수 있는 프레온은 없었다. 적어도 합법적으로는 그랬다. (정부는 가정용 냉장고에만 CFC를 허용했다.) 개인적 안락함은 국가가 생각하는 우선순위 중 가장 낮은 순위에 속했다. 대신, 공조 시스템은 국가의 안보에 이바지했다. 전쟁 특수로 공조 산업은 매우 바빠졌다. 그런데 전쟁이 끝나면 어떻게 될까? 전쟁이 계속되는 한 산업은 계속해서 번창할 수 있었지만, 전쟁의 끝이 다가오고 있었다. 모두를 위한 쾌적 냉방의 꿈은 끝난 것만 같았다.

전쟁이 끝나기 한 달 전인 1945년 7월 〈라이프Life〉지는 다음과 같은 제목의 기사와 함께 온도 조절이 가능한 집이라는 면에서 새로운 희망을 주는 사진을 게재했다. "에어컨: 전쟁이 끝나면 개인 주택에 들여 놓을 수 있을 만큼 저렴해질 것이다."[59] 기사는 캐리어 연구소에서 찍은 사진을 통해 평범한 〈라이프〉의 독자에게 기계적 냉각의 원리를 알리려 했다. 한 손이 용기에 든 액체 형태의 CFC-12를 온도계에 연결된 접시에 붓는다. 그리고 나중에 찍은 두 장의 사진이 증발과 그로 인한 온도의 급하강을 보여준다. 기사는 수십 년 전 미국난방및환기협회가 쾌적 지대에 관해 연구한 내용을 강조하며 "인간의 몸은 상당히 좁은 범위 내의 온도와 습도에서 가장 편안함을 느낀다"라고 주장했다. 한 섬뜩한 사진은 500W의 전구들이 인체의 열을 대신 나타내고 있는 세련된 거실을 보여준다. (바꿔 말하면, 인간을 주어진 공간에서 전구에 불과한 것으로, 쾌적함을 최소 복사열과 최대 복사열 사이의 통로로 표현하고 있다.) 마치 불이 붙은 듯 짙은 연기가 방 안을 채우고 있는데, '찬 공기를 보이게' 하려는 사진작가의 헛된 시도로 보인다. 기사는 전후 번영과 값싼 물건들의 뒤를 이어 에어컨이 사치품에서 '대량 판매'를 위한 물건으로 도약할 것이라고 예측했다.

아직 10년 정도 이르긴 했지만, 어쨌든 그 예측은 맞아떨어졌다.

재정난과 긴축 상황 아래 쉽지 않은 출발을 한 지 약 20년 후, 연합군의 승리는 새로운 세계 질서를 수립했고, 그 결과 미국 중산층은 전례 없는 구매력을 손에 쥐게 되었다. 그리고 마침내 1950년대 중반 에어컨이 미국 가정에 침투하기 시작했다.

전쟁이 끝난 후 가정용 에어컨 가격은 크게 내려갔지만, 가격 하락만으로 가정용 에어컨의 수요가 크게 늘지는 않았다. 가격만큼이나 가정용 냉방의 확산을 견인한 두 힘은 전후 주택 붐과 매디슨 애비뉴Madison Avenue 광고●의 영향력이었다. 첫 번째 힘은 냉방을 위한 기반시설을 표준으로 만들어 나라의 대부분을 기계적 냉방이 필요한 현대식 건축 양식으로 바꾸었다. 두 번째 힘은 수년 동안 가정용 냉방을 거부했던 집주인들이 기후가 조절되는 환경을 **원하고 요구하도록** 만들었다. 인종, 더 정확히 말해 백인의 유색인에 대한 두려움은 두 가지 모두에서 전략적 역할을 하게 된다.

미국의 전후 번영은 단독 주택, 외진 동네, 시간과 공간을 확장시키는 자동차 문화의 호황이 일으킨 도시 스프롤 현상◆처럼 교외의 미학이 발전할 수 있도록 자극했다. 그것은 안전의 미학이었고, 냉전시대의 봉쇄가 일상생활에 미친 영향이었다. 역사학자 리처드 로스테

● 광고사들이 모인 뉴욕 거리로 미국 광고계를 뜻하는 상징이기도 하다.
◆ 도시가 도시 주변부로 확장되는 현상.

인Richard Rothstein에 따르면, 제1차 세계대전 이후 연방정부는 "주택 구입은 자본주의 체제에의 투자를 의미하기 때문에, 가능한 한 많은 백인 미국인이 집을 사게끔 장려하면 미국에서 공산주의를 무너뜨릴 수 있다고 믿게 되었다."[60] 그렇게 1934년 미국연방주택국Federal Housing Administration, FHA이 설립되었다. 대공황으로 인해 실질적인 성공을 거두지는 못했지만, 이들은 '매매가의 80%에 해당하는 대출을 허용하고, 20년에 걸쳐 전액 분할 상환할 수 있도록 하는 주택담보대출을 지원'[61] 함으로써 미국인들이 가진 돈 이상의 소비를 할 수 있게 장려했다. 그런데 로스테인은 다음 사실을 지적한다. 미국연방주택국의 공식 인허가 지침서에 따르면 대출이 명시적으로 백인 거주지역에만 허용되었고 '유색 인종 거주지역에는 지원되지 않았다'.

1944년, 제대군인원호법은 재향 군인을 지원하기 위해 재향군인관리국Veterans Administration, VA을 설립했고, 재향군인관리국은 연방주택국의 정책을 전면 채택했다. 재향군인관리국은 계약금 없이 주택담보대출을 허가했고, 백인 가정에만 저금리를 적용했다. 그 결과 동부의 레빗타운Levittown, 서쪽의 웨스트레이크Westlake, 휴스턴 인근의 오크 포레스트Oak Forest, 캔자스시티의 프레리 빌리지Prairie Village와 같은 새로운 교외 거주지역에 전례 없는 인종 차별적 주택 붐이 일어났다. 모두 백인 전용 주거지역이었다.

전후 미국에 건축 붐이 일기 시작하면서 일반적인 주택 건축의 방식이 바뀌었다.[62] 이전에는 새로운 집이 대부분 특정 부지에 부유층의 주문을 받아 지어졌다면, 제2차 세계대전 이후 몇 년 동안은 집들이 대량으로 지어졌다. 기후의 변화는 이러한 주택 설계에 거의 반영되지 않았다. 열 흡수식 자재, 콘크리트 바닥, 바닥에서 천장까지 이어지는 창문, 낮은 천장, 거의 고려되지 않은 공기 흐름 등 값싼 건축 자재와 형편없는 설계가 집 안에 열을 더 가두었다. 설계상으로 이 집들에는 에어컨이 **필요했다**. 뉴욕의 레빗타운 주택단지를 개발한 레빗 앤선즈Levitt & Sons사는 비교적 더운 롱아일랜드의 여름 기후에 대비해 설계 변경을 하기보다는 중앙식 냉방 표준 시스템을 만들었다.[63] 1957년 즈음, 연방주택국은 주택담보대출에 중앙식 냉방 시스템 설치비용을 포함하기 시작했다. 전기 요금 또한 1970년대 말까지 꾸준히 하락하여 이러한 성장을 더욱 부추겼다.

해당 기간에 지어진 평균적인 미국 주택은 주어진 기후 조건을 극복하기 위한 현대적 건축 프로젝트를 완수하였고, 건축학자 미셸 애딩턴Michelle Addington이 기술한 바와 같이 "해결책을 위해 중재된 환경이라기보다 제조된 환경"이 되었다.[64] 야외 공기를 둘러싸고 오랫동안 벌어졌던 논쟁도 해결되었다. '합성된', '제조된', '인위적인'이라는 단어들은 이제 칭송받을 만한 용어가 되었으며, 과학을 통한 인류의 자연에 대한 승리를 암시했다. 애딩턴은 이상적인 실내 환경을 구축하고자 한 현대적 접근 방식이 아이러니하게도 쾌적함이 아닌 생존을 위해 냉방이 필요한 열적 환경을 만들어냈다고 지적한다. 에어컨이 없으면 현대에 사는 사람들은 질식하고 말 터였다. 에어컨의 설치는 미국이 오랫동안 축적해온 자연적 냉각 기술을 집단적으로 잊어버리기 시작하면서 점점 필수적인 것이 되어갔다.

1950년대 말 '중앙식 냉방 시스템'은 백인 중산층 주거지의 표준 규격이 되었지만, 흑인에게는 주택담보대출이 허용되지 않으면서 대부분 낮은 소득 계층의 사람들, 특히 유색인종에게는 다가갈 수 없는 사치품으로 남았다.

　　　　이 시기 미국인들의 마음을 움직이는 데 결정적인 역할을 한 것은 기존 주택과 아파트에 설치할 수 있도록 개조한 최초의 대중 판매용 에어컨이었다. 1951년 실용적이고 합리적인 가격의 창문형 에어컨이 최초로 시장에 출시되었다. 이전에 나왔던 모델들은 모두 미국 중산층 거주자에게는 너무 비싸거나 너무 비효율적이었다. 문화사학자 안드레아 베센티니Andrea Vesentini가 흥미로운 연구를 통해 보여주듯이, 이러한 에어컨과 이와 비슷한 제품들을 선전하는 인쇄 광고물에는 '기후적 안락함과 사회적 지위를 연관시키는 특정한 사회적 역학'[65]이 명확히 드러나 있다. 에어컨은 집에서 마땅히 갖춰야 하는 것이 되었다. 광고는 미국 중산층 백인들이 가진 두려움을 노렸다. 대다수의 마케팅이 그렇듯, 그들은 주어진 세계, 즉 바깥 세계의 조건이 부족하다는 것을 암시했다. 자연은 개선이 필요했다. 광고는 이 세상을 단순히 내부와 외부로 나눠 자연 세계를 야만적인 것으로, CFC로 냉각된 환경을 문명화된 것으로 만들었다. 마치 새장과 같은, 새로운 현대식 주택의 넓은 창문은 베센티니가 "천국과 지옥 사이의 얇은 창"[66]이라고 부르는 분리를 강조했다. 점점 더 많은 백인 미국인들이 마치 두 번째 텔레비전을 통해 세상을 보듯 네모난 창문을 통해 집 밖을 지나가는 것들을 지켜보았다. 그러면서 나무, 잔디, 거리, 더위 그리고 물론 사람들을 항상 '우리와 연관된 것'이 아니라 '저쪽에 있는 것'으로 점점 더 분리하게 되었다. 이들에게 '외부' 환경은 적대적이지는 않더라도, 기껏해야 동떨어진 것이었다. 중산층 미국인, 특히 백인 중산층 미국인들은 그 어느 때보다 외부에서 진행되는 일들과 분리되었다. 그들은 이 분리를 기념해야 할 현상으로 받아들였다.

에어컨 광고는 장소의 위계를 확립했을 뿐만 아니라, 그 위계를 사람들에게까지 확장했다. 냉방 역사가 마샤 아커만Marsha Ackermann은 초기 광고 중 백인들의 인종 차별적 불안감을 가장 명확하게 노린 2개의 광고를 예로 든다. 그중 하나는 1949년에 나온 '39°C, 생산은 0'이라는 제목의 캐리어 에어컨 광고[67]다. 광고에서 백인이 아닌 한 남성이 챙이 넓은 멕시코 모자를 얼굴에 올린 채 잠을 자고 있다. 광고문은 이렇게 말한다. "왜 대부분 과학과 산업의 위대한 발명과 발전은 온대 지역에서 생겨나는 것일까요? 더운 곳에 사는 사람들은 수 세기 동안 찌는 듯한 더위에 온 에너지와 열정을 빼앗겨 왔기 때문입니다. 그곳에 냉방이란 것은 없었습니다. 그래서 그들은 더위와 숨 막히는 습도를 피하려고 낮잠을 잤습니다." 광고는 너무나 당연하게 이들을 의욕 잃은 멕시코인들과 연결 짓는다. (중앙아메리카와 남아메리카, 중동과 아프리카에서 수 세기 동안 뜨거운 기후를 견디고 지속된 세련된 문명은 전혀 고려하지 않는다.) 광고문 아래 또 다른 사진 속에서는 검은 피부의 이집트인들(사하라 사막 이남의 아프리카인? 아즈텍인?)이 황제로 보이는 사람을 야자수 잎으로 부채질하고 있다. 사진 설명은 이랬다. "고대의 독재자들은 부채질로 더위를 식히려 했다. 노예들은 돈을 들이지 않고 바람을 일으켰지만, 현대식 에어컨이 하는 만큼 습기를 제거할 순 없었다." (근대 자유민주주의 시대에도 이와 비슷한 예가 있는데 그러한 행동을 설명하기 위해 광고주가 굳이 고대 역사로 거슬러 올라가야 할 필요성을 느낀 것은 좀 신기하다. 올라우다 에퀴아노Olaudah Equiano[*]가 1789년에 발표한 자서전[68]을 보면, 그는 버지니아에 팔린 후 농장에서 더위를 먹고 몸이 안 좋은 백인 노예 주인이 자는 동안 부채질을 하라는 명령을 받았다. 벤자민 프랭클린의 편지에서처럼, 백인들은 더위와 노동을 생각할 때 인간이든 기계든 당연히 노예를 결부 지어 생각했다.) 광고의 마지막 부분은 마치 발전된 모습을 암시하듯 모두 백인 남성으로 구성된 참석자들이 현대식 비즈니스 미팅을 하는 모습을 보여준다.

　　이듬해, 비슷한 방식의 또 다른 캐리어 광고가 나왔다. '무조건 항복.'[69]이라는 제목의 이 광고는 사무실 책상에서 땀을 흘리는 한 백인 사업가가 눈을 감은 채 선풍기 앞에서 손수건으로 얼굴을 닦는 모습을 보여준다. 광고문은 심지어 뉴욕에서도 더위는 사람을 '지치게 하고 의욕을 잃게' 할 수 있다고 경고한다. 그 밑에 있는 다른 그림은 하인이 들고 있는 펑카[◆]를 보여주며, '다른 부채들과 마찬가지로… 이 또한 공기를 식히거나 깨끗하게 하거나 습기를 제거하지 않는다'고 강조한다. 마지막 그림은 기술 혁신의 필연적 진보를 보여주듯 사무실 책상에서 전혀 흐트러지지 않은 모습으로 부지런히 일하는 백인 사업가의 모습을 보여준다. 더위와 독재, 습도와 노예를 이처럼 연결 지은 것은, 물론 수 세대 전 백인들이 흑인을 노예 삼지 않았던(노예제 폐지를 주장했던) 미국 북부 지역에도 에어컨을 판매하겠다는 한 미국 회사의 굳건한 의지를 암시한다. 메시지는 분명했다. 에어컨은 적어도 광

● 노예 생활 경험을 자서전으로 쓴 최초의 흑인.
◆ 과거 인도에서 천장에 달아 놓고 줄을 당겨 부치던 큰 부채.

고에 나오는 남자처럼 젊고 신체 건강한 백인 남성에게는 해방을 의미했다. 보다 낮은 온도는 그가 자신과 다른 인종과 민족을 지배하는 데 도움이 될 것이다. 그 지배는 단순한 온도 조절을 통한 것이 아니라 **더 효율적으로 일하기 위한** 세심한 온도 조절을 통한 것이었다.

마지막으로 베센티니는 "에어컨 광고는 백인을 다른 사람들과 나란히 세움으로써 더 풍요롭고 바람직한 여가 중심의 생활 방식과 연결하는 데 중요한 역할을 했다"[70]라고 썼다. 여기서 다른 사람들은 괜히 게으르고 무능력하면서도 돈벌이가 되는 일자리에 위협이 되는 것으로 인식되는 사람들이었다. 그런 식으로 에어컨 광고는 시간과 공간을 확장하는 힘, 더 오래 일하고 더 많은 이윤을 창출하고 좋은 삶을 유지할 수 있는 힘을 암시했다.

에어컨 광고는 일반 가정도 겨냥했다. 광고에서 여성들은 안락의자에 편히 앉아 아이를 지켜보거나, 완벽하게 정돈된 침대 가장자리에 우아하게 앉아 있거나, 창가에 설치된 에어컨 옆에 베르메르•의 그림 속 주인공처럼 서 있다. 세 광고 모두에서 창밖으로 (직장에서 집으로 오는 중이거나, 잔디를 깎거나, 우편물을 배달하는) 한 남자가 보이는데, 일하는 남성과 한가한 시간을 보내는 여성이 미묘하게 대조된다. (광고는 육아와 가사노동을 여성의 일로 과소평가하거나 그게 아니면 남성의 일, 즉 '진짜' 일과 관련해서만 그 가치를 표현하는 경우가 많았다.) 여가 시간을 묘사하는 광고에서도, 이성애를 당연시하는 한 배타적 백인 가

• 네덜란드의 화가로, 부드러운 빛과 색깔이 조화를 이루는 고요한 실내 정경 그림으로 유명하다.

정이 시원한 거실에서 쉬고 있는 모습은 다시 일하기 위해 재충전할 수 있고, 스스로를 새롭게 할 수 있는 더 큰 능력을 암시한다. 초기의 에어컨 광고에는 일을 위한 이러한 여가의 역설(베센티니가 '나른하지만 생산적인 미국 생활 방식의 신기한…대척점'[71]이라 부른 것)이 전면 반영되었다. 베센티니의 주장처럼 전체적으로 '냉방이 되는 실내는…사치를 대중화하는 한 방법으로 보였지만',[72] 1940년대부터 1960년대까지 대다수의 에어컨 광고는 활력이 넘치는 사람을 등장시켜 공기와 사회적 문화 모두를 균질화하는 에어컨의 능력을 찬양했다. 에어컨은 그 수혜자를 더 나은 노동자로 만들고, 적대적인 외부 환경으로부터 안전하게 하고, 공산주의로부터 안전하게 하며, 하루의 피로를 풀고 기운을 회복할 수 있을 만큼 편안하게 만들 수 있었다. 베센티니는 "온도 조절은 개인주의와 자립이라는 오랜 미사여구를 바탕으로…인간이 통제할 수 없는 힘을 지배하는 현대식 주택의 힘을 실제로 보여주었다"[73]라고 썼다. 광고가 말했듯이 에어컨은 그 주인이 계속해서 안전하게 이득을 볼 수 있게 해주었다.

역사학자 아커만과 베센티니는 에어컨 산업의 인종 차별적 언어를 연구하기 위해 예일대학 출신의 20세기 지리학자인 엘즈워스 헌팅턴Ellsworth Huntington을 추적한다. 그는 문명과 이상적 기후를 동일시하는 유사과학적 이론을 통해 인종 위계를 정당화하고자 했다. 하지만 '인종'에 따라 기질과 쾌적 지대가 달라질 수 있다는 개념, 즉 '기후 결정론'은 더 오래전으로 거슬러 올라갈 수 있다.

서구 사상은 적어도 고대 그리스 때부터 이상적인 기후와 그것이 만들어내는 사회적 조건에 집착해왔다.[74] 기원전 400년경, 의사 히포크라테스는 아시아에 사는 사람들이 "계절의 단조로움 때문에 유럽인들보다 기질이 덜 호전적이고 더 순하다"[75]며, 그 결과 독재자들이 그 대륙을 지배하게 되었다고 주장했다. 히포크라테스에게 이상적인 기후는 그 자신이 사는 그리스 반도의 기후였다(편리한 해석이다). 이후 아리스토텔레스는 히포크라테스의 이론을 한층 더 발전시켜 북유럽의 추위가 사람들을 강하지만 어리석게 만드는 반면, 아시아의 열기는 부드러운 낭만을 일으킨다고 주장했다. 그러나 그리스의 기후는 온화하면서도 강인하고 낭만적인 기질이 결합해 "모든 국가 중에서 가장 잘 통치되는 국가"[76]가 될 수 있었다. 말하자면, 그리스의 기후가 지중해를 지배할 수 있는 아주 적당한 기후라는 것이었다. 로마와 이슬람 지리학자들은 그리스 땅에 자리를 잡고 지역과 기후가 문화와 고유의 특성에 어떠한 영향을 미치는지 조사했다. (중세 기독교인들은 대체로 이상적인 기후를 신경 쓰지 않은 것으로 보인다. 그들에게 지금의 부패하는 세상은 다음 세상을 위한 의미 없는 자리 지킴이에 불과했기 때문이다.)

　　기후 결정론은 유럽에서 자본주의가 부상(현대의 '인종' 개념도 이와 동시에 생겨났다)하면서 특히 맹렬해졌고, 18세기 정치학 고전인 몽테스키외Montesquieu의 《법의 정신Spirit of the Laws》에서 가장 유명하게 다뤄졌다. 몽테스키외는 지역이 정치 체제에 영향을 미칠 수 있는지, 미친다면 어떻게 미치는지를 숙고했다. 그는 "정신적 특성과 마음의 열정은 기후에 따라 매우 다르다"[77]라고 주장했다. 그에 따르면, 따뜻한 기후는 "신체 섬유질의 말단을 이완시키고 길어지게 하여" 사람을 나약하고, 비겁하고, 게으르고, 기절하게 만든다. 그에 반해 추운 곳에 사는 사람들은 "힘이 넘치고 더 활기차다".

과도한 감성은 사람이 이성을 잃게 하기 때문에 추운 곳에 사는 사람들은 더 용감했고, 이는 전략적으로 정치적 이점이 되었다. 그는 "모스크바인은 껍질이 다 벗겨지고 나서야 무언가를 느낀다"[78](지금은 의도했던 것보다 더 잔혹하게 읽힐 것 같은 문장이다)라고 주장했는데, 여기에서는 일종의 감탄이 느껴질 정도다. 어쨌든 그러한 이유로, 그는 멕시코와 페루에서 전제정치가 번성한 반면, 스칸디나비아에서는 자유가 번성했다고 주장했다.

몽테스키외는 또한 노예제를 부추기는 열적 조건을 정의했다. 그는 과도한 더위가 강제 노동 시스템을 조장할 수 있다고 주장했는데, 그 이유는 더위가 노예의 '몸을 무기력하게 만들고 용기를 약화해'[79] 그들 스스로 노예의 굴레를 필요로 하게 되는 온순함, 즉 게으름과 어리석음을 낳기 때문이었다. (아이티 혁명Haitian Revolution이 곧 그렇지 않음을 증명하게 된다.) 남부의 습한 기후는 노예 노동에 기반한 경제 활동을 채택하는 경우가 많았지만, 북부의 추운 기후는 이를 거부했다. 몽테스키외는 노예제도를 악이라고 비난했지만, 그는 자본가의 재산 축적, 인종주의, 제국의 조직적 힘을 시인하기보다는 평균 온도와 노예들에게 노예제도의 짐을 떠넘겼다. 말도 안 되는 이야기이지만, 어쨌든 몽테스키외의 기후 결정론은 몽테스키외가 견해 차이의 전쟁이라기보다 위도의 전쟁으로 보았을 남부와 북부의 분열, 남군과 북군 사이의 대분열을 예견한 것으로 보인다.

궁극적으로 몽테스키외는 정치사상이 지역의 기후를 고려해야 한다고 주장("법은 이러한 열정과 기질의 차이에 상대적이어야 한다"[80])
했고, 그렇게 함으로써 그는 날이 너무 덥지도 춥지도 않고 딱 적당한,
문명에 이상적인 지역을 정의했다. 몽테스키외에게 '딱 적당한' 지역은
우연히도 그 자신이 사는 프랑스였다. (뚜렷한 패턴이 나타났다.)

　　이렇듯 기후 결정론은 기질의 원인을 지역적 환경으로 규정하
지만, 그 철학은 이상적인 문명과 (암암리에) 그러한 문명을 책임지는
우월한 '인종'의 존재에 대한 논쟁으로 쉽게 이어진다. 여기에서 중요
한 것은 단지 이러한 이론의 우스꽝스러움(고유하고 본질적인 '인종'이
동질적이고 순수하다고 가정하는 것, 보편적 이상에 대한 검토되지 않은 개
념, 구체적 증거가 없는 방대한 일반화 등)을 보는 것이 아니라, 이들의 광
범위한 영향력을 이해하는 것이다. 몽테스키외 이후, 임마누엘 칸트
Immanuel Kant, 알렉산더 폰 훔볼트Alexander von Humboldt, 데이비드 흄
David Hume을 비롯한 여러 세대에 걸친 서구 사상가들은 이러한 생각
을 바탕으로 기후와 인종 사이에 추정되는 연관성을 더욱 강화하려
했다. 기후 결정론이 가장 기이하게 적용된 사례 중 하나는 파시즘 체
제의 이탈리아에서 발생한 일일 것이다. 1940년 베니토 무솔리니Benito
Mussolini는 '이탈리아의 기후를 더욱 혹독하게 만들기 위해'[81] 아펜니노
지역의 산림 재조성을 강력히 요구했다(대규모의 산림 재조성은 온도를
약간 낮출 수 있다). 무솔리니 정권의 외무부 장관은 진지한 어조로 "이
는 나약한 사람들을 없애고 이탈리아 인종의 개선을 가져올 것"이라
고 썼다.[82]

　　18세기와 19세기 미국에서 기후 결정론은 자주 백인 우월주
의와 반흑인 인종차별주의를 뒷받침했다. 이론은 여러 형태로 나왔다.

덥고 습한 사하라 사막 이남(여러 면에서 미국 남부와 유사한 기후)의 아프리카 출신 이주민들의 후손은 무력으로 통제되어야 하는 다루기 힘든 노동자였다. 반면 백인은 주인으로서 더 적합했는데, 태생이 그러한 무더운 환경에서 그를 약하게 만들었기 때문이다. 기후 결정론은 노예제도에 대한 반대 의견을 형성하기도 했다. 노예제도 폐지를 주장하는 일부 백인들은 시원한 날씨로 환경을 바꾸면 아프리카인의 특징을 '개선'할 수 있다고 믿었다. 그들에게 검음은 시원한 공기로 치료될 수 있는 질병과 비슷했다. 1787년 새뮤얼 스탠호프 스미스Samuel Stanhope Smith[83] 목사는 더 차가운 공기를 쐬고 건강한 식단과 습관을 유지하면 노예의 검은 피부와 머리카락 색이 밝아질 수 있다고 주장하기까지 했다. 어쨌든, 노예 소유자들이건 노예 폐지론자들이건 당시 많은 백인 사상가와 작가들은 어느 정도 기후적인 영향 때문에 노예가 열등한 것이라고 보았다. 그리고 19세기 후반 진화론의 잘못된 적용은 그러한 폭력적인 믿음을 더욱 증폭시켰다.

20세기 초가 밝아올 무렵에도 미국의 기후 결정론에 대한 믿음은 건재했다. 행동 과학에 대한 신뢰가 점점 더 커지는 사회에서 기후 결정론은 기질의 확실한 증거를 제공하는 것처럼 보였으며, 아이비리그 대학의 저명한 교수들이 인종과 기후에 관한 강의를 하면서 더욱 굳어졌다. 기후 결정론의 두 현대 지지자인 S. 콜럼 길필런Colum Gil-Fillan과 엘즈워스 헌팅턴을 예로 들어보자.[84] 1920년 길필런은 고대 수메르에서 오늘날의 베를린까지, 따뜻한 기후에서 추운 기후로 이동하며(그는 이를 '추운 지역으로의 전진'이라 불렀다) 세계 역사상 모든 '선진' 문명의 지도를 만들었다고 주장했다.[85] 기이하게도 길필런이 생각하는 '선진'은 단순히 한 나라의 도시 중심부 크기와 최고 조각품의 존재에 달려 있었다.[86] (피카소Picasso, 브랑쿠시Brancusi, 클레Klee와 같은 당대의 많은 유럽 모더니즘 예술가들이 길필런이 원시적인 것으로 특징지은 문명의 조각에서 영감을 얻은 것은 상관하지 않았다.) "한 세대 동안 독일의 산업 지역 전반에 이상적이고 선진적인 기후가 아름답게 계속되었다"[87]라는 길필런의 주장은 1945년 그 어리석음을 드러냈다. 나치 베를린이 고도의 문명이라면, 이 세상은 참으로 미쳤다. 길필런의 황당함은 2000년 즈음이면 디트로이트*가 국제 문화 활동의 중심지가 될 것이라는 예측과 함께 절정에 이르렀다. (진정 훌륭한 도시 디트로이트에 사과드린다!)

하지만 길필런의 극단적인 추론은 헌팅턴에 비하면 거의 아무런 영향력을 발휘하지 못했다. 1876년에 태어난 헌팅턴은 엄격한 청교도 혈통을 자랑했다.[88] 세계 여행가였던 그는 어느 정도 이국의 매력(처음에는 땅, 다음에는 사람)에 이끌려 지리학자가 되었다. 그는 터키에서 가르치는 일을 했다. 그리고 크세노폰Xenophon의 고대 그리스 문헌을 읽으며 얻은 아이디어를 바탕으로 28마리의 양가죽을 부풀려 만든 뗏목을 타고 유프라테스강을 떠다녔다. 그는 중앙아시아의 말라버린 호수 아래에 있는 신비로운 아리안 엘도라도Aryan El Dorado를 찾아(어림도 없다) 히말라야산맥을 오르기도 했다. 그러다 결국 예일대학에서 교편을 잡았지만 끝내 종신직을 얻지 못했고, 늘 보잘것없었으며, 그의 주장은 근거가 약하다고 비판받거나 진심으로 조롱당했다.[89] 학생들과

● 미시간주에 위치한 세계 최대의 자동차 공업 도시.

교수진은 그를 조용하고, 수줍어하고, '새된' 소리로 말하고, 교실에서 매우 지루한 사람이라고 설명했다.[90] 동시대 사람들은 그가 내세우는 이론의 근거가 충분하지 않으며, 그의 추리 또한 불완전하고 정확하지 않다고 주장했다. 내가 아는 한, 그 모든 것은 사실이었다. 그런데도 헌팅턴의 수많은 저서는 여러 세대와 다양한 지역에 걸쳐 일반 독자에게 널리 읽혔다. 전문가들의 맹렬한 비판에도 불구하고, 헌팅턴의 사상은 세계에서 자신들의 지배를 정당화하려는 문화를 사로잡았다. 약 50년 동안 계속된 그의 성공은 그 자신의 불온한 사고방식 못지않게 그가 사로잡은 독자들에 관해 말해주기도 한다.

헌팅턴은《기후와 문명Climate and Civilization》을 통해 '문명에 나타난 인간의 기질'[91]을 보여주고자 했다. 그는 책의 첫 페이지에서 특정 문명의 문화가 "생물학적 변이와 선택의 느린 과정에 의해서만 바뀔 수 있는 인종적 유전"[92]에 달려 있다고 주장했다. 헌팅턴은 "유럽인이 어떤 기후 조건에서 가장 많은 일을 할 수 있고 가장 좋은 건강 상태를 유지할 수 있는지 연구"[93]하기 시작했다. 그는 대부분의 일생을 '기상학상의 테일러리즘Taylorism',[94] 즉 노동에 가장 적합한 날씨를 찾는 일에 사로잡혀 보냈다. 그의 연구는 비슷한 질문에 대한 답을 찾는 자본가들의 관심을 끌었다. "어떤 환경이 가장 큰 이윤을 창출하는가?"

헌팅턴은 인종의 혼합이 위대한 문명의 붕괴를 초래했으며, "백인의 두뇌가 흑인의 두뇌보다 더 복잡"[95]하고, 흑인이 백인보다 노예로 더 적합하며, 열대 기후는 이미 열등한 사람들에게 분노, 만취, 성적 '방종', 게으름을 유발한다고 주장했다.[96] 그는 마지막까지 '인종적 유전'을 기후의 단기적 영향과 분리하려고 노력함으로써 자신을 혼란스럽게 했다. 원주민에게 나쁜 기질은 당연한 것이었지만, '열대 지방의 백인'[97]도 같은 조건에서는 같은 성질을 보였다. 그러나 백인에게 그것은 기후로 인한 일시적인 상태일 뿐이었다. 인종은 각자의 기후대를 벗어나면 더욱 취약해지기 때문에, 그는 백인이 열대 지방, 덥고 습한 남쪽에서 멀리 떨어지는 것이 좋다고 주장했다. 하지만 더 좋은 것은 백인이 조상의 이상적인 기후를 재현할 방법을 찾는 것이었다. (적어도 이 문장은 심각하게 분별력 없는 그의 글에서 그나마 논쟁의 여지가 있는 가장 말이 되는 문장이다.)

어떤 기후가 헌팅턴에게는 '백인'을 위한 이상적인 기후를 자연적으로 재현한 것이었을까? 코네티컷주의 뉴헤이븐, 물론 예일대학이 있는 곳이었다.

20세기 초 미국의 중상류층 백인 남성에게 인종차별 자체가 드문 일이 아니긴 했지만, 헌팅턴의 저서에는 소름 끼치는 주장이 넘쳐난다. 헌팅턴이 특별했던 것은 인종의 지능과 평균 온도를 연결 짓는 것에 대한 끝없는 집착 때문이었다. 그는 잘못된 과학적 방법을 이용해 나온 지도와 차트, 숫자와 통계, 실험 결과로 그의 책을 채웠다. 그는 기후에 기반해 세계 문명의 순위를 매기고 '최악'에서 '최고'의 문명을 지도로 나타냈다. 흑인 미국인, 아프리카인, 라틴 아메리카인을 배제하고, '전문가의 합의된 의견'[98]을 끌어모은 이 지도는 한 전기 작가의 표현대로 문명의 지도보다 인종 편견의 지도로 더 잘 기능했다.

헌팅턴은 미덥지 않은 근거를 들어 한 지역의 좋지 않은 기후가 이주를 강제하며, 기온, 기근, 질병을 통해 '최고의' 사람들을 제외한 모든 사람을 없앤다는 이론을 고안했다. 오직 '최고의 종족'만이 살아남고, 수 세대에 걸친 시련 끝에 그 '종족'이 결국 모국으로 돌아가 위대한 세계 문명을 건설한다는 내용이었다. 그는 고대 그리스, 이집트, 프랑스, 영국에서도 그랬다고 주장했다. 하지만 그는 결코 '최고'가 의미하는 바를 명확히 설명하진 않았다.

이 주장이 우생학처럼 들린다면, 그것은 사실이기 때문이다. 헌팅턴은 미국 우생학회American Eugenics Society(1972년까지 미국에 존재했던 단체, 이후 재조직되어 명칭이 바뀌었다)의 회장이었다. 그는 자신의 저서에서 인종 차별적 관점으로 몇 페이지를 논한 후, 연관성이 없다는 것을 거의 깨닫기라도 한 것처럼 '그런데 이것이 기후와 상관이 있는가?'[99] 하고 묻고는, 간단히 '아주 많다'라고 답했다.

그의 이론에 대중의 관심이 쏠리면서, 헌팅턴은 1920년대 연방 정부 프로그램인 대기 및 인간 위원회Committee on the Atmosphere and Man, CAM의 의장이 되었다. 프로그램의 목적은 기후와 노동자의 능률, 공중보건과의 연결성을 찾는 것이었다. 그는 거의 아무런 통제도 받지 않고[100] 생명과 존엄성 모두를 위협하는 여러 실험을 수행했다. 가령 한 실험에서 그는 반쯤 벗은 지원자들이 5분간 격렬한 육체노동을 하게 했고, 체온을 재는 5분간 쉬게 했다. 실험은 온도가 15.5℃로 설정된 방에서 시작해, 노동 시간은 조금씩 늘어갔다. 방 온도가 열사병 기준 온도를 훨씬 넘는 46℃가 될 때까지 실험 대상자의 직장 온도가 기록되었다. 그 결과 일부 지원자들의 체온이 1시간도 채 안 되어 6.7℃ 정도 상승했다. 아무도 심장마비를 일으키지 않은 것이 놀라울 정도였다.

7년 동안[101] 엄청난 연구 자금을 지원받은 뒤, 대기 및 인간 위원회는 그 자체로 보여줄 것이 거의 없는 상태에서 해체되었다. 위원회는 폭염 기간 동안 뉴욕시의 사망률 증가에 대한 보고서를 작성했지만, 기상학상의 테일러리즘에 대한 헌팅턴의 연구는 미완성으로 남게 되었다.

1945년 헌팅턴이 사망할 즈음,[102] 금이 간 그의 이론은 학자들로부터 모든 존경을 잃었다(받은 적이 있다면). 하지만 그의 사상이 대중의 마음에 남긴 이미지, 즉 더 시원한 일터에서 정신노동을 하는 백인 남성의 이미지는 적어도 《기후와 문명》이 마지막으로 재발행된 1971년까지 미국 대중의 뇌리를 계속 떠나지 않게 되었다. 이러한 사고의 흔적은 오늘날에도 남아 있다. 예를 들어 날이 몹시 더운 미국의 최남단 지역에서 태어난 사람들이 태생적으로 더위에 더 잘 적응한다고 주장할 때, 우리는 이 인종 차별적 논리의 잔재를 들먹인다. 몸이 기후 변화에 약간 적응하는 것은 사실이지만, 진실은 **어떤** 몸이든 적응한다는 것이다. 적응은 진화적이거나 영구적이지 않고, 계절적이며 일시적이다.

더 중요한 것은, 에어컨 업계가 상업용 냉방 시스템이 부상하는 동안 헌팅턴과 자주 접촉했다는 사실이다. 마샤 아커만에 따르면,[103] 업계의 마케팅 임원진들은 에어컨이 근로자의 능률을 높인다는 그들의 주장을 헌팅턴이 공개적으로 지지해주기를 원했다. 캐리어의 경영진이 헌팅턴의 인종별 계층 구조에서 무엇을 끌어냈는지는 광고만 보아도 알 수 있지만, 그들이 구체적으로 어느 정도까지 백인에 대해 소통했는지는 예일대학에 있는 기록보관소를 방문한 후에도 여전히 의문으로 남아 있다.

유리문을 통해 엄격히 관리되는 실내로 들어가자, 나는 바로 기침이 나기 시작했다. 공기가 극도로 건조했다. 문서를 보존하기 위해서는 어쩔 수 없는 환경이었다. 공기 중에서 가능한 한 많은 수분을 끌어들이기 위해 냉방 시스템이 부지런히 작동되고 있었다. 캐리어의 유산이었다. 시간이 지나면서 좀 괜찮아진 후에도 기침 소리가 여전히 보관소 안에서 또는 내 머릿속에서 울리는 듯했다. 어느 쪽인지 확신이 서지 않았다. 나는 조심스럽게 건조된 공간 안으로 걸어 들어가면서 습도 조절이 우리의 기록보관소(보통의 기록보관소만큼이나 다채롭고, 불완전하며, 미심쩍은)와 얼마나 밀접하게 연결되어 있는지를 불현듯 깨달았다. 에어컨은 더 습한 지역에서 역사의 연대기를 보존한다. 에어컨은 증거를, 어쨌든 특정한 종류의 증거를 보관한다. 그렇게 함으로써 우리는 현재로 넘어온 이야기를 당연시하지 않고 역사를 다시 쓸 수 있게 된다. 따뜻한 세상으로 돌아와 파일을 찾기 위해 책상으로 갔을 때, 나는 이것이 과거에 대한 우리의 이해에 어떤 영향을 미칠지 궁금했다. 에어컨이 문자 그대로 역사 쓰기를 가능하게 한다고 말하는 것은 너무 지나친 일일까?

하지만 나는 시인 카마우 브래스웨이트Kamau Brathwaite가 언젠가 "나의 기록, 당신의 기록, 우리의 기록"[104]이라고 불렀던 다른 종류의 기록, 그러니까 접근하기가 거의 불가능한 "곰팡내 나는 방이나 에어컨이 설치된 방, 어느 굳은 신념을 가진 자가 오랫동안 다락에 보관하고 있던 문서"가 아닌, "노래, 기억, 구전 기록, 영적 기록"을 잊어가고 있다. 삶은 기록보관소 자체로서 먼저 온 사람들이 우리에게 남긴 다양한 선택을 보관하고 있다. 기록보관소의 건조한 공기는 그 자체로 이상적인 기후에 대한 가정을 담고 있는 기록물이다.

잠겨 있는 건조한 방 안에서 나는 말도 안 되는 심란한 글이라고밖에 표현할 수 없는 자료들을 하나씩 살폈다. 몇 페이지에 걸쳐 이어진 산포도 그래프에는 인종과 진보를 관련지으며 기온과 고도 문명의 관계를 밝히고자 한 시도의 흔적이 작은 글씨로 남아 있었다. 헌팅턴이 주고받은 서신들을 비롯해 자료들을 살피던 중 나는 그 속에서 업계의 프로답지 못한 비열한 욕망을 느꼈다. 일종의 결정적 증거로서, 업계가 세상에 보여주기 위해 헌팅턴과 주고받은 백인에 대한 노골적인 서신은 마치 업계의 계속된 인종차별의 이유를 한 사람에게 돌리려는 것처럼 보였다. 그러한 뜻이 아주 노골적으로 드러난 자료는 찾지 못했지만, 별로 중요하진 않다. 나는 헌팅턴을 탓하고 싶은 마음에, 그러한 악이 더 강압적이고 집단적이라는 사실을 잊고 있었다. 다행히도 오늘날 우리는 충분한 힘과 희망을 가지고, 어느 정도의 정의를 실현할 수 있는 집단행동의 힘에 대해 많이 접하고 있다. 그와 동시에 나는 우리가 극복해야 할, 우리 앞을 가로막고 있는 집단적 저항을 잊은 것은 아닌지 궁금하다(아마 잊는 것이 좋을지도 모른다). 서신에서 업계는 오존 분자(CFC가 상층부 대기에서 파괴하는 것과 같은 것)의 투입이 공기를 '신선하게' 하여 그것을 마시는 사람들을 더욱 기민하게 만들 수 있다는 헌팅턴의 아이디어에 많은 관심이 있는 것 같았다. 그렇다 해도 헌팅턴의 우생학이 영향을 미쳤음은 분명하다.

나는 또한 그가 역사학자들과 활발히 교환한 서신들을 찾았다. 이는 나를 더욱 심란하게 했다. 헌팅턴은 기후와 문명을 연결하는 것뿐만 아니라, 이 지구의 서사를 백인의 세계로 재구성하기를 원했다. 헌팅턴과 비슷하게 열역학을 우주의 더 큰 서사 패턴과 연결하는 데 관심이 있었던 소설가 헨리 애덤스Henry Adams는 헌팅턴에게 보내는 편지에서 유구한 역사에 대한 자신의 좌절감을 고백했다. 그는 "감정적 분자로서, 신의 생각으로 돌아가는 것만큼 내게 어울리는 것은 없다"라고 썼다. (애덤스의 동그랗게 말린 글씨체 덕분에 나는 처음에 'God'을 'Cool'로 착각했다.) 그는 "만약 에너지학자가 그 길을 간다면, 나도 따라가겠다"라고 적었다.

메드가 에버스 대학Medgar Evers College이 헌팅턴의 전기(서문은 역설적으로 "지금의 우리에게는 헌팅턴과 같은 정신이 필요하다"[105]라고 주장한다)를 출간한 것은 의미 있는 행보였다. 이들은 책의 앞부분에 헌팅턴의 초상화를 삽입했는데, 둥근 머리와 동그란 안경이 진정성을 더하기보다 우스꽝스러운 모습을 연출한다. 초상화 맞은편 페이지에는 책이 덮일 때마다 그가 대면하게 되는 위대한 시민운동가인 메드가 에버스의 이름이 찍혀 있다. 에버스가 백인 우월주의자에게 암살된 다음 해인 1964년 아미리 바라카Amiri Baraka•는 국가의 인종적 불평등을 이야기하며, 특히 인종적 사치를 보여주는 것으로 쾌적 냉방을 언급했다. "미국에서 흑인의 삶에 대해, 단순히 노예로서의 삶에 대해 무언가 사실을 말하려던 흑인 미국인은 살해되거나, 그게 아니면 노예선이 점점 더 정교해져 짐 선반에 라디오와 에어컨이 설치되면서 저항하기를 잊거나, 감히 항의한다는 이유로 쫓겨났다."[106] 바라카에게 에

• 미국의 극작가이자 시인이자 소설가.

어컨은 일종의 공갈 젖꼭지였다. 사람을 편하게 하는 능력 때문에, 에어컨은 제도적 변화를 멈출 만큼 또는 변화를 원하는 사람들을 '어리석다'라고 생각하게 할 만큼 오랫동안 분노를 미루게 했다.

　　전후 기간의 주택 붐과 에어컨 광고가 그러했듯, 당시 이상적인 기후에 대한 탐색에는 이상적인 온도에 대한 탐색 못지않게 언제나 적극적 우생학positive eugenics이 작용했다. '적극적'이라고 하는 이유는 이러한 엄밀한 인종차별이 (헌팅턴의 말대로) '덜 가치 있는' 집단을 말살하려 한 것이 아니라 '생물학적으로 우수한 기질'을 가진 사람들만 번성할 수 있게 하려 했기 때문이다.*

● 우생학은 바람직한 유전 형질의 증가로 인종 개량을 꾀하는 적극적 우생학과 바람직하지 않은 유전 형질의 감소로 인종 개량을 꾀하는 소극적 우생학으로 나뉜다.

5

이동식, 가정식 에어컨의 부상과
사회적·심리적 풍경의 변화

프레온은 1950년대 중반의 상황을 참을성 있게 견뎠다. 건축 양식의 근본적 변화와 문화적 신조의 흐름이 미국 역사의 많은 부분을 형성한 적극적 우생학에 의해 의식적으로든 무의식적으로든 끌려오면서, 프레온의 힘은 퍼져나갔다. 1940년대 후반, 최초 CFC에 대한 듀폰의 특허가 만료되기 시작함에 따라, 많은 경쟁업체가 냉매를 제조하기 시작했다.[107] 수십억 달러 규모의 산업이 떠오르고 있었다. 1955년에는 2% 미만의 미국 거주민이 어떤 형태로든 냉방 시스템을 갖추고 있다고 밝혔다.[108] 이어 가정용 에어컨이 대유행을 하게 되었지만, 소득과 인종에 따라 이들 장치의 소유 여부는 극명한 차이를 보였다. 특히 미국 남부에서는 이 격차가 놀라울 정도로 확연히 나타났다. 미국 인구조사국은 가정용 에어컨 판매가 증가하기 시작한 1960년에 주거용 에어컨에 대한 정보를 조사하기 시작했다. 당시 플로리다주에서는 전체 거주자의 약 18%가 가정용 에어컨을 갖추고 있는 것으로 조사되었지만, 흑인 거주자의 경우 약 2%만이 에어컨을 가지고 있었다. 또 주거용 에어컨의 소유 비율이 30%로 가장 높았던 남부 텍사스에서는 흑인 인구의 10% 미만이 에어컨을 가진 것으로 조사되었다. 1970년대와 80년대를 거치면서 그 격차는 상당히 좁혀졌으나, 남부 주들의 경우에는 끝내 완전히 좁혀지지 않았다. 1980년 미국 전체 가정의 절반 이상이 에어컨을 갖추었고, 25% 이상이 중앙냉방 시스템을 설치했지만, 백인이 아닌 사람들의 경우 그 비율은 훨씬 낮았다.

자동차용 에어컨도 자동차가 점점 더 확장된 주거 공간으로 인식되어감에 따라 가정용 에어컨과 함께 부상하기 시작했다. 1940년 미국의 자동차 브랜드 패커드Packard는 '시원한 공기가 주는 믿을 수 없는 쾌적함'을 선보였다. 에어컨이 설치된 패커드 자동차는 공기의 네 가지 요소인 온도, 흐름, 순도, 습도에 대한 제어를 약속했다. 하지만 에어컨은 표준이 아닌 옵션일 뿐이었고, 투박하고 비실용적인 시스템치고는 너무 비쌌다.[109] 트렁크 안으로 들어간 커다란 증발 코일과 압축기가 마치 뒤늦게 든 생각처럼 뒤에서 질질 따라다녔다. 이 때문에 차의 무게는 상당히 무거워졌고 물건을 보관할 공간도 모자라게 되었다. 게다가 어찌 된 일인지 운전 중에는 에어컨을 켜거나 끌 수 없었다. 에어컨을 조작하고 싶으면 트렁크에서 직접 해야 했다.

전쟁으로 인해 쾌적 냉방과 관련된 자동차 업계의 실험이 대부분 중단되었지만, 1953년 GM(프레온 발명을 의뢰했던 프리지데어의 소유주)은 앞장서서 캐딜락Cadillac과 올즈모빌Oldsmobile에 에어컨 옵션을 제공하기 시작했다. 그리고 크라이슬러와 포드가 그 뒤를 따랐다. 1954년 폰티악 스타 치프Pontiac Star Chief 모델이 최초로 전면 에어컨을 선보였으며, 내쉬 모터스Nash Motors의 올웨더아이All-Weather Eye*는 운전자가 대시보드에서 완전히 조작할 수 있는 효율적 에어컨 시스템으로 새로운 표준을 세웠다.[110] 공장의 옵션 모델과 더불어 추가적인 에어컨 (일부는 트렁크에 설치되는 것, 일부는 대시보드 아래에 설치되는 것) 시장이 형성되었다. 1955년에는 미국 자동차의 10%만이 에어컨을 장착하고 있었지만, 그 비율은 매년 꾸준히 증가했다.[111] 1968년 아메리칸 모터스American Motors의 앰배서더Ambassador는 최초로 에어컨을 기본 사양으로 제공한 모델이 되었다. 그 후 빅3◆ 자동차의 에어컨 장착은 점점 보편화되어, 1976년까지 신차의 75%에 에어컨이 기본 사양으로 제공되었다. 에어컨은 더는 선택사항이 아니었다.

1940년대 초만 해도 자동차 에어컨은 냉방 그 이상을 약속했다. 초기의 패커드 광고가 주장한 것처럼 자동차에 에어컨이 있으면 창문을 내릴 필요가 없어 '꽃가루와 먼지'가 차 안으로 유입되지 않았다. 에어컨이 설치된 자동차는 깨끗한 자동차였고, 운전자는 외부와 거의 완전히 분리되었다. 바퀴 달린 방이 된 자동차는 가정의 공간을 전례 없는 교통수단으로 확장했다. 1974년 문화 연구 이론가 레이몬드 윌리엄스Raymond Williams는 이러한 현상을 '이동식인 동시에 가정 중심적인 생활 방식: **탈가내화**mobile privatization의 한 형태'[112]로 불렀다.

에어컨이 지배(별도의 세상에서 편안함과 안전을 통제)에 대한 근거 없는 믿음을 부채질한다면, 자동차 에어컨은 특히 이를 은밀하게 한다. 자동차는 신자유주의자의 두려움을 모르는 호기, 불가침, 열정

● 에어컨의 상표명.
◆ GM, 포드, 크라이슬러.

적 확신을 나타내는 가장 흔한 환상이다. 시원한 공기와 음악이 흘러나오면 운전자는 비디오 게임에서처럼 A에서 B로 붕 소리를 내며 달린다. 죽음은 멀리 떨어져 있는 가능성으로 어렴풋이 나타날 수 있지만, 전체 시스템 고장이 아니라 게임오버로 희미하게 나타날 뿐이다. 자동차 왕국은 어떤 실제적인 고통도 쉽게 사라지게 한다. 그러니까 충돌하거나 충돌에 가까운 일이 생기기 전까지는 말이다. 자동차는 동력을 얻기 위해 연료를 소비하기만 하는 것이 아니라 스스로 동력, 즉 운전자를 다시 자극하는 심리·사회적 에너지를 생성한다. (개조된 닷지 차저Dodge Charger의 조수석에 앉아 빨간불에 대기하며 있을 때, 운전자가 엔진의 회전속도를 올리던 순간을 나는 결코 잊지 못할 것이다. 부정할 수 없을 정도로 성적이고, 남성미 넘치는 생식적 지배의 느낌이 내 자리 아래, 내 귀 사이에서 느껴졌다. "느껴져?" 운전자가 물었다. 나는 그를 쳐다보았지만 대답하지 않았다. 나는 느꼈다.)

자전거는 그렇지 않다. 자전거를 탄 사람들은 더 높은 기어로 변속할 때 주차된 차의 옆문이 갑자기 열리면서 그들을 날려 보내지 않길 바라며 도시의 둔감한 운전자와 무신경한 보행자 사이를 쌩하고 지나간다. 자전거를 타면 실제적 고통은 어디에나 존재하게 된다. 그렇다면 출퇴근 시간, 대로에 있는 택시나 버스는 어떨까. 이들은 우리의 삶을 끝낼 가능성이 거의 없다. 그럴 가능성이 있는 차들은 자동 조종 모드가 발동된 자동차(평범한 출퇴근이나 용무를 보는 시민들이 일상적으로 운전하는 자동차)다. 자동차는 고통이나 죽음에 직면할 수 있는 가장 큰 가능성을 갖고 있으면서도, 둘 중 어느 것도 존재하지 않는 세계라는 환상을 제공한다.

존 하이트만John A. Heitmann은 미국 자동차의 짧은 역사를 돌아보며 더 많은 가능성을 제시한다.[113] 강철로 된 자동차의 닫힌 차체는 운전자와 세상을 분리할 수 있다. 1920년대 이전에는 자동차가 마차처럼 개방되어 있었다. 밀폐된 자동차의 도입은 말 그대로 운전자를 외부와 단절시켰다. 투명한 유리는 충분히 있었기 때문에 이러한 상황은 좀처럼 바뀌지 않았다. 한 세기가 흐르는 동안 경치를 감상하며 즐기던 드라이브는 TV 화면으로 이어졌고, 컴퓨터 모니터로 이어졌으며, 스마트폰으로 이어졌다. 목적은 달랐지만, 유리 뒤에서 계속되는 탐험이 일상화되었다. 자동차 주행은 영화와 게임의 주된 요소가 되었고, 차창과 오락용 화면은 혼동하기 쉬웠다. 작가 에드먼드 화이트 Edmund White가 미국 여행기《욕망의 나라States of Desire》에서 다음과 같이 언급했듯이 할리우드에서보다 이런 특징이 더 분명하게 나타나는 곳은 없다. "LA에서 사람을 접촉할 때 TV 화면이나 자동차 앞 유리처럼 유리가 중간에 끼지 않는 경우는 거의 없다."[114] CFC가 자동차와 가정용 냉매로 쓰이면서 가능해진 밀폐된 공간의 열적 쾌적성은 우리가 사는 세상을 동물원으로 만들었다.

확실히 우리가 이동하면서 차에서 보낸 많은 시간은 우리의 마음을 형성해왔다. 하이트만은《자동차와 미국인의 삶The Automobile and American Life》도입부에서 개인 차량이 우리의 삶을 어떻게 변화시켰는지 강조한다. "향상된 이동성은 독특한 개인이 될 자유, 선택에 따라 다른 사람들과 어울릴 자유를 가져오기도 하지만…증가하는 사회적 고립의 추세를 초래하기도 한다. 자동차가 가정의 확장된 형태라는 생각은 여전히 자동차 문화의 중심적 특징으로 남아 있다."[115] 더 나아가 지리학자 매튜 후버Matthew T. Huber는 《생명선: 석유, 자유 그리고 자본의 힘Lifeblood: Oil, Freedom, and the Forces of Capital》에서 "자동차는 이러한 자율성을 개별화된 자유로움과 안락한 공간에 대한 지배력으로서 적극적으로 내재화했다. 차를 통해 구체화된, 공간을 만드는 이 내재화된 힘은 차를 살 돈을 벌기 위한, 그리고 자신의 정체성과 삶의 필요에 맞는 차를 선택하기 위한 기업가적 노력의 직접적 산물로 나타난다"[116]라고 주장했다. 자동차를 구매하고 운전할 수 있도록 하는 복잡한 사회와 정부 네트워크(국영 고속도로, 자동차 제조 공장, 해외 금속 추출, 자동차에 쓰일 뿐만 아니라 아스팔트 도로를 건설하기 위해 수입된 석유, 운전자가 예산을 넘어 구매력을 확장할 수 있게 하는 신용시스템)에도 불구하고, 자동차의 설계와 이를 지원하는 인프라는 '미국식 자유의 개념을 구성하는 공간에 대한 사적인 통제와 경험'이라는 환상을 진척시켰다. 하지만 실질적으로 구매자가 할 수 있는 유일한 선택은 제품, 모델, 색상뿐이었다. 다시 말해, 자동차는 불확실성, 우발성, 현실과의 깊은 연관성보다 미국의 자율성과 개인주의(대부분의 미국인이 편안하고 안전하다고 느끼는 것)의 환상을 지지한다.

    에어컨은 '날씨에 상관없는 주행'과 '기후 통제'를 가능하게 하므로 이러한 고립을 더욱 부추긴다. 20세기를 지나는 동안 운전자들은 차 밖의 날씨가 덥든, 춥든, 비가 오든, 눈이 오든 모든 날씨를 중화할 수 있는 능력을 얻었다. 게다가 에어컨은 '외부 소음을 차단'[117]해 운전자를 날씨뿐만 아니라 소음에서도 분리했다. 사실 백색소음 기계와 소음방지 헤드폰의 기원은 맥 하굿Mack Hagood이 《쉿, 미디어 및 음향 자가 조절Hush: Media and Sonic Self-Control》에서 지적했듯 에어컨으로 거슬러 올라간다. 최초의 '소리 조절' 기계[118]는 시끄러운 모텔 방에서 피곤한 밤을 보낸 누군가에 의해 1960년대 초에 고안되었다. 제 역할을 하지 못하고 시끄럽게 윙윙거리기만 했던 고장난 에어컨은 '수면 유도 소리 발생 장치'의 산업 전반에 영감을 주었다. 소리 조절은 에어컨과 함께 '한 사람의 장소가 통제될 수 있고 통제되어야 하며 개인화되어야 한다는 의식이 커지는 데 기여'[119]했다. 하굿은 보스Bose의 콰이어트컴포트QuietComfort 소음방지 헤드폰을 '신자유주의적 자아, 자율적이고 반사적이며 자기관리를 하는 자아'[120]의 결정체로 본다. 광고에서 이는 '돈 있고 합리적이며 기동성 있는 백인 남성'[121]의 자아임은 말할 것도 없다. 보스의 광고는 패커드의 1940년 자동차 에어컨 광고와 묘하게 유사하다. 광고에서 외부는 시각적 참조로만 존재했다. 날씨에 구애받지 않고 어떤 지형에도 적응하는 차는 이 세상을 달렸지만, 이 세상에 속하지는 않았다. 하굿은 "배경소음 자체는 단순히 부재하는 존재가 아니라, 원치 않는 존재를 없애는 새로운 종류의 매개 기술로서 전면에 등장할 것이다"[122]라고 썼다. 우리는 이러한 '부재하는 존재'와 원치 않는 '존재'를 차단하는 능력을 에어컨의 온도 조절 품질로 나타낼 수 있을 것이다. 에어컨은 열을 식힐 뿐만 아니라 모든 원치 않는 환경 조건을 없애주는 새로운 종류의 매개 기술이었다.

외부 세계를 거부하려는 이러한 욕구는 중립적이지도 않고 자연스럽지도 않다. 자동차 에어컨이 좀처럼 통제력을 허락하지 않는 세상에서 통제력을 제공하는 것처럼 보이지만, 에어컨을 틀고 일상적으로 하는 운전은 적극적으로 우리의 세상을 통제 불능 상태로, 더 깊은 위기로 몰아넣는다. 자동차 통근은 지금 세계의 상황을 수동적으로 피하면서, 기후가 따뜻해지는데 일조한 시간, 공간, 온도의 왜곡을 자연스러운 것으로 받아들인다. 이는 단순히 심리적인 것이 아니다. 자동차 에어컨은 기름을 낭비한다. 2002년 미국에너지국US Department of Energy의 한 연구에 따르면, 에어컨 사용은 일반적인 자동차의 연료 소비량을 35%, 하이브리드 자동차의 연료 소비량을 128% 증가시킨다.[123] (창문을 내리고 운전한다면 연비에는 별 영향이 없을 것이다.)

좁고 밀폐된 공간을 사기 위해 우리는 세계 전체에 혼란을 일으킨다. 이를 상기시키듯, 존 하이트만은 자동차에 관한 그의 책을 다음과 같이 끝맺는다. "자동차는 미국인의 개성을 전형적으로 나타내지만, 사람들은 다른 사람에 대한 관심과 인간의 의무를 잊은 채 종종 극단으로 치닫는다."[124]

전후 몇 년에 걸친 가정용 및 자동차 에어컨의 보급과 냉방 시설을 갖춘 공공·상업·사무 공간의 빠른 성장은 미국의 사회정치적 지형을 급격히 변화시켰다. 시공간이 정복되었다. 실내에서 우리는 자연이 하는 것보다 건조하긴 했지만 일 년 내내 봄을 만들어낼 수 있었다. 그리고 이런 계속되는 봄은 콘크리트의 무분별한 확산을 낳아 대도시로부터 한때 인구가 희박했던 지역으로 퍼져나갔다. 기후는 미국에서 지리적 정착지의 밀도를 더는 좌우하지 않았다. 이제 기후는 사막이나 늪에 있는 도시들에만 약하게 경고할 뿐이었다. 그 기후의 외침을 삼킨 소음은 '개발'이라고 불렸다.

개인적으로 소유하고 있든 그렇지 않든, 프레온을 연료로 한 에어컨은 미국인 대부분의 일상을 크게 변화시켰지만, 역사가 레이먼드 아르세노Raymond Arsenault가 그의 에세이 〈긴 무더운 여름의 끝: 에어컨과 남부 문화The End of the Long Hot Summer: The Air Conditioner and Southern Culture〉에서 주장한 것처럼, 미국에서 가장 습한 지역인 남부보다 더 강력하게 변화를 맞은 곳은 없었다. 공기의 밀도는 오랫동안 인구 밀도를 낮게 유지해왔다. 하지만 1930년과 1980년 사이에 미국 남부의 인구밀도는 2배로 증가했다. '도시'와 '남부'는 더 이상 상극이 되는 단어가 아니었다. 텍사스, 루이지애나, 아칸소, 테네시, 미시시피, 앨라배마, 조지아, 사우스캐롤라이나, 노스캐롤라이나가 전례 없는 속도로 성장하기 시작했다. 또한, 1960년대에 500만 명 이상의 아프리카계 미국인들이 북쪽에서 더 나은 삶을 찾겠다는 희망으로 남쪽 주의 폭력적인 환경에서 탈출했음에도 불구하고, 20세기 들어 처음으로 '유출되는 인구보다 유입되는 인구가 많아졌다'[125]라는 점도 고려해보라. 프레온이 인구 이동의 유일한 요인은 아니지만, 2배로 증가한 인구는 프레온을 배제하고는 생각할 수 없다.

1970년대까지 남부에서 고층빌딩, 은행, 아파트, 철도 차량의 90% 이상에 에어컨이 설치되었고, 자동차, 공공건물, 호텔의 80% 이상에 에어컨이 설치되었다. 단독 주택, 상업 공간, 병실의 약 66%에 에어컨이 설치되었고, 학교의 약 50%에 에어컨이 설치되었다. 1970년대 남부에는 이러한 주요한 공간 외에도 "쇼핑몰, 돔형 경기장, 방공호, 온실, 대형 곡물 창고, 닭장, 항공기 격납고, 크레인 운전석, 석유 시추 시설, 축사, 제철소, 자동차 극장, 식당"[126] 등 여러 계급과 직업을 아우르는 다양한 공간에 에어컨이 설치되었다. 이는 에어컨을 사치품이나 필수품으로 구분했던 인식이 빠르게 사라지고 있음을 뜻했다. 에어컨은 그야말로 어디에나 **존재했다.** 아르세노에 따르면,[127] 북부 버지니아의 한 마을은 마치 고리 박사가 19세기에 이상적으로 꿈꾸었던 꿈이 실현된 듯 마을 전체에 냉방이 가동되었다. 심지어 텍사스의 유명한 전쟁 유적지인 알라모Alamo 요새에도 1980년에 관광객들을 위한 에어컨이 설치되었다. 이 혁명은 텔레비전으로 중계되지는 않았지만, 유적에는 분명히 에어컨이 가동되었다.

미국 남부는 에어컨에 너무 빠져들게 되어 일부 남부인들은 에어컨을 원래 오래전부터 있었던 자신들의 유산으로 선언하고 '상속 에어컨heir conditioning'[128]으로 부르기 시작했다. '상속'은 과거 세대에게서 물려받는 것임을 생각하면 좀 이상한 주장이다. 1970년대에 남부인들은 미래에서 에어컨을 물려받았다고 주장한 것인가? 그렇다기보다 사람들은 에어컨이 나오기 전 남부에서의 삶을 이미 기억하기 어렵게 되었을 가능성이 크다.

테네시, 미시시피, 아칸소 지역에서 태어나고 자란 나는 에어컨이 남부 문화의 기둥임을 안다. 나는 그것을 '에어컨'이라 부르지 않고 '에어'라고 부르면서 자랐다. 예를 들면 '내가 에어를 켰어'라고 말하는 식이었다. 에어는 우리가 숨 쉬는 것만큼이나 필수적이라고 믿는 그 필연성을 나타내는 약칭이었다. 모든 남부인이 알라모 전투에서 그랬듯 에어컨을 강력하게 방어하고 지지한다. 그리고 에어컨이 없는 사람들을 동정이나 의심의 눈길로 바라본다. 아르세노에 따르면, 1955년 즈음 일부 남부인들은 에어컨을 '법적 권리'[129]로 요구하기 시작했다. 또 다른 작가는 남부인들이 에어컨을 '투표권처럼 거의 타고난 권리로 생각한다'[130]라고 주장하기도 했다. 남부인들이 그랬고 또 지금도 그렇게 느끼고 있을지 모르지만, 나는 이들 대다수가 주와 연방정부 세금으로 에어컨을 사회화하자는 생각에는 움찔한 반응을 보일 것이라 생각한다. 그들에게 에어컨은 '법적 권리'이긴 하지만, 어떻게든 개인의 돈으로 확보해야 하는 것이다.

　냉방이 미국 남부 생활의 필수 요소로 인식되고 있다면, 어떻게 남부 문화를 변화시켰을까? 아르세노는 냉방이 남부를 사실상 덜 '남부답게' 만들었다고 주장한다. 그는 다음과 같이 썼다. "냉방은 고유의 문화, 농지 개혁 운동, 빈곤, 낭만주의, 역사의식, 비기술적 민속 문화 지향, 친족과의 깊은 유대, 이웃 관계, 장소에 대한 강한 직감, 상대적으로 느린 삶의 속도 등 여러 가지 지역적 전통의 쇠퇴에 기여했다. 그 결과 지역적 특수성이 극적으로 감소했다."[131] 비판적 지역주의에 대한 에세이에서 건축가 케네스 프램프톤Kenneth Frampton도 다음과 같이 동의했다. "뿌리 문화의 주된 적대자는 장소의 특수성과 기후의 계절적 변화를 나타낼 수 있는 지역적 기후 조건을 무시하고, 모든 시간과 장소에 적용되는 에어컨이다. 어느 장소에서든, 고정된 창과 원격 제어 에어컨 시스템은 보편적 기술의 지배력을 공통으로 보여준다."[132] 물론 아르세노가 언급한 몇 가지 변화, 가령 빈곤 퇴치는 환영할 만한 일이다. 반면 '이웃 관계'의 상실과 같은 다른 것들은 남부에 관한 글을 쓸 때 툭하면 튀어나오는 향수nostalgia처럼 의심스럽게 들린다. 하지만 에어컨이 이웃 관계의 상실을 부추겼다는 생각은 사람들 사이에 만연해 있는 것 같다.

　아마도 여러분이나 여러분과 가까운 누군가는 자동차에 에어컨을 처음 설치했을 때, 집에 중앙냉방이 처음 시작되었을 때, 아파트에 성능 좋은 에어컨을 처음 설치했을 때를 기억할 것이다. 1950년대, 60년대, 70년대 중남부에서 자란 사람들과 이야기를 나누다 보면, 주로 백인 중산층 주거 지역의 에어컨에 대한 이야기는 놀라울 정도로 비슷하다. 내가 들은 모든 사람의 말에 따르면, 그것은 잊을 수 없는 경험이었다. 에어컨은 쾌적함을 제공하기도 했지만, 언제나 문명, 통제, 안전 면에서의 상승 이동의 표시였다. 내가 구입한 집 안의 공기를 관리할 수 있는 능력을 갖는 것, 그것은 개인화되고 사유화된 힘, 아메리칸 드림이었다. 그들에게 에어컨은 하얀 말뚝 울타리와 같았다.

그러면서도 동시에 많은 사람이 에어컨으로 인해 그들의 이웃 관계가 얼마나 소원해졌는지를 말했다. 오래전부터 여름에 중남부 지방의 습한 더위는 사람들을 문밖으로 밀어냈다. 태양뿐만 아니라 안에서 사용하는 전기 제품까지 집을 더욱 덥게 만들었기 때문이다. 집 앞 현관이나 그늘진 숲 같은 바깥은 좀 더 시원한 온도를 보장했다. 아이들은 밖으로 나가 다른 이웃집 아이들과 뛰어놀았다. 그 때문에 제인 제이콥스Jane Jacobs의 이야기 속 뉴욕 주민들이 상점과 아파트에서 맨해튼 거리를 바라보는 것처럼 남부 교외의 주민들도 거리를 내다보았다. 여름날은 바깥을 향해 있었다.

멤피스에서 평생을 보낸 한 교육자는 내가 프레온을 깊이 파고들고 있다는 소식을 들은 후 1960년대 초 자신의 어린 시절에 관해 쓴 편지를 보내주었다. "집 안이 더웠기 때문에 사람들은 저녁을 먹으면 밖으로 나와 바람이 불길 바라며 집 앞에 앉아 있었습니다. 이웃들과 이야기를 나누면서 친목을 다졌어요. 이러한 교류가 있었던 덕분에 범죄와 오해를 많이 줄일 수 있었고 더 안전할 수 있었습니다."[133]

적어도 그의 인식(나와 이야기를 나눈 많은 사람이 공유한 인식) 속에서 사람들은 에어컨이 없을 때 더 안전했다. 모든 사람이 눈에 보였기 때문에 할렘에서 휴스턴에 이르기까지 모두가 다른 사람들이 무얼 하는지 알 수 있었다. 그는 편지를 이어갔다. "우리 꼬마들은 여름이면 아침에 집을 나와 점심이나 저녁 먹을 때만 집으로 돌아갔습니다. 우리는 자전거를 타고, 나무를 오르고, 산골짜기를 누비고, 올챙이를 잡고, 두꺼비를 가지고 놀고, 흙을 뭉쳐 싸우고, 다친 새를 구하고, 덜 굳은 콘크리트에 우리의 머리글자를 새기고, 그 외에도 아이들이 수 세기 동안 그래왔듯 우리끼리 재미있게 놀았습니다. 하지만 그때 프레온이 등장했습니다."

무더운 날에 창문에 설치된 에어컨이나 중앙 통풍구에서 나오는 시원한 공기는 마치 양치기 개가 양에게 하듯 사람들을 울타리 안으로 몰아넣었다. 에어컨이 가정으로 들어오자 여름에 사람들은 더 많은 시간을 집 안에 틀어박혀 보내기 시작했다. 에어컨은 실내에 사람들을 가두고 숨겼을 뿐만 아니라 이웃을 정면으로 바라보고 있던 집의 방향도 바꾸었다. 집은 에어컨을 지탱할 창문을 고려해 더 안쪽으로 들어가거나 뒤쪽을 향하게 되었고, 그에 따라 전용 정원과 뒤뜰 데크가 내다보였다. 주민들은 거리를 덜 지켜보았고, 웬만해서는 뜨거운 현관으로 나가지 않았으며, 그로 인해 사람이 서로 마주치는 일이 드물게 되었다.

인종차별과 관련해 (다시 한번) 상당한 갈등을 겪고 있던 나라에서 이처럼 뒤쪽을 향한 집은 긴장을 악화시켰을 수 있다. 주민들은 이웃의 동향을 직접 살피기보다는 텔레비전을 보면서 일종의 미디어 편집증을 발전시킬 가능성이 컸다. 이들은 일단 사람들의 다름을 덜 반기고, 덜 직면했고, 그래서 의심받기 쉬웠다. 얼마나 정확하게 이해했는지를 떠나 사람들과 대화를 나누던 중 내게 반향을 일으킨 것은 도시의 인종·계급에 대해 반드시 진보적 사상가라고는 할 수 없는 백인 거주자들의 일관된 기억이었다. 에어컨은 그들을 이웃에게서 즉각 떼어놓았고, 자연에서 소외되는 느낌뿐만 아니라 깊은 의심의 감정을 불러일으켰다. 요컨대 에어컨은 인종차별과 다름에 대한 적대감이 만연한 환경을 구축하고 동네의 안전이 위험하다는 편집증을 형성하는 데 기여했다. 내게 편지를 보낸 그 교육자가 말했다. "나는 에어컨이 없다면 지금 여기서 살고 싶지 않았을 겁니다. 하지만 그건 악마와의 거래나 다름없죠."

교외 지역과 외부출입을 막은 그곳의 지역사회는 본래 근본적으로 의심이 많은 곳인데, 에어컨은 그 의심을 눈에 띄게 가속화했다. 1979년 〈타임〉지에서 미시시피 출신의 작가 프랭크 트리펫Frank Trippett 은 "대중이 흔히 말하는 자아 추구와 개인주의에의 몰두가 에어컨의 확산과 동시에 일어났다는 것이 정말로 놀라운 일인가?"[134]라고 물었다. 그는 힐책하는 어조로 에어컨은 "가족이 문과 창문이 닫힌 집으로 후퇴하도록 꾀어 이웃들과의 평범한 생활을 방해하고, 항상 열려 있는 태평한 문화가 매력적 특징이었던 미국의 집 앞 현관 사회를 거의 구식의 것으로 만들어버렸다"[135]라고 말했다. 문화사학자들이 그 시대의 주요 기술력을 보여주는 것으로 텔레비전과 자동차를 찬양했다면, 트리펫은 그 둘의 인기가 어느 정도 에어컨에 달려 있었음을 시사했다. 그는 에어컨이 없었다면, "사람들을 잔디밭과 지붕으로 내몰곤

했던 그 지독한 여름밤의 재방송(심지어 조니 카슨Johnny Carson까지)을 견딜 수 있는 시청자가 얼마나 될까?"[136]라고 썼다.

후에 휴스턴의 역사가 데이비드 맥콤David McComb은 1991년 〈시카고 트리뷴Chicago Tribune〉에 실린 여름 동안 증가한 살인율에 관한 기사에서 에어컨과 폭력을 다음과 같이 연결했다. "사방이 찬 공기로 가득할 때, 사람들은 외부 환경으로부터 차단된다.…휴스턴 사람들은 이웃들과 거의 접촉하지 않는다. 그들이 적대적으로 되기는 더 쉽다."[137]

아마도 가장 설득력 있는 것은 페미니스트 이론가이자 문화비평가인 벨 훅스Bell Hooks의 글일 것이다. 벨은 2007년 〈영혼이 쉬어갈 수 있는 곳A Place Where the Soul Can Rest〉이라는 에세이에서 미국 남부의 집 앞 현관을 '인종차별에 저항하는 작은 일상적 장소'로 연결 지었다. 그녀는 "에어컨이 모든 무더운 공간을 차갑게 식히기 전까지 현관은 다양한 계층의 사람들을 다양한 시각으로 품을 수 있는 '친목의 장소', '민주적인 만남의 장소'[139]였다"[138]라고 썼다. 현관은 흑인 여성들에게 '보고, 보여지는' 공간을 제공했으며, 가부장적 질서를 거부하고 동료 이웃들과 공동체를 만들 수 있는 힘을 허락했다. '경계 공간'으로서의 현관은 사람들이 '모든 주변인과의 상호 연결 관계와 상호 의존 관계를 지속적으로 인식할 수 있게'[140] 했다. 남부에서 현관은 인종차별주의자와 도시 계획가의 폭력에 맞서 유색 인종 주민들을 뭉치게 하는 주요한 메커니즘이었다. 훅스는 어릴 때 켄터키를 떠났다가 1990년대에 성인이 되어 집을 사기 위해 돌아왔다. 그녀는 동네에 이사 온 뒤 웃고 손을 흔들며 열심히 인사했지만, '고루한 백인'들은 자신의 존재를 인정하지 않았다고 떠올렸다. 훅스에게 여름철 집 앞 현관의 상실은 시민의식의 상실을 초래했다. 에어컨은 인종차별에 저항하는 작은 일상적 장소를 파괴했다.

그러나 미국 교외의 이러한 에어컨에 대한 신봉은 문자 그대로 미국을 넘어 확장되었다. 미국이 거대 기업을 확장해 나간 곳, 일반적으로 세계의 더 더운 지역(기업의 확장 이유는 대부분 토지 사용과 자원 추출이기 때문에 그들이 더운 지역으로 향하는 것은 어쩌면 당연하다)에는 어디든 에어컨이 뒤따를 가능성이 컸다. 과도한 열에 대한 두려움이 '위대한 미국의 냉각 기계(트리펫의 표현대로)'를 가지고 여행하는 의식적인 이유이긴 했지만, 에어컨은 해외에서 사람들에게 심리적으로 도움이 되기도 했다. 에어컨이 문화 간에 적대감을 일으킬 수 있다는 생각은 적어도 1987년 비미국인들에게 친숙했다. 당시 사우디아라비아의 소설가 아브델라흐만 무니프Abdelrahman Munif는《소금도시Cities of Salt》를 통해 1930년대 사우디아라비아에서 석유를 찾는 미국인 식민 집단을 그렸다. "정적이 흐르면 사우디 노동자들은 미국인들이 햇빛, 먼지, 파리 그리고 아랍인 등 모든 것을 차단하는 두꺼운 커튼이 쳐진 에어컨이 설치된 방으로 들어갔다고 짐작했다."[141] 처음에는 '두꺼운 커튼'이 미국인과 사우디 노동자들을 단순히 분리하는 것처럼 들리지만, 커튼은 주로 시원한 공기를 안에 가두는 역할을 한다. 무니프 문장의 탁월함은 미국인들이 어떻게 에어컨을 이용해 공기와 사람들의 균질성을 유지하고, 동시에 타자로 인식되는 모든 범주의 사람들을 포함해 "다른 모든 것을 차단"하는지를 표현한다는 데 있다. 이 묘사는 1930년대의 사우디아라비아만큼이나 소설이 쓰인 1980년대 미국의 에어컨에 대해서도 많은 것을 말해준다.

　　이를 과거의 일로 생각할지 모르지만, 나는 2003년과 2005년 사이에 미국이 이라크를 점령했던 당시를 묘사한 최근의 〈뉴요커〉 기사에서 이와 신기할 정도로 비슷한 설명을 발견하고 깜짝 놀랐다. 기자인 에반 오스노스Evan Osnos는 바그다드 내 '확장된 백악관'[142]이라고 할 수 있는 그린존Green Zone을 다음과 같이 묘사했다. "그린존은 수도 내 요새화된 영역으로, 미국인들은 타인의 침해를 받지 않는 이곳 수영장에서 밀매된 스카치위스키와 함께 살고 일했다." 오스노스에게 그린존은 미국의 승리라는 환상과 미국의 실패라는 현실 사이의 갈라진 틈을 의미했다. 그는 다음과 같이 썼다. "외부 세계에서는 미군 점령의 잘못된 점들이 상세히 보도되었다. 하지만 그린존 내부에서는 **조명과 에어컨이 항상 켜져 있었고**, 실업자가 없었으며, 아무도 이라크 내 미국의 역할에 대해 논쟁하지 않았다." '항상 켜져 있는' 에어컨은 안전한(이 경우 전력 면에서 안전) 것으로 인식되는 '요새화된 영역'이라는 일종의 환상을 유지하는 데 도움이 되었다.

　　에어컨이 동네를 덜 안전하게 만든다는 일반적인 인식(에어컨은 역설적으로 개별 단위의 가족에게는 더욱 안전감을 느끼게 했다)은 1960년대부터 1980년대까지 도시 범죄가 전반적으로 증가하던 때와 동시에 생겨났다. 이후 1990년대 초 범죄율이 상당히 극적으로 하락했다. 사람들은 이러한 상승과 하락의 이유를 뜨겁게 논쟁해왔다. 가장 일반적인 가정은 연방과 지방 당국이 모두 범죄를 엄중히 단속했고, 이에 따라 교도소 수감 제도가 확대되면서 범죄율이 낮아졌다는 것이다. 기자인 스티븐 더브너Stephen J. Dubner와 경제학자인 스티븐 레빗

Steven D. Levitt은 인기 저서 《괴짜경제학Freakonomics》을 통해 이러한 생각을 더욱 발전시켰다. 이들은 경찰의 증가와 그에 따라 한층 높아진 투옥률과 더불어 '낙태 합법화가…범죄를 줄였다'[143]라고 주장했다. 하지만 이 이론, 특히 추정된 일련의 이론들에 대해 이후 의문이 제기되었다. 노예제도 폐지론자이자 지리학자인 루스 윌슨 길모어Ruth Wilson Gilmore는 캘리포니아 수감 제도에 관한 연구[144]를 통해 범죄율이 이미 '결정적으로' 떨어지기 시작한 **후에야** 주 수감자 수가 500% 증가했음을 증명했다. 법 집행과 범죄율 사이의 인과관계는 정치 지도자들이 80년대와 90년대에 걸쳐 꽤 자주 여러 주장을 펼쳤음에도 불구하고 아직 입증되지 않은 채로 남아 있다.

2007년 대규모로 진행된 경제학자 릭 네빈Rick Nevin의 연구는 최근 몇 년간 상당한 관심을 받은 조금 다른 가능성을 제시한다. 도시 지역 폭력 범죄의 증감[145]은 1990년대 초 마침내 단계적으로 폐지된 **유연 휘발유 배기가스**의 증감과 밀접하게 연관된다. 네빈의 연구는 취학 전 아동의 혈중 납 농도와 이후 수십 년간의 미국, 영국, 캐나다, 프랑스, 호주, 핀란드, 이탈리아, 서독, 뉴질랜드 범죄율 사이의 매우 강한 연관성을 보여준다. 유색 노동 계층 인구가 많은 밀집된 도시 지역에서 흔히 높은 밀도로 겪게 되는 유연 휘발유에의 노출은 뇌를 심각하게 손상시켜 노출된 사람에게 학습 장애에서부터 폭력적인 행동에 이르기까지 온갖 악영향을 초래한다. 네빈은 미취학 아동들이 페인트와 휘발유를 통해 납에 노출되면 나중에 살인을 저지를 확률이 4배나 높아진다는 엄청난 증거를 제시한다. 납이 든 배기가스의 농도는 제2차 세계대전 이후 1970년대까지 절정에 달했으며, 이러한 조기 납 노출은 1960년대 말에서 1980년대를 거쳐 1990년대 초까지(조기 납 노출과 이후에 생긴 청소년 폭력 사이의 시차를 설명) 지속적으로 증가한 정신 질환을 앓는 십 대들의 출현과 부합한다. 그러는 동안 경찰의 수는 거의 바뀌지 않았다. 그리고 1991년 이후 범죄율이 급격히 떨어졌다. 범죄가 급격히 감소한 후에야 투옥률과 경찰의 수가 증가하기 시작했으며, 대부분 유색 인종이 그들의 목표가 되었다.

국제적인 범죄 증가 추세의 원인을 규명하는 것은 물론 쉬운 일이 아니지만, 네빈이 보여준 수치는 매우 흥미롭다. 이후의 연구는 납 노출과 범죄 사이의 연관성을 강화했을 뿐이다. 미즐리의 프레온이 가정용 에어컨의 부상을 통해 교외의 폭력 범죄에 대한 편집증을 더욱 부추겼다면, 미즐리의 유연 휘발유는 도시 지역에 집중된 그 유해한 영향 때문에 어느 정도 폭력 범죄를 **실제로** 증가시켰을지 모른다. (비난의 메아리가 들려온다. '환경 전과 2범자'.)

1959년 6월, 미국 기상청은 대기 상태와 일상생활을 통합적으로 연결하는 새로운 시스템을 발표했다. 몇몇 대도시에서 '불쾌지수'라는 새로운 지수가 만들어졌지만, 뉴욕과 같은 도시는 불쾌지수가 높다는 말이 관광산업을 위축시킬까 두려워 곧바로 '온습도 지수'로 이름을 바꿨다. 불쾌지수를 계산하기 위해 기상청은 온도, 습도, 바람을 함께 고려해 더욱 정확한 열적 쾌적성을 예측했다. 우리는 이제 이와 비슷한 지수를 (한때 사용되었던 또 다른 이름인 '비참지수'가 아니라) '체감온도'라고 부른다. 원래 기준에는 '불쾌하지 않음'에서 '불쾌함'까지 특정 비율의 인구에 대한 여섯 가지 범주가 포함되어 있었다.[146] 가장 높은 범주는 불쾌함에서 위험 상황, 즉 '의료적 응급 상황'으로 바뀌었다. 흥미롭게도 이 지수의 창시자인 E. C. 톰Thom은 이것이 인간의 불쾌함뿐만 아니라 '결과적으로 냉방이 필요한 정도'를 예측할 수 있을 것이라고 주장했다. 1959년 7월 〈사이언스〉지는 체감온도를 다음과 같이 설명했다. "체감온도는 흥미로운 대화 주제 그 이상이다. 에어컨이 널리 사용되는 도시의 경우, 이 지수는 기온 자체보다 전력 수요와 더 밀접한 관련이 있다. 결과적으로 체감온도는 공공시설의 최대 부하를 잘 예측할 수 있는 지표가 될 것이다."[147] 당시 체감온도는 기상청, 에너지 회사, 에어컨 업계가 협력하여 '평범한' 사람에게 무엇을 어떻게 느껴야 하는지 알리는 시스템을 의미했다. 체감온도는 불쾌한 느낌의 강도뿐만 아니라 그 느낌에 대해 권장되는 반응, 즉 에어컨의 전원 켜기를 예측했다.

불쾌지수의 발상은 그 자체로 미국의 문화유산이다. 많은 미국인이 불쾌함과 위험에 처한 기분을 때로는 실제로, 때로는 상상으로, 여러 가지 이유로 느끼고 있던 때, 즉 시민권 운동이 한창 진행되고 있을 때 기상청이 이 지수를 도입한 것은 적절했다. 미국인들이 각자의 감정을 살피고 있을 때, 에어컨은 이 불쾌함을 느끼는 사람들의 공간으로 쏟아져 들어와 그 불쾌함을 다시 '불쾌하지 않음'으로, 지수에 기록되지 않는 수준으로 밀어냈다.

당시 에어컨이 안도감을 주는지 아닌지는 규모와 관점에 따라 달랐다. 단기적으로 그리고 단독 주택 거실에 있는 개인의 관점에서, 에어컨은 더위를 덜어주고, 더 나아가 대지 경계선 밖에 숨어 땀을 흘리게 만드는 모든 것(그에 더해 경계선 자체가 무너질 수 있다는 두려움까지)을 차단해주는 것으로 보였다. 장기적으로 그리고 핵가족 이상의 규모를 이루고 있는 에어컨이 없는 사람들의 관점에서, 에어컨은 전후 번영을 동반한 교외 백인의 편집증을 부추겨 거주민들의 안전감을 강화시키지만 역설적으로 교외를 외부인들에게 위험하게 만들었다. 에어컨이 어떤 의미에서 실제로 더 안전한 세상을 안내했다면, 그것은 미국인들에게 타인과 그들 자신에 대한 두려움을 불러일으킨 결과였다.

나는 토드 헤인즈Todd Haynes의 1995년 영화 〈세이프Safe〉보다 미국인들의 이러한 편협성을 더 직접적으로 보여주는 것은 없다고 생각한다. 영화에서 아무 걱정 없이 부유한 삶을 사는(여담이지만, 그녀는 에어로빅 수업이 끝난 후에도 희한하게 땀을 흘리지 않아 친구들로부터 감탄을 자아낸다) 캐롤 화이트(줄리안 무어Julianne Moore가 훌륭하게 연기한)는 알 수 없는 독소에 감염되었다는 느낌에 점점 불안해진다. 1987년의 화려한 샌 페르난도 밸리 지역을 배경으로 하는 이 영화는 캐롤의 전염병에 대한 공포를 당시 계속되던 에이즈 위기 상황과 관련짓는다. 주인공이 느끼는 황폐한 심경은 어떠한 실질적인 위험에도 영향을 받지 않을 것처럼 보이는 호화로운 동네를 배경으로 추상적이고 동떨어진 것으로 표현된다. 하지만 마치 생경한 우주선 속에 있는 것처럼, 조명과 전자 제품이 윙윙대는 광활한 실내를 배경으로 여운 있게 계속되는 헤인즈의 롱숏은 이러한 물질적 안락함으로의 후퇴가 안전이 아닌 소외로 이어짐을 암시한다. 영화는 캐롤에게 무슨 일이 일어나고 있는지 명확하게 밝히지는 않지만, 그녀의 풍요로움과 그에 따른 고립이 편집증을 일으킨 독소일 수 있음을 시사한다. '불순물'에 강박적

반응을 보이며, 성 또한 문자 그대로 '화이트'인 캐롤은 그녀의 의붓아들이 '점점 더 백인 지역으로 들어오는…흑인과 치카노* 갱들'의 위협을 다룬 그 끔찍한 학교 숙제를 큰 소리로 읽는 모습을 견디지 못한다. 이 짧은 저녁 식사 장면은 특히 백인 중상류층 미국인들 사이에서 지속적인 안전에 대한 요구로 야기된 두려움을 간결하게 표현한다. 안전이 보장되지 않는 세상의 가능성에 맞서고 모두를 위해 더 나은 세상을 만들기 위해 노력하는 대신, 캐롤은 자신과 비슷한 다른 사람들과 함께 지내기 위해 외딴 캠프로 옮겨간다. 그녀는 조금씩 나아지는 것처럼 보이는데, 그것이 자연의 공기 때문인지 새로 발견한 공동체 때문인지 이유는 밝혀지지 않는다.

이쯤에서 제임스 볼드윈James Baldwin의 말을 떠올리지 않을 수 없다. 그는 1963년 교외 환상에 대한 국가의 서사가 좀 더 급진적이고 혁명적인 것으로 바뀌기 시작할 때 "모든 안전은 환상이다"[148]라고 주장했다. 그 이전인 1956년에 발표한 에세이에는 당시 미국 중산층이 가졌던 많은 익숙한 습관에 적용해볼 수 있는 다음과 같은 문장이 담겨 있다. "진정한 변화는 늘 알고 있던 세상의 붕괴, 정체성을 부여한 모든 것의 상실, **안전의 종말**"을 의미한다. 굵게 강조한 이 문구는 50년대와 60년대에 미국인들이 에어컨을 사들인 방법들을 생각할 때, 지속적인 안전의 가능성만큼이나 더 눈에 띈다. 그는 여기에 덧붙였다. "그러한 순간에는 미래를 볼 수 없고 감히 상상도 하지 못한다. 사람은 자신이 아는 것이나 안다고 생각하는 것, 소유하거나 소유한다

● 멕시코계 미국인.

고 생각하는 것에 집착한다. 그러나 비통함이나 자기 연민 없이 오랫동안 간직해왔던 꿈이나 오랫동안 소유해왔던 특권을 포기할 수 있을 때만이 더 높은 꿈, 더 큰 특권을 위해 (스스로) 자유로워질 수 있다." 다시 말해, 특정 중산층 미국인이 새롭게 발견한 번영의 물질적 조건 (안정적이고 물질적인 조건의 축적이 가져다주는 안전이라는 환상을 통한 개인적 쾌적함, 특히 실내 공기의 안정된 온도, 습도, 흐름, 순도)은 제도적 변화에 대한 미국인들의 반감을 강화했다. 점점 더 많은 미국인이 더 나은 세상의 가능성을 위한 단기적인 개인적 불편을 감수하지 않게 되었다.

그러나 볼드윈이 우리에게 상기시키듯 세상의 붕괴는 "언제나 가능한 일이다. …하지만 핵심은 그것이 늘 가능성에 그친다는 것이다."[149] 많은 미국인이 그 시기에 갖게 된 근거 없는 믿음은, 그리고 실제로 지금도 갖고 있는 믿음은 멋진 동네에 있는 멋진 집에서, 삶의 거의 모든 측면을 통제할 수 있는(공기조절까지 되는) 기기로 안전한 세상을 살 수 있다는 것이다. 아이러니하게도 미국인들이 붕괴의 가능성을 받아들이지 않는다면 그 문화는 특히 더 붕괴하기 쉬워질 것이다.

1960년대에 CFC는 어디에나, 어느 것에나 존재했던 것으로 보인다. 에어컨 판매가 증가하기 시작하면서 경쟁 상대가 거의 없는 이 기술은 맹렬한 속도로 확산되었다. 1979년 프랭크 트리펫은 "에어컨과 에어컨이 필요한 밀폐된 건물은 알고 보면 자동차보다 더 미국인의 특성을 잘 나타내는 기술적 상징일 수 있다"[150]라고 썼다. "자동차가 전 세계를 이리저리 누비려는 미국인의 충동을 잘 보여주는 신호라면, 기계식 냉각기는 기술적인 진보를 위해 자연계를 벗어나려는 전 국민적 충동을 더욱 교묘히 나타낸다." 1945년부터 1970년까지 CFC-12와 기타 불소화 가스가 통제되지 않은 채 크게 확산되었고, 이와 함께 편협성을 유도하는 물질적 조건이 형성되었다. CFC의 교활한 안정성은 어떻게든 미국과 업계의 심리·사회적 풍경으로 전이된 물질의 속성으로 보였다. 1945년에 좀 기이하게 들리는 경고를 했던 조지 오웰의 공포는 이후 수십 년에 걸쳐 현실로 나타났다. 이제 오웰의 경고는 전보다 덜 기이하게 들린다. 그는 "우리는 어쩌면 일반적인 붕괴를 향해 가는 것이 아니라, 고대의 노예 제국처럼 끔찍할 정도로 안정된 시대를 향해 가고 있을지 모른다"[15]라고 썼다.

6

오존층, 지구의 방패가 아닌
파도와 같은

1970년 즈음[152] CFC는 갖가지 종류의 제조 공정과 제품에 침투했다. 가정에서, CFC는 모든 냉장고와 냉동고, 모든 냉방 장치와 중앙 시스템의 온도를 급격히 떨어뜨렸다. 그리고 제2차 세계대전이 끝나자 에어로졸 분무제라는 새로운 소비재의 시대가 열렸다. 미군이 태평양 전장에서 말라리아모기를 전멸시킬 목적으로 개발한 분무기식 살충제는 이후 헤어스프레이, 탈취제, 로션, 향수, 방향제, 가구 광택제, 자동차 광택제, 구두약, 소독약, 변기 세정제, 경음기, 스프레이형 장난감, 가짜 눈, 심지어 '파티 음료를 제공하는 완벽한 방법'이라고 쓰인 즉석 컵 냉각기와 같은 온갖 편의용품의 모델로 쓰였다. 프레온이 다른 물질과는 거의 반응하지 않는 덕분에 CFC-12는 전부는 아니지만 많은 스프레이 캔에 쉽게 활용되었다. 이러한 상황은 미국 대중이 스프레이 노즐을 누르는 편리함에 익숙해지면서 일종의 '누르는 버튼 시대'[153]를 예고했다.

  1950년대 후반부터 1970년대 초반까지의 미국 공상과학 TV

프로그램과 영화에는 버튼을 누르는 편안함과 분무되는 액체의 경이로움에 대한 병적인 집착이 잘 반영되어 있다. 제인 젯슨●의 분무식 화장품에서부터 바바렐라◆의 알약으로 유도된 섹스(그 절정은 손끝에서 흐르는 얇은 에어로졸 줄기로 표현된다), 자욱한 분홍색 연기가 환상적 장면을 연출하는 SF영화 〈로건의 탈출Logan's Run〉(1976)의 환각적인 추격 장면에 이르기까지, 이들은 모두 분무화를 기술 진보(때로는 독)와 동일시하는 미래 판타지의 의미로 그리기 위해 노력했다. 실제로 그러한 상상은 미국 가정에 들어간 분무식 제품들과 동떨어진 것이 아니었으며, 빠르게 현재가 되어가는 자동화 및 분무화의 미래라고 할 수 있는 에어컨의 관능성과 잘 어울렸다. 안드레아 베센티니는 "찬 공기가 가정으로 유입되고, 누르는 버튼이 어느 정도 집안일을 대신하게 되면서 여가 활동이 가능해졌다"[154]고 썼다.

발포제로 흔하게 접할 수 있었던 CFC-11은 고체로 냉각될 때 액체 형태의 특정 플라스틱과 폴리머polymer▲를 구조적으로 지탱하는 역할을 했다. 비록 추상적이거나 익숙하지 않을 수 있지만, CFC를 이용한 발포제는 플라스틱으로 된 야외용 가구, 합성섬유로 된 쿠션, 폴리스티렌, 즉 스티로폼으로 된 모든 것, 맥도날드의 햄버거 용기(솔직히 말해 폴리스티렌으로 된 모든 패스트푸드 포장상자와 음료수 컵), 스티로폼 충전재 등 시대의 상징적 상품들을 다양하게 만들어냈다. CFC는

- 미국의 TV 애니메이션 시리즈 <젯슨 가족The Jetsons>의 등장인물 중 1명.
- 1968년 SF영화 <바바렐라Barbarella>의 주인공으로, 외계에서 온 그녀는 알약으로 성관계를 할 수 있다.
- 중합체라고도 하며, 단위 물질이 반복 결합하여 생기는 화합물이다.

특정 건축 자재와 발포 단열재에도 포함되어 있었다. 자재들이 제조될 때 많은 CFC 분자가 결국 제품 자체에 포함되어 1970년대에 평범한 미국인들은 자신도 모르는 사이에 공기뿐만 아니라 건물에도 존재하는 CFC에 완전히 둘러싸이게 되었다. 70년대 말에는 미국 가정용품의 거의 4분의 3에 CFC-11이 포함되어 있었고, 그중 대부분은 서서히 대기 중으로 방출되었다.[155] 1970년대 미국의 가정은 금속 캔과 탱크로 그 악마들을 돌려보낼 가능성이 거의 없는, 프레온의 판도라 상자나 다름없었다.

비록 미국 가정의 사적인 공간에 많은 CFC가 숨어 있긴 하지만, CFC 생산 및 사용에 대한 책임은 주로 제조 및 공공 부문에 있다. CFC는 산업공정 중 특히 소모적 작업에 발포제 또는 탈지제로 사용되었다. 또한 데이터 처리 장치의 냉각과 실리콘칩 제조라는 두 가지 면에서 컴퓨터 산업이 급성장할 수 있도록 도왔다. 개발된 지 얼마 되지 않은 화학물질이었지만, 대부분의 도시와 건축 법규는 CFC를 **유일한** 냉매로 지정해 냉각에 대한 독점을 보장했다. 거의 모든 슈퍼마켓의 공조 시스템에 프레온이 포함되었다. 물론 모든 종류의 냉동 코너, 하늘 높이 뻗은 사무실 건물, 콧대 높은 은행과 법원 건물, 극장과 오페라 하우스와 강당, 백화점과 약국과 상점, 허름한 식당과 고급스러운 식당, 호텔 로비와 모텔 방도 마찬가지였다. 교통 면에서도 에어컨은 대부분의 배, 비행기, 기차에 설치되었다. 하지만 한 가지만은 예외였는데, 뉴욕 지하철은 1990년대 초까지 냉방이 완전히 되지 않았다. 그리고 1970년대 내내 자동차 냉각 장치에 CFC-12가 일반적으로 쓰이면서 이 물질은 엄청나게 빠른 속도로 성장했다. 1963년에는 650

만 대의 미국 자동차 중 15%에만 에어컨이 설치되었다.[156] 하지만 이후 10년이 채 안 되어서 미국에서 판매되는 신차의 절반 이상에 에어컨이 설치되었다. 그리고 1990년 즈음에는 거의 모든 신차에 에어컨이 표준으로 적용되었다.

생산량이 절정에 이르렀을 때 CFC를 제조하는 회사는 전 세계에 약 20개사에 달했다. 이들은 각각 원자를 암시하는 접미사를 붙인 상표명, 가령 유콘Ucon, 아이소트론Isotron, 제네트론Genetron, 아크톤Arcton, 이세콘Isecon, 코폰Korfon 그리고 물론 듀폰의 프레온과 같은 이름으로 CFC를 제조하고 있었다. 이는 인위적인 것은 원소로, 불안정한 것은 안정된 것으로 보이게 하기 위함이었다. (사람들이 내게 프레온이 주기율표에 있는 원소 중 하나냐고 몇 번이나 물어봤는지 모르겠다.) 그게 아니면 상표명은 슈어쿨Sure Kool, 에버쿨Evercool, 이글로Ig-Lo, 빅옐러Big Yeller처럼 신뢰성, 안정성, 무해성을 암시했다. 1970년대까지 CFC의 역사는 40년에 불과했지만, 수십만 톤에 이르는 물질이 매년 대기 중으로 날아가고 있었다. 공중에 뿌려지고 냉각시킨 모든 것은 프레온을 의미했다. 단열 처리를 하거나 거품을 만들거나 탈지한 모든 것도 프레온을 의미했다. 20세기에 편리함과 편안함에 대한 우리의 생각을 촉발시킨 것은 무엇이든 프레온을 의미했다. 문명이나 산업 발전 또는 기술적 진보를 의미하는 것, 다시 말해 우리가 이 세상에 속하지 않고 살 수 있게 해준 것(수 세기 전 청교도 침략자들의 꿈)은 무엇이든, 우리가 모든 계절에 일정한 온도와 같은 환경을 유지할 수 있게 하고 영원히 끝나지 않는 안전이라는 환상을 제공한 모든 것은 많든 적든 어떤 식으로든 프레온을 의미했다. 에어로졸 밸브의 설계자는 이렇게 말했다. "극단적으로 잘못되는 일은 없을 겁니다. 무엇이든 가져다가 안에 프레온-12를 넣고 뿌리세요."[157]

프레온은 어디에나 있었고, 그 편재성은 안전을 의미했다. 1970년대 초 대중들은 그처럼 흔하고, 보이지 않고, 냄새도 안 나고, 독성도 없는 물질이 과연 생명을 유지하는 지구의 주요 시스템 중 하나를 파괴할 수 있는지 의심쩍어했다. 어떻게 디오더런트를 쓰는 것이 세상을 파괴할 수 있단 말인가?

상층부 대기의 오존과 성층권에 대한 연구의 역사는 19세기로 거슬러 올라가지만, 오존이 밀집해 있으며 자외선 대부분을 흡수하는 상층부 대기의 얇은 층인 오존층의 완전한 광화학 메커니즘은 공교롭게도 프레온이 시장에 출시된 해인 1931년에 이르러서야 영국의 지구물리학자 시드니 채프먼Sydney Chapman에 의해 처음 밝혀졌다. 이후 40년간 급속도로 진행된 과학적 탐구는 오존층에 대한 더 많은 지식과 오존층을 파괴하는 더 큰 수단 모두를 나란히 가져오게 된다.

오존층이라는 이름은 오존층을 형성하는 보이지 않는 화학물질인 오존O_3의 이름을 따서 지어졌다. 오존은 우리 주위에 좀 더 흔하고 마실 수 있는 2개의 산소 원자O_2가 아닌 3개의 산소 원자로 이루어진 분자다. 산소와 달리, 지표면의 오존(자동차와 공장의 배기가스나 연기가 자외선과 만나 생성)은 호흡을 방해한다. 우리는 이러한 배기가스나 연기가 안개와 같이 된 상태를 스모그라고 부른다. 하지만 이때의 오존은 성층권의 오존과 화학적으로는 같을지 몰라도, 다르게 기능한다. 성층권은 민간 항공기가 다니는 높이보다 훨씬 높은 약 15km

위에 있는 우리 눈에 보이지 않는 대기층이다. 1934년 과학사학자 도로시 피스크Dorothy Fisk는 다음과 같이 썼다. "비록 2페니짜리 동전 두 께˙에 불과하지만, 오존층은 우리에게 매우 큰 영향을 미친다. 만약 오존층이 지구를 둘러싼 채 태양이 우리에게 보내는 방사선을 걸러주는 거대한 필터 역할을 하지 않는다면, 과도한 자외선으로 인해 생명체는 모두 사라지고 말 것이다."[158] 피스크는 "웨이퍼 과자보다도 얇은" 오존층은 "우리가 즉시 죽음을 맞지 않도록 막는 생명의 열쇠"라고도 썼다. 피스크의 글은 내가 현대적인 글에서 접했던 어떤 표현보다 지구 생명체의 취약하기 그지없는 불안정함을 잘 포착한다.

과학적 글에서 오존층은 자주 방패에 비유된다. 오존층을 보호하려는 우리의 노력을 설명할 때, 오존층이 호메로스가 묘사한 아킬레스의 방패처럼 어떤 국가적 특성을 반영한다는 점을 제외하면 이는 부정확한 비유인 것 같다. 오존층은 단순히 자동차 앞 유리처럼 변함없이 우리 앞에 놓여 자외선을 반사하는 판유리가 아니다. 오존층은 덜 가시적이고 덜 안정적이다. 피스크는 "비영속성은 오존의 본질이며, 그 특이성은 자체적인 파괴 수단이다"[159]라고 썼다. (나는 이 글을 처음 읽었을 때 다른 것들보다, 현대 인류에 대해서도 같은 말을 할 수 있겠다고 생각했다. 성층권의 오존은 우리 개개인의 비영속성을 잊게 해준다. 적어도 한동안은 말이다).

분자 수준에서 오존층은 끊임없이 만들어지고 파괴되는 과정을 반복한다.[160] 햇빛은 우주 공간을 지나 우리가 사는 세상에 도달한

● 약 0.3cm.

다. 태양 복사의 짧은 파장이 자외선(우리에게 비타민D와 암 모두를 제공하는 보이지 않는 빛)을 흡수하는 오존 분자들의 준비된 집합체에 닿으면, 이 흡수 과정에서 오존은 산소 원자 중 하나가 분리되어 이원자인 산소O_2와 하나의 자유 라디칼O^{+}◆로 나뉜다. (피스크는 이러한 과정을 나보다 더 잘 표현했다. "오존은 개성을 잃는 경향이 있다."[161]) 이 자유 라디칼은 불안정하므로 더 안정적인 상태를 위해 주변의 다른 산소 분자와 결합한다. 이 결합으로 다시 오존 분자가 형성되지만, 태양의 자외선으로 인해 다시 분열된다. 이러한 화학반응을 통해 모든 UV-C(가장 짧은 파장과 큰 에너지를 가진 자외선으로 DNA를 손상시킨다)와 약 90%의 UV-B(피부를 태우고 일부 유형의 피부암을 일으킨다)가 오존층에 흡수된다. 자외선 파장 중 가장 길고 덜 위험한 UV-A는 지구 표면에 도달하는데, 이는 피부 깊숙한 층으로 침투해 주름과 다른 암을 일으키기도 한다. 오존층은 전체적으로 방패가 아니라 조수 같은 것이다. 즉 약 16km 상공에서 원자들을 끊임없이 분해하고 재결합하는 보이지 않는 파도 같은 것으로 기능한다. 오존층은 바다가 가시광선을 거르듯 가장 지독한 방사선을 걸러낸다.

지구에서 단세포 생물은 오존층이 형성되기 10억 년 전인 35억 년 전 물에서 시작되었다. 이는 물이 어느 정도 UV-B 방사선을 걸러내기 때문이다. 그리고 불과 약 25억 년 전에 해양생물이 이원자 산소를 생성하기 시작했고, 마침내 수억 년에 걸쳐 산소 분자들이 대기를 채우게 되었다. 이어 약 18억 5000만 년 전, 대류권에 충분한 산소

◆ 짝짓지 않은 전자를 갖는 원자, 분자, 이온을 뜻한다.

가 형성되어 그중 일부가 성층권으로 빠져나가기 시작했다. 그리고 10억 년 후, 오존층은 대기 화학자들이 삼원자 및 이원자 산소의 '안정된 상태'라고 부르는 상태에 도달했고, 인류가 출현할 무렵 서서히 섬세한 균형을 이루었다.

자외선으로부터 지구 생명체를 보호하는 일 외에도 성층권 오존층의 압력은 우리가 사는 곳 위에서 일종의 봉인 역할을 하여 우리 존재에 필수적인 기후 패턴과 열 순환에 영향을 미친다.

대부분의 생명체는 오존층 아래에서 진화했다. 오존층이 없다면 우리의 피부는 단 몇 분만 태양에 노출되어도 타버릴 것이다. 인구면에서 보면, 사람들은 지금의 발병률보다 훨씬 더 높은 비율로 암에 걸릴 것이다. 지금의 높은 암 발병률은 어느 정도는 석유화학 산업과 가공식품 산업에 의해 야기되었다. 또 아무런 보호책 없이 태양의 따사로움을 즐기며 여름을 보낸 세대들의 놀라운 피부암 발병률을 생각하고, 그보다 더 높은 흑색종 발병률을 생각하면 정말로 끔찍하다. 방사선의 증가는 특히 피부가 밝은 사람들의 피부암 발병률을 높일 뿐만 아니라 심각한 면역 결핍증처럼 아직 제대로 밝혀지지 않은 많은 건강 문제를 일으킬 것이다.

그러나 이러한 위험은 오로지 인간의 건강에만 관련된 것들이다. 더욱 불안한 것은 걸러지지 않은 자외선이 우리 또는 모든 동물의 먹이사슬에 필수적인 대다수 식물을 파괴한다는 사실이다. 오존층이 아예 없거나 상당 부분이 없으면, 지구로 들어올 수 있게 된 UV-B와 UV-C가 지구 표면에 사는 많은 해양 생명체의 기초 먹이인 플랑크톤과 조류를 파괴하여 우리가 아는 바다 생명체 대부분을 말살할 것이다. 그렇게 되면 암울하게 짐작할 수 있는 것처럼 지상에서는 더 많은 생명이 사라질 것이다. 하지만 이는 하나의 예시일 뿐이다.

오존층이 비록 얇고, 보이지 않고, 계속 변화하고 있지만, 아주 간단히 말해, 지구상의 모든 생명체를 살아 있게 한다.

피스크는 이를 두고 다음과 같이 썼다. "이 지구상에 생명체가 매우 위태롭게 존재한다는 것은 분명하다. 어쨌든 생명이 존재한다는 것 자체가 기적이다."[162]

채프먼이 방사선을 걸러내는 성층권의 광화학 메커니즘을 발견하고 몇 년 후에 쓰이긴 했지만, 피스크가 1934년 저서 《상층부 대기 탐험Exploring the Upper Atmosphere》을 통해 기술한 오존층에 관한 설명은 "우리는 우리의 생명이 달린 오존층의 두께를 마음대로 조절할 수 없다"[163]라는 구절을 제외하고는 거의 정확하다. 그녀는 오존층의 두께가 고정되어 있다는 당시의 일반적인 과학적 이해를 바탕으로 이야기했다. 하지만 이것은 옛날 말이다. 이제 우리는 CFC 및 염소, 질소산화물, 브롬을 함유한 다른 대기 화학물질의 배출을 통해 오존층의 두께를 조절할 수 있다는 것을 알고 있다.

많은 과학자는 미국 정부가 초음속 여행을 연구하기 시작했을 때 이 오존층의 섬세함을 처음 알게 되었다.[164] 비행기 여행이 아직 사치였던 1960년대 말, 교통의 미래는 음속보다 빠른, 즉 3시간 이내에 대륙과 바다를 가로지르는 초음속 비행에 있는 것처럼 보였다. 초음속 비행기는 추측에 근거한 꿈이 아니었다. 그들은 이미 도착해 있었다. 하늘은 곧 보잉 여객기가 아닌 음속 장벽을 깨부수는 소리로 가득할 것 같았고, 이러한 전망은 사람들에게 소음의 가능성을 넘어 걱정까지 끼치게 했다. 적당한 주파수에서 음속 폭음은 창과 벽에 금이 가게 할 수 있었기 때문이다.

더 큰 문제는, 과학자들이 초음속 비행기가 지구 오존층의 균형을 무너뜨릴 수 있다는 것을 깨닫기 시작했다는 것이다. 1970년 대기화학자 파울 크뤼첸Paul Crutzen[165]은 지구 토양 속의 박테리아가 자연적으로 생성하는 아산화질소N_2O가 성층권으로 상승하는 화학반응을 시연했다. 성층권에서 태양의 방사선은 이 아산화질소를 산화질소NO와 이산화질소NO_2로 분리했다. 두 질소산화물은 복잡한 화학적 반응을 통해 성층권 오존을 생성하는 반응의 흐름을 억제한다. 이 점을 고려한 크뤼첸은 초음속 여행의 도래와 함께 비행기의 연료 배출이, 구체적으로 말하면 자연적으로 발생하는 양보다 훨씬 많은 양의 질소산화물을 성층권에 직접 배출하는 게 상층부 대기의 섬세한 화학작용을 방해함으로써 오존의 반복적 생성과 분해를 막을 수 있다는 것을 바로 알아차렸다.

'방해'는 아마도 너무 순한 단어 선택일 것이다. 가장 적게 잡아도 초음속 비행기의 배출 가스로 인한 질소산화물은 오존층을 1%까지 파괴할 수 있다.[166] 이는 북반구에서 피부암 발병률을 10%나 증가시킬 수 있을 만큼 상당한 손실이다. 좀 더 현실적으로 보면 그 비율이 더 높은데, 이 질소산화물은 오존층을 23%까지, 특히 비행경로 바로 위의 대기에서는 전 세계적 혼란이 초래될 수치인 최대 50%까지 파괴하는 것으로 추정된다.[167]

연구원들이 이러한 화학적 계산치와 가능성을 내놓았을 무렵,

미국 정부는 초음속 여행을 위한 예산 책정을 했지만, 예산은 수지가 맞지 않았다. 음속 장벽을 뛰어넘을 정도로 속도를 올리고 유지하려면 많은 연료가 필요했고, 비행기에 탑승하는 유료 승객 수로는 최신 대형 여객기보다 더 높은 수익을 기대할 수 없었다.[168] 일반 소비자가 접근할 수 있는 현실성 있는 교통수단으로 초음속 비행기는 적합하지 않았다. 정부 주도의 몇몇 상업용 초음속 비행기가 크뤼첸과 다른 이들의 경고를 무시하고 결국 이륙했지만, 업계는 참여하지 않았다. 상업적으로 성공한 유일한 초음속 비행기는 1976년에 등장했던 지금은 없어진 콩코드다. 초음속 여행이 사람들의 입에 오르락내리락하는 동안, 그에 대한 대중의 비판은 오존 파괴가 아닌 소음 공해와 엄청난 비용에 맞춰졌다.

　그 비용 덕분에 재앙은 피할 수 있었지만, 우리는 초음속과 화학의 대립을 통해 지구를 안정시키는 메커니즘 중 하나를 다시 생각해보게 되었다. 수억 년 동안 확인되지 않은 상태로 존재했던 필수적 대기층인 오존층은 인간의 행동에 취약했다. 초음속 여행 산업이 실패한 후, 잠재적 재앙은 기억에서 사라지는 듯했다. 인간은 초음속 비행기 수송의 대가, 즉 지구상의 모든 생명을 희생시키는 것에 대해 신중하고 복합적인 반성을 해야 했지만, 대신 손익을 더 많이 걱정했다. 이 역사를 돌아보면서, 나는 우리에게 그러한 오존층의 취약성을 들여다볼 기회가 주어졌었다는 것에 놀랐다. 어쩌면 이는 하나의 행성, 국가, 개인으로서 우리의 과거, 현재, 미래의 가치를 더 깊이 이해할 수 있었던 기회였다.

　하지만 우리는 그 기회를 날려버렸다.

특정한 인간들이 지구의 생태계를 근본적으로 변화시켜 지구 상의 모든 생명체를 위협할 수 있다는 생각은 여전히 새로운 것이었고 많은 사람이 이해하기는 어려웠다. 문명은 전 지구는 아닐지 몰라도, 우리에게 확실히 알려진 전 세계의 파괴를 늘 두려워했다. 하지만 1945년 일본 민간인을 대상으로 한 미국의 핵폭탄 공격은 모든 것을 바꾸어놓았다. 모든 인간 생명체가 파괴될 수 있다는 가능성에 대한 두려움은 더는 이론이나 종교적 추측에 근거하지 않았다. 그것은 지배적인 군사력이 가지는 구체적이고 분명히 실재하는 즉각적인 힘이었다. 이후 가장 냉랭했던 냉전의 시기에 이루어진 미국과 소련의 핵무기(더 크고 더 파괴적인 폭탄) 개발과 축적은 사람들의 실재하는 두려움을 심화시켰다. 그러한 두려움의 생성은 어느 정도 의도된 것이었다. 원자폭탄은 파괴의 목적 못지않게 겁을 줄 목적으로도 설계되었다.

초음속 비행기의 배기가스 배출은 의도치 않은 파괴라는 새로운 반전을 가진 실존적 위협이었다. 과학자들은 적어도 스웨덴 화학자 스반테 아레니우스Svante Arrhenius가 석탄의 연소와 지구의 기후 변화를 처음 연관시킨 1896년부터 유럽계 미국인들에 의한 산업용 탄소 배출이 어떻게 세계를 변화시키는지를 연구해왔다. 하지만 낮은 비율에 해당하는 세계 인구의 행동과 선택들이 2~3세대에 걸쳐 지구 전체를 무의식적으로 불안정하게 만들 수 있다는 믿음은 급진적 생각으로 남아 있었다. 지금도 여전히 어떤 사람들에게는 급진적인 생각이다. 나는 환경운동가들이 전쟁과 관련지어 기후 변화와의 '투쟁', 화석 연료와의 '싸움'이라는 표현을 쓰는 것을 들을 때마다 이러한 상황을 생각한다. 좀 거부감이 들긴 하지만, 나는 이러한 관점을 이해한다. 환경운동가들은 미국인들이 전투적 용어로 위기를 표현하지 않으면 대응하지 않을 것을 우려한다. 하지만 아이러니하게도 미군은 매년 대다수 국가의 연간 소비량보다 더 많은 화석 연료를 소비하고 있다. 브라운대학Brown University의 '전쟁 비용 프로젝트'[169]에 따르면, 2001년 테러와의 전쟁이 시작된 이후 미군이 배출한 지구온난화 가스는 12억 톤에 달한다. 이는 미국에 있는 2억 5,700만 대의 승용차가 1년 동안 배출하는 양으로, 실로 충격적인 양이다. 지구상에 있는 어떠한 조직도 이보다 더한 기후 혼란climate chaos을 일으키지는 않는다.

인간이 자신도 모르는 사이에 세상을 멸망시킬 수 있다는 가능성에 대한 불신은 일종의 겸손함으로, 우리 자신보다 더 크고 더 오래 지속되는 힘에 대한 인정이자 신뢰이다. 나는 이 불신이 우리가 알고 있다고 생각하는 변화에 대한 완고하고 이기적인 저항인 동시에, 세계 파괴자로서의 인류의 능력에 대한 부정이라고 생각하고 싶다. 하지만 이 세상에서 파괴의 영향을 받지 않는 것은 없다. 지구는 영원히 지속되지 않을 것이다.

비행기의 배기가스 문제 외에도, 다른, 문제의 더 직접적인 징후가 모습을 드러내기 시작했다. 1971년[170] 가이아 가설(지구가 스스로를 조절하고 있다는 이론으로, 인간의 생명을 끝내는 것도 '조절'로 간주될 수 있다는 러브록의 깨달음이 있기까지 처음에는 놀랍게 들렸고, 또 당시로서는 놀라웠던 개념)로 가장 유명한 영국의 독립 연구원인 제임스 러브록James Lovelock은 대기 중에 있는 미량의 기체 농도를 놀랄 만큼 정확하게 감지할 수 있는 '전자 포획 기체 크로마토그래프electron capture gas chromatograph'라는 기기를 발명했다. 대기 중 미량 가스의 이동 경로, 즉 다양한 대기층을 통과하는 가스의 경로가 러브록의 관심을 끌었다. 그래서 그는 이를 좀 더 알아보기 위해 화학적으로 안정된 CFC, 정확히 말하자면 CFC-11를 활용하기로 했다. CFC-11을 따라가면 어떤 결과를 도출할 수 있을 것 같았다. 영국에서 남극 대륙으로 갔다가 다시 돌아오는 배인 RRS 섀클톤Shackleton 호에 승선한 동안, 러브록은 자신이 발명한 기기를 이용해 성층권에서의 CFC 농도를 측정했다.[171] 그는 1973년에 조사 결과를 발표하면서 뜻밖의 사실에 주목했다. 채취한 모든 공기 샘플에서 극소량의 CFC-11이 발견된 것이다. 다시 말해, CFC-11 분자는 전 세계 어디에든 있었고, 심지어 CFC가 만들어지거나 사용된 적이 없는 남극 상공에도 있었다.

러브록은 영국으로 돌아온 직후(논문이 출간되기 1년 전) 과학 학회에 참석했다가 공식 행사에서 잠시 숨을 돌리는 동안 두 사람을 만났다.[172] 한 사람은 국립해양대기협회National Oceanic and Atmospheric Association의 과학자인 레스터 마취타Lester Machta였고, 다른 한 사람은 듀폰의 프레온 사업부 책임자인 레이 맥카시Ray McCarthy였다. 그날 일찍 러브록은 대기 중 CFC-11의 농도를 추정한 연구 결과를 발표한 참이었다. 그는 호기심에 맥카시에게 CFC가 전 세계적으로 몇 톤이나 생산되었는지 물었다. 맥카시는 CFC-11과 CFC-12의 생산량을 말해주었다.[173] 두 주요 프레온의 연간 전 세계 생산량은 약 100만 톤으로 증가했는데, 이는 50만 대 이상의 자동차 질량에 해당하는 양이었다. 에어로졸의 CFC가 그 어마어마한 생산량의 약 70%를 차지했다. 게다가 그 비율은 꾸준히 증가하고 있었다.

무게 외에 맥카시의 숫자는 또 다른 이유로 흥미로웠다. 그가 추정한 CFC-11 생산량은 러브록이 추정한 대기 중 CFC-11 농도와 맞아떨어졌다. 인공 분자들 대부분은 대기권의 비교적 낮은 층에서 땅이나 물에 의해 흡수된다. 즉 지상에서부터 비행기가 나는 높이보다 조금 높은 곳 사이에서 흡수된다. 그러나 맥카시의 수치는 지금까지 만들어진 거의 모든 CFC 분자가 소멸되지 않고, 그 놀라운 비반응성으로 인해 지구 주위에 온전한 상태로 머물고 있음을 보여주었다.

이들과 합류한 세 번째 남자 마취타는 이 점에 주목했다.

산업적 성공의 열쇠였던 CFC 특유의 이 화학적 안정성은 생태학적 위협을 암시하기도 했다. CFC가 누출되면, 바다가 용해하고 식물이 호흡하는 이산화탄소와 달리, 매우 오랜 시간 동안 공기 중에 머문다. 바다도 지구도 CFC를 흡수하지 않는다. 낮은 대기권에서 이들은 때로 수십 년 동안 목적 없이 바람의 방향을 따라 이 세상을 떠돌아다닌다.

1973년 러브록은 대기 중의 CFC-11에 관한 글에서 자신은 대기 중의 CFC 농도 증가를 걱정하지 않는다고 말했다. 그는 오로지 '대기 중 물질의 이동 과정 연구를 위한 비활성 추적물질로서의 잠재적인 유용성',[174] 즉 공기 흐름을 알려주는 것으로서만 관심이 있었다. 업계에서도 CFC의 내구성을 안전의 표시로 해석했다. 화학자들은 CFC의 안정성, 주위 물질과의 비반응성, 부자연스러울 정도의 내구성을 항상 변화하는 자연과의 투쟁에서 이룬 진전으로 보았다. 더 이상의 언급 없이 러브록은 상층부 대기에 분해되지 않은 채로 남아 있는 어마어마한 양(매년 증가하는 양)의 CFC가 그리 "위험 요소가 될 가능성은 없다"라고 일축했다.

7

파괴의 평범한 얼굴

1972년 포트로더데일에서 열린 회의에서 캘리포니아의 방사화학자인 F. 셔우드 "셰리" 롤랜드Sherwood Sherry Rowland는 레스터 마쳐타가 아직 발표되지 않은 러브록의 성과를 정리해 열정적으로 발표하는 모습을 보고 있었다. 마쳐타는 기상학자나 화학자 등 방에 있는 모든 사람이 좀처럼 접하기 어려운, 대기가 추는 발레의 안무를 연구할 기회로 러브록의 새 기체 크로마토그래프를 지목했다. 러브록이 보여주었듯이, CFC-11은 자연적인 '흡수원'이 없는 것처럼 보였고(즉 지구에서 CFC-11을 빨아들이는 것은 아무것도 없는 듯했다), 대기 중의 양이 매일 증가하고 있었기 때문에 완벽한 '추적물질'이 될 수 있었다.

발표가 끝난 뒤, 롤랜드는 마쳐타에게 다가갔다. 그는 특히 한 가지 주장에 강한 흥미를 느꼈다. CFC-11과 CFC-12를 흡수하는 것은 정말로 존재하지 않는 것인가?

롤랜드의 관심은 러브록의 연구가 끝난 지점에서 시작되었다. CFC-11은 성층권으로 올라갔을까? 만약 그렇다면 거기에서 무슨 일이 벌어졌을까? 그 오랜 시간 동안 CFC는 어떻게 되었을까? 롤랜드가 몸담고 있었던 방사화학(방사성 화학물질 연구)에 따르면, 만약 대류권에서 비활성 상태였던 CFC가 성층권에 도달하면 태양에서 오는 자외선이 분자들을 분해해 염소 라디칼이 생성되고, 이것이 오존을 파괴할 수 있었다.

하지만 그런 다음에는?

초음속 비행기의 배기가스를 둘러싼 문제와 그 심각한 분위기가 다른 화학자들의 마음을 계속 어지럽혔지만, 오존층을 파괴할 만큼 큰 화학적 위협은 여전히 가설에 근거한 것이었다. 순수한 호기심이 롤랜드의 연구를 이끌었다. 다른 훌륭한 과학자들과 마찬가지로, 그는 쉽게 겁을 먹지 않았는데, 이러한 특성은 학문적 훈련에서 비롯되었다기보다는 신체적인 조건에서 비롯된 것으로 보인다. 195cm의 거구[175]였던 그는 1967년 이례적으로 구소련을 방문했을 때 자기 크기에 맞는 신발을 찾지 못해 노보시비르스크Novosibirsk 대학원생들과 맨발로 농구 경기를 한 적이 있는 고등학교 운동선수 출신이다. 대담하지만 신중한 그는 레이저 화학에 관한 논문을 막 마친 새로운 연구조교인 마리오 몰리나Mario Molina와 함께 CFC를 파헤쳐보기로 했다.

1973년 가을, 롤랜드와 몰리나는 함께 연구를 시작한 후 며칠 만에 CFC에 대한 답을 찾았다. 우선, 그들은 CFC가 비반응성으로 악명 높은 평판에 부합하는지 여부를 검토했다. 성층권에 도달하기 전까지는 숲도, 물도, 비도, 대류권의 어떠한 유기적 과정도 분자에 영향을 미치는 것 같지 않았다. CFC가 위로 올라가는 이 여정은 짧게는 2년이 걸릴 수도 있지만, 수십 년이 걸릴 수도 있다. 시간이 얼마나 걸리느냐는 순전히 우연과 분자의 구조에 달려 있다. CFC-11이 평균적으로 대기에 머무는 시간은 약 45년이기 때문에, 러브록은 이 화학물질이 처음 생산된 지 40년이 지난 당시에 그때까지 생산된 것과 거의 같은 양을 대기 중에서 발견할 수 있었다. 반면, CFC-12(샘이 심한 집착을 보이는 대상이자 가장 널리 퍼져 있는 CFC 중 하나)[176]는 약 100년간 대류권에 남을 수 있다. 역사가 J. R. 맥닐은 이로 인해 자외선이 증가하는 시기를 '세기'로 부르기도 했다. 농도는 상당히 낮지만 이보다 더 오래 대류권에 머무는 CFC들도 있다.[177] CFC-114는 약 190년 동안 지속된다. 그리고 놀랍게도 CFC-115는 천 년이 넘도록 대기를 떠나지 않을 것으로 예상된다. 천 년 전은 노르만족이 아직 영국을 침략하지도 않았을 때다. 그리고 물론, 3021년에 세상이 어떻게 될지, 우리 아이들의 자손이 살아남을 수 있긴 한지도 전혀 알 수 없다. 미즐리가 발전에 이바지한 화학물질의 마지막 흔적, 즉 그가 남긴 유산의 마지막 분자는 서기 31세기나 되어야 사라질 것이다.

다음으로 롤랜드와 몰리나는 CFC가 대기권 하층부를 벗어나면 무슨 일이 벌어지는지 알아내기 시작했다. 성층권에 진입해 얇은 오존 막에 도달하면, 이 비반응성 화합물은 더는 자외선을 피하지 못하고 그 영향으로 마침내 화학반응을 일으킨다. 자외선은 오존을 분해하는 것과 같은 식(광해리photodissociation 현상)으로 CFC 분자들을 분해하지만, 산소 원자를 방출하는 대신 마치 취객 하나를 댄스 무대로 밀어내듯 단일 염소 원자를 방출한다. 짝을 원하는 염소는 오존에서 막 갈라져 나온 단일 자유 산소 원자와 쉽게 짝을 짓는다. 염소는 산소와 결합해 일산화염소ClO가 되어, 산소 원자가 오존을 재형성하지 못하도록 막는다.

CFC-12 분자 하나가 오존 분자 하나의 형성을 막는다 해도, 이는 재앙이 될 터였다. 하지만 경악스럽게도 몰리나는 또 다른 화학적 움직임을 발견했다. 자외선의 도움 없이 ClO는 다른 단일 산소 원자와 충돌해 쉽게 반응한다. 산소 원자는 마치 안전을 위해 서로에게 끌리듯 이원자 산소O_2로 짝을 이루고, 혼자 몸이 된 염소는 요란한 잰걸음으로 또 다른 짝을 갈망하며 다시 댄스 무대로 나간다. O_3에서 O_2로의 반응과 달리, ClO에서 O_2로의 반응은 자외선을 흡수하지 않는다. 악당과도 같은 염소가 자유로워지자마자 산소와 결합하고 자외선의 흡수를 방해하여 우아한 왈츠를 소란스러운 춤으로 탈바꿈시키고 급격한 죽음을 막는 이미 얇은 상태의 방어막을 무너뜨릴 때, 오존 분자들의 분해와 결합 과정은 단순히 분해 과정이 된다. 그러는 동안 평상시보다 더 많은 자외선이 오존층에 흡수되지 않은 채 성층권을 통과한다.

두 반응은 적은 양이지만 자연적으로 성층권에 도달하는 두 화합물 중 하나에 염소가 부딪힐 때까지 무한한 주기로 반복된다. 그 중 하나는 메탄CH_4으로, 메탄은 염소와 만나면 염화수소HCl와 CH_3를 형성한다. 또 다른 화합물은 이산화질소NO_2로, ClO를 단단히 붙잡아 염소질산염$ClONO_2$을 형성한다. 염소를 붙잡을 수 있을 정도로 안정적인, 염화수소와 염소질산염은 이제 더 무거워져 마치 천천히 움직이는 스카이다이빙 강사처럼 악당들을 단단히 붙잡고 대류권으로 다시 떨어진다. 그리고 대류권에서 분자들은 구름에 둘러싸여 비의 형태로 지구로 씻겨 내려간다. 그러면 마침내 수십 년에 걸친 여정 끝에 염소는 지구 생태계로 다시 돌아가게 된다.

오존층의 오존 분자들은 일정하게 사라졌다 다시 생겨나는 흐름을 유지하는데, 세스 캐긴Seth Cagin과 필립 드래이Philip Dray가 위기의 역사에 관한 그들의 책에서 지적했듯이 "성층권의 염소 원자 1개는 오존 분자 1개가 아니라 연쇄 반응으로 수만, 수십만 개의 오존 분자를 파괴할 수 있다".[178] 염소는 평소보다 6배 빠른 속도로 이원자 산소의 형성을 촉진한다. 이는 이러한 염소 반응이 과학자들이 초음속 비행기의 배기가스에서 두려워했던 질소 반응보다 더 빠르게, 그리고 더 광범위한 영역에서 일어난다는 것을 의미한다. 약 450g(단 1파운드)[179]의 CFC로도 3만 2,000kg 정도의 오존을 파괴할 수 있다. 무기고의 장전된 총처럼 염소 분자 하나는 지붕을 날려버릴 수 있다.

더욱 불안한 것은 그해에만 배출된 수백만 톤의 CFC가 몇 년 동안 성층권에는 도달하지도 못할 거란 것이다. CFC의 생산이 즉시 중단되더라도 재앙은 여전히 불가피해 보였다. 롤랜드와 몰리나의 초기 계산에 따르면, 오존 파괴 비율은 20~40% 사이 어디쯤이었다. 초음속 비행기의 배기가스에 대한 우려를 상대적으로 아무것도 아닌 것처럼 보이게 하는 심각한 손실이었다. 수치가 너무나 충격적이어서 롤랜드와 몰리나는 자신들이 실수한 것이 틀림없다고 생각했다. (그들은 몰랐지만, 나사NASA의 우주왕복선 배기가스와 핵 낙진을 연구했던 다른 연구원들은 염소의 이러한 연쇄 반응을 잘 알고 있었다. 그러나 누구도 CFC의 실재하는 위험을 진지하게 고려하지 않았기 때문에 그 지식은 기밀로, 그리고 주로 이론적인 것으로 남았다.) 롤랜드는 계산기를 가죽 권총집에 넣어 총처럼 들고 다니면서 몰리나에게 다시 따로 계산해볼 것을 제안했다.[180] 일하는 동안 몰리나는 이럴 수도 저럴 수도 없는 곤란한 기분을 느꼈다. 만약 계산이 잘못되었다면 그는 바보처럼 보일 수 있었고, 계산이 맞는다면, 음, 그것은 지구 대참사의 조짐이었다.

이들은 각자 다시 계산해본 후 결과를 비교했다. 이전과 같은 비극적 결과가 화학식과 방사 유도 반응을 통해 도출되었다. 기호들이 나타낼 수 있는 것보다 더 많은 의미가 담긴 종이 위의 표시들이 조용하지만 확실한 공포를 자아내며 그들을 응시했다.

오존 역사학자 샤론 로안Sharon Roan이 (파괴가 얼마나 평범하게 일어날 수 있는지를 보여주기 위해 CFC 각각의 후속 역사를 다룬 그녀의 저서에서) 말했듯이, 결과를 확인한 후 롤랜드는 당황하지 않고 집으로 갔다. 아내 조앤Joan이 일은 잘 돼가고 있는지 물었다.

"잘 되고 있지. 하지만 세상이 곧 끝날 것처럼 보이는군."[181] 그가 말했다.

1973년이었다. 오존층이 무엇이고 무슨 일을 하는지 아는 미국인은 거의 없었다.

하지만 이제 사정은 달라질 것이다.

1974년 10월[182]에 방송된 〈올 인 더 패밀리All in the Family〉의 한 에피소드에서 유행에 밝은 글로리아의 남편이자, 사랑스러운 고집쟁이 아치 벙커의 사위인 마이크가 아내에게 아이를 갖고 싶지 않다는 뜻을 밝힌다. 그의 고백은 침실에서 열띤 논쟁으로 확대된다. 마이크의 진짜 본성을 처음으로 알게 되었다는 듯, 글로리아는 그가 아이들을 싫어한다고 비난한다.

"난 아이들을 싫어하지 않아, 글로리아!" 그가 소리친다. "아이들을 **사랑해!** 그래서 지금 같은 세상에 아무도 데려오고 싶지 않은 거야." 그가 방 안을 둘러보며 무언가를 찾는다. 그의 시선이 나무 화장대 가장자리에 있는 가느다란 빨간색 통에 닿는다. 글로리아의 헤어스프레이다.

"이거야." 그가 말한다. "바로 이거 말이야." (그가 물건을 집어든다.) "**이건** 살인 도구야!"

글로리아가 멈칫한다. "이런." 그녀가 말한다. "이젠 내 헤어스프레이 보고 살인 도구라네."

"당신 헤어스프레이, 내 디오더런트, 스프레이 캔은 모두 마찬가지야." (사실, **모든** 스프레이 캔이 그런 것은 아니다. 에어로졸의 약 절반은 부탄, 프로판 또는 이산화탄소와 같은 오존 친화적인 추진제를 사용했다.)

마이크의 말이 이어진다. "이런 통에 가스가 들어 있다고 하더군, 글로리아. 그 가스가 공기 중으로 날아가서 오존을 파괴할 수 있어." 글로리아가 그에게 오존이 무엇인지 묻자, 마이크는 오존의 중요성과 그것이 파괴되면 어떻게 되는지를 빠르고 정확하게 설명한다. 그런데도 글로리아가 가상 아이의 건강에 대한 위험성을 제대로 파악하지 못하자, 마이크가 간단히 설명한다. "어떤 과학자들이 그러는데, 지금 속도로 오존이 사라지면 이 세상에 아주 큰일이 난대." 이 말에 글로리아는 마이클에 대한 분노와 아이를 갖고 싶은 욕구 때문에 울기 시작한다.

이 장면에서 나를 놀라게 한 것은 작가들이 아주 능숙하게 어느 편에도 서지 않는다는 것이다. 논쟁이 끝날 때쯤, 글로리아는 근시안적이고 비합리적이며 심지어 순진해 빠진 것처럼 보인다. 그리고 마이크는 겁주기를 일삼는 비관적인 속물처럼 행동한다. 마이크의 입장은 과학에 근거한 것 같지만, 그 역시 비합리적이다.

글로리아와 마이크의 싸움은 '개인의 욕망과 상충하는 집단의 우려'라는 환경 윤리의 역설을 훌륭히 보여준다. 글로리아나 마이크 둘 중 한쪽 편을 쉽게 드는 것은 내 생각에 심각한 문제인 것 같다. 많은 사람이 세상에 태어나는 아이들의 수를 제한할 필요가 있다고 주장하지만, 그러한 조치는 언제나 그렇듯 중대한 환경적 영향을 미칠 가능성이 거의 없는 사람들(제대로 정규 교육을 받지 못한 가난한 여성)을 대상으로 취해진다. 공정한 사회는 수치심을 이용해 통치될 수 없으며 개인의 의지를 부정할 수 없음은 말할 필요도 없다. 한편, 마이크의 태도는 아이들의 동의 없이, 그리고 세상이 아이들을 기르고 보살필 수 있다는 확신 없이 이 오염된 세상에 아이들을 데려오는 것을 비윤리적인 것으로 보이게 한다. (이 점을 지적해야 하는데, 마이크는 입양이나 위탁 양육에는 완전히 찬성한다.) 하지만 우리가 욕구를 누르는 것과 이기심 중 하나를 선택해야 한다면, 우리는 이미 졌다. 이 에피소드는 문제가 어느 편에 설 것인지 선택하는 데 있는 것이 아니라, 잘못된 선택을 제시하는 것 자체에 있음을 시사한다.

이 시트콤의 두 등장인물 사이의 논쟁은 역사에서 중요한 문화적 지표가 되기 때문에 살펴볼 가치가 있다. 대개 1970년대 초반은 미국의 주류 환경보호론이 대두된 때로 여겨진다. 실제로 70년대에 **백인** 중산층의 환경보호론이 탄생한 것은 오랜 노동자 운동이 자본주의의 낭비적 성향을 알고 있었던 것과 마찬가지로, 많은 흑인과 원주민 공동체가 환경적 독소의 위협을 오랫동안 의식해왔기 때문이다. 글로리아와 마이크의 논쟁은 많은 미국인의 높아진 환경 의식을 반영했다. 이들의 싸움은 또한 오늘날 많은 사람에게 친숙하게 들리는 논쟁, 즉 '개인의 관점 대 종의 관점'의 논쟁을 보여주었다.

"글쎄, 마이클." 에피소드가 끝날 무렵 글로리아가 말한다. "계속 두려워만 하면서 살 순 없어."

마이클이 믿을 수 없다는 듯 대답한다. "난 삶이 두렵지 않아, 글로리아. 그저 마주하고 있을 뿐이야."

당시 지상파 TV에서 시청률이 가장 높았던 프로그램 중 하나인 〈올 인 더 패밀리〉의 이 장면은 오존 파괴라는 과학적 사실을 극화하여 처음으로 4,300만 명의 미국인들에게 알렸다. 마이클의 분노가 어떤 과학 보도나 뉴스 헤드라인도 할 수 없는 방식으로 TV를 시청하는 대중들에게 이 문제를 알린 것이다.

사실, 롤랜드와 몰리나가 1974년 출판물을 통해 성층권 오존층 파괴에 관한 경고를 이미 한 적이 있었고, 또 많은 과학자(롤랜드와 몰리나는 이들 중 누구도 알지 못했다)가 이와 유사한 현상을 연구하고 있었는데도, 사람들의 즉각적인 반응은 불안한 침묵이었다. 한 팀은 성층권은 아니지만 연쇄 반응을 연구했고, 다른 팀은 구체적으로 CFC는 아니지만 성층권의 염소가 미치는 영향을 연구했으며, 세 번째 팀은 연쇄 반응은 아니지만 성층권의 CFC에 태양 방사선이 미치는 영향을 입증했다. 롤랜드와 몰리나는 이 세 가지 메커니즘이 어떻게 함께 작동해 생명을 위협하는지를 처음으로 확인한 사람들이었다. 그들의 획기적인 논문은 이론적으로 '대기 중의 오존 파괴'[183]를 설명했으며, '환경 문제들이 어떤 수준으로 나타날지를 확실히' 하기 위한 '즉각적인' 추가 연구(앞서 발표된 심각한 경고의 상호 심사 버전)를 필요로 했다.

불행히도 그들의 논문을 읽고 그것이 내포한 끔찍한 의미를 이해한 사람은 거의 없었다. 논문을 읽었다 해도, 많은 사람이 회의적인 반응을 보였다. 듀폰에서 일하는 한 과학자는 롤랜드와 몰리나를 '종말론자'들이라고 공개적으로 비난했다. 과학적 논쟁에서 늘 독립적 태도를 보였던 러브록도 비판에 가담했다. 몇 안 되는 과학자들[184]만이 발견의 심각성을 이해하고 직접 조사를 시작했는데, 이는 곧 롤랜드와 몰리나의 이론을 더욱 뒷받침했다. 그러나 1974년 초가을까지 이 소식은 여전히 전문가들끼리만 공유되었다. 롤랜드와 몰리나는 과학계의 존중을 잃더라도 학계와 일반 대중 사이의 거리를 좁힐 필요가 있음을 깨달았다.

9월 초, 미국 화학회의 언론 담당인 도로시 스미스Dorothy Smith는 다가오는 회의(미즐리가 44년 전에 CFC를 처음 소개했던 바로 그 연례 행사)에서 발표될 롤랜드와 몰리나의 대단히 심각한 발견에 이목을 집중시키기 위해 애틀랜틱시티에서 기자회견을 열었다.[185] 몇몇 주요 언론들이 전 세계적 파멸이 임박했다는 소식을 전했지만, 위기의 심각성이 제대로 알려진 것은 〈뉴욕타임스〉가 3주 후인 9월 26일에 '시험 결과 에어로졸 가스가 지구에 위협이 될 수도 있다'라는 기사를 게재하고 난 뒤였다. (그런데 이상하게도, 기사는 롤랜드와 몰리나가 아니라 하버드 연구진들에 초점을 맞췄다.) 어쨌든, 소식이 퍼졌다. 그로부터 불과 4주 후(사회적 문제를 잘 반영하는 것으로 유명한 프로그램치고도 놀라운 속도였다)에 〈올 인 더 패밀리〉의 에피소드가 방송되었고, 이는 미국 인구의 20%가 글로리아와 마이크에게서 이 소식을 처음 접하게 되었음을 의미한다. (흥미롭게도, 이들의 싸움은 제2의 페미니즘 물결이 형성되기 시작한 순간 해결된다. 글로리아는 자신이 자존감과 아이를 가질 수 있는 능력을 동일시하고 있었음을 깨닫는다. 그래도 여전히 자신은 아이를 원한다는 사실을 인정하지만, 우선 기다리면서 '생각'해보기로 한다. 사실 글로리아는 다음 시즌에 임신한다.) 이전에는 과학 전문가들 사이에서만 오갔던 대화가 이제 대중들의 영역으로 들어오게 되었다. 인터넷이 없던 시절이었지만, 그 가설은 입소문을 타고 퍼져나갔다.

어떤 과학 이론의 출현이 그처럼 극심한 공포를 정당화하는 경우는 거의 드물었다. 과학은 원칙적으로 냉철함, 모든 이용 가능한 증거에 대한 끈기 있고 철저한 검토에 자부심을 느낀다. 롤랜드와 몰리나의 논문을 처음 읽고 그 의미를 이해한 사람들의 마음속에서 그 이론이 위험한 조건문의 '만약'을 형성했지만, 확실하게 뒤이어 그 문장을 완성하고 마침표를 찍으려 하는 사람은 거의 없었다. 그렇게 하는 것은 가까이 다가온 공통의 죽음을 인정하는 것이었기 때문이다.

과학자, 업계, 정부 기관, 정치인들 간의 복잡한 춤이 이어졌다.[186] CFC의 최대 제조사인 듀폰은 롤랜드와 몰리나가 논문을 발표하기 전부터 반발하기 시작했다. 1974년 초 열린 회의에서 몰리나는 듀폰의 대리인이 동료에게 그 이론에 대해 크게 고함치는 소리를 들었다. 그는 당황했다. 듀폰이 어떻게 벌써 그 소식을 들은 거지? 얼마 후, 한 스웨덴 신문에서 프레온의 지구 생태계 위협에 대해 읽은 또 다른 듀폰의 대리인이 롤랜드에게 전화를 걸어 신문에서 '프레온'이라는 상표명을 모조리 삭제할 것을 요구했다. 롤랜드와 몰리나는 요구에 응했다. 하지만 논문이 발표되기 전부터 전해지는 CFC 업계의 성마르고 강렬한 분노는 이 여정이 길고 험할 것임을 말해주었다.

오존 위기가 어떤 것이고, 그것이 얼마나 위험한가에 대한 대중의 추측은 매우 뚜렷했던 과학적 논쟁의 주제를 엉망으로 흐려놓았다. 혼란이 확산되었다. 마이크와 마찬가지로, 소비자들은 모든 에어로졸이 위험하다고 생각하기 시작했다. CFC 함유 여부와 상관없이 스프레이 판매량이 급격히 감소했다. 어떤 사람들은 스프레이 캔에 든 내용물 자체에 독성이 있다고 믿었다. 1960년대와 70년대에 취하려고 프레온을 들이마시는 일이 있긴 했지만(프레온에는 1930년 미즐리가 시연에서 언급한 약간 '도취'되는 느낌이 있었다), 그것은 사실이 아니었다. 몇몇 사람들이 헤어스프레이를 비닐봉지에 뿌리고 재빨리 닫은 다음, 오늘날의 휘핏*처럼 들이마셨다. 약리학 보고서에 따르면, 이 중 몇 명은 "흥분하여 90m 정도를 뛰다가, 쓰러져 죽었다"[187]고 한다. 사람들은 이를 두고 '쿵쿵거림으로 인한 돌연사'라고 불렀다. 하지만 그 이유가 헤어스프레이 안에 든 프레온 때문인지 다른 화학물질 때문인지, 또는 산소 결핍 때문인지는 분명히 밝혀지지 않았다. 그러한 특별한 남용을 제외하면 에어로졸 스프레이는 인간의 건강에 직접적인 독성 위협을 가하지 않는다. 프레온에 대한 이러한 대중의 추측은 미국인들이 위험을 어떻게 인식하는지에 대해 많은 것을 말해준다. 우리는 위험을 직접적이고 개인적인 것으로 생각해, 그렇지 않을 때는 제대로

● 약물의 한 종류.

보지도 못한다.

얼마 후, 영화 〈데이 오브 애니멀스Day of the Animals〉(1977)에서 진실은 우스꽝스러운 공상과학으로 왜곡되었다.[188] 영화에서 야생동물들은 에어로졸이 '높은 고도에서' 오존층을 얇게 만드는 바람에 (그들을 미치게 하는) 자외선에 노출되었다. 동물들은 잔인하기 그지없는 레슬리 닐슨을 포함해 등산객들을 공격하기 시작한다. 영화의 오프닝 크레디트는 마치 그들의 과학 논문에서 직접 내용을 가져온 것처럼 롤랜드와 몰리나를 언급하고, "이 영화는 우리가 지구의 생명을 지키는 자연의 보호막 훼손을 막기 위해 아무것도 하지 않는다면 가까운 미래에 일어날 수 있는 일"을 극화한 것이라고 이야기한다. 물론 영화와 같은 일은 일어날 수 없다. (《데이 오브 애니멀스》는 〈새The Birds〉의 좀 서투른 버전 같지만, 한 번쯤 볼 만한 가치는 있다. 어떤 장면에서는 한 남자가 방울뱀과 미친개의 공격을 동시에 받는다.) 이 영화는 롤랜드와 몰리나의 이론을 기이하게 해석한 유일한 사례가 아니었으며, 그 공포는 전국 구석구석까지 퍼져 있는 것처럼 보였다. 걱정이 된 아이들이 프레온의 생산 중단을 요청하는 편지를 기업 경영진들에게 쓰기 시작했다. 오존을 얇아지게 한다는 생각이 대중의 의식 속으로 들어갔다는 뜻이다. 사람들은 이러한 생각을 빨아들이고, 흥분하여, 달리기 시작했다.

프레온을 둘러싼 이 나라의 두려움에 대한 더 정확한 묘사는 같은 해 제작된 공상과학영화인 스티븐 스필버그의 〈미지와의 조우Close Encounters of the Third Kind〉에서 찾을 수 있다. 이 상징적인 영화는 음악이 나오고 화려하게 빛나는 UFO를 타고 지구에 내려와 인간들과 접촉하는 외계인의 이야기를 담고 있다. 가장 유명한 장면 중 하나는 UFO가 인디애나주에 있는 주인공 질리언의 집에 찾아가 세 살배기 아들을 납치하는 장면이다. UFO의 존재 때문에 집 안의 전기가 지지직거리면서 정전되고, 엄마와 아들은 어둠 속에 갇힌다. 빛과 연기의 형태로 외계 생명체는 현관문, 창문, 벽난로 연통 등 집 안의 온도를 조절하는 모든 곳을 통해 집 안으로 들어오려고 한다. 질리언은 아이를 꼭 안고 모든 구멍을 때맞춰 닫는다. 하지만 외계인은 질리언이 간과한 단 하나의 통풍구를 통해 들어오는 길을 찾아내고 만다. 통풍구의 볼트가 풀리고, 창살이 뜯기면서, 아이가 납치된다. 에어컨을 통해 들어온 것이 미래의 희망을 앗아간다.

스필버그가 CFC가 일으킨 공포를 언급하기 위해 그 장면을 의도했다고 주장하는 것은 아니지만(물론 그렇지 않다), 그 장면은 가정의 실패한 봉쇄전략에 대한 무의식적 동의로 보인다. 이러한 정치적 맥락에 대한 이해가 없다면 그 장면은 별로 무섭지 않을 것이다. 20년 전 미국 주택의 고립성이 타인에 대한 전례 없는 공포를 만들어냈다면, 이제는 자외선이 주택과 온도 조절이 보장했던 안전감에 새로운 위협을 가했다. 프레온에 대한 무조건적 사랑은 질리언 집의 전깃불만큼이나 변덕스럽게 깜박이고 불안정해지기 시작했다.

에어컨은 그해 또 다른 괴담 속에서, 이번에는 현실 세계에서 주요한 역할을 했다. 1977년 학술지 〈뉴잉글랜드저널오브메디슨New England Journal of Medicine〉에는 전년도 필라델피아에서 열린 미국재향군인American Legion 행사 참석자 182명을 감염시킨 의문의 폐렴 원인을 연구한 논문이 실렸다.[189] 감염된 사람 중 29명이 사망했다. 논문의 저자들은 그 원인이 행사의 이름을 따 레지오넬라 뉴모필라Legionella pneu-mophila라고 이름 지은 새로운 세균이라고 밝혔다. 이 세균이 '재향군인병Legionnaires' disease'이라는 희귀한 질환을 일으킨 것이다. 세균은 건물의 에어컨에 사용되는 냉각탑의 물에서 번식하고 있었으며, 시스템의 환기구를 통해 확산된 것으로 보였다.

듀폰이 이끄는 업계의 경영진들은 현대 화학의 최고(그리고 가장 안전한) 업적으로 알려진 미즐리의 기적이 갑자기 위험하다는 비난으로 얼룩진 것에 분노했다. 상황은 불공정해 보였고, 그중 유난히 편집증적인 사람들은 과학자들이 관심이나 돈, 가장 나쁘게는 정치적 이득을 얻기 위해 꾸민 일종의 계략으로 보았다. 듀폰은 전국의 신문을 대상으로 비싼 전면 광고를 실어 롤랜드와 몰리나의 이론이 과연 과학적으로 무결한지 사람들로 하여금 의심하게 했다.[190] 나중에 산성비, 간접흡연, 지구온난화와 관련해서도 사용되게 되는 흔한 수법이었다. 업계는 이 화학물질이 마치 재판에 넘겨진 사람처럼 '유죄가 입증될 때까지 무죄'[191]로 남아 있길 요구했다. 환경운동가들은 해당 이론은 타당성이 있으므로 CFC가 안전한 것으로 입증될 때까지 시장에서 즉시 제거되어야 한다고 반대 의견을 내세웠다. 롤랜드와 몰리나를 포함한 소수의 과학자들만이 업계의 요구에 응했다. 아직 테스트가 필요한 부분이 있기도 했지만, 일반적으로 과학자들은 경솔하거나 정치적으로 읽힐 수 있는 진술은 피하는 경향이 있기 때문이다. 하지만 과학자들이 무너지는 지구 생태계의 그림을 그렸다면, 같은 상황에서 업계는 80억 달러 규모 산업의 몰락과 그 결과 해고되는 수십만 명의 노동자들로 인해 무너지는 미국 경제의 초상화를 그렸다(그들에게는 세상의 종말이나 다름없었다). 업계는 CFC의 농도가 증가하면 어떤 일이 벌어지는지 지켜볼 것을 요구했다.

"어떤 예측을 평가하는 가장 확실한 방법은 무슨 일이 일어나는지 지켜보는 것입니다. 하지만 좀처럼 용납되지 않는 일이죠."[192] 하버드대학의 과학자인 마이클 맥엘로이Michael B. McElroy가 〈뉴욕타임스〉 기자에게 한 말이다. 롤랜드 또한 결과가 매우 비극적일 수 있는 세계적 실험을 수행할 여유가 없다고 주장했다. 과학자들이 심각한 오존 파괴의 분명한 증거를 확인할 수 있을 때쯤이면, 그 일은 되돌리기에는 너무 늦었을 것이다. 맥엘로이는 "과학계로서는 매우 흔치 않은 상황입니다"라고 말했다.

8

에어컨이 너무 일찍 가동된
슈퍼마켓

1975년 즈음, 미국의 CFC 생산량은 전 세계 CFC 생산량의 약 절반을 차지했다.[193] CFC의 절반 이상이 미국에서 에어로졸 스프레이의 추진제로 사용될 목적으로 생산되었다. 하지만 그러한 상황은 이후 몇 달 동안 빠르게 바뀌었다.

오존층 파괴에 대한 해결책은 명확하고 비교적 간단했다. 분명한 첫 단계는 '비필수적인' 제품에 대해 CFC를 금지하는 것이었다. 주로 CFC를 추진제로 사용하는 스프레이 캔(대부분 헤어스프레이와 디오더런트) 절반 정도가 이에 해당했다.[194] 2단계는 불가능한 것은 아니지만 좀 더 어려운 것이었다. 염소가 함유되지 않은 CFC의 대체재를 찾고 기존 냉각 시스템에 들어가는 CFC를 그 대체재로 바꾸는 것이었다.

업계가 과학적 가설만 믿고 행동하지 않을 것은 처음부터 분명했다. 과학자들은 CFC가 고갈시킨 정확한 오존의 양, 성층권에 있는 CFC의 구체적인 농도, 대기 중에 있는 다른 분자들과의 화학적 상호작용과 같은 세부 사항에 대해 계속 논쟁을 벌였다. 이는 과학에서 흔히 볼 수 있는 시행착오의 과정이었다. 하지만 업계는 의도적으로 이러한 표준 절차를 비전문적인 엉터리로 간주했다. 게다가 어느 시점에 롤랜드와 몰리나는 성층권의 CFC 모델에 성층권에 있는 질소의 존재를 고려하면 오존이 증가하는 것처럼 보인다는 것을 발견했다. 모든 사람이 혼란스러워했다. CFC 업계는 전체 내용에서 이 결과만 가져다 자체 연구에 활용함으로써 스프레이 캔이 다시 한번 안전하다고 주장했다.

물론 롤랜드와 몰리나의 가설은 틀리지 않았다. 잘못은 컴퓨터 모델에 있었다. 어쨌든, 에어로졸의 CFC를 금지하는 것은 이미 너무 늦은 조치였다. 이론이 공개된 지 1년 만에 모든 스프레이 캔의 판매량이 감소했다. 이유는 다양했다. 우선, 1973년 주식시장이 무너진 이후 대부분 국내 소비재의 판매량이 감소했는데, 이는 OPEC의 석유 금수 조치와 이에 따른 휘발유 가격 급등의 결과로 거의 10년 동안 지속된 현상이었다. 하지만 매출 감소의 상당 부분은 분명히 세계 파괴의 공모가 있을지 모른다는 소비자들의 불안 때문이었다. 어쨌든, 에어로졸은 CFC를 공기 중으로 직접 뿌렸고, 이는 일반적으로 눈에 보이지 않는 파괴적인 CFC를 사적이고 가시적인 것으로 만든 소비자 손에 의한 행동이었다. 한편, 과학자들이 오존 감소의 가설을 검토하는 중에, 1975년 존슨 왁스Johnson Wax를 시작으로 미국의 주요 기업들은 스프레이 캔에서 CFC를 제거하겠다는 결정을 발표했다.[195] 일부 도시와 전체 주들도 CFC 분사 스프레이를 만드는 회사를 퇴출할 뜻을 밝혔다. 이는 담당 연방 기관에 압력을 가하는 집단적 행동이었다.

1975년 여름, 대다수의 CFC 추진제가 미용 제품에 사용되고 있긴 했지만, 스프레이 캔으로 된 가정용 청소 제품을 감독하는 연방 기관인 소비자제품안전위원회Consumer Product Safety Commission는 그 관할 하에 있는 에어로졸 제품에 대해 1978년까지 CFC의 사용을 금지했다.[196] 이듬해에는 헤어스프레이와 디오더런트를 규제하는 식품의약국Food and Drug Administration이 살충제를 규제하는 환경보호국Environmental Protection Agency과 함께 에어로졸 제품에 CFC 사용을 금지하기 위한 작업을 시작했다. 당시 모든 에어로졸에 대한 수요는 CFC를 포함했든 안 했든 빠르게 감소하고 있었다. 업계는 상황을 파악했다.

　　소비자들의 습관과 그때까지 과학이 밝힌 부분을 고려했을 때 이러한 신속한 CFC의 제거는 놀라울 정도였다. 대부분은 의견과 감정에 따라 자발적으로 이루어졌다. 하지만 속도 면에서 이례적이고 심지어 감격스러운 이러한 반응을 좋게만 보기 전에, 우리는 추진제로서의 CFC가 비교적 대체하기 쉽다는 것도 고려해야 한다. 사실 CFC의 대체품들은 제조사와 소비자 모두에게 더 저렴했다. 게다가 에어로졸 회사들은 이제 자신들이 새로운 판촉 전략을 손에 쥐었음을 발견했는데, 녹색 마케팅의 초기 사례다. 이들은 캔 바깥에 CFC가 함유되어 있지 않다거나 오존 친화적인 제품임을 알리는 스티커를 붙였다. 예전에 부당하다고 소리쳤던 기업들이 조용히 1단계 예방조치를 받아들인 것은 소비자가 말을 했기 때문이다. 안전은 수익으로 돌아왔다.

　　그런데도 업계에서 일하는 과학자들과 연방 정책 입안자들은 롤랜드와 몰리나 가설의 타당성에 대해 계속 논쟁했고, 때로 이 두 사람의 명예를 실추시키거나 원래 제기되었던 위협을 과소평가했다. 연방정부의 지속적 지원으로 1단계는 잘 진행되었지만, 2단계 달성의 전망은 암울해 보였다. 사실 미국인들이 오존 문제가 해결되었다고 믿기 시작함에 따라 1단계의 성공이 2단계의 추진력을 둔화시켰을 수도 있다. 모든 CFC의 완전한 금지를 위해서는 롤랜드와 몰리나의 가설이 가설로서가 아니라 확실한 것으로 더 폭넓게 수용되어야 했다. 업계와 정부는 모두 더 믿을 만한 증거가 필요했다.

이듬해인 1976년 11월 어느 월요일, 필립 글래스Philip Glass의 아방가르드 오페라 〈해변의 아인슈타인Einstein on the Beach〉이 뉴욕에서 초연되었다. 공연이 시작되고 약 3시간이 지난 후, 천상의 흰 가운을 입은 무용가 루신다 차일즈Lucinda Childs가 마치 무아지경에 빠진 듯 불안하면서도 무심한 목소리로 "나는 에어컨이 너무 일찍 켜진 슈퍼마켓에 있었어요"라는 대사를 반복하며 무대를 천천히 돌아다녔다. 아마도 현대적 개념에 빠진 듯한 그녀는 너무 일찍 에어컨이 켜진 슈퍼마켓에 대한 짧은 설명을 15분 동안 계속 반복했다. 그녀가 대사를 몇 번이고 반복했을 때, 출연자 중 1명이 갑자기 날카로운 비명을 질렀다. 차일즈의 옆에서 코러스단이 곧 사라질 시간을 알리듯 불길하게 숫자를 세기 시작했다.

하나, 둘, 셋, 넷, 다섯, 여섯, 일곱, 여덟.

글래스의 섬뜩한 음악적 파노라마는 CFC 역사의 다음 10년 간에 어울리는 코러스를 들려준다. 이 코러스는 2단계를 완료할 국제 규정을 정하지 못한 해들을 세고 있다. 불길하게 세는 숫자는 또한 세계가 국제 규정을 정하는 데 실패하는 동안 제조되어 대기 중으로 날아간 추가적인 수백만 톤의 CFC를 나타낸다.

하나, 둘. 2년 후인 1978년, 연방정부는 '비필수적(에어로졸 제품을 말함)'인 CFC의 사용을 금지했다. 1단계가 법률로 규정되었지만, 지속적인 CFC 생산의 심각한 의미를 알고 있는 과학자와 운동가들을 제외하고는 아무도 특별히 걱정하는 것 같지 않았다.

셋. 1979년까지, 미국의 CFC 연간 생산량은 에어로졸 제품 금지로 인해 현저히 감소했다. 일반 대중의 관점에서 오존 위기 문제는 끝이 났고, 해결되었다. 따라서 운동의 추진력도 상실되었다. 하지만 '필수적' 용도(슈퍼마켓의 냉각 장치, 창문형 에어컨, 자동차 에어컨은 물론 탈지제와 화학적 용제 등 무수히 많은 용도)의 CFC는 생산에 가속이 붙었다. 실제로 CFC에 의존하는 냉각 산업은 미국을 넘어 다른 나라로 계속해서 확대되었다. 그러나 국제적 합의가 이루어지기 전이었기 때문에 세계 냉매 산업은 각국의 개별 정책에 따라 특정 용도의 CFC를 제조할 수 있는 나라와 없는 나라가 혼재했다. 당시 지미 카터Jimmy Carter 대통령이 이끌던 미국 정부는 독성 가스와 화석 연료를 엄격히 단속했다. 70년대 말 두 번째 석유파동이 발생했을 때, 카터는 백악관의 지붕에 태양열 집열판 32개를 설치했다. 그해 CFC를 주제로 오슬로에서 열린 국제 회담에서 미 환경보호국은 생산 수준을 동결하고, 구체적인 날짜는 정할 수 없지만 궁극적으로 미래 언젠가는 생산을 단계적으로 완전히 중단하겠다는 공식 입장을 밝혔다. CFC 생산 중단이라는 점에서 미국은 극단적 조처를 택했다. 그러나 나머지 국가들은 CFC의 완전한 단계적 생산 중단을 고려하지 않을 것이었다.

넷. 1980년, CFC를 둘러싼 대중적 대화는 거의 사라졌다. 대중의 관심은 다른 곳에 있었다. 이를테면, 레이크 플래시드Lake Placid 동계올림픽에서 펼쳐진 미국과 소련의 대결, 이란 테헤란 주재 미국 대사관 인질 사건, 세인트헬렌스St. Helens 화산 대폭발, 백인 경찰관 4명이 교통 위반 혐의로 흑인 보험 판매원 아서 맥더피Arthur McDuffie를 집단 구타해 숨지게 했지만 결국 무죄 판결을 받자 마이애미에서 3일간 폭동이 이어진 것 등이다. TV와 라디오, 신문에서는 이런 이야기들이 자세히 흘러나왔다. 하지만 프레온에 관한 이야기는 거의 한 마디도 나오지 않았다.

규제를 빗겨나 '필수적'으로 CFC가 사용되는 부문에 대해서 대중들은 다 잊은 것처럼 보였지만, CFC로 인한 수익이 매년 수억 달러에 달하는 업계는 그럴 수 없었다. 압박이 들어오면, 냉매 및 가전 제조업체는 에어컨과 냉장고에 CFC를 사용하는 것은 안전하다고 옹호했다. 스프레이 캔과 달리, 에어컨과 냉장고의 냉각 코일 안에 들어 있는 CFC는 폐쇄되어 있다는 것이다. 폐쇄된 시스템 안에 들어 있는 CFC는 거의 아무런 위험이 없었다. 미국의 대중은 이러한 것이 없던 세상을 기억이나 했을까? 이들은 정말로 위험하고 불편하고 불확실한 세상으로 돌아가길 원했을까? 만약 문제가 생기더라도, 미국이 가진 혁신의 힘이 문제를 해결할 방법을 마련해 CFC를 완전히 없애지 않아도 되도록 할 것이다. 문제는 그저 진보의 대가일 뿐이었다.

이러한 업계의 태도에도 불구하고, 대선을 한 달 앞둔 10월, 카터 정부는 CFC 생산 수준을 동결하고, 새로운 전략으로 더 수익성 있는 대안을 만들어 CFC의 사용을 억제한다는 계획을 세웠다. 환경 보호국은 화학물질의 주요 생산자와 사용자 각각에 대해 그 양을 엄격히 할당하고자 했다. 이전 규정과 달리, 이러한 할당량, 즉 '허용량'은 자유시장에서 가장 비싼 값을 부른 사람에게 판매될 수 있었다. 기업은 연방정부가 할당한 양보다 더 많은 배출을 원하는 회사와 허용량을 거래함으로써 CFC 사용을 줄이는 동시에 이익을 얻을 수 있었고, 상대 기업은 규제된 한도보다 더 높은 수준에서 CFC를 계속 생산하거나 사용할 수 있었다. CFC의 순수 사용량은 '한도'를 초과하지 않을 것이고, 이론적으로 CFC의 사용은 기업에 경제적 부담이 될 게 뻔했다. 다시 말해, 환경보호국은 배출권 거래라는 시장 시스템을 통한 CFC의 단계적 축소를 발표한 셈이다.

그러고 나서 11월, 미국 유권자들은 "미국을 다시 위대하게 만들자"라는 구호를 내걸고 선거 운동을 벌인 로널드 레이건Ronald Reagan 전 캘리포니아 주지사를 대통령으로 선출했다. (고故 루스 베이더 긴즈버그Ruth Bader Ginsburg 연방대법원 대법관의 남편인 마틴 긴즈버그Martin Ginsburg는 미국의 진정한 상징은 흰머리독수리가 아니라 진자振子라고 말한 바 있다.)* 같은 해, 롤랜드는 에어로졸 제품에서 프레온을 제거했음에도 불구하고, 대기 중 CFC의 농도가 러브록이 1973년에 측정한 수치의 3배가 되었다는 사실을 발견했다.

다섯. 1981년 1월 레이건이 취임했다. 이따금 그는 환경 위기를 해결하기 위한 수단으로서의 규제라는 발상에 공공연한 적대감을 표했는데, 1979년 '에너지 위기(이 나라의 석유 의존도와 그로 인한 불미

● 그 뒤로 '진자는 한 방향으로 너무 멀리 가면 다시 돌아오게 마련'이라는 말이 이어진다. 같은 상황이 계속 이어지진 않음을 의미한다.

스러운 정치적 얽힘과 함께 국가가 예상했어야 했던 것)'가 닥쳤을 때 대중의 불안이 그가 승리하는 데 적지 않은 도움이 되었다는 점을 고려하면 지극한 아이러니가 아닐 수 없다. 레이건은 백악관 지붕에서 태양열 집열판을 없애고, 그 자리에 반규제와 개인 선택의 자율성에 대한 강력한 믿음을 설치했다. (레이건 이전에는 환경주의가 특별히 당파적인 개념이 아니었음을 기억할 필요가 있다. 환경보호국을 만든 사람은 공화당원인 리처드 닉슨Richard Nixon이었다.) 1970년대 후반, 납 중독과 자동차 매연 농도의 연관성에 관한 연구가 증가하면서 환경보호국은 대기오염방지법에 따라 미즐리가 남긴 다른 절반의 유산인 유연 휘발유의 단계적 감축을 시작했다. 하지만 주로 업계 리더들에 의해 추진된 환경 규제 반대의 목소리는 카터가 대통령직에 있는 동안 더욱 커지기 시작했다. 점점 더 많은 미국인이 자국이 '과잉 규제'를 하고 있다고 믿게 되었다.

　　여섯. 1982년 레이건의 내각 지명자 중 1명이 대중의 주목을 받았다. 레이건은 환경보호국장으로 기업 친화적인 앤 고서치Anne Gorsuch(이후 앤 버포드Anne Burford)를 임명했는데(그녀의 아들은 2017년 대법원에서 긴즈버그 대법관과 함께 판사 자리에 앉게 된다), 그녀는 기관을 잘못 운영하고 수질 및 대기 오염과 같은 생태적, 인도주의적 위기에 제대로 조처하지 않는 것으로 악명 높았다. 버포드는 대기오염방지법에 반하여, 뉴멕시코주에 있는 작은 정유회사인 트리프트웨이Thriftway사에 유연 휘발유 감축 규정을 준수할 필요가 없다고 말하기도 했다. 그리고 취임 후 첫 행보로 산업 환경을 고려한 카터의 여러 환경 관련 규제를 아주 야생적으로(문자 그대로의 '환경보호'와 관련된 그녀의 직위를 감안한 표현) 뒤집었다. 그리고 통제권을 장악해 CFC를 규제하려 했던 카터의 계획을 무너뜨렸다. 배출권 거래제는 시작도 하기 전에 무효가 되었다.

일곱. 레이건은 내무부 장관으로 제임스 와트James Watt라는 적절한 이름을 선택했다(내가 아는 한, 200년 전 증기 엔진을 발명한 다른 제임스 와트와는 아무 관계가 없다). 와트는 '환경주의'가 사업과 소위 발전에 방해가 되는 것이라고 믿었기 때문에 본질적으로 이를 혐오했다. 1981년 하원 내부 위원회에 출석한 와트 장관은 미래 세대를 위한 천연자원 보존에 관한 질문에 "주님이 돌아오시기 전에 얼마나 많은 미래 세대를 기대할 수 있을지 모르겠다"라고 대답했다.[197] 그는 지속적으로 공공연히 환경 문제를 무시하면서 적을 만들어오다, 1983년 마침내 인종 차별적이고 여성 혐오적인 발언으로 공직에서 밀려났다. 같은 해, 부적절한 행동을 일삼고 사회적으로 많은 물의를 일으켰던 버포드 또한 자리에서 물러났다. (2017년 환경보호국장으로 임명된 스콧 프루이트Scott Pruitt는 버포드의 사임에 관한 이야기를 잊은 듯 그녀와 놀랍도록 유사한 상승과 추락, 해고의 궤적을 따랐다.)

한편, 폐쇄적인 시스템에서의 CFC는 위험하지 않다는 CFC 업계의 전형적인 거짓말은 점차 설득력을 잃기 시작했다. 세상에 고립되어 존재하는 것은 아무것도 없다. 어떠한 인간도, 사물도, 나라도 그 자체로 섬이 될 수는 없다. (신자유주의 경제정책을 전적으로 확신한 레이건 정부는 분명히 이에 동의하지 않았다.) 대기 중 CFC의 농도는 분명히 증가하고 있었다. 기기에 충전된 냉매는 언젠가는 대기 중으로 빠져나가게 되어 있다. 최근 연구에 따르면, 냉매가 밀폐된 탱크에서 (특히 누출이 심한 자동차 에어컨과 같은) 기기로 이동하면, 대부분의 냉매는 10년 이내에 대기 중으로 빠져나간다. 또한, 업계는 이러한 가전제품들이 매립지에 묻힐 때 어떠한 일이 생길지도 염두에 두지 않았다. 그에 대한 대답은 거의 예외 없이 냉매가 대기 중으로 새어나간다는 것이다.

닫힌 시스템에 대한 간절한 바람은 고립, 즉 외부와의 단절이라는 환상에 대한 갈망이다. 이런 유출을 그동안 내내 알고 있었던 환경운동가들과 과학자들은 안전하고 폐쇄적인 시스템이라는 주장이 완전히 틀렸음을 밝히려고 노력했다. 그러나 1980년대 경제 호황을 맞은 시점에 그들의 외침은 사람들에게 가 닿지 않았다.

여덟. CFC는 더욱더 격렬한 기세로 계속해서 공중으로 퍼져나갔다. 1984년 즈음 CFC의 연간 생산량은 에어로졸이 금지되기 이전의 생산 수준을 넘어섰다. 오존층에 대한 위협은 점점 커지고 있었다. 설상가상으로 1975년 과학자 비라바드란 라마나단Veerabhadran Ramanathan은 CFC가 오존 파괴의 가능성을 가진 물질(그 자체로 세상의 파괴자)일 뿐만 아니라, 강력한 온실가스이기도 하다는 사실을 발견했다. 45년 동안 틀림없이 안전한 것으로 여겨졌던 화학물질이 불현듯 두 건의 지구 파괴에 대한 주요 용의자가 되었다.

불소화된 기체는 두 가지 이유에서 강력한 온실가스라고 할 수 있다. 첫 번째 이유는 불소 결합된 CFC가 긴 파장의 적외선 스펙트럼 내에서 에너지를 흡수하기를 좋아하기 때문이다.[198] 우리는 눈으로 이 방사선을 볼 수는 없지만, 긴 파장의 적외선을 열로 경험한다. (살아 있는 우리의 몸 또한 이 범위 내에서 적외선을 방출하기 때문에 겨울에 서로 껴안는 것은 아주 바람직한 행동이다.) 햇빛은 대기에 짧은 전자기 파장(일부는 가시광선 범위 내, 일부는 적외선 범위 내)으로 유입된다. 짧은 파장의 적외선은 CFC를 지나쳐 지구 표면에 흡수되었다가 긴 파장의 적외선 복사로 대기로 돌아간다. 일반적으로 이 복사에너지의 일부는 대기를 탈출하지만, 적외선에 굶주린 CFC 분자들은 일부 에너지를 흡수하여 에너지의 탈출을 막는다. 일단 방출된 에너지는 갈 곳이 없어 그대로 머문다. 시스템 안에 있는 모든 에너지는 보존되므로 이러한 적외선의 포획은 대류권의 평균 온도를 높이고, 자연적인 온실효과를 이루고 있는 지구의 미묘한 균형을 깨뜨린다.

CFC가 강력한 온실가스인 두 번째 이유는 다른 온실가스보다 대기 중에 훨씬 더 오래 머무르기 때문이다. 가장 널리 퍼져 있는 온실가스인 이산화탄소는 바다에서 쉽게 용해되거나(해양 산성화의 원인) 숲의 나무들로 흡수된다. 이산화탄소는 다양한 생태적 순환 내에서 움직이는 바쁜 분자들이다. 하지만 CFC는 지구의 생태에 따라 자연적으로 진화하지 않았기 때문에 갈 곳도, 할 일도 없다. 이들은 끝도 없이 자유롭다. 대기에서 이들의 지구력은 다른 지구온난화 가스보다 훨씬 더 오랫동안 열을 보유할 수 있음을 의미한다.

이 두 가지 요인이 결합하여 불소화된 기체는 기후 파괴의 무시무시한 동인이 된다. 한 세기를 기준으로 1개의 CFC-12 분자는 1개의 이산화탄소 분자보다 1만 500배 더 강력한 지구온난화 물질로 작용한다. 같은 시간을 기준으로 CFC-11은 이산화탄소보다 6,600배 더 강력하다. 클로로플루오르카본은 지구 대기에 낮은 농도로 존재하지만, 소량이라도 이산화탄소 및 메탄과 함께 이산화탄소 복사력의 약

18%에 해당하는 놀라운 힘으로 지구를 가열한다.[199]

라마나단의 발견은 당시 진행 중이던 지구온난화의 주요 원인 (CFC가 포함된 기기에 전력을 공급할 목적으로 사용되는 화석 연료는 말할 필요도 없다)으로서 CFC에 대한 인식을 높이는 계기가 되었다. 1970년 대에 사람들은 기름 유출, 삼림 벌채, 해양 오염, 화학적 독성 같은 환경 문제에 많은 관심을 두었지만, 지구온난화는 아직 관심을 받지 못했다. 1970년, 미국[200]은 해양대기청National Oceanic and Atmospheric Administration, NOAA을 설립하고, 기후에 대한 지식을 확장시켰다. 곧이어 컴퓨터가 더욱 커지고 빨라짐에 따라, 과학자들은 수십 년 후를 예측하기 위해 세상의 복잡한 특징들을 충분히 고려할 수 있는 대규모 기후 모델을 이제 막 실행하기 시작했다. 과학계는 온실가스의 배출 증가가 과연 지구에 영향을 미치는지와 미친다면 어떻게 미치는지를 토론했다. (향후 수십 년 이내에 시작될 업계의 기후 부정과 달리, 이러한 토론 대부분은 타당한 것이었다.) 하지만 이러한 연구, 즉 온실가스로 인한 파괴를 이해하는 것은 오로지 과학자들뿐이었다. 1978년 해양대기청에 지구 온난화 연구 자금을 지원받게 한 국가기후법이 통과된 후에도, 이 문제는 신문이나 저녁 뉴스에서 거의 다뤄지지 않았다. 온실효과와 지구온난화에 대한 인식이 다소 높아지긴 했지만, 평범한 미국인들은 에너지 독립이나 '인구 폭발설'을 더 걱정했다. 인구 폭발설은 환경운동가인 폴Paul과 앤 애를리히Anne Ehrlich의 지론으로, 그들은 이 이론을 통해 (현실화되진 않았지만) 인구과잉으로 인한 대규모 기근이 임박했다고 예측했다. 1981년 한 여론조사에 따르면, 미국 성인의 3분의 1 이상이 온실효과에 대해 들어는 봤으나, 화석 연료의 소비가 지구온난화를 일으킨다는 사실을 아는 사람은 거의 없었다.

레이건의 첫 임기가 끝날 즈음, 에어컨이 너무 일찍 가동된 슈퍼마켓의 문제는 악화되기만 했다. 결국, 따지고 보면, 스프레이 캔이 배출한 CFC는 10년 후에 발생할 총 오존 손실의 5%에만 책임이 있었다.[201]

위기가 처음부터 다시 시작되고 있었다.

9

자외선 지옥으로 가는 어떤 구멍에 관한 논쟁

마이클 맥엘로이가 분명히 밝힌 것처럼 무슨 일이 일어나고 있는지 알 수 있는 가장 확실한 방법은 '기다려보는 것'이다. 오존 파괴의 경우, 그것은 도덕적으로 비겁한 결정이었다. 사실 전혀 결정이랄 것도 없었다. 어떤 조치를 하는 것은 업계로서는 CFC의 위협을 인정하는 것이나 다름없었기 때문이다. 가장 완강한 회의론자들도 만족할 수 있을 만큼 롤랜드와 몰리나의 가설을 증명할 유일한 방법은 수십 년 간 오존의 두께 변화를 전 대륙에 걸쳐 비교해보는 것이다. 어려운 문제였다. 그러한 정보에 대한 접근이 가능하긴 할까?

꽤 쉽고, 저렴하고, 정확한 방법으로 돕슨 분광계Dobson spectrometer라는 기구를 사용해 지상에서 오존 두께를 측정하는 기술이 있다. 1920년대에 개발된 이 기술은 석영렌즈를 사용해 UVA와 UVB 복사의 강도 차이를 비교하고 분석한다. 오존이 없는 세상이라면 지상에 도달한 UVA의 양과 UVB의 양은 같을 것이다. 하지만 우리가 사는 세상에서 오존은 일반적으로 UVB 일부를 차단하기 때문에,

UV 양의 차이는 '열 오존column ozone(분광계 센서 바로 위 성층권에 있는 오존의 총 두께)'이란 것을 나타낼 수 있다. 오존층을 구성하는 분자들은 끊임없는 흐름을 유지하지만, 역사적으로 봤을 때 두께의 범위는 안정적이었다. 사실, 그 수치는 아주 한결같아서 오존 두께를 관찰하는 것은 마치 매일 아침 해가 뜨는지를 확인하는 것만큼이나 무모한 반복 작업으로 보였다.

그렇지만 제2차 세계대전 이후 세계 곳곳 여러 관측소에서 소수의 과학자들이 매일 오존 두께를 기록하기 시작했다. (그 이유를 짐작해보자면, 쉽게 세상의 규칙성과 질서를 확신하지 않는 어떤 종류의 사람들에게 확신을 주는 것은 아마도 확실한 숫자들뿐이기 때문일 것이다.) 주기적으로 그들은 열 오존 데이터를 지구 오존값 등록 기관인 '레드북스Red Books'에 제출했다.[202] 1980년대 초, 전 세계의 오존 두께는 정상으로 보였다.

그런데 1981년 영국 남극 조사단의 데이터가 어느 순간 레드북스에서 조용히 사라졌다. 1956년부터 조셉 파먼Joseph Farman이라는 과학자와 그의 팀은 브런트 빙붕Brunt Ice Shelf에 자리 잡은 핼리Halley 기지 상공의 대기 중 미량 가스를 기록하고 있었다. 그 기록에는 많은 동료가 불필요한 것으로, 또 기계적으로 생각했던 오존 두께에 대한 데이터도 포함되어 있었다. 몇 년 동안 이어진 숫자의 단조로움은 분명 수적인 명상처럼 느껴졌을 것이다. 그해 봄, 수치가 몇 달 만에 20%나 급격히 감소하기 전까지는 말이다.[203] 처음에 파먼은 분광계가 오작동한 것으로 생각했다. 혹독한 환경 탓에 기구가 쉽게 망가질 수 있었기 때문이다. 얼마 후 새로운 분광계가 도착했지만, 놀랍게도 새

분광계 역시 같은 결과를 보여주었다. 그의 머리 위, 5만 피트 상공에 있던 오존 중 많은 부분이 8월에서 11월 사이에 사라졌다. 그리고 12월이 되자, 오존은 소멸 속도만큼이나 빠르게 원래 수준으로 되돌아오는 것 같았다.

　신중한 회의론자였던 파면은 데이터를 분석하려 하지 않았다. 데이터는 그때까지 오존층에 대해 합의되어 있던 지식과 너무 거리가 멀었다. 그는 불과 몇 주 동안 그처럼 많은 오존이 감소할 순 없다고 생각했다. 대기 화학의 일반적인 지식에 따르면, 인간이 만든 화학물질이 실제로 성층권의 오존을 희박하게 만든다 해도(파면이 과학 저널에서 읽었던 논쟁), 오존이 단시간에 그처럼 빠른 속도로 희박해지진 않을 것이다. 그래서 파면은 그러한 '오류'를 레드북스에 제출하지 않았다. 데이터는 어떻게 오존 파괴의 가설을 시험하고 CFC와 오존 손실 사이의 연관성을 어떻게 증명할 것인지를 두고 격렬하게 논쟁 중이었던 과학계에 한동안 숨겨져 있었다. 어쨌든, 만약 위험할 정도로 낮은 수준의 오존이 남극에서 관찰된다면(돕슨 분광계의 측정치가 정말로 정확하다면), 오존 수치를 조사하며 지구 궤도를 도는 나사의 위성인 님버스Nimbus 7호가 이 현상에 주목하고 관계자들에게 경고했을 것이다. 하지만 위성의 기록에는 그처럼 극단적인 숫자가 나타나지 않았다.

　당시 파면은 영국이 연구 프로그램의 예산을 삭감할 것을 두려워했다. 그의 연구는 자주 불필요한 것으로 취급되었기 때문이다. 프로그램 관리자가 해마다 계속해서 오존 두께를 측정하는 이유를 물었을 때, 오존 파괴 가설을 알고 있었던 파면은 "사람들이 언젠가 오존이 변화하는 것 같다고 말할 때를 대비해 이 기록이 필요하다"라고만 말했다.[204] 파먼이 측정한 것과 같은 수치는 시간에 따라 오존층이 변했는지를 확인할 수 있는 유일한 방법이었다. 관리자가 말했다. "오, 당신은 후손을 위해 이러한 일을 한다는 말씀이로군요. 그런데 후손은 당신을 위해 무슨 일을 했나요?"

프로그램 관리자의 질문은 그가 미래를 잘못 이해하고 있음을 보여준다. 미래는 지금 우리에게 주어지거나 정해진 것이 아니라, 현재 우리가 취하는 작은 행동들이 모여 만들어지는 것이다. 사실, 후손이나 후손에 대한 생각은 우리에게 많은 도움이 될 수 있다. 건축가, 엔지니어, 예술가 혹은 정치가라면 알겠지만, 지금의 미래에 대한 생각은 미래를 바꿀 수 있다. 현재는 다가올 일에 대한 기대에서 시작되었다. 우리는 과거의 실현된 청사진, 즉 이전의 우리와 우리보다 먼저 온 사람들이 만든 무수한 선택을 통해 앞으로 나아가고 있다. 후세에 대한 과거의 관심이 우리의 현재를 만든 것이다.

파먼은 기록하기를 계속해야 한다고 주장했다.

그리고 1982년 9월에 오존이 희박해지는 일이 다시 일어났다. 1983년에도 일어났다. 그러다 1984년에는 고갈된 오존은 40%에 달했고, 이는 전 세계로 확산될 경우 엄청난 손실이 될 수치였다. 파먼은 이러한 발견 중 어떠한 것도 즉시 보고하지 않았다. 만약 그랬다가 나중에 어떤 합당한 비화학적 설명이 나오면, 그 실수가 자신의 경력을 망칠 수 있었기 때문이다. 하지만 보이지도 않고 그 순간에는 느껴지지도 않는 수백만 톤의 CFC가 계속해서 대기 중으로 방출되면서, 그는 무언가가 무서운 속도로 남극의 오존을 분해하고 있다는 것을 확신하게 되었다. 4년에 걸친 신중한 기록 끝에, 1985년 5월 마침내 파먼은 그의 발견을 세상에 공개했다.

　지구 끝에서 날아든 파먼의 충격적인 연구 결과는 본토의 과학계를 뒤흔들었다. 파먼은 몰랐지만, 그가 결과를 공개할 때쯤 나사의 과학자들은 성층권 오존을 관찰하는 위성의 숨겨진 기록에서 일련의 '잘못된' 데이터를 발견했다.[205] 위성에 기록된 오존의 수치가 너무 낮아서(너무 불가능한 수치여서) 컴퓨터가 자동으로 이를 오류로 보고 삭제했기 때문에 아무도 이 데이터를 확인하지 못했다. 이는 우리가 보는 것이 때로는 (아마도 특히) 과학을 포함해 우리가 주변에 두는 이해의 틀에 의해 제한된다는 것을 보여준다. 위성의 숫자는 남극 분광계의 숫자와 일치했다.

　1년 전, 롤랜드는 오존 파괴가 어쩌면 선형적으로 일어나지 않을 수 있으며, CFC 농도가 증가함에 따라 성층권의 오존은 가속도로 분해될 수 있다는 가능성을 제안했다. 그런데도 롤랜드 자신을 포함한 어느 누구도, '크루아상' 모양의 성층권 일부,[206] 언론에서 빠르게 '구멍'이라고 부르기 시작한 이곳이 마치 자외선 지옥으로 가는 어떤 차원 간의 관문처럼 매년 봄마다 열릴 것이라고는 예상하지 못했다. 하지만 신기하게도, 1934년 오존층의 광화학을 처음으로 이해한 영국의 지구 물리학자인 시드니 채프먼은 대기권 밖의 방사선을 더 분명히 관찰할 목적으로, 화학반응을 통해 의도적으로 '오존 구멍'을 만드는 것이 가능한지 의문을 품게 되었다. 그는 하늘 높이 나는 비행기라면 '오존제거제'를 공중에 뿌려 방해받지 않고 우주 에너지를 확인할 수 있는 임시 구멍을 열 수 있으리라고 생각했다.[207] 그는 이 생각을 발전시키지는 않았지만, 냉전 초기에 미군은 이 아이디어를 부활시켰다.[208] 핵무기가 오존층을 태워 '구멍'을 낼 수 있을까? 소련에 대항해 그 **구멍을 무기화**할 수 있을까? 만약 가능하다면, 그러한 무기가 소련의 손에 넘어갈 수도 있을까? 다행히도 오존 파괴를 억제하고 통제할 수 없다는 사실을 깨달은 미국 정부는 공상과학 작가들에게 이 질문들을 넘겼다. 그렇게 해서 때로 의도적인 연구나 갈등의 맥락에서 '오존 구멍'이라는 개념이 드러나긴 했지만, 아무도 봄에 인간이 활동하는 곳에서 멀리 떨어진 그러한 지역에 그처럼 거대한 **의도하지 않은** 구멍이 갑자기 나타나리라곤 예상하진 못했다.

파먼이 공개한 데이터는 아직 30세도 되지 않은 나이에 이미 자신의 분야에서 선도적 역할을 하고 있던 젊은 대기 화학자인 수잔 솔로몬에게도 전해졌다.[209] 그 글을 보고 놀라기는 했지만, 컴퓨터로 대기 화학 모델을 자주 돌려보았던 솔로몬은 무슨 일이 일어나고 있는 것인지 짐작할 수 있었다. CFC와 함께 남극 대륙의 극심한 추위는 기존 예상을 뒤엎는 오존 수치의 급격한 감소와 상승을 일으킨다. 전형적인 남극의 겨울을 나는 동안, 대륙은 몇 주 동안 완전한 어둠 속에 놓인다. 극소용돌이가 온도를 $-84°C$까지 끌어내리면, 이 급락으로 인해 일반적으로 구름이 아주 드문 극지방의 성층권에 얼어붙은 질산과 수증기로 이루어진 얼음 구름이 형성된다. 대륙 위의 이러한 극성층권구름Polar Stratospheric Clouds, PSCs은 지상에서 때로는 으스스한 안개로, 때로는 하늘에 떠 있는 유막과도 같은 무지갯빛의 줄무늬로 확인된다. 솔로몬은 오존 손실과 이러한 구름 형성이 동시에 일어난다는 사실에 주목했다. 극성층권구름이 CFC가 일으킨 오존 파괴를 가속하는 것일까?

최남단이라는 위치 때문에 남극 대륙에는 몇 달 동안 어둠이 이어지다 8월 말에야 마침내 동이 튼다. 지상에서 봤을 때 구름은 외계의 우주처럼 부드럽게 빛나며 봄철의 미약한 빛을 반사한다. 일반적으로 태양 빛은 극성층권구름에 닿으면 얼어붙은 화합물을 녹여 분자들이 다시 한번 공기 중으로 흩어지게 한다. 솔로몬은 CFC의 개입이 이 과정을 방해했다고 가정했다. 겨울에 극성층권구름은 일반적으로 염소를 안전하게 지구로 되돌려 보내는 안정된 분자인 농축된 염화수소와 염소 질산염을 꽁꽁 얼렸다. 그러면 이 화합물들은 극성층권구름에 꼼짝없이 갇히게 된다. 그곳에서 태양 빛이 극성층권구름에 부딪히면, 구름 표면은 '화학반응이 일어나는 특별한 자리'[210]를 만들어 전례 없는 농도로 염소를 방출했다. 극성층권구름은 염소를 오존 파괴 주기로 되돌렸을 뿐만 아니라, 해당 화합물들이 염소 분자를 붙들어 매지 못하도록 막았다. 그 모습은 마치 염소 폭탄이 폭발하는 것과 같았다.

염소는 롤랜드와 몰리나가 가정한 상황에서 그랬던 것처럼 오존 파괴 반응을 촉진하고 있었지만, 극성층권구름과 외부의 오존이 쉽게 섞이지 못하도록 막는 강력한 극소용돌이 때문에 오존 파괴가 더욱 빨라졌고, 11월에 소용돌이가 사라지고 나면 그제야 속도가 느려졌다. 그때쯤이면 주변 공기로부터 더 많은 오존이 유입될 수 있었지만, 극지방 성층권의 오존이 거의 없어지기 전까지는 아니었다. 그리고 분자들은 다음 봄까지 어느 정도 균형을 다시 이루었다. 매년 소실되는 영역, '구멍'은 점점 커지고 있었다. 봄에, 지난 수백만 번의 봄에 그랬듯이 태양은 틀림없이 떠올랐지만, 이제 그 빛은 완전히 바뀐 대기에 와 닿았다.

1980년대가 지나는 동안 구멍은 2,200만 km² 이상으로 늘어났다.[211] 비교를 위해 덧붙이자면, 미국의 붙어 있는 48개 주의 면적은 1987년에 측정된 구멍의 36%에 불과한 약 802만 km²이다.

파면의 연구 결과는 과학자들 사이에서 롤랜드와 몰리나의 가설과 별도로 새로운 논쟁을 불러일으켰다. 구멍이 그처럼 빠르게 나타나는 까닭은 무엇일까? 많은 과학자가 솔로몬의 극성층권구름 가설에 의문을 제기했다. 어떤 과학자들은 사태의 주범이 최근에 있었던 화산 폭발(인위적인 지질학적 변화의 흔한 희생양, 맞을 때도 있지만 틀릴 때도 있다)이라고 말했다. 또 다른 과학자들은 이 극적인 구멍이 태양에서 오는 강렬한 에너지에 의해 생성된 활성질소 때문이라고 주장했다. 파울 크뤼첸과 초음속 비행기 연료에 관한 연구가 보여준 것처럼 질소 화합물도 오존을 파괴할 수 있었기 때문이다. '기이한 질소 이론'이었다. 세 번째 과학자들은 오존이 파괴된 것이 아니라, 계절이 겨울에서 봄으로 바뀌면서 온도 그리고 층 사이의 복잡한 공기 흐름(후에 역학 이론으로 알려진 것)이 일시적으로 오존을 옮겨놓았다고 주장했다. 모두 큰 차이가 있었지만, 세 가지 대안적 설명 모두 인공 화학물질이 아닌 자연으로 원인을 돌렸다.

언론 전쟁에서 이기고 싶었던 CFC 업계는 솔로몬의 연구를 무시하고 지난 10년 동안 그랬던 것처럼 과학적 불확실성을 증폭시켰다. 그들은 CFC의 결백을 증명할 것 같은 과학적 연구에 돈을 쏟아부어 합당한 과학적 연구에 자금을 지원했지만, CFC 생산과 오존 구명 사이의 확실한 연결고리를 찾지 못했다는 인상을 대중에게 주었다. 사실상 홍보를 위한 자금이었다. 이외에도 업계의 리더들은 CFC를 오존 구멍과 연관 짓는 연구들을 모두 부적절한 것으로 보이게 하기 위해 두 가지 주장을 반복했다.[212] 하나는 대체 냉매가 나오기는 불가능하므로 CFC 금지는 프레온 이전의 미개한 시대로의 추락을 의미한다는 것이었고, 다른 하나는 CFC 생산이 줄고 있기 때문에 연구는 어쨌든 필요하지 않다는 것이었다.

두 주장은 모두 거짓이었다.

오존 구멍의 출현은 과학에서 거의 보기 드문 방식으로 논쟁할 시간이 없음을 알렸다. 1986년 봄, 화학자들은 오존 구멍 논쟁을 해결하려면 해당 대륙에서 직접 대규모의 테스트를 해봐야 한다는 것에 동의했다. 그들은 5개월 이내에 지구상에서 가장 외진 지역으로의 탐험을 계획하고 출발해야 했다. 어떤 사람들은 실행 계획상 그것은 불가능하다고 말했다.

그러나 5개월 만에, 첫 번째 국립오존탐험대National Ozone Expedition, NOZE를 이끌게 된 수잔 솔로몬은 칠레에서 남극의 맥머도 기지McMurdo Station로 가는 비행기에 올랐다.[213] 솔로몬은 자신의 팀이 지구 최남단에서 무엇 때문에 구멍이 생기는지 확실히 알 만큼 충분한 데이터를 찾을 수 있을까 궁금했다. 솔로몬이 인간이 초래한 혼돈의 증거를 찾고 싶었다고 이야기하는 것은 좀 왜곡된 표현일 수 있다. 오존 역사학자 샤론 론에 따르면, 솔로몬은 "단지 자신이 이끄는 팀이 무언가를 찾기만을 바랐다". 성과를 위해 팀은 분명히 그 화학적 이론이 옳다는 증거를 찾기를 '바랐을' 것이다. 하지만 동시에 그들은 분명히 다른 모든 생명의 지속적 존재를 위해, 그것이 모두 우연일 뿐이며 인류가 스스로 몰고 온 파괴를 구경만 하는 것이 아님을 시사하는 어떤 증거를 갈망했을 것이다. (내가 보기에는 인간이 만든 특정 화학물질이 오존 구멍의 원인이 **아니라고** 믿는 것이 훨씬 더 끔찍하다. 그것은 우리가 상황을 통제할 수 없다는 것을 뜻하기 때문이다. 기후가 변하고 있다는 것은 받아들이지만 인간이 그 원인이 아니라고 부정하는 기후 회의론자들에게: 세상이 여기 머무는 이들에게 닥치는 대로 맹렬한 힘을 행사하고 있는데도, 그것을 막을 힘이 없다고 생각하면 잠이 안 오지 않는가? 이것이 거의 모든 면에서 더 나쁜 운명 아닌가? 사실에 대한 부정보다 훨씬 더 큰 심리적인 폭력, 즉 허무주의와 함께 사는 것이 가능한가?)

두 달 동안 팀은 악착같이 일했고 거의 잠도 자지 않았다. 그들은 지상으로부터, 충격적이게도 90%나 감소된 오존을 측정한 기상관측 기구로부터, 성층권에서 일산화염소와 이산화염소의 존재를 감지한 기기들로부터 데이터를 수집했다. 모든 징후가 오존 구멍의 원인이 화학적인 데 있다고 말했다. 현장의 모든 연구원은 CFC가 전에 없던 속도로 오존층을 파괴하고 있다고 확신했다.

그러나 오존탐험대가 결과를 보고하기 위해 워싱턴 D.C.로 돌아갔을 때, 탐험을 떠나지 않은 나머지 과학자들이 탐험대의 주장에 이의를 제기했다. 남극에서 수집한 데이터가 확실한 것을 증명한다고 믿는 사람은 거의 없었다. 일단, 대부분의 측정이 지상에서 이루어졌다. 가장 믿을 만한 데이터는 대기 중에서 화학적 밀도를 측정한 대기학자 데이비드 호프만David Hofmann의 고고도 기구high-altitude balloon에서 나왔다. 기구에 대한 호프만의 전문성이 데이터에 신빙성을 더하긴 했어도, 팀은 오로지 한 곳, 맥머도 기지 바로 위의 하늘에서 측정치를 수집했을 뿐이었다. 한 곳에서 한 팀이 측정한 값은 무언가를 증명하기는 충분치 않았다. 그렇다면 남극 전체에서, 또는 극소용돌이의 중심에서 측정한 값은 어떨까? 오존탐험대는 그러한 측정이 가능하기나 한 건지 궁금했다. 공기 운동의 역학, 태양 주기, 심지어 얼음 유성의 간섭 가능성 등 모든 오랜 이론이 다 끄집어져 나왔다.

기자회견에서, 토론에 종지부를 찍으려면 과학자들이 이듬해인 1987년 8월에 다시 남극으로 돌아가야 한다는 사실은 분명해졌다.

그들은 이번이 마지막이 되기를 바랐다.

10

환경 재앙을 막기 위한
세계 최초의 협약, 몬트리올 의정서

남극 팀이 지구 모든 생명체의 운명이 달린 첫 번째 탐험을 준비하는 동안, 미국과 해외에서는 진자가 다시 흔들리고 있었다. 오존 '구멍'의 이미지는 스프레이 캔을 버리는 것으로 위기를 해결했다고 생각했던 대중을 다시금 일깨웠다. 분명히 하자면, 오존층의 구멍은 문자 그대로의 구멍, 즉 눈에 보이는 구멍이 아니다. '구멍'은 끊임없이 변화하는 오존의 고갈 범위를 말하며, 고갈된 범위의 두께는 매일 계속해서 변한다. 일반적인 열 오존의 두께는 약 3mm로, 페니 동전을 2개 쌓은 정도이지만, 오존 구멍의 두께는 다임 동전 1개의 두께인 약 1mm에 그친다.[•] ('구멍'에도 오존은 여전히 존재하지만, 희박한 농도가 태양의 가장 위험한 광선 일부를 지상까지 닿게 한다.) 하지만 대중의 마음속에서 구멍은 단순히 하늘에 난 구멍으로 이해되기 쉽다. 대중들에게 이 위기를 더 잘 설명하기 위해 미국 TV는 오존을 소용돌이치는 색칠된 그

● 페니penny는 영국의 작은 동전이자 화폐 단위이고, 다임dime은 미국 은화의 단위다.

림으로 화면에 나타냈다. 저녁 뉴스를 보는 수백만 명의 거실에 임박한 지구 멸망의 모습이 비춰졌다. 지구의 남극이 일정 수준 이하의 오존 두께를 나타내는 보라색으로 빛났고, 대중은 나사가 만든 이러한 모델을 통해 오존 파괴를 목격할 수 있었다. 1985년 여름, 위기에 대한 새로운 인식은 에어컨 소음 너머로 고립된 미국인들의 일상적인 의식 속으로 다시 침범해 들어왔다. 1975년 이후 처음으로 CFC의 전면 금지가 가능해 보였고, 심지어 목전에 닥친 듯했다.

레이건 대통령을 포함한 모든 이들에게 놀랍게도, 환경보호국의 새로운 책임자인 리 토머스Lee Thomas는 환경 압력 단체의 말에 귀를 기울였다. 그해 여름, 국제협약 회원들은 비엔나에서 만나 오존 데이터와 자료를 공유하기로 합의하고 조약에 서명했다. 오존층 보호를 위한 비엔나협약Vienna Convention for the Protection of the Ozone Layer은 규제 목표를 세우는 데는 실패했지만, 올바른 방향으로 나아가는 한 걸음이었다고 할 수 있다. 협약은 국제적 문제가 존재함을 인정했고, 오존 파괴에 대한 해결책을 위해 함께 노력하겠다는 서명국들의 약속을 명시함으로써 더 강력한 합의가 나올 수 있는 토대를 마련했다. 나사는 그해 오존층 파괴와 지구온난화에 대한 보고에서 "우리는 환경에 어떤 영향을 미칠지도 모른 채 대기 중 미량 가스의 농도를 증가시킴으로써 전 지구적 규모로 하나의 거대한 실험을 수행하고 있음을 인식해야 한다"[214]라고 결론지었다. 그 성명의 충격은 그해 봄 우크라이나 체르노빌에서 폭발한 원자력 발전소의 소식이 전해지면서 더욱 크게 다가왔다. 많은 사람의 마음속에 환경 파괴의 공포가 도사리게 되었다. 80년대 중반, 당시 지배적이었던 경제 질서의 모든 논리에 반하여 세계는 정말로 한계가 있는 것처럼 보이기 시작했다.

　이듬해 1986년 여름,[215] CFC가 오존 파괴의 원인일 뿐만 아니라 지구온난화 가스임을 입증하는 증거들이 쌓여갔다. 증거들은 '책임 있는 CFC 정책연합Alliance for Responsible CFC Policy(듀폰과 다른 두 대형 CFC 제조사인 얼라이드Allied와 펜월트Pennwalt가 포함된 산업 단체)'이 일부 CFC 규제에 찬성하도록 압력을 가했다. 업계는 그러한 규제에 순순히 찬성함으로써 '책임 있는 CFC 정책'이 규제 거부가 아닌 수용으로 보이도록 그 이름의 의미를 재정립했다. 며칠 후, 듀폰 역시 과학적 불확실성에도 불구하고 "이제 전 세계적으로 CFC를 제한하기 위한 추가 예방 조처를 하는 것이 현명하다는 결론을 내렸다"[216]라고 인정했다. 이에 따라 CFC는 유죄가 입증될 때까지 무고한 시민이 아니라 안전함이 입증될 때까지 위험한 화학물질이 되었다. 비록 업계가 화학약품의 전면 금지에 찬성하지는 않았지만, 처음으로 CFC 규제의 필요성을 인정한 것이다. 어쩌면 최근 담배 업계가 흡연자로부터 폐암을 유발했다는 이유로 소송당한 것처럼, 사람들로부터 피부암을 유발했다는 이유로 소송당할지 모른다는 두려움이 그처럼 갑작스러운 업계의 인정을 끌어냈는지도 모르겠다.[217]

　이유야 어떻든, 이들의 문제는 CFC의 대체 가능 여부가 아니라 이익이었다. 듀폰은 CFC의 대체가 가능할 뿐만 아니라, 심지어 그 사실을 몇 년 동안이나 알고 있었음을 시인했다. 일찍이 1936년에 메리 레놀Mary W. Renoll과 알버트 헨느(미즐리가 CFC-12를 개발할 수 있도록 도운 벨기에 조수)는 염소 없는(즉 오존 친화적인) 비교적 안정적인 2개의 불소 기체를 합성한 후, 각각 끓는점이 이상적인 냉매 범위 안에 있는

−23°C와 −35°C라고 발표한 바 있었다.[218] 이 중 하나는 나중에 HFC-134a로 알려지게 된 것으로, 지금도 전 세계적으로 널리 사용되는 CFC-12의 가장 흔한 대체재다. 듀폰이 할 일은 안전과 효율성에 대한 광범위한 테스트를 시작하는 것뿐이었다.

1987년 초, 미국의 다른 모든 기관이 반규제 움직임으로 힘을 못 쓰고 있었지만, 토머스가 이끄는 환경보호국은 CFC 통제를 위한 매우 공격적인 계획을 내세우기 시작했다. 이들은 모든 CFC 생산을 동결하고, 거의 산업을 끝내는 수준으로 수년 이내에 95%까지 생산량을 감소시킬 것을 요구했다.[219] 주요 CFC 생산국인 유럽, 캐나다, 멕시코, 일본은 아직 그러한 전면적 규제를 지지하지 않았지만, 환경보호국이 밀고 나가면 점차 그렇게 될 가능성이 컸다. 미국은 자국에서 엄격한 규제를 시행하면 국제 사회도 그와 똑같이 하게 되리라는 것을 알았다. 다른 국가들이 꾸물거리면, 미국은 대체 냉매에 대한 독점권을 행사하게 될 것이기 때문이었다.

이상하게도 초기에 레이건 정부는 환경보호국의 독자적 행동을 알아차리지 못했다. 1987년 봄, 토머스는 정부가 눈치채기 전에 이미 그의 공격적인 목표를 국제 사회에 알렸다. 그런데 갑자기 280억 달러 규모의 산업과 반규제 로비에 힘입어 연방 부처들이 잇따라 반기를 들며 환경보호국이 세계 협상을 주도할 권한이 없다고 주장하기 시작했다. 새로 설립된 국내정책위원회Domestic Policy Council, DPC 내의 CFC 팀이 감시자를 감시하기 위해, 즉 환경보호국의 CFC 규제를 감시하기 위해 동원되었다.[220]

환경보호국은 광범위한 규모의 CFC 위험도 평가결과를 공개했는데, 여기에는 CFC로 인한 오존 파괴가 생태계 붕괴와 이미 걱정스러울 정도인 피부암의 급속한 확산을 가져올 것이라는 주요 전문가들의 무수한 증언이 포함되어 있었다.[221] 5권으로 이루어진 이 연구 결과에는 CFC의 종말을 정당화하기에 충분한 증거가 갖추어져 있었다. 하지만 이를 검토하기 위해 전문가들이 모인 자리에서 국내정책위원회는 증거에 의문을 제기하거나 아예 다른 결론을 도출했다.[222] 세계최고의 피부암 및 면역학 전문가 중 1명인 마가렛 크립키Margaret Kripke 박사에 따르면, 백악관 예산집행부의 고위 관리이자 패널들의 수석 기획자인 데이비드 기븐스David Gibbons 박사는 피부암이 '스스로 초래하는' 병이라고 시사했다고 한다. 몇 주 후 의회 기록에 남겨진 공개서한에서, 크립키는 기븐스에게 다음과 같이 썼다. "같은 관점에서 고민해봤습니다. 피부암은 스스로 초래하는 병이므로 우리는 자외선의 증가로부터 사람들을 보호할 필요가 없습니다. 그들은 직접 자신을 보호할 책임이 있습니다."[223] 이러한 생각에 따르면 피부암이 증가한 원인은, 예를 들면 태닝을 하거나 햇볕이 잘 드는 남쪽으로 이사하는 등 각자가 한 행동 때문이었다. 편지에서 크립키는 그렇지만 미국에서 발병한 피부암 대부분은 호화로운 일광욕 때문이 아니라 건축이나 조경과 같은 외부 노동 때문이며, 남쪽으로의 인구 이동은 1년 내내 골프를 치기 위해서가 아니라 경제적 필요 때문에 어쩔 수 없이 생겨난 현상임을 지적했다. 그 외에, 크립키가 패널 활동 초기에 언급한 것처럼 피부암이 자초해서 생기는 것이든 아니든, 전 세계적인 피부암의 급속한 확산은 그녀에게 별 걱정거리가 아니었다. 환경 입법을 위해서는 인체에 미치는 직접적 위험에 대한 예비 조사가 필요하고, 그래서 당시 패널들은 피부암에 대해 많은 시간과 에너지를 소비하고 있었다. 하지만 크럽키는 이러한 직접적 위험보다 선크림으로는 막을 수 없는 흉작, 바다생물 멸종, 실명, 면역 억제와 같은 간접적 위험을 훨씬 더 걱정했다. 그것이 세계 최고 피부암 전문가의 생각이었다.

명백한 불합리성과 정신적 우월성을 넘어, 피부암이 '스스로 초래하는' 질병이라는 주장(레이건이 인간 면역성 결핍의 또 다른 위기인 에이즈 비상사태를 인정하길 거부한 것과 같은 종류)은 어쩌면 역효과를 가져온 것도 같다. 규제를 반대하던 대표적 인물인 로널드 레이건은 그로부터 불과 2년 전에 코에서 악성 종양 3개를 성공적으로 제거했는데, 그 종양은 그가 자초한 할리우드식 태닝의 직접적 결과였다 (우리는 자신 있게 주장할 수 있다). (암을 대하는 대통령의 태도[224]는 기븐스의 말보다 훨씬 더 이상했다. 1985년 레이건이 물론 태닝과는 아무런 관련이 없는 암 폴립을 결장*에서 제거했을 때, 그는 암에 걸렸다는 사실을 부인하고 다음과 같이 주장했다. "저는 암에 걸리지 않았습니다. 다만, 제 안에 암을 가진 무언가가 있었고, 그것은 제거되었습니다.") CFC의 역사에서 짧은 순간에 불과했지만, 피부암이 '스스로 초래하는' 질병인지에 대한 의문은 신자유주의 이데올로기 전체를 담고 있는 것처럼 보였다. 개인의 자율성, 개별화된 경험, 독자적 의지를 찬양하는 정부의 태도는 자아와 성취의 협력적·집단적 성격을 인정하지 않고 그 구성원들에게 깊숙이 파고들어, 이제는 한 정부 관리가 대통령의 암이 '스스로 초래한 것'임을 암시하고 있었다. 게다가 정부의 논리에 따르면, '스스로 초래

● 레이건은 피부암과 결장암을 모두 앓았다.

하는' 피부암의 특성은 정부의 조치를 보장하지 않았다. (만약 정부 기관이 그것이 대표하는 사람들을 보호할 의무가 없다면, 정부는 무엇을 하는 것인지 궁금하다.) 한 개인이 세계적 인물을 무색하게 했다.

그러나 암이 '스스로 초래하는' 질병이라는 기븐스의 설명은 그해 여름 정부가 공개적으로 권고한 사항에 비하면 아무것도 아니었다. 내무부는 국제 규제의 진행을 늦추기 위한 마지막 필사적 시도로, CFC 문제에 대한 결정권을 주장했다. 그들의 주장에 따르면 오존이 파괴되어 들어오는 자외선은 미국 땅, 즉 내무부가 책임져야 하는 땅으로 쏟아지기 때문이었다. 기자들은 국립자원방어위원회National Resources Defense Council의 데이비드 도니거David Doniger에게서 도널드 호델Donald Hodel 장관이 이끄는 내무부가 CFC 규제에 대한 대안으로 '개인 보호 계획'과 '생활 방식 변화'에 대한 지침을 고려하고 있다는 귀띔을 들었다.[225] 이에 놀란 기자들은 소문을 확인하기 위해 내무부에 전화를 걸었다. 내무부는 그 소문이 맞으며, 지금 '개인 보호 계획'을 촉구하기 직전이라고 말했다. 하지만 언론이 먼저 이 소식을 다룬 기사를 내면서 호델은 자신의 의도를 정확히 밝힐 기회를 얻지 못했다. 신문은 정부가 CFC를 규제하는 대신, 모든 사람에게 자외선 차단제, 모자, 선글라스를 이용할 것을 제안하고 있다고 보도했다. 〈월스트리트저널〉은 호델의 말을 인용해 다음과 같이 보도했다. "태양을 피해 있으면 오존 파괴의 영향을 받지 않습니다."[226]

'레이밴Rayban 계획'[227]으로 비난받은 호델의 '개인 보호 계획'은 그해 여름 놀림거리 정책이 되었다. 말이 되는 것이 하나도 없었다. 〈뉴욕타임스〉 편집국은 호델의 계획이 '빵이 없으면 케이크를 먹으면 되지'라고 말한 마리 앙투아네트Marie Antoinette만큼이나 현실을 모르는 계획이라고 비난했다.[228] 자외선 차단제, 모자, 선글라스, 그 밖에 호텔이 개인 보호책으로 고려한 것 중 자외선이 농작물과 해양생물을 말살시키는 세상에서 인간의 생존에 도움이 되는 것은 아무것도 없었다. 도니거는 만약 계산해보면, 미국에 있는 모든 사람이 자외선 차단제 2개, 모자, 선글라스에 40달러를 쓰는 것(작물 수확량 감소와 의료비 상승 외에 총 80억 달러의 국가 비용 지출)보다 CFC를 규제하는 것이 더 싸게 먹힌다고 설명했다.[229] 게다가 도니거의 농담처럼 물고기에게 선글라스를 쓰라고 하기는 어려운 일이다. 소, 목화, 옥수수도 마찬가지다. 그다음 주 의회 의원들이 커다란 모자와 선글라스를 쓰고 본회의에 나타났다. 내무부와 레이건은 이 문제에 대해 남아 있던 권한을 모두 잃었다. 기브스와 호델은 자신도 모르게 CFC에 대한 급진적, 즉 합당한 금지의 문을 열었다.

1987년 9월, 6개 대륙의 55개 국가와 유럽경제공동체uropean Economic Community, EEC, 인도 및 관찰자로만 참석한 다른 5개국이 캐나다에서 만나 '오존층 파괴물질에 관한 몬트리올 의정서'를 체결했다. 지난 10년 동안 형성되어 왔던 이러한 국제협약을 향한 움직임은 급속도로 커지는 남극 구멍에 관한 소식과 레이건 정부의 행동 거부에 대한 대중의 불안에 힘입어 마침내 막바지에 접어들게 되었다.

9일간의 협상 끝에 참가국들은 CFC의 단계적 축소에 동의하는 문서의 초안을 작성했지만, 미국은 그 합의를 거의 뒤집을 뻔했다. 초안에서 협약이 발효되기 위해서는 최소 전 세계 CFC 소비량의 60%를 소비하는 국가들의 비준이 필요했고, 이 범위를 만족하려면 미국과 유럽경제공동체 국가들의 참여가 필요했다. 해당 국가들이 비준하면, 일본이나 소련은 굳이 비준하지 않아도 되는 조건이었다(미국은 이 가능성에 집착했다). 많은 대가가 따를 것이 분명한 대체재로의 전환을 걱정한 미국은 글로벌 경쟁국들이 자유로울 수 있는 규제에 얽매이고 싶지 않다는 뜻을 밝혔다. 미국은 협약에 참석한 모든 국가가 가능성이 거의 없다고 본 90%까지 그 비율을 높일 것을 요구했다. (한 역사가는 이 요구가 "미국 내 논쟁에서 패한 상대에게 양보하기 위한 것이었다는 소문이 돌았다"[230]고 설명한다.) 회담 마지막 시간까지 미국은 90% 이상이 아니면 동의하기를 거부했다. 협약의 성공 여부는 불확실해 보였다. 하지만 마지막 순간에 미국은 결국 타협안에 동의했고, 이 협약은 전 세계 CFC 소비량의 3분의 2를 소비하는 최소 11개 국가의 비준으로 발효될 것이었다.

마침내 그날 9월 16일, 미국과 유럽경제공동체를 비롯한 24개국이 최종 합의문에 서명했다. 이 의정서는 세계를 각각 다른 규제가 적용되는 '선진국'과 '개발도상국'으로 나누었다. 규제 물질은 CFC-11, CFC-12, CFC-113, CFC-114, CFC-115를 비롯한 모든 CFC와 소화기에 사용되는 화학물질인 3개의 할론으로 나뉘었다. 할론은 CFC보다 훨씬 작은 규모로 생산되었지만, 그 안에 든 브롬은 염소보다 60배 빠른 속도로 성층권의 오존을 파괴했다. CFC의 최대 생산국인 선진국들은 CFC의 생산과 소비를 거의 즉시 1986년 수준으로 유지하고 6년 안에 20%, 11년 안에는 50%까지 감축하는 데 동의했다. 몬트리올 의정서는 개발 도상국에 유예기간 10년을 허용했지만, 그 후에는 이들도 선진국과 유사한 경로를 따라야 했다. 당시 모든 국가는 CFC를 HCFC, 특히 이미 널리 사용되고 있는 HCFC-22로 대체할 수 있었다. HCFC-22는 대기에서 훨씬 빨리 분해되기 때문에 (무시할 수 없는 수준이긴 하지만) 오존 파괴의 가능성이 훨씬 낮다.

미국과 유럽 외에 다른 최대 CFC 생산국인 일본과 소련도 의정서에 서명했다. 1989년 1월 1일까지 29개국과 유럽경제공동체 위원회(전 세계 CFC 소비량의 83%를 소비)가 협약을 비준했다.[231] 전 세계의 환경 재앙을 막기 위한 세계 최초의 협약이 발효된 것이다. (몬트리올 의정서는 배출 목표에 법적 구속력이 있는 유일한 국제환경협약으로 남아 있다.)

하지만 그 목표가 약하다고 생각한 과학자들과 환경운동가들은 즉시 의정서를 비판했다. 협약은 10년 동안 CFC 생산을 절반으로 줄이도록 요구했지만, CFC 생산을 완전히 중단한다는 언급은 어디에도 없었다. 1998년까지 생산량을 절반으로 줄인다 해도, 대기 중 CFC의 농도는 70년대에 사람들을 불안에 떨게 했던 수치를 훨씬 웃돌 것이었다. 생산량을 절반으로 줄인다 해도 세계는 여전히 재앙의 길로 들어설 터였다.

1987년의 의정서 서명은 대체로 형식적인 것이었다. 그래도 희망적인 것은, 또 미래의 국제환경협약이 그로부터 배울 수 있는 것은 서명국들이 향후 지속적으로 만나 새로운 과학적 데이터를 평가하고 규제 목표를 수정하기로 약속한 조항이었다. 그런 식으로 의정서는 타협한 내용에 억눌리지 않고 유연성을 제공했다. 이러한 유연성이 처음에는 잠정적인 것에 그쳤지만, 후에 강력한 국제 합의를 위한 구조적 기반을 제공할 수 있었다. 정기적인 개정에 대한 약속은 합의의 궁극적 성공을 보장할 터였다.

그것은 하나의 과정이었다.

당사국들이 몬트리올에서 협상을 시작했을 때쯤, 두 번째 과학자 팀은 CFC와 구멍 사이의 연관 고리를 증명하기 위해 남극 대륙으로 돌아왔다. 그중 제임스 앤더슨James Anderson이라는 하버드대학의 저명한 연구원이 매우 적은 양의 일산화염소도 감지할 수 있는 새로운 기계를 개발했다. 성층권에 일산화염소가 있다는 것은 CFC가 오존층을 파괴하고 있다는 증거였다.

공중에서 직접적인 증거를 얻기 위해 과학자들은 4명의 베트남 참전 용사를 고용해 성층권을 가를 수 있는, 즉 U-2 정찰기의 진화된 버전인 록히드-2를 띄웠다.[232] 그러나 비행기는 약했고, 조종사도 그처럼 거친 바람과 때로 -90°C까지 떨어지는 기온 속에서 비행한 경험이 전혀 없었다.[233] 나중에 조종사 1명이 회상한 것처럼, 남극 임무는 그가 전쟁에서 경험한 어떤 전투보다도 훨씬 더 위험했다. 해발 21km 정도와 극한의 온도에서 비행기 엔진은 쉽게 고장날 수 있었고, 그렇게 되면 조종사는 이렇다 할 생존 방법이 없을 것이다. 어떻게든 비행기를 조종해 비상착륙에 성공하더라도 조종사는 남극 야생에서 오도 가도 못하는 처지가 될 것이다. 엎친 데 덮친 격으로 비행기 안에 일산화염소 감지기를 놓을 공간이 없어서 과학자들은 비행기의 왼쪽 날개에 그것을 감아둬야 했다. 조종사는 간단한 레버로 감지기를 작동시키기로 되어 있었다. 모든 것이 계획대로 작동할지 확실하지 않았다. 모두가 최선의 상황만을 바랐다.

　　조종사들은 번갈아가며 극소용돌이 속으로 들어갔다. 이론
상 CFC가 오존을 일산화염소로 빠르게 변환시키는 곳이었다. 처음
몇 번의 시도는 실패로 끝났다. 감지기가 오작동했고, 영하의 온도에
서 제대로 작동하는지도 전혀 알 수 없었다. 하지만 곧 원인이 단순한
기계 오류였던 것으로 확인되면서 며칠 만에 조종사들은 극소용돌이
를 통과하는 총 12번의 임무를 수행했다. 그때마다 그들은 지구상에
있는 모두의 안전과 생명을 위해 자신들의 안전과 생명을 위험에 빠뜨
렸다.

　　정찰기가 오존 구멍을 통과해 비행하는 동안, 나사의 제트추
진연구소Jet Propulsion Laboratory에서 일하던 마리오 몰리나는 당시 절실
히 찾고 있었던, 구멍에서 일어나는 화학작용에 대한 답을 발견했다.
셰리 롤랜드는 극성층권구름의 얼음 표면이 태양 빛으로 따뜻해지면
얼어붙은 일산화염소를 빠르게 방출시킨다는 사실을 발견했다.[234] 이
제 몰리나는 질산이 구름 속에 아직 얼어 있고, 주위에 산소 원자가
거의 없는 상태에서 자외선의 영향으로 산소가 분리되면 염소 원자가
다른 염소 원자와 결합하는 경향이 있다는 사실을 발견했다. 이는 따
뜻한 환경에서는 보기 드문 반응이었다. 이러한 현상이 몇 주간 계속
되면서 오존은 누구도 알아채지 못한 속도로 빠르고 널리 파괴된 것
이다. 몰리나의 발견은 두 번째 남극 조사단이 모은 새로운 데이터와
함께 구멍을 생기게 한 주범이 무엇이고 왜 그러한 일이 발생했는지에
대한 과학적 불확실성을 효과적으로 해소할 수 있게 해주었다. 제임
스 앤더슨은 자신이 개발한 일산화염소 감지기의 데이터를 참고하여

CFC 증가에 따른 성층권 오존의 손실을 도표로 작성했다. CFC가 오존을 파괴했다는 것은 분명했다. 남극에서 CFC는 놀라운 속도로 오존을 파괴하고 있었다.

여전히 논란 중이던 신비로운 오존 구멍을 고의로 언급하지 않은 몬트리올 의정서의 잉크가 다 말라갈 때쯤, 두 번째 남극 조사단이 지구 아래에서 돌아와 "실험 결과와 데이터는 CFC가 빠르고 맹렬하게 성층권을 파괴하고 있다는 사실을 분명히 보여주고 있다"라고 발표했다. 이번에는 증거가 결정적이었다. 또는 적어도 그처럼 복합적인 증거가 보여줄 수 있는 만큼은 결정적이었다. 이번에는 거의 모든 사람이 납득했다.

그러니까, 듀폰만 빼고 말이다.

듀폰은 어쩐 일인지 사람들에게서 좋은 평을 듣고 있던 대기화학자 맥 맥팔랜드Mack McFarland를 남극 탐험대에 같이 보냈다.[235] 그는 성층권의 질소와 염소 화합물에 대한 연구자로 1983년 듀폰에 고용된 사람이었다. 맥팔랜드는 듀폰에 그 탐험으로 '화학작용과 기상학적 현상의 결합'이 구멍의 원인임이 확실해졌다고 말했다. 하지만 듀폰은 즉시 생산을 중단하지 않고 마치 2개의 원인이 별개인 것처럼 '정확히 어느 정도가 기상 현상 때문이고 어느 정도가 화학물질 때문인지 알고 싶어' 했다. 듀폰은 한층 더 자세한 연구를 원했다.

업계는 몇 개월간 별 반응을 보이지 않았다.[236] 그리고 오는 3월, 3명의 미국 상원의원(공화당의 버몬트주 로버트 스탭포드Robert Stafford와 미네소타주의 데이비드 듀런버거David Durenberger, 민주당의 몬태나주 맥스 보커스Max Baucus)이 과학적 합의에 따라 듀폰에 CFC 생산을 늦추고 대체재로의 전환을 준비하도록 요구하는 편지를 보냈다. 하지만 불소 기체가 오존층을 파괴해 건강에 위협을 가한다는 믿을 만한 증거가 있으면 CFC 생산을 중단할 것이라는 이전의 약속에도 불구하고, 듀폰은 지난 2월 공개된 미국 땅에서 자외선의 증가는 발견되지 않았다고 주장하는 단 하나의 연구 결과를 붙들고는, 수십 건의 전문가 보고서와 5권 분량의 평가 결과를 받아들이지 않았다.[237]

1988년 3월 4일 듀폰의 한 대리인이 상원의원들에게 답변했다. "지금의 과학적 증거를 봐서는 CFC 배출을 급격하게 줄일 필요가 없습니다."[238] 불과 열흘 후면 미국은 몬트리올 의정서에 비준하기로 되어 있었다. 편지가 이어졌다. "관측된 오존 변화에서 CFC가 그에 대해 얼마만큼의 책임이 있는지 측정할 방법은 없습니다. 사실, 최근의 관측에 따르면 태양에서 미국에 도달하는 자외선의 양은 감소하고 있습니다." (실제로, 당시의 스모그 현상은 논란의 여지가 컸던 연구 결과를 더욱 혼란스럽게 했다. 이후의 연구는 그 반대 사실을 증명했다.) 듀폰은 생산을 반대하는 것이 정확히 상원의원들의 목표라는 것을 이해하지 못하고 정중하면서도 폭력적인 어조로 이들의 요구가 부당하고 역효과를 낳는다는 비난으로 편지를 끝맺었다.

상원의원들은 압도적 증거에도 단호한 그들의 부정에 깜짝 놀랐다. 듀폰은 '과학적 불확실성'을 언급하며 더 많은 증거가 필요하다고 말했다.

듀폰은 세상이 끝날 때까지 기다렸다가, 세상이 끝나는지 아닌지를 확실하게 말할 모양이었다.

11

'과학적 불확실성'이라는 무기

신속했던 에어로졸 제품 축출과는 대조적으로, CFC의 전면 생산 금
지를 위한 국가 간 협상인 2단계의 진행 속도는 빙하glacial와 같았다
(아니, 지금은 빙하가 펭귄처럼 바다로 미끄러지는 세상이므로, 느리다고 말
하려면 '원래의 빙하classically glacial'라고 표현하는 것이 좋겠다). 대기에 뚫
린 구멍이 무시무시한 타이탄의 눈동자만큼 빠르게 커지면, CFC 생
산을 즉시 금지하는 것 말고 다른 모든 것은 느리게 느껴질 수 있다.
대기 중 CFC의 농도에 대한 그래프를 보면 롤랜드와 몰리나가 위기
상황을 알린 후 CFC 생산속도가 일시적으로 떨어지긴 했지만, 몬트
리올 의정서에 서명한 후에도 불소화된 기체의 농도는 계속 증가했음
을 알 수 있다.

　　일반적인 과학의 시각에서 봤을 때, 초기 가설에서 국제 규제
까지 15년이 걸렸다는 사실은 지금도 놀랍기 그지없다. 세계에서 가장
산업화한 국가들은 더 이상의 생태계 파괴를 막기 위해 법적 구속력
이 있는 목표에 동의한 적이 이전에도, 이후에도 없었다. (파리 협정Paris

Agreement은 재정적 약속과 투명성 면에서 스스로 '법적 구속력'이 있다고 하지만, 서명국은 특정 오염 목표에 얽매이지 않는다. 앞으로 변할 수 있긴 하지만 말이다.) 미국에 특정 종류의 생활 방식을 구축한, 지구상에서 널리 유행했고 믿을 수 있었던 편리한 화학물질 중 하나는 과학자와 운동가들의 요구로 25년 만에 세상에서 쫓겨나게 되었다.

그러나 여전히 우리를 궁극적으로 구할 수 있는 매우 과학적인 프로세스, CFC의 위험에 맞설 방법을 증명해 보일 그 과정은 빠르고 긴급하게 진행되지 않았다. 더욱 절망스러운 것은 조치를 시작하는 데 필요한 지식 구축을 돕게 될 이러한 프로세스가 CFC 생산에 따라 이득이 좌우되는 사람들의 교활한 손에서 CFC 규제의 필요성에 의문을 제기하는 데 사용될 것이라는 점이었다. 업계는 규제로 가는 여정을 늦추기 위해 과학적 프로세스에 불합리한 의심과 의문을 던졌다.

본래 건전한 과학은 느리다. 과학은 여러 번 반복되는 실험을 통한 연구가 필요하다. 전문가로 구성된 팀이 각각의 실험을 수행하면 동료들이 그것을 확인하고 또 확인한다. 과학은 열린 사고를 바탕으로 한다. 과학은 보조금과 장비, 시·공간과 같은 자원이 필요하며, 무엇보다 오차 범위를 고려한 어느 정도의 건전한 회의론이 필요하다. 이 모든 것은 과학자들이 한 가지 이상의 방법으로 분석하고 해석할 수 있는 데이터를 얻기 위한 것이다.

과학이라는 단어의 기원을 생각해보자. '과학science'은 '알다'를 뜻하는 라틴어에서 유래했다. 과학적 과정은 이해라는 집의 진입로로 끊임없이 운전해 들어가는 동작(완전히 도착한 상태가 아니다)을 말한다. 과학은 일반적인 인식처럼 고여 있는 '진리'가 아니라, 무언가에 대한 더 나은 이해에 접근하는 많은 방법 중 하나다. 따라서 모기는 과학의 웅덩이에 알을 낳을 수 없다. 그런 웅덩이는 존재하지 않기 때문이다. 일부 터무니없는 과학적 오류들은 절대적 가정에서 비롯된다.

동시에 공공 정책의 시각에서 보아도, 우리는 우리가 아는 것이 **적다고**(아는 것이 없다고, 문자 그대로 '지식이 없다고') 주장함으로써 파멸에 더 가까워졌다. 증거가 있는데도 아무것도 모른다고 주장하는 바보, 즉 가능한 모든 증거를 입수할 때까지 아무것도 해선 안 된다고 주장하다가 세상이 무너지기 시작하는 것을 목격하는 바보는 모든 것을 안다고 주장하는 바보만큼이나 파괴적이다. 이 같은 주장(의심할 여지없이 돈만 밝히는 기업, 즉 우리를 이와 같은 현대 역사 속으로 밀어 넣고 분명히 우리의 죽음에 가담하게 될 진저리나는 흡혈귀가 주도한 무지의 이데올로기)으로 인해 CFC 생산은 최소 10년은 더 늘어났고, 몇 가지 주요 사건이 없었다면 이 기간은 더 늘어날 수도 있었다.

모든 생명을 보호하기 위해 필요한 것은 새로운 가설을 바탕으로 한 즉각적인 대응이었지만, 건전한 과학으로써 필요한 것은 인내심 있는 탐구, 더 많은 토론, 상충하는 관점에 대한 고려였다. 그게 어려운 점이었다.

분명히, 성층권의 오존 파괴를 둘러싼 논쟁에는 그럴 만한 과학적 불확실성이 **존재했다.** 내가 신경 쓰는 것(업계의 잘못된 위기 대처 방식)은 추가 조사의 필요성이 아니라 그동안의 대응이다. 업계는 CFC 대체재를 찾기 위한 투자를 충분히 하지 않았다. 에어로졸 논쟁이 한창일 때 듀폰은 CFC의 대체재를 개발하기 시작했지만, 1980년 다시 한번 CFC가 화학적으로뿐만 아니라 경제적으로도 '안전'하다고 확언하면서 노력하기를 조용히 그만두었다. CFC만큼 생산 비용이 저렴한 것도 없었기 때문에, 그들은 대체 냉매로 생산 비용을 절약할 방법을 찾는 대신 CFC에 대한 실질적인 대안이 없다고 주장했다.

그들의 화학물질이 세상을 파괴하고 있는지에 대한 정당한 과학적 불확실성에 직면해 있었는데도, 왜 업계는 계속 생산을 확대해 나간 것일까? 업계는 미국법에 따라 무죄 추정의 원칙을 요구했다. 하지만 화학물질은 사람이 아니다. 미국인의 머릿속에서 좀처럼 떠나지 않는 행복 혹은 개인적 안위나 안전을 위해 화학물질이 꼭 필요한 것은 아니다. 특히, 지구 생명체의 **집단적** 안위와 안전을 거의 고려하지도 않는다면 말이다.

프레온의 시대를 관통하는 동안 시도된 것은 세상의 집단적인 안락함과 안전보다는 일부 사람들의 개인적인 안락함과 안전을 위한 것이었다.

당시 우리는, 지금과 마찬가지로 좋은 과학과 좋은 삶을 양립시키기 어려워했던 것 같다. 그러나 나는 이것이 방법의 문제라기보다는 미국인들의 안전에 대한 인식, 즉 확실성이라는 안전에 대한 인식 때문이라고 생각한다. 대중에게 과학적 의심을 심는 것은, 지긋지긋하지만 지난 세기 내내 사용된 고전적인 기업 전술이다. "의문은 과학에 매우 중요하다"라고 했던 나오미 오레스케스Naomi Oreskes와 에릭 콘웨이Erik Conway는 《의심하는 상인: 어떻게 소수의 과학자들이 담배산업에서 지구온난화에 대한 진실을 은폐했는가Merchants of Doubt:How a

》에 다음과 같이 썼다. "의심은 우리가 호기심이나 건전한 회의론이라고 부르는 한도 내에서 과학에 매우 중요하고, 또 이것이 과학을 발전시킨다. 하지만 난데없이 불확실성만을 취해 **모든 것**이 해결되지 않았다는 인상을 만들어내기 쉽기 때문에 과학을 잘못된 설명을 하는 것으로 몰고 가기도 한다."[239] 오레스케스와 콘웨이가 '의심'이라고 부르는 건전한 과학의 신중한 회의는 불확실성을 받아들인다. 대개 일부 불확실성이 작용하기도 하지만, 과학자들은 사소한 불확실성이 유효한 증거에 대한 일부 해석이나 논쟁을 막을 필요는 없다고 생각한다. '안전한' 판단이 반드시 완전한 확신에서 나오는 것은 아니다.

오존 위기의 경우, 현재의 기후 비상사태와 마찬가지로 국회의원과 정치 지도자들은 애초 그러한 화학물질의 확대를 허용하기 전에 제대로 된 정보를 요구하지 않았음에도, '안전성'을 절대적인 확실성(불가능한 것)과 연결 지었다. 역설적이게도 기후 통제의 편재성과 지속성은 확실한 안전 속 쾌적함에 대한 대중의 욕구를 불러일으켰으며, 이러한 욕구는 오존층에 대한 위협을 악화하는 동시에 오존 문제를 해결하기 어렵게 만들었다.

절대적인 확실성에 대한 요구는 사실상 현상 유지, 즉 우리가 수십 년 동안 해왔던 것을 정확히 계속하기 위한 싸움에 찬성표를 던지는 것이나 마찬가지다. 그러한 게으름은 환경적인 것이든 그 밖의 것이든 정의를 향한 움직임에 대항하는 교활한 방편이다. 존 듀이가 그의 강의 '확실성의 추구(내가 이 '프레온의 시대'를 시작하면서 인용)'에서 말했듯이 "인지적 확실성 추구의 궁극적인 이유는 어떤 행동을 했을 때의 결과에 대한 보장이 필요하기 때문이다. 사람들은 지적 확실성 그 자체에 신경 쓸 뿐이라고 쉽게 자신을 설득한다. 하지만 사실 그들은 그들이 원하고 중요하게 여기는 것을 보호하는 것과 관련이 있기 때문에 그러한 확실성을 원한다."[240] 우리는 '완벽한 확실성'[241]을 원한다고 주장하지만, 이 지적 안전감은 "불확실한 미래에 영향을 미치고 실수와 좌절, 실패의 위험을 수반하는 실제적인 행동이나 노력으로 찾을 수 있는 것이 아니다".[242]

　　이러한 종류의 근시안적 초경험주의(바로 눈앞에 있는 것만 보면서 동시에 세상에 대한 경험하지 않은 수많은 가정을 진실로 받아들이는 경향)에 대한 확고한 믿음은 우리를 더욱 끔찍한 세계로 몰아넣었다. 듀이보다 이 확실성의 추구에 대해 더 잘 이야기할 수 있는 사람이 있을까. 듀이는 미국의 실용주의자 집단과 결을 같이하는데, 이들은 양자물리학이 최근에 밝힌 다중적이고 상충적인 현실을 경외하며, 생각에 따라 달라질 수 있는 결과에 매료된 철학자 집단이다. 듀이는 다음과 같이 썼다. "불안정하고 위험한, 실질적인 확실함이 없는 세상에서 사람들은 확신을 줄 수 있는 온갖 종류의 것들을 배양했다. 환상에 사로잡히지 않는 한, 이로부터 거두어들이는 것은 사람들에게 용기와 자신감을 주었고, 삶의 짐을 더욱 성공적으로 짊어질 수 있게 했다. 하지만 정말 그렇다 해도, 이 사실이 합리적인 철학의 기초가 된다고 진지하게 주장하기란 어렵다."

　　완전한 확실성을 통한 이러한 현상유지에 대한 요구는 오존 위기에만 한정되지 않는다. 우리는 기후 파괴를 완화하는 규정을 통과시키기 위한 현재의 정치적 투쟁에서도 그러한 요구를 확인할 수 있다. 확실성에 대한 요구는 이중으로 종말을 불러온다. 이는 우리가 흔히 '파멸apocalypse'로 정의하는 세상의 종말을 불러올 뿐만 아니라, '계시'나 '완전한 교시'와 같은 것을 의미하는 원래 기독교의 '묵시apocalypse'의 출현을 사실로 가정함으로써 종말을 불러오기도 한다. 다시 말해, 완전한 확실성에 대한 믿음(두 번째 종류의 묵시)은 세상의 파괴에 공모하는 것과 같다.

점점 심각해지는 위기에 직면했을 때, 확실성에 대한 이러한 믿음은 잘 봐줘도 무책임한 것으로, 최악의 경우에는 범죄나 다름없는 것으로 보인다. 업계는 1931년 자신들이 프레온으로 인해 지구의 대기가 어떻게 바뀔지에 대한 완전하고 정확한 정보 없이 뛰어들었다는 사실은 인지하지 못한 채, 입장을 바꾸기 전에 완전하고 정확한 정보를 줄 것을 요구했다. 무지無知가 첫 번째 행동을 주도했다. 업계는 맹렬한 태도로 완전한 확실성을 요구했다. 하지만 완전한 앎의 날, 심판의 날은 신의 개입 없이는 절대 도래하지 않는다. 1986년 당시 UN 환경 프로그램의 사무차장이었던 제나디 골루베프Genady Golubev는 워크숍이 진행되는 동안 이러한 대책 없는 태도에 절망하여 말했다. "미래에 우리는 우리가 선조들로부터 물려받은 환경보다 좋지 않은 환경을 유산으로 남기게 될 것입니다. 이러한 위험은 집단적 우려를 일으키기에 충분하며, 정량화된 과학적 결과를 기다리기에는 너무 많은 것을 예고하고 있습니다."[243] 바꿔 말해, 후세의 안녕은 현재의 급진적 행동을 필요로 한다. 그의 말이 이어졌다. "좀 더 기다려보자고 주장하는 것은 우리 자신의 파멸을 목격하도록 하는 것이나 마찬가지입니다."

몬트리올 의정서와 국제적 협력의 힘이 지구의 위기를 해결한 듯했지만, 해결된 것은 사용되는 화학물질의 종류뿐이었다. 오존의 불안정성과 지구 파괴의 가능성이 미국인들에게 쾌적함과 안전에 대해 생각하는 바를 되돌아보고 재고할 기회를 주었지만, 미국과 (그보다 덜한 정도로 '과도하게 발달된') 다른 국가들은 여전히 근본적, 심리·사회적, 경제적, 구조적 오류를 해결하지 않고 간단한 기술적 해결책만을 찾았다.

1988년 봄, 과학자와 정치 지도자와 환경운동가가 CFC 규제에 대한 업계의 마지막 저항에 맞서기 위해 모였을 때, 전 세계적 비상사태 한 가지는 거의 해결된 것처럼 보였다. 그러나 그보다 훨씬 더 큰 또 다른 문제가 그들을 기다리고 있었다.

프레온 회수 업자
샘과 그의 일에 관하여
II

미시시피 방면 55번 도로로 들어서면서, 나는 샘과 레베카에게 1876년 필라델피아 100주년 박람회에서 처음 소개된 일본의 덩굴식물인 칡이 곧 보일 거라고 말했다. 내가 기억하기로 칡은 고속도로 양쪽에 늘어서서 다락방 가구 위에 덮어놓은 넓은 천처럼 나무를 덮고 있었다. 칡은 어떤 경계를 표시하는 것 같았는데, 남부의 고유한 특성이 아닌 실제로 세계화의 결과로 빠르게 다른 지역의 특성과 뒤섞여 흐릿해진 남부의 특성을 나타내는 것 같았다. 20세기 초 국내 풍경에 미관을 더하는 용도로 널리 판매된 칡은 가축을 먹이고 땅을 비옥하게 하는 '기적의 덩굴 식물'[244]이었다. 하지만 다른 특성도 있었다. 덩굴은 하루 만에 약 30cm까지도 자랐고, 성장을 제한하는 일본 해충이 없으면 걷잡을 수 없이 퍼졌다. 덩굴은 나무와 풀을 질식시키고 빛과 영양분을 차단했다. 미국의 독립 200주년* 무렵, 칡은 미국 최남부

• 미국은 1976년에 독립을 선언했다.

지방을 뒤덮어 토착 생태계를 교란하고 지역의 숲과 바다를 위협했다. 기후가 따뜻해지면서 이 지역은 칡에 더없이 좋은 환경이 되었다. 칡은 북쪽으로, 심지어 뉴욕까지 꾸준히 올라가 '무자비하고 죽지 않는 유령'[245]처럼 그 밑에 있는 식물들을 숨 막히게 했다.

하지만 이상하게도 미시시피와 루이지애나를 종일 통과하는 동안 어디에서도 칡은 보이지 않았다. 보이는 것은 끝없이 펼쳐진 고속도로와 구멍 난 빛바랜 규질암뿐이었다. 아무래도 내 기억이 잘못된 듯했다.

미시시피에 도착한 지 1시간쯤 되었을 때, 샘이 다음에 들를 사람에게서 전화를 받았다. 몇 달 전에 샘의 동료 중 1명이(스테이시라고 하자) CFC-12를 사려 했던 사람이었다. 그때 스테이시는 10시간이나 차를 타고 시카고에서 이곳까지 왔지만, 전화로 가격을 흥정한 뒤 "몸이 너무 안 좋아서 만날 수 없다"는 판매자의 통보를 받아야 했다. 그래서 아직 끝나지 않은 건으로 남아 있다.

우리는 고속도로 출구로 나와 이따금 주유소와 자갈길로만 끊어진 긴 도로를 가로질러 서쪽으로 갔다. 얼마 후 길가에 있는 자갈투성이의 자동차 정비소에 차를 세웠다. 샘과 레베카, 나는 차에서 내렸다. 날씨가 따뜻했고, 거의 더울 정도였다. 나는 지금이 겨울이라는 것을 잊고 있었다. (그래서 칡이 없었던 것일 수도 있다. 최근에 서리가 내렸을까?) 따뜻한 날씨가 영 어색했지만, 나는 우리가 미국의 최남부지방에 있음을 되뇌었다. 그곳에서는 따뜻한 겨울이 계절에 맞지 않는 것인지 원래 그런 것인지 구별하기가 어려웠다.

나는 외투를 벗었다. 더워서이기도 했지만, 바스락거리는 은색

외투가 신경에 거슬렸다. 나는 내가 다른 사람에게 얼마나 분명히 신호를 보내는지 잘 알고 있었고, 필요 이상으로 내게 시선을 집중시키고 싶지 않았다.

레베카는 차 옆에 남아서 스트레칭을 했다. 샘이 가게 쪽으로 걸어갔다. 나는 그를 따라갔다.

사무실 옆에는 서너 명의 호리호리한 백인 남자 몇몇이 고성능 빈티지 자동차 주위에서 바쁘게 일하고 있었다. 열세 살에서 열네 살쯤 되어 보이는 어린 소녀가 양손으로 턱을 괸 채 카운터 뒤에 서 있었다. 사춘기 우울증을 겪는 것이 분명했다.

우리를 발견한 소녀의 얼굴에 생기가 돌았다. 샘은 소녀에게 만나려는 사람(렉스라고 하자)이 왔는지 물었고, 프레온 때문에 왔다고 했다.

소녀는 고개를 끄덕이며 검지를 들어 올리더니, 소리 내지 않고 머릿속으로 많은 연습을 했다는 게 티 나는 어른스러운 어조로 "잠시만요"라고 말했다. 그러고는 등을 곧추세우고 천천히 가게로 걸어가 유리문을 열더니 이번에는 어른스러운 어조를 완전히 버리고 아빠를 불렀다.

소녀는 돌아와 다시 프로다운 분위기를 풍겼다. "곧 오실 겁니다." 소녀가 꼭두각시 인형처럼 말하고는 뒤쪽으로 사라졌다.

우리는 기다렸다.

책상 가장자리에 아무렇게나 놓인 30cm쯤 되는 반짝이는 나무가 아니었다면 크리스마스가 막 지났다는 것을 깨닫지 못했을 것이다. 벗겨진 리놀륨 바닥 위에는 나무 장식 일부가 떨어져 있었다. 아이들(실제로 보진 못했지만 렉스의 아이들로 추정되었다)의 사진을 넣은 액자가 사무실 벽에 걸려 있었다. 빈 의자들 옆에서는 모두 일반 펩시였지만 6개의 버튼이 있는 자동판매기가 웅웅거렸다. 스피커로 컨트리 음악이 흘러나왔다. 샘과 나는 잠시 사무실 안을 돌아다녔다.

그러다 그가 모습을 드러내기도 전에 그가 오는 것이 느껴졌다. 한 남자가 중얼거리며 빠르게 문을 열고 들어와 방의 중간쯤에서 샘에게 손을 내밀었다. 키는 서로 비슷했지만, 렉스의 덩치는 샘의 거의 2배였고, 목소리는 2배보다도 컸다. 그는 샘이 중간에 끼어들려 해도 절대 말을 멈추지 않았다. 그는 현재 자신이 하는 이야기에 쉽게 정신이 팔리는 것 같았다. 심지어 나를 쳐다보지도 않았다.

렉스는 며칠 전에 누군가가 자신에게서 프레온을 사려고 했지만 자신이 허락하지 않았고 대신 샘이 오게 했고 등등의 이야기를 꺼내기 시작했다. "저겁니다." 그가 몸을 홱 돌려 구석에 있는 탱크 하나를 가리켰다. "프레온이죠."

비전문가인 나조차도 그것이 CFC-12가 아니라는 것은 분명히 알 수 있었다. 길고 발음하기 힘든 화학물질의 이름을 대신하고 물질을 명확히 구분하기 위해 제조사는 탱크에 색을 입힌다. CFC-12 탱크는 은은한 흰색이다. 하지만 그가 보여준 탱크는 일종의 형광 청록색이었다. 우리 중 아무도 말을 하지 않자 렉스가 재차 말했다. "프레온이에요."

샘이 조심스레 말했다. "아, 이건 R-134a네요."

예상치 못한 샘의 말에 놀란 렉스는 샘에게 시선을 고정한 채, 마치 반복과 굳은 의지만 있으면 탱크를 흰색으로, 어떤 화학물질을 다른 화학물질로 바꿀 수 있는 것처럼 (내가 반신반의하며 몸을 웅크려 옆에 쓰인 테트라플루오로에탄을 읽는 동안) 탱크는 쳐다보지도 않고, 아니라고 그것은 R-12가 맞는다고 주장했다. 하지만 기적을 이루는 데 실패하자 그는 샘에게서 시선을 거두고 손바닥으로 자기 머리를 철썩 때리며 웃었다. "아, 맞다. R-12."

샘과 나는 서로를 바라봤다. 물론 이러한 일이 생긴 것은 '프레온'이라는 두루뭉술한 이름 때문이긴 했지만, 샘은 전화로 디클로로디플루오로메탄만 사겠다는 뜻을 여러 번 밝혔다. 문제가 생겼다.

렉스는 가게 안을 돌아다니며, 어리고 비쩍 마른 정비공 2명을 불렀다. 그는 그들에게 위층으로 올라가 프레온 탱크를 찾으라고 말했다. 정비공 중 1명이 그것이 어떻게 생겼는지 묻자, 렉스는 샘에게 시선을 고정한 채 "알잖아"라고 말했다. 마지못해 그 비쩍 마른 정비공들은 위층으로 터덜터덜 올라갔다.

그사이에 렉스는 저 둘과 함께 지낸 지 6주가 되었다고 말했다. 그가 몸을 기울여 속삭였다. "어쩌면 저들 잘못일지도 몰라요." 그는 중요한 말이라도 되는 듯 잠시 말을 멈추고 자기 말이 충분히 이해되도록 기다렸다. 정비공들이 프레온을 찾는 동안 렉스는 벽에 기대어 팔짱을 끼고 있었다. 그는 샘이 그걸 가지고 무얼 할 건지 알고 싶어 했다. 좋은 건가 보네? 샘은 프레온을 모아 0.5t 탱크에 합친 다음 회수업체에 보낼 거라고 늘 하던 대로 대답했다. 렉스가 끼어들었다. 134a가 있는데 왜 프레온 '병(그의 용어)'을 가져간다는 거요?

샘은 R-12가 더 이상 생산되지 않기 때문에, 아직 구식 장비를 사용하는 일부 사람들이 그 물건을 산다고 설명했다.

렉스는 그것이 해외로 배송되는지, 새 '병'의 가격은 얼마인지, R-12 탱크가 있는 곳은 어떻게 알아내는지를 물었다(그는 그 '해외'가 어딘지는 명확히 말하지 못했다).

샘은 어깨를 으쓱했다.

그때 나는 분명히 우리가 정보와 시장 가격을 알아내는 데 이용되고 있다는 것을 눈치챘다. 렉스는 우리가 보는 앞에서 자신의 회수 사업을 시작하고 있었다. 나는 그가 R-12를 갖고 있든 아니든 거기 있을 이유가 없다고 생각했다.

두 정비공이 위층에서 내려와 탱크가 어떻게 생겼는지를 다시 물었다.

"**하얀색**이라니까!" 렉스가 자신 역시 그것이 어떻게 생겼는지 내내 알고 있었다는 듯 소리쳤다.

정비공들이 서로를 바라봤고, 그중 1명은 나와 시선이 마주쳤다. 그는 어깨를 크게 으쓱하더니 **대체 무슨 일인지 모르겠다**는 듯한 표정을 지었다.

정비공들이 발길질 당한 개미들처럼 고개를 숙인 채 허둥지둥 가게를 돌아다니는 동안 샘과 나는 정비 중인 두 자동차 사이에 서 있었다. 나는 떠날 준비가 돼 있었다.

카운터에 있던 소녀가 우리 옆으로 걸어왔다. 크리스마스는 잘 보내셨어요?

샘은 잘 보냈다고 대답했다. 그리고 소녀는 잘 보냈는지, 선물은 많이 받았는지 물었다.

"아니요." 소녀가 세상에 지친 듯한 얼굴로 웃었다. "**제 나이쯤**

되면(소녀는 확실히 열다섯도 안 돼 보였다), 선물은 이제 받지 않아요. 물론 아이가 생기면 달라지겠죠. 매년 우리 아빠는 부모님께 돈다발을 안겨드릴 방법을 찾으시거든요."

우리는 소녀의 지루함이 느껴져 함께 웃었다. 원래 소녀는 친구들과 몇 마일이나 떨어진 이곳으로 오고 싶지 않았다. 소녀는 자신이 두 마을 건너에서 태어났고, 얼마 전에 이곳으로 이사 왔다고 말했다. 그런데 믿기 힘들겠지만, 카운터에서 일해야 할 때를 제외하면 이곳이 훨씬 더 흥미진진하다고 했다.

렉스가 끼어들었다. "최근에 있던 정비공이 말이죠." 그가 일종의 설명인 듯 침묵을 유지했다. 순간 나는 멍했고, 머릿속으로 로버트 브라우닝*이 스쳐갔다.

샘이 그의 말을 알아챘다. "그걸 가지고 도망갔다고요?"

"그래요. 가져가 버렸어요. 나쁜 놈의 새끼." 그는 3개월 전에 마지막으로 그 탱크를 봤다고 말했다. 샘에게 전화로 한 얘기와는 달랐다. 그는 해고한 정비공 중 1명이 틀림없이 R-12를 차에 싣고 도망가 좋은 가격에 팔았을 거라고 말했다.

나는 가려고 돌아섰지만, 샘은 '아니오'라는 대답을 받아들이지 않는 사람이었다. 아직 가게 주위에서 R-12를 찾길 바라는 샘의 일부가 아무 소득 없이 이대로 떠나 두 시간 동안 탄소를 배출하는 일이 없도록 직접 탱크를 찾아 나섰다. 그는 차들 사이를 걸으며 차

● 영국의 시인이자 극작가로, 상대방을 의식하면서 독백하는 형식인 극적 독백의 수법으로 유명하다.

밑을 살폈고, 이어 뒷마당으로 들어섰다.

보고 있던 렉스가 놀라서 말했다. "아, 생각해보니 다른 곳에 둔 것도 같군요."

두 줄로 늘어선 차들 사이에서 샘이 몸을 일으켜 그곳에 바로 갈 수 있는지 물었다.

렉스는 다른 핑계를 찾아 더듬거렸다. 그는 그곳이 지금 열려 있지 않고, 물건을 찾으면 내일 샘에게 전화할 수 있을 거라고 말했다.

그제야 샘의 표정이 바뀌었다. 그는 포기했다.

헤어지면서 우리는 모두 악수를 했지만, 렉스는 여전히 내 눈을 똑바로 들여다보지 않았다. 렉스는 샘에게 그가 제시해준 가격을 고맙게 생각한다고 말했다. 그러고는 몇 달 전에 스테이시인가 웬 여자가 자기에게서 R-12를 사려고 했지만, 제시한 가격이 마음에 들지 않아 그녀를 만나지 않았다고 했다. 샘이 내게 나중에 말해줬는데, 가격은 똑같았다.

허둥대던 정비공들은 햇빛에 반짝이는 빨강, 하양, 검정이 뒤섞인 후드가 열린 차체로 돌아갔다. 미국 문화는 전통적으로 남성의 외적 광택을 거부해왔지만, 차들에게는 그것이 허용되었다. 땜질하는 소리가 다시 나기 시작했다.

카운터를 지나치면서 나는 소녀에게 손을 흔들었다. 소녀가 뉴올리언스로 가는 길에 혹시 빈자리가 있냐고 묻는 듯 찡긋하는 미소를 지었다.

우리는 다시 길로 나섰다. 레베카가 튼 팟캐스트에서 허리케인 카트리나Katrina의 처참한 후유증을 다시 다루고 있었다. 10년이 넘는 시간이 훌쩍 지나 있었다. 미시시피에서 루이지애나의 북동쪽으로 향할 때는 제방이 무너질 당시 로워 나인스 워드에 살던 사람들의 목소리가 흘러나왔다.

몇 시간 후 샘은 고속도로를 빠져나와 시골길로 들어섰고, 작은 집들을 지나쳤다. 많은 것이 침체되어 보였고, 젖은 땅은 고르지 못했다. 배가 고팠지만, 좀처럼 가게를 찾을 수 없었다. 우리는 '앨리스네'라고 쓰인 간판이 있는 작은 판잣집을 지나쳤다. 유심히 살펴본 후에야 우리는 그곳이 거스리Guthrie•의 노래와는 거리가 멀지만, 식당이라는 것을 알아차렸다. (나는 나중에 이 노래의 가수가 '쓰레기 투척', 즉 절벽에서 쓰레기를 버린 죄로 체포되었다는 것을 기억했다. 아무리 기업화된 페트로디스토피아petrodystopia◆의 시대라 해도 환경적으로 해선 안 될 행동이었다.) 우리는 내릴까 생각했지만, 가게는 문을 닫은 것 같았다.

주요 고속도로에서 떨어져 몇 분간을 더 달리자 다음 픽업 장소에 가까워졌다. 우리는 차를 천천히 몰며 정확한 번지수를 찾았다. 나는 오른쪽 배수로에 플라스틱으로 된 백로 조각상이 있는 것을 발견했다. 전에 뜰에서 플라스틱 홍학을 본 적은 있지만 백로는 처음이었다. 공교롭게도 우리가 찾던 집은 바로 이 백로가 있는 집이었다.

자갈길로 들어서자 어두운색 맨투맨티와 청바지를 입은 한 여

- 저항적 색채를 띤 미국의 유명 포크송 가수인 우디 거스리Woody Guthrie의 아들인 알로 거스리Arlo Gurthrie를 말한다. <앨리스의 식당Alice's Restaurant>이라는 노래를 발표했다.
- 화석 연료에 의존하는 현대 사회의 부정적 측면들이 극대화되어 나타나는 미래 세상.

성이 일부가 진흙 속에 잠긴 단층집의 칸막이 문을 열었다. 우리 셋은 차에서 내렸다. 여성이 안쪽으로 몸을 돌려 누군가를 불렀다. CFC-12를 갖고 있는 남편이었다. 그를 가르자Garza라고 하자.

레베카는 맨투맨티와 청바지, 부츠 차림으로 차에서 내려(가르자 부인과 같은 차림이었다) 팔을 쭉 뻗었다. 직감적으로 레베카는 가르자 부인의 보디랭귀지에 맞춰 머리를 한쪽으로 모으고 두 손을 바지 뒷주머니에 찔러 넣었다. 나는 옆집에서 막 건너온 것처럼 그녀가 무척 편안해 보인다는 생각이 들었다. 한때 공연 예술계에 있었던 그녀에게 그러한 일은 쉽게 느껴지는 듯했다. 그녀의 일은 공유된 경험을 통해 사람들과 소통하고 말과 행동에서 공통어를 찾는 것이었다. 레베카는 온몸으로 사람들의 말을 들어주는 뛰어난 경청자였고, 그러한 신체적 기술은 낯선 사람을 편하게 해주는 효과가 있었다.

그와 동시에 나는 내가 얼마나 불편해 보이고 불편하게 느껴질까 하는 생각도 들었다.

가르자가 집에서 나와 뒤뚱뒤뚱 계단을 내려왔다. 중년이었고, 머리는 검고 기름졌으며, 한쪽 눈이 검은 안대로 덮여 있었다. 다른 한쪽 눈은 쉴 새 없이 깜박였다. 그는 좀 오래전, 록웰* 시대 이전부터 간직된 것처럼 보이는 민트색 옥스퍼드 셔츠를 입고 있었는데, 셔츠는 시간에 부식된 것처럼 보였다. 가르자 씨가 나타나자, 가르자 부인이 **이제 남자들이 이야기할 시간**이라고 말하는 듯 레베카를 말소리가 들리지 않는 진입로 끝으로 불렀다. 나는 그녀를 따라가려 했지만,

---

● 노먼 록웰Norman Rockwell(1894~1978), 미국의 화가이자 삽화가.

불현듯 내가 '남자'로 분류된다는 사실을 깨닫고 그대로 있기로 했다. 나는 레베카에게 불편한 마음을 전하려고 얼굴을 찌푸렸지만, 그녀는 미소로 화답할 뿐이었다.

샘과 가르자 씨는 CFC-12의 가격을 흥정하기 시작했다. 가르자는 샘의 동료 중 1명(샘이 동료의 이름을 말해주었는데도, 그는 그녀를 계속해서 '전에 왔던 여자'라고 불렀다. 이러한 종류의 많은 거래에서 반복되는 불편한 패턴이다)이 지난해 언젠가 와서 각각 몇 파운드가 안 되는 작은 프레온 캔들을 여러 개 구입했기 때문에 이 과정을 잘 알고 있었다.

협상이 한창인 가운데 가르자의 전화가 울렸다. 그는 전화기를 큰 가죽 케이스로 벨트에 고정했는데, 그 모습이 꼭 초기의 카폰처럼 보였다. 그는 자신이 최근에 동맥류를 앓았으며, 그래서 "한쪽 눈이 이렇게 되었고 다른 쪽 눈은 이렇게 되었다"라고 태연히 말했다. 그가 우리에게 일종의 울화 섞인 웃음을 지어 보이자, 샘이 낮은 톤으로 위로의 콧소리를 냈다. 그는 전화가 혈액 결과 때문일 거라고 말하며 스피커폰으로 전화를 받았다. 전화를 건 곳은 병원이 맞았지만, 접수 담당은 내일로 잡힌 예약을 확인해줄 뿐이었다. 결과가 완전히 나오는 날이었다. 그는 알겠다고 말하고 전화를 끊었다.

가르자는 샘에게 프레온으로 무얼 하느냐고 물었다. 샘은 그에게 전형적인 반쪽짜리 이야기를 들려주었다. 가르자는 눈을 깜박이며 샘을 더 몰아붙였다. 그는 일단 프레온을 다 끌어모으면 그걸로 무얼 하느냐고 물었다. 샘은 프레온이 아직 쓰임새가 있다며, 어떤 사람들은 대형 냉장고나 구식 에어컨 등 뭐 아시다시피 그런 물건에 쓴다고 말하고는, 낮은 목소리로 어떤 사람들은 그걸 파괴한다고 이야기했다. 가르자는 이 마지막 이유를 제대로 인지하지 못했다. CFC-12의 파괴는 우리 같은 사람들이 하는 일이 아니었다. 프레온을 파괴한다는 것은 돈을 태우는 것만큼이나 상상도 할 수 없는 일이었다.

샘은 그 물건이 중국이나 멕시코에서 온 게 아니라 미국 물건임을 확실하게 하기 위해 날짜를 쓰고 서명해야 하는 서류를 가르자 쪽으로 내밀었다. 서류를 보자 가르자는 숨을 힘껏 들이마시며 눈의 깜빡임을 멈췄다. 그는 별안간 방어적인 태도를 보였다. 샘은 이것은 규정 중의 일부라고, 우리는 당신을 믿지만 내용을 문서로 남겨야 한다고 말했다.

가르자는 스페인 출신임을 암시하는 자신의 성을 써넣으면서 우리 둘을 올려다보고는 그것이 '영어로 번역된 이름'이라고 힘주어 말했다. 그의 뜬금없는 말에 우리는 아무런 응답을 하지 않았다. 나는 무슨 말인지 묻고 싶은 것을 참아야 했다. 그런데 그의 눈에 내가 혼란스러워하는 것처럼 보였나 보다. 그가 나를 힐끗 본 후, 이것은 외국 이름이 아니라 "영어로 바로 번역되는 이름"이라고 굳이 말하면서 주장을 반복했기 때문이다. 마치 스페인 이름이나 단어들은 일반적으로 그렇지 않은 것처럼, 마치 그 자체로만 존재하는 것처럼 말이다. 그는 빠르게 자신의 이름을 서류에 휘갈겨 썼다. 그리고 자신의 서명을 보고는 생각을 빠르게 발전시켜 자신의 이름이 실제로 스페인어가 아니라 영어라고 선언했다. "영어예요." 그가 마지막으로 말했다.

나는 아직도 그 순간을 도저히 이해할 수 없다. 내 추측으로는 가르자가 샘의 서류(캘리포니아 배출권 거래 프로그램의 표준 절차)를 신분 증명을 위한 것으로 착각한 것 같다. 샘이 중국도 언급했다는 사실을 잊은 채, 자신의 성을 분명히 의식한 가르자는 우리가 자신을 멕시코인으로 본다고 생각한 것 같다. 물론 아무것도 그의 이름이 실제로 스페인에서 유래했다는 사실을 숨기지 못했지만, 어느새 그는 자신 있게 그렇게 선언하면 진짜로 그렇게 될 것처럼 그것이 영어 단어라고 주장하고 있었다. 세상과 개인적 역사로부터의 의도적 고립이 그의 한마디로 요약되었다.

내가 보기에, 그는 우리가 전혀 그에게서 기대하지 않았던 것을 증명하려는 것처럼 보였다. 그는 자신이 우리 부족의 일원임을, 즉 그는 미국인이고, 믿을 수 있는 사람이며, 한마디로 백인임을 증명하려는 것처럼 보였다. 레베카나 그의 아내나 '전에 봤던 여자' 같은 사람이 아니라 샘이나 나 같은 백인 남자임을 말이다.

가르자가 나머지 양식을 채우는 동안, 샘이 쾌활하게 우리는 지금 뉴올리언스로 가는 중이라고 말했다. 가르자는 이맛살을 찌푸리며 조심하고 또 조심하라고, 그곳은 '아주 형편없는 곳'이라고 말했다. 그는 한때 뉴올리언스의 구시가지에서 경관으로 일했는데, "하룻밤에 구조를 청하는 전화가 수천 통이 온다"고 했다. 그의 말에 따르면 "사람들은 칼을 휘둘렀고, 서로의 눈을 물어뜯었다". 그 끔찍한 순간에 나는 그가 자신의 안대에 관해 설명하고 있다고 착각했지만, 그가 받은 전화와 동맥류를 생각해내고는 곧 안도했다. 나는 가르자의 말을 열심히 듣고 있는 샘을 바라보았다. 가르자가 말했다. "뉴올리언스에서는 우호적인 사람은 누구든 경계해야 하죠."

"누구든지요." 그가 엄지손가락을 벨트 고리에 끼우며 다시 강조했다. "하지만 특히," 그가 (마치 우리의 대화가 다른 좀 더 사적인 성격으로 전환된 것처럼 목소리를 살짝 낮춰) 덧붙였다. "흑인이나 뭐 그런 사람들이라면 말입니다."

나는 차를 향해 발길을 돌렸다.

전에 왔던 비 때문에 마당을 가로지르는 배수로가 살짝 넘치고 있었다.

가르자는 이 동네로 이사 왔을 당시에는 주위에 '아무것'도 없었다고 말했다. 수마일 내에 집이라곤 이곳 한 군데뿐이었다. 하지만 지금은 이웃들이 생겼고(그는 이웃이란 단어를 마치 저주하듯 말했다), 마당이 서로 너무 가까이 붙어 있다고 혐오스럽다는 듯 말했다. 가르자와 그의 아내는 수십 년 전에 도시를 떠났다. 그런데 이제 도시가 그들을 쫓아다니며 괴롭혔다. 허리케인 카트리나가 덮치기 전에, 당국은 그들이 이사를 가야 한다고 했다. 홍수 때문이 아니라, 그의 표현대로라면 위험한 사람들이 그들의 거실로 흘러들어오게 될 것이기 때문이었다. 그것은 그의 책임이 아니었다.

하지만 그는 이사하지 않았고, 카트리나가 덮쳤다. 아무도 거실로 흘러들어오지 않았다. 가르자 가족은 괜찮았다. 그들은 쪼그리고 앉아 버텼다. 전기가 들어오지 않았지만, 발전기는 있었다. 그는 적십자 트럭이 지나갔지만, 필요하지 않았다고 말했다. 그는 자급자족할 수 있었고 그 사실을 자랑스러워했다. 그가 웃었다.

우리는 잠시 말을 멈추고 건너편 나무에 있는 올빼미 둥지에 감탄했다.

그러자 가르자가 자신이 입은 부상과 피해를 줄줄이 읊기 시작했다. (이런 종류의 비즈니스에서 흔히 듣게 되는 긴 넋두리였다.) 독사, 최근의 동맥류, 경찰 시절 칼을 든 남자들을 무장해제 시킨 것, 식수로 새어 들어간 오수, 자신이 내는 공과금의 정확한 금액 같은 것이었다. 이쯤 되자 나는 마음이 어수선해졌고 솔직히 정말 지루했다. 하지만 샘은 그와 계속해서 눈을 마주치고 귀를 바싹대고 팔짱을 낀 채 그의 말을 집중해서 들었다.

그때 갑자기 뭔가 하얀 것이 진입로를 가로질러 빠르게 움직였다. 그것은 차를 세웠을 때 내가 플라스틱으로 착각했던 바로 그 백로였다. 그것은 진짜였다. 백로는 땅에서 힘껏 날아올라 길 아래로 사라졌다. 가르자는 눈으로 백로를 좇다가 한숨을 쉬었다. 분위기가 환기되었다.

"그러니까," 그가 마무리하려는 듯 말했다. "여기는 그렇게 나쁘지 않아요. 뉴올리언스보단 낫지." 그가 다시 우리에게 경고했다.

물론 우리는 그가 한참이나 우리에게 조심하라고 경고했던 일종의 방탕한, 파티하기 좋아하는 날라리들이었다. 사실, 나는 일단 가방을 내려놓고 나면 가장 요란한 퀴어 바로 직행할 생각이었다. 가르자가 우리를 '그들'로 못 박지 않은 유일한 이유는 우리가 백인이거나 샘이 CFC-12에 관심이 있어서, 아니면 둘 다였기 때문이었다. 가르자에게 백인이고 CFC-12에 관심이 있는 사람들은 손으로 일하는 사람들을 의미했고, 자유를 의미했으며, 다른 사람들이 베푸는 자선으로부터의 독립을 의미했고, 신뢰를 의미했다.

나는 그 순간, 지금과 마찬가지로, 그 정체성과 분리되고 싶은 익숙한 감정을 느꼈다. 그때 나는 그 정체성을 위풍당당한 백로의 깃털이 아니라 그 배설물, 가르자의 우편함에 있는 **'백인'**이라는 낙서와 동일시했다.

무엇보다 나를 섬뜩하게 한 것은 의심할 여지없는 우리의 흰 피부였다.

샘이 웃었다. 진입로를 따라 차가 있는 곳으로 내려갈 때 그가 손을 흔들며 말했다. "경관님, 문제가 생기면 연락드리겠습니다."

3장

프레온,
그 이후

폐 쇄 계 에

대 한

믿 음

"네, 게다가 날씨가 나빠서 다니기가 너무 힘들었어요."
트리시가 동조하듯 말했다.
허저드 부인은 레이시 씨를 닮은 눈썹을 들어 올렸다.
"그래? 두 쌍의 말이 끄는 마차를 타고 돌아다니면
날씨를 알아차리기는 힘들었을 텐데."

- 이디스 워튼Edith Wharton, 《헛된 기대False Dawn》(1924)

1

또 다른 위기

몇 년 전 2월의 어느 날 아침, 이상할 정도로 따뜻했던 그 아침에 나는 독일의 철학자 페터 슬로터다이크Peter Sloterdijk의 《구Spheres》 3부작 중 제2권인 1,000페이지가량의 《지구Globes》를 들고 다리를 건너 브루클린에서 맨해튼으로 가고 있었다. 친구 중 1명이 짧은 잡지 기사라도 되듯 읽어보라 가볍게 말하면서 마지막 6페이지를 특정해 내게 건네준 참이었다. 작가의 사상에 대해 거의 아는 것이 없었기 때문에 좀 겁이 났지만, 그런데도 나는 친구에게서 1.4kg짜리 책을 받아 들고 태양을 피해 맨해튼으로 향했다. 따뜻한 날씨에 입기에는 너무 무거운 코트 아래서 내 피부는 이미 땀으로 흠뻑 젖어 있었다. 맨해튼으로 건너가는 다리에 다다랐을 때, 나는 친구가 표시한 '냉방 장치'라는 제목의 과도기적 결론 부분을 펼쳤다. 거기에는 "지구에 머무는 모든 생명체에게 당분간만(!) 공통으로 남게 될 것은 이 행성의 활동적인 기상 막active weather shell이다"[1]라고 적혀 있었다. 나는 그 문장을 반복해서 읽었다. 맨해튼을 향해 구부정하게 걸으며, 그 함축된 의미를 생각해보려고 애쓰며 책을 읽었다.

　　3부작 중 2권에서 3권으로 전환되는 때인 1999년에 작성된 이 구절은 두 세기에 걸쳐 전개될 문제에 대한 윤곽을 드러낸다. 오늘날 우리는 기술적인 것만큼이나 개념적인 딜레마에 직면해 있다. 우리는 지구에 가해지는 위협이 우리 각자에게 같은 강도로 도달할 것이라고 가정하는 대신, 어떻게든 지구를 지구 공동체로 이해해야 한다. 우리는 공동의 목표를 가진 통합된 '우리'를 말하는 것이 불가능하다는 것을 인식하고, 어떻게든 공동의 목표를 향해 노력해야 한다. 또한, 우리는 모두 우리가 창조하지 않은 세상에 태어났다는 것을 인식하고, 이 재난의 주범들에게 책임을 물어야 한다. 우리는 이 세상을 아직 완전히 구상되지 않은 세상으로 바꾸기 위해 빠르게 노력해야 한다. 이는 그러한 세상을 어떻게 꾸미고 조직할 것인가의 면에서 전례 없는 과제가 될 것이다.

　　그 이후로 나는 거의 매일 그 문장을 생각한다.

　　슬로터다이크의 공통성에 대한 강조는 기후 위기의 중요하지만 너무 단순화된 양상이 아닌가 하는 생각이 든다. 우리는 모두 오존층의 보호 아래 살고 있다. 우리는 성층권 아래에 있는 대류권을 공유한다(대류권과 성층권은 권계면이라는 경계면으로 구분된다). 날씨라는 기상 현상이 생기는 곳은 바로 여기 대류권이다. 이곳에서 우리는 비와 서리, 가뭄과 무더위와 함께 살아간다. 하지만 자본주의 산업공정에서 나온 배출물은 우리가 사는 세상의 대기 환경을 빠르게 변화시켰다. 오랫동안 유지되었던 세계 여러 지역의 기후가 급속도로 변하고 있다. 그로 인해 필연적으로 기후와 우리의 관계 또한 상당히 빠르게 변화하고 있다. 다른 이들과 우리의 관계 역시 마찬가지다.

우리는 모두 이 지구의 활동적인 기상 막을 공유하지만, 그 영향은 고르지 않게 짊어지고 있다. 이것은 절제된 표현이다. 우리는 그 영향을 너무 고르지 않게 짊어지고 있어서 어떤 사람들은 사소한 불편함만 느끼고 살아가는 반면, 어떤 사람들은 극심한 트라우마를 겪거나 사망에 이르기도 한다. 날로 더해가는 기후의 혹독함은 덜 지배적인 집단에 가장 큰 영향을 미친다. 몇 가지 일반적인(그리고 불완전한) 범주를 예로 들자면, 그 영향은 특히 가난한 사람들, 여성, 흑인과 갈색인 공동체, 원주민에게 강하게 작용하는 경향이 있다. 우리가 모두 총살당할 위험에 처해 있긴 해도, 어떤 사람들은 장난감 총에 맞고 어떤 사람들은 실제 총에 맞는다.

적어도 지금은 그렇다. 우리는 모두 총살당할 위험에 처해 있다고 말하는 편이 더 쉽지만 몇몇은 앞에 있고, 나머지는 비겁하게 뒤에 웅크리고 있다고 말하는 편이 더 정확할 것이다. 그러나 지구의 활동적인 기상 막이 따뜻해질수록, 뒷줄에 있는 사람들도 점점 더 보호받기 어렵게 된다. 우리는 수많은 활동가와 시민운동가들이 수십 년 동안 외쳐온 것을 아직도 배우지 못했다. 우리 중 가장 취약한 사람들을 위한 평등과 정의는 그들이 더 많은 권한과 특권을 가진 사람들에게 귀를 기울이라고, 세상을 사는 방식을 바꾸라고 요구하는 바로 그 순간 모든 사람의 회복력을 강화한다.

20세기에 우리는 순도, 흐름, 습도, 온도와 같은 공기의 상태를 완벽히 조절할 수 있게 되었다. 덕분에 이전에는 사람이 거주하기 힘들었던 도시들이 성장했고, 그 성장은 온도 상승을 이끌었으며, 그로 인해 에어컨이 없는 도시에서 사람들은 점점 더 살 수 없게 되었다. 한때, 사치, 편안함, 자본주의적 지배의 상징이었던 에어컨은 20세기 말 생존을 위한 불완전한 도구로 변모했다. 게다가 이를 구동하기 위해 사용되는 에너지의 증가는 상황을 더욱 악화시키기만 했다.

이러한 역설들(공동 구역에 대한 인식과 그 구역에서의 근본적으로 불균등한 경험, 증가하는 냉방 장치와 증가하는 도시의 열기)을 고려했을 때, 1988년은 미국과 기후와의 관계, 미국의 실내 환경 조절능력, 10년 후 슬로터다이크의 선언에 계기를 마련할 미국과 다른 지구 생명체들과의 유대에 대한 인식에 전환점이 되었다고 할 수 있다.

교묘한 속임수가 시작되고 있었다. 1988년 3월 세계적 위기인 오존층 파괴가 또 다른 세계적 위기인 지구온난화의 발생으로 그 순간 해결된 것처럼 보였다. 사실, 당시 두 위기는 지금과 마찬가지로 다른 얼굴을 한 같은 악마였다. 오존층 파괴의 근본적 원인은 실제로 전혀 다뤄지지 않았고, 해결책은 빈번히 미뤄졌다. 그렇게 하나의 위기는 다른 위기의 혼란을 틈타 사라졌다.

'오존 위기의 영웅' 듀폰사의 민낯

1988년 봄, 듀폰의 무대응은 새로운 정치적 합의에 반하여 더욱 두드러져 보였다. 앞서 3월 미국 상원은 몬트리올 의정서를 만장일치로 비준했다. 자외선 파괴를 막을 강력한 규정을 담고 있진 않았지만, 협정에 대한 광범위한 찬성은 전에 없던 위기의식을 나타냈다. 오존 위기뿐만이 아니었다. 미국의 몬트리올 의정서 수용은 생태학적 사고의 새로운 시작(레이건의 선거 슬로건처럼)을 알리는 듯했다. 어쩌면 인간과 인간 이외의 생명을 지킬 수 있는 규제에 대한 그 10년간의 반감은 동이 트고 나면 이슬처럼 사라질 수도 있었다. 어쩌면 우리는 지구 반대편에 있는 사람들과 근본적으로 얽혀 있는 우리 삶의 방식에 새로운 관심을 가지고 20세기를 마칠 수도 있었다. 어쩌면 우리는 독립성이 주는 안전한 느낌 속에서 편안함을 얻고자 애쓰는 우리의 태도가 어떻게 그 반대 상황, 즉 다가오는 위험이 가져올 끔찍한 불편과 상호의존적 관계에 있는 모든 것과의 대립을 유발했는지를 배우고 있었는지 모른다. 우리 모두가 공유하는 지구의 활동적인 기상 막은 이제 위험과 불편함을 차단할 수 있는 척하며 수십 년을 보낸 많은 미국인의 마음 깊은 곳에 자리 잡게 되었다. 이들은 단지 실내 기후를 통제하려고 했을 뿐이지만, 외부에 있는 모든 것의 안정을 위태롭게 했다.

의정서가 비준된 다음 날, 나사의 〈오존 트렌드 패널Ozone Trends Panel, OTP〉은 이전의 모든 연구 결과를 압도하는 보고서를 공개했다. 국립대기연구소National Center for Atmospheric Research의 존 길John Gille은 "결정적 증거 이상의 것을 발견했다"[2]라고 발표했다. "우리는 그 실체를 찾았습니다."

보고서의 내용은 이러했다. "인간이 만든 CFC는 엄청난 속도와 힘으로 오존층을 파괴하고 있다. CFC 생산이 늘어남에 따라 대기 중 화학물질의 농도는 전례 없는 수준이 되었다. 오존은 남극 대륙에서 매년 봄 점점 더 많이 사라지고 있다. 이 문제를 무시하려던 미국인들에게 가장 끔찍한 것은 그 '구멍'이 북반구에도 형성되어 있다는 것이다." 오존이 극심하게 고갈되는 새로운 지역이 북극에 나타나 남쪽을 향해 퍼져나가고 있었다. 몬트리올 의정서는 2075년까지 2%의 오존 손실이 있을 것이라는 예측을 기반으로 규정을 만들었다. 하지만 오존 트렌드 패널은 미국 북동부와 캐나다의 오존이 **이미** 3%까지 감소했음을 보여주었고, 이렇게 되면 수천 명의 피부를 손상시킬 수 있는 위험한 방사선이 들어올 수 있었다.[3] 벌써 2075년이 왔다 간듯했다. CFC 수준은 오존층을 극지방뿐만 아니라 중위도 지역까지 파괴하는 궤도에 올라 있었다. 여기에는 21세기의 너무 멀지 않은 시점에 실질적으로 거주할 수 없게 될 북미(여전한 CFC의 최대 생산국)도 포함된다.

오존 트렌드 패널 보고서가 발표된 지 9일 만인 3월 24일, 두 번의 남극 탐험에서 나온 증거를 수개월 동안 부인하던 듀폰은 가능한 한 빨리 대체 냉매를 개발해 시장에 내놓겠다는 계획을 발표했다.

듀폰은 CFC가 **유해했다**고 말했다.

듀폰은 무엇 때문에 그처럼 갑작스러운 변화를 보였을까?

듀폰은 오존 트렌드 패널 보고서가 결정적인 이유가 되었다고 주장했지만, 공공 정책 전문가 에드워드 파슨Edward A. Parson은 CFC의 국제 규정을 설명하는 글에서 "CFC가 오존 구멍의 주된 원인이라는 내용을 비롯해 오존 트렌드 패널 보고서 내용의 상당 부분은 몇 달 전부터 알려져 있던 것이었고 철저히 검토되었던 부분"이라고 썼다.[4] 다른 점은 오존 트렌드 패널의 권위였는데, 여기에는 학계와 정부의 주요 과학자 21명 외에 남극 대륙을 탐사한 듀폰의 과학자 맥 맥팔랜드도 포함되어 있었다. 맥팔랜드의 존재는 듀폰이 보고서에 이의를 제기하기 어렵게 했다. 맥팔랜드와 논쟁하는 것은 듀폰이 자기 자신과 논쟁하는 것이나 다름없었기 때문이다. 물론 오존 트렌드 패널은 즉각적인 위험이 더 이상 먼 지역에 국한된 것이 아니라 바로 코앞에 닥쳤다는 증거 또한 제시했다. 2009년 인터뷰에서 맥팔랜드는 이전의 연구 결과들이 발표될 때마다 다른 사람들에게서 들었던 자기 위안의 말들을 회상했다. "음, 남극은 끝났습니다. 아무도 거기 살지 않죠. 얼어붙은 대륙이에요. 노력한다 해도 뭐가 달라지겠습니까?"[5] 하지만 북미 하늘에 대한 우려스러운 소식은 그런 말을 쏙 들어가게 했다.

1988년 〈뉴욕타임스〉는 '오존을 살리기 위한 산업법'이라는 홍미로운 제목의 기사[6]를 통해 듀폰이 급변한 또 다른 이유를 제시했다. 당시 듀폰은 CFC 생산을 결국 중단한다는 데 동의한 상황이었지만, 업계 관계자들은 CFC를 너무 빨리 없애면 '미국과 다른 지역에 심각한 경제적, 사회적 혼란을 초래할 수 있다'라고 경고했다. (전 세계적인 농작물 감소와 피부암 발생 증가로 인한 '심각한 경제적, 사회적 혼란'은 신경쓰지 않았다.) 대신, 그들은 몇십 년에 걸쳐 천천히, 단계적으로 없앨 것을 주장했다. 가령, 이 기사에서 '책임 있는 CFC 정책연합(주요 산업 그룹)'의 의장은 "현대 사회에서 필수로 여겨지는" 화학물질인 "CFC의 신속하고 완전한 파괴는 충격적인 결과를 초래할 수 있다"라고 주장했다.

의장은 언론에 '치료제가 환자를 죽일 수도 있다'라고 밝혔다.

듀폰의 전반적인 역사적 배경에 비추어 이러한 예언적 경고를 생각해보자. (냉매 시장의 4분의 1,[7] 즉 가장 큰 점유율을 차지하는 듀폰의 결정은 자연히 경쟁사들의 결정을 이끌었다. 앞서 밝힌 것과 같은 업계의 의견은 정확히 듀폰의 발언은 아니었지만, 그들의 시각이 반영되었다.) 듀폰은 2세기에 걸쳐 제품과 제품의 제조 과정에 제기된 위험을 부인해왔다. 2016년 저널리스트인 너새니얼 리치Nathaniel Rich[8]는 1950년대부터 2000년대까지 이 회사가 수십만 파운드에 해당하는 과불화옥탄산perfluorooctanoic acid, PFOA(달라붙지 않는 조리도구 및 기타 가정용품 제조에 사용되는 화학물질)을 어떻게 오하이오강에 버렸는지에 대해 썼다. PFOA는 오하이오주와 웨스트버지니아주 시골 마을의 식수로 흘러들어가기까지 했다. 이에 PFOA에 노출된 농촌 지역이 2000년대에 들어 듀폰을 상대로 집단 소송을 제기했고, 이후 이들은 합의에 도달했다. 합의의 일환으로, 3명의 독립된 유행병 학자로 구성된 전문가 패널이 PFOA와 인체 건강에 미치는 악영향 사이에 가능한 연관성이 있는지 검토했다. 1년 동안 해당 지역에서 6만 9,000명을 조사한 결과, 이들은 PFOA와 고환암, 신장암, 갑상선 질환, 임신성 고혈압, 궤양성 대장염 사이에서 '거의 확실한 연관성'을 발견했다.[9]

아마도 제조업체로서 화학적 처리 과정은 당연히 거쳐야 할 절차였을 것이다. 그러나 듀폰의 번지르르한 말들은 그들의 행동을 더욱더 부조화한 것으로 만들었다. 듀폰은 안전성이나 편의성을 강화한 제품, 예를 들면 케블라Kevlar*나 테플론Teflon과 같은 제품을 만드는 것을 자랑스러워했다. 하지만 그 제조 공정은 인간과 동물의 삶을 힘들게 하고 전체 생태계를 훼손시켰다.

듀폰은 1802년 화약 제조사로 시작하여, 미국과 영국의 1812년 전쟁부터 제1차 세계대전까지 주요 전쟁이 있을 때마다 미국 정부에 폭발물을 판매했다. 세스 캐긴Seth Cagin과 필립 드래이Philip Dray는 CFC 역사를 다룬 책에서,[10] 브랜디와인 강가에 자리 잡고 있던 최초의 듀폰 공장에서 폭발로 인한 사망 사고(사망자 중에는 듀폰의 가족 구성원도 있었다)가 너무 빈번하게 일어나자, 회사는 이곳에서 발생한 노동자들의 사망을 '강을 건너는 것'으로 표현했다고 주장했다. 듀폰의 공식 웹사이트[11]는 E. I. 듀폰이 "화재나 폭파의 확산을 최소화하기 위해 화약 공장을 간격을 두고 설계했으며, 공장 자체도 폭발(폭파된 시체)이 강 위쪽이나 건너 쪽으로 향하도록 설계되었다"라고 언급하며,

● 화학 섬유 중 하나.

한동안 이 사고를 암시했다. 이후 20세기에 들어서면서 듀폰은 화약에서 화학물질로 제품을 확장했다. 어떤 제품들은 해롭지 않고 유용했지만, 어떤 제품들은 그렇지 않았다. 1934년 미즐리의 기적이 탄생한 직후, 상원은 듀폰을 "죽음의 상인"으로 비난했다.[12] 그때 듀폰은 제1차 세계대전에 참전하기로 한 국가의 결정에 영향을 미쳤다는 혐의를 받고 있었다. 듀폰이 연합군에게 갖고 있던 탄약과 폭발물의 절반 정도를 팔았음에도 불구하고, 상원은 회사의 이익과 정부의 참전을 연관시킬 만한 중요한 증거를 찾지 못했다. 듀폰은 이후 미국 정부와 긴밀히 협력해 세계 최초 핵무기 제조의 핵심이 될 플루토늄 처리 시설을 설립하고 관리했다. 여기에 클로로플루오르카본과 유연 휘발유를 더해, 듀폰은 "더 나은 삶을 위한 더 나은 것들Better things for bet-ter living"이라는 슬로건을 내걸었지만, "더 나은 죽음을 위한 더 나은 것들"이 더 정확한 표현일지 모른다.

그러나 1988년 〈뉴욕타임스〉 기사에서 "책임 있는 CFC 정책 연합"의 의장은 CFC의 빠른 금지가 "심각한 경제적, 사회적 혼란과 충격적인 결과"를 초래할 수 있다는 애초의 걱정과 달리, "우리는 심각한 혼란을 일으키지 않고 대체재로의 빠른 전환을 할 수 있다"라고 주장했다. 심지어 CFC의 위험을 인정한 지금도, 업계는 자신들을 잘못이 있는 당사자가 아닌, 극단적인 일정이 불러올 수 있는 '혼란'을 이해하지 못하는 분별없는 대중을 달래기 위해 애쓰는 의욕적인 선도자로 칭한다. 돌이켜보면, 듀폰과 다른 화학 회사들이 제때 대체 냉매 생산을 시작할 수 없었다는 것을 믿을 이유가 없기 때문에 그 발언은 신빙성이 없는 것으로 읽힌다. 가장 큰 혼란은 그들의 은행 계좌에 있을 것이다. 기자는 재밌다는 어조로 "놀랍게도, 이 널리 보급된 화학물질을 만들고 사용하는 사람들은 최근의 국제조약을 준수하는 것이 비교적 힘들지 않을 수도 있다는 것을 이제야 알아가고 있다"라고 썼다.

　　실제로 듀폰이 그토록 열심히 싸워왔던 것은 갑자기 그 자체가 우연히도 사업적인 기회가 되었다. 샤론 론은 "아이러니하게도 1988년 내내 대체 냉매를 찾는 일이 계속되는 동안 CFC 생산업체가 대체재로의 전환을 통해 수십억 달러의 이익을 얻을 수 있다는 것이 분명해졌다"[13]라고 말했다. 전 세계 CFC 산업의 25%를 차지하는 듀폰의 주도로, 각 대체 냉매는 오존에 더 좋고 소비자에게 더 매력적인 새로운 친환경 마케팅 기회를 제공했다. 여기에 특허를 획득하기라도 하면, 대체 냉매는 듀폰과 같은 대형 화학 회사를 경쟁사보다 더욱더 유리하게 만들 수 있었다. CFC 생산 중단에 동의하기 전인 1988년 2월 듀폰은 이미 CFC-12 시스템의 대체 냉매로서 HFC-134a의 합성 및 사용에 대한 특허를 출원했다.[14] 이윽고 듀폰이 CFC-12 생산 중단에 마침내 동의함에 따라 사업적 꿈, 즉 새로운 필수 제품의 갑작스러운 증가라는 기회가 싹트기 시작했다. 당시 환경보호국의 경제전문가는 "점점 더 많은 기업이 이것을 문제가 아니라 사업 기회로 생각하고 있다"[15]라고 썼다.

　　듀폰이 대체재로의 전환을 반긴 데는 다른 이유도 있었다. CFC 생산과 얇아지는 오존의 연관성을 드러내는 증거가 늘어남에 따라, 환경보호국이 공중보건을 위태롭게 한 혐의로 듀폰을 고소할 위험이 커지고 있었던 것이다. 임박한 세계의 파괴도 가볍게 볼 일이 아니었지만, 곧 닥쳐올 소송은 완전히 다른 문제였다. 소송은 이익에 영향을 미칠 수 있었다. 그런데 사실 듀폰이 프레온 부문에서 거두어들이던 연간 수익 6억 달러는 마일라Mylar*부터 스테인마스터Stainmaster 카펫까지 광범위한 인기 제품의 수익을 포함해 회사 전체 연간 수익의 1~2%에 불과했다.[16] 1992년 듀폰은 마침내 CFC 사업 종료로 인한 수억 달러의 손실이 '재무 성과에 의미 있는 영향을 미치지 않을 것'[17]임을 인정했다.

　　듀폰에게 수십억 달러 규모의 새로운 산업을 꽉 움켜쥐게 된 것보다 더 값진 것은 그들이 도덕적으로 훌륭한 회사로 거듭날 수 있게 되었다는 것이다. 〈타임스〉의 기사는 몬트리올 의정서를 준수하기 위해 "영웅적인 노력이 필요하지 않을 수도 있다"라고 가볍게 말했지만, 사실 듀폰은 단계적 생산 중단에 동의한 최초의 주요 CFC 생산 업체로서 오존 위기의 영웅으로 부상하고 있었다. 듀폰은 임박한 파괴, 그러니까 그들 자신의 화학물질이 일으킨 파괴로부터 세상을 구한 영웅이 되었다. 정치인들과 미국의 주요 신문사 모두가 그 용감함을 칭찬했다. 듀폰에 생산을 중단하라고 압박했던 3명의 상원의원 중 1명인 몬태나주의 보커스 의원은 회사의 '매우 책임감 있는 행동'[18]에 박수를 보냈다. 대체 냉매를 개발하기로 한 듀폰의 결정은 '암으로 인한 사망과 치료, 흉작, 어획량 감소, 자재 손상, 해수면 상승'[19]을 방지함으로써 국가가 2075년까지 약 6조 5,000억 달러를 절약할 수 있게 할 것이다. 듀폰은 '책임감 있고 윤리적인 기업 시민corporate citizen'◆[20]이

● 전기 절연재의 상표명.

라는 찬사를 받았다. 〈뉴욕타임스〉가 듀폰의 프레온 제품 담당 이사인 조셉 글라스Joseph P. Glas와 나눈 이야기는 다음과 같은 일화로 끝이 난다.

"글라스 씨는 집으로 가서 아내와 6명의 아이들에게 회사가 하기로 한 일을 이야기해주었다고 말했다. 아이들은 '아빠, 그거 정말 멋진데요'라고 말했다. 그가 회상했다. '나는 내가 중요한 일을 하고 있다는 것을 알고 있고, 그게 참 좋았습니다.'"[21] 듀폰은 이러한 영웅적 이미지를 지금도 유지하는 중이다. 듀폰의 웹사이트에서 '지속가능성Sustainability'을 클릭하면 '해결책을 만드는 기업Solution makers'이라는 부제가 나오는데, 거기에 이런 글귀가 적혀 있다. "듀폰이 존재하는 동안, 우리의 가장 가치 있는 지속적인 사업 성과는 사회에 유익한 것이고 지구가 번영하도록 돕는 것임을 반복적으로 증명해왔습니다."[22]

듀폰은 패배를 인정함으로써 승리를 쟁취했다.

역사책이 지금 '오존 전쟁'이라고 부르는 것을 쭉 훑어보면, 롤랜드와 몰리나, 오존 파괴 가설을 시험하고 증명하기 위해 노력하는 그 밖의 과학자들에 대한 공격에 공통된 비유가 사용되는 것을 발견할 수 있다. 그들은 '울부짖는 늑대'였다. 과학자들은 지구상의 모든 생명체에게 위협이 될 것으로 보이는 가설을 세우고 '늑대처럼 울부짖었다'. 과학자들은 자외선의 증가가 피부암을 일으킬 것이라고 경고하면서 '늑대처럼 울부짖었다'. 그들은 '불안을 조장하는 사람', '종말론

◆ 기업도 지역사회의 일원으로서 일정한 책임을 갖는 시민이라는 개념.

자'로 불렸다. 1976년 롤랜드와 몰리나가 2년 전에 발표한 원래의 가설에 새로운 정보를 추가했을 때, 뉴욕의 〈데일리뉴스Daily News〉는 그 과감한 비난을 뒷받침할 증거도 없으면서 다음과 같이 보도했다. "울부짖는 늑대의 처지에 불과한 과학자들의 새로운 경고를 누가 듣기나 하겠는가?"[23] 그러나 오존층 파괴 가설은 잘못된 것이 아니었다. 가설은 단지 새로운 증거가 더해지면서 복잡해졌을 뿐이다. 1975년 8월 〈뉴욕타임스〉는 또 다른 이야기를 인용해 에어로졸 마케팅 회사의 법정 대리인인 러셀 밴덤Russel A. Bantham의 글을 실었다. 밴덤은 오존층 파괴 가설을 둘러싼 대중의 우려를 '히스테리한 반응'[24]으로 일축하며 "새로운 증거는 과학적 문제가 점점 적어지고 있음을 보여준다"라고 주장했다. 그의 글은 이렇게 끝이 난다. "우화 속에서 헤니 페니는 도토리가 머리 위로 떨어질 때 하늘이 무너지고 있다고 생각했지만, 나중에 그 생각은 틀린 것으로 드러났다."

한낱 우화에 자신의 권위를 거는 것이 좀 이상해 보이지만, 이는 사람들의 마음을 움직이는 쉽고 때로는 효과적인 방법이 될 수 있다. 이러한 방법은 산불, 허리케인 또는 오존층 파괴와 같은 생태학적 혼란에 대비해 비상 대책을 준비하는 과학자와 도시 계획가, 정치가들에 대한 신뢰를 빠르게 무너뜨리며, 이들의 부단한 노력을 간단히 무시해버린다. 하지만 불행하게도 그들을 대상으로 한 비유는 계속된다. 2009년 남극 기상학자 J. D. 샨클린Shanklin은 왜 오존층 파괴와 기후 변화를 연구하는 과학자들이 그처럼 지구 파괴 수준에 대해 조심스럽게 접근하는지를 질문받았을 때 이렇게 대답했다. "그것은 일종의 '울부짖는 늑대' 원리와 같습니다. 늑대가 너무 자주 울면 아무도 그

늑대를 믿지 않을 것이고, 하늘은 무너져 내릴 겁니다."[25]

듀폰과 듀폰에 동조하는 언론들은 15년 동안이나 과학자들을 울부짖는 늑대로 부르며 비난했다. 동시에 업계는 미국의 경제적 번영을 끝장낼 것이 분명한 CFC 생산 중단에 분개했다. 그들에게 CFC의 금지는 곧 닥칠 파멸을 의미했다. 하지만 결국 업계는 대체재를 찾았고, '큰 혼란 없이' 대체재로의 전환에 성공했으며, 실제로 그렇게 함으로써 돈도 많이 벌었다.

물론 이 말은, 늑대처럼 울부짖은 것이 결국은 과학자가 아니라 업계였음을 의미한다.

3

CFC 규제를 둘러싼 정치적 풍경들

1988년 6월 북미 중부와 동부 지역에서 20세기 가장 무자비한 여름 중 하나가 될 날들이 시작되었다. 끊임없이 계속되는 더위가 수천 명의 목숨을 앗아갔다. 비가 오지 않았고, 계속되는 더위에 지역의 농작물들은 시들어갔다. 때맞춰 NASA의 고다드우주연구소 소장이자, 지구온난화 추세 및 지구온난화와 인간의 배출물 사이의 연관성을 수년간 연구해온 제임스 핸슨 박사가 '미 상원 에너지 및 천연자원 위원회Senate Committee on Energy and Natural Resources'에서 온실효과에 대해 증언했다.[26] 그는 관련하여 세 가지 결론을 내렸다. 첫째, 1988년 지구는 "기상 관측 사상 그 어느 때보다 따뜻했다". 기록상 가장 더운 해 중 네 번이 최근 10년 이내에 있었다. 둘째, 연구 결과 증가하는 온실가스가 온실효과를 통해 온난화를 유발하고 있다는 사실이 99% 확실해졌다. (그가 직접 언급하진 않았지만, 이는 업계의 화석 연료 사용 증가로 온실가스가 증가하고 있음을 의미했다.) 그리고 셋째, 연구 결과 그는 온난화의 변화 폭이 이제 "일반인들이 알아차릴 수 있을 정도로 크다"

라고 믿게 되었다. 온실효과로 인한 지구온난화는 미국 정부의 즉각적인 관심을 요구했다. 그는 이것이 "생명체의 안위 외에도 중요한 의미를 가질 수 있다"라고 덧붙였다. 이후 같은 자리에서 환경방어기금 Environmental Defense Fund의 수석연구원인 마이클 오펜하이머Michael Oppenheimer 역시 핸슨이 느낀 절박함을 재차 강조했다. "끊임없이 변화하는 지구에는 승자 대신 패자만이 가득하게 될 것입니다. 오늘날 변화의 수혜자는 내일의 희생자가 될 것입니다. 새로운 기후를 초래해 얻은 이득이 무엇이든, 그것은 빠르게 움직이는 파도처럼 그들을 지나쳐 갈 것이기 때문입니다."

상원 공청회는 전국적인 뉴스거리가 되었다. 지구온난화가 전국적인 관심을 끌게 된 것은 아마 이때부터일 것이다. 핸슨은 이후 언론에 "이제 미적지근한 태도는 버려야 할 때"[27]라며 "온실효과가 생기고 있다는 증거는 매우 확실하다"라고 말했다. 불행히도 이번에는 그러한 현상을 상세히 설명해줄 마이크나 글로리아와 같은 시트콤 캐릭터가 없었다. 대신, 기자와 뉴스 진행자들은 숨 막히는 여름 더위와 핸슨의 발언을 연결시킬 수 있었다. 1988년의 첫 5개월은 "130년 전 첫 기상 관측이 시작된 이래 같은 기간을 기준으로"[28] 가장 온도가 높은 시기였다. 〈시카고트리뷴Chicago Tribune〉은 이를 "현실로 다가온 '온실효과'"[29]로 표현했다.

핸슨은 거의 8년 동안 활발히 계속되던 규제완화 끝에 이 새로운 현실을 세상에 알렸다. 당시 연방정부와 기업의 구조를 지탱하는 기업 윤리는 미국인에게 도래한 궁극적 자유로서 규제완화에 대한 무한적 믿음을 전파하고 있었다. 그들은 오염물질을 뿜어내는 산업공정을 제한하거나 에너지 소비를 줄이면 성장이 늦어질 것을 우려했다. 지구온난화를 막는 것은 권력을 쥔 많은 미국인의 마음속에서는 진보의 행군 자체를 멈추는 일이 될 것이다. 하지만 보커스 상원의원이 공청회에서 밝힌 것처럼, 미국은 마침내 "우리가 전 세계의 다른 나라, 다른 민족, 다른 산업과 경제적으로 상호의존적이며, 우리의 운명이 다른 나라 사람들의 경제적 운명과 매우 깊게 연관되어 있음을 깨닫기"[30] 시작했다. 그는 제2의 '지각변동(이번에는 '환경적' 변화)'이 일어나려 하고 있으며, 미국은 마침내 "초점을 국경 안의 자국에만 맞추는 것이 아니라 전 세계적인 환경 문제에 맞춰야 한다"는 사실을 깨닫게 될 것이라고 보았다. 그가 덧붙였다. "세상은 점점 좁아지고 있고, 우리는 모두 한배를 타고 있습니다."

공청회가 진행되는 동안, 지구온난화를 늦추기 위한 전략으로 화석 연료 제한을 둘러싼 이야기들이 나왔지만, 그럴 때마다 크나큰 불안함과 걱정스러운 분위기가 회의장을 감돌았다. 다행히도 기후 변화에 즉시 대처할 수 있는 비교적 간단한 조치가 하나 있었고, 참석한 대부분의 사람이 이에 찬성하는 듯했다. 그것은 다름 아닌 몬트리올 의정서의 개정을 통한 CFC의 완전한 단계적 생산 중단이었다. 미국은 기후 안정을 위해 CFC 목표를 강화하는 방식으로 위협에 대한 대처를 시작할 수 있었다. 그렇다고 문제가 '해결'되진 않겠지만, 어쨌든 그것이 시작이었다.

1989년 5월 몬트리올 의정서의 규정에 따라 조약을 비준한 국가의 대표들이 정기 진단을 위해 헬싱키에서 만났다. 오존 트렌드 패널이 북미에서 심각한 오존 파괴 문제를 발견한 지 1년 후, 평가단은 이 협약이 위기를 적절히 해결하지 못했음을 인정했다. 데이터에 의하면, 이제 겨울 동안 북반구의 오존 손실 수준은 5.5%에 달했다. UVB의 증가는 피부암 증가로 이어지고, 추가로 들어오는 방사선은 인간의 면역체계, 특히 이미 면역력이 약한 사람들의 면역체계를 무너뜨릴 수 있었다. 불안한 분위기가 극심했던 에이즈 위기의 초창기(레이건 정부가 이에 대처하기를 오랫동안 거부했던 때)에 그러한 경고는 특히 위협적인 것으로 다가왔을 것이다.[31]

오존 트렌드 패널은 처음으로 듀폰과 기타 냉매 업계의 협조하에 HCFC-22를 제외한 대부분의 오존 파괴물질과 '모든 할로겐화된 CFC(즉 불소, 염소, 브롬과 같은 할로겐 중 하나에 탄소가 결합된 분자들)를 완전히 없앨'[32] 것을 요구했다. HCFC-22는 기존의 냉각 산업 유지를 위해 안전 시험과 오존 친화적 대체재 제조가 완료될 때까지 임시 냉매로 사용될 예정이었다. 수명이 짧은 HCFC-22의 오존 파괴 가능성은 CFC-12의 5%에 불과했다. 여전히 불안하긴 했지만 훨씬 안전한 수치였다. 선진국은 HCFC-22를 2020년까지, 개발도상국은 2040년까지 생산하기로 했다. 참가국들은 늦어도 2000년까지 CFC를 완전히 단계적으로 생산 중단하기로 했다. 새로운 대체 냉매는 특정한 오존 안전 조건을 충족해야 했다. 지구온난화를 주제로 한 상원 공청회에서 세계자원연구소World Resources Institute의 '기후, 에너지, 오염 프로그램'의 책임자인 윌리엄 무모William R. Moomaw 박사는 "CFC 대체재가…지구온난화에 의미 있는 영향을 주어선 안 될 것"[33]이라고 경고했다. 의정서를 개정하는 위원회는 이러한 경계의 필요성을 지지했다. 하나의 지구적 위기에 대한 해결책이 다른 위기를 악화해선 안 되었다.

평가단이 "양 극지방에서 최대 규모의 오존 파괴가 있을 것으로 예측되지만, 자외선 수치가 높아지면 지리적 위치와 상관없이 전 세계 사람들이 악영향을 받을 것"[34]이라고 강조한 점도 주목할 만하다. 이러한 주장은 미국이 제2차 세계대전 이후 그토록 열심히 유지하려 노력했던 자기 봉쇄self-containment에 대한 믿음을 너무도 명료하게 산산조각 냈다. 보커스 상원의원이 간결하게 말했듯, 세상은 점점 좁아지고 있었다.

1987년의 몬트리올 의정서 서명은 국경이 무너지고 전 세계 국가들의 상호 의존성에 대한 인식이 높아졌다는 신호처럼 보였다. 협약에 서명하기 불과 몇 달 전, 레이건은 구소련의 서기장 미하일 고르바초프Mikhail Gorbachev에게 "이 벽을 허무시오"라고 요구했고, 이 요구는 실제로 몇 년 후 소련이 붕괴하면서 마침내 실현되었다. 금융 자본은 계속해서 세계로 뻗어 나가 흥미롭지만 염려스러운 방식으로 지구의 외딴 지역들을 연결했다. 유럽 국가들은 열린 국경과 대륙을 가로지르는 사람들의 자유로운 움직임을 이야기했다. 문자 그대로 또 은유적으로 장벽이 실제로 무너지는 것 같았다. 그런 가운데 산업의 손이 지구의 가장 외딴 지역에 강제로 열어버린 오존 구멍은 생명에 대한 위협뿐만 아니라 자기 봉쇄의 믿음을 위협하는 것으로 다가왔다. 우리가 거의 손도 대지 않은 대륙이 정말로 파괴될 수 있을까? 그 대륙 근처에서 한 번도 누출된 적이 없는 CFC가 남반구의 성층권을 파괴할 수 있을까? 미국은 호주와 뉴질랜드의 엄마들이 아이들에게 햇빛

아래에서 놀지 말고 점심은 그늘에서 먹으라고 말해야 하는 현실에 과연 책임을 져야 하는가? 미국은 이러한 '모든 지구 생명체에 해당하는' 위협과 모든 사람과 협력해야 할 필요성을 인식하고, 자족적이고 자율적인 힘을 가졌다는 자신들의 오랜 믿음이 허구라는 사실을 깨달아야 했다.

그랬어야 했다. 하지만 이상하게도 그러한 일은 일어나지 않았다. 그러기는커녕, 미국은 더욱더 세게 나갔다. 미국은 계속해서 그 자신을 폐쇄계로 믿었다. 지금도 마찬가지다.

나는 의식적으로 '폐쇄계'[35]라는 용어를 사용한다. 더 친숙하게 들리는 다른 단어들도 있다. '봉쇄'는 냉전 시대의 극심한 불신과 자본주의 및 자유민주주의의 안전을 확보하는 전략을 상기시킨다. '독립'은 외부의 많은 도움 없이도 자아실현을 할 수 있는 능력을 나타내며, 독립 전쟁의 긍정적 의미를 떠올리게 한다. '섬나라 근성'은 고립과 섬이라는 이미지와 함께 내가 의도하는 바에 더욱 가까이 다가가게 한다. 각각(폐쇄계, 봉쇄, 독립, 섬나라 근성)의 단어에는 모두 값싼 노동력에 대한 의존과 자원 착취, 토지 상업화를 못 본 체하는 거짓된 믿음이 깔려 있다. 이 모든 것들이 공식 국경 밖의 사람들과 지리적 영역을 착취한다. 미국을 건설한 것은 이러한 착취 관행이다. 그리고 이러한 관행은 지금도 계속되고 있다.

나는 이중 가장 적절한 것이 '폐쇄계'라고 생각한다. 이는 기계적 냉각을 생각할 때 필수적인 용어이다. 일정한 온도를 유지하기 위해 낮은 엔트로피(추위)를 유지하고 폐기물(열)을 배출하는 시스템으로 냉방이 되는 방은 폐쇄계처럼 작동한다. 하지만 실제로는 그렇지 않으며, 폐쇄된 것처럼 보일 뿐이다. 카라 뉴 대거트Cara New Daggett 교수는 《에너지의 탄생: 화석 연료, 열역학, 일의 정치학The Birth of Energy: Fossi Fuels, Thermodynamic, and the Politic of Work》에서 "폐쇄계는 에너지가 들어오거나 나가지 않는 시스템"[36]이라고 했다. 그에 반해 개방계는 아무런 제한 없이 에너지와 물질의 자유로운 흐름을 허용한다. 폐쇄계와 개방계의 개념은 우연히도 19세기에 연료로서의 에너지라는 현대적 개념과 함께 탄생했다. 19세기는 열역학, 에너지 보존 법칙, 증가하는 엔트로피에 대한 우리의 이해가 확고해진 때이기도 하다. 하지만 대거트는 열역학의 많은 가정에 의문을 제기하고 다음과 같이 썼다. "폐쇄계는 이론화될 수 있고 때로 수학적 결과 없이도 가정될 수 있지만 실제로 알려진 폐쇄계는 없다. 인간의 몸, 사회, 국가를 포함한 지구와 모든 생명체는 궁극적으로 태양 에너지에 의존하기 때문에 분명히 개방계에 속한다." 에어컨에서 방출된 열이 어딘가로 가서 어딘가의 안정성을 방해하는 것처럼, 에어컨을 가동하는 에너지 또한 어딘가의 안정성을 방해하고 어딘가에서 온다. 냉방이 되는 방은 그 안에서만 아주 잠깐 폐쇄계로 보인다. 하지만 다른 곳에서 그 환상은 사라진다.

　　마찬가지로 어떤 대륙도 폐쇄계가 될 순 없다. 우리는 아직도 인간의 손이 남극 대륙을 어떻게 괴롭히고 있는지 매년 10월 반복해서 나타나는 오존 구멍, 특히 핼리 기지(조셉 파먼이 수십 년 동안 열 오존의 두께를 꼼꼼히 기록했던 곳)에서 쉽게 확인되는 이 구멍을 통해 확인할 수 있다. 참고로 과학자들은 기지가 위치한 빙붕이 따뜻해진 공기 때문에 빠르게 바다 쪽으로 흘러가는 바람에 계속해서 기지를 안쪽으로 힘겹게 옮겨야 했다. 어쨌든 미국은 에너지의 실제 물리학이나 열역학과 상관없이 국내 및 국외 정책의 틀로 폐쇄계의 개념을 채택했고, 심지어 이러한 정책들이 변화할 때도 미국의 문화는 광범위한 범위에 걸쳐 20세기 내내 더 강한 강도로 스스로를 폐쇄된 시스템, 즉 어떻게든 외부의 힘에 영향받지 않고 자가 발전하는 시스템으로 여기기 시작했다. 이러한 비공식적인 미국의 미사여구는 열역학 제1 법칙과 유사하게 산업 생산량과 자원 채굴의 에너지 손실은 없다고 주장했지만, 시스템 내에서 무질서도가 증가한다는 두 번째 법칙은 고의로 무시했다(아마도 무지해서였을 것이다). 심지어 미국 정부는 에너지를 문자 그대로 상품으로, 소비해야 할 물건으로 이야기한다. 하지만 노벨 물리학 수상자인 리처드 파인만Richard Feynman은 에너지에 대한 이러한 이해는 잘못되었다고 이야기한 바 있다. 그는 다음과 같이 썼다. "에너지는 실제로 눈에 보이는 형태로 존재하지 않는다. 그것은 단지 사물 간의 관계적 양상일 뿐이다." 폐쇄된 시스템을 채택할 때 우리가 잊어버린 것은 바로 이 관계에 대한 개념이다.

하지만 어떠한 나라도 다른 나라와의 관계없이 존재할 순 없다. 미국은 확실히 그렇다. 냉매 기체는 멈춰 서서 자신이 불법으로 국경을 넘었는지 확인하지 않는다. 탄소는 강철로 된 국경의 장벽이나 금속 울타리를 눈에 띄지 않게 뛰어넘고 빠져나간다. 우리는 나라들이 마치 외부의 정치적, 경제적 요구에 영향받지 않고 벽으로 둘러싸여 있기라도 한 것처럼 그 나라의 총배출량에 관해 이야기한다. 오염을 이야기할 때 미국은 오염물질의 배출이 누구 때문인지는 생각하지 않고 중국을 현 세계 최악의 탄소 배출국으로 지목한다. 역사적으로 중국 오염물질 배출의 원인 대부분은, 상황이 빠르게 변화하고 있긴 하지만, **미국과 다른 부유한 국가**에 판매하기 위한 물건을 만드는 데 있었다. 스마트폰과 전자 제품, 플라스틱을 생각해보라. 미국은 엄청난 노동력을 아웃소싱한다. 그렇다면 그러한 배출에 대한 책임은 누구에게 있을까? 그 책임은 가스만큼이나 실체가 없으며 국가의 개념으로는 설명되지 않는다.

개인, 가족, 도시, 국가, 대륙 등 크고 작은 규모로 우리는 우리의 행동들이 폐쇄된 시스템, 즉 자급자족과 피해 통제가 모두 가능한 자립적 구조 안에 국한되어 있다고 우리 자신을 속여왔다. 신기하게도 상관적인 CFC의 본성에 대한 은유적 설명은 실제로 사람들의 눈을 멀게 했다. 1987년 3월 오존층이 특히 얇았던 어느 날, 뉴욕의 해변에서 일광욕을 즐기던 6명이 위쪽을 흘끗 쳐다보았다. 그리고 곧 태양의 방사선이 보이지 않는 화살처럼 그들의 눈을 찔렀다. 아주 잠깐 흘끗 본 거였지만, 그들은 치료 불가능한 수준으로 망막에 화상을 입었고 부분적으로 실명했다.[37]

1989년 3월, 레이건 정권이 끝나고 조지 허버트 워커 부시George Herbert Walker Bush가 대통령직에 올랐다. 처음 몇 달 동안 부시는 대중 앞에서 "미국은 스스로, 그리고 다른 국가들과 협력하여 깨끗한 환경을 최우선 과제로 삼아야 한다"[38]라고 주장했다. 지금 생각해보면 환경에 대한 부시의 리더십에는 여러 입장이 섞여 있었던 것 같다. 어쨌든, 1990년 그가 내놓은 대기오염방지법의 개정안은 지구와 냉매의 향후 방향 모두에 있어 가장 결정적인 환경적 조치였음이 입증될 것이다.

1970년에 법제화된 대기오염방지법은 미국에서 통과된 가장 중요한 환경법 중 하나다. 이 법안은 새로 설립된 환경보호국에 유연 휘발유를 비롯해 여섯 가지 산업 오염물질에 대한 규제 권한을 부여하고 환경 관리를 통해 공중보건을 우선시하는 선례를 구축했다. 법안이 광범위한 당파적 지지를 받았다고 말하는 것은 상당히 절제된 표현일 것이다. 대기오염방지법은 1970년 하원과 상원에서 만장일치로 통과되었고, 공화당의 리처드 닉슨 대통령이 이에 서명했다. (강대하다는 자들아, 이 선고를 보아라, 그리고 절망하라.)* 오늘날 환경보호국은 이 법이 20만 5,000명의 조기 사망과 수백만 명의 건강 문제를 예방했고, 특히 많은 어린이의 납 중독을 예방했다고 말하지만, 어쩌면 이보다 훨씬 더 많은 문제를 예방했을지 모른다.[39]

20년 후, 또 다른 초당적 노력으로 양당은 산성비와 (무엇보다도) 성층권의 오존층 파괴에 초점을 맞춰 대기오염방지법의 주요 개정을 진행했다. 환경보호국은 엄격한 규제가 아닌[40] 시장에 기반한 접근법을 통해 오염을 줄이고자 했다. 80년대에 환경보호국은 각 유연 휘발유 정유사에 생산량을 할당했는데, 한 가지 조건 아래 그 할당량을 초과할 수 있도록 허용했다. 만약 어떤 정유사가 유연 휘발유를 한도 미만으로 생산하면, 다른 정유사가 이 정유사에서 배출하지 않은 오염물질만큼, 즉 한도와 실제 배출된 오염물질의 차이만큼 오염할 수 있는 '권리'를 살 수 있었다. 전체적인 유연 휘발유 생산량은 일정 수

● 1818년 퍼시 셸리Percy Shelley가 쓴 '오지만디아스Ozymandias'의 시 구절 중 '너희 강대한 자들아, 나의 위업을 보라, 그리고 절망하라'를 빗대어 표현.

준 이하로 유지되었지만, 정유사들은 할당량을 사고팔면서 규정을 준수할 수 있었다. 오염 '허용치'를 사고파는 시장이 형성된 것이다. 대형 정유회사들은 더 많은 오염을 할지 돈을 내고 선택할 수 있었고, 소규모 정유회사들은 유연 휘발유 생산을 늦추고 할당량을 판매하여 돈을 버는 혁신적인 방법을 발견했다. 자유시장 보수주의자들은 경제를 활용한 이러한 유연성을 칭찬했다. 1986년까지 유연 휘발유 생산은 급감했고, 낮게 유지되다가, 마침내 10년 후 완전히 금지되었다.

1990년 대기오염방지법 개정에 따라 환경보호국은 또 다른 시장 기반 접근법(카터가 CFC를 근절하기 위해 시행하려 했던 방법)을 마련했는데, 이번에는 산성비를 종식시키기 위한 것이었다. 산성비는 이산화황(SO_2)과 질소산화물(NO_x)로 인해 발생하는 다양한 산성 강수(비, 눈, 공포의 산성 안개)를 가리키는 포괄적 용어로, 토양에서 필수적인 영양분을 침출시켜 숲의 성장을 방해한다. 거의 반박할 여지가 없는 과학적 근거를 두고 업계와 수십 년에 걸쳐 논쟁을 벌인 끝에, 산성비 프로그램은 마침내 이산화황(공기와 결합하여 황산을 만든다)을 배출하는 발전소를 규제하게 되었다. 환경보호국은 관련 발전소의 배출량을 제한하고 각 규제 대상 기업에 주식처럼 시장에서 거래할 수 있는 오염 허용치를 통보했다. 정부는 이를 '배출량 거래emissions trading'라고 불렀고, 이는 나중에 배출권 거래제로 알려지게 된, 연방 차원에서 최초로 그리고 유일하게 시행된 배출권 거래 프로그램이었다.

부시는 배출권 거래제를 단순히 지지만 한 것이 아니었다. 그는 이 제도에 완전히 열광했다. 이산화황 배출량을 800만 톤 정도 줄여야 하는 상황에서, 부시는 목표를 그의 고문들이 아닌 환경운동가들이 요구한 목표로 상향 조정해 1,000만 톤까지 줄일 수 있게 했다.[41] 부시가 갈망했던 역사로 가는 티켓이 여기에 있었다. 그는 미국의 환경 대통령으로 알려지길 원했다.

아쉽게도 산성비 프로그램[42]은 산성비를 완전히 멈추지 못했지만[43] 이산화황 배출량은 약 92%까지 줄일 수 있었다. 산성비의 상당한 감소에도 불구하고, 뉴잉글랜드 숲의 다양한 토질을 대상으로 한 최근 조사에 따르면, 나무들이 줄기와 잎에 탄소를 저장[44]하므로, 결국 죽음과 부패가 새로운 성장을 넘어서고, 기후 변화를 더욱 악화시킬 수 있음을 시사했다. 사탕단풍나무와 같은 종들은 한 과학 논문의 섬뜩한 암시처럼 2076년 즈음, 그러니까 미국 건국 300주년 즈음에는 분명히 사라질 것이다.[45]

산성비 프로그램의 불충분한 성과는 어쩌면 당연한 결과였을지 모른다. 프로그램은 산성비를 유발하는 다른 오염물질인 질소산화물을 조절하는 데 효과적이지 않았다. 발전소에서 배출되는 일산화질소(NO)와 이산화질소(NO_2)의 배출량이 줄어들긴 했지만, 프로그램의 목표에 자동차 배기가스는 포함되어 있지 않았다. 이산화황과 달리 대부분의 질소산화물은 발전소가 아닌 차량의 배기가스에 의해 생성된다.

그러나 이제 어쨌든 우리가 산성비를 어떻게 스스로 막았는가에 대한 대중적인 이야기가 자리 잡게 되었다. 그러한 대중의 서사를 고쳐 쓰는 데는 엄청난 노력이 필요하며, 한때 좋았던 것을 불확실하고 지루한 것으로 대체하기는 쉽지 않다. 대중은 진행 중인 이야기에 쉽게 질린다. 진실은 때로 우리의 빠른 소비 리듬에 맞지 않게 천천히 다가오기도 하는데, 그렇게 느린 속도로 올 때 그 진실은 특히 거짓말에 지기 쉽다.

　　부시 시절의 대기오염방지법에는 우리 역사에서 또 다른 유의미한 목표인 CFC 냉매 규제가 포함되어 있었다. 이 사안을 두고 부시는 망설였다. 부시는 2000년까지 CFC 생산을 중단하는 법안을 공개적으로 지지하긴 했지만, 그의 백악관 수석보좌관인 존 수누누John Sununu는 중국과 인도 같은 가난한 국가들의 전환기를 돕기 위해 2,500만 달러의 재정 지원을 하는 데 반대했다.[46] 이를 정부의 분열로 보는 사람도 있었지만, 부시가 자신의 생태학적 페르소나를 유지하는 동시에 모든 것이 연결되어 있다는 생태학의 핵심 원칙은 부정했을 가능성도 있다. 가난한 국가들은 몇몇 유럽 국가들이 이미 지원하고 있던 그 원조를 받지 못한다면 규정을 따를 수 없다고 주장했다. 어쨌든 미국은 1980년대의 경제 성장 이후로 아주 소액에 불과한 원조액을 감당할 능력이 있었다. 참고로 수치를 살펴보면, 1990년 미국의 GDP는 약 5조 9,000억 달러에 달했고, 냉전의 여파로 여전히 국가의 최우선 예산 중 하나였던 국방비는 그해 총비용의 약 4분의 1에 해당하는 3,250억 달러나 되었다. 문제는 비용이 아니라 원칙이었다. 정부는 수누누가 계속 강조한 것처럼 그러한 원조가 '선례'가 되는 것을 우려했다. 하지만 지구는 폐쇄계가 아니다. 따라서 나머지 나라들이 이를 따르지 않는다면 미국 땅은 여전히 안전할 수 없었다. 프레온을 없애기 위해 수백만 달러를 투자한 CFC 업계뿐만 아니라 다른 선진국들로부터 많은 압력을 받은 후에야, 수누누는 마침내 1990년 6월 앞으로의 국제협약에서 이 건이 가난한 나라들에 원조를 제공하는 선례가 되지 않는다는 엄격한 조항 아래 원조를 하기로 동의했다. (부와 야만성이 서로 관련되어 있다는 증거가 있다면, 분명 이것이 그 증거다.) 국립자원방어위원회National Resources Defense Council의 데이비드 도니거는 부시와 그의 행정부가 "그들 스스로 열어놓은 오존 정책의 구멍을 막았다"라고 칭찬했다.

이후 미국의 단계적 CFC 생산 중단은 '지구의 벗Friends of Earth'● 회원 중 한 사람이 말한 대로, '전반적으로 싫다고 발버둥치는 과정을 거치긴 했지만'[47] 빠르게 진행되었다. 1990년 대기오염방지법에는 임박한 재난을 알리는 증거가 추가로 밝혀지면 미국은 단계적 생산 중단 날짜를 재검토해야 한다는 오존층 보호를 위한 특정 지침이 포함되었다. 1992년, 마침 나사가 그와 관련된 보고서를 발표했다. 이전에 북반구에서 기록된 가장 큰 오존 감소율은 8% 수준이었다. 하지만 이제 나사는 몇 년 안에 미국 전역에서 30~40%의 오존 손실이 발생할 수 있다고 예측했다. 그런데도 연방정부는 여전히 망설였다.[48]

1992년 2월, 당시 상원의원이었던 앨 고어Al Gore는 부시에게 대기오염방지법에 대한 책임을 물으며 CFC의 완전한 단계적 생산 중단 날짜를 1996년으로 수정하도록 요구했다. 그는 냉랭한 어조로 연설을 통해 부시가 '법을 위반'[49]하고 있다고 선언했다. 그러고는 대통령을 동요하게 만들 새로운 세부 자료가 입수되었다고 말했다. "세 번째 과학 보고서가 나왔습니다. 보고서에 따르면, 이번에는 케네벙크포트

● 세계 3대 환경보호단체 중 하나.

상공에서 오존 구멍이 발견될 것으로 예상됩니다. 이제야, 드디어, 대통령이 뭔가 깨달을 것처럼 보이는군요." 아니나 다를까, 여과되지 않은 방사선의 위협이 메인주에 있는 부시 가족의 여름별장(레이첼 카슨 국립야생동물보호구역Rachel Carson National Wildlife Refuge의 두 강줄기 사이에 위치) 위로 드리워지게 되자, 부시는 자신의 입장을 누그러뜨리는 듯했다. 고어는 또한 이 문제를 지구온난화와 연결해 다음과 같이 말했다. "우리는 지금도 대기 중으로 화학물질을 계속해서 내보내고 있습니다. 과학계는 이 대기가 케네벙크포트 상공에서 진행되고 있는 것보다 더욱 심각한 기후 재난을 전 세계에 불러올 것이라고 말합니다. 하지만 백악관은 어떠한 행동도 하고 싶어 하지 않습니다. 그들은 지금 당장 재난이 보이지 않는다는 이유로 당장 행동할 필요를 느끼지 못하고 있습니다." 그가 빈정거리며 덧붙였다. "게다가 그런 행동은 정치적으로 불편할 수도 있거든요."

고어는 부시 정부가 업계의 정치적 압력을 피하려고 했지, 세계적인 재앙을 피하려 한 것이 아니라며 정곡을 찔렀다. 좀 더 관대하게 말해, 부시 정부는 정치적·경제적 불편을 세계적인 재앙과 동일시했다. 소수 엘리트의 불편을 우려한 부시 정부는 (제길, 정말로) 모든 이들의 불편을 초래하고 말았다. 상원은 새로운 데이터에 따라 CFC 생산 중단 기한을 2000년에서 1996년으로 앞당기는 데 전원 동의했다.

고어의 도발과 상원의 압력 이후, 부시는 마침내 1996년까지 미국에서 CFC 생산을 완전히 중단할 것을 약속했다. 몬트리올 의정서에 서명한 다른 국가들도 이를 빠르게 뒤따랐다. 곧이어 평가단이 의정서를 개정해 단계적 생산 중단의 새 날짜를 반영했다. 역사의 가속성에 대한 헨리 애덤스의 신념을 따르듯, 변화는 물리학의 법칙을 따르는 것처럼 보였다. CFC의 생산 중단은 이제 저항이라는 장애물을 넘어 가속이 붙게 되었다. 그리고 몬트리올 의정서에 서명한 국제 사회(모든 주요 CFC 생산 국가와 배출 국가를 포함하여 서명국은 최종 197개국으로 증가했다)는 지속적으로 몇 넌마다 모임을 이어나갔다.

그해 봄, 토니 커슈너Tony Kushner가 대본을 쓴 연극 〈엔젤스 인 아메리카Angels in America〉의 두 파트 중 첫 번째 파트가 로스앤젤레스에서 상연되었다. 초반의 한 장면은 1985년을 배경으로 주부인 하퍼가 청중에게 이야기하는 것으로 시작된다. 그녀는 방금 라디오를 듣고 오존층에 대해 알게 되었다. 하퍼가 말한다. "그것은 신이 내린 일종의 선물이야.[50] 최고의 손길로 창조되었지. 수호천사, 연결된 손, 구체의 그물, 청록색 둥지, 생명 그 자체를 위한 보호막." 그러다 마치 전 세대의 집단적 불안을 토로하듯 말한다. "하지만 곳곳에서 모든 것이 무너지고, 거짓말이 드러나고, 방어 체계가 무너지고 있어." 하퍼는 약간의 공포와 함께 모든 것의 상호 의존성을 깨닫는다. (보수적인 남편은 상호 의존성에 대한 하퍼의 생각을 정신 질환으로, 약을 과다 복용한 결과로 단단히 착각한다.) 종일 아파트에 틀어박혀 있는 하퍼는 세상의 상황에 점점 더 불안감을 느낀다. 그녀는 오존 구멍에 집착하며 여행사 직원이 자신을 남극에 데려가 그것을 보여줄 것이라는 상상에 빠진다. 혼자일 때 그녀는 보호막에 구멍이 생기거나 방어 체계가 무너질까 늘 노심초사한다. "남극 위 오존층에 난 구멍.[51] 피부가 타고, 새의 눈이 멀고, 빙산이 녹아. 세상이 끝나가고 있어." 알약을 몇 알 먹고 난 후,

하퍼는 그 구멍에 있는 자신을 상상한다. 지구에서 가장 인구가 적은 대륙에 완전히 고립되어 있다는 하퍼의 환상은 그 시대의 신자유주의를 반영함과 동시에 그에 대한 반발을 나타낸다.

누군가에게는 세상이 끝나가고 있는 순간에도, 〈엔젤스 인 아메리카〉의 등장인물들은 생명력을 발산한다. 이 연극이 혜안을 가지고 보여준 것은, 비록 오존 파괴라는 이 특정한 대재앙이 다시 한번 미뤄지긴 했지만, 우리의 '상호 의존성(등장인물 중 하나가 연극이 끝날 때쯤 마지막 몇 초 동안 중얼거렸던 단어)'[52]을 인식하지 못해 생겨난 또 다른 더 복잡한 재앙이 이제 서서히 모습을 드러내기 시작했다는 것이다. 기후 위기를 해결할 위대한 작업은 이제 막 시작되었을 뿐이다.

4

흰 피부와 검은 조약

나사의 웹사이트에 올라가 있는 몬트리올 의정서에 대한 짧은 영상에 따르면, 국제 지도자들은 미래의 환경 재앙을 막기 위해 과학과 산업 사이에서 이처럼 세계적이고 '놀라울 정도로 성공적인' 협정을 맺은 적이 없었고, 이후에도 결코 없었다.[53] 무언가를 너무 강력하게 증명하려 애쓰는 이 영상은 역사적 이야기라기보다는 인간애에 대한 광고로 보이며, 그들 자신이 시작한 파괴를 예측하기 위해 애쓰는 인류의 협업 능력을 칭찬한다. 영상이 끝날 때쯤에는 누군가가 대기업, 환경운동가, 과학자, 정부 등 "모든 사람이 이를 이루기 위해 함께 노력했다"라고 말한다. 그리고 영상의 끝이자 이야기의 끝을 알리는 기타 소리가 흘러나온다. 너무 진부하다.

나는 몬트리올 의정서의 진정한 성공을 조금도 의심하지 않으면서, 이 단순화된 협정의 역사를 그대로 받아들이는 것을 경계한다. 역사적 기록은 이 관대하기 그지없는 설명에 이의를 제기한다. 수년간 과학적으로 합의된 사항에 반대해오던 거대 기업들은 냉매 대체재로 이익을 볼 가능성이 생긴 후에야 그 기세를 누그러뜨렸다. 기업이 수지 계산을 마칠 때까지 국제 규약 준수를 거부한 것을 두고 '함께 노력했다'라고 말하는 것은 말도 안 되는 일이다.

그리고 초기의 의정서는 '놀라울 정도로 성공적인' 것이 아니었다. 실제로 의정서는 문제를 억제할 수 있는 한도를 정하기 전에 몇 번의 개정이 필요했다. 몬트리올 의정서는 오늘날에도 우리가 지속해서 추가하고 수정하는 살아 있는 문서로 남아 있다. 녹이고 성형할 수 있는 이 협약은 당시 존재했던 화학 냉매와 서명국들에 아직 알려지지 않은 미래의 화학 냉매의 영향을 모두 다루기 위해 고안되었다. 협약이 성공할 수 있었던 것은 프로세스 기반의 접근 방식 덕분이었다.

나는 이러한 협약의 불완전함에서 우리의 적잖은 태평함을 발견한다. 만약 우리가 몬트리올 의정서의 초기 버전을 국제 대표단이 담력과 끈기를 가지고 관여할 때에만 강화되는 결함 있는 문서로 보지 못한다면, 우리는 그 의정서의 복잡성이 지금 우리에게 전하는 성취의 역사를 단순화할 위험이 있다. 역사적 위기를 감성적 이야기로 단순화하면 편안함이라는 환상이 드리워진다. 하지만 그 결과 현재의 위기는 점점 더 크게 다가온다. 과거를 잊은 사람들이 반드시 그 과거를 반복하게 된다고는 말할 수 없다. (만약 어떤 사건도 정확히 같은 방식으로 일어나지 않는다면, 무엇이 '반복'으로 여겨지는지 궁금하다.) 하지만 나는 과거를 잊은 사람들(지나친 단순화도 일종의 망각이다)은 현재의 공포에 직면할 준비가 제대로 되어 있지 않다고 생각한다. 그들에게 모든 위험은 새롭고, 고립된, 극복할 수 없는 영역, 즉 지도화되지 않고 지도화될 수 없는 영역으로 나타난다.

몬트리올 의정서의 이 안일함에 대한 세 번째 거부감은 어느 날 오후 뉴저지 해변에서 겪은 특정한 고통과 함께 생겨났다. 그날 아침 해변에 도착했을 때, 물이 거의 보이지 않을 정도로 짙은 안개가 해안을 덮고 있었다. 참고로 내 피부는 밝은색이고 쉽게 탄다. 오존 위기에 대해 알게 된 이후 나는 자외선을 더욱 조심하게 되었지만, 그때는 안개가 껴 있었고, 심지어 안개 사이로 해는 보이지도 않았기 때문에 햇볕을 별로 걱정하지 않았다. 하지만 시간이 지남에 따라 태양은 위로 올라가는 오페라 무대의 휘장처럼 구름을 들어 올리고 점점 그 모습을 드러내기 시작했다. 바다와 친구들 때문에 정신이 팔리긴 했지만 나는 내가 햇볕에 노출되었다는 것을 바로 알아차렸다. 고개를 돌려 뒤쪽을 보았더니 빨갛게 탄 어깨가 흘끗 보였다. 선크림 바르는 것을 깜빡한 것이다. 색이 그렇게 된 이상, 화상은 이미 돌이킬 수 없는 수준이 되었다는 걸 알았다. 나는 가방이 있는 곳으로 가서 선크림을 꺼내 손바닥에 짠 다음 어깨에 원을 그리며 발랐다. 선크림을 바르는 동안, 손의 움직임을 흉내라도 내듯 마음속에 한 가지 생각이 자꾸만 맴돌았다. CFC의 신속한 금지를 위한 몬트리올 의정서의 '놀라울 정도로 성공적인' 성취를 이끈 원동력 중 하나가 밝은 피부에 대한 즉각적인 위협이었을 가능성이 있지 않을까? 그러니까 내 말은, 오존 위기가 밝은 피부, 즉 '백인'의 위기로 (잘못) 인식된 것이 아닐까?

　　앞서 이야기한 바와 같이, 오존 손실이 인간의 피부에 개별적으로 미치는 영향 외에 모든 것을 무시한 도널드 호델 내무장관의 '개인 보호 계획'은 그 시대의 근시안적 사고를 전형적으로 보여준 사례로 남아 있다. 또한 호델의 발언은 비과학적 담론이 거의 전적으로 피부암, 즉 피부에, 그리고 암암리에 인종 정체성에 초점을 맞춘 기이한 경향이 있음을 보여주기도 했다. 당시 주요 언론은 충격적인 오존층 파괴의 전 세계적 영향을 잠시 인정했지만, 오존층에 대한 관심은 피상적인 수준에 그쳤다. 대신, 언론은 압도적으로 피부암에 집중했다.

이에 대한 정확한 이유는 여러 가지가 있지만, 모두 필연적으로 추측에 근거한다. 한 가지 이유는 성층권의 오존이 조금만 얇아져도 미국에서 이미 발생한 연간 12만 명의 피부암 환자 외에 수십만 명의 환자가 추가로 발생할 것이 예상되었기 때문이다. 훨씬 더 큰 수준의 오존 손실만이 흉작과 해양 먹거리 붕괴를 가져올 터였다. 또한, 피부암에 초점을 맞추는 것은 효과적인 법적 전략이기도 했다. 과학자들이 CFC 생산과 암 사이의 직접적인 연관성을 밝힐 수 있다면 환경 전문 변호사들은 듀폰을 상대로 손해 배상을 청구할 법적 자격을 가질 수 있었다. 이러한 이유가 아니라면 단순히 흉작과 해양생물 멸종이 피부암의 심적 부담과 구체성에 미치지 못하는 것이기 때문일 수도 있다. 개인적으로든 가족이나 친구를 통해서든 암을 겪지 않은 미국인이 과연 얼마나 있을까? 얼마나 많은 미국인이 흉작과 암을 같은 선상에 놓고 볼 수 있을까?

당시 연구원들은 자외선과 피부암을 이제 막 연결하기 시작한 참이었다. 그때 발표된 내용은 지금도 사실로서 유효하다. 피부가 검을수록 멜라닌 세포에서 생성되는 색소인 멜라닌이 많이 함유되어 있는데, 이 멜라닌이 자외선 손상으로부터 피부를 보호한다. 피부가 밝을수록 화상과 자외선 손상 그리고 그에 따라 세 가지 종류의 피부암(흑색종, 편평세포암, 기저세포암)에 모두 취약해진다. 지난 15년 동안 질병통제예방센터Centers for Disease Control and Prevention, CDC는 미국에서 자외선이 일으킨 가장 공격적인 형태의 피부암인 흑색종의 발병 건수를 기록해왔다. 질병통제예방센터는 인종과 민족별로 데이터를 정리한다. 사회적으로 개념화된 각 '인종'의 범주 내에도 다양한 피부색이 존재한다는 점을 고려하면, 좀 이상한 분류 방식이다(누가 '인종'을 구분하는지, 연구원인지 아니면 참가자인지 궁금하다). 인종의 유사과학적 분류는 멜라닌과 인종을 묶어 각 인종의 특징을 균질화하는 식인데, 정통 과학 역시 별다른 복잡화나 설명 없이 그러한 범주를 그대로 사용한다. 질병통제예방센터 웹사이트에 가면 암에 대한 자세하고 검증된 데이터가 공개되어 있는 Cancer.gov에 링크되어 있다. 사이트에는 흑색종에 걸릴 확률을 높이는 위험 요소들이 나와 있는데, 여기에는 다름 아닌 '백인인 것 자체'도 포함된다.[54]

　　질병통제예방센터 웹사이트는 피부암의 위험을 보통 '인종'을 기준으로 대중에게 알린다.[55] 자료에 따르면 '백인 남성'은 흑색종 발병률이 '흑인 남성'보다 25.5배, '흑인 여성'보다 34배 이상 더 높다. 확실히 하자면, 피부가 밝은 사람들보다 훨씬 덜하긴 하지만 피부가 어두운 사람들도 자외선으로 인한 피부암에 **걸릴 수 있다**. 15년간 '흑인 남성'을 나타내는 선은 10만 분의 1 수준으로 그래프 하단에 머물러 있는 반면, '백인 남성'을 나타내는 선은 흑인의 20배에서 30배 수준까지 올라간다. 통계가 성별을 구분하는 이유는 현재 미국을 기준으로 남성이 여성보다 야외(모자나 선크림 없이 마당일이나 건축 일을 하는 등)에서 더 오랜 시간을 보낼 가능성이 크기 때문이다. 요컨대, 그래프에 따르면, 자외선은 **백인을 표적으로** 삼는다.

1987년 '미 상원 환경 및 공공사업 위원회US Senate Committee on Environment and Public Works'의 참가자들은 인종에 따라 달라지는 이러한 결과를 노골적으로 언급했다. 악명 높은 '국내정책위원회'에서 증언한 마가렛 크립키 박사와 함께 매사추세츠 종합병원의 피부과장인 토머스 피츠패트릭Thomas E. Fitzpatrick 박사는 남극의 오존 구멍에 직접 노출된 호주를 "민감한 백인 개체군을 열대 환경으로 옮겨다 놓고 온종일 그대로 바깥에 두는 자연의 실험"[56]으로 정의했다. 나사의 로버트 왓슨Robert Watson 박사는 몬트리올 의정서 개정을 위한 1990년 런던 회의에서 색소의 차이를 강조했다. "백인의 경우, 오존이 1% 감소할 때마다 비흑색종 피부암에 걸리는 사람들의 수가 3~5%씩 증가합니다."[57] 훨씬 덜 흔하긴 하지만, 흑색종 발병의 증가율도 비슷할 터였다.

몬트리올 의정서는 프레온의 주요 생산국이자 배출국인 호주, 캐나다, 미국, 서유럽, 동유럽의 지원이 없었다면 채택되지 않았을 것이다. 공교롭게도, 프레온의 주요 생산국과 배출국은 지구상의 대다수 백인들이 거주하는 나라들이었고, 이들에 의해 통제되고 있었다.

태양이 어깨를 태우는 것이 느껴지던 그 해변에서 나는 궁금했다. 법적 구속력을 지닌 배출 목표 덕분에 미래의 환경 파괴를 막는 세계 유일의 국제협약으로 여전히 칭송받고 있는 몬트리올 의정서가 다른 무엇보다 흰 피부를 겨냥하지 않았다면 그 위기를 인식시키는 데 성공할 수 있었을까? 좀 더 명확히 하기 위해 질문을 뒤집어보자. 만약 프레온이 주로 흑인과 갈색인을 위협하는 방사능을 불러왔다면, 우리는 합의를 이룰 수 있었을까? 이러한 질문을 하자니, 많은 장소가 내 마음속에 상상의 증인으로 증인대에 선다. 여전히 납이 함유된 물

문제로 극심한 어려움을 겪고 있는 미시간주의 플린트가 '아니오'라고 대답한다. 허리케인 마리아가 덮친 후에도 연방정부의 도움을 거의 받지 못하고 아직 복구 중인 푸에르토리코 역시 '아니오'라고 증언한다. 허리케인 카트리나로 큰 타격을 받은 뉴올리언스의 로우어 나인스 워드 또한 세 번째 증인으로 나서 '아니오'라고 대답한다.

우리는 여기에 나타난 불편하지만 함축된 의미를 생각해봐야 한다. 우리 세계가 유일하게 목격한 성공적인 국제환경협약은 백인에 대한 직접적인 위협을 막는 협약이었다.

5

새로운 냉매의 출현과
지하 경제의 탄생

1994년 듀폰은 광범위한 안전 테스트를 거친 후 CFC의 대체재를 제조하고 판매하기 시작했다. 완전히 새로운 제품군인 이 오존 친화적 냉매는 수소불화탄소hydrofluorocarbons, 즉 HFC였다. HFC-134a(또는 부르기도 어려운 1,1,1,2-테트라플루오로에탄tetrafluoroethane이라고도 한다)는 가장 널리 퍼진 HFC 중 하나가 되었고, 새로운 설비에서 CFC-12의 주요 대체재로 쓰이게 되었다(CFC용으로 설계된 많은 구형 기계 또한 HFC를 사용할 수 있었지만, 주인이 직접 비용을 들여 기계를 개조해야 했다). CFC-12와 마찬가지로 HFC-134a의 구조는 비교적 간단하다. 구조를 보면, 2개의 탄소 원자가 연결되어 일종의 바큇살을 만들고 있고, 2개의 수소 원자와 3개의 불소 원자가 그 바큇살을 둘러싸고 있다. 모든 HFC와 마찬가지로 HFC-134a에는 오존을 파괴할 수 있는 염소나 할로겐이 없다. HFC-134a는 비반응성, 안정성, 무독성과 더불어 '오존 친화적'이라는 문구를 자랑스럽게 내건다. 게다가 이 냉매가 대기에 머무는 기간은 약 13.4년으로, CFC보다 훨씬 짧다.[58] HFC는 더 책임 있는 냉각의 미래를 향한 길을 안내하는 것처럼 보였다.

한편 오존 위기가 CFC 및 다른 오존 파괴물질로부터 벗어나는 국제적 전환을 촉진하긴 했어도, 기계적 냉각 장치의 사용량은 증가하고 있었다. HFC와 HCFC-22와 같은 냉매 대체재가 들어가는 기계가 많아지게 되었고, 그만큼 공기 중으로 배출되는 양도 꾸준히 증가했다. 마찬가지로 냉각에 사용되는 에너지의 양도 증가했다.

미국 자동차에 장착된 에어컨을 예로 들어보자.[59] 1960년 미국 도로에는 상업용 차량을 포함해 약 6,250만 대의 자동차가 있었다. 당시만 해도 에어컨이 설치된 차는 거의 찾아볼 수 없었다. 반면 1998년 즈음에는 도로에 있는 2억 300만 대의 자동차 중 90% 이상에 에어컨이 설치되었다. 한때는 선택사항이었지만 이제 표준사양이 된 에어컨의 대부분이 오존 친화적이긴 해도 누출이 발생하기 쉬운 HFC-134a를 사용했다. 설상가상으로 에어컨은 연료 소비를 증가시켰다. 예를 들어 1960년에 갤런당 약 23km를 주행하던 차가 1998년에는 약 32km를 주행할 정도로 연비가 발전했는데도, 연간 소비되는 연료는 1960년 420억 갤런에서 1998년 1,228억 갤런으로 급증했다. 한 연구에 따르면, 1998년 소비된 총 연료 중 약 106억 갤런이 에어컨에 사용되었다. 40년 전 에어컨이 없던 시절 자동차들이 소비하는 전체 연료의 약 25%에 해당하는 양이었다.[60]

다시 말해, 우리는 화학물질을 바꾸는 데는 성공했지만, 냉각 장치도 더 많이 사용하게 되었다. 제조업체의 주장대로 HFC가 지구 생태계에 안전하다면, 또는 어떤 냉매를 사용하든 관계없이 에어컨이 어디에서도 자유 에너지로 가동될 수 있었다면 이러한 현상은 덜 우려스러울 것이다.

하지만 불행히도, 둘 다 사실이 아니다.

CFC 생산이 금지된 이후 HFC의 사용은 급속도로 증가했다. 불과 10여 년 만에 대기 중 HFC의 농도가 거의 0에서 35PPT*로 놀라운 상승세를 보였다.[61] 업계는 HFC-134a뿐만 아니라 HFC-404a, HFC-508b, HFC-407c, HFC-422d를 잇달아 생산했다. 특정 구조를 의미하는 문자와 숫자로 구성되었고, 각각 특정한 냉각 능력을 갖춘 이 물질들은 공기 중으로 불확실한 것들을 흘려보낸다. 업계는 이들 중 어느 것도 오존층을 파괴하거나 다른 영향을 미치진 않을 것이라고 장담했다.

그러나 HFC는 업계가 주장하는 것처럼 환경적으로 책임 있는 대체재가 아니었다. 우선, HFC가 이전 제품들과 마찬가지로 매우 강력한 온실가스라는 것은 공공연한 사실이었다. 국제 및 연방정부 차원에서 CFC의 생산 중단을 협상할 때 전문가들은 HFC가 지구온난화를 일으킬 가능성이 크므로 일시적인 대체재가 되어야 한다고 정책 입안자들에게 경고했다. 같은 조건에서 대기 중의 HFC는 이산화탄소나 메탄 혹은 지구상의 거의 어떤 물질보다도 지구온난화에 훨씬 더 큰 영향을 미친다. 가장 흔한 HFC인 HFC-134a의 지구온난화 지수는 이산화탄소의 1,300배에 달한다. 이들의 대기 중 농도가 증가하면 기후는 더욱 뜨거운 극단으로 치닫는다. 열을 유지하는 능력[62] 또

● Parts Per Trillion, 1조분의 1을 나타낸다.

한 다른 물질들을 훨씬 능가해, 만약 HFC의 증가가 억제되지 않는다면 매우 적은 수의 분자라 하더라도(그러니까 질소, 산소, 아르곤, 이산화탄소, CFC에 비해 적은) 향후 80년 이내에 지구온난화 원인의 20%를 차지하게 될 것이다.

　　마치 아무 문제도 없는 것처럼, 증가하는 냉매의 농도는 대류권과 성층권의 화학적 구성을 다시 만들고 있고, 이제 우리가 겨우 막 이해하기 시작한 방식으로 대기 기체 간의 관계를 재구성하고 있다. 오존층 파괴와 지구온난화는 한때 별개의 과정으로 여겨졌다. 나사의 대기 화학자 제임스 앤더슨James G. Anderson 박사는 "이제, 그 문제들은 긴밀하게 연결되어 있다"[63]라고 말한다.

　　가령, 전형적인 북미의 여름에 뇌우는 '대류 주입convective injection'이라는 과정을 통해 수증기로 포화된 따뜻한 공기를 위쪽으로 보내며 대류을 질주한다. 대부분 이러한 수증기의 상승 기류는 대류권 계면에 못 미쳐 멈춘다. 하지만 지구온난화는 여름의 뇌우를 더 습하고 강하게 만들고 있고, 이로 인해 수증기의 대류 주입이 약 19km 상공, 즉 보통 매우 건조한 성층권으로 진입하는 일이 더 흔해지고 있다. 그 결과로 인한 화학반응은 복잡하지만, 앤더슨은 2012년 〈사이언스Science〉지에 실린 한 공동저술 기사를 통해 변화하는 온도와 증가하는 성층권의 수증기가 어떻게 우리가 이전에 극지방에서나 가능하다고 생각했던 속도로 빠르게 북아메리카에서 오존층을 파괴하는지를 쉽게 설명한다. 지구온난화와 오존 파괴 사이의 이러한 연관성을 발견한 후 앤더슨은 "우리가 CFC와 할론을 통제해왔기 때문에 오존의 '회복'이 가시권에 있다는 생각은 잘못된 판단일 수 있다"[64]라고 썼다. 이전의 연구들은 오존층의 완전한 회복을 2070년으로 예상했지만, 더 최근의 연구들은 2080년에 가깝거나 그 이후가 될 것으로 예상한다. 앤더슨은 언론에 말했다. "세상은 '우리가 CFC의 생산을 통제했다고, 우리는 이제 다른 세상으로 나아갈 수 있다'라고 이야기합니다. 그러나 오존 파괴는 우리가 생각하는 것보다 수증기와 온도에 훨씬 민감합니다."[65]

엎친 데 덮친 격으로, 초기의 HFC는 기존 제품보다 효율성이 좋지 않았다. 즉 HFC용으로 개조된 공조 시스템에는 더 많은 전력이 필요했다. 1988년 테네시주 오크리지국립연구소Oak Ridge National Laboratory는 CFC에서 HFC로 완전히 전환되면 미국의 총 전력 소비가 약 3% 증가할 것으로 예상했다.[66] 1990년 몬트리올 의정서 개정을 위해 런던에 모인 사람들은 이 증가세를 우려했다. HFC의 냉각 및 단열에 필요한 추가 에너지는 연간 약 3,300만 가구에 난방을 공급할 수 있는 양으로, 4억 2,700만 배럴의 석유와 맞먹는 양이었다. 자연히 그만큼 탄소배출량도 증가했다. 따라서 냉매 분자 자체가 직접 지구온난화에 영향을 미치기도 했지만, HFC로 전환한 기계들 또한 많은 에너지를 소비했기 때문에 간접적으로 지구온난화에 영향을 미쳤다고 할 수 있다.

에너지 소비 문제 외에도, 해결책으로서의 HFC 출현은 전반적으로 에어컨 확산을 장려해 우리를 더욱 심각한 기후 위기로 몰아넣었다. 우리는 HFC를 쓰면 지구에 큰 대가를 치르지 않고 에너지 소비를 늘릴 수 있다고 생각했다. 그 결과 온갖 물건들로, 그리고 온갖 공간으로 냉각이 확장되었다. 70년대 카터 대통령 집권 시기의 에너지 문제와 오존 위기(너무나 많은 미국인에게 멀고 희미해진 기억들)가 '끝난' 이후, 실내 공기의 완전한 통제로 가는 길이 다시 한번 열렸다. 듀폰의 HFC 도입은 냉매 문제가 해결되었다는 인상을 주었다. 20세기 초 미국인들이 에어컨에 대해 느꼈던 어떤 망설임이나 거부감 같은 감정은 모두 사라졌다. 때로 미국 대중은 에어컨을 가동하는 데 드는 에너지 비용에 대해 우려를 표하기도 했지만, 과도한 냉각의 부자연스러움이나 낭비에 혐오감을 표하는 반대론자들을 제외하고 실내 공기를 조절하는 힘은 미국 자동차의 에어컨만큼이나 일반적인 것이 되었다. 미국의 공공 및 개인 공간 대부분에 온도 조절이 가능하게 되었고, 이는 곧 국경 너머로도 퍼져나가게 되었다.

따라서 대체 냉매는 환경 파괴를 줄이기보다 오히려 악화시켰을지 모른다. 단기적으로만 보면 HFC는 오존 위기를 진정시켰다. 하지만 장기적으로는 세상을 바꾸는 화학물질을 필요로 하는 습관, 끊임없는 노동, 지속적인 편안함, 좁고 밀폐된 공간에서의 개인적 안전을 추구하는 습관을 조장했다. 사람들은 그들의 장기적 안위와 안전을 희생해가며 개인의 선택을 흔들림 없이 고수했다. 몬트리올 의정서 이후 수십 년간 발전한 기술 덕에 HFC를 이용한 냉각 장치의 에너지 효율은 기존 제품보다 훨씬 좋아졌지만, 냉각 장치도 그만큼 꾸준히 증가했기 때문에 이러한 이득은 별 소용이 없었다.

하지만 HFC의 결정적 아이러니는 아직 언급도 하지 않았다는 사실이 믿어지는가? 2015년 나사는 과학자들과 화학 기업들이 믿었던 것과 달리, HFC가 '미미하지만, 측정 가능한 정도로'[67] 오존을 고갈시킨다는 사실을 발견했다. CFC나 HCFC와 비교하면, 대수롭지 않은 수준이지만(2050년까지 0.035%의 고갈 예상), 이미 취약해져 있고 심하게 손상된 대기에는 무시할 만한 수준이 아니다. 비록 고갈의 정도는 미미하지만, 생각해봐야 할 것이 있다. HFC는 염소를 포함하지 않기 때문에 오존 친화적이라고 여겨졌다. 염소가 없으면 냉매 분자는 성층권의 오존을 직접 분해할 수 없다. 왜냐하면 홀로 있는 산소 분자가 결합할 유혹적인 것이 없기 때문이다. 대신, HFC 분자는 성층권을 일반적인 온도 이상으로 가열하고, 이 따뜻함이 오존을 고갈시키는 화학반응을 가속화한다. 또한 HFC는 "오존 농도가 낮은 공기의 상승 움직임을 가속화해" 열대 지방의 오존을 희박하게 만들 수 있다.

2015년 나사의 연구에 대해 해양대기청의 데이비드 파헤이David Fahey는 "적외선 흡수 물질을 성층권에 밀어 넣으면, 그러한 행동이 비록 표면적으로는 주요 오존 파괴물질들이 하는 것처럼 오존을 파괴하진 않겠지만, **차이를 만들어낼 것이다. 그것은 상황을 바꾸기 시작할 것이다**"[68]라고 썼다. 내가 마지막 구절을 강조한 이유는, 파헤이가 공기의 화학적 구성을 근본적으로 바꾸는 것이 익숙한 것이든 뜻밖의 것이든 어떤 결과를 초래한다는 것을 분명히 밝혀야 했다는 것에 놀랐기 때문이다. 나는 사람들에게 이러한 일이 놀라운 일로 다가갈 수 있다는 것 자체가 놀랍다. 우리 중 다수가 에너지를 공짜로 주어지는 것으로 믿고, 돌이킬 수 없는 결과를 고려하지 않은 채 행동하는 문화 속에서 산다. 석탄과 석유, 채굴된 가스부터 DDT, CFC, 테트라에틸납, 라듐, 핵에너지에 이르기까지, 어떤 것도 공짜가 아니고, 어떤 것도 완전히 안전하지 않다. 이들은 모두 사람들의 건강에 심각한 결과와 문제를 초래한다. 세상 너머에서 온 선물은 없다. 이 모든 것은 세상을 결정적으로 바꾼다. 그렇다고 모든 형태의 에너지와 제조된 모든 화학물질이 똑같이 또는 완전히 파괴적이라고 말하려는 것은 아니다. 하지만 우리가 지구의 물리적 특성을 근본적으로 변화시키지 않으면서 전 지구적 규모로 자원을 소비하고 물질을 생산할 수 있다고 믿는 것은 제국주의적이고, 자본주의적인 만취에서 비롯된 터무니없는 착각이라는 생각이 든다. 과학적 사고가 아니라.

1996년 미국에서 CFC 생산은 중단되었지만, CFC는 일종의 불안한 내세에서 그 명맥을 계속 이어나갔다. 사람들 사이에는 프레온의 시대에 번성했던 무한한 자원과 급증하는 화학물질에 대한 당시의 생각이 계속 남아 있었다. CFC의 생산은 불법이었지만, 남아 있는 CFC를 사용하는 것은 합법이었다. 마침내 환경보호국은 냉장고나 냉각 장치를 버리는 사람에게 안에 든 냉매를 재활용할 것을 명령했다. (그렇지 않으면 버려진 에어컨이나 냉동고에서 냉매가 공기 중으로 배출될 것이다.) 하지만 이와 같은 법은 개인 대상으로는 시행되기가 어려웠다. 특히 누군가가 자신의 자유를 빼앗고 말 것이라는 피해망상이 있는 미국 시민들에게는 더욱 그러했다. 그래도 정부 기관은 가능한 많은 폐기물 관리 시스템에 책임을 묻기 위해 노력했다. 1999년 연방정부는 뉴욕시에 CFC의 부적절한 처분 혐의로 5,000만 달러를 청구했다. 천연자원보호위원회Natural Resources Defense Council의 대니얼 래쇼프Daniel Lashof는 뉴욕시의 부적절한 냉매의 재활용을 '경솔함 그 이상'[69]이라고 말했다. 하지만 그러한 노력은 드물었다. 보이지 않는 화학물질을 적절히 폐기하도록 어떻게 단속할 것인가? 냉각기 안의 냉매가 안전하게 제거 및 재활용되지 않았다는 것을 어떻게 알 수 있겠는가?

CFC가 대기에 도달하지 못하게 하는 유일한 방법은 폐기하는 것이다. 그렇지만 몬트리올 의정서나 미국의 대기오염방지법 개정안 모두 이를 의무화하지는 않았다. (다시 말하지만, 미국의 상황은 특히 쉽지 않다. 냉매처럼 별것 아닌 거라 해도, 많은 미국인이 연방정부의 사유재산 제거 요구를 개인적 위협으로 받아들일 정도로 소유물을 자신의 일부로 이해한다. 총기를 생각해보라.) 대신, 국제 입법자들은 생산량을 억제하는 데 초점을 맞췄다. 규제로 파티가 중단되긴 했지만, 뒷정리가 필요하다고 생각하는 사람은 찾기 어려웠다. 따라서 1996년 미국이 CFC 생산을 중단했어도, 기존 제품은 대부분 그대로 남아 있었다.

1995년 12월 31일을 마지막으로 생산이 중단된다는 발표가 났을 때, CFC-12의 가격은 파운드당 1달러 미만에서 약 20달러로 치솟았다. 개인적인 용도로 쓰기 위해서건, 2차 시장에서 팔기 위해서건, 아니면 단순히 그걸 가지고 뭘 할 수 있을지 몰라도, 많은 미국인이 CFC를 비축하기 시작했다. (이미 HFC-134a가 원래의 기적의 냉매만큼 성능이 나오지 않는다고 확신하던 자동차 정비공들은 금지가 예상되는 순간 물건들을 비축하기 시작했다.) 듀폰은 최종 생산 기한을 앞두고 1년 일찍 생산을 중단할 계획이었지만, 냉매 부족을 우려한 클린턴 정부의 압력으로 1995년 내내 생산을 계속했다. 정부는 미국 내 CFC-12가 2년 이내에 바닥날 것으로 전망했다.[70]

하지만 이상하게도 그런 일은 일어나지 않았다. 소비자들이 마지못해 습관을 바꾸고, 정부 명령으로 시민들의 일상생활에 필수적인 물질의 생산이 중단되면 흥미로운 일이 벌어진다. 해당 물질의 삶은 마치 다른 차원으로 가는 문이 열린 것처럼 합법적인 삶과 불법적인 삶으로 나뉜다. 역사학자들과 경제학자들은 이는 단지 수요와 공급의 문제일 뿐이라고 설명한다. 금주법 시대의 술과 마찬가지로, 사람들이 필요로 하는 금지 물질이 귀해지면 그 물질의 가치는 상승하기 마련이다. 그리고 지하 경제가 등장한다.

생산 금지가 시행되기 1년 전인 1995년 1월, 2명의 남성이 영국에서 뉴저지주 엘리자베스로 126톤의 CFC-12를 밀수하다 체포되었다.[7] 이들은 냉매를 멕시코로 보낼 예정이라고 주장했다. (실제로는 그렇지 않았다.) 그 사건은 후에 조직적인 CFC 밀수에서 흔히 볼 수 있는 수법이 무엇인지를 드러냈다. 대부분의 불법 CFC 밀매는 2000년까지 점진적으로 양을 줄여가며 CFC를 생산할 수 있었던 러시아에서 시작되었다. 그러나 미국 소식통들의 추측에 의하면, '러시아 마피아'는 미국과 유럽으로 수출하기 위해 비밀리에 CFC의 생산을 늘리고 있었다. 러시아의 생산자들은 CFC를 미국을 거쳐 최종적으로 중남미나 카리브해로 보내는 것으로 속였다. 이렇게 CFC가 합법적으로 미국에 도착했을 때, 밀수업자들은 냉매를 회수하여 재포장했다. 물론 냉매는 최종 목적지까지 가지 못했다. 이런 식으로 밀수업자들은 오존 파괴물질의 미국 수입 시 일반적으로 부과되는 연방 소비세를 피할 수 있었다. (몬트리올 의정서의 허점은 CFC의 사용이나 소유가 아닌 생산과 판매에 제한이 가해졌다는 데 있다.) 영국에서 온 2명의 밀수업자들은 100만 달러 이상의 소비세를 피하고, 짐작건대 시장가보다 살짝 낮은 가격으로 냉매를 판매하여 5배의 이익을 낼 계획이었을 것이다.

요컨대 의정서는 미국 내 CFC 생산의 종말을 의미했지만, CFC 지하 시장의 탄생을 의미하기도 했다.

이후 냉매를 밀반입하는 일이 잇따라 발생했다. 1995년 6월 미국 관세청은 급기야 프레온을 마이애미에서 코카인 다음으로 규모가 큰 불법 수입품으로 지정했다. 코카인은 한때 크랙crack*으로 변환되어 그 판매자들에게 4배의 수익을 가져다주었다. 하지만 밀수된 냉매는 크랙보다 수익성이 더 좋았다.

정부가 밀수품 단속을 시작하기 전에는 프레온 밀수업자들이 물건을 위장하느라 굳이 애쓰지 않았다. 누가 멕시코에서 미국으로 들어오는 트럭에 코카인 덩어리가 아닌 액체 냉매가 실려 있을 거로 생각했겠는가? 하지만 처음 밀반입 사건이 터진 이후, 밀수업자들은 재빨리 작전을 바꿔나갔다. 그들은 특별 제작된 트럭의 좌석과 짐칸 아래 아무 표시 없는 방모 직물로 탱크를 숨겨 남쪽 국경을 넘는 식으로 CFC를 밀수했다. 또 약 14kg짜리 탱크를 짊어지고 그 자체로 위험한 리오그란데Rio Grande강을 뗏목으로 건너거나 헤엄쳐 건넜다. 그중 일부는 물에 빠져 사망했다. CFC는 정확한 무게를 맞추기 위해 질소가 추가된, 합법적인 화학물질 통 안에 담겨 밀수되었다. 한 남자는 수천 달러를 들여 약 1,130kg의 냉매 기체를 숨길 수 있는 맞춤 냉각기를 만들었고, 체포되기 전까지 수백만 달러를 벌어들였다. 밀수업자들은 흰색 탱크를 녹색으로 칠해, HFC-22라는 라벨을 붙였다. 안타까운 일은 합법인 가연성 가스 탱크가 흰색으로 칠해져 CFC-12로

● 대부분 중미에서 밀수된 고체 형태의 값싼 농축 코카인.

판매된 일이었다. 특정 에어컨 시스템에 이 가스가 주입되면 자동차는 불에 휩싸였다. 멕시코 티후아나에 있는 한 타코 가판대에서는 캔당 1달러에 프레온이 팔렸다. 하지만 국경을 넘으면 20달러에 팔 수 있었다. 참 쉬운 돈벌이였다.

밀수된 CFC는 미국에 일단 들어오면 합법으로 수입된 것인지 불법으로 수입된 것인지 알 길이 없었다. 한 정비사는 만약 출처에 대한 질문을 받으면 '창고가 불탔다거나 회사가 파산해 냉매를 시장가보다 싸게 팔 수 있는 것'[72]이라고 말하면 된다고 했다. 그해 말쯤 되자, 프레온은 코카인을 넘어 수량과 이익 면에서 미국으로 밀수입되는 최고 품목이 됐다. 멕시코 국경을 넘는 냉매 밀수업자들은 '차가운 무법자frio banditos'로 불렸다. 미국 세관 직원은 프레온을 금에 비유했다. 그것은 세기의 '콜드 러시cold rush'였다.

새해가 밝고 CFC 생산이 끝날 무렵, 연방정부는 'CFC 암시장 근절을 위한 기관 간 대책위원회'[73]를 구성하고, 이를 '시원한 바람 작전Operation Cool Breeze'으로 명명했다. 대책위원회는 냉매 탱크를 수송하는 밀수꾼들을 잡기 위해 텍사스 남부 국경을 따라 수백 대의 적외선 카메라를 설치했다. 냉매 배출로 칠레, 아르헨티나, 호주 일부 지역의 오존층이 파괴되고 그러한 파괴가 적도까지 확산되는 등 그 영향이 대단히 심각했음에도 불구하고, 언론은 밀수 범죄의 환경적 심각성을 대단치 않게 여겼다. 대신 이들은 부과된 수십만 달러의 벌금과 체납된 수백만 달러의 세금에 더 집중했다. 어쩌면 자동차 냉매가 1만 마일은 떨어진 사람들의 생명을 위태롭게 한다는 생각이 미국인들에게는 추상적이고 터무니없는 것이었을지도 모르겠다.

이 떠들썩한 사건들이 한창일 때, 텍사스 하원의원 톰 딜레이 Tom DeLay는 밀수를 막기 위한 방법으로 CFC 금지를 무효화하는 법안을 지지하기까지 했다. 애초에 CFC의 생산이 왜 금지되었는지를 완전히 무시한 '해결책'이었다. 다행히도 그 법안은 빠르게 사라졌다. (딜레이는 나중에 선거 운동 자금 세탁 혐의로 유죄 판결을 받았다.)

작전의 필요성을 파악한 최초의 공인 중 1명은 자넷 리노Janet Reno 법무장관이었다. 그녀는 1997년 1월 법무부의 주간 기자회견에서 TV를 통해 밀수업자들에게 경고했다. "우리는 당신들을 찾아낼 것입니다."[74] 그녀는 그 무렵 정부에서는 거의 찾아볼 수 없던 직설적인 어조로 말했다. "우리는 당신들을 멈출 것입니다. 우리는 이 암시장을 폐쇄할 것입니다. 그리고 우리는 고작 몇 달러 때문에 당신들이 우리 생태계와 우리 아이들의 미래를 위험에 빠뜨리도록 놔두지 않을 것입니다."

리노가 밝힌 대로 법무부는 냉매 밀수의 근절을 우선 과제로 삼았다. 법무부는 환경 범죄를 엄정한 법질서 행정의 과업으로 내세울 기회를 잡았지만, 프레온 밀수꾼들을 우선 잡아들인 또 다른 이유는 국세청이 놓치고 있던 수천만 달러에 달하는 소비세 때문이었다. 2000년까지 연방정부가 꾸린 대책위원회는 상당한 밀수꾼들을 잡는데 성공했고, 그 결과 미국 국경을 넘는 밀수는 뜸해졌다. 하지만 전보다는 훨씬 덜하긴 하지만, 냉매 밀수는 지금도 여전히 계속되고 있다. 이제 중국과 인도의 생산업체들은 대부분의 불법 CFC를 미국이 아닌 덜 산업화된 국가들에 공급하고 있다.

얼마나 많은 양의 CFC가 미국에 불법으로 들어왔는지는 정확히 파악하기 어렵다. 대부분의 보고서에는 1996년에 약 9,000톤 이상의 CFC가 미국으로 밀수되었다고 나와 있지만, 그 추정치는 발각된 건에만 근거한 것이기 때문에 실제 수치는 분명히 더 높을 것이다.[75] 밀수가 절정에 달했던 이듬해에는 약 2만 톤의 CFC가 불법으로 미국에 들어왔다. 전 세계적으로 보면, 합법적 거래의 약 20%에 해당하는 약 3만 8,000톤의 CFC가 불법으로 생산되고 있었다(다시 말하지만, 실제 생산량은 더 많았을 것이다).

CFC 밀수는 뉴스에서 극적으로 다뤄지진 않았을지 몰라도, 연방정부와 환경에 모두 재앙이었다. 우리는 이 나라의 냉매 밀수에 관한 이야기를 거의 기억하지 못하지만, 밀수는 우리가 1996년 생산 중단을 통해 이루고자 했던 냉매 사용 감축에 큰 방해가 되었다. 냉매 밀수의 위협은 대단히 개인적이고 인종적으로 낙인찍힌 코카인 밀수보다 평범한 미국인들에게 더 이해하기 어려웠다. 소위 전문가라는 '사업가'들에 의해 운영되는 냉매 밀수 조직에 대한 인식과 처벌은 더 널리 알려진 '마약과의 전쟁'에 연루된 범죄자들보다 약했기 때문에, 이 나라에서 그들은 범죄자라는 꼬리표를 피해 갔다.

프레온 밀수의 성행은 사람들이 필요로 하는 화학물질을 국제적 차원에서 없애는 것이 얼마나 어려운지를 말해준다. 미국 이외의 지역에서 프레온의 지속적인 생산과 사용을 허용한 것이 밀수를 부추겼다. 화학물질의 폐기에 대한 관심 없이 관료주의적 수준에서 부유한 국가들의 생산을 잠재우는 것에만 집중한 것은 개방된 시스템으로서의 세계를 이해하지 못한 것이다. 결과적으로 냉매는 기계에서 뿐만이 아니라 국경을 넘어서도 새어나갔다. 그리고 몬트리올 의정서 이후에도 좀비처럼 계속되는 CFC-12에 대한 미국인들의 지속적인 수요는 미국인 개개인에게 존중되는 가치로서 상호 의존성이 존재하기 힘든 것임을 나타낸다.

역설적이게도, 정확히 이러한 상호 의존성에 대한 무관심 때문에 미국인들은 그들 자신의(즉 우리의) 자율성의 한계에 직면하게 되었다.

6

냉방 중독

에어컨이 마약과 같다는 말은 처음 들으면 터무니없는 소리로 들릴지
모른다. 오피오이드opioid˙가 널리 사용되는 시대에, 이는 말도 안 되는
소리라고 공격당할 수 있다. 하지만 가만 생각하면 그럴듯하게 들리기
도 한다. 1990년대에 미국인들은 시원하고 균일한 공기 상태를 기대
만 하는 것이 아니라 적극적으로 요구하기 시작했다. 냉각 인프라에
대한 미국인들의 의존도가 너무 심해지는 바람에, 일부 비평가들은
이것이 중독 수준까지 올라간 것이 아닐까 생각했다.

　　CFC 밀수가 시작되기 전인 1992년 케임브리지대학의 경제학
자 그윈 프린스Gwyn Prins는 "냉방에 대한 신체적 중독"[76]은 "현대 미국
에서 가장 만연해 있지만 가장 주목받지 못하는 전염병"이라고 주장
하는 상당히 자극적인 어조의 에세이를 출판했다. 재치와 분노가 뒤
섞인 글에는 미국의 에어컨 중독자(즉 우리 대부분)를 '콘디스Condis'라

●　아편과 비슷한 작용을 하는 마약성 진통제.

부르며 쾌적한 냉방에 의존하는 사람들을 맹비난했다. 에어컨의 열풍은 유럽과 일본으로도 확산되었지만, 프린스는 "대규모 냉방의 **문화적, 기술적 발단**"[77]이 된 미국을 비난했다. 그는 책에서 특유의 영국적 독설을 가득 담아 에어컨의 무비판적 사용이 "신체가 열을 싫어하도록 빠르게 가르친다"[78]라고 주장했다.

신랄한 표현이긴 했지만, 에어컨이 신체가 열을 '싫어하도록 가르칠' 수 있다는 주장은 어느 정도 정확해 보인다. 유전학자인 스탠 콕스Stan Cox는 자신의 저서 《잃어버린 냉각Losing Our Cool》에서 미군의 연구를 예로 들어 일반적인 에어컨 온도보다 높은 범위의 열에 매일 노출되는 것이 어떻게 내성을 기르고 스트레스를 줄여주는지를 보여주었다. 그는 다음과 같이 썼다. "더위 속에서 며칠이나 몇 주를 보내면 땀샘의 활동이 더욱 활발해지면서 배출되는 땀의 양이 증가한다. 또한 혈액량이 증가하고, 열을 발산하기 위해 혈류가 피부혈관으로 향하며, 심박수가 더 낮고 일정하게 유지되고, 그럼으로써 전반적으로 몸 깊은 부분의 온도가 낮아져 우리는 더운 환경에서 더 오래 활동하고 일할 수 있다."[79] (나는 콕스가 과거의 에어컨 엔지니어들이 그처럼 강조했던 작업 능률을 이야기하는 것이 흥미롭다. 우리는 정말로 에어컨에 중독된 것일까, 아니면 에어컨으로 인해 계속되는 일에 중독된 것일까?)

더위 속에서, 인간을 포함한 대부분의 생명체는 고온에 반복적으로 노출될 때 축적되는 '열충격단백질heat shock protein'을 합성한다. 이 단백질은 "온도가 올라갈 때 우리 몸이 열 스트레스에 더 빨리 적응할 수 있도록 돕는다."[80] 반대로, 여름에 에어컨을 사용하는 등 고온에 매일 노출되지 않으면 이러한 단백질도 변화한다. 그래서 역설적으로 기후가 통제되는 영역을 벗어날 때 우리를 열에 더 취약하게 만든다. 인체가 새로운 환경에 적응하는 데는 얼마나 걸릴까? 콕스는 대략 2주에서 3주가 걸린다고 말한다. 그리고 기후 결정론을 말하는 우생학자들의 이론과 달리, 거의 모든 신체는 인종과 상관없이 빠른 반응을 보인다고 한다.

점점 더 많은 연구가 인체가 일정 범위 내에서 열 스트레스에 적응할 수 있다는 생각을 뒷받침하고 있다.[81] 2019년 미국, 호주, 보츠와나, 네덜란드, 파키스탄의 인구를 대상으로 진행된 한 연구는 이곳에 사는 주민들이 더운 날씨에 적응할 시간이 있었는지 없었는지를 알면, 폭염 기간 동안 응급실에 실려 들어오는 환자들의 수를 더 잘 예측할 수 있다는 사실을 발견했다. 런던과 도시 열섬 효과에 초점을 맞춘 또 다른 연구는 여름에 적응하는 것과 열 관련 사망률의 감소가 관련이 있다는 증거를 발견했다. (흥미롭게도 이 연구는 겨울에 적응하는 것과 추위와 관련된 사망률 사이의 연관성은 발견하지 못했다.) 나는 이러한 연구들을 내세워 우리 모두 더위와 싸우는 전사가 되어 죽음을 무릅쓰고 인내하는 훈련을 해야 한다고 말하려는 것이 아니다. 그저 여름에 계속 틀어놓는 에어컨이 대개 우리가 인식하지 못하는 건강상의 위험을 수반할 수 있음을 지적하려는 것뿐이다. 에어컨은 우리 몸이 더위에 적응하는 것을 막음으로써 우리를 폭염에 더욱 취약하게 한다.

프린스의 주장 중에는 과학적으로 타당하지 않게 들리는 것들도 있다. 그는 돌연 해로운 남성성toxic machismo*으로 글의 방향을 틀어 에어컨이 우리를 '무성애자 또는 적어도 반성애자'[82]로 만드는 건 아닌지 묻는다. 그는 통계학자들에게 콘돔 판매량과 여름철 에어컨 사용량을 비교해보라고 권고했다. (그는 분명히 경멸적으로 '무성애'를 말했다.) 안타깝게도 그의 그러한 별 의미 없는 주장들은 그 뒤로 이어진 더 의미 있는 일부 주장들을 무색하게 했다. 예를 들어 그는 에어컨의 사용이 어떻게 쾌적함에 대한 열망을 넘어 의식적으로든 무의식적으로든 사회적으로 상징적인 의미를 갖게 되었는지 분석했다. 에어컨은 사람들을 갈라놓았고, 그렇게 함으로써 에어컨을 이용하는 사람들은 '덥거나 축축하거나 야생적이거나 성적이거나 가난(예를 들어 흑인)하지 않은'[83] 이들이 되었다. 인종적으로 분리되었던 기계적 냉각의 역사와 우생학과의 연관성을 고려할 때, 이 주장은 무시하기 쉽지 않다. 제1차 세계대전이 있기 전까지 미국인들은 땀을 자연스러운 특성으로 여겼다. 하지만 이제 땀이 예상되는 체육관을 제외하고, 땀을 흘리는 몸은 중산층의 행동 규범과 충돌한다. 특히, 백인 중산층을 기준 삼아 적절한 행동거지를 요구하는 회사에서는 더욱 그렇다(이러한 예로 흑인 여성의 머리 손질, 탈취제 사용, 값비싼 면접 복장은 종종 구직자의 예산 범위를 벗어나는 경우가 많다). 그 기준은 우리가 많은 자연적 신체 기능을 오랜 시간 동안 억누르거나 잊을 것을 요구한다. 여기에는 열적 쾌적성이 우리로 하여금 신체적으로 느껴지는 불쾌함을 거의 극단적인 수준, 신체가 있다는 것 자체를 부정할 수 있을 만큼 잊게 한다는 점에서 청교도적인 면(더 나아가 정화한다는 면, 정화라는 단어에는

● 성, 폭력, 경쟁심, 감정 표현의 억제 등 사회에서 남성에게 적합하다고 여겨져 온 성질.

매우 사악한 우생학적으로 함축된 의미가 있다), 즉 이른바 프로라면 갖춰야 할 것이 된, 오랫동안 추구해온 청교도적 지향점이 있다. 프린스는 확실히 논란의 여지를 만들면서, 에어컨을 '콘디스'들이 "더 오래, 더 효율적으로 그리고 더욱더 적극적으로" 일할 수 있도록 만든 "의지의 승리"[84]로 불렀다. 많은 요인이 미국인들의 에어컨 중독에 영향을 미쳤지만, 이 상징적인 질서를 유지하는 힘은 미국인들의 습관을 확고히 유지하는 데 한몫했다. 하지만 오랫동안은 아니었다. 프린스는 다른 약과 마찬가지로 에어컨도 "의학적으로 필요한 사람들에게 처방"[85]되어야 한다고 주장했다.

프린스는 미국인들이 그의 공격에 분노할 것을 예상했다. 적어도 그의 글을 읽은 몇몇 사람들은 확실히 분노했다. 경제학자의 그러한 공격에 준비가 되어 있지 않았던 사회 비평가들은 프린스와 그의 도발을 터무니없다며 강력히 비판했다.

하지만 그러한 비판에도 불구하고, 프린스의 글은 사람들에게서 쉽게 잊히지 않았다. 그의 핵심적 주장, 특히 가치에 따라 인체를 분류하는 에어컨의 상징적 힘에 관한 그의 주장은 프레온 이후의 시대에 사실처럼 들렸다. 적어도 그의 동시대인 중 1명은 약물중독과 에어컨 사용 사이의 행동 패턴에서 유사성을 발견했다. 더 최근에는 UC 버클리대학 건축환경센터Center for the Built Environment at UC Berkeley의 게일 브래거 교수와 시드니 건축디자인기획대학University of Sydney School of Architecture, Design and Planning 리처드 드 디어Richard de Dear 교수가 프린스의 의견에 어느 정도 동조하는 열적 쾌적성의 역사적·문화적 영향에 관한 연구를 공동발표하기도 했다. 브래거 교수는 얼마 전 라디오 공개 인터뷰를 통해 에어컨의 '진짜 중독 문제'[86]에 대해 설명한 바 있다. 라디오 진행자는 브래거 교수를 소개하며 그것이 헤로인이나 코카인과 다를 바가 없다고 말했다. "처음에 느꼈던 좋은 기분을 느끼기 위해서는 점점 더 많은 것이 필요하게 됩니다."[87]

브래거는 사업장과 사무실 공간에 초점을 맞춰 온도가 조절되는 실내 환경을 "열적으로 단조로운 공간"으로 설명했다. 그녀는 변하지 않는 환경이 건강에 좋지 않은 영향을 미친다고 주장했다. "그러한 환경이 실제로 사람을 피로하게 만들 수 있다는 증거가 있습니다." 브래거는 생물학자 E. O. 윌슨Wilson의 "살아 있는 생명체에 둘러싸여 있을 때 느낄 수 있는 풍부하고 자연스러운 즐거움"[88]이라는 말을 인용해 어떻게 하면 우리가 자연 기후를 인공 환경에 통합시킬 수 있을지 생각하게끔 했다. "우리는 실제로 이처럼 더욱 풍부하고 다양하게 감각을 자극할 수 있는 환경을 찾고 있습니다." 그녀가 덧붙였다. "그러한 환경이 우리를 더욱더 활기차게 하거든요."

브래거는 냉방의 중독성이 의심되기 시작한 때가 1954년 미국의 건축가 프랭크 로이드 라이트Frank Lloyd Wright가 다음과 같이 경고한 때부터라고 말한다. "이처럼 대비되는 온도에 너무 심하게 자주 노출되면, 우리가 시원해졌을 때 열은 더 견딜 수 없는 것이 되어버린다. 실내가 시원해질수록 실외는 점점 더 뜨거워진다."[89] 그는 몰랐지만, 그가 한 말은 지구온난화와 특히 관련이 있었다. "기후를 완전히 무시하고 그와 반대되는 기후를 만들어낼 수 있다 한들, 아무런 해도 입지 않고 멀쩡히 잘 살 수 있을지 의심스럽다." 정확히 그렇게 되었다. 서구 세계는 실내 기후를 소유하려고 했고, 미국 법에 정의된 주권을 소유(국민의 신체 주권을 그들의 소유물로 확장)하려고 했다. 하지만 지구의 기후는 그들 맘대로 되지 않았다.

나는 산업 기술의 활용을 무조건 중독적인 행동으로, 병으로 보는 것을 경계한다. 이런 식으로 짜 맞추자면 중독이 아닌 것은 무엇일까? 중독자가 아닌 사람이 있을까? 환경운동가들은 현대 기술을 지겹도록 안 좋게 몰아가는데, 그들의 그러한 주장은 내게는 가령, 냉장된 백신과 얻기 쉬운 음식으로 완화할 수 있는 모든 고통을 무시하는 것이나 다름없다. 나는 아무 생각 없이 선사시대로 돌아가자고 말하는 것이 아니다. 그러한 생각은 유나바머 선언문Unabomber Manifesto*에 나 어울리는 것이다. 간혹 명확하지 않은 부분이 있고 억지스러운 역사 오독을 조장하긴 하지만 말이다.

그렇다 해도 어쨌든 나는 자동화될 위험이 있는 우리의 나쁜 사고 습관, 우리의 경솔함이 두렵다. 우리는 이 세상의 생태학적 문제를 해결하기 위해 정치적 규제 대신, 공동체 대신, 우리 자신의 지혜 대신 기술에 의존한다. 이러한 것들은 결코 우리 자신의 것이 아닌 우리 공동체를 구성하는 사람들의 산물이다. 기술이 우리를 혼돈 속으로 몰아넣었을 때, 어떻게 우리를 다시 끌어낼 수 있을지 계획하는 것은 거의 무의미한 대응이다. 우리는 불편함을 겪지 않으려고 애쓰는 우리의 일상적인 습관들을 세심히 살피고 바꾸려 드는 대신, 우리가 초래한 피해를 말끔히 정리해줄 공정이나 제품에 투자한다.

● 유나바머는 16번의 폭탄테러를 일으킨 시어도어 존 카진스키의 별명이다. 유나바머 선언문은 현대 산업사회와 첨단 기술 문명을 통렬히 비판한 선언문으로 <뉴욕타임스>와 <워싱턴포스트>에 실렸다.

기후 작가이자 활동가인 나오미 클라인Naomi Klein은 그녀의 책 《이것이 모든 것을 바꾼다This Changes Everything》에서 이러한 습관을 비판한다. 책에 따르면, 이름 높은 과학자들은 근본적인 원인을 다루지 않고 환경 위기 해결을 위해 기이한 기술 해결책을 제시했다. 지구온난화를 늦추기 위해, 한 과학자는 행성만 한 거울을 우주로 발사해 햇빛의 방향을 바꿀 것을 제안했다. 2006년 또 다른 과학자인 파울 크뤼첸(초음속 비행기의 연료가 오존을 파괴할 수 있다는 것을 발견하고 노벨상을 받은 화학자)은 온실가스 배출량을 줄일 수 없다면, 대기 상층부에 황을 주입해 거대한 유황 구름을 만드는 지구 공학적 방법을 고려해야 한다고 주장했다.[90] 유황 구름이 햇빛을 우주로 반사해 지구를 시원하게 할 수 있다는 것이다. 대기 상층부에 황을 주입하는 것은 근본적으로 하늘을 어둡게 할 것이다. 정말로 그렇게 한다면? "햇빛을 차단한다." 이 구절을 소리 내어 말하고 그 말이 입안에서 어떻게 들리는지 들어보라. (크뤼첸은 여기서 가장 큰 문제가 '심각한 부작용 없이 환경적으로 안전한가'라는 것임을 인정했다.) 클라인은 다음과 같이 썼다. "햇빛을 차단한다는 것은 화재에 대비해 스프링클러 시스템을 설치하는 것과는 전혀 다른 일이다. 하지만 사람들은 이 두 방법을 같은 해결책으로 생각한다. 스프링클러에서 물 대신 휘발유가 뿜어져 나올 것을 아는 사람은 그렇지 않겠지만 말이다. 아, 게다가 이 스프링클러는 일단 전원이 켜지면 건물 전체를 태워버리기 전까지는 멈추지 않을지 모른다. 만약 누군가가 당신에게 그런 스프링클러를 팔았다면, 당신은 분명히 환불을 원할 것이다."[91]

지구 공학과 관련된 이러한 별난 제안들은 선례가 있다. 1990

년대 북미 지역의 오존 파괴 소식은 마치 〈데이 오브 애니멀스Day of the Animals〉의 어처구니없는 전제가 실현된 것처럼, 증가한 방사선이 이름 높은 과학자들의 뇌를 뒤틀기라도 한 것처럼 말도 안 되는 일련의 제안들을 낳았다. 그중에는 로스앤젤레스의 많은 스모그(자동차 배기가스로 인한 지상 오존)를 약 16km 상공으로 수송해 두 가지 위기를 동시에 해결하자는 이야기도 있었다. 셰리 롤랜드는 스스로 이 아이디어를 비판하며 "오존을 올려 보내기 위해서는 현재 전 세계 전력 사용량의 약 2.5배에 해당하는 에너지가 필요할 것"[92]이라고 지적했다. 또 다른 과학자는 "얼린 오존으로 구성된 수 톤의 총알을 대기권 상층부로 쏘자"[93]라고 제안했다. (이 이야기를 처음 읽었을 때 나는 우리에게 이 계획을 실행하는 데 필요한 '수만 개의 큰 총'이 없다는 사실에 충격받았다. 이 나라에서는 가끔 우리가 그러한 것들을 갖고 있는 것처럼 느껴진다.) 다른 과학자들은 특정 반응성 화학물질을 성층권에 주입할 것을 제안했는데, 이는 대기 생태의 취약성을 고려하면 특히 위험한 해결책이었다. 주입이 역효과를 일으켜 구멍이 넓어질 수도 있기 때문이다. 또 프린스턴대학의 상상력이 풍부한 한 물리학자[94]는 CFC 분자들이 성층권에 도달하기 전에 수만 개의 거대한 레이저를 하늘로 쏘자고 제안했다. 이는 물론 레이건의 전략방위구상Strategic Defense Initiative에서 영감을 받은 아이디어로, 레이건 역시 핵 공격을 막기 위해 비슷한 방식으로 레이저를 사용하는 것을 생각했다.

이러한 계획들을 설명하는 데 사용된 '수송하다', '주입하다', '쏘다'와 같은 동사들은 환경 문제에 대한 미국의 접근법에 대해 많은 것을 말해준다. 이러한 동사들을 잇달아 읽으면, 이는 제임스 본드 악당들이 꾸미는 음모처럼 들리기 시작한다. 이중 실현 가능한 계획은 아무것도 없었다. 모든 계획이 걱정스러울 정도로 세상을 바꾸는 기술에 의존하고 있었다. 클라인이 '기술적 해결책techno-fix'으로 부르는 것의 착오들은 심지어 부조리한 것이라 해도 우리를 시중 기술에 더욱 의존하도록 유혹한다. 우리는 우리의 습관을 고치기보다는 더 새롭고, 크고, 파괴적인 기술로 눈을 돌린다.

기술보다, '고치는 것'이 옳다.

이러한 사고 습관을 가장 잘 보여주는 예로, 3개의 녹색 화살표가 그려진 범용 재활용 기호의 남용을 들 수 있다. 참고로 이 3개의 화살표는 쓰레기를 줄이기 위한 세 가지 주요 규칙인 줄이기, 재사용하기, 재활용하기를 나타낸다. 이러한 방법 중 가장 효과적이지만 가장 쉽게 잊히는 것이 줄이기다. 우리는 줄이는 것에 대해서는 좀처럼 이야기하지 않는다. 우리는 물건 소비를 줄이느니(습관 고치기) 물건을 재활용(기술적 해결책)하고 싶어 한다.

물론 습관을 바꾸는 것은 복잡하고 어려운 일이다. 기자이자 유명 작가인 찰스 두히그Charles Duhigg가 쓴 것처럼, 습관은 이전 습관을 없던 것으로 만들 만큼 더 쉽고 바람직한 습관으로 대체되지 않는 한, 개인의 의지로 고쳐지는 경우는 거의 없다. 익숙한 습관에 대한 의존과 어디를 가도 가동되는 냉방은 소비자 개인의 습관을 멈추기 어렵거나 때로 불가능하게 만든다. 에어컨 사용을 소비자 개인의 선택이 아니라, 다수의 소비자 선택에 의해 지속적으로 강화되는 사회정치적, 역사적 선택으로 이해하는 것이 중요한 이유다. 내가 여전히 걱정하는 것은, 이러한 인프라를 우리가 바꿀 수 없다는 것이 아니라 우리가 바꾸기 싫어한다는 것이다.

산업 기술의 활용을 병적인 것으로 보는 시각이 달갑진 않지만, 나는 그원 프린스와 게일 브래거의 말에서 어느 정도 진실을 확인하지 않을 수 없다. 우리가 만든 위기로 우리를 더 몰아붙이는 비합리적인 해결책들은 중독자들의 필사적인 조치처럼 보인다. 우리는 각자의 파괴적인 소비자 습관과 마주하지 않기 위해 새롭고 흥미로운 일이라면 무엇이든 할 것이다. 우리는 피해를 예방하기보다 배상하기를 선호한다. 우리는 **불현듯 나타나 해결책을 제시해줄 무언가**를 기다리고 있다. 이러한 사고 습관은 우리에게 팔리는 열적 쾌적성만큼이나 유독하다.

"미친 짓이에요." 브래거가 라디오 인터뷰 중 말했다. 신중해야 하는 학자에게서 나온 말이지만, 조금도 경박하게 들리지 않는다. 그녀가 어이없다는 듯 양손을 들어 올리는 모습이 상상된다. "완전히 미쳤죠."

7

느리고 광범위하게 일어나는 폭력

90년대 중반이 되면서 CFC는 사라지고 있었지만, 진짜 문제는 냉매만이 아니었다. 문제는 냉매를 그대로 있게 하는 상징적 질서, 즉 좁은 삶(존재)의 방식에 대한 요구와 그 요구를 만들어낸 힘의 체계에 있었다. 역설적이게도, 가차 없이 빠른 속도로 우리 삶의 방식을 구축한 과정들과 산물들(이 중 상당 부분은 미국인이 만들어낸 것으로, 많은 부분이 나중에 다른 문화권으로 전해지거나 내던져지거나 강요되었다)은 이제 빠르게 온난화되는 행성을 통해 그 삶을 끝내겠다고 위협하고 있었다. 미국의 역대 대통령들은 오염물질의 배출량을 줄이겠다고 맹세했고, 공개적으로 기후 문제 해결의 긴급함을 인정했다. 하지만 그들은 미국과 다른 부유한 국가의 기업들이 주로 책임져야 할 새로운 세계적 재앙인 기후 훼손을 억제하는 데 지속적으로 실패했다.

  빌 클린턴의 민주당 정부가 들어서면서 환경운동가들은 무거운 짐을 조금은 덜어내는 듯했다. 하지만 이러한 가벼움은 곧 진짜로 짐을 덜어냈기 때문이 아니라 빠른 하강에서 비롯된 아주 잠깐의 무중력 상태 때문이었던 것으로 드러나게 된다. 클린턴은 그가 주장하는 지구 친화적인 정치가가 아니었다. 공화당이든 민주당이든 미국 정부는 특히 기업의 이해와 충돌할 때 생태 위기 문제를 뒤로 미뤘다.

1997년 프레온 밀수가 한창일 때, 미국은 주요 오염물질을 법적으로 제한하고 지구온난화를 늦추는 국제조약을 협상하기 위해 교토에서 진행되는 유엔기후변화협약UN Framework Convention on Climate Change, UNFCCC에 대표단을 파견했다. 참가국들은 HFC를 포함해 6개의 온실가스에 대한 엄격한 배출 제한을 협의했다. 조약은 미국이 온실가스 배출을 2012년까지 1990년 수준보다 7% 낮은 수준으로 줄이는 급격한 감소를 제안했다. 하지만 미국 대표단은 부유한 나라들의 더 느린 단계적 감축과 이를 위한 시장 기반의 메커니즘, 즉 배출권 거래제를 주장했다.[95] 산업화된 나라들 대부분은 두 가지 요구를 모두 거절했지만, 부시의 산성비 프로그램 지원 이후 미국은 미국이 신뢰할 수 있는 방법을 의무화하기를 원했다. 미국이 신뢰할 수 있는 것은 자유시장 자본주의였다. 협상은 미국이 꿈쩍도 하지 않으면서 중단되었다. 설상가상으로 석탄 강국인 중국이 이끄는 덜 산업화된 국가들의 연합은 경제가 성장할 때까지 그들을 의무 감축 대상에서 제외해 달라고 요구했다. 미국은 이러한 요구가 부당하다고 생각했다. 교착 상태에 놓인 협약 소식을 듣고 앨 고어가 협상 마지막 날 교토로 날아가 협상을 중개했다. 협약은 향후 수십 년 동안 부유한 나라들이 온실가스 배출량을 줄이는 데 활용할 배출권 거래제를 채택하고 덜 산업화된 국가들을 면제하는 것으로 마무리되었다. 적어도 당시로서는 그랬다.

클린턴은 의정서에 서명했음에도 불구하고 상원에 이를 보내지 않았다. 공화당 다수가 분명히 이를 부결할 것이기 때문이었다. 몇 달 전 교토에서 있을 일을 예상한 상원은 미국이 '개발도상국'을 배제한 유엔기후변화협약에 서명하는 것을 막는 버드–헤이글 결의안 Byrd-Hagel Resolution을 만장일치로 통과시켰다. 미국의 배출량을 제한하는 모든 합의에는 "동일한 준수 기간 내"에 개발도상국의 "온실가스 배출을 제한하거나 줄이기 위한 구체적이면서 계획된 약속"[96]이 포함되어야 했다. 교토 의정서에 서명한 후, 온실가스 규제에 반대하는 업계 로비 단체가 협정에 반대하는 활동에 수백만 달러를 쏟아부었고, 권력을 잡고 있던 재정 보수주의자들은 규제받지 않는 개발 도상국의 부상과 다가오는 '탄소세'라는 두 개의 악을 경고하기 시작했다.[97] 당시 미국의 탄소배출량은 전 세계 배출량의 3분의 1 이상을 차지하고 있었고, 이는 어느 나라보다 많은 양이었다. 미국의 인구는 전 세계 인구의 5%에 불과했지만, 전 세계 에너지의 약 25%를 소비하고 있었다. 그러한 불균형에도 불구하고, 미 상원의원들은 지구온난화 문제에 거의 영향을 미치지 않은 국가들에게도 엄격한 제한을 두는 것이 '공정하다'는 데 동의했다. 그렇지 않으면 "미국 경제가 심각한 피해를 볼 것이기"[98] 때문이었다.

낙관론자들에게는 교토 의정서에 대한 상징적인 미국의 약속이 조금이나마 희망이 되었다. 몬트리올 의정서와 마찬가지로 교토 의정서도 의회가 비준할 수 있는 수준까지 추가적인 협상이 필요했다. 아마도 다음 대통령이, 그러니까 아마도 CFC 근절을 위해 싸우고 탄소 배출 감소를 끊임없이 주장했던 클린턴의 부통령이자 강경한 환경

운동가인 앨 고어가 그 자리에 있게 될 것으로 생각했다.

물론 고어는 기회를 얻지 못했다. 불확실한 표이긴 했지만 플로리다에서 수천 장의 표차를 내고 연방대법원의 판결로 2000년 대선의 승리를 거머쥔 사람은 조지 W. 부시였다. 부시는 "재생 가능 에너지를…장려"[99]하고, 연방정부의 배출권 거래제를 통해 업계의 탄소 배출량을 "의무적으로 감소"시키겠다고 공약했지만, 집권 2개월 만인 2001년 3월 미국은 교토 의정서를 준수하지 않겠다고 발표했다. "중국과 인도 같은 주요 인구 중심지를 포함한 전 세계의 80%가 규정 준수에서 면제(세계에서 인구당 에너지 소비가 가장 적은 일부 나라들도 포함)되었고, 이는 미국 경제에 심각한 피해를 줄 것이기 때문"[100]이었다. 그는 (20년 후 지금, 오류와 잘못된 예측이 가득했던 것으로 보이는 보고서를 바탕으로) 교토 의정서가 "세계 기후 변화 문제를 해결하는 불공평하고 비효과적인 수단"이라고 주장했다. 비효과적이란 말은 전혀 사실이 아니다. 교토 의정서가 온실가스 배출 목표를 충분히 달성하지 못한 것은 사실이다. 하지만 몬트리올 의정서를 본보기로 보면, 주요 참가국들이 책임을 갖고 참여하는 한 끈기 있는 협상은 약한 조약의 힘을 강화할 수 있다. 불행하게도 부시는 "의정서가 어떻게 바뀌든 미국이 완전한 패배자"가 될 것이라고 주장하는 보고서에 동의했다. (부시는 마이클 오펜하이머가 전에 했던 다음과 같은 경고를 무시했다. "끊임없이 변화하는 지구에 승자는 없을 것이고, 대신 패자만이 가득하게 될 것이다.")[101]

교토 의정서는 2005년에 발효되었지만, 세계 최대 오염국의 지원을 얻지 못해 거의 실효성을 잃었다. 의정서가 '비효과적'이라는 부시의 비판이 영향력을 발휘한 것이다. 의정서를 설득력 없는 것으로 보는 미국의 시각이 그렇게 만들었다. 이는 세계 정치에서 석유에 중독된 한 나라가 가지고 있는 불균형적 힘을 상기시킨다. 미국은 몬트리올 의정서 이후 법적 구속력이 있는 배출 목표를 통해 세계의 환경 문제를 해결하는 두 번째 국제조약이 될 수 있었던 것에 비준하지 않은 유일한 서명국이다. 이 때문에 2000년대 내내 CFC의 끔찍한 대체재인 HFC의 운명은 계속해서 불확실한 채로 남게 되었다.

미국에서 기후 훼손에 대한 인식이 높아지고 있을 때, 더 중요하고 긴급한 문제가 발생했다. 걸프 전쟁, 이라크 전쟁, 아프가니스탄 전쟁이 그것이었는데, 모두 어느 정도 석유·에너지와 관련된 갈등이었다. (묘하게도, 세계무역센터 공격의 주모자는 사우디아라비아 내 최초의 미국 석유회사인 아람코ARAMCO의 주계약자로 1940년대에 다란에서 부와 명성을 쌓은 한 남자의 아들이었다. 미국 석유 채굴의 억압적이고 착취적인 힘은 이 지역을 뒤흔들게 될 반동적인 이슬람 세력의 촉발을 도왔다.) 점점 더 많은 미국인이 강력한 온실가스를 배출하는 동시에 많은 에너지를 소비하는 에어컨을 켜기 시작했지만, 미국은 기후 위기를 늦출 구조적 조처를 하지 않았다. 언론의 관심을 붙든 대외적 갈등은 개인주의에 대한 미국인의 믿음, 일정 수준의 쾌적함에 대한 시민들의 무조건적 요구 그리고 그 쾌적함에 힘을 실어줄 에너지와 경제의 무한한 성장이라는 훨씬 더 오래된 문제들의 얽히고 뒤틀린 뿌리를 숨기는 별개의 피비린내 나는 꽃과 같았다.

21세기 초 미국 가정의 약 75%가 최소 한 대의 에어컨을 설치하거나 중앙냉방 형태로 더위를 식혔고, 남부 주들의 경우에는 그 비율이 훨씬 더 높았다.[102] 그리고 이전에는 주로 미국에서 볼 수 있는 현상으로 여겨졌던 것이 다른 나라들로 퍼지기 시작했다. 한때 거부감을 보였던 스페인, 프랑스, 이탈리아, 그리스의 국민이 이제 집과 자동차에 에어컨을 들이기 시작했다. 1998년에 유럽 자동차의 에어컨 설치율은 55%에 그쳤지만, 2003년에는 70%까지 증가했다. 적은 에너지를 소비했던 유럽의 자동차들은 에어컨을 가동한 뒤부터 20~40%가량 더 많은 탄소를 배출했다.

제임스 핸슨이 상원에 대기 중 온실가스의 축적이 유발할 수 있는 위기에 관심을 기울일 것을 요구한 지 10년 그리고 20년이 지난 후에도, 배출량은 더욱 증가하고만 있었다. 미국인들은 위험을 이해하지 못했던 것일까? 아니면 그러한 일들이 벌어지고 있다는 사실을 믿지 않은 것일까? 더 그럴듯해 보이는 다른 가능성을 생각해보자. 사실, 많은 미국인이 그러한 이야기를 이해하고 믿었지만, 결국 모두를 위한 장기적 안락과 안정 대신 대책 없는 단기적 안락과 안정을 선택한 것은 아닐까?

허리케인 카트리나가 발생한 지 약 한 달 후인 2005년 10월, 나는 〈사우스 파크South Park〉의 한 에피소드[103]를 보았고, 이후 그 내용이 내 뇌리를 떠나지 않았다. 엄청난 작업 속도를 자랑하는 제작자 트레이 파커Trey Parker와 맷 스톤Matt Stone은 프로그램에서 허리케인의 파괴력이 아닌, 그 뒤 우후죽순으로 몰려나온 대중매체 속 인물들과 관련 내용을 패러디했다. 기후학자, 우파 기후 변화 부정론자, 카트리나 구제에 대한 인종차별주의적 대응 또는 무대응, 부시 대통령, 부시 대

통령 비평가, 모든 것을 지구온난화 때문으로 보는 좌파, 그리고 이제
는 진부한 우스개 이야기가 된 재난 영화 〈투모로우The Day After Tomor-
row〉(2004)가 그것이었다.

　　나는 지금 그런 것들을 보는 것도 힘들고, 유머를 찾기도 어렵
다. 에피소드가 방송되었을 무렵, 허리케인은 최소 1,833명을 사망에
이르게 했고, 더 많은 사람을 경제적 지옥으로 몰아넣었다.[104] 수천 명
의 난민이 휴스턴의 아스트로돔Astrodome 구장에 살다가 허리케인 리
타Rita 때문에 또다시 대피해야 했다. 카트리나의 대참사와 특히 흑인
이 대부분이었던 이 도시의 빈곤층을 돕지 않은 정부의 태만은 다가
올 재앙의 맛보기로 역사 속에 남아 있다. 카트리나는 처음에는 열대
성 폭풍으로 시작했지만 따뜻해진 바다로 인해 열대성 거대 폭풍이
되어 몰아쳤다. 카트리나는 이미 명백히 알려졌어야 하는 것을 설명
하는 것 같았다. 이러한 재앙은 부유한 백인들이 사는 동네보다 이미
더 취약한 지역사회를 황폐화한다는 사실을 말이다.

　　심술궂은 농담을 일삼긴 하지만, 〈사우스 파크〉의 에피소드는
우리가 세계적인 재앙을 어떻게 다루고 묘사하는지를 패러디한다는
면에서 여전히 의미가 있다. 예를 들면 이런 이야기다. 사우스 파크의
과학자들은 지구온난화가 이틀 안으로 빠르게 다가올 것이라고 예측
한다. 하지만 곧 계산에 착오가 있었다는 것을 깨닫는다. 지구온난화
는 더 빨리, 내일모레보다 이틀 더 빨리, 다시 말해 오늘 다가오고 있
었다. 그 소식을 들은 사우스 파크 마을은 극심한 공포에 휩싸인다.
비명을 지르는 한 무리의 시민들이 거리를 쏜살같이 달린다. 무리는
화면을 가로질러 한 방향으로 달린다. 그리고 또 다른 길로 달린다. 그

들은 분명히 지구온난화를 **앞지르려** 했다. 하지만 어디로 갈 수 있단 말인가? 시민들이 "우리는 말을 듣지 않았어!" 하고 반복해서 외치는 소리가 들린다. 한 사람이 넘어지지만, 무리는 그를 남겨 두고 떠난다. 아스팔트에 혼자 남은 그는 마치 잡히기라도 한 듯 몸을 떤다.

흔히 그렇듯 우리는 〈사우스파크〉를 다양한 방법으로 해석할 수 있고, 각각의 방법은 누군가를 불쾌하게 만들 수 있다. 어떤 의미에서 이 프로그램은 지구온난화 문제를 대수롭지 않게 여기는 것 같기도 하다. 이 말은 우리에게 경종을 울리는 기후 과학자들의 성과를 대수롭지 않게 여긴다는 것을 뜻하기도 한다. 반복되는 "우리는 말을 듣지 않았어!"는 분명히 일종의 농담으로 쓰였지만, 나는 이런 농담을 이해할 수 없다. 시간이 지날수록 더욱 자신을 무겁게 짓누르게 될 그러한 후회가 무엇이 재미있다는 걸까?

하지만 이 특정 장면의 무언가, 심오한 무언가는 나머지 에피소드가 주는 가벼움과는 확실히 다르다. 그 장면은 내가 책에서 읽었던 보이지 않고, 추상적이며, 확산하는 기후 문제의 부조리함과 그러한 상황을 상상하고 직면하는 것의 어려움을 단 몇 초 만에 보여준다. 오존 위기는 '구멍'을 만들었다. 그러나 현재의 기후 위기는 너무 광범위하게 다가오고 너무 서서히 진행되어 설명하기가 어렵다. 우리는 근시안적인 소비와 그에 따른 낭비를 조장하는 정치·경제적 구조에 직면해 있다. 이는 인간의 개별 수명을 넘어 지구의 생태계를 파괴하고, 대기의 분자 구성을 급격히 변화시켜 매우 이례적인 기상 현상을 초래하며, 온도 상승, 이산화탄소 증가, 해양 산성화, 빙산의 해빙처럼 지질학상으로 빠른 변화를 일으킨다. 그 결과 기근, 가뭄, 홍수, 대량 이

주, 민족 국가의 붕괴가 찾아올 것이고, 결국 자포자기한 사람들은 인간성의 한계까지 시험하게 될 것이다. 이는 미래에 대한 어떤 예측이 아니다. 이들 중 상당 부분은 이미 진행되고 있다. 그렇다면 사람들에게 이를 어떻게 보여줄 것인가? 더 어처구니없는 건 이를 어떻게 22분짜리 만화로 보여준단 말인가?

〈사우스 파크〉의 에피소드는 그것이 아마도 불가능할 것이라고 말하는 듯하다. 그래도 어쨌든 파커와 스톤은 고질라 없이 영화 〈고질라〉와 같은 파괴적 장면을 연출했다. 시민들은 달리면서 마치 선사시대의 거대한 바다 괴물을 쳐다보는 것처럼 머리 위를 올려다본다. 카메라는 사람들의 시선이 향하는 공간을 비춘다. 하지만 거기에는 아무것도 없다. 어느 순간이 되자, 지구온난화 자체의 시점으로 장면들이 펼쳐진다. 카메라가 대피소의 문을 닫으려고 안간힘을 쓰는 한 남자를 향해 흔들리며 달려간다. (그는 광고 시간에 딱 맞춰 그렇게 한다.) 파커와 스톤의 〈고질라〉를 연상케 하는 연출은 적절했다. 우리는 기억해야 한다. 고질라 자체가 상상조차 할 수 없는 핵실험으로 바닷속에서 깨어났다는 것을 말이다.

〈사우스 파크〉의 장면은 지구온난화를 미국 문화에 맞는 이야기로 포장하는 것의 어려움과 우리가 가진 유형의 한계를 보여준다. 우리가 재난 영화를 좋아하지만, 기후 변화는 〈사우스 파크〉처럼 재난이 느닷없이 닥치는 것으로 묘사되는 〈투모로우〉와 같은 것이 아닌 한, 영화에서는 거의 포착되지 않는다. 시각적으로 매력적이긴 하나, 그러한 재난 영화는 극도로 비현실적이며 이미 세상에서 일어나고 있는 덜 선정적인 폭력을 전달하는 데 실패한다. 더욱이 영화 속에서 우리 문화의 가장 폭력적인 결과들(가령 무분별한 도시 확산이 미치는 사회 문화적·환경적 영향)은 폭력적인 것이 아닌 정상적인 것으로 여겨진다.

수전 손택Susan Sontag은 1965년 자신의 에세이 〈재난의 상상The Imagination of Disaster〉에서 원자폭탄은 "지금 이 순간부터 인류의 역사가 끝날 때까지, 모든 이에게 분명한 개인의 죽음이라는 위협 외에도, 모두가 심리적으로 거의 견딜 수 없는 어떤 것, 즉 사실상 경고 없이 언제든 찾아올 수 있는 집단적 소멸과 멸종의 위협 아래 삶을 보낼 것이다"[105]라고 썼다. 핵무기 시대에 처음 터진 지구 SF 재난 장르가 21세기에 그녀의 글로 다시 등장했다. 하지만 지금 손택의 문장은 수정이 필요하다. 우리는 이 두 가지 두려움 외에 한 가지 두려움을 더해야 한다. 그것은 이미 진행 중인 고통스러울 정도로 느리고 집단적인 멸종, 세대에 걸쳐 진행되는 그 멸종의 과정에 대한 두려움이다.

학자 롭 닉슨Rob Nixon은 이 '느린 폭력'[106]을 "눈에 보이지 않게 점진적으로 일어나는 폭력, 시공을 넘어 널리 확산하는 파괴의 폭력, 일반적으로 전혀 폭력으로 간주되지 않는 장기간에 걸친 폭력"으로 표현했다. 책, 영화, TV에서 쉽게 볼 수 있는 폭력은 극적이지만, 닉슨은 그와 '다른 종류의 폭력'으로 우리의 주의를 집중시킨다. 이 폭력은 "극적이지도 않고 즉각적이지도 않지만, 점점 더 불어나고 축적되며, 긴 시간에 걸쳐 그 파괴적인 영향력을 발휘한다". 다시 말해, 기후 변화를 이해하는 데 있어서의 어려움은 과학적 사실이나 수치와 거의 관련이 없다. 문제는 서사다. 어떻게 하면 기후 변화의 방대한 복잡성을 단순화하지 않고 제한된 스토리텔링 구조 내에서 잘 전달할 수 있을까? 많은 사람이 급격한 구조적 변화, 행동의 변화를 실현 불가능하거나 불가능한 것으로 매도하지만, 이제는 우리의 현재 상황이 진정으로 불가능해질 가능성이 점점 더 커가는 것 같다. 어떻게 하면 종말이 미래의 어떤 디스토피아적 사건이 아니라, 일상적인 현재의 폭력임을 인식시킬 수 있을까?

우리가 지금 겪는 실제 기후 변화는 연극적인 스릴러물치고는 너무 느리고 너무 광범위하게 일어나고 있다. 이는 아리스토텔레스의 행동, 시간, 장소의 삼일치•를 산산조각 내는 비극이다. 가령 뉴욕시에 있는 소수의 기업 총수들은 지금도 결코 만날 일이 없는 지구 반대편의 사람이 무엇을 먹고 무엇을 마실지에 영향을 미치고 있다. 왜냐하면 우리가 소비하는 제품들을 만드는 그들 회사의 온실가스 배출이 수천 킬로 떨어진 지역을 기아나 가뭄으로 몰아넣었기 때문이다. 남아프리카의 기후 운동가인 이베트 아브라함스Yvette Abrahams는 최근 시골 지역의 여성 농부들이 기후 변화의 파괴적 영향을 이미 목격하고 있다는 사실을 발견했다.[107] 그들은 아브라함스가 '설명이 될 만한 모델 explanatory model'이라고 칭한 것을 갖고 있지도, 그런 말을 사용하지도 않았다. 하지만 원인이 없는데도, 새로운 해충이 나타났고, 비가 때맞춰 오지 않았으며, 드물었던 격렬한 폭풍이 자주 생겨났다. 아브라함스가 기후 변화의 원인에 관한 연구 결과를 공유하자, 여성들은 그러한 현상이 왜 생겨나게 되었는지를 즉시 알아차렸다. 그들은 말했다. "아, 이제 모든 것이 이해되네요. 백인들이 날씨를 훔쳤군요." 정말로

• 아리스토텔레스의 《시학》에서 정의된 용어로 시간적 일치, 공간적 일치, 행동의 일치를 의미한다.

그랬다.

나처럼 힘없는 미국인들도 소소한 일상적인 활동들을 통해 이러한 현상에 일조하고 있지만, 우리가 폐쇄계에 대한 근거 없는 믿음을 계속해서 이어간다면, 기업이나 정부 지도자들과 달리 우리에게는 그 문제에 대한 선택의 여지가 별로 없다. 경제적으로 감당이 되는 동네에서 임대료를 내야 하는 동네까지 차로 30분이나 달려야 하는 것은 우리 잘못이 아니다. 오염물질 배출 습관의 상당 부분은 우리가 태어나기 전부터 있었던 기반시설에서 비롯된다. (예를 들어 미국의 일부 대도시는 안정적인 대중교통 수단이 부족하다.) 그렇다고 이것이 우리가 아예 아무것도 할 수 없다거나 더 나은 미래를 위해 세상을 바꿀 책임이 없다는 의미는 아니다. 이는 개인적으로 에어컨을 살 것인지 말 것인지 등 변화를 개별 행동의 관점에서만 생각하는 것이 큰 소용이 없다는 것을 의미한다. 나는 탄소 발자국*을 줄이기 위해 작년에 채식주의자가 되었지만, 이것이 실질적으로 기후 변화를 직접 억제하는 데는 아무런 도움이 되지 않는다는 것을 알고 있다. 또한 기후 전문가들이 '탄소 발자국'이라는 개념이야말로 석유업계의 '선전'이라고 비난했다는 것을 알고 있다.[108] 2000년대 초 석유 대기업 BP British Petrolium는 핵심 전략 중 하나로, 석유업계가 짊어진 책임의 압박을 개별 소비자에게 전가하는 방법으로 '탄소 발자국'이라는 개념을 마케팅했다. 그와 동시에 나는 개인행동과 세계적 위기 사이에 가져야 할 긴장의 중

● 개인이나 기업, 국가 등의 단체가 활동이나 상품을 생산하고 소비하는 전체 과정을 통해 발생시키는 온실가스, 특히 이산화탄소의 총량을 의미.

요성 또한 알고 있다. 긴장은 늘 그 문제를 마음속 최전선에 간직하고, 자신에게 어느 정도 주체성을 부여하는 데 중요하다. 우리는 우리의 개별적인 행동이 완전히 무의미하다고 말하는, 허무주의를 초래할 수 있는 터무니없는 버전의 극단적 이야기를 믿기 쉽기 때문이다.

그러나 행동은 개인 차원에서보다 더 큰 네트워크와 연계되어 이루어져야 한다. 왜냐하면 우리를 여기까지 몰아넣은 것은 부분적으로 보면 개인에 대한 집중이기 때문이다. 개인에 대한 집중은 우리가 가진 어려운 문제 중 일부다. 미국인에게 이해하기 어려운 것은 우리의 생존이 다른 사람들의 생존에 달려 있다는 것이다. 우리는 개별적인 인물의 이야기와 개별적 사건을 보는 데 익숙해져 있어 나무만 보고 숲을 놓친다. 우리는 개발업자들이 숲을 없애기 전에 숲의 그 얽힘을 다시 보기 위해 서둘러 움직여야 한다.

내가 여기서 말하고자 하는 것은 우리의 수많은 이야기가 모두 어떻게 복잡하고 놀랍도록 연결되어 있는지 보여주지 못했다는 것, 상호 의존성을 설명하는 데 실패했다는 것이다. 이에 대한 적합한 단어는 '관계성'이다. 이산화탄소, 메탄, CFC, HFC와 같은 온실가스의 배출은 눈에 보이지는 않지만, 지구상의 모든 사람이 어떻게 '지구의 활동적인 기상 막'이라는 동일한 구조 안에 들어가 있는지를 보여준다. 멀리 떨어진 곳에서 섬뜩한 행동을 보이는 아인슈타인의 이러한 분자들처럼 우리는 설명할 수 없는 불안한 방식으로 연결되어 있다. 그리고 다가올 재앙에 관한 암울한 경고는 자본주의적 소비의 폭력성에 대한 것인 만큼이나 '선진국'과 '개발도상국'에 사는 많은 이가 광대한 시공간을 가로질러 얼마나 긴밀히 연결되어 있는지를 잊고 있는

지에 대한 경고이기도 하다. 나는 호주인에게 피부암을 유발한 시스템에 연루되어 있다. 그런 의미에서 죽은 자의 선택들, 더 나아가 죽은 자들 자체도 우리 주위에서 우리에게 영향을 미치고 있다고 볼 수 있다. 우리는 다른 대륙의 이전 시대에 있었던, 때로 사려 깊고 종종 무모했던 행동에 의해 형성되었다.

지구온난화는 요한계시록에 나오는 것과 같은 신속하고 과감한 종말을 가져오지 않는다. 지구온난화의 책이 종말을 예언하는 시각으로 쓰인다면, 그것은 종말과는 관련이 없어 보이는, 죽도록 지루하고 가끔 엄청난 재앙이 닥칠 뿐인 수백 년의 역사를 다뤄야 할 것이다. 이와 비교하면 〈사우스 파크〉는 종말의 묘사에 있어 예상치 못한 탁월함을 보여준다. 그것은 시각적 묘사로 거의 불가능에 가까운 것을 완벽하게 묘사한다. 동시에, 나는 우리가 종말을 그런 식으로 계속 그려보면 세상이 좀 더 나아지지 않을까 하는 생각도 든다.

우리가 수십 년 동안 배출량을 제한하라는 경고를 받고 난 뒤에도, 또 오존층 파괴의 위기(어쨌든 그 해결책은 '구멍'의 이미지 덕분에 생각해내기가 훨씬 쉬웠다)를 가까스로 모면한 뒤에도, 미국의 배출량이 증가하기만 했다는 사실에 반응하지 않는 것은 그 종말을 상상하기 어려워서일까?

2007년, 국제 배출물 상황을 살펴본 미국과 유럽의 과학자들은 놀라운 결론에 도달했다.[109] 몬트리올 의정서는 교토 의정서가 약속한 수치의 5~6배까지 지구온난화 물질 배출량을 줄이고 있었다. 냉매의 신속한 제거는 세계를 교토 의정서 자체가 한 것보다 교토 의정서의 목표에 훨씬 더 가깝게 옮겨 놓았다. 하나의 위기를 억제할 필요성에서 시작된 몬트리올 의정서는 우연히 다른 위기와 싸우고 있었고, 특별히 그것을 위해 고안된 국제협약보다 훨씬 더 큰 성공을 거두었다. 그렇지만 몬트리올 의정서는 애초에 온실가스 배출을 다루기 위한 것이 아니었다. 몬트리올 의정서의 성공은 무엇보다 교토 의정서의 부족한 점에 대해 많은 것을 말해준다.

8

배출권 거래제의 아이러니

미국이 기후 해결책에 대해 (실제로 적대감을 갖고) 몇 년을 대책 없이 일관한 후, 버락 오바마Barack Obama가 생태 질서를 약속하며 대통령직에 올랐다. 선거 유세 중, 당시 상원의원이었던 오바마는 연방정부 권한의 배출권 거래제를 통해 2050년까지 미국의 탄소배출량을 1990년 수준의 80%까지 줄이겠다고 공약했다.[110] 오바마 정부는 기업들이 매년 배출할 수 있는 총 오염물질에 대한 한도를 정하고자 했다. 이 특별한 계획은 '100% 허용량 경매'를 필요로 했다. 계획에 따르면 정부는 기업체에 무료 허용량을 제시한 후 더 많은 오염물질 배출이 필요할 경우 시장에서 배출권을 사거나 팔게 하지 않고, 시장에 총 탄소 허용량을 먼저 내놓을 생각이었다. 온실가스를 배출하고자 하는 모든 기업은 배출량을 정확히 충당할 수 있는 충분한 허용량을 구매해야 했다. 이런 식으로 오바마의 배출권 거래제는 "모든 공해유발기업이 모든 배출량에 대해 비용을 치르게 할" 계획이었다.

많은 사람에게 오바마의 '50년까지 80%' 공약은 적어도 고어가 2000년 대선에서 패배한 이후 미국에서 잠자고 있던 환경적 희망의 한 줄기 빛이 되었다. 환경운동가들은 배출권 거래제에 회의적이었지만, 오바마의 계획은 야심찼다. 환경을 깨끗이 하겠다는 부시의 막연한 약속과 달리, 그의 계획은 구체적이었다. 시장이 초래한 문제에 시장 기반의 해결책('영리적 동기나 혁신 동기'를 부여하기 위해 기업에 필요한 계획으로 불렸다)으로 대응하는 것에 대해 많은 비난이 쏟아지기도 했지만, 문제를 인정하고 불완전한 해결책이더라도 일단 계획을 내놓는 것은 많은 사람에게 부시의 적극적인 회피보다 나았다. 결정적으로 미국의 희망은 국제적 희망을 의미할 수 있었다.

나는 2008년 선거날 밤에 시카고에 있었다. 오바마가 아니시 카푸어Anish Kapoor의 작품인 '구름 문Cloud Gate' 인근 밀레니엄 공원에 있는 유료 경기장에 곧 모습을 드러낼 예정이었다. '구름 문'은 거대한 반사 조각상으로, 보통 '콩'에 비유되지만 내게는 성장과 분열이 특징인 세포 분열을 더 생각나게 했다. 당국은 사람들이 개표를 지켜볼 수 있도록 경기장 주변에 대형 스크린을 설치했다. 투표가 끝나기 몇 시간 전에 나는 좋은 자리를 찾기 위해 시내를 돌아다녔다. 미시간 거리의 고층빌딩 뒤로 마지막 태양 빛이 넘어가고 있을 때, 뉴스에서 주별 집계 결과가 발표되었다.

상황이 좀 신비하게 느껴졌다. 나는 나무로 둘러싸인 작은 풀밭에 자리를 잡았는데, 나무들 뒤로 화면 아래 오른쪽에서 왼쪽으로 끊임없이 자막이 흘러가는 거대한 TV가 서 있었다. 마치 나무에서 그 홍수 같은 정보를 내보내는 것 같았다. 선거 결과는 결국 나무들에게도 중요할 터였다.

나무와 섞여 있는 텔레비전을 보면서 나는 내가 역사의 경첩 앞에 서 있다(조앤 디디온Joan Didion의 에세이에서 떠올린 구절)는 것 또한 느꼈다. 마치 역사의 방향이 기술적 해결책에서 생물 보존으로, 침체에서 진보로, 절망에서 희망으로 휙 바뀌는 듯했다. 오바마의 열성적인 지지자들 사이에서, 나는 국가적 자부심이라고밖에는 생각할 수 없는 것, 가까이 있는 낯선 이들과의 뚜렷한 유대감을 그때처럼 느껴본 적이 없었다. 그 순간 우리는 미국인인 것이 자랑스러웠고, 부끄럽지 않았고, 특별하다고까지 느꼈으며, 우리가 함께 뭔가 놀라운 일을 해낸 것 같았다. 하지만 나는 그때까지 역사의 경첩이라는 은유의 완전한 의미를 깨닫지 못하고 있었다. 경첩은 언제든 다른 방향으로 돌아갈 수 있는 것을 의미했다. 나는 디디온이 미국의 중동 침공을 정당화하려는 기자의 말을 인용해 그 표현을 사용한 맥락을 잊고 있었고, 그 표현을 사용하는 사람들을 '이상주의자'[III]라고 비판했다는 것을 잊고 있었다. 그때 나는 그러한 자부심을 느끼기 위해서는 미국의 폭력적 역사를 잊어야 한다는 것이 이해가 되지 않았다.

마침내 오바마가 미국의 차기 대통령으로 선언되었을 때, 도시 전체가 환호하는 듯했다. 자동차들이 성조기를 흔들며 미시간 거리를 따라 행진했고, 운전자들은 경적을 울리며 '오바마'를 외쳤으며, 공원에 있던 낯선 사람들이 서로를 껴안았다. 오바마가 연설을 위해 중앙무대에 올랐다. 스크린 왼쪽으로 고개를 돌리자 나무숲을 통해 그의 몸의 윤곽이 희미하게 드러났다. 공원 아래 먼 곳에서 그의 셔츠가 밝은 조명 아래 빛났다. 그 순간 모든 사람의 시선이 우리를 향하고 있는 것 같았다.

오바마가 연단에 올라 연설했다. "아직 미국에서 모든 것이 가능하다는 것을 의심하는 사람이 있다면, 아직 우리 선조들이 꾸었던 꿈이 우리 시대에 살아있는지 궁금해하는 사람이 있다면, 아직 우리의 민주주의에 의문을 제기하는 사람이 있다면, 오늘 밤이 그 질문에 대한 답입니다." 나는 그때만 해도 선조들의 다른 꿈, 그러니까 벤자민 프랭클린이 여름에 백인 남성을 기계 장치로 식히고 흑인 남성은 차단하는 꿈을 꾸었다거나, 조지 워싱턴George Washington이 노예들의 이로 만든 틀니를 하고서 자유에 대해 이야기했다는 것을 알지 못했다.[112] 11월 밤, 공원을 나서자 오바마의 얼굴이 그려진 아래에 HOPE라고 쓰인, 셰퍼드 페어리Shepard Fairey*의 포스터가 거리에 어지럽게 흩어져 있었다.

복잡한 과학적 내용을 소통할 수 있는 우리의 능력이 부족한 것도 분명히 문제지만(지금도 그렇다), 미국이 2010년이 다 될 때까지 배출물 규제를 제대로 하지 못한 것은 미래의 역사가들에게 그 이유가 견해차나 사람들의 거부 때문이 아니라 비효율적인 정치 구조 때문이었던 것으로 보일 수 있다. 결국, 모든 온실가스의 규제는 냉매 규제만큼 간단하지 않다. 따라서 점점 심해지는 기후 위기 속에서 CFC의 사후세계를 계획할 때, 사회 정책에서 비롯된 다음의 개념을 염두에 두는 것도 좋을 것 같다.

1973년 현대 환경 운동이 막 시작될 무렵, 이론가 호스트 리

● 미국의 벽화가이자 그래픽 디자이너.

텔Horst W. J. Rittel과 멜빈 웨버Melvin M. Webber는 특히 해결하기 까다로운 사회 정책 문제를 열 가지 주요 특성이 있는 골치 아픈 난제, 즉 '사악한 문제wicked problem'로 정의했다. 흥미롭게도 사악한 문제에 대한 정의 중 일부는 문제 자체를 정의하는 것이 거의 불가능하다는 것이다. 그들은 거의 괴팍함에 가까운 어조로 "사악한 문제에 대한 명확한 정의가 문제다!"[113]라고 쓰기도 했다. 우리는 질병을 진단하기보다 질병의 증상을 더 쉽게 설명할 수 있다. 하지만 문제들을 먼저 한곳으로 몰아넣지 않고서는 해결책이라는 울타리를 칠 수 없기 때문에 이것이 의미하는 바는 끔찍하다. 더 끔찍한 것은, 사악한 문제는 결코 단일 해결책으로 해결될 수 없다는 것이다. 심지어 '해결하다'는 올바른 동사도 아니다. 사악한 문제에 대해 우리가 바랄 수 있는 최선은 '충분히 좋은' 해결이다. 마치 폴 발레리Paul Valéry가 시를 바라보는 관점처럼, 끝내지 못했더라도 그냥 그대로 놔두면 되는 것이다. 게다가 사악한 문제를 해결하는 가장 좋은 방법은 관점에 따라 크게 달라진다. 많은 방법이 있지만, 그중 많은 부분이 서로 충돌하며, 각각 나름의 이념적 의제와 반대자가 있다. 사악한 문제에 대한 해결책을 시험하는 것 역시 불가능하다. 사악한 문제는 시공을 넘어 무질서하게 뻗어 나가는 경향이 있고, 일단 시험이 본격적으로 시행되면 돌이킬 수 없기 때문이다. (즉 컴퓨터 모델로는 이러한 문제들을 시험할 수 있지만, 실험실에서는 할 수 없다. 여기서 말하는 '실험실'은 도시나 국가나 지구이다.) 저마다의 불행한 가족과 마찬가지로 각각의 사악한 문제는 모두 '본질적으로 고유한' 특성이 있기 때문에, 사악한 문제들은 역사를 상관하지 않는다. 선례가 우리에게 가르쳐주는 것은 거의 없다.

사악한 문제의 분류는 인종차별에서 바이러스성 전염병에 이르기까지 다양한 조직적 문제를 고심하는 데 유용하다. 사악한 문제의 관점에서 생각하는 것은 기반시설, 문화, 권력을 쥔 사람들, 특정한 태도, 정부 정책 그리고 기술의 존재와 어려움을 인정하는 것이다. 그렇다면 사악한 문제와 기후 변화가 관련되어 있다는 것은 명백하다.

2007년 환경 과학자와 사회 정책 연구원으로 구성된 팀은 지구온난화를 다룬 최근의 보고서들을 고려해 리텔과 웨버가 말한 개념을 다시 논의했다.[114] 지구온난화는 복잡성, '예상 밖의' 영향을 미치는 해결책, 눈덩이 효과, '과학적 불확실성'으로 인해 흐려지는 정의 등 사악한 문제의 열 가지 특성을 모두 갖고 있었다. 이외에도 팀은 지구온난화를 고유한 것으로 만드는 네 가지 요소, 즉 (다 되어가는) 시간, 중앙 권한 (필요), (광범위한) 공모 그리고 특히 미래와의 전투적 관계를 추가했다.

우리의 문제 일부와 그로 인한 불안은 시간과 관련된다. 통제할 수 없는 과정이 시작되기 전 우리에게 이산화탄소 배출을 늦출 수 있는 시간은 적게만, 또는 늘 줄어들고 있는 것처럼 느껴진다. 그리고 배출된 탄소는 국경 안에만 머무는 것이 아니므로 결의안을 이행하기 위해서는 세계를 아우르는 정치적 권위가 필요하다. 유엔기후변화협약이 이에 가깝지만, 세계적인 초강대국에 책임을 묻지 못한다는 점 (예를 들어 미국 상원이 교토 의정서를 비준하지 않은 후 협약은 거의 실효성을 잃었다) 때문에 이것의 권위는 약해진다. 내가 '공모'라 부른 것은 지구온난화 "문제를 끝내려는 사람들 역시 문제를 일으키고 있다"[115]는 개념이다. 비록 그렇지는 않은 것 같지만, 다른 것들과 마찬가지로 상상력을 발휘해 여기에 포함하려 한다. 탄소배출량은 대체로 정치 및 경제력과 반비례하는 경향이 있다. 정치 이론가 아제이 싱 차우드하리Ajay Singh Chaudhary가 최근에 상기시켰듯이 우리는 모두 같은 상황에 있지 않다.[116] 우리는 하나의 '우리'가 아니다. 그렇다면 단일 인류로서 기능하는 것은 현실적인 조치가 아니다(가능한 적도 없었다). 마지막으로 미래의 상황은 대개 비이성적으로 '무시'된다. 현재 경제의 건재함이 (아직 확실한 건 아니지만) 미래의 재앙보다 우선시된다.

그렇다면 지구온난화는 사악한 문제가 아니라, 리텔과 웨버의 말대로 "매우 사악한 문제super wicked problem"다. 꼭 1960년대 말리부 해변의 서퍼가 서핑하기에 아주 좋은 파도를 지칭하기 위해 만든 말처럼 들리지만, 매우 사악한 문제는 탈 만한 파도가 아니다. 그것은 저 멀리에서 다가오는 정치적 쓰나미이고, 그 위력은 곧 정점에 이를 것으로 보인다.

2년 후, 오바마의 대통령 임기가 시작될 무렵, 또 다른 연구원인 리처드 라자로Richard J. Lazaru는 우리와 미래의 좋지 않은 관계를 분명히 밝혔다. 그는 주요 오염국, 특히 미국 정부가 "현재가 미래를 구속할 수 없어야 한다"[117]라는 믿음 때문에 전면적인 배출량 감축 약속을 계속 회피하고 있다고 지적했다. 미국 의원들은 경제 성장의 위축이 자유에 대한 모독이 될 수 있다는 우려 때문에 '평소대로의 경제'를 심각하게 방해하지 않으면서 문자 그대로 문제를 해결할 수 있는 기후 해결책을 찾고 있다. 라자로는 실제 상황은 그 반대로 돌아가고 있다고 주장했다. 기후 운동가들과 그에 동조하는 연구원들은 **현 정부의 무대응이 미래를 구속할 수 있기** 때문에 엄격한 연방 정책이 필요하다고 주장한다. 다시 말해, '기후 방관자들climate delayers(일부 사람들은 이들을 이렇게 부르기 시작했다)'은 탄소배출량을 줄이라는 연방정부의 규제에 반대함으로써 그들 스스로 최악의 적이 되었고, 가장 두려운 힘을 가진 사람들이 되었으며, 미래 세대뿐만 아니라 이 지구에 지금 살고 있는 아직 어리고, 자라나는 세대의 정치적·경제적·사회적 자유를 근본적으로 제한하는 사람들이 되었다.

냉방 장치를 구동하는 데 필요한 에너지와 냉매는 제조, 건설, 운송에서 발생하는 엄청난 양의 이산화탄소와 함께, 오존 파괴를 지구온난화라는 깨어 있는 매우 사악하고 무서운 존재 옆에 놓인 불쾌한 꿈처럼 보이게 하기에 충분하다.

기후 변화라는 "매우 사악한 문제"에 관한 2007년 논문에는 지구온난화를 늦출 수 있을지 모르는 몇 가지 '중재 사항'이 나열되어 있다. 어떤 가능성, 손에 잡힐 것 같은 희망적 분위기가 그렇지 않으면 딱딱하게 느껴졌을 논문을 관통했다. 제시된 방법이 모든 종류의 배출물을 포괄하는 것은 아닐 수 있었지만, 배출권 거래제가 "새로운 균형을 만드는 점진적인 변화로 이어질 수 있다"[118]라고 언급했다. 오바마가 당선된 후, 민주당이 의사진행방해(필리버스터)를 막고 의회를 장악함으로써 마침내 배출권 거래제의 때가 도래한 것 같았다.

기후와 의료 개혁이라는 두 가지 쟁점이 오바마의 집권 초기를 규정했다. 그는 대선 토론회에서 자신의 최우선 과제는 '에너지'이며, 의료 문제가 바로 그다음 과제라고 밝혔다. 이처럼 분명히 우선순위를 매겼음에도, 오바마는 후자를 먼저 선택했다. 그리고 세 번째 문제인 경기침체 또한 그가 백악관에 도착하기를 기다리고 있었다. 결국, 기후 문제는 집권 초기의 야심 찬 의제에서 일찌감치 맨 아래로 밀려났다.

민주당이 국회의 상하 양원을 모두 장악하면서 오바마는 발 빠르게 움직일 수 있었다. 그는 의료 법안을 협상하기 위해 의원들에게 손을 내밀었다. 불과 50년 전까지만 해도 흑인 남성들의 선거권을 박탈하고, 그들을 차별했던 주 대부분을 대표하고 있던 공화당은 적대적 태도로 오바마의 개입을 헌법에 위배되는 것으로, 기관 간의 견제와 균형 원칙을 저버리는 것으로 보았다. 공화당은 의료 개혁을 막기 위해 반대표를 던지겠다고 위협했다. 결과적으로 거친 논쟁이 펼쳐졌지만, 애초보다 축소된 버전의 법안이 의회를 통과했다. 오바마는 2010년 3월 건강보험개혁법Affordable Care Act에 서명했다.

이어 오바마가 마침내 기후 문제 해결을 위한 배출권 거래제로 관심을 돌렸을 때, 상황이 달라졌다. 하원은 2009년 배출권 거래제의 예비 법안을 통과시켰지만, 2010년 1월 상원 민주당원은 매사추세츠에서 진행된 특별 선거의 결과로 의사진행방해를 피할 수 있는 과반수의 의석수를 1석 차로 잃었다. 의회의 공화당원들은 배출권 거래제에 의한 규제를 점점 더 경계하면서, 이 제도를 민주당 세력이 큰 정부Big Government*를 향해 나아가고 있을 뿐이라는 의미로 '배출권과 세금cap and tax'으로 불렀다. 그들은 그 제도가 산업을 끝장낼 것이라고

● 국민의 삶과 경제에 많은 통제력을 갖는 정부. 과중한 세금을 비판할 때도 쓰인다.

믿었다. 민주당은 공화당이 법안을 부결할 것이라고 생각했다.

오바마 집권 이전에 역사적으로 공화당원들은 배출권 거래 방식을 지지하기도 했다. 조지 H. W. 부시 시절 시행되었던 산성비 프로그램의 배출권 거래제는 외교적으로 성공적이었다는 점을 기억하라. 더 최근에는 공화당 대통령 후보였던 존 매케인John McCain이 2008년 오바마에 맞선 선거 운동에서 상대 후보와 유사한 연방 배출권 거래 프로그램을 약속하기도 했다. 하지만 오바마 행정부 하에서 배출권 거래제는 규제에 대해 보수주의자들이 갖고 있던 본질적 두려움을 강타했다. 더욱이 산업을 대상으로 한 배출 규제는 산업 자체에 대한 위협으로 보였다.

2010년 '배출권과 세금'의 외침이 한창일 때, 초당파 의원들로 구성된 한 팀이 상원에서 살아남을 수 있는 법안의 초안을 작성하고 있었다.[119] 법안이 통과되지 않을 것을 걱정한 이들은 해양 석유 시추 확대, 원자력 발전 자금, 계획 시행 지연과 같은 조건을 요구하는 가스·석유 업체, 공공 기업체의 지지를 구했다. 하지만 상원의원들이 업계와 협상할 시간을 갖기도 전에, 오바마는 세부 계획도 모른 채 직접 업계의 이러한 조건을 수락하여 상원의원들이 협상에서 유일하게 쥐고 있던 패를 못 쓰게 만들었다. 라이언 리자Ryan Lizza는 배출권 거래제를 위한 이러한 노력을 자세히 설명하는 글에서 "오바마는 아이들에게서 시금치를 먹겠다는 약속을 받아내기도 전에 디저트를 내놓았다"[120]라고 일침을 가했다.

법안의 진행 속도가 지지부진하던 4월, 석유시추선 '딥워터 호라이즌Deepwater Horizon'이 폭발했다. 그리고 며칠 후, 수백만 갤런의 석유가 멕시코만으로 유출되었다. 바다를 석유로 덮고 있던 바로 그 해양 시추의 확대는 상원의원들이 추진하던 배출권거래법의 핵심이었다. 전 세계가 24시간 가동되는 수중카메라를 통해 역사상 가장 큰 환경 재앙 중 하나가 일어나는 것을 지켜보고 있었다. 해양 시추 확대 추진은 이제 상원의원들이 환경 재앙을 막는 것이 아니라 더 부추기는 것처럼 보였다. 환경 규제를 촉발했어야 할 폭발이 대신 법안을 무산시켰다.

그해 가을 웨스트버지니아West Virginia TV에서 보수 성향의 민주당 상원의원 조 맨친Joe Manchin의 재선 광고가 방영됐다. 손에 소총을 든 맨친이 숲속을 느리게 걷고 있다. 그는 몇 가지 문제에 대한 자신의 입장을 설명하면서 소총을 장전하고 천천히 들어 올린다. 그가 말한다. "저는 환경보호국을 고소했습니다. 그리고 배출권거래법을 정확히 조준할 것입니다."[121] 그가 멀리 있는 목표물을 향해 소총을 발사한다. 목표물을 클로즈업하니 총알이 배출권거래법안의 표지를 관통해 찢어진 구멍이 보인다. 맨친은 말 그대로 법안을 쏘아 맞혔다.

거대 에너지 기업의 지지 하에 거대 에너지 기업을 견제하려 한 계획은 본질적으로 실패했다. 리자는 다음과 같이 썼다. "대규모 경제 개혁을 시도한 역대 미국 대통령들은 강력한 경제적 이해관계 때문에 늘 자기 뜻을 꺾거나, 때로는 없던 것으로 만들었다."[122] 오바마는 약속한 대로 경제를 근본적으로 재구성하는 대신, 대형 은행을 위태롭게 한 경기침체 이후 금융과 기후 위기를 모두 일으킨 바로 그 시스템을 강화했다. 오바마는 기업의 이해관계에 도전하지 않고 이를 유보했다. 리자에 따르면, 구제 금융과 의료 개혁을 위해 진땀을 뺀 뒤, "오바마는 다소 소심해져 기후 변화 문제를 포기하고 제대로 기능도 못 하는 상원이 알아서 문제를 해결하도록 내버려두었다". 그리고 2011년 1월, 공화당이 하원을 다시 장악했다.

규제가 창의성과 혁신을 제한한다는 믿음이 워싱턴에 흠뻑 스며들었다. 점점 더 많은 연구가 이러한 단순한 믿음이 잘못되었음을 밝히고 있는데도 말이다. (예를 들어 중국 상장 기업을 대상으로 한 2020년 연구에 따르면, "직접적인 환경 규제는 심각한 오염을 일으키는 산업의 녹색 기술 혁신을 효과적으로 자극할 수 있으며, 그러한 규제가 엄격할수록 효과도 더 크다".)[123] 한때 초당파적 기관이었던 환경보호국은 이제 워싱턴에서 가장 분열을 초래하는 기관이 되었다. 하지만 대기업의 규제에 대한 우려가 정확히 당파적인 것은 아니다. 민주당원들 역시 급진적인 제도적 변화를 꾀하고, 유권자들을 당황하게 하고, 무한한 성장의 가능성을 저버리는 것을 두려워하게 되었다. 초기의 실패 이후, 크게 다가왔던 환경적 희망은 다시 뒷걸음질쳤다. 전 세계의 기후 운동가들은 짓밟힌 기분을 느꼈다. 그들은 절박한 순간에 어떤 신적 권한을 행사하듯 신속하고 결단력 있으면서 급진적인 환경적 조치를 해줄 미국 대통령을 보고 싶어 했다. 그의 실패는 기후 변화 억제의 희망을 꺾는 것처럼 보였다.

기후에 대한 오바마의 남은 조치 중 대부분은 연료 효율에 초점이 맞춰졌다. 확실히 오바마 정부는 특히 두 번째 임기에 이러한 방향으로 기후 정책을 밀고 나갔다. 2007년 대법원은 기념비적으로 환경보호국이 '공중위생'과 '공공복지'('상호 의존성'에 대한 관료적 용어, 조금이라도 그러한 것이 있었다면 말이다)를 위해 냉매를 비롯한 온실가스를 오염물질로서 규제할 권한을 갖도록 판결했다. 그러한 판결이 나오자 오바마는 환경보호국에 자동차의 연비 기준을 개정해 온실가스를 제한하는 동시에 연료 가격도 낮추도록 압박했다. 아마도 여기에서 가장 중요한 것은 그가 기후 변화 문제에 대해 이전의 몇몇 정부 지도자들이 하지 못했던 방식으로 명백하고 일관되게 이야기했다는 점이다. 이후 에너지 사용에 대한 비판적 담론이 다시 시작되었다.

수필가 찰스 더들리 워렌Charles Dudley Warren이 1880년대에 처음 지어낸 오랜 문구(기후 작가들이 자주 인용하기 좋아하며, 흔히 마크 트웨인Mark Twain의 것으로 오인되는 문구)가 떠오른다. "모두가 날씨에 대해 말만 많이 하지 행동은 전혀 하지 않는다."[124]

연방정부의 온실가스 배출 규제 실패에 대한 대응으로 캘리포니아는 2010년 자체적으로 탄소 배출권 거래제를 만들었다. 이것이 미국 내 최초의 지역 프로그램은 아니었지만, 모든 산업 부문의 배출량을 고려한 최초의 프로그램이었다.

이 프로그램은 주 전체에 걸쳐 캘리포니아 전체 온난화 가스의 약 80%를 배출하는 기업들을 규제한다.[125] 모든 온실가스의 지구온난화 지수는 표준 단위인 이산화탄소와 비교해 계산된다. 캘리포니아는 이러한 기업들이 발생시키는 연간 총배출량을 '제한'하고 해당 연도의 총 오염 허용치를 공표한다. 배출권은 이산화탄소 1톤 단위로 할당된다. 기업은 경매나 프로그램 내 다른 기업으로부터 배출권을 구매함으로써 더 많은 오염 허용치를 확보할 수 있다. 이렇게 하면 더 적게 오염시키는 편이 더 많은 돈을 들여 더 오염을 시키는 것보다 유리해진다. 매년 기업들의 배출 한도는 조금씩 낮아진다.

사실, 기업이 배출 한도 이상으로 오염물질을 배출할 수 있는 다른 방법도 있다. 기업들은 탄소 상쇄 크레딧carbon offset credit으로 오염 허용치의 최대 8%를 보충할 수 있는데, 이 크레딧은 기업들이 탄소 배출권 프로그램에서 다루지 않는 외부 프로젝트를 통해 얻을 수 있다. 일반적으로 탄소 크레딧을 발생시키는 프로젝트는 오염을 예방하거나 오염물질을 제거한다. 예를 들어 숲을 관리하거나 지역사회에 태양 전지판을 설치하는 계획은 프로그램이 세계에서 가장 '엄격하고 철저한' 검증 프로세스라고 주장하는 '철저한 제삼자의 검증' 후 탄소 크레딧을 발생시킬 수 있다. 흥미롭게도 이 프로그램에는 주 외부(그렇다 해도 미국 내)의 상쇄 프로젝트들도 참여할 수 있도록 허용한다. 이것이 샘의 회사가 CFC-12를 파괴함으로써 탄소 상쇄 크레딧을 창출하는 방법이다. 주 외부의 프로젝트를 허용하는 한 가지 이유는 피오리아Peoria•의 디클로로디플루오로메탄이 남극 대륙, 북극해 상공, 메인주 동부 해변, 멕시코만 등지로 이동하기 때문이다. 온난화 가스는 지구 전체에 영향을 미치므로, 캘리포니아 배출권 거래제의 규칙을 따르는 사람은 누구든 캘리포니아가 아닌 앨버커키Albuquerque◆에서 온실가스를 소실시키더라도 지구온난화의 영향을 상쇄한 데 대해 탄소 배출권을 얻을 수 있다. 탄소 상쇄 크레딧을 받은 후, 회사는 캘리포니아의 프로그램에 참여하고 있는 대형 오염 유발기업에 크레딧을 팔 수

● 일리노이주에 있는 도시로 일리노이강에 면하여 있는 교통의 요충지.
◆ 뉴멕시코주에 있는 도시.

있다. 이론적으로 주 외부의 상쇄 프로젝트를 포함시키면 수익을 위해 탄소를 저장, 방지, 제거하려는 노력이 더욱 장려된다.

많은 사람이 산업, 경제, 환경 간의 성공적 협력을 이끈 캘리포니아를 칭찬했다. 10년 후 이 프로그램은 캘리포니아의 온실가스 배출량을 2030년까지 1990년 수준의 40%만큼, 궁극적으로는 2050년까지 1990년 수준의 80%만큼 줄이는 것을 목표로 하고 있다고 발표했다.[126] 최근 세계의 미래에 큰 영향력을 미칠 또 다른 인물인 중국의 과학기술부 장관이 미국을 방문했을 때, 그는 미국 대통령이 아닌 당시 캘리포니아 주지사였던 제리 브라운Jerry Brown을 만났다. 인상적인 결정이었다.

"매우 사악한 문제"에 관한 논문의 표현대로 캘리포니아의 배출권 거래제와 같은 프로그램은 "새로운 균형을 가져올 점진적인 변화로 이어질 수 있었다". 배출 한도가 처음에 충분히 낮았다면, 그리고 짧은 시간에 배출 한도를 빠르게 다시 낮출 수 있었다면, 참여 기업들이 게임의 엄격한 규칙을 따랐다면 가능했을 것이다. 하지만 배출권 거래제의 장기적 성공은 현재 조건부로 남아 있다. 배출권 거래제는 성공할 수 있었지만, 대체로 그렇지 못했다. 적어도 캘리포니아의 프로그램이 세계적인 변화를 만들기 위해서는 다른 주들도 비슷한 프로그램을 채택할 필요가 있을 것이다. 하지만 기술에 희망을 거는 것과 마찬가지로 배출권 거래제가 기후 문제를 해결해줄 것이라 믿는 것은 분명히 잘못된 희망이다.

이 문제에 관해 환경 사상가들은 전 세계 탄소배출량을 줄이기 위한 현실적 전략으로서의 배출권 거래제를 맹렬히 비판해왔다. 이론적으로, 모든 배출 한도는 계획된 간격으로 낮춰져야 하며, 산업화된 국가가 오염 습관을 없애고 더 지속 가능하고 친환경적인 방향으로 나아갈 수 있도록 유도되어야 한다. 하지만 현실적으로, 배출권 거래제가 그처럼 작동하는 경우는 거의 없다. 정부와 업계는 너무 높은 배출 한도로 배출권 거래제를 시작했다. 배출 한도를 낮춘다 해도, 그 속도는 당장 닥친 문제를 해결하기에는 너무 느리다. 기업은 빈틈을 이용한다. 그들은 오염물질을 제거하기 위해 오염을 유발하는 새로운 관행을 발견한다. 실제로 나오미 클라인은 배출권 거래 프로그램에 들어와 있는 인도와 중국의 HCFC 공장이 주요 제품인 HCFC-22를 만들고 판매하는 것보다 HFC-23(HCFC-22를 만들 때 생기는 부산물)을 제거해 더 많은 이익을 얻었다는 증거를 제시했다. 이렇게 되면 프로그램에 참여하는 동기는 오염물질의 파괴가 아니라 **더 많은** 오염물질의 파괴, 즉 오염물질 파괴로 이익을 얻기 위해 더 많은 오염물질을 만들어내는 것이다. 이는 곧 지구온난화 지수가 자그마치 탄소의 1만 4,800배, 즉 모든 냉매 중 가장 높은 지수를 가진 화학적 냉매(HFC-23)의 생산량 증가를 의미한다. 따라서 파괴 사업은 그 자체로 하나의 사업이 되는데, 그러니까 확장되어야 할 필요가 있는 '친환경' 사업이라는 명목하에 비윤리적인 행위를 쉽게 은폐하는 사업이 되어, 나쁜 습관을 없애기보다 유발하고 이미 다 끝난 오염을 단순히 처리만 하면서 더 급진적인 개입의 필요성은 덮어두는 일종의 조작을 행한다.

"자본주의는 결코 그 위기를 해결하지 못하며 단지 지리적으로 옮길 뿐이다"[127]라는 지리학자 데이비드 하비David Harvey의 말이 떠오른다. 배출권 거래제와 상관없이, 캘리포니아 산업은 엄청난 양의 탄소 발자국을 갖고 있으며, 이 탄소 발자국은 오염물질을 제거하고 배출권을 파는 소규모 회수 및 오염 방지 기업체에 의해 유지되거나 용인되고 있다. 위기는 주 경계를 넘어 이동하기 때문에 캘리포니아의 산업은 거의 평소처럼 굴러갈 수 있다. 하지만 핵심이 자본주의(불가피한 자원 소비, 폐기물 생산 등)를 저지하는 것일 때, 친환경 자본주의라는 것은 말이 안 되는 것이다. 근본적인 문제는 계속된다. 어떻게 하면 낮은 탄소 발자국으로 대규모 산업을 운영할 수 있을까?

컬럼비아대학 기후 과학 및 정책학 대학원생인 롤리 윌리엄스 Rollie Williams가 만든 코미디 영상 시리즈 〈기후 마을Climate Town〉은 기후 변화를 해결하기 위한 기본 전략으로서의 탄소 상쇄가 얼마나 불합리한지를 잘 설명한다.[128] 윌리엄스는 이 시리즈에서 기후 해결책에 대한 일반적인 잘못된 생각들을 다루고 있다. "탄소 상쇄는 우리를 구하지 않을 것이다"라는 제목의 영상에서 그는 땅속의 화석 연료를 의미하는 물이 담긴 욕조에 앉아 있다. 그는 동그란 유리그릇으로 영국 석유회사 BP의 연간 이산화탄소 배출량 4억 1,500만 톤에 해당하는 물을 퍼낸다. 욕조 가장자리에는 지구 대기로의 배출을 나타내는 플라스틱 통이 있다. 윌리엄스는 BP가 최근 '탄소 중립'을 약속했다고 말한다. 그리고는 그것이 실제로 무엇을 의미하는지 설명한다. "그들은 더 적게 배출할 수 있다고 말합니다." 그가 옆에 있는 플라스틱 통에 아직 물을 붓지 않고 물그릇을 든 채 이야기한다. "**하지만 만약** 그들이 더 적게 배출할 수 없거나 그렇게 **하고 싶지 않다면**, 그냥 평소대로 4억 1,500만 톤에 해당하는 이산화탄소를 모두 배출할 수도 있죠." 그가 이제 플라스틱 통에 물을 부으면서 이야기한다. 통의 물이 금방이라도 넘칠 것만 같다. "그만큼의 양을 배출할 수 있는 다른 회사를 찾아 그들에게 돈을 주고 그들은 배출하지 않게 하면 되거든요." 인증받은 탄소 시장에서 배출한 양(BP의 경우 4억 1,500만 톤)에 맞는 탄소 상쇄권을 사들인 후에는 "관계자들과 축배를 들 수 있습니다(윌리엄이 욕조에서 캔 맥주 하나를 딴다). 조금도 그 습성을 바꾸지 않고 기후 변화 문제를 해결했으니까요." 그가 카메라를 향해 건배한다.

클라인은 더 철학적인 또 다른 문제를 제기한다. 기후 변화를 일으키는 오염물질을 막기 위한 전략으로서 배출권 거래제는 못 미더울 뿐만 아니라(우리가 많은 전략을 효과적이라고 확신할 때, 그녀는 '왜 도박을 하는가?'[129]라고 묻는다), 인간 세계 이외의 세계에 심리적 위협을 가한다는 것이다. 배출권 거래제를 통해 보존된 숲은 "그 어느 때보다 무성하고 살아 있는 것처럼 보이지만, 실제로는 보이지 않는 금전적 거래와 함께 지구 반대편에 있는 더러운 발전소의 연장선이 되었다."[130] 나무는 상품이 된다. 하지만 나무의 가치를 이해하기 위해 비용 편익 분석이 필요한 것은 아니다. 금전적 거래는 인간 이외의 세계가 가진, 돈으로 매길 수 없는 가치를 훼손한다. 클라인은 배출 거래제의 관점에서 "나무는 나무가 아니라, 나무와 수천 마일 떨어진 곳에 있는 사람들이 양심의 가책을 덜고 경제 성장의 수준을 유지하기 위해 사용하는 탄소 흡수원"이라고 썼다. 우리가 누리는 편안함과 안전함, 독립성을 유지하기 위함은 물론이다.

오염물질의 파괴로 이익을 얻으려고 다투는 경쟁은, 브라질이나 온두라스에서 한때 지속 가능한 관행으로 공동체를 유지하던 사람들의 집이었던 공간을 장악함으로써 원주민 공동체를 파괴하기도 했다. 이베트 아브라함스가 농부들이 "백인들이 날씨를 훔쳤다"라고 말하는 것을 들은 것처럼, 클라인은 마다가스카르의 베치미사라카Bet-simisaraka족이 "바람을 파는 이방인에 관해 이야기한다"[131]고 썼다. 시장의 관점에서 냉매 파괴가 중요한 이유는 그것이 취약한 사회에 가해지는 폭력성을 줄이거나, 특정한 장소들이 고유의 문화적, 역사적, 의학적, 심리적 의미를 지니고 있기 때문이 아니다. 냉매의 파괴가 중요한 이유는 그것이 누군가(아마도 이미 돈이 있는 유럽계 미국인인 화이트칼라 남자)에게 더 많은 돈을 벌어다 주기 때문이다.

배출권 거래제는 일종의 지하 생태계다. 모든 것이 자본을 통해서만 연결된다. 클라인은 생태학적으로 아무리 좋은 프로젝트라 해도 탄소 거래제를 통해서는 결국 거의 성공을 거두지 못한다고 주장한다. "왜냐하면, 이 사업이 이산화탄소 1톤을 대기 중으로 배출되지 않게 한다 해도, 산업화된 나라의 한 기업이 이산화탄소 1톤을 배출한 후 탄소 상쇄권을 이용해 탄소가 상쇄되었다고 주장하면⋯ 모든 것이 헛일이 되기 때문이다."[132]

제자리걸음을 한다 해도 효과가 없는 것은 아니다. 그것은 사실이다. 틀림없는 결점에도 불구하고, 배출권 거래제는 단기적으로 그리고 특정한 화학물질이나 프로젝트를 위한 환경 목표에 여전히 도움이 될 수 있다. 특히 캘리포니아의 배출권 거래제는 비록 그 기준을 유지하면서 어떻게 전국적인 수준으로 규모를 확대할 수 있을지 불분명하지만, 주 중심의 프로그램으로서 다른 일반적인 프로그램보다는 더 성공을 거두고 있는 것으로 보인다. 심지어 탄소 상쇄권을 풍자한 롤리 윌리엄스조차도 일반적으로 봤을 때 "탄소 상쇄 프로젝트는 훌륭한 프로젝트이며, 이러한 일을 하는 사람들은 대부분 재생 에너지를 만들거나 숲이 사라지는 것을 막으려 하는 사람들"[133]임을 인정한다. 그는 탄소 상쇄 프로젝트가 "지속 가능한 지역사회 건설의 최전선"에 있다고 말한다. 하지만 그는 "탄소 상쇄가 기후 변화를 역전시키는 주요 도구로 작동하진 않을 것"이란 점을 더 명확히 한다. 배출권 거래제가 전국적으로 시행된다 해도, 나는 우리를 이러한 혼란에 빠뜨린 바로 그 거대 글로벌 자본이 우리를 구출할 수 있으리라고는 생각하지 않는다.

우리는 서로와의 불편한 관계를 인식해야 한다. 하지만 돈을 통해서는 아니다. 우리는 우리가 공유하는 취약성을 통해, 우리가 우리 자신과 세상의 다른 사람들에게 만들어내는 불안정성을 통해, 우리가 하는 모든 일은 불확실하며 다른 사람들(우리와 가까이 있는 사람들은 물론, 우리보다 먼저 이 땅에 온 사람들, 우리가 결코 알지 못할 지구 반대편의 사람들)이 해온 일에 의존한다는 이해를 통해 그러한 관계를 인식해야 한다. 이러한 상호 의존은 그 자체로 일종의 유대이며, 때로 그러한 유대가 쉽지 않은 것은 사실이다. 하지만 이것이 없다면 어떻게 우리가 평등, 공감, 사회 정의, 환경보호, 심지어 자유를 위해 진심으로 노력하는 지구 공동체를 만들 수 있을지 모르겠다. 하지만 자유는 타인의 자유를 전제로 하는 것이지, 타인의 손에서 자신을 위해 쟁취할 자유는 아니다.

끔찍한 정당화와 구세주 콤플렉스 그리고 미국과 같은 나라야말로 다른 나라들에 환경 윤리의 본보기가 될 수 있다고 생각하는 순전한 나르시시즘에도 불구하고, 2000년대 초반 다른 많은 나라의 정부는 계속해서 미국의 환경 관련 결정을 주시했다. 이는 오로지 모두를 혼란스럽게 한 탄소 예산emissions budget•에도 불구하고, 미국이 그처럼 큰 힘과 부를 변함없이 유지하고 있기 때문이다. 다른 나라들은 미국이 실패하면 자신들도 실패하리라는 것을 알고 있는 듯했다. 하지만 미국은 다른 나라들이 실패하면 미국도 실패하리라는 것을, 미국이 평소대로 행동한다면 그것은 자멸의 길로 이어질 뿐이라는 사실을 모르는 듯했다(지금도 그렇다).

• 지구의 평균 기온 상승치가 목표치를 넘어서지 않는 한도 내에서 앞으로 인류가 배출할 수 있는 이산화탄소의 양.

9

열적 쾌적성이라는 열망의 번짐, 그 책임에 관한 정치적 질문

2009년 국무장관으로 처음 인도를 방문한 힐러리 클린턴은 인도의 자이람 라메시Jairam Ramesh 국무환경산림부장관Minister of State, Environment, and Forests을 만나 에너지 효율적으로 지어졌다는 신축 건물을 둘러보았다. 혁신적 설계가 뒷받침된 건물은 빛은 들어오지만 열은 오르지 않아 에어컨이나 전기 조명을 위한 에너지가 거의 필요하지 않았다. 후에 클린턴이 인도에 온실가스 배출량을 줄일 것(미국이 그때까지도 그에 비교할 만한 규모로는 하지 않은 일)을 제안했을 때, 라메시는 "1인당 배출량이 가장 적은 나라 중 하나인 우리가 실제로 배출량을 줄이라는 압박에 직면할 이유는 없다"[134]라고 반박했다. 이 발언은 남아시아의 온실가스 배출에서 미국의 위선으로 초점을 옮기며 언론의 헤드라인을 장식했다. (클린턴조차도 다소 거만하긴 했지만, 라메시의 발언을 '공정한 주장'이라 칭했다.)

현재 우리에게 닥친 기후 문제를 해결할 방법은 여러 가지가 있지만, 미국에 살면서 이를 짐작하기는 어렵다고 본다. 이곳에서 우리는 '믿는 자'와 '의심하는 자'라는 수사에 갇혀 있다. '믿는' 사람들은 현대의 평탄하지 못했던 역사를 경시하고 일종의 해맑은 캡틴 플래닛Captain Planet• 정신을 옹호하는 경향이 있다. "힘은 우리의 것, 우리 모두 함께하는 거야." 이러한 관점에서 모든 국가는 다른 모든 국가와 동등한 힘을 갖는다. 식민주의, 제국주의, 경제적 지배의 역사는 모든 '인류'를 구해야 한다는 절박함과 함께 사라진다.

각기 다른 대륙에서 온 5명의 젊은 활동가들이 함께 일하다가 캡틴 플래닛이라는 이름의 환경 슈퍼 영웅을 소환하는 〈캡틴 플래닛〉 만화의 구체적인 내용은 기억할 가치가 있다. 나에게 처음으로 환경 윤리를 접하게 해준 건전한 어린이 프로를 비판하기는 좀 그렇지만, 원래의 〈캡틴 플래닛〉은 그야말로 이상적이었다. 불의 힘을 지닌 북미인 윌러는 아프리카에서 온 흙의 힘을 지닌 콰미와 거의 동등한 힘을 가졌다. 초기 에피소드에서 '소련' 출신이었다가 나중에 '러시아' 출신이 된 링카도 마찬가지다. 한때 정치적 힘과 오염 면에서 세계적 리더였던 소련이 해체되었지만, 프로그램은 국가 간 힘의 갑작스러운 격차를 반영하진 않았다. 이제 힘은 더 이상 그들의 것이 아니었는데도 말이다.

자이람 라메시의 발언은 환경 낙관주의의 허울에 구멍을 냈고, 책임을 회피하는 그들 사상의 면면을 드러냈다. 모든 국가가 동등한 역할을 맡는다고 믿는 것이 문제가 되는 이유는 국가 내 **1인당** 평

● 환경을 구하는 영웅이 주인공인 미국의 TV 애니메이션 시리즈. 우리나라에서는 〈출동! 지구특공대〉라는 이름으로 방송되었다.

균 에너지 소비량을 무시하기 때문이다. 1인당 에너지 소비량은 (꼭 그런 것은 아니지만) 보통 **1인당 평균 소득 수준**과 관련된다. 우리는 이를 1인당 평균 개인적 편안함의 수준으로 부를 수도 있다. 물론 평균은 한 국가 내에서 적게 가진 사람과 많이 가진 사람 사이의 엄청난 격차를 흐릿하게 하기 때문에 혼동을 줄 수 있다. 가령 아룬다티 로이 Arundhati Roy는 인도의 이러한 심각한 부의 불평등을 뛰어난 글로 남긴 바 있다. 미국 역시 여전히 극심한 빈부격차의 전형으로 남아 있다. 뉴욕 브롱크스의 서비스업 종사자는 다국적 기업의 CEO보다 훨씬 적은 양의 오염물질을 배출할 것이다. (그렇지 않다면, 그 이유는 아마도 그녀가 기업의 CEO보다 저탄소 제품과 공정, 탄소 상쇄권과 더 비싼 전기차를 감당할 여유가 없기 때문일 것이다.) 하지만 그러한 결점에도 불구하고 1인당 평균 에너지 사용량은 우리에게 문화적 패권에 대한 많은 것을 말해준다. 만약 특정 미국 거주자들의 1인당 오염물질 배출량이 평균 이하라 해도, 해당 거주자들은 더 에너지 집약적인 제품과 활동들을 갈망할 가능성이 크다. 인쇄된 광고를 비롯한 매체의 광고, TV 프로그램, 소셜 미디어, 할리우드 영화와 **다른 사람들**이 계속해서 화석 연료에 의존하는 삶(페트로토피아petrotopia[•] 또는 페트로디스토피아petrodys-topia[135]로 부르게 된 것)을 의심할 여지없이 좋은 삶으로 묘사하고 있기 때문이다. (이 점이 의심스럽다면, 매우 큰 성공을 거둔 〈분노의 질주Fast And Furious〉 시리즈를 보라. 아홉 편으로 구성된 이 영화 시리즈는 전형적인 페트로디스토피아를 보여준다.)

● 석유를 뜻하는 페트로petro와 유토피아utopia를 합친 말.

클린턴이 인도를 방문했을 때, 당시 인도인은 연간 평균 0.6MWh(메가와트시)의 전력을 소비했다.[136] 그리고 연평균 이산화탄소 배출량은 1인당 약 1.4톤이었다. 반면, 미국인은 평균적으로 그해에 약 12.9MWh의 전력을 소비했는데, 이는 인도인의 21.5배에 해당했다. 그리고 미국인의 연평균 이산화탄소 배출량은 1인당 약 17톤이었다. 이런 식의 평균 전기 소비량은 사용된 전기가 화석 연료로 생성된 것인지, 원자력 에너지로 생성된 것인지, 재생 에너지로 생성된 것인지 알수 없기 때문에, 여기에 연평균 이산화탄소 배출량도 포함했다. 어쨌든 여기서 요점은 분명하다. 평균적으로 미국인은 인도인보다 훨씬 더 많은 에너지를 사용한다.

2009년에 중국은 미국을 제치고 연간 세계 최대의 온실가스 배출국이 되었다. (미국은 여전히 지난 200년 동안 세계 최대 온실가스 누적 배출국이라는 영예를 안고 있다.) 중국이 세계 최대의 오염국이 되긴 했지만(지금도 마찬가지다), 당시 1인당 평균 전력 소비량은 2.6MWh에 불과해 여전히 미국인의 평균 전력 소비량보다 훨씬 낮았다. 마찬가지로 2009년 중국인의 평균 탄소배출량은 6.01톤에 불과했다. 인구가 미국의 4배 이상인 나라임에도, 중국인이 배출하는 총 이산화탄소의 양은 미국인의 절반에도 미치지 못했다. 만약 미국 공해유발기업 상위 10%의 배출량만 고려한다면 그 차이는 훨씬 더 벌어질 것이다.

이중 얼마나 많은 에너지가 냉방에 쓰일까? 이를 정확히 수량화하기는 어렵다. 평균치를 인용할 때 문제는 언제나 존재하기 마련이라는 점을 감안하고, 미국에너지정보국US Energy Information Administration이 밝힌 내용을 살펴보자. 이들에 따르면, 에어컨은 미국의 연간 가정용 전기 사용량의 약 18%를 차지한다.[137] 미국은 전체적으로도, 개인적으로도 지구상의 어떤 나라보다 에어컨에 더 많은 에너지를 쓰고 있다. 중국은 세계에서 가장 많은 약 5억 6,900만 대의 에어컨을 갖고 있으며, 미국은 두 번째로 많은 약 3억 7,400만 대를 가지고 있다.[138] 미국은 중국보다 에어컨이 1억 9,500만 대나 적지만 에어컨을 가동하는 데 1,827GW(기가와트)의 전기를 더 사용(연간 중국은 2,899GW, 미국은 4,726GW)한다. 이는 우려스러운 사항이 에어컨 자체에 있는 것이 아니라 열적 쾌적성에 대한 제한된 정의에 있음을 분명히 보여준다.

인도와 중국에 거주하는 사람들에게 일정 수준의 편안함과 안전이 보장되자, 여러 유럽 국가와 함께 미국은 종의 생존, 지구의 안전, 세계적인 경제적 피해, 연대를 들먹이며 '개발도상국'의 욕망이 근시안적이라고 비판했다. 그러면서도 미국은 배출량을 줄이라고 압박한 바로 그 나라 국민들의 노동력으로 대부분 유지되어 온 자국의 퇴폐적인 습관에 대해서는 거의 아무런 조치도 취하지 않았다. 소위 개발도상국은 광물과 금속, 나무와 피, 노동과 굶주림, '파묻힌 햇빛'과 몇백만 년에 걸쳐 석탄과 석유가 된 선사시대의 생물로 선진국을 건설했다. 이는 밤을 모르는 도시에 동력을 공급하고, 노동자들을 착취해 부유한 나라들을 위한 물건을 제조하고 조립하는 공장들이 있는 나라로 우리를 실어 나르는 야간 비행기에 동력을 공급한다. 미국의 갑작스러운 개발도상국에의 협조 요청은 당시에도 환경에의 책무 때문이라기보다는 정치적 지배를 위한 시도처럼 보였다.

분명히 '미국식 생활 방식'에 대한 열망은 인도와 중국의 떠오르는 중산층으로 퍼져나갔고, 일부 사람들은 미국과 유사한 방식의 온도 조절과 무분별한 에너지 사용을 원했다. 하지만 이런 식으로 미국에 책임을 떠넘기려는 것은 아니다. 이 특별한 욕망의 틀은 서구 세계에서 만들어졌다.

중국과 인도, 인도네시아는 냉방의 미래를 만들 힘을 갖고 있다. 이 세 나라에 세계 인구의 40%가 거주하고 있으며, 인구밀도가 매우 높은 지역 중 일부 지역은 기온이 극도로 높다. 세계 인구의 4%를 차지하는 미국이 여전히 모든 종류의 쾌적 냉방에 대한 가장 높은 수요를 갖고 있지만, 중국과 인도는 그것을 가능케 하는 화학적, 기계적 수단의 대부분을 통제한다. 중국은 이제 세계 최대의 HFC 생산국 및 소비국이자 세계 최대의 에어컨 생산국이다.[139]
중국은 1990년대까지만 해도 열적 쾌적성에 대한 욕구가 상대적으로 거의 없었으나, 최근 가정용 에어컨 사용에 급격한 변화가 일고 있다. 한 보고서에 따르면 2000년에 중국 대부분의 도심 거주민은 선풍기로 더위를 식히거나 전혀 냉방을 하지 않았다.[140] 하지만 2018년까지 에어컨 판매량은 5배로 뛰었다.[141] 냉방과 관련한 CO_2 배출량도 5배 증가했다. 지금은 북경과 상해에 있는 75% 이상의 가정에 어떤 형태로든 냉방기기가 설치되어 있다. 시간이 흐르면서 중국의 전력 사용량 역시 전반적으로 증가했는데, 그 증가의 10%는 냉방에서 기인했다. 2017년 최대 전력 사용량의 16%는 에어컨 때문이었지만, 가장 더운 날 그 비율은 50%까지도 뛰었다. 이러한 변화의 속도를 알리기 위해 국제에너지기구International Energy Agency, IEA는 다음과 같이 밝혔다. "냉방에 사용되는 중국의 1인당 평균 에너지는 여전히 미국의 20%

미만이긴 하지만, 냉방, 특히 에어컨에 사용되는 중국의 총 에너지는 미국에 빠르게 접근하고 있으며 중국의 상당한 인구를 고려할 때 곧 미국을 앞지를 것으로 보인다."[142] 인도의 경우, 현재 가정의 4%에만 에어컨이 설치되어 있지만, 전문가들은 인도가 중국과 견줄 만한 냉방 붐을 일으킬 수 있는 위치에 있다는 점에 주목한다.[143]

여기에서 분명한 사실은 전 세계의 모든 사람이 '평균적인' 미국인만큼 에너지를 소비한다면 세계는 급격하게 불타오르게 될 거라는 것이다. 미국의 중산층과 부유한 사람들은 분에 넘치는 생활을 하는 반면, 인도와 중국의 떠오르는 중산층은 우리가 매일 당연하게 여기는 수준(솔직히 그래도 우리보다 훨씬 덜한 수준)의 편안함을 바란다. 그런데 왜 모든 사람이 대부분의 미국인이 누리는 것과 같은 편안함과 때로 생명을 구할 수도 있는 냉방을 누려서는 안 되는가? 단 한 번도 그러한 경험을 해보지 못한 사람들에게 우리가 뭔데 그것을 부정하는가? 나는 그 위선에 겁이 난다.

나는 또한 중국과 인도, 인도네시아 중산층의 편안함에 대한 요구(그중에서도 수백만 대의 새로운 에어컨에 대한 요구)가 미국 중산층의 요구와 일치하게 된다면, 그 나라들뿐만 아니라 나머지 나라의 일부 지역들도 21세기 말이 되면 살 수 없는 지역이 될 수 있다는 생각에 겁이 난다. 재생 에너지로의 전 세계적 전환이 전에 없던 수준의 에너지 소비를 뒷받침할 수 있을 것이라는 믿음을 확인해줄 증거는 거의 전무하기 때문이다.

우리는 미국의 오염물질 배출이 중국과 인도, 인도네시아의 이미 무더운 여름을 더욱 뜨겁게 했고, 지금도 뜨겁게 만들고 있다는 사실을 기억해야 한다. 무더위는 인간의 생명에 분명한 위협으로 작용한다. 수천 명의 생명을 위협하고 있는 인도 아대륙의 무더위는 인공 냉방기기를 오로지 생존을 위한 필수품으로 만들었다. 냉방에 대한 인도의 욕구가 증가하는 것으로 보이는 이유는 적어도 부분적으로는 인도의 이미 더운 기후를 더더욱 견디기 힘든 것으로 만든 미국의 오랜 오염물질 배출 때문이다.

에어컨의 이러한 수요 증가를 예상하여, 2009년 몬트리올 의정서의 197개 서명국은 HFC를 대체할 새로운 냉매 제품군을 찾는 동시에 단계적으로 HFC를 감축하는 새로운 개정안의 채택을 검토하기 시작했다. 몬트리올 의정서의 유예기간 덕분에 중국과 인도는 전 세계 HCFC-22 공급량의 절반 이상을 생산했고(지금도 마찬가지다), 선진국은 단계적으로 생산과 소비를 중단했다. 하지만 여기에는 허점이 있었다. 예를 들어 미국의 에어컨 회사가 냉매를 채우지 않은 냉각 장치를 판매하면, 이후에 HCFC-22로 채워질 수 있다는 암묵적인 허용이 있었다. 2012년 미국 정부는 미국의 대형 자동차 공급업체인 마르콘 어플라이언스 파츠Marcone Appliance Parts가 진행하던 또 다른 밀수 행위(이번에는 HCFC)를 적발했다. 이 회사는 CEO인 카를로스 가르시아Carlos Garcia가 2009년부터 진행한 '금요일에는 싼값의 프레온을 Freaky Freon Fridays'[144]이라는 판촉행사를 통해 밀수된 냉매를 수리공에게 최저 가격으로 판매하면서 큰 성공을 거두었다. 이처럼 몬트리올 의정서의 HCFC 단계적 감축에 대한 조항은 1990년대에 CFC 밀수로 이어졌던 조건을 거의 정확히 재현해냈다. 2013년 중국에서 보고된 HCFC-22의 수출량은 나머지 나라들이 중국에서 수입했다고 밝힌 양보다 28% 더 많았다.[145] 6,600만 파운드의 오존 파괴 냉매는 어디로 갔을까? 환경조사단체Environmental Investigation Agency는 "불법 HCFC의 거래 규모가 이전에 CFC에서 확인되었던 것보다 더 커질 수 있다"라고 예측한다.

중국과 인도, 인도네시아 그리고 다른 국가들이 냉방 시설을 갖춘 그들의 미래를 내다볼 때, 나는 그 나라들이 에어컨과 규제받지 않는 에너지 사용을 허용하여 시민들과 외부 세계와의 연결을 끊고, 환경과 그들의 한계에 대한 인식을 무디게 함으로써 미국이 한 것과 같은 실수를 범하진 않을까 걱정된다. 나는 그들의 미래가 고리의 꿈이 아니라 헨리 밀러의 꿈, 즉 냉방의 악몽이 되지 않을까 걱정된다.

설상가상으로 에어컨의 소유는 미국 남부에서 그랬던 것처럼 중국과 인도의 도시 지역에서 계급 차이의 상징이 되어 무더운 남부의 사적 공간들을 능력에 따른 공간으로 탈바꿈시켰다. 부유층은 물론이고, 떠오르는 중산층은 에어컨을 구매함으로써 빈부격차를 심화시켜 이미 계층에 따라 악화하고 있던 집단 간의 높은 긴장감을 고조시켰다. 에어컨을 살 여력이 없거나 냉방이 되는 공공시설을 찾을 방법이 없는 사람들은 폭염으로 사망할 수 있었다. 에어컨은 다시 한번 우생학의 조용한 도구가 되어 부유한 사람들을 보존하고 '약한 종족(가난한 사람들)'을 걸러냈다. 물론 인구밀도가 높은 도시에서 에어컨 사용이 늘면 도시 열섬 효과로 전체적인 온도는 상승할 뿐이다. 20세기에 미국에서 배출된 후 지금까지도 대기를 떠돌고 있는 오염물질로 더 악화된 더위에 점점 더 많은 수의 도시 거주민이 에어컨 버튼을 누르고 있다.

에어컨은 미국인이 발명하고, 미국인이 발전시킨 미국만의 독특한 물건이었다. 하지만 이는 2000년대 들어 바뀌었다. 우리는 냉각 기술이 한때 그러한 기술이 귀했던 지역으로 급속히 확산하는 모습을 보았다. 더욱 놀라운 것은, 에어컨에 대한 **열망**이 한때 미국의 아이스 음료와 인공 바람을 조롱했던 나라들로 퍼졌다는 것이다. 국제에너지기구는 이 수요가 "2050년까지 산업 부문에 이어 세계에서 두 번째로 큰 전력 수요 증가원이 될 것"[146]이라고 예측한다.

내가 신경 쓰이는 것은 에어컨의 사용 증가가 아닌, 모두가 그것을 늘 원해왔다는 가정, 즉 나머지 나라들이 기계 냉각의 즐거움을 이해하는 것은 시간문제일 뿐이라는 가정이다. 심지어 국제에너지기구의 보고서도 "많은 개발도상국에서 수입과 생활수준이 나아지면, 더운 지역의 에어컨 수요가 증가할 것"[147]이라고 밝혔다. 그러나 에어컨의 확산은 그것이 불가피해서가 아니라, 점점 더 서구 중산층의 생활로 균질화되려는 힘 때문인 것으로 보인다. 미국인들은 지구상의 모든 사람이 열에 대한 같은 해결책을 원한다고, 모든 나라의 국민이 그들과 똑같이 좋은 삶을 상상한다고 가정한다. 이러한 생각이 망상에 불과하다고 말하는 것은 아니다. 미국의 문화적 기계와 세계적 자본주의의 메커니즘은 실제로 세상의 많은 사람에게 이러한 욕망을 확신시켰다. 가장 위협적인 문제는 에어컨의 확산이 아니라, 야만에서 문명에 이르는 일종의 세계적 입문 의식처럼 '후진국'에서 '선진국'으로, 힘겨움에서 편안함으로, 위험에서 안전으로, 의존에서 독립으로, 최소한의 생활에서 에너지 집약적인 채굴주의extractivism로의 필연적이고 동일한 궤도를 가정하는 것이다. 에어컨의 확산은 우리가 현재 직면한 많은 생태학적 문제를 뒷받침하는 이러한 가정의 결과일 뿐이다.

한편, 오존을 파괴하고 지구를 덥게 하는 HCFC-22의 대기 중 농도는 CFC 금지 이후 2배 이상 증가했다.

미온적인 기후 대책으로 첫 임기를 마친 후, 오바마의 2012년 재임은 환경과 관련해 백악관에 새로운 기운을 불어넣었다. 입법부가 배출을 규제하려는 정부의 시도를 대부분 거부했기 때문에, 오바마는 두 번째 임기에 전략을 바꿨다. 오바마 정부는 의회의 승인을 완전히 피해가기로 했다. 그 결과 행정명령, 국제협약, 창의적인 법률 해석이 쏟아져 나왔고, 그중 일부는 냉매 문제를 직접적으로 다루었다.

2012년 초, 미국은 다른 몇몇 정부 및 유엔환경계획UN Environment Programme과 함께 기후 및 청정대기연합Climate and Clean Air Coalition 의 설립을 도왔다. 정부, 정부 간 조직, 기업, 과학 기관, 시민 사회 조직과 자발적 협력 관계에 있는 이 기구는 수명이 짧은 기후 오염물질, 그중에서도 HFC를 줄이는 데 전념한다.[148] 이미 환경 규제를 어려워하고 있던 정치적 분위기 속에서 이산화탄소의 배출을 제한하는 것은 업계에 대한 직접적 공격으로 인식될 수 있었다(업계에 대한 강경한 태도가 아마도 이 문제를 효과적으로 해결할 수 있는 유일한 방법이라 해도 말이다). 기후 및 청정대기연합은 최대 200년 동안 대기권에 머물 수 있는 이산화탄소에 집중하기보다, 보통은 20년 이내에 훨씬 더 빨리 없어지고 논란이 덜 되는 오염물질에 집중했다. 이런 정치적 동기와는 별도로, 짧은 수명의 기후 오염물질을 처리하는 대신 즉각적이고 엄격한 조치와 함께 긴 수명의 온실가스를 처리하는 데만 집중한다면,

우리는 2050년에 2℃ 억제선(한 보고서에서 '가드레일'[149]로 표현한 '돌아갈 수 없는 지점'으로, 더 낮을 수도 있다)을 넘어서고 금세기 말이면 상황이 더 심각해지는 궤도에 오를지도 모른다. 비록 짧은 수명의 기후 오염물질에 전념하는 것만으로 충분하지는 않지만, 그런 물질의 온난화 가능성이 더 널리 알려진 이산화탄소만큼 중요하다는 것은 분명하다.

이듬해 정부는 탄소 배출을 규제하고 사회 기반시설에 사용되는 에너지를 화석 연료에서 재생 가능 에너지로 전환할 계획을 밝혔다. 많은 규제가 특히 HFC에 초점을 맞췄다. 백악관은 2030년까지 HFC 배출량이 3배로 증가할 것이며, 2020년까지 온실가스 배출량의 3%를 차지하게 될 것으로 예측했다.[150] 오바마는 의회의 조치를 기다리지 않고, 환경보호국이 오존층 파괴물질에 대한 대안을 통제할 수 있도록 권한을 부여한 1990년 대기오염방지법 개정안을 발동해 HFC를 규제할 권한을 주장했다. 정부는 2050년까지 HFC를 단계적으로 감축하겠다고 발표했다.

2015년 말, 세계 각국은 많은 기대를 모은 파리 협정Paris Agreement의 초안을 작성하고 서명하기 위해 파리에서 모였다. 이 협정은 각 서명국이 탄소배출량을 현저히 줄이기로 약속함으로써 지구의 온도 상승 폭을 2℃ 이하로 제한하는 것을 목표로 한다. (산업계는 19세기 이후 이미 지구의 온도를 1℃ 이상 높였다.) 비록 파리 협정이 '법적 구속력'을 갖춘 성공적인 협정으로 기념되긴 했지만, (조동사 'shall'•을 통해) 이 협정의 언어는 선진국을 개발도상국에 대한 재정 지원과 배출

● 의무의 강도가 가장 큰 must와 비슷한 정도의 조동사.

량 데이터 보고 같은 것들에 구속하는 것이다. 산업화된 국가는 연간 배출량 감소 목표를 정해야 하나, 목표를 달성하지 못해도 법적 영향은 없다. 이 메커니즘은 미국 상원의 비준 절차를 피하려는 하나의 방법으로써 (조동사 'should'•를 통해) 고의로 협정에 삽입되었다. 다시 말해, 파리 협정은 '법적 구속력'이 있다고 선전되지만, 가장 중요한 항목인 배출량 감축 목표에 대한 법적 구속력은 없다. 목표는 도의상의 제안일 뿐이다. 이는 중요한 사항이고 앞으로 당사국 회의에서 분명히 수정될 수 있지만, 파리 협정은 현재로서는 대체로 상징적이다.

다음 해인 2016년, 10년간의 압박 끝에, 기후 행동에 단연코 큰 영향을 미치게 되는 그리 유명하지 않은 한 협약이 진행되었다. 몬트리올 의정서의 당사국들(현재 유엔의 모든 회원국, 당시에는 일부 회원국)은 HFC의 완전한 단계적 감축을 논의하기 위해 르완다의 키갈리에서 만났다.♦ 한편, 파리 협정은 온난화 상한선을 $2°C$로 정했지만, '기후 변화에 관한 정부 간 협의체'의 최근 보고서는 19세기 초 이후 온도가 $1.5°C$만 올라도 지구에 재앙이 될 수 있다고 결론지었다.[15] 이러한 점을 고려해 기후 및 청정대기연합은 지금과 같은 속도로 HFC를 사용한다면, 2100년까지 지구 온도가 $0.5°C$ 더 올라갈 거라고 추정한다. 미미해 보이는 이 단 $0.5°C$의 추가 상승은 '기후 변화에 관한 정부 간 협의체'가 전 세계적 혼란이 될 것으로 우려하는 수준의 온난화를 가져올 것이다. 기온의 상승은 산불과 해양의 산성화를 악화

• 의무의 강도가 가장 약한 조동사.
♦ 키갈리 협약은 HFC로 목표를 한정해 구체적으로 규제를 본격화했다.

할 것이고, 집단 멸종, 전 세계적 빈곤, 바이러스로 인한 전염병, 해수면 상승, 기상 이변, 도시 열섬 효과, 열 관련 사망을 증가시킬 것이다. 그리고 이미 진행 중인 육지와 해양 생태계의 붕괴를 앞당겨 특히 열대 지방에서 더 빈번하고 더 길게 식량과 물 부족을 유발할 수 있다. 사회문화적, 정치적, 심리적 영향은 말할 것도 없다. 대기 중의 분자 농도는 낮은 편이지만, 억제되지 않은 HFC의 증가는 다음 35년 동안 지구온난화를 일으키는 복사 강제력radiative force▲의 12~24%를 차지할 수 있다.[152] 다시 말해, HFC 배출에 집중하는 것만으로도 수백만 명의 생명을 구할 수 있다.

키갈리 협약에 대한 기대감으로 마리오 몰리나는 UNFCCC 사무총장인 패트리샤 에스피노사Patricia Espinosa와 함께 〈재팬타임스 The Japan Times〉에 논평을 실었다. 그들은 함께 HFC의 생산 중단을 기후 행동을 향한 "합리적인, 아마도 가장 합리적인 첫걸음"[153]이라 부르고, "2015년 12월 파리 기후 협정에서 2°C로 정한 온난화 목표 달성을 향해 4분의 1은 다가간 셈"이라고 썼다. 오바마는 이미 미국과 함께 HFC의 전면적인 단계적 감축을 공식 지지하도록 중국의 시진핑 주석과 인도의 나렌드라 모디Narendra Modi 총리를 설득한 참이었다. 두 사람이 어쨌든 냉매 생산의 속도 완화를 고려한다는 점을 생각하면, 이는 결코 작은 성과가 아니었다.

키갈리 의정서의 개정안에 따르면 주요 '선진국'은 HFC의 생

▲ 지구로 유입되는 복사에너지와 그중 다시 우주로 방출되는 에너지의 차이로, 기후 변화를 일으키는 힘으로 볼 수 있다.

산과 소비를 2036년까지 2000년대 초 수준의 85%까지 감축해야 한다.[154] 전 세계 HFC의 60%를 생산하는 중국은 2045년까지 배출량을 2000년대 수준의 85%까지 줄이기로 합의했다. 인도의 감축량은 훨씬 더 점진적이었다. (키갈리 의정서는 인도와 다른 개발도상국들이 미국의 요구에 맞선 최초의 국제 환경 협상 중 하나로, 과거의 협정들을 약화하거나 완전히 뒤집었다. 아마도 세계 강대국들의 균형에 있어 불가피한 변화의 신호일 것이다.) 협정이 유지된다면, 2047년까지 전 세계적으로 HFC 사용량은 크게 줄어들 것이다. 파리 협정과 달리, 이 감축 목표는 몬트리올 의정서의 개정 사항이므로 법적 구속력이 있다. 키갈리 개정안이 HFC를 완전히 제거하는 데는 미흡할지 몰라도, 우리는 이전의 냉매 감축안이 후에 그 화학물질을 철저히 제거하도록 수정되었고, 또 원래 계획보다 더 빨리 수정되었다는 것을 기억해야 한다. 사용하지 않는 추세가 계속되면 일반적으로 화학물질은 결국 쓸모없는 것이 된다.

오바마의 두 번째 임기가 끝날 무렵, 대부분의 HFC를 빠르고 완전하게 제거하는 것은 모두가 동의할 수 있는 목표처럼 보였지만, 예상대로 입법부를 우회하려는 오바마의 꾀는 경제 로비 단체와 공화당 의원 모두의 즉각적인 저항을 불러왔다. 2016년 말, 대법원은 집행권을 지나치게 행사했다는 이유로 정부의 많은 계획을 중단시켰다. 그리고 2016년 11월 선거 이후, 오바마의 행정명령은 도널드 J. 트럼프의 새 행정부가 들어서면서 즉시 뒤집힐 것처럼 보였다. 의회의 조치와 달리 행정명령은 후속 정부에 의해 훨씬 더 쉽게 철회될 수 있다. 많은 정치 분석가들이 지적한 것처럼, 의회의 승인을 피해가려던 오바마의 전략은 미국에서 집행권의 한계를 넓히는 골치 아픈 결과를 가져왔다.

　　아마도 우리를 더 심란하게 하는 것은, 오바마의 환경 규제가 공동의 삶이나 지구 생명체의 가치에 대한 고려 없이 미국인 개개인 생명의 경제적 가치에 기반했다는 점일 것이다. 오바마가 백악관에서 지낸 8년을 돌아보면서, 벤야민 아펠바움Binyamin Appelbaum과 마이클 시어Michael D. Shear 기자는 의회가 오바마의 많은 환경 계획을 좌절시킨 후, 오바마 정부는 **"생명의 가치에 대한 추정치를 조정하는 등**의 방법을 통해 그들이 옳음을 증명하려 노력했다"[155]라고 썼다. 정부는 생명의 가치를 재검토하는 과정에서, "사람들의 죽음이나 부상을 막으려면 정부가 얼마만큼의 예산을 확보해야 하는지"를 금전적으로 추정했다. 이러한 금전적 추정치는 예를 들면 자동차에 이어 공공 운송 기관의 배기가스를 사회적 비용*의 관점에서 규제하는 법적 근거를 만들었기 때문에 단기적으로는 성공적인 전략이었을지 모르지만, 개개인의 생명과 정부 예산의 동일시는 두 가지 뜻을 내포했다. 즉 '생명'은 오로지 자본의 관점에서만, 그리고 오로지 개별적 미국인의 척도로만 읽을 수 있었다. 미국 시민이든 아니든 개인의 삶은 **공동의 삶**에 달려 있음에도 불구하고 그것(다양한 공공 프로그램 및 기반시설에 의해 지속, 유지, 지원되는 상호 연결된 삶의 방대한 생태계)의 가치는 거의 설명되지 않았다. 그리고 살아 있는 것이든 아니든, 인간이 아닌 것(벌레, 개울, 이판암, 숲)의 가치를 금전적으로 계산하는 것은 상상도 할 수 없

● 이산화탄소의 사회적 비용은 기후 변화에 따른 종합적 피해를 의미한다. 여러 과학적 모델과 경제성 분석 모델을 이용하여 추정이 가능하며, 이는 환경에 대한 평가나 관련된 의사 결정에 매우 유용하게 쓰일 수 있다.

는 일처럼 보였다.

'기후 변화에 관한 정부 간 협의체'의 1.5°C 관련 온난화 보고
서를 공동 저술한 아프리카 보츠와나의 환경 과학자 폴린 두브Pauline
Dube 박사는 팟캐스트 '발명의 어머니Mothers of Invention'의 한 에피소드
에서 기후 변화에 직면한 미국의 (무)대책에 대한 자신의 견해를 밝혔
다. "저는 보통 부유한 나라들에 사는 제 동료들에게 기후 변화에 가
장 취약한 집단은 선진국이라고 말합니다."[156] 그녀가 말을 이었다. "우
리는 어떻게 선진국이 탄소에 의존하는 경제에서 벗어날 수 있을지
정말로, 과학적으로 많은 시간을 고민해봐야 합니다. 왜냐하면, 우리
의 경우, 우리 경제는 아직 유연하고 변화할 수 있기 때문이죠. 하지
만 선진국들은" 그녀는 잠시 멈추어 마치 어린아이에게 말하는 것처
럼 특별히 걱정스러운 어조로 말했다. "그들도 할 수 있긴 합니다. 하
지만 매우 어렵게 하겠죠." 쇼의 진행자 중 1명인 메이브 히긴스Maeve
Higgins가 북반구의 고약한 에너지 습관을 표현하기 위해 '중독'이라는
단어를 사용하면서 두브의 의견에 동의했다. 두브는 이어 말했다. "우
리는 선진국을 체계적으로 도울 방법을 찾는 데 자원을 할애해야 합
니다. …선진국이 급하게 완화 조처를 한다면 세계 경제가 무너질 수
있고, 세계 경제가 무너지면 가장 고통받는 이들은 바로 우리, 가난한
사람들이기 때문이죠."

나는 그녀의 말을 제대로 들었는지 확인하기 위해 그 에피소
드를 세 번이나 다시 들어야 했다. 두브의 말은 내게 일종의 계시로
다가왔다. 미국이 자신의 취약성을 인정하지 않고, 나머지 세계에 대

한 상호 의존성을 인정하지 않는 동안 아이러니하게도 가난한 사람들과 백인이 아닌 사람들은 더욱 취약한 위치로 내몰렸다. 이것이 우리가 회복력 있는 미래를 상상하기 어려운 이유일까? 미국의 사상가인 프레드릭 제임슨Frederic Jameson의 유명한 도발을 떠올리자면, 자본주의의 종언보다 세계의 종말을 상상하는 것이 더 쉽다.[157] 자본주의는 끝없는 진보와 제한받지 않는 자율성, 무한한 에너지를 가정한다. 다른 나라들에 의지해야 할 필요성을 인식하지 못한다면, 머지않아 우리는 오히려 나머지 다른 나라들에 더욱더 기댈 수밖에 없게 될 것이다.

에어컨은 국가의 무적성, 즉 지구의 가장 야생적인 면인 날씨를 지배하는 힘에 대한 미국인들의 틀림없는 믿음에서 탄생했다. 에어컨이 주는 무적의 느낌은 완전한 온도 조절을 통해 분명히 다가왔지만, 아이러니하게도 그 결과 미국과 미국의 영향을 받은 나라들을 극적인 변화에 더 취약하게 만들었다.

10

악순환의 고리를 끊는
상호 의존성을 인식할 수 있다면

HFC 규제에 대한 저항은 부분적으로 HFC를 대체할 물건을 둘러싼 불확실성에서 비롯되었다. 다른 화학적 냉매가 있긴 한가? 지구온난화에 대한 관심이 커지면서 냉매 문제는 프레온의 시대가 끝날 무렵보다 더 복잡해진 것 같았다. 새로운 기적의 가스가 모습을 드러낼 가능성은 없어 보였다. 해결책은 균일하지도 보편적이지도 않은 불완전한 것이 될 듯했다.

최근의 냉각 업계의 팸플릿 〈현재와 미래의 냉매 옵션Refrigerant Options Now and in the Future〉[158]에 수록된 도표를 보면, 특히 냉매의 기술 발전 과정을 명확하게 확인할 수 있다. 도표는 예상대로 선이 아니라 시계의 앞면처럼 원을 그리며 냉매의 역사를 설명한다. 12시 방향에 '자연 냉매'라고 쓰인 진한 초록색 화살표가 1834년 제이콥 퍼킨스의 증기 압축 기계를 가리킨다. 이 기계는 에테르를 사용했지만, 이산화탄소, 암모니아, 이소부탄 또는 프로판으로도 작동될 수 있었다. 시계 방향으로 화살표를 따라가면, 이번에는 '1930년 CFC'라고 쓰인 붉은

벽돌색의 화살표를 확인할 수 있다. 화살표는 '안전한(!) 냉매의 발명'으로 표시된다. 6시 방향에서 조금 옅어진 붉은색 화살표는 전후 생산된 HCFC를 나타내고, 이어서 이제 주황색이 된 화살표는 9시 방향으로 1990년대의 HFC를 나타낸다. 그리고 11시 방향에서 화살표가 둘로 갈라진다. 갈라진 두 화살표는 모두 다시 초록색이 되었고, 푸르른 봄이 찾아온 것만 같다.

갈라진 화살표의 하단에는 '낮은 지구온난화 지수의 HFC/HFO'라고 적혀 있다. 최근 듀폰의 화학 부문은 케무어스Chemours라는 별도의 회사로 분사되었다. 케무어스는 허니웰Honeywell과 협력하여 냉매 역사의 '최종' 화살표가 나타내는 4세대 화학 냉매 하이드로플루오로올레핀(HFOs)을 개발했다. HFOs는 탄소, 수소, 불소 원자들이 이전 냉매들보다 더 복잡한 배열로 결합되어 있다. CFC나 HFC와 달리, HFOs는 이중 결합으로 연결된 2개의 탄소 원자가 포함되어 있어 대류권에서 훨씬 쉽게 반응할 수 있다. 이들은 성층권에 도달하기 전에 분해되는 경향이 있다. 이론상으로만 보면, HFOs는 유망해 보인다. HFOs는 오존층을 파괴하지 않으며, 케무어스와 허니웰 모두 HFOs의 지구온난화 지수가 HFC와 같은 이전 냉매보다 99% 낮다고 주장한다. 경우에 따라 HFOs의 지구온난화 지수는 1 이하로 내려가기도 한다. 즉 이산화탄소보다 더 환경친화적이다.

그러나 HFOs는 기적의 냉매가 아니다. 테스트 초기 단계에 메르세데스 벤츠의 모회사인 독일의 자동차 회사 다임러Daimler AG는 해치백의 후드 전체에 불이 붙는 안전성 테스트 영상을 공유했다.[159] 다임러는 이 시험이 정면충돌 시 HFOs의 위험성을 밝혔다고 주장했다. 그렇지만 이상하게도, 폭발을 재현하려 한 어떠한 다른 회사도 비슷한 결과를 확인하진 못했고, 다임러는 이후 자사의 자동차에 HFOs의 사용을 승인했다. 업계에서는 안전을 보장했지만, 한 저명한 독일 화학자는 '인화성' 때문에 HFOs를 반대한다. 하지만 광범위한 연구에 따르면, 화재를 일으킬 위험이 있다 해도 매우 이례적인 상황에서만 발생할 수 있으며, 자동차에는 그보다 훨씬 더 인화성이 강한 물질이 많다.

환경론자인 데이비드 도니거는 이에 대해 다른 관점의 주장을 펼친다. "안전 문제는 가짜다. 진짜 문제는 높은 가격이다."[160] 초기에 냉매를 교체하는 비용은 자동차 산업뿐만 아니라 수리와 개조를 위해 추가 비용을 지불해야 하는 자동차 소유주에게도 상당한 금액이 될 수 있다. 하지만 이러한 관점은 금전적 가치를 초월한 아이디어로서의 비용을 고려하지 않는다. 이런 측면에서의 비용은 기업 이윤을 위한 비용과 살기 좋은 세상을 위한 비용, 사업 확장의 비용과 삶의 가능성 확장의 비용, 직원 고용의 비용과 인명 손실의 비용 사이에 있다. HFOs 인화성의 드문 가능성은 지금도 우리 세계를 수백만 명의 삶에 해로운 곳으로 만들고 있는 HFC의 엄연한 확실성과 비교되어야 한다. HFOs는 위험의 소지가 낮지만, 일단 일이 벌어지면 눈으로 바로 확인되기 때문에 사람들에게 더 많은 두려움을 심어줄 수 있다. 그와 비교해 HFC는 확실히 위험하지만, 그 위험은 인식하기 어렵기 때문에 간과되기 더 쉽다. 한편, 현재 특허 받은 HFOs를 제조하는 유일한 미국 기업인 허니웰과 케무어스는 역사의 복도를 따라 반향을 일으키며 수십억 달러의 이익을 거둘 것으로 예상된다. (미국이 키갈리 협약에 그처럼 열성적으로 참여한 것은 두 미국 기업의 이러한 이윤 때문이었을 가능성이 있다.)

　두 회사는 HFOs 외에도 지구온난화 지수가 낮은 다양한 HFC 혼합물을 판매하고 있다. 이러한 혼합물은 지구온난화 지수가 매우 낮은 HFC와 결합된다. HFC-422d와 같은 냉매는 효율성이 아주 좋다고는 할 수 없지만, HFC-134a보다는 기후에 훨씬 덜 해롭다. 우리에게는 당장의 순수한 냉매보다, 덜 폭력적인 대체재를 향해 노력할 의지가 필요하다.

　이 새로운 냉각 시대의 동이 틀 무렵, 케무어스는 거의 우스울 정도의 이름인 HFO-1234yf(샘은 언젠가 이를 '끔찍한 알파벳 짬뽕'이라고 불렀다)를 옵테온Opteon이라는 뭔가 희망차 보이는 이름으로 브랜드화했다. 'opt'는 이타적인 '선택'을 암시하는 것으로 보인다. 마치 케무어스나 소비자가 더 나은 냉매로 가는 확실한 길을 택한 것처럼 말이다. 물론, 여기에 선택의 여지는 없다. 적어도 윤리적으로는 그렇다. 그리고 곧 키갈리 협약에 따라 법적 선택의 여지도 없을 것으로 보였다. HFOs는 유럽식 건축 설계에서 점점 더 요구되고 있으며, 새로운 건물들이 냉매로 채택함에 따라 국제 시장에서 HFC는 사라지고 있음이 거의 확실해 보인다.

　허니웰은 HFOs를 '솔스티스Solstice●'로 브랜드화했다. 나는 잠시 생각에 잠겼다. 어떤 지점? 그 이름은 태양이 절정에 달한 가장 긴

● 지점至點, 태양이 적도에서 북쪽이나 남쪽으로 가장 멀어졌을 때, 즉 하지와 동지를 말한다. 라틴어 sol(태양)과 sistere(to stand still, 가만히 있다)에서 유래했다.

여름날을 떠올리게 하기 위한 것이라고 생각되지만, 나는 한겨울의 가장 으스스한 날과 단어의 어원이 암시하듯 정지된 상태를 먼저 떠올렸다.

나는 케무어스와 허니웰 연구 개발 부서에서 이 새로운 화학 물질을 만들기 위한 엄청난 노력을 기울인 덕분에 어느 정도 편안함을 누리고 있다는 점을 인정한다. 그리고 기술적 해결책의 유혹과 기술 기업들이 주는 안락함에 굴복하기가 얼마나 쉬운지도 느낄 수 있다. 하지만 어쩐지 우리가 전에 이러한 경험을 해본 적이 있다는 묘한 기분이 든다. 나는 줄곧 이 느낌을 떨쳐낼 수가 없는데, 꼭 불길한 패턴이 그 모습을 드러내고 있는 것 같다. CFC로 하늘을 가득 채웠을 때, 우리는 그것이 세계적인 파괴로 이어질 것이라고는 상상도 하지 못했다. 지금 우리가 볼 수 없는 것은 무엇일까? 도널드 럼스펠드 Donald Rumsfeld●식으로 묻자면, 우리가 모르고 있는 미지의 것은 무엇일까? 우리의 고질적 습관을 바꾸지 않고 기술을 바꾸는 데는 한계가 있다. 우리는 지금도 외부 효과external effects◆가 없는 기적의 냉매를 찾고 있다. 냉매의 역사를 생각했을 때, 나는 여기에 회의적이다.

만약 HFOs가 우리가 처음에 생각했던 해결책이 아닌 것으로 드러난다면, 우리 생활에 도입된 이 새로운 냉매도 CFC, HCFC, HFC만큼 금지되는 데 오랜 시간이 걸릴까? 자판기에서부터 스케이트장에 사용되는 냉매에 이르기까지 모든 것의 대체품으로 승인된

● 미국의 전 국방부 장관.
◆ 어떤 개인이나 기업이 의도하지는 않았지만 다른 사람들에게 손해나 이익을 주는 효과.

HFOs와 지구온난화 지수가 낮다는 HFC 혼합물들을 보면 아주 기가 막힌다. 우리는 이제 지구상의 생명체를 위협하는 한 척의 선박 대신, 함대를 갖게 되었다. 신화 속의 히드라가 생각난다. 헤라클레스가 히드라의 머리를 쳐낼 때마다 그 자리에는 더 많은 머리가 다시 자라났다. 오비디우스는 이를 이렇게 말했다. "머리들은 가지치기와 파괴를 통해 힘을 얻은 나뭇가지처럼 빠르게 싹을 틔웠다."[161]

흥미롭게도 냉매 역사의 '마지막' 화살표 상단에는 처음 화살표에 쓰여 있던 것과 마찬가지로 '자연 냉매'라고 쓰여 있다. 그리고 다시 12시 방향을 향하는 화살표는 이제 1834년의 원래 화살표에 거의 닿으려 한다. 이 도표의 제목은 '냉매의 역사적 순환The historical cycle of refrigerants'이다. **순환.** 우리는 한 바퀴를 돌아 제자리로 돌아왔다.

거의 2세기 동안 이어졌던 기계적 냉각 이후, 업계는 이제 시작이었던 위험하고 비효율적인 19세기 냉매로 돌아가는 것을 검토하고 있다. 우리는 간과하고 있었지만, 최선의 선택지 중 일부는 항상 우리 곁에 있던 것들이었다. 가령, 코카콜라는 자동판매기의 HFC를 이산화탄소로 교체하며 헤드라인을 장식했는데, 이 결정은 수천 파운드의 강력한 지구온난화 가스가 대기 중으로 빠져나가는 것을 막을 수 있었다. (그러나 사실을 혼동한 대중은 우리가 지구온난화와 연관시키는 이산화탄소로의 전환이 환경에 더 좋은 것이 아니라 **나쁜** 것이라고 생각했기 때문에, 이 칭찬받을 만한 전환은 좋은 홍보 효과를 거두진 못했다.)[162]

하지만 자연 냉매는 엔지니어들의 이상적인 기준을 충족시킨 적이 없었고, 그래서 그들은 이상적인 프레온을 찾아 나섰다. 자연 냉매는 현재 대부분의 냉각 장치 설계에 적합하지 않으며 (돈이 많이 드는) 개조가 필요하다. 어떤 경우 자연 냉매가 냉각은 **덜** 하면서 **더 많은** 에너지를 소비하기도 한다. 그리고 이 냉매들이 '자연적인' 것이라 해도, 업계는 여전히 에너지를 소비하고 배출물을 내뿜는 공정을 통해 대량으로 이 냉매들을 만들어야 한다. 게다가 더 효율적인 자연 냉매 중 일부는 누출되면 독이 되거나 불이 붙을 수 있다. 이것들은 통제되고, 독성이 없으며, 부식되지 않는 세계의 거짓을 폭로한다.

자연 냉매로의 이 '회귀'를 환경적 미사여구에 흔히 나타나는 장밋빛 향수로 착각하면 안 된다. 이러한 향수는 역설적이게도 인간이 환경과 완벽한 조화를 이루어 살았던 때가 있었다고 가정함으로써 진정한 생태학적 건강을 향한 움직임을 방해한다. 내 생각에, 암모니아와 같은 유독하고 부식성 있는 기체의 사용을 다시 조심스레 검토하는 것은 다른 사건을 알리는 신호다. 자연 냉매를 향한 이러한 전환은 "자연으로 돌아가라"는 맥락에서의 향수를 불러일으키는 '회귀'라기보다, 현대주의의 종말을 알리는 신호를 의미한다. 흔히 '과거와의 단절'로 정의되는, 유럽계 미국인에 의해 이어진 현대주의의 긴 시대는 인간(일반적으로 건강한 백인 이성애자)을 자신의 운명의 주인으로 상상했다. (오랜 종교적 망상의 꿈에서 깨어나 과학적 지식으로 무장한) 현대주의자Modernist Man는 순전히 의지력만으로 대단한 영향 없이 역사의 숲을 가로지르는 흔적을 태울 수 있다고 가정했다. 모더니즘의 전성기High Modernism에 출현한 프레온은 운 좋게 주인 자리에 오른 소수의 사람에게 하인으로서 적지 않은 역할을 했다. '안전한 냉매'와 함께 현대주의자는 공간과 시간을 정복하는 듯했다. 그는 더 이상 자신의 통제 밖에 있던 날씨와 환경에 구애받지 않고 언제 어디서든 일할 수 있었다. 개인적 자유와 지배가 이 현대주의자의 정체성을 정의했다.

우리는 위태로운 받침대에서 자율적 현대주의자를 넘어뜨린 작은 진동의 일부로 아무런 영향도 미치지 않는 냉매를 찾는 데 실패했다는 점을 인정해야 한다. 이제 우리는 주춧대에서 물러나 우리 사이의 복잡하고 역사적으로 불균등했던 관계, 즉 불평등했던 서로에 대한 근본적인 상호 의존성을 인정해야 한다. 그렇게 하는 동안, 우리는 인간 이외의 세계, 무생물의 세계, 살아본 적이 없는 세계, 살아본 세계 그리고 아직 살지 않은 세계와의 상호 의존성에 대해 생각하는 것이 얼마나 중요한지를 인식할 수 있다.

다시 말해, 우리는 기후를 정복하지 못하는 우리의 무능함을 실패가 아니라, 앞으로 나아가는 데 필요한 조건으로 인식할 수도 있다. 이러한 방향으로 갈 때, 우리는 인종, 민족, 성별, 성적 취향, 계급, 직업윤리, 운에 의해 누가 살아남을지가 결정되지 않는 공정하고 평등한 미래로 나아갈 수 있다. 더 정확히 말해, 살아 있는 모든 사람은 신분이나 능력에 상관없이 잘 사는 데 필요한 조건을 얻게 된다.[163] 그 뒤에 따라오는 것은 덤이다.

미국이 키갈리 협약에 서명한 지 불과 몇 개월 만에 또 한 번 흐름이 바뀌면서 트럼프 정부는 규제, 환경보호국, 생태학적 사고 전반에 반대하는 공격적인 세력으로 자리매김하게 되었다.

트럼프 정부는 이상할 정도로 오바마 시대의 거의 모든 환경 대책을 반대했지만, 한 가지 주목할 만한 예외가 있었다. 2017년 미국무부 관리는 "미국은 키갈리 개정안이 HFC의 생산과 소비를 단계적으로 감축하는 실용적이고 안정된 접근법이라고 믿으며, 따라서 개정안의 목표와 접근법을 지지한다"[164]라고 발표했다. 냉매 로비 단체조차도 키갈리 개정안을 지지했기 때문에 이는 그야말로 잘된 일이었다. 그런데 워싱턴의 '책임과 윤리 시민Citizens for Responsibility and Ethics' 단체가 밝힌 것처럼, 미국은 산업 단체인 '냉난방 및 냉동협회Air Condition-ing, Heating, and Refrigeration Institute'가 플로리다주 도랄에 있는 트럼프의 리조트에서 연례회의를 여는 비용으로 70만 달러를 지불하고 난 다음에야 비로소 (어지러운 논리로) 오바마 때의 입장을 지지하고 나섰다.[165] 그러니까 이 지불이 있은 지 2주 후에 국무부 관리 주디스 가버Judith Garber가 앞서의 성명을 발표한 것이다.

　　하지만 업계의 이러한 로비, 정부의 분명한 승인, 공화당 의원들의 대거 지지에도 불구하고 트럼프는 키갈리 개정안을 승인하도록 상원에 보내지 않았다.

　　그해 HFC에 취해진 유일한 연방 조치는 규제를 **비껴가게** 한 것이다. 1년 전 케무어스와 허니웰의 경쟁사인 멕시켐Mexichem은 키갈리 협약 이전의 HFC 규제가 권한을 넘어서는 것이라고 주장하며 환경보호국을 고소했다. 이들은 HFC가 오존층 파괴물질로 분류되지 않으므로(약간은 해당하지만), 환경보호국은 대기오염방지법에 따라 HFC를 규제할 권한이 없다고 주장했다. 이 분쟁에 걸린 멕시켐의 득실은 상당했다. 더 큰 경쟁사들과 달리, 멕시켐은 HFOs를 만들지 않았기 때문에 HFC의 단계적 감축은 곧 멕시켐이 하고 있던 사업의 단계적 감축에 해당했을 것이다. 2017년 8월 8일 미국 워싱턴의 순회항

소법원US Court of Appeals for the DC Circuit은 규제에 대한 우려를 참작하여 2대 1의 결정으로 멕시켐의 손을 들어주었다. 판사들은 HFC가 오존층 파괴물질이 아니라고 판단했다. 따라서 환경보호국은 대기오염방지법을 들어 HFC를 규제할 권한이 없었다.

이 사건에 대한 법원의 판결문은 다름 아닌 현 연방대법원 판사인 브렛 캐버노Brett Kavanaugh가 최고 법원에 지명되기 불과 몇 달 전에 작성한 것이었는데, 공교롭게도 이때 그는 크리스틴 블레이시 포드Christine Blasey Ford 박사로부터 성폭행 혐의로 고소를 당한 상태였다. 이 경악스러운 공개 쇼가 진행되면서, 확실히 미심쩍은 그의 판결은 행실에 밀려 훨씬 덜한 관심을 받았다. 역사적으로 캐버노는 거의 늘 공공복지보다 민간 산업의 편에 서 왔다. 이를테면, 2012년에 그는 연방정부의 온실가스 규제 권한에 대해 이의를 제기했다. 환경에 대한 무대응의 장기적 영향을 고려하지 않은 그의 태도는 이후 역사가들에게 그의 대법원 임명을 미국 환경 윤리의 특히 심각한 침식의 시작으로 보이게 했다.

대기오염방지법은 오존 파괴 냉매를 "인간의 건강과 환경에 전반적으로 위험이 될 수 있는 요소를 줄이는 화학물질과 대체품, 제조공정으로 대체할 것"[166]을 요구한다. 법원에서 캐버노는 HFC가 오존 파괴물질로 분류될 수 있는지에 전적으로 초점을 맞추고는 '안전'하다고 주장했다. 그는 HFC가 미치는 중요한 기후 영향을 무시하면서 지구온난화 자체가 오존 파괴를 가속화한다는 사실을 놓쳤다.

기이하게도, 법원의 판결문은 '대체replace'의 정의를 중심으로 작성되었다. 캐버노는 현재 "환경보호국의 '대체'에 대한 해석이 일반적인 의미 이상으로 확대된다'라고 썼다. 그의 관점에서 '대체'는 '영원히 끝나지 않는 과정'이 아니라 '일회성의 일'을 의미했다. 환경보호국은 CFC를 HFC로 대체할 권한이 있었지만, 그 권한은 또 다른 대체재로까지 확대되지는 않았다. 그는 좀 이상하다 싶을 정도로 '대체'라는 단어에 골몰해 다음과 같은 예문을 작성했다. "오바마 대통령은 특정 시점, 2009년 1월 20일 오후 12시에 부시 대통령을 대체했다. 오바마 대통령은 이후 집무실에 들어설 때마다 부시 대통령을 '대체'하진 않았다."[167] 이 사건에서 순회법원의 로버트 월킨스Robert L. Wilkins 판사는 반대 의견으로 캐버노가 영어 사전에서 '대체'의 첫 번째 용법만을 참조했다고 지적했다. 이 단어는 다른 거의 모든 단어와 마찬가지로 여러 뜻으로 사용되는데, 그중 일부는 ('영원히 끝나지 않는 대체 과정'과 관련하여) 캐버노가 이야기한 것보다 더 여러 가지로 해석될 수 있었다.

캐버노가 든 예문과 '대체'에 대한 그의 집착은 프랑스 작가 르노 카뮈Renaud Camus가 2011년 처음 대중화한 백인 집단학살 음모론을 떠오르게 한다. 그는 유색 인종이 '백인' 유럽계 미국인 문화를 전 세계적으로 쓸어버릴 것이라는 편집증을 '위대한 대체Great Replacement'라고 불렀다. 사실 '대체'라는 단어는 캐버노가 그의 결정을 발표한 지 3일 후인 2017년 8월 11일 버지니아주 샬러츠빌에서 열린 '우파 단결Unite the Right' 집회에서 가장 크게 울려 퍼졌다. 남부 연합기와 값싼 티키 횃불*로 무장한 백인 우월주의자들은 한목소리로 "당신들은 우리를 대체하지 못한다"라고 외쳤다. 때로 백인 우월주의자들은 추상적인 '당신들(백인이 아닌 '타자'를 대표할 수 있는 힘을 가진 사람들)'을 훨씬

더 구체적인 '유대인'으로 대체하기도 했다. 반명예훼손연맹Anti-Defama-
tion League은 이 두 가지를 모두 백인 우월주의 구호로 분류한다.[168]

　　이후의 항소는 그 결정을 뒤집는(대체하는) 데 실패했다. 키갈
리 개정안이 비준되지 않은 상황에서 HFC 규제의 희망은 공화당이
장악한 상원에 있었다.

　　표면상 키갈리 개정안에 대해 아무것도 하지 않는 것은 기후
훼손에 대한 인정을 거부하는 것이나 다름없어 보인다. 조지 W. 부시
와 도널드 트럼프의 기후 고문이었던 조지 데이비드 뱅크스George David
Banks가 말한 대로 "문제를 인정한다면, 우리는 그에 대해 무언가를
해야만 한다".[169] (또는 프랑스 철학자 브뤼노 라투르Bruno Latour의 말처럼
"사실의 **기술**은 위험할 정도로 정책의 발동에 가깝다".)[170] 하지만 멕시켐의
승소에 뒤이어 두 우익 단체 또한 유별나게 HFC 규제에 대한 반대 목
소리를 냈다.

　　멕시켐 사건은 HFC를 '오존 파괴물질'로 분류시키는 일에 불
을 지폈다. 판결 이후, '국립자원방어위원회National Resources Defense Coun-
cil'는 대법원에 판결을 뒤집어달라고 청원했다. 멕시켐 사건에서 다뤄
지지 않은 대기오염방지법 제115조는 배출물의 국제적 영향을 고려하
여 미국에 "다른 나라의 공중보건이나 복지를 충분히 위험에 빠뜨릴
수 있다고 예상되는 대기오염의 요인이나 원인"[171]에 대해 책임을 묻는
다. 항소 측은 지구온난화의 영향이 지구 전체에 미치므로, 이 조항이

● 20세기 중반 미국의 폴리네시아 문화권에서 유래한 대나무로 만든 횃불.

환경보호국에 HFC를 규제할 권한을 부여한다고 주장했다.

이에 대해 개인의 자유 보호에 앞장서는 델라웨어의 비영리 단체인 시저 로드니 연구소Caesar Rodney Institute의 정책 책임자인 데이비드 스티븐슨David T. Stevenson은 2018년 보고서 '키갈리 개정안 비준의 경제적 영향'을 통해 캐버노의 논리를 반복한 다음, 다음의 내용을 추가했다. '국립자원방어위원회는 국제조약이 **미국의 주권을 무시하고** 환경보호국이 의회의 개입 없이 새로운 냉매로의 교체를 강제할 수 있도록 제115조를 법정에서 검토하기를 원한다. 그다음은 이산화탄소 규제가 될 것이다.'[172] 더 최근에는 거대 석유업체와 석유 재벌 코흐Koch 형제로부터 자금을 지원받아 기후 부정과 '자유시장' 경제를 위한 극단적 로비 활동을 벌여온 우익 단체 하트랜드연구소Heartland Institute의 H. 스털링 버넷Sterling Burnett이 다음과 같이 썼다. "HFC와 다른 온실가스를 금지하기 위해 다른 나라 및 국제기구와 협력하는 것은 우리의 에너지 선택권을 다른 나라의 통치권자들에게 넘기는 행위가 될 것이다."[173] 두 단체는 모두 미국의 키갈리 개정안 비준을 미국의 주권에 대한 도전으로 보았다. 이들의 주장은 주권 국가가 자국의 자치권을 타국의 인정에 의존하고 있다는 사실을 무시하는 것으로 보였으며, 합법적이라면 어떠한 국제적 환경 조치도 무의미한 것으로 만들 것으로 보였다. 한 나라의 냉매가 국경 밖에 있는 사람들의 공공복지에 해를 끼칠 수 있다는 인식이 어쨌든 국가 주권 개념의 핵심을 건드렸다. CFC가 오존층의 파괴를 위협했던 것처럼, 이제 일부 재정 보수주의자들은 HFC가 미국의 권위를 약화할 수 있다고 주장했다. 이처럼 어떤 사람들에게는 키갈리 협약을 준수하지 않는 것이 기후 부정보다는 미국의 주권에 대한 위협과 더 관련이 있었던 것 같다. 다시 말해, 미국의 키갈리 개정안 비준 불이행은 기후 변화에 대한 부정보다는 개방된 시스템으로서의 국가를 부정하는 것과 더 관련이 있었다.

냉각보다 훨씬 더 많은 것을 상징하고, 국가의 주권과 폐쇄된 시스템 그리고 심지어 미국에 매우 이득이 되는 것에 등을 돌리는 적대적 자주를 상징하는 화학적 냉매의 위력을 알리는 사건이 있다면, 바로 여기에 있었다.

멕시켐 사건 이후 그해에 공개된 HFC 냉매에 대한 정부의 또 다른 문서에는 백인 우월주의자들의 대체 이론이 등장한다. 2016년, 오바마 정부하의 환경보호국은 HFC가 환경에 미치는 영향에 대한 성명서의 초안을 작성하기 시작했다. 이 문서는 "어린이, 노인, 빈곤층을 비롯한 특정 인구와 나이대가 기후와 관련된 건강상의 영향에 가장 취약하다"[174]고 밝혔다. 문서는 광범위하고 엄밀히 진행된 최근의 평가결과를 인용해, "폭염, 대기오염, 전염병 및 수인성 질병이 어린이에게 미치는 영향 및 기상 이변이 정신적 건강에 미치는 영향"과 "이들이 특히 취약한 대부분의 알레르기 질환 및 폭염, 폭풍, 홍수와 관련된 건강상의 영향"에 대해 우려를 표했다. 또한, 광범위한 지역사회에 차등적으로 나타나는 영향에 대한 이해를 바탕으로, "기후 변화가 식량 공급을 줄이고 가격을 인상하여 가구 내 식량 불안을 초래할 경우, 저소득 가구, 특히 자녀가 있는 가정에 추가적인 건강상의 문제가 발생할 수 있음"을 지적했다.

그러나 연방법원이 환경보호국의 HFC 규제 권한을 제한하는 판결을 내린 후, 트럼프 정부하의 환경보호국은 문서에서 해당 부분을 기후 변화가 어린이에게 특정한 영향을 미치는 증거는 없다고 주장하는 짧은 문장으로 대체했다. 환경보호국은 초안에 인용된 연구를 직접 수행하지 않았기 때문에 증거를 검증할 수 없다고 주장했다. '기후 변화'와 관련된 항목이 문서에서 모두 삭제되었다. 새로운 초안은 "기후 변화의 부정적 영향을 경험하고 있는 지역사회에서 저소득층과 원주민을 비롯한 특정 인구는 특히 더 취약할 수 있다"라고 인정했던 부분 또한 삭제했다. 그리고 "이러한 일들이 소수 인구, 저소득층, 원주민에게 특히 안 좋은 영향을 미친다는 것을 어떻게 수량화한다는 건지 모르겠다"라고 말했다.

이에 대해 나는 누가 문서를 수정했든 해당 주제에 대한 풍부한 동료 검토 문헌과 경제학, 지리학, 도시개발학, 공중보건학, 환경 과학, 사회학, 심리학 등 세계 유수 대학 학과의 연구 결과를 검토해볼 것을 추천한다. 세계적으로 명망 높은 연구 교수진들이 그러한 것들을 정량화하기 위한 사실 기반의 무수한 방법을 알려줄 것이다. 세상에 확실한 것은 별로 없다지만, 우리는 대체로 유색인 저소득 공동체가 오염과 지구온난화의 가장 심각한 영향을 짊어진다는 것을 알고 있다. 한 가지 예로, 더위와 대기오염은 모든 산모에게 조산, 저체중 또는 사산의 가능성을 높인다. 그런데 더위와 공해 때문에 임신 중 특히 높은 비율로 합병증을 경험하는 사람은 흑인 여성이다.[175] 흑인이 해를 입을 위험은 평생의 스트레스, 세대 간 트라우마, 높은 위험도의 임신 합병증, 의료 서비스 제공자의 인종차별 등의 이유로 같은 지역에 있는 백인 산모보다 2배 이상 높을 수 있다. 따라서 HFC로 인한 온난화는 일부 흑인 여성들이 아이를 갖는 것을 더 어렵게 만들고 있다. 바꿔 말해 백인 우월주의자들은 백인이 아닌 사람들이 그들을 대체하려고 분투하며 거대한 음모를 꾸미고 있다고 주장하지만, 실제로는 정반대의 일이 벌어지고 있다. 산업 과정은 역사적으로 정부와 주요 기업을 지배하는 강력한 백인 유럽계 미국인의 에너지 집약적 브랜딩으로 시작되었고, 지금도 지속되고 있다. 그리고 이제 흑인 미국인뿐만 아니라 지구상의 모든 비백인의 출산율을 낮추고 있다.

HFC 냉매가 기후에 미치는 힘이 (현재와 미래 모두) 어린이들에게 훨씬 더 영향을 미친다는 증거가 제시되었을 때, 연방정부는 이 정보에 맞서기보다 조용히 없애는 쪽을 택했다. HFC 냉매가 기후에 미치는 힘이 이미 취약한 공동체에 훨씬 더 영향을 미친다는 가능성이 제시되었을 때, 정부는 자체적으로 연구를 수행하거나 다른 많은 연구 결과를 검토하기보다 조용히 이 정보를 없애는 쪽을 택했다. 미래가 위협받을 수 있다는 가능성이 제시되었을 때, '보호'의 책임이 있는 정부는 논란을 일으키는 정보를 없애고 최선의 결과를 바라는 쪽을 택했다. (사소한 행동이든 중요한 행동이든) 소수의 행동이 환경오염 문제에 가장 책임이 없는 사람들에게 영향을 미친다는 증거가 제시되었을 때, 정부는 우리의 상호 연결성을 암시하는 모든 것을 없앴다. 우리가 개방된 시스템에 살고 있다는 사실이 제시되었을 때, 정부는 폐쇄된 시스템에 대한 근거 없는 믿음을 가지고 계속 살아가는 쪽을 택했다. 나는 이것이 바로, 초반에 지금으로서는 "우리가 현재 무엇을 하고 있는지 생각해보는 것"이 근본적인 첫 단계인 것 같다고 주장하며, 냉각의 역사를 파헤치기 시작한 이유라고 생각한다. 우리가 하는 일에 대해 생각하려는 노력은 우리가 지금 하는 일에 대한 증거가 공식 기록에서 의도적으로 삭제되는 것과 직접적으로 대치된다.

　　어떤 면에서 백인 두뇌집단의 그러한 생각은 옳다. 지구온난화 물질의 배출 규제는 주권에 위협을 **가한다.** 하지만 그들이 생각하는 것처럼 국가 주권에 위협을 가하진 않는다. 냉매의 배출 규제는 백인이 생각하는 자유시장의 주권을 위협하며, (백인의 머릿속에서) 그 기능이 지금의 착취적 행태를 영속시키는 것인 자유시장은 이와 같은 혼란을 어떻게 정의롭고 공정한 목적을 향해 세계를 재편할지 고려할 기회로서가 아니라 그것이 가진 힘에 대한 위협으로 받아들인다.

　　그러는 동안, 세상은 불타고 있다.

11

공공성의 회복, 모두를 위한 냉방

2018년 1월, 나사는 최초로 오존 구멍이 줄어들기 시작했다는 명확한 증거를 발견했다. 오라Aura라는 인공위성의 측정치를 통해, 나사는 2005년부터 2016년까지 '오존 파괴가 20% 감소(이상하게 소극적인 표현)'[176]했을 뿐만 아니라 염화수소 분자들이 눈에 띄게 줄어들었다는 사실을 발견했다. CFC를 금지하기로 한 전 세계적 협약이 이러한 회복을 가능하게 한 것이다. 몬트리올 의정서가 체결된 지 30년이 지난 지금, 우리는 마침내 국제적 조치 덕분에 오존층이 회복의 길로 들어섰음을 확인할 수 있었다. 과학자들은 각국이 CFC에 대한 규제를 계속 준수한다면, 오존층은 수십 년 이내에 프레온이 있기 이전의 수준으로 돌아갈 수 있을 것이라고 예측한다.

나는 이 말을 다르게 표현하고 싶다. 오존층이 완전히 회복되려면 아직 적어도 수십 년, 그러니까 50년에서 70년은 걸릴 것이다.

1990년대에 CFC 생산이 중단된 후에도 오존 구멍은 해가 갈수록 계속 커졌는데, 이는 대기에 취해진 조치와 그 결과 사이의 시차 때문으로 볼 수 있다. CFC는 일단 배출되면 한동안 대류권에 머물다 성층권에 진입한다. 수년간 CFC 사용이 상당히 감소했음에도 불구하고, 2000년에 측정된 오존 구멍의 크기는 기록된 것 중 가장 큰 크기인 약 2,980만 km^2에 달했고, 이는 대략 지구 전체 육지 면적의 5분의 1에 해당했다.[17] 면적은 2020년에야 겨우 약 2,360만 km^2로 줄어들었다. 그러나 나사는 구멍의 크기가 이제 안정화되고 심지어 축소되는 것으로 보이며, 성층권 오존이 서서히 1980년대 수준에 접근하고 있다고 보고한다. 그 수준이 경보기를 울리기 시작했다는 점을 고려하면 불안하기 그지없는 평가다.

우리의 행동과 그 결과 사이의 시차는 나를 불안하게 한다. 나의 이해를 넘어서는 시간의 실재성과의 조우는 혼란스럽기만 느껴진다. 하지만 서서히 진행된 폭력이 세계를 위험에 빠뜨렸다면, 회복 또한 더딘 것도 어쩌면 당연할 것이다.

그럼에도 불구하고 이러한 불안은 생산적으로 느껴진다. 의정서가 통과되고 그 성공에 대한 명확한 증거를 확인하기까지 걸린 30년이라는 기간은 기후 변화를 억제하기 위한 급진적이고 즉각적인 조치의 필요성을 보여준다. 이러한 일련의 과정은 시간 면에서 일반적인 인간의 시간 경험을 벗어난다. 우리가 지금 바로 화석 연료 사용을 중단한다 해도, 세계의 평균 기온은 바로 느려지는 것이 아니라 한동안 계속 상승할 것이다. 우리는 이 지연된 반응을 두려워만 할 것이 아니라 늘 기억하고 중요하게 생각해야 한다.

시간에 대한 불안은 오존층 회복 속도가 과학자들이 처음에 예측했던 것보다 느리다는 사실이 밝혀지면서 더욱 심해졌다. 회복 속도가 느린 가장 분명한 이유는 21세기까지 계속된 CFC와 HCFC의 불법 거래와 비축되어 있던 CFC의 예상치 못한 배출 때문이다. 샘이 가장 잘 알고 있는 것처럼, 프레온은 예전보다는 훨씬 작은 양이긴 해도 우리의 작업실과 뒷마당, 지하실에 여전히 남아 있다. 정확히 **얼마나** 많은 양이 있는지는 아무도 모르는 것 같지만, 그중 상당량이 밀폐된 탱크 안에 존재한다. 이 탱크 안의 프레온은 배출될 경우 계속해서 오존을 파괴하고 지구 온도를 높일 것이다. CFC가 미치는 악영향은 화석 연료에 비하면 적은 수준일지 몰라도, 탄소 예산이 재앙으로 치닫고 있는 지금 상황에서는 하나하나가 모두 중요하다. 이쯤에서 나는 리들리 스콧Ridley Scott 감독의 〈에이리언Alien〉에 나오는 한 장면을 떠올리지 않을 수 없다. 노스트로모호의 승무원들은 탐사 중 우연히 단정하게 줄지어 늘어서 있는 엄청난 양의 외계 알들을 발견한다. 승무원 중 1명이 알을 만지자 그 속에서 생명체가 깨어나 그의 얼굴을 덮친다. 이 무시무시한 순간은 영화의 공상 과학적 특수성을 뛰어넘어 나의 뇌리에 오래전부터 박혀 있던 공포 시스템을 정확히 작동시킨다. 〈에이리언〉을 볼 때마다, 나는 알이 깨어나기 전부터 그 장면의 공포를 느낀다. 그들의 파괴성을 세상에 드러낼 준비가 된 엄청난 양의 강력한 알은 나로 하여금 비활동 상태인 것에 대한 불안이라고밖에 생각할 수 없는 감정을 불러일으킨다. 격리는 거의 아무런 상관이 없다. 냉매가 존재하는 한, 그 존재 자체가 대기 중으로 배출될 가능성을 의미하기 때문이다.

잠자고 있던 냉매의 배출 외에도, 회복을 더디게 하는 또 다른 문제들 역시 최근 몇 년간 그 모습을 드러내고 있다. 2018년 초여름에 과학자들은 대기 중에서 뭔가 이상한 점을 감지했다. 〈워싱턴포스트〉는 이에 대해 사람들을 매우 불안하게 만드는 다음과 같은 헤드라인을 뽑았다. "과학자들은 누군가 어딘가에서 오존층을 파괴하는 금지된 화학물질을 만들고 있다고 의심한다."[178] 한 달 동안 그 수수께끼는 불길한 구름처럼 부풀어 올랐다. '누군가, 어딘가에서'라니. 해양대기청의 과학자들은 특히 전 세계에서 금지된 CFC-11의 배출량이 2012년에서 2018년 사이에 25% 증가했다는 사실을 발견했다.[179] 과학자들은 이 수치에 당황했다. 왜 이런 일이 벌어진 것일까? 화산 활동을 비롯한 여러 추측이 난무한 끝에 〈뉴욕타임스〉는 중국의 발포 단열재 제조에 CFC-11이 광범위하게 사용되었다는 증거를 발견했다. 2013년 중국의 HCFC 생산이 단계적으로 축소되기 시작하자, 이러한 합법적 화학물질의 가격이 올랐다. 그리고 HFC로의 전환 비용 역시 비쌌다. 그 결과 발포제를 사용하는 1,700여 개의 중국 공장 중 상당수가 사업을 지속하기 위해 제조비용이 더 저렴한 CFC-11의 생산을 비밀리에 다시 시작했다. 중국의 한 화학업체 관계자는 "CFC-11의 발포 효과가 더 좋다"[180]고까지 말했다. 〈타임스〉는 중국의 산업이 가장 유력한, 그리고 가장 눈에 띄는 공격 대상이 될지는 모르지만, 이 문제가 거의 확실히 중국에 국한된 것은 아니라는 점을 분명히 했다. 특히 사람들을 불안하게 한 것은 이러한 국제법 위반이 중국 정부의 오염 및 배출량 감축과 동시에 일어났다는 것이다. CFC-11은 정부의 규제 기관으로부터 다른 물질과 동일한 강도의 조사를 받지 않은 것으로 보인다. 스모그나 유독성 화학물질과 달리, CFC는 주민들이 몸으로 즉시 느끼지 못하는 오염물질이다. 이러한 물질이 창출하는 수익은 규제

기관들의 시선을 다른 쪽으로 돌리게 했다.

2019년 말, CFC-11의 배출량은 다시 감소하기 시작했고, 이는 중국이 잘못을 저지른 공장의 가동을 중단했다는 신호였다.[181] 하지만 세상은 우리를 불안하게 하는 프레온의 견고한 사후세계를 다시금 인식하게 되었다.

HCFC나 HFC 형태의 냉매는 점점 더 뜨거워지는 세상에서 장기적 냉방 수단으로서의 개별 에어컨이 가진 단점을 끊임없이 드러낸다.

2019년 7월 13일, 맨해튼의 기온이 32°C(주로 도시 열섬 효과 때문)에 도달한 어느 뜨거운 토요일, 자치구 중심부의 전기가 끊겼다. 오후 6시 47분경 5번가 서쪽에서 허드슨까지 그리고 32번가에서 72번 가까지 어둠이 내려앉았다. 여기에는 관광 성수기에 사람들이 가장 많이 몰리는 타임스퀘어와 록펠러센터도 포함되어 있었다. 매디슨 스퀘어 가든Madison Square Garden 무대에 선 제니퍼 로페즈는 관객석을 가득 채운 관중들에게 '이것은 제이로의 파티입니다!'라고 외친 후 세 번째 노래를 하려는 순간, 갑자기 파티가 끝났다는 것을 알게 되었다.

나중에 도시에 전기를 공급하는 회사인 콘에드Con Ed가 49번가 변전소의 한 고압 케이블에 결함이 있었다고 밝혔다. CEO인 존 맥어보이에 따르면, 여름날의 높은 에너지 수요(즉 에어컨 가동을 위한 수요) 때문에 이런 사고가 난 것은 아니었다.[182] 자정 무렵 콘에드는 전기를 복구했지만, 브로드웨이 극장가, 5번가의 상점들, 수백 개의 레스토랑이 단 5시간 만에 수백만 달러 상당의 손해를 본 후였다(당시 이 사건을 취재한 여러 매체는 부상자는 없지만 **금전적** 손해가 있었다고 보도했다).

신기하게도 42년 전인 1977년 또 다른 7월 13일에 뉴욕에서 발생한 악명 높은 정전은 이보다 더 넓은 범위에서 일어났다. 1977년은 그랜드 마스터 카즈Grandmaster Caz가 브롱크스에서 힙합을 탄생시켰다고 주장한 해였다.[183] 힙합처럼 광범위한 장르의 시작이 그처럼 정확한 연도로 정해질 수 있는 것인지 모르겠지만, 힙합의 기원에 관한 이야기는 에너지의 이야기로 이어진다. 정전은 힘(전력)의 손실이 아닌 힘(흑인의 창조적 힘)의 증가를 의미했다. 이때 정전은 단순히 기반시설을 엉망으로 만든 것이 아니라 문화를 생성할 수 있었다.

적어도 1977년에는 그랬다. 하지만 2019년 7월 13일의 맨해튼 정전에서는 그런 생성력이 발생하지 않았다. 그리고 단 8일 만에 다시 일어난 두 번째 정전에서도 확실히 발생하지 않았다.

2019년 7월 21일 일요일, 38°C에 이르는 폭염이 3일 동안 지속되었을 때, 브루클린 동부와 퀸즈의 여러 지역에 정전이 발생했다. 2019년 기록상 가장 더운 3일이었다. 정확히 무슨 일이 일어났는지 알 수는 없지만, 빌 드 블라시오Bill de Blasio 뉴욕시장은 기자회견에서 격분한 어조로 콘에드가 정기적으로 그린워싱Greenwashing*에 관여하는 독점 회사와 함께 '일관적으로 일관적이지 않은 정보'[184]를 제공하고 있다고 비난했다. 나중에 콘에드는 주말 동안 사용된 기록적인 에너지(1만 2,063㎿, 콘에드 시스템이 주말 동안 처리해본 에너지 중 가장 많은 에너지)[185]로 인해 브루클린 남동부 지역에서 여러 건의 소규모 정전이

● 기업이 실제로는 환경에 유해한 활동을 하면서 친환경적인 이미지로 광고하는 행위.

발생했으며, 이것이 수천 개의 장소에 영향을 미쳤다고 밝혔다. 시드니 알바레즈Sidney Alvarez 콘에드 대변인이 성명을 통해 밝힌 바에 따르면, 정전으로 이러한 곳들에 난리가 나자 콘에드는 신속하게 "더 이상의 정전을 방지하고 **해당 지역 내 에너지 시스템을 보전하기 위해**"[186] 추가로 약 3만 3,000명의 주민들이 사는 카나르시, 플랫랜즈, 밀베이슨, 구밀베이슨, 버젠비치, 조지타운 지역의 전기를 차단했다. 특히 과도한 열의 치명적 영향에 취약한 대형 요양시설의 노인들과 유아를 포함해 5만 명 이상의 주민들이 24시간 이상 전기를 공급받지 못하고 방치되었다. 분명한 것은, 특히 카나르시와 플랫랜즈가 주로 흑인(59%)과 라틴계 노동자층(8%)이 거주하던 지역들이라는 것이다.[187]

나는 정전이 왜 그리고 어떻게 일어났는지 추측하기보다는 두 정전이 일어난 방식(특히 콘에드에 의해)의 차이에 주목하고자 한다. 이 차이는 우리를 심란하게 하는 기계적 냉각의 역사를 떠올리게 한다.

첫째, 7월 21일에 일어난 대부분 정전의 원인은 7월 13일 맨해튼에서와 같이 사고가 아니라 콘에드에 의해 계획된 것이다. 아무런 경고 없이 콘에드는 의도적으로 3만 3,000명의 주민들이 사는 지역에 서비스를 중단했다. 나중에서야 콘에드는 웹사이트에 공개 게시글을 올려 "필수 장비를 보호하고 가능한 빨리 전력을 복구하기 위해 선제적 조치로 브루클린 남동부 지역의 전력 공급을 중단했다"[188]고 밝혔다. 이 게시물에서 가장 기이한 부분은 콘에드 스스로 일부러 전력을 차단한 바로 그 주민들에게 '전력 복구'를 약속하는 제목("콘에드는 일부 남동부 브루클린 지역에서 발생한 정전으로 피해를 입게 된 약 3만 3,000명의 고객을 위해 전기 복구에 힘쓰고 있습니다")이다. 콘에드는 가장 필요한 사람들에게 필수적인 냉각 시스템을 차단하여, '필수 장비를 보호'하는 동시에, 스스로 만든 위기의 영웅으로 자리매김했다.

둘째, 이전의 정전과 달리 이들의 논리는 문제가 된다. 콘에드가 브루클린 남동부의 흑인과 갈색인 노동자층의 거주 지역을 브루클린의 나머지 지역과 도시 전체에 적합한 완충 지대로 삼았기 때문이다. 특히 문제가 되는 것은 앞서 언급한 "더 이상의 정전을 방지하고 해당 지역 내 에너지 시스템을 보전하기 위해"라는 문구다. 백인이 상대적으로 더 많고, 더 상업화된 지역의 '필수 장비'와 '에너지 시스템 보전'은 대체로 카나르시와 플랫랜즈보다 우선시되었다. 그들에게 개인 생명의 보전은 안중에도 없었다.

어떠한 생명이라도 위험해질 수 있을 만큼 높은 45°C의 체감온도는 사람들의 생명을 확실히 위태롭게 했다. 특히 그늘이 부족하고, 검은 아스팔트가 넓게 펼쳐져 있으며, 냉방을 제공하는 지역 시설이 부족한 카나르시와 플랫랜즈의 거주민들은 더욱 취약했다. 시에서 자체적으로 운영하는 사이트인 '환경 및 건강 데이터포털Environment & Health Data Portal'은 "뉴욕시에서 폭염 관련 질병이나 사망의 위험은 표면 온도가 높고 녹지 공간이 적은 지역 및 역사적 인종차별과 분리를 경험한 가난한 유색 인종 거주 지역에서 더 높게 나타난다"[189]라고 지적한다. 흑인 거주민은 뉴욕시 전체 거주민의 22%를 차지할 뿐이지만, 뉴욕시 전체 열사병의 약 **절반**이 흑인에게서 생긴다.[190] 콘에드가 완충 지대로 삼은 지역의 기반시설은 거주민들을 열사병에 더 취약하게 만들었고, 흑인과 갈색인, 빈곤층의 대다수에게 존재하고 있던 높은 수준의 스트레스와 불안이 그 피해를 더 악화시켰다.

셋째, 이러한 지역은 말 그대로 주변부라서 도시를 위한 돈을 벌 가능성이 적다. 지리적으로 이 지역들은 자치구의 가장자리에 위치한다. 지하철 이용자들에게 불편하지만, 이 지역을 흐르는 전기는 브로드웨이 공연이 다섯 시간 만에 벌 수 있는 '수백만 달러'를 만들어내지 못한다.

요컨대, 콘에드의 논리는 이미 가장 취약한 도시 주변부 지역을 다른 곳에 사는 더 중요한 생명의 편리를 위해, 또 이익을 위해 덜 중요한 것으로 대놓고 못 박은 것이었다. 놀랍게도, 콘에드는 그들의 행동에 대한 어떤 비판에도 아랑곳하지 않는 것 같았다. 그들은 이후 전기 요금 인상을 계획했고, 이는 결국 2020년 1월부터 적용되었다.[191]

2019년 브루클린에서 콘에드가 일으킨 정전은 점점 더워지는 세상이 안고 있는 개인 냉방의 모순된 문제를 확실히 드러냈다. 이 사건은 가장 취약한 사람들을 위해 냉방 시설에 대한 접근이 보장될 필요가 있음을 여실히 보여주었다. 에어컨은 극한 상황에서 그것이 가장 필요한 사람들에게 생존을 위한 도구로 배치될 수 있어야 하며, 배치되어야 한다. 그러나 이는 장기 전략으로서는 매우 비효율적이다. 에어컨을 가동하는 데 필요한 에너지는 세상을 더욱 뜨겁게 만들 뿐이기 때문이다.

하지만 이러한 식의 냉방은 단기 전략으로도 효과가 없다. 에너지가 민영화된 상황이거나 혹은 흑인, 갈색 인종, 노동자층 거주민을 완충재로 여기는 주•에 의해 운영되는 상황에서, 열사병에 가장 취

• 콘에드는 뉴욕주의 규제를 받으면서 공익사업의 역할을 하는 민간 기업이다.

약한 지역사회는 냉방 수단으로 개별적인 가정용 에어컨을 사용하기 어렵다. 에어컨에 접근할 수 있는 사람과 없는 사람은 대체로 인종과 계급에 따라 나뉜다. 누군가가 에어컨을 구입할 여유가 있다 해도, 에어컨을 가동할 에너지는 감당할 수 없을지 모른다. 또 설령 에어컨과 에너지 모두를 감당할 수 있다 해도, 우연이든 고의든 더위를 식힐 힘이 가장 필요한 때인 연중 가장 더운 시기에 보통 발생하는 정전에 직면하면, 에어컨은 아무 쓸모가 없다.

열사병은 점점 더워지는 이 지구에서, 특히 뉴욕시와 같은 도시 환경에서 점점 더 큰 걱정거리가 되고 있다. 이러한 곳의 열섬 효과(녹지가 부족하고, 열을 반사하지 않고 흡수하는 콘크리트나 아스팔트와 같은 표면이 많은 곳에서 더욱 심하게 나타난다)는 인구 밀집 지역의 온도를 11°C까지 올릴 수 있다. 환기가 잘 안되는 아파트와 부족한 녹지가 더해져, 현대의 폭염은 이미 취약한 수십만 명의 생명에 위협이 될 수 있다.

하지만 우리는 앞서 언급한 사회학자 에릭 클라이넨버그의 발견을 기억해야 한다. 도시의 폭염에서 누가 살아남고 살아남지 못하느냐는 우리가 생각하는 것보다 훨씬 더 냉방 장치의 소유 여부와 관련이 없다. 누가 살아남느냐는 해당 공동체의 사회적 회복력과 훨씬 더 관련이 있다. 클라이넨버그는 폭염과 관련된 비상 상황에서 왜 도시의 특정 지역들이 다른 지역들보다 더 강한 회복력을 보이는지를 이해하기 위해 1995년 7월 잔인했던 시카고에서의 폭염을 분석했다. 이 폭염으로 며칠 동안 체감 온도가 38°C를 훨씬 웃돌면서 수백 명이 사망하고, 수천 명의 중환자가 병원 신세를 졌다. 클라이넨버그는 광범위한 자료를 수집하고 개인 인터뷰까지 진행했지만, 고온만으로는 7월 해당 주간의 사망자 수를 설명할 수 없다는 것을 발견했다. 냉방 장치에 대한 개별적 접근성의 부족도 결코 아니었다. 클라이넨버그는 "폭염으로 인한 사망률의 지형도는 도시의 분리 및 불평등의 지형도와 일치했다"[192]고 썼다. 그는 도시의 열 관련 사망에 대한 깊은 이해를 사회 전체적인 문제로 발전시켰다.

사망률이 높은 지역과 상대적으로 회복력이 있는 지역 간의 주요 차이는 그가 '사회적 인프라'[193]라고 부르는 것, 예를 들어 보도나 상점, 공공시설 그리고 사람들을 친구들이나 이웃과 접촉하게 하는 공동체 조직에 있었다. 사망률이 높은 지역사회의 사람들은 "그들이 흑인이고 가난했기 때문만이 아니라, 그들의 지역사회가 버려졌기 때문에 취약했다(흑인이고 가난한 사람들이 사는 시카고의 다른 지역은 이들보다 훨씬 잘 살았다). 최근 수십 년 동안 주민의 절반 이상이 해당 지역을 떠났다. 이미 취약한 그룹에서의 사회적 고립 정도(친구나 가족과의 연결 끊김)는 도시의 폭염에서 살아남을 수 있을지의 여부를 결정짓는 주요 요인 중 하나였다. 클라이넨버그는 이러한 고립 상태를 초래한 네 가지 경향을 확인했다. 그것은 고령화와 같은 일반적인 인구통계학적 변화, 노인들의 범죄에 대한 편집증, 공공장소 및 적절한 주거지의 감소 그리고 약물 남용이든 가족 관계 단절이든 스스로를 고립시키는 남성들의 경향이었다. 독립과 자급자족에 대한 미국인들의 욕구는 많은 사람들, 특히 남성들이 냉방 시설이 갖춰진 공간을 찾아가거나 도움을 요청하는 것을 회피하게 했다. 폭염이 지나간 뒤, 병원 영안실에는 수백 명의 시신이 찾는 사람 하나 없이 누워 있었다.

그런데 에어컨은 어떻게 된 걸까? 클라이넨버그는 열사병의 절반 정도가 인공 냉방으로 예방될 수 있다는 한 통계를 인용했다. 그 비율에 나는 멈칫하게 된다. **겨우** 절반이라니. 적진 않지만, 그 비율은 내 예상보다 훨씬 적었다. 그래도 수천 명이 남는다. 최근의 콘에드 정전 사태로 비추어볼 때, 그 이유를 이해하는 것은 어렵지 않다. 에어컨은 사용할 때만 유용하기 때문이다. 가뜩이나 고지서 요금을 내기 힘든 사람들은 에어컨 켜기를 더 꺼린다. 게다가 경제적 여유가 있는 사람이라 해도, 클라이넨버그가 말했듯이, 에어컨은 전기가 있어야만 유용하다. 2019년 뉴욕을 덮친 폭염과 마찬가지로 1995년 시카고의 폭염은 대규모의 전력망 장애를 초래했다.

　　클라이넨버그는 이 용어를 사용하지 않았지만, 그가 세심하게 작성한 연구 결과를 읽는 동안 나는 계속 적극적 우생학의 개념, 즉 계획적인 것이든 사회 정책이든 이렇게 하는 것이 옳다는 설득을 통한 것이든 간에, 특정 그룹의 생존과 번식이 적극적으로 장려된다는 생각을 떨쳐낼 수 없었다. 그의 조사에 따르면 특정 그룹은 다른 사람들보다 더 가치 있는 사람들로 여겨졌기 때문이다. 우리가 증가하는 세계의 환경 위기에 대한 해결책으로 제안하는 기술적 해결책은 일부만을 위한 해결책이다. 에어컨은 폭염이 닥쳤을 때 일부 생명을 구하는 데 유용하게 쓰일 수 있지만, 무분별한 냉방의 가동은 폭염으로 인한 대규모 사망 문제를 해결할 수 없다. 문제는 사회적 체제에 있다. 에어컨 같은 기기가 해결할 수 있는 것이 아니다. 에어컨은 냉방 장치를 살 수 있는 사람들이나 인프라가 잘 유지되는 도시 구역에 살 만큼 운이 좋거나 전략적이거나 부유한 사람들만을 위한 해결책이다. 대부분의 도시는 난방처럼 인공 냉방을 권리로 보지 않는다. (적어도 뉴욕시에서 집주인이 세입자의 난방을 거부하는 것은 불법이다. 하지만 냉방은 그렇지 않다.) 이러한 문제들은 구조적이다. 하지만 문제가 구조적이라는 사실이 그것을 계속 부정하는 핑계가 될 순 없다.

어떤 면에서 냉방은 우리의 생존에 매우 중요하게 될 것이다. 하지만 적절한 환경에서 모든 사람이 냉방 시설에 접근할 수 있도록 보장하는 방법을 생각해보는 것도 마찬가지로 중요하다.

앞서 나는 고리가 꿈꾸었던 유토피아를 다시 써보는 것이 중요하다고 언급했는데, 여기에는 두 가지 요구사항이 있다. 첫 번째는 지역사회가 통제하는 재생 에너지 공급의 필요성이다. 에너지 공유화는 취약한 지역사회가 '공익'을 위한 완충 지대의 역할을 하는 것을 방지할 것이고, 기업이 사람보다 이익을 우선시하는 것을 방지할 것이다. 그리고 지역사회가 에너지를 가장 필요로 하는 사람들에게 어떻게 그 에너지를 분배할 것인지 결정할 권한을 줄 것이다.

두 번째는 특히 현 세기 중반까지 세계 인구 절반이 거주할 것으로 예상되는 도시들에서 공공장소를 활성화하는 것이다. 우리는 개인 냉방이 잘못 설계된 건축물에 대한 실제 해결책이 될 것이라 기대해선 안 된다. 대신 우리는 우리의 도시를 에너지가 적게 들고 환기가 잘 되는 건물, 그 안에서 지내기 위해 아무것도 구입할 필요가 없는 공공 냉방 공간, 더 나은 공원 관리와 공원에의 접근성 그리고 인종과 소득으로 여전히 분리된 공간들의 통합에 관심을 가지고 그러한 공간을 재설계해야 한다. (지역의 구분은 그러한 지역을 에너지와 냉방에서 더 단절되기 쉽게 만든다.) 이러한 해결책의 일환으로, 도시는 저소득층 주민들이 공공용수, 즉 해변, 수영장, 스프링클러, 한때 시에서 제공했던 가로등에 설치된 샤워기의 부활, 폭염 시 소화전의 수도를 여는 것처럼 다른 영향을 주지 않으면서 지역에 물을 뿌릴 수 있는 새로운 인프라에 더 쉽게 접근할 수 있도록 해야 한다. 우리 몸에 내재된 증발식 냉각의 원리를 더 잘 활용해보자. 사람들이 더위를 피할 수 있도록 도시의 공간들을 개방하자. 다른 자연재해와 마찬가지로 폭염에 대한 계획을 세우자. "자기 일은 스스로 알아서 해야 한다"는 원칙에서 벗어나 우리 자신이 열린 시스템으로 문제에 접근해보자.

공동체 소유의 에너지와 공공장소의 활성화는 모두 지역사회의 유대를 장려할 것이고, 그렇게 함으로써 생명을 구할 것이다.

이 책의 세 번째 역사 파트를 마칠 때쯤, 코로나바이러스(SARS-CoV-2, 박쥐에서 유래해 인간종에 퍼진 것으로 보이는 바이러스로, 기후 변화를 주도하는 두 가지 과정인 삼림 벌채의 증가 및 산업화 확대와 관련 있을 가능성이 크다)가 지구를 휩쓸기 시작하면서 우리 대부분은 물리적으로 서로 격리되었다. 고립은 우리가 서로 얼마나 긴밀히 연결되어 있는지를 더 명확하게 해주었다. 우리는 말 그대로 서로의 분자들을 들이마시고 있었다(지금도 마찬가지다). 그때 내 머릿속에서는 냉각의 역사 속 사건들이 맴돌고 있었기 때문에, 코로나로 인한 어떤 특정 현상들은 나를 불안하게 했다.

3월 말, 뉴욕시에서 코로나로 인한 사망자가 급증했다. 시신의 수가 시신을 묻을 수 있는 허용량을 초과하기 시작했다. 브루클린 병원 밖에 줄지어 서 있는 냉장 트럭의 사진이 공개됐는데, 내가 사는 곳에서 그리 멀지 않은 곳이었다. 트럭은 임시 영안실 역할을 했다. 그들은 냉장되었다.

4월이 더디게 흘러갔고, 나는 여름이 걱정되기 시작했다. 우리 중 많은 사람이 사무실, 극장, 도서관, 식당과 같이 다른 사람들과 공유하는 시원한 공간에서 무더위를 피한다. 하지만 코로나로 그러한 공간들이 모두 폐쇄되었고, 언제 다시 개방될지 혹은 폭염이 닥치기 전에 개방이 되긴 할지도 확실하지 않았다. 우리 모두 각자 집에 틀어박혀 있었으므로, 나는 우리가 전력망에 더 큰 부담을 주는 것이 아닐까 걱정되었다. 또 역사상 에어컨으로 인한 가장 많은 오염물질을 내뿜는 여름이 되지 않을까도 걱정되었다.

하지만 가장 걱정스러웠던 것은 냉방 장치를 이용할 수 없는 사람들이었다. 늘 취약한 상태에 있는, 이 나라의 거리에 사는 50만 명 이상의 사람들은 이제 훨씬 더 취약해지고, 단절되고, 위험에 노출될 것이다. 무더위 쉼터가 문을 열 것인지, 문을 연다면 입장 인원을 제한할 것인지 확실치 않았다. 인원을 제한하지 않는다 해도, 신종 코로나바이러스에 가장 취약한 노인들이 목숨을 걸고 다른 사람들과 함께 쉼터에서 더위를 피할지도 확실치 않았다.

5월에 접어들면서 빌 드 블라시오 시장은 이미 시의 복지혜택을 받고 있던 저소득층 노인과 공공주택 거주자들을 대상으로 5,500만 달러에 해당하는 7만 4,000대의 에어컨을 지원하겠다고 발표했다.[194] 그리고 이 45만 시민들의 에어컨 사용에 따르는 전기 요금 7,200만 달러를 추가 지원하기로 약속했다. 열사병에 매우 취약한 뉴요커들의 사망을 막을 수 있었던 매우 훌륭한 조치였다. 하지만 클라이넌버

그의 글을 읽고 난 후, 나는 그러한 조치가 병은 고치지 않고 증상만 치료한다는 생각을 하지 않을 수 없었다. 뉴욕시의 저소득층 주택단지는 맞바람을 거의 생각하지 않고 감옥처럼 지어졌다. 라커웨이스에 길게 뻗어 있는 공공주택은 여름 햇볕을 그대로 받는다. 그곳은 그늘을 만드는 나무 하나 없이 검은 아스팔트와 뜨거운 열기만이 가득한 사막과 같다. 도시 주변부와 홍수가 빈번한 곳으로 내몰리는 이러한 공공주택의 위치 또한 문제다. 도시 설계와 인종·계급에 따른 구분이라는 더 광범위한 문제를 처리하지 않는다면, 무료 에어컨은 조기 사망의 가능성을 계속 허용하는 조건을 유지할 뿐이다.

그렇다면 다른 도시들은 어떨까? 대규모 냉방 덕분에 겨울에 찾는 사막 휴양지에서 영구적인 대도시로 변모한 도시, 자칭 '세계의 에어컨 수도'인 애리조나주 피닉스[195]가 저소득층 주민들을 위한 냉방 보조금을 지원할까? 지금까지만 보면, 대답은 아니오다.

드 블라시오 시장의 발표가 있을 때쯤, 버클리 에너지 연구소 Berkeley's Energy Institute는 동일한 수입, 가족 구성원 수, 년도, 거주 도시에서 "흑인 세입자가 백인 세입자보다 에너지 요금을 연간 273달러 더 내고, 흑인 주택 보유자가 백인 주택 보유자보다 에너지 요금을 연간 408달러 더 낸다"[196]라는 사실을 발견했다. 놀랄 것도 없이 에너지 요금에 대한 부담이 가장 큰 이들은 저소득층 세입자다. 흑인 연구 참가자들의 경우, "지난해에 에너지 요금을 감당하기 위해 적어도 한 달은 기본 필수품을 줄이거나 포기한 비율이 백인보다 50% 더 높았고, 집 온도를 건강에 좋지 않을 정도로 유지한 비율이 40% 더 높았으며, 지난해 적어도 한 달은 요금을 내지 못해 에너지 공급이 중단된다는 통보를 받은 비율이 백인의 약 2배에 달했다".[197] 요컨대, 흑인 가구가 유사한 상황에서 백인 가구와 동등한 에너지에 접근할 수 있는 것처럼 보인다 해도, 도시의 반흑인적 에너지 인프라는 복합적으로 백인 거주민보다 비백인 거주민에게 계속 더 큰 부담을 준다.

7월쯤, 공중보건 당국과 과학자들은 에어컨이 실내에서 코로나바이러스를 확산시킬 수도 있을 가능성을 생각하기 시작했다. 눈에 보이지 않을 정도의 아주 작은 비말이 에어컨 바람을 타고 바이러스를 전파할 수 있는지에 대한 역학 관계는 불확실한 상태로 남아 있었다. 따라서 이 불확실성에 대한 최선의 대응은 집에 머무는 것이었다. 질병통제예방센터는 경고를 무시하고 실내 모임을 갖는 경우, 적절한 환기를 위해 바깥으로 통하는 창문과 문을 열 것을 권고했다.

8월, 새로운 학기가 시작됨과 동시에 기묘하게도 오랫동안 잠자고 있던 학교 내 환기와 교실의 이상적인 공기에 대한 논쟁이 다시 시작되었다. 새로운 세대의 오픈에어크루세이더스가 교원 노조의 형태로 집결하여 공립학교의 위험한 실외 공기 부족에 대해 주의를 환기하는 시위를 벌였다. 전국의 많은 교사가 교실 창문을 열 수 없다는 것을 알게 되었다(그러니까 교실에 창문이 있기라도 하다면). 교사들은 교육부가 학교에 적절한 환기 장치를 제공하지 않으면 파업하겠다고 위협했다.

그리고 잔인했던 2020년 말, 즉 새로운 바이러스가 처음 발견되고 1년이 지난 후 백신(더 정확히 말하자면 효과가 있을 것으로 예상되는 여러 가지 백신)의 형태로 희망이 찾아왔다. 백신이 이처럼 빠르게 만들어진 경우는 지금껏 단 한 번도 없었다. 두 가지 백신이 미국에서 승인되었다. 하나는 미국의 다국적 제약 회사인 화이자Pfizer가 독일 회사인 바이온텍BioNTech과 공동 개발한 백신이었고, 다른 하나는 좀 더 작은 회사인 미국의 제약 및 생명공학 회사 모더나Moderna가 만든 백신이었다. 두 백신 모두 몇 주 간격으로 접종해야 했고, 두 번째 접종 후에는 코로나 예방에 약 95% 효과가 있는 것으로 여겨졌다.

그러나 두 백신 간에는 결정적인 차이가 하나 있었다. 유통이 시작된 후, 모더나 백신은 30일간 약 2°C에서 8°C 사이의 일반적인 냉장고에 보관할 수 있었다. 백신에 대한 이러한 요구사항은 그다지 특별한 것도, 충족하기 어려운 것도 아니다. 반면 화이자-바이온텍 백신은 선적부터 주사 직전까지 −70°C의 극저온 상태를 유지해야 했다. 화이자 백신은 드라이아이스(보통 약 −78°C)와 함께 특수 용기에 담겨 운송되었지만, 장기 보관을 위해서는 병원과 특수 실험실에서나 사용하는 초저온 냉동고가 필요했다. 화이자 백신에는 재력이 있는 사람들, 즉 부유한 사람들만이 이용할 수 있는 '저온 유통 체인'이 필요하다는 것이 빠르게 분명해졌다. 2021년의 초기 몇 달간, 초저온에 접근할 수 있는 힘은 좀 더 쉽게 면역력을 확보할 수 있게 되었다.

말하자면, 하나의 전 세계적 위기는 또 다른 세계적 위기를 분명히 안심할 수 있는 것으로 바꿔 놓았다.

12

현재진행형 기후 위기

2019년 1월 1일 HFC 냉매의 생산을 단계적으로 감축하는 키갈리 개정안이 발효되었다. 65개국이 이제 HFC에서 멀어지고 있었지만, 협상 과정 중 조약에 미친 그 막대한 영향력에도 불구하고 미국은 여전히 개정안을 비준하지 않았다. 세계의 다른 많은 나라가 HFC 생산을 단계적으로 감축하면 미국의 냉매 가격은 확실하게 뛸 것이 분명했다.

　　키갈리 개정안의 비준은 환경운동가들뿐만 아니라 에어컨 업계와 많은 공화당 의원들의 공개적인 지지를 받았다. 캐리어사를 포함한 한 냉매 관련 단체는 키갈리 개정안을 비준하면 미국이 "2027년까지 추가로 3만 3,000개의 일자리와 125억 달러의 연간 경제 생산량을 늘릴 수 있을 것"[198]이라고 주장했다. 물론 케무어스와 허니웰은 HFC가 없으면 그들의 새로운 HFOs가 더 많은 수익을 낼 수 있기 때문에 HFC의 단계적 감축을 지지했다. 거의 모든 사람이 미국 상원의 비준이 모든 당사자에게 이득이 될 것이라는 데 동의했다. 그러나 트럼프 정부는 키갈리 개정안을 끝내 상원에 보내지 않았다. 덕분에 그 4년 동안 전 세계의 120개국이 개정안을 비준했음에도 불구하고, 미국에서 HFC의 운명은 여전히 불확실한 것으로 남아 있었다.

2020년 11월 조셉 바이든Joseph R. Biden이 당선된 후, 트럼프의 키갈리 개정안 비준 여부는 별 상관이 없어진 듯했다. 바이든은 오바마의 기후 질서를 회복하고 파리 협정에 다시 참여할 것을 맹세했다. 마틴 긴스버그가 말한 대로 미국의 진정한 상징이 정말로 진자라면, 진자가 다시 한번 흔들리는 것 같았다. 우리는 진자 이미지의 의미를 진지하게 생각해볼 필요가 있다. 줄 하단에 매달린 진자는 좌우로 흔들릴 수 있지만, 중심축은 상단에 고정된 상태로 유지된다. 같은 구조로 단단히 고정되어 어떠한 방향으로도 움직이지 않는다. 바이든의 환경에 대한 약속도 이전의 많은 대통령이 그랬듯 기업의 강요로 그 밝기가 약해질까?

그런데 바이든이 집권하기도 전인 12월 중순, 116차 의회가 끝날 무렵 예상치 못한 일이 벌어졌다. 경제를 황폐화한 전염병이 여전히 유행 중일 때, 상원은 자국민과 사업체의 '구제'를 위한 대규모 지출 법안의 조건을 협의하고 있었다. 하지만 협의가 마무리되기 전부터 해당 법안이 일반 국민에게 의미 있는 재정적 지원을 할 수 있을지 혹은 법안이 통과되기나 할지 의심스러워 보였다. 그러다 12월 14일, 뉴욕주 민주당 상원의원이자 원내대표인 척 슈머Chuck Schumer가 그들이 법안에 대한 초당파적 합의에 거의 이르렀을 뿐만 아니라, 공화당 상원의원인 와이오밍주의 존 바라소John Barrasso와 루이지애나주의 존 케네디John Kennedy가 민주당 상원의원인 델라웨어주의 톰 카퍼Tom Carper와 함께 작성한 에너지 관련 법안을 지출 법안에 포함했다고 발표했다. 슈머는 다음과 같이 말했다. "이 법안을 통해 우리는 HFC 감축 합의를 향한 매우 큰 진전을 이루었습니다. 우리는 그 일을 끝낼 것이며, 이는 아주 오랜 시간에 걸친 지구온난화와의 싸움에서 거두게 될 가장 큰 승리 중 하나가 될 것입니다."[199]

며칠 후, 상원은 9,000억 달러 규모의 경기 부양 법안을 통과시켰다. 재정적으로 큰 규모의 여러 지원 대책이 포함된 이 일괄 법안은 내용이 무려 5,593페이지에 달해, 한 사람이 전체 내용을 읽기란 거의 불가능했다. 이 거대 문서의 중간쯤에는 미국 혁신제조법American Innovation in Manufacturing, AIM이라 불리는 법안이 거의 죽은 듯이 포함되어 있었다(한 친구가 지적한 바에 따르면, 음식점과 경주마 소유자를 위한 세금 감면 사이에 끼어 있었다). 미국 혁신제조법은 미국이 향후 15년 동안 HFC 생산을 85%까지 단계적으로 줄일 것을 요구한다. 그리고 멕시켐 대 환경보호국의 재판 결과 환경보호국이 잃었던 HFC의 규제 권한을 회복시킨다. 트럼프는 법안에 대한 거부권을 행사하겠다고 으름장을 놓았지만(그가 반대하는 이유 중 하나는 법안에 당시 노예 소유 연맹의 지도자들의 이름을 따 지어진 미군 기지의 이름을 바꾸는 조치가 포함되어 있었기 때문이다), 결국 법안에 서명했다.

그로부터 한 달 후, 취임 7일째에 바이든은 키갈리 개정안을 상원으로 보낼 것을 명령했다.

CFC의 사후세계를 현재 진행 중인 지금 이 순간으로 이해하면, 우리는 개별적 인간의 수준에서 경험할 수 있는 시간의 척도로 지구의 환경 위기가 어떻게 진행되는지를 알 수 있다. 그것은 내가 태어나 겪는 큰 위기이고 그 끝을 본다면 아주 행운일 것이다. 우리는 오 존 위기를 '바로잡아야 할', 즉 '때워야 할' 구멍으로 보는 경향이 있지 만, 이 두 단어가 나타내는 의미는 훨씬 더 복잡하다. 오존 위기는 꺼 야 할 마이크나 펑크 난 자전거 바퀴가 아니다. 그것은 흐트러지기 시 작하는 데 수십 년이 걸렸고 회복하는 데 수십 년이 걸릴 역동적인 대기 시스템의 문제다. 계속되는 기후 훼손이라는 훨씬 더 어려운 문 제에 직면해 있는 지금, 우리는 이를 기억해야 한다.

오존층의 느리고 고르지 못한 회복은 우리가 몹시 취약하다 는 사실을 일깨워준다. 전반적으로 감소하고 있는 지구의 기후 안정성 도 마찬가지다. 그렇다 해도 취약함의 정도에는 엄청난 차이가 있음을 기억해야 한다. 더욱 곤란한 사실은, 이러한 차이(일부 지역에 사는 사람 들은 다른 사람들보다 더 취약하다)가 우리 모두를 더욱 취약하게 만든 다는 것이다. 서로에게 취약하고, 우리 자신에게 취약하고, 세상에 취 약하게 한다.

솔직히, 우리는 늘 위험과 죽음과 종말에 취약했다. 우리의 취 약함은 새로운 것이 아니다. 새로운 것은 미국인들이 자신의 취약함 을 부인한다는 점이다. 미국의 취약성은 값싼 노동력과 천연 자원의 폭력적 추출에 기반한 경제체제로 인해 더욱더 심해졌고, 미국이 휘 두르는 독특한 문화적 패권으로 인해 훨씬 심한 독성을 띠게 되었 다. 새로운 것은 우리가 이 취약성을 다시 학습하는 상황이다. 수십 년 동안 우리는 우리 스스로 예외적이고 영속 가능한 존재로 여겨왔 지만, 미국인들은 이제 우리가 자유라고 부르는 것의 한계에 직면해 있다.

오존층의 지속적인 회복은 또한 우리의 성공이 전적으로 우리의 것이 아니라 우연한 것임을 일깨워준다. 실패도 마찬가지다. 지구차원에서 봤을 때, 우리의 행동은 하나하나가 개방된 시스템에 스며든다. 노벨화학상을 수상했으며, 철학자 이사벨 스텐저스Isabelle Stengers와 함께 우리의 시간 개념에 비춘 열역학의 의미에 관해 책을 쓴 일리야 프리고진Ilya Prigogine에 따르면, "평형 상태(폐쇄계)는 드물고 위태로운 상태"[200]다. "불멸"[201]의 시스템, 즉 폐쇄계는 "(그것을 둘러싼) 환경과의 추가적인 상호작용 없이 무한히 고립되고 유지될 수 있다". 우리 세계의 많은 상호작용을 정확하게 설명하는 것은 닫힌 시스템이 아니라 열린 시스템이다. 프리고진과 스텐저스는 다음과 같이 썼다. "생물학적 세포나 도시를 살펴보면, 상황은 상당히 다르다. 이러한 시스템은 열려 있을 뿐만 아니라, 열려 있기 때문에 존재한다. 그들은 바깥 세계에서 오는 물질과 에너지의 흐름을 먹고 산다. 우리는 어떤 결정체crystal를 격리할 수는 있지만, 도시와 세포는 주변 환경과 단절되면 죽는다. 그들은 그들이 자양분을 뽑아내는 세계의 필수적인 부분을 형성하며, 그들이 끊임없이 변화시키는 흐름과 분리될 수 없다."[202] **그들은 열려 있기 때문에 존재한다.**

하지만 이런 식으로 생각하는 미국인은 거의 없다. 자기 자신이나 블록, 도시, 국가 등 경계를 어떻게 정의하든, 우리의 존재가 경계 바깥의 존재에 의존한다고는 생각하지 않는 것이다. 미국인들은 상호의존적인 현실을 인정하기보다 스스로 독립적이라 생각한다. 우리가 모두 교외에 사는 것은 아니지만, '**내 집, 내 거리, 내 구역이 안전하면 나도 안전하다**'는 교외의 미사여구는 우리의 생각을 오염시킨다. 우리가 시리아의 가뭄에 대해 어떤 관심을 가져야 할까? 지구온난화는 기근을 유발했고, 기근은 그들을 우리 국경으로 내몬 내전을 유발했다. 시리아의 이민자들이 연방정부에 망명을 신청할 때, 우리는 지구온난화에 대한 우리의 책임을 인정할까? 아니면 폐쇄계에 대한 근거 없는 믿음을 고수하며 우리(지구상에서 1인당 에너지 소비가 가장 높은 국가)의 에너지 소비가 그들의 고통을 촉발했다는 사실을 부인할까?

지구상에 있는 소수 사람의 행동이 물 부족과 기근, 초대형 폭풍, 대량 멸종을 일으키며 지구 반대편에 있는 사람들의 삶을 형성하고 있다. CFC-12의 궤적은 우리가 대륙이나 국가, 주별로 깔끔하게 구분되어 있지 않음을 보여준다. 원하든 원하지 않든, 우리는 국경이 열린 세상에 산다. 지구온난화를 통해, 우리는 악몽과도 같은 데자뷔처럼 이를 재발견하고 있다. 우리는 아마 앞으로 결코 알게 될 일이 없을 사람들과 장소에 엮여 있다.

우리의 비행기는 날개에 문제가 있다. 사실 수 세기 동안 그랬다. 미국의 문화 및 법적 교리는 우리 중 많은 이가 생존하려면 자신의 얼굴에 산소마스크를 쓰기만 하면 된다고 생각하도록 속였다. 그러는 동안, 비행기는 곤두박질친다. 우리는 취약함의 차이를 해결하지 않고는 회복을 바랄 수 없다. 우리가 남극의 구멍에서 발산되는 보이지 않는 자연의 폭력에 주의를 기울인다면, 긴 회복 과정은 우리가 그 문제를 잊지 못하게 할 것이다.

아이러니하게도 우리는 취약성을 인정함으로써, 실제로 문제를 해결할 수 있을지 모른다. 힘의 차이를 인정함으로써 우리는 개인의 편안함과 안전에서 대중의 편안함과 안전으로, 근본적인 상호 의존과 공동체 기반의 지지로 초점을 옮겨야 한다는 것을 깨닫기 시작할지 모른다. 우리는 회복할 수 있다. 우리는 모두 지구의 활동적인 기상 막을 공유하고 있으므로, 우리 중 가장 취약한 사람들에게 가해지는 불안이라는 위협은 우리 모두에게도 위협이 된다. 우리가 역사 속에서 배웠어야 할 교훈이지만, 우리 대부분은 형편없는 역사가들이다.

그렇다 해도 이러한 방법은 CFC가 일으킨 것보다 더 심각한 것으로 보이는 현재의 기후 비상사태를 완전히 해결하진 못할 것이다. 우리는 취약한 사람들이 덜 취약해지도록 보장할 정책, 지금 살아 있는 모든 이들과 우리 뒤에 올 모든 이들의 형평성을 보장할 엄격하고 정의로운 정책이 필요하다. 취약성을 인식하는 것만으로는 기후 위기를 해결할 수 없다. 하지만 그와 동시에, 그러한 인식 없이 어떻게 기후 위기를 해결할 수 있을지 모르겠다. 나는 이러한 인식에 이르는 것이 앞으로의 해결책을 구현하는 것보다 훨씬 더 어려운 일이라고 생각한다.

이러한 생각이 너무 비관적인 것으로 들릴지도 모르겠다. 하지만 나는 이것이 사실 근본적인 희망이라고 생각한다. 오존 구멍은 **회복되고 있다**(내가 현재진행형 시제로 강조하는 과정이다). 아직도, 여전히 오존 구멍은 회복되고 있다.

이 문제를 빠른 해결책을 통해 '고칠' 수 있는 것으로 보는 대신, 지금도 진행 중인 기후 훼손과 느리고 고된 회복을 인정한다면, 우리는 이미 근본적으로 다른 세상으로 잘 나아가고 있는 것이다. 어떤 면에서 이러한 인정은 변화다. 우리는 말 그대로 (냉방 시스템의 경우든, 또는 결과적으로 무분별하게 확산된 도시의 경우든) '이상적인 날씨'를 결정짓고 강요하는 인프라를 거부할 수 있다. 우리는 이러한 일을 혼자 하거나 서둘러 하지는 않을 것이다. 우리를 여기까지 오게 한 가정들을 되돌리려면 몇 세대가 걸릴 수 있지만, 그래도 노력할 가치는 있다. 손들고 세상이 끝나가고 있다고, 비행기가 추락하고 있다고, 우리는 옆에 앉은 사람을 도울 힘이 없다고 주장하는 사람들(그렇게 함으로써 다른 세상을 위해 노력해야 할 모든 책임에서 벗어나려는 사람들)에게 단언컨대, 우리 중 일부는 그런 식으로 편하게 생각하지 않는다.

프레온 회수 업자
샘과 그의 일에 관하여
Ⅲ

처음에는 과장된 이야기처럼 들렸다. 중서부의 시골 오지에 어마어마한 양의 프레온을 가진 유명한 회수업자가 있다는 것이다. 그는 2차 시장에 내다 팔기 위해 몇 년에 걸쳐 오래된 전자 기기와 냉매를 수집했다. 예를 들면 중고 냉각 기기, 빈티지 자동차, 냉난방 및 환기 장치, HFC-134a, HCFC-22, 그리고 수백 kg이 된다고 소문난 CFC-12와 같은 것이었다. 그는 이 업계에서 인맥이 좋았고 존경도 받았다. 게다가 물건을 어디서 더 구할 수 있는지도 알고 있었다. 그는 자신을 '아이스맨Iceman'이라 불렀다.

샘이 냉매를 처음 구하러 다니기 시작했을 때, 그를 추적하는 것은 그리 어렵지 않았다. 아이스맨은 시카고에서 몇 시간 거리의 외곽에 살고 있었다. 아이스맨은 샘의 다른 거래자들과 달랐다. 그는 누군가와 사업을 같이하지 않았다. 그는 전적으로 혼자서 냉매를 회수해 돈을 벌었다. 샘은 그것이 그가 알려진 것보다 더 많은 냉매를 갖고 있음을 뜻하는 건지 궁금했다. 그는 샘에게 언제든지 들르라고 말했다. 왕복 8시간, 기름값과 배기가스, 181kg 정도의 CFC-12, 가는 길에 할 수 있는 한두 번의 거래, 다음 행선지에 대한 제보 등 필요한 계산을 모두 마친 후 샘은 그를 찾아 떠날 만한 가치가 있다고 생각했다. 그는 아이스맨을 만날 약속을 했다.

아이스맨은 주요 고속도로에서 멀리 떨어진 곳에서 살았다. 고립된 곳이었다. 샘은 그때쯤 외진 곳에서 낯선 사람들을 만나는 데 익숙했지만, 목적지에 가까워질수록 왠지 그의 불안감은 커져만 갔다.

샘이 처음 나에게 그 이야기를 들려줬을 때, 나는《미국의 민주주의Democracy in America》의 저자인 알렉시 드 토크빌Alexis de Tocqueville 이 쓴 구절 하나가 떠올랐다. 1835년 프랑스에서 미국을 방문한 토크빌은 미국의 시골 주민들에 대해 다음과 같이 썼다. "모든 것이 그들의 노력을 거부하는 황야의 한가운데에서, 서른도 안 되는 그들은 서로에게 증오와 의심의 눈초리만 드리운다."[203] 마치 단테의 〈지옥편〉 서막에서처럼, 토크빌은 자신에게 충격을 준 미국을 서로 조화되지 못하는 거대한 욕망의 불길로 묘사했다. 남북전쟁이 일어나기 25년 전부터 토크빌은 우리가 지금도 곳곳에서 느낄 수 있는 불협화음에 주목했다(땅은 믿었지만 이웃은 믿지 않았다). 그는 "피부색, 빈곤과 편안함, 무지와 계몽은 이미 그들 사이에 무너뜨릴 수 없는 벽을 만들었다. 국가적 편견, 교육과 출생에 대한 편견은 그들을 분열시키고 고립시킨다"고 자세하게 설명했다. 이 구절은 희망을 사라지게 한다. 소위 민주주의 국가로 시작한 지 60년 만에, 미국은 '이미' '무너뜨릴 수 없는 벽'에 의해 '분열되고 고립된' 국가가 된 것이다(토크빌은 확실히 놀라워했다). 그 벽 중에서도 으뜸은 서로 깊은 연관성이 있는 피부색과 편안함에 대한 접근성이었다. 거의 200년이 지난 지금 나는 이 글을 읽으면서 궁금해졌다. **그동안 무엇이 바뀌었나?**

샘이 (고물상에 더 가까운) 그 집 앞에 차를 세웠을 때, 그는 이 거래가 늘 하던 식으로 성사되진 않을 거란 예감이 들었다. 아이스맨의 집은 녹슨 냉장고, 가스탱크, 산업용 냉각 장치 그리고 다른 잡다한 기계 등 쓰레기처럼 보이는 물건들이 가득 찬 뒷마당과 연결되어 있었다. 진짜 쓰레기 더미를 뒤지는 사람의 집이었다.

샘은 (분명히 아이스맨으로 보이는) 덩치 큰 백인 남자가 서 있는 진입로에 차를 세웠다. 키가 크고 덩치가 커서 그런지 아이스맨은 온종일 손을 이용해 일하는 자에게서 나오는 일꾼의 기운, 샘의 표현에 따르면 '장대하고 위협적인' 기운을 가진 사람으로 보였다. 샘이 차에서 내렸다. 그는 폴로셔츠와 멋진 청바지(그가 이제는 초심자의 실수로 여길 옷차림)를 입고 있었다. 곧 아이스맨이 적대적인 태도로 샘에게 다가왔다.

그는 단도직입적으로 탄소 상쇄 크레딧을 얻기 위해 그 물건을 파괴할 것인지 물었다. 샘이 늘 하던 반쪽짜리 이야기를 들려주었지만, 아이스맨은 많은 것을 알고 있었다. 물건을 파괴할 겁니까? 프레온 사업을 시작할 때, 샘은 대놓고 이러한 질문을 받으면 다음에 무슨 일이 생기더라도 솔직하게 대답하기로 마음을 먹었다. 샘은 그에게 그렇다고, 우리는 그것을 파괴할 거라고 대답했다.

그는 자신의 우람한 덩치를 보란 듯이 내밀며 샘에게 자신의 소유지에서 나가라고 말했다. 아이스맨은 '탄소꾼'에게 물건 팔기를 거부했다. 이대로 8시간 왕복 운전을 한다면 시간과 힘, 돈, 인내심을 완전히 허비한 셈이 될 것이다. 거래 실패. 아이스맨은 같은 말을 반복했다.

하지만 어떤 이유에서인지, 아마도 초심자의 객기겠지만, 샘은 아이스맨이 가진 적대감의 근원이 무엇인지 알아보기로 했다. 프레온이 어떻게 되든 왜 신경을 쓰는 거죠? 아이스맨은 샘을 가리키며 '탄소꾼들'이 자신의 사업에 끼어들고 있다고 말했다. 탄소꾼들은 시골 시장에서 가치 있는 물질을 파괴하고 있었다(낭비였다). 샘이 그 냉매로 트랙터를 채운다면, 그것은 괜찮았다. 하지만 아이스맨은 샘을 보자마자 그가 '탄소꾼'이라는 것을 알아차렸다.

샘은 탄소꾼과 회수업자의 차이가 무엇인지 물었다. 샘은 자신 역시 사업가이며, 이 물건은 나나 당신이나 모두 거래하는 실용적이고 유연한 통화라는 점을 지적했다. 그는 아이스맨에게 솔직히 만약 당신이 다른 회수업자, 심지어 더 큰 회사에 냉매를 판매한다 해도, 배출권 거래 시장의 수익성이 점점 좋아지고 있기 때문에 그 회수업자 역시 크레딧을 위해 냉매를 팔 것이라고 말했다. 샘은 자신은 숨김없는 거래를 원할 뿐이며, 결국 둘은 같은 이유로 거래를 하는 것이라고 말했다. 그렇다. 그는 4시간 동안 운전을 해서 갔고, 다시 4시간에 걸쳐 시카고에 있는 아내에게 돌아가야 했다. 그리고 그렇다, 그는 특별히 일리노이주의 전설적인 아이스맨과 거래하기 위해 거기까지 갔다. 샘은 그에게 약속한 대로 현금으로, 그것도 시장가보다 훨씬 더 높은 금액을 치를 생각이었다. 그렇지만 이런저런 상황을 고려해본 후, 샘은 만약 아이스맨이 CFC-12든 뭐든 아무것도 팔고 싶어 하지 않는다 해도 이해할 수 있었다.

어떻게 된 건지 완전히 이해하지도 못한 채, 샘은 탄소 시장과 프레온 파괴에 관한 아이스맨의 속사포 같은 질문에 급작스럽게 대답하고 있었다. 아이스맨은 기후 변화, 탄소 배출권, 환경보호국, 환경에 대한 샘의 생각 등을 다그치듯 물었다. 아이스맨은 샘에게 자신이 '탄소계'에서 홀대받았다고 말했다(그는 그 이유를 구체적으로 설명하지는 않았다). 샘은 인내심을 갖고 그의 모든 질문에 분명하고 솔직하게 대답하려고 노력했다.

신기하게도, 그들은 균형을 찾았다. 아이스맨은 샘이 집까지 오랫동안 운전하고 가야 한다는 사실을 고려했다. 그리고 결국 샘에게 CFC-12를 팔기로 했다. 그는 자신과 같은 사업가를 빈손으로 집으로 보내는 것은 옳지 않다고 생각했다.

샘이 수백 kg의 CFC-12 탱크를 트럭 뒤에 싣고 있을 때, 아이스맨이 그에게 다가와 말했다. "알겠지만, 다음에 이런 거래를 또 할 수도 있을 거요. CFC-12를 좀 더 구하면, 내 연락을 드리겠소."

놀랍게도, 그 거래 이후 아주 오래 사업적인 관계가 시작되었다. 아이스맨은 몇 달에 한 번씩 181kg에서 227kg 정도의 냉매를 파괴용으로 팔았다. 나중에 아이스맨은 샘을 위해 0.5톤의 CFC 탱크를 찾아주기까지 했는데, 탱크 높이가 약 152cm나 되었고, 둘레는 팔로통을 다 감싸지도 못할 정도였다.

천천히, 시간이 지남에 따라 그들의 관계는 두터운 우정으로 발전했다. 아이스맨은 샘을 그의 집으로 초대해 1950년대와 60년대에 만들어진 흔치 않은 파스텔 색상의 빈티지 핀볼 기계와 싸구려 탄산음료가 들어 있는, 물론 그가 비축한 냉매로 냉각되는 자동판매기 등 그가 모은 오래된 물건들을 보여주었다. 샘은 이 중서부의 벌목꾼과 함께 핀볼게임을 했고, 그때마다 아이스맨은 그를 완파했다.

샘과 아이스맨의 좋은 관계는 한동안 지속되었다. 아이스맨이 녹기 전까지는 말이다.

샘과 처음 이야기를 시작했을 때, 나는 배출권 거래제를 지금도 여전히 계속되는 기후 훼손에 대한 성공적인 해결책으로 보고 싶었다. 나는 자본주의 시장이 탈출구를 제시해주기를 바랐다. 하지만 나는 이제 이러한 생각이 잘못된 것이라고 본다. 이러한 조치는 기껏해야 계속 제자리걸음을 하게 할 뿐이고, 최악의 경우에는 우리를 여기까지 이끈 바로 그 경제체제를 더욱 발전시킬 뿐이다. 배출권 거래제는 비틀린 논리로 작동한다. 이는 오염물질 파괴를 위한 시장을 만든다. 말하자면, 오염물질을 위한 시장을 만드는 것이다.

나는 샘과 그 일에 관해 대놓고 솔직하게 이야기한 적이 없었기 때문에, 전화 통화가 끝날 때쯤 단도직입적으로 물었다. "CFC-12를 파괴하는 일이 기후 변화에 맞선 싸움에서 중요한 변화를 만들고 있을까?"

그가 잠시 뜸을 들였다. 그리고 마침내 무거운 침묵을 깨고 대답했다. "만약 내가 지적으로 정직하다면, '아니'라고 대답할 거야." 그러고는 소리 내어 웃었다.

당황스러웠다. 그의 대답이 아니라 대답의 명료함 때문이었다. 충격적이었지만, 의심의 여지가 없었다.

그는 회사의 규모를 생각하면, 그것은 '대단한 성과'이며, 오존을 고갈시키는 지구온난화 가스를 4만 5,000kg 이상이나 파괴하도록 도운 것은 '놀라운 일'이라고 설명했다. 그러나 샘은 늘 그렇듯 파괴하는 일은 우리를 더 불지옥으로 이끌 뿐이라는 것을 알고 있었다. 개인의 기업가 정신은 우리가 필요로 하는 시스템적 변화를 가져오지는 못할 것이다. 정치 경제의 구조가 지금 그대로이고 지구 생태계에 대한 우리의 윤리적 관계가 이대로 유지된다면, 행여 샘과 같은 사람들로 구성된 작은 군대라 해도 장기적으로는 별 성과를 거두지 못할 것이다. 문제는 화학물질이 아니다. 문제는 에어컨을 살 것인지, 사용할 것인지가 아니다. 문제는 다른 사람들에게 미치는 동적인 영향을 이해하지 않고 우리가 그렇게 할 수 있게 하는 구조적, 문화적, 경제적, 정치적 가치관이다. 문제는 소유물, 즉 땅과 인간 외적인 세계(숲, 초원, 안정적인 기온 등)를 **자산**으로 여기는 우리의 사고방식이다. 사실, 내가 왜 '인간 외적인 세계'까지 구체적으로 명시하게 되었는지 모르겠다. 우리는 서로에게, 우리 자신에게도 그러한 사고방식을 적용한다. 문제는 우리가 모든 것을, 심지어 우리가 숨 쉬는 공기의 온도까지도 상품화했다는 것이다.

이러한 문제에 대한 대안이 불가능하거나, 이상주의적이거나, 비실용적이거나, 터무니없는 것으로 보인다면, 이는 우리의 사고가 완전히 현재 시스템 안에 갇혀 있음을 나타낸다. 우리는 그 안에 너무 심하게 갇혀서 우리에게 단 하나의 세상만 있다고 확신한다. 그것이 우리를 둘러싼 정치 경제의 핵심이다. 배출권 거래제는 이러한 상황을 더 심화시킬 뿐이다. 배출권 거래제는 우리가 지구나 서로를 어떻게 여길지에 대해 아무것도 바꾸지 않는 빠른 해결책에 불과하다.

이 결함이 있는 시스템 안에서 샘은 자신이 업계에 환경을 오염시킬 권리를 팔고 있다는 사실을 알고 있다. 그는 그 문제를 안고 사업을 한다. 성공적인 해결책을 위해 꼭 청렴결백할 필요는 없지만, 이는 청렴함의 문제가 아니다. 배출권 거래제는 혼돈을 초래하는 바로 그 구조적 가치를 강화한다.

그렇다면 그가 하는 일은 무슨 쓸모가 있을까? 샘은 몇 가지 생각을 이야기했다. 우선, CFC 파괴 사업은 광업과 건설업 같은 산업의 탄소 영향을 상쇄하는 유한한 자원을 제거하기 위한 꽤 괜찮은 조치다. 이는 그 근원에서부터 문제를 막진 못해도, 공기가 오염되는 것은 막는다. 샘은 이 일을 더 급진적인 환경 목표를 위해 노력하고 있는 다른 사람들에게 시간을 벌어주는 것으로 보았다. 그는 배출권 거래제가 내세우는 한도를 지구온난화의 원인을 해소하기 위한 해결책으로 보는 동시에, 유한하게 비축된 CFC-12를 제거하기 위한 효과적인 방법으로 보았다. 배출권 거래제는 물질의 파괴나 오염 방지를 장려하는 것으로 작동한다. 지금도 어딘가에서 제조되는 물질이나 이산화탄소, 메탄과 같이 지구의 생태계에서 자연적으로 발생하는 다른 화학물질과 함께, 이 제도는 업계가 그들의 이득을 위해 악용하는 허점을 만들어낼 수 있다. 그렇지만 CFC-12의 전면 생산 금지와 불법 제조에 대한 세계적 감시는 CFC-12를 이런 식으로 이용하기는 어렵게 만든다. 배출권 거래제는 CFC-12를 지구상에서 조금씩 없애는 데 **효과**가 있다. 지구상에서 최악의 물건으로 여겨지는 물질이란 점을 감안하면, 그리 나쁜 성과는 아니다.

샘은 또한 그의 일이 문제를 꼭 혼자 해결하는 것이 아니라 어떤 종류의 시스템이 문제 해결에 어떻게 도움을 줄 수 있는지를 보여주는 것임을 상기시켰다. 만약 그와 회사 동료들이 한 일이 다른 사람들로 하여금 그들만의 다른 방법으로 오염을 방지하도록 자극했다면, 샘에게는 그것이 더 중요했다. 샘에게 그 일은 허무주의에 대한 저항이었다. 그것은 특정한 시대정신의 창조와 관련이 있었다.

샘과 수년 동안 이야기를 나누면서, 나는 전략과 패러다임, 사고방식과 윤리적 관계 면에서 그와 의견이 일치하지 않는다는 사실을 발견했다. 그러한 의견 차이는 장기적인 어떤 목표보다도 우리의 다른 일상적 영역에서 더 많이 비롯되었다. 하지만 나는 그가 가진 현실주의적 신념, 체현된 실천을 통한 급진적 희망에 감탄했다. 조리 그레이엄Jorie Graham은 그녀의 시 〈사물들이 작동하는 방식The Way Things Work〉[204]에서 이를 훌륭히 표현한다. "사물들이 작동하는 방식은/ 그것들이 거기에 존재하고, 공통적이며/ 그들 자신을 보여줄 수 있다고/ 마침내 우리가 믿게 되는 방식이다." CFC-12 탱크는 마치 일종의 환영처럼 샘에게 '우리가 없어도/ 스스로 열리는/ 욕망의 대상'으로서 자신의 모습을 드러냈다. 샘은 효과가 없다 해도 효과가 나타날 때까지 그 일을 계속할 것이었다. 그레이엄의 글이 이어진다. "사물들이 작동하는 방식은/ 무언가가 결국/ 붙잡는다는 것이다."

이는 희망적이고 마법 같은 생각, 근거 없는 믿음으로의 초대가 아니라, 극단적인 불확실성 앞에서 실제적인 구조적 조직과 결합하는 확신의 힘이다. 불확실성은 두려움만큼이나 희망과 급진적 변화에 필요한 조건이다. 그것이 바로 현실적 희망이 작동하는 방식이다. 활동가 드레이 맥케슨DeRay Mckesson은 희망적 사고와 급진적 희망을 구분한다. 그가 2017년 인터뷰에서 말했다. "우리는 희망을 가져야 합니다. 하지만 마법 같은 희망과 노력을 통한 희망에는 차이가 있습니다. 마법 같은 희망은 사실 아무런 의미가 없습니다. 하지만 노력을 통한 희망(우리는 사람들이 꿈을 실현하기 위해 노력하기 때문에 우리의 내일이 오늘보다 나아질 수 있다는 것을 안다), 그것이 우리를 헤쳐 나가게 합니다."[205]

하지만 희망을 모델링하는 것조차도 샘이 자신의 진짜 일이라고 여기는 것에 비하면 부차적인 것이다. 진짜 일은 내가 직접 목격한 것이다(사실 이미 멤피스와 미시시피, 루이지애나와 뉴올리언스의 시골에서 목격했다). 샘은 때로 이 일을 통해 환경 좌파의 적으로 여겨지는 사람들과의 관계를 회복하기도 했다. 전부는 아니지만 샘은 많은 경우에 지구온난화의 실상을 제대로 알리는 것뿐만 아니라 그들의 마음도 돌릴 수 있었다. 대부분의 미국인은 기후 변화의 현실을 부정하지 않지만, 그렇다고 상당한 에너지를 들여 기후 변화에 대해 무언가를 하는 사람도 좀처럼 찾아보기 힘들다. 샘은 우선 강한 유대를 형성함으로써 놀라운 수의 미국인들(이전에 환경 폭력과 그 영향을 가장 많이 받는 이미 취약한 공동체를 부정하거나 무시하거나 어깨를 으쓱했던 사람들)이 우리 모두에게 영향을 미치지만 각기 다른 정도로 영향을 미치는 기후 변화를 인권 문제로 보도록 설득할 수 있었다. 몇몇 사람들과는 인종적 정의, 형평성, 기업 비판에 대한 문제로 더 깊이 대화를 이어나갈 수도 있었다. 그는 그가 거래한 많은 사람에게 우리 모두 이 위협에 매우 중대한 이해관계가 있으며, 이 일이 우리의 세상을 현재와 미래의 훨씬 더 많은 사람에게 좋은 세상으로 바꿀 기회를 준다고 확신시

컸다. 환경 정의를 다루기 위한 가장 효과적인 조치는 국제법에서 나와야 하겠지만, 이는 밑에서부터 충분한 압력과 요구가 있을 때만 가능할 것이다.

샘은 일찍부터 자신이 하는 일이 실질적 영향력은 몰라도 사회적 영향력은 강력할 수 있다고, 어쩌면 생각보다 더 강력할 수도 있다고 생각했다. 미국인들이 그 어느 때보다도 양극화되어 있다는 말을 듣는 시대에 나는 이것이 놀라운 일, 더 나아가 꼭 필요한 일이라는 사실을 깨달았다.

롭의 회사에서 일하던 마지막 해에, 샘은 CFC-12를 구하러 일리노이의 시골에 갔고, 마침 근처에 간 김에 아이스맨에게 전화를 걸었다. 팔 만한 물건이 좀 있나요? 늘 있지.

샘은 아이스맨에게 잘 지내는지 물었다. 아이스맨은 망설였다. 그는 샘의 공손한 태도를 솔직하게 대답할 기회로 삼았다. 그리고 잘 지내지 못한다고 조용히 대답했다. 나흘 전 그는 췌장암 진단을 받았다. 의사는 그에게 앞으로 3주에서 3개월 사이의 시간이 남았다고 말했다. 육체적으로, 그는 지독히 좋지 않았다.

그 소식을 들은 샘은 충격에 빠졌다. 지난 2년 반 동안 아이스맨과의 우정은 그에게 관계를 통한 지역사회 복구의 희망을 주었고, 무능한 연방정부의 엉성한 냉매 관리 방식을 보여주었으며, 전혀 다른 세계에 사는 두 성인이 어떻게 다른 지구, 즉 전혀 다른 가능성으로 가득한 미래를 만들 수 있는지를 알게 해주었다. 샘은 자신이 아이스맨만큼 냉매를 잘 구할 수 없다는 것을 알았다. 아이스맨과의 관계는 완고하고 고집스러운 사람들을 변하게 할 수 있다는 증거이기도 했다. '변화'라는 말로 다른 정치관으로의 강제를 말하려는 것은 아니다. 내가 말하려는 것은, 우리가 세상의 지속적인 위기 속에서 우리 자신의 취약성과 다른 사람과의 상호 의존성을 인식할 때(실제로 정면으로 마주칠 때) 거기에 적응할 수 있는 가능성이다.

그날은 월요일이었다. 샘의 일정은 빡빡했다. 샘은 전화로 아이스맨에게 동료들이 수요일에 들러 CFC-12를 가져올 거라고 말했다. 하지만 다음 날 샘은 그렇게 말한 것을 후회했다. 그는 자신이 직접 아이스맨에게 가기로 했다. 사무실의 모든 사람이 동의했다. 그는 일정을 비웠다.

샘이 길을 떠날 준비를 할 때, 무언가가 그의 기억 표면 위로 떠올랐다. 몇 달 전, 아이스맨이 두 아이를 대학에 보내고 나면 은퇴해서 플로리다로 떠날 것이라고 그에게 말한 적이 있다. 그는 그때가 오면 샘에게 7,000kg에서 9,000kg쯤 되는 많은 물건을 갑자기 팔게 될 것이라고 말했다. 노골적으로 이야기한 적은 없지만, 아이스맨은 샘에게 팔 뜻을 넌지시 비쳤다.

물론 아이스맨이 아프다는 것을 알았을 때 샘은 약속한 프레온에 대해 묻지 않았다. 하지만 그 생각은 계속 그를 따라다녔다. 이제 시간이 된 걸까? 그런데 아이스맨이 그 대화를 기억이나 할까? 어떻게 하면 죽어가는 사람에게 그 이야기를 정중하게 꺼낼 수 있을까? 정말 곤란할 것 같았다. 그렇지만 다른 한편으로 보면, 이 거래는 그의 회사와 위험 물질의 대량 파괴, 아이스맨의 아이들 등 모든 면에서 좋은 기회가 될 수 있었다. 아이스맨이 사망했을 때, 어쩌면 샘이 아이들의 교육비 마련에 도움이 될 수도 있었다. 거래는 가족의 재정적 안정을 보장할 수 있었다.

수요일이 왔다. 샘은 그에게 선물을 하고 싶었다. 하지만 뭘 할 수 있을까? 3개월밖에 살지 못하고, 모든 것을 잃게 될 것을 알고, 갑자기 자신의 죽음을 맞게 된 사람에게 무엇을 줄 수 있을까? 샘은 잠시 그러한 상황에서는 어떠한 물질적 선물도 무의미할 뿐만 아니라 불쾌하게 보일 것 같다고 생각했다.

의미 있는 선물이 딱 한 가지 있긴 했다. 샘은 한가한 시간에 시카고의 한 건물 위에 있는 벌집을 돌보았다. 자연스럽게 그는 아이스맨에게 꿀을 좀 가져다주려고 생각했다. 꿀은 고통에 찬 아이스맨에게 남은 상황이 다르게 전개될 수도 있음을 상기시킬지 몰랐다.

그것은 또한 나에게 다른 의미에서 완벽한 행동으로 보였다. 오랫동안 꿀벌과 벌집은 번창하는 산업과 사업, 협동과 협력, 미래의 좋은 징조를 나타내는 상서로운 상징이었다. 동시에 꿀벌은 종종 민족주의적 열정이나 제국주의적 지배의 상징으로 언급된다. 베르길리우스 마로Vergilius Maro가 《아이네이드The Aeneid》에서 다음과 같이 은유를 통해 북적거리는 젊은 도시 카르타고Carthage를 묘사한 것처럼 말이다. "꽃이 가득한 초원 사이로 햇살 아래 분주히 일하는 초여름의 꿀벌들처럼, 어떤 벌들은 다 자란 꿀벌들을 데려 나오고, 어떤 벌들은 흐르는 꿀을 살뜰히 짜내 벌집을 달콤한 꿀로 채우거나, 꿀을 가지고 돌아온 벌의 짐을 받아준다. 어떤 벌들은 전열을 갖춰 게으른 수벌들을 벌통에서 내친다. 일은 열띠고, 백리향 꿀 향기가 가득하다."[206] 베르길리우스에게(즉 아이네아스Aeneas에게, 우리는 그의 눈을 통해 보기 때문에)

중요한 것은 벌들이 단순히 열심히 일한다는 것이 아니라, **함께** 일한다는 것이다. 이러한 관점에서 벌은 맡겨진 일과 번영하는 도시에 대한 상투적 표현(클리셰cliché)까지는 아니더라도 모델이 된다. 아이네아스는 카르타고를 생산성의 모델로 본다. "벌써 도시를 일으키다니, 이 얼마나 운 좋은 이들인가!" 이제 막 자신의 도시 트로이를 잃은 아이네아스가 외친다.

언뜻 보면 아름다운 감상으로 보일 수 있지만, 나는 이에 회의적이다. 이는 제국주의적 환상이다. 실제로 아시리아에서 아메리카에 이르는 제국의 역사는 강제 노동을 기반으로 세워졌다. 문자 그대로 그리고 사실상 노예제가 미국을 건설했고 지탱한다. 이는 미국인들이 무척이나 잊고 싶어 하는 사실이다. 제국 건설의 역사에서 특이한 경우는 아니지만, 자유의 깃발을 미친 듯이 흔드는 나라, 자유의 기쁨으로 입에 거품을 무는 국가로서는 참 어처구니없어 보인다. 미국에서 엄밀히 말하면 불법이지만, 노예가 된 사람과 노예를 부리는 사람 사이의 역학이 우리의 사업상 관계와 지구 및 생태계와의 관계에서 지속되는 것은 우연이 아니다. 우리는 다른 사람들을 억압하지 않고도 지속될 수 있는 새로운 세상을 만드는 법을 배우지 못했다.

하지만 꿀벌의 이미지는 이보다 더 다의적이다. 꿀벌은 생산성이나 집단적(강제된?) 노동을 의미할 뿐만 아니라, (때로 민족주의적 용어로 구분될지라도) 불멸을 암시하기도 한다. 나는 샘에게 벌들이 옥상에서 시카고의 혹독한 겨울을 어떻게 버티는지 물었다. 그는 벌들이

● 트로이 전쟁의 용사로 로마의 건설자이자 《아이네이드》의 주인공.

함께 모여 공 모양을 만든 다음, 생존을 위해 서로 몸을 진동시킨다고 말했다. 개인적 삶은 아니더라도, 무언가는 지속된다.

차를 타고 가면서 샘은 CFC-12를 사는 것 외에도, 그의 회사에서 사업 파트너 연락처, 장비 그리고 기타 냉각 물질에 대해 아이스맨과 그의 가족에게 보상할 수 있는 방법을 생각했다. 그러나 아이스맨의 집 진입로에 들어섰을 때, 그는 사유지에 주차된 대형 트럭들을 발견했다. 트럭 옆에는 대형 재생업체 중 하나의 이름이 쓰여 있었다. 그들은 아이스맨에게서 엄청난 양의 냉매를 사고 있었다. 그는 너무 늦었다.

샘이 아이스맨에게 걸어가자 아이스맨은 그를 반갑게 맞았다. 그는 아직 팔아야 할 냉매가 수백 파운드나 남았다고 말했다. 그것도 꽤 많은 양이지만, 아이스맨이 그 60배에 달하는 냉매를 갖고 있었다는 사실을 알고 있었던 샘으로서는 실망스럽기 그지없었다. 그는 큰 기업으로부터 더 좋은 가격을 제시받은 것 같았다. 상황으로 봐서 샘이 더 많은 양을 요구하는 것은 적절치 않아 보였다.

샘은 아이스맨과 대형 회수업체들과의 관계가 궁금해졌다. 그 관계도 샘과 아이스맨의 관계만큼 친밀했을까? 샘은 아이스맨이 대형 회사 사람들에게 더 뻣뻣하게 군다고 생각했는데, 그들은 지금 조립 라인 방식으로 탱크를 옮기고, 그것들을 거대한 트럭에 싣고 있었다. 샘은 조심스레 냉매 7통을 혼자서 트럭 뒤에 싣기 시작했다. 좀 떨어져 있긴 했지만 국영기업 직원들 옆에 있으니 샘은 자신이 작게만 느껴졌고, 심지어 아마추어처럼 느껴지기까지 했다.

트럭에 짐을 모두 실은 샘은 아이스맨에게 걸어갔다. 가는 길에 그는 다른 트럭 안을 살짝 엿보았다. 그런데 운반대 위에 쌓여 있는 탱크는 그가 생각했던 CFC-12가 아니라 HCFC-22와 HFC-134a였다. 아이스맨은 대형 업체에 다른 냉매를 팔고 있었다.

아이스맨은 그들과의 거래를 마무리하기 시작했다. 그들은 탱크를 모두 실었고, 트럭 뒷문을 닫은 다음, 샘과 아이스맨만 남겨 둔 채 떠났다.

트럭이 시야에서 사라지자, 샘은 아이스맨에게 어떻게 지내는지 물었다. 아이스맨은 대답 대신 샘을 가만히 바라보았다. 그는 많이 여위었고, 광대뼈 위로 피부가 늘어져 있었다. 그는 샘을 아내에게 소개했다. 그동안 그들은 한 번도 만난 적이 없었다. 샘은 그녀가 남편만큼 위협적일 거로 생각했지만, 그녀는 샘을 아주 반갑게 맞아주었다. 샘은 그들에게 꿀을 주었다. 두 사람은 아주 고마워하며 웃었다.

그런 다음 아이스맨이 샘을 쳐다보며 말했다. "자, 이제 일 얘기를 좀 합시다."

그는 샘에게 자신의 거래처 정보를 아내에게 전달했다고 말했다. 앞으로 CFC-12 거래는 모두 아내가 맡게 될 것이다. 아이스맨은 남아 있는 CFC-12를 샘과 샘의 회사에 모두 넘길 것을 분명히 했다. 그리고 기다렸던 '기후 변화'라는 문제를 화제로 꺼냈다. 아이스맨은 샘이 수년 동안 자신에게 그 문제에 관해 이야기해왔다고 말했다. 그는 마침내 기후 변화가 자신에 관한 문제가 아니며, 그것이 진짜인지 중요한 것인지의 문제도 아니라는 것을 깨달았다. 기후 변화는 현재와 미래에 다른 사람들이 살 수 있는지에 관한 문제였다. 그는 모두에게 충분한 냉매가 있다고 판단했다. 대형 회수 업체와 탄소꾼 모두에게 충분한 양이었다.

놀랍게도, 아이스맨의 주위로 남자다움을 과시하며 둘러쳐져 있던 벽이 무너져 내렸다. 아이스맨은 그들의 파트너십이 그에게 많은 의미가 있었다고 고백했다. 그는 샘을 알고 지내면서 더 나은 사람이 되었다고 느꼈다. 샘도 마찬가지였다. 그들은 처음 만났을 때의 긴장감에 관해 이야기하며 웃었다. 아이스맨은 샘을 신뢰함으로써 더 이해심 많은 사람이 될 수 있었음을 인정했고, 죽음을 앞둔 지금 한 가지 후회되는 점은 다음 세대를 가르치기 위해 더 많은 일을 하지 않았다는 것임을 인정했다. 아이스맨은 자신이 샘에게도 많은 것을 가르쳐준 것 같다고 말했다. 정말로 그랬다. 그는 샘에게 가전제품, 장비, 업계 그리고 샘이 전문가의 자부심을 가지고 지킬 비밀인 CFC-12를 어디서 구할 수 있는지에 관한 매우 귀중한 현장 정보를 알려주었다. 그 외에도 그는 수량화하거나 분명히 설명할 수 없는 많은 것을 그에게 가르쳐주었다.

그들은 악수를 했다. 아이스맨은 이제 샘에게 감정을 억누르듯 단호히 함께 일해서 즐거웠다고 말했다. 샘은 그가 곧 좋아져서 다시 일할 수 있기를 바랐다. 아이스맨은 고개를 저었다. 그는 감정을 싣지 않고 아니, 이걸로 끝이라고 말했다. 그는 이미 대학생인 아이들과도 작별인사를 했다고 했다

샘은 불현듯 깨달았다. 샘은 자기 삶의 끝을 볼 수 있는 한 남자의 얼굴을 들여다보고 있었다. 우리는 대개 병상에 누워 있는 노인이나 환자의 얼굴에서, 혹은 전쟁에 나간 젊은이의 얼굴에서(드물게

는 두 발로 멀쩡히 서 있는 사람의 얼굴에서) 이를 본다. 샘의 표정에서 그러한 감정이 드러난 게 틀림없다. 그 순간 아이스맨이 갑자기 그를 잡아당겨 꼭 끌어안았기 때문이다. 샘은 그가 포옹을 할 거라곤 생각도 못 했지만, 그는 샘을 따뜻하게 안아주었다.

그들은 작별 인사를 했다. 샘은 떠나려고 몸을 돌렸다. 그가 트럭으로 걸어갈 때, 아이스맨이 그에게 소리쳤다. "우리 아빠는 늘 내게 말씀하시곤 했어. 그러니까 저 위에 사는 신이라 해도 에어컨을 바꿔야 할 거라고 말이야."

어느 날 저녁, 나는 마을 사람 중 1명을 마주쳤다.…
그는 내가 어떻게 수많은 생활의 편리함을 포기할 수 있었는지 물었다.
나는 그저 그런대로 괜찮아서였을 뿐이라고 대답했다.
농담이 아니었다.

- 헨리 데이비드 소로Henry David Thoreau, 《월든Walden》(1854)

만약 우리가 더 적은 자동차, 더 적은 나이트클럽
그리고 더 적은 밍크코트를 소유한다면 어떨까.
일부 미국인들의 이러한 금욕이 전쟁을 막고
중국 아이들을 충분히 먹일 수 있다면,
우리는 기꺼이 희생을 감수할 것인가?

- W.E.B. 뒤부아W.E.B. DuBois, 《평화는 위험하다Peace Is Dangerous》(1951)

개인적인 편안함 뒤에는 무엇이 올까

1970년대부터 나사는 전 세계의 오존 두께를 색깔별로 나타낸 지도를 발행해왔다. 따뜻한 색은 오존층이 두껍고 정상적인 지역을 나타낸다. 차가운 색(파란색, 남색, 진한 자주색)은 오존이 거의 없어 자외선의 양이 많은 지역을 나타낸다. 이 지도는 무척이나 나를 겁먹게 한다.

　　이와 관련해 나사의 웹사이트에 있는 3D 애니메이션은 몬트리올 의정서가 없었다면 지구에 무슨 일이 일어났을지를 보여준다.[1] 2개의 지구가 1979년부터 2065년까지 시간의 흐름에 따라 나란히 회전한다. 왼쪽에 있는 지구에는 '우리가 예상하는 세상'이라고 쓰여 있다. 이 그림은 지난 40년간 기록된 오존 수치와 향후 50년간 예상되는 오존 수치를 반영한다. 1979년부터 미래까지 지구가 회전함에 따라 지구 아래에 있는 오존 구멍이 남색으로 요동치는 것을 보고 있자니, 마치 조난 신호처럼 삐 하는 신호가 들려오는 듯하다. 마침내 연도가 2020년대와 2030년대, 40년대, 50년대, 60년대로 넘어가자 지구는 다시 무지개색을 거쳐 노란색 비슷한 색으로 안정화된다. 나는 이 일련의 과정의 시간적 범위가 인간의 수명을 넘어선다는 것을 깨닫는다. 아직 가야 할 길이 먼 사건이다.

1979년부터 1987년까지 오른쪽 지구(몬트리올 의정서까지의 실제 데이터를 반영한 지구)는 왼쪽 지구의 거울상처럼 회전한다. 그러나 1987년 이후, 지구는 푸른 나팔꽃, 짙은 쪽빛의 낭아초 그리고 마침내 등나무의 그늘로 어두워진다(각각의 꽃 색깔이 나타내는 자외선은 지구를 파괴했을 것이다). 2065년, 지구는 변함없이 회전하고 자줏빛으로 물든다. 세상은 오싹할 정도로 정체된다.

나사 웹사이트의 한 연구원은 우리가 1990년대에 CFC의 생산을 중단하지 않았다면, 지금쯤 우리에게 도달하는 자외선의 양은 병원에서 금속 기구를 살균하는 데 쓰는 양의 6배가 되었을 것이라고 말한다. 우리의 피부는 햇볕을 쬐면 단 5분 만에도 화상을 입을 수 있다. 이는 먼 미래의 이야기가 아니라 오늘, 바로 지금의 이야기다. 피부를 가린다 해도, 해변이나 스키장에서의 하루가 우리를 실명에 이르게 만들 수 있다. 해변에서라면 채 하루도 걸리지 않을 것이다. 화상은 머리를 하늘로 곧바로 향한 채 길을 걸을 때도 입을 수 있다. 보이지 않는 자외선의 화살은 면역체계를 악화시킬 수 있고, 그렇게 되면 인체는 질병과 감염에 취약해진다. 이미 전례 없는 바이러스 감염의 확산에 대비하고 있는 온난화된 세상에서 우리의 자연적 방어체계는 무너질 것이다. 자외선의 증가는 극한의 환경에서도 살아남을 수 있는 유기체를 제외한 모든 유기체를 말살시킬 것이다. 살아남는 유기체는, 예를 들어 오존층의 보호 없이 우주의 진공상태에서도 생존할 수 있는 완보동물 같은 미시 생명체로 제한될 것이다. 아마도 완보동물은 새로운 지질학적 시대인 이끼 새끼돼지Moss Piglets와 남극 이끼Antarctic Lichens의 시대를 탄생시킬 것이며, 이로부터 완전히 새로운 생명의 계통이 수천만 년에 걸쳐 진화할 것이다.

다행히도 우리는 무슨 일이 일어났을지 정확히 알 수 없다. 하지만 지구 멸망의 이 간략한 스케치에서 중요한 것은 오존층의 부재로 생기는 변화가 인간이란 생명체를 그대로 남겨 두지는 않을 것이라는 점이다. 마치 메스의 표면을 소독하는 의사처럼, 지구는 우리를 깨끗이 닦아내야 할 수많은 균으로 보고 지구에 기생하는 우리를 직접 제거하려 할 수 있다.

오른쪽 지구에는 우리가 피한 세상이라고 쓰여 있다.

우리는 그러한 세상을 성공적으로 막았고, 이는 사실이다. 우리는 분명히 많은 사람에게 고통이 되었을 세상을 막은 것을 축하해도 된다. 몬트리올 의정서와 그 개정안의 성공으로 우리는 **이** 세계, 평소와 다름없는 사업이 유지되는 세계, 우리를 기후 불안정의 혼돈 속에 가둬 온 바로 이 세계의 불안정성과 직면하는 것을 피할 수 있었다. 여기서 평소와 다름없는 사업은 냉매 파괴의 사업이다. 미국은 애초에 각각의 냉매가 기후에 어떤 영향을 미칠지 심각하게 생각하지 않고 냉매를 교체해왔다. 우리가 과거로부터 배우지 못했다는 것은 급격히 변화하는 기후에 직면한 현재 상황에서 지구 공학을 앞으로의 유일한 길로 보는 일부 사람들을 보면 확실히 알 수 있다. 기후를 통제하려는 우리의 시도가 우리의 손아귀를 벗어났을 때, 어떤 사람들은 우리가 하고 있는 일에 의문을 제기하기는커녕 더 권위적인 통제로 기후를 더 잘 통제할 것을 제안한다. 더 완전한 지배는 늘 우리의 목표였고, 그 목표는 우리를 현재의 위기로 이끌었다. 왜 그러한 목표가 지금 우리를 어떻게든 이끌 것으로 생각하는가?

오존 위기는 미국을 그 한계에 직면하게 했다. 어느 편에도 서지 않는 초당파적 지구가 우리와 정면으로 마주 선 것이다. 오존 위기는 눈부신 태양 빛을 반사하는 거울처럼 우리 자신의 취약성을 드러냈다. 오존 위기는 우리가 세상의 모든 사람과 상호의존적 관계에 있다는 사실을 보여주었다. 오존 위기는 하늘에 낸 구멍만큼이나 우리의 영속적인 불패 신화에 금이 가게 했다. 하지만 우리는 그 균열을 직시하지 않고 외면했다. 우리는 우리의 한계(모든 사람과 개인의 삶을 위해 특정 생활 방식을 지속할 수 없다는 것)를 받아들일 기회를 놓쳤다. 우리는 우리 중 가장 취약한 사람들만큼만 강하다는 것을 이해할 기회를 놓쳤다. 지구상에서 죽음에 가장 가까이 내몰린 사람들(흑인, 갈색인, 원주민, 빈곤층, 여성, 동성애에서 여성역과 생물학적 성에 불응하는 사람들, 장애인, 남반구의 많은 사람들)도 인도주의적 지구에서 예외적인 사람들이 아니다. 권력을 가진 자들이 계속해서 만들어내는 그들의 취약성은 지구상의 소수 인구에 다양한 물질적·정신적 편안함을 지속시킨다. 이 소수에는 미국에 있는 많은 사람들, 심지어 자신이 편안함의 생산에 연루되었다고 생각하지 않는 많은 사람들도 포함된다.

오존층 파괴 위기의 여파로, 우리는 문제의 근원에 대한 비판적 성찰 없이 일시적으로 세상의 물리적 파괴를 피했다. 그것을 피하는 과정에서, 우리는 취약함과 편안함을 이중으로 계속 만들어내기 위해 우리의 기반시설, 가치관, 경제체제, 통치 방식에 혁신을 일으키는 것도 피했다. 그 회피는 이제 우리가 피해야 할 또 다른 세상을 우리에게 제시했다. 그런데 이 세상은 피하기가 훨씬 더 어렵다.

21세기의 문제는 쾌적선comfort line[●]의 문제다.² 누가 편안해져야 하고, 그때 다른 사람들이 치르게 될 대가는 무엇일까?

나는 "인종차별은 더 이상 문제가 되지 않는다"는 어리석은 말이나 이제는 편안함의 문제가 우선이라는 말을 하려는 것이 아니다. 내가 말하려는 바는 시인 리키 로렌티스Rickey Laurentiis가 쓴 다음과 같은 구절에 잘 표현되어 있다. "문제는/ 그야말로/ 선이기 때문에/ 금세기의 문제는 여전히 인종에 따른 차별이다." 많은 미국인이 다른 사람들과의 의존적 관계를 잘 인식하지 못한다. 백인 중산층에 의해 20세기 미국에서 그처럼 설득력 있게 정의된 편안함은 이제 이 인구집단을 넘어 확장되는 모델로, 빈곤층, 백인이 아닌 사람들, 그렇지 않으면 취약한 사람들 그리고 실제로 인간 이외의 많은 생명체의 생존과 상충한다. 기후 변화의 영향은 우리에게 우리의 물질적인 이득이 현재의 다른 사람들뿐만 아니라 미래 시민들의 희생에서 비롯된 것임을 보여주고 있다. 현재의 위기를 쾌적선의 관점에서 보면, 인종 간 불평등, 자원 부족, 불균등한 발전, 환경과 관련된 인종차별, 번성하는 백인 우월주의, 빈부격차, 성차별, 해로운 남성성, 채취산업의 폭력적 영향 등 현대 석유자본주의petrocapitalist가 안고 있던 기존의 많은 문제가

● 앞에서 정의한 편안함을 느낄 수 있는 선 외에, 인종차별을 뜻하는 color line 을 빗댄 표현이다.

얼마나 더 악화했는지를 이해할 수 있다. 이러한 문제들은 생태학적으로 연결되어 있다.

이와 함께 역사적으로 미국인들이 당연하게 여기는 물질적 편안함 없이 살아온(실제로 그러한 것들을 부정해온) 인도, 중국, 인도네시아 같은 나라들의 중산층이 늘어나면서 이들 나라의 수억 명에 이르는 사람들이 이제 에어컨을 포함해 많은 것을 원하고 있다. 어떻게 해야 할까? 미국인들이 그 나라의 사람들은 이러한 편안함을 누릴 권리가 없다고 주장하는 것은 잔혹한 위선 행위다. 안락함을 누릴 권리는 누구에게나 있다. 우리의 집단행동이 생태계 붕괴를 일으키지 않는 무한한 세상에 살고 있다면, 이러한 편안함을 전 세계적으로 누리면 되지 않느냐고 볼 수도 있다. 하지만 우리는 무한한 세상에 살고 있지 않다. 나는 편안함의 획득이 자격의 문제라고 생각하지 않는다. 이 문제에 접근할 때 중요한 것은 누가 편안함을 누릴 **자격**이 있느냐가 아니라 **누구의 관점에서 편안함을 정의하느냐**다. 문제는 한때 편안함을 거부했던 인구집단이 이제 편안함을 누리고 싶어 한다는 것이 아니다. 문제는 백인 중산층 미국인의 편안함(개인주의, 사회적 지위, 개인의 안전을 목적으로 정의하고 결과적으로 이러한 것들을 더욱 강화하는 에너지 집약적인 물질적 편안함)에 대한 시각이 전 세계 많은 사람이 원하는 모델이 되었다는 것인데, 이는 어느 정도 인간이 역사적으로 하나의 집단으로서 함께 살아온 다른 방식들을 뒤로하고 지워버렸기 때문이다.

이러한 이유로 나는 에너지 효율이나 탄소 포집의 기술 발전이 우리를 마법처럼 해결책으로 인도해 위기를 해결해줄 것이라고는 믿지 않는다. 대신 그 해답은 비판적 성찰 없이 편안함을 취하는 데 있는 것이 아니라, 편안함에 대한 우리의 정의를 확장하거나 변화시키는 데에 있다고 생각한다. 이 세상을 더욱 위험하게 만들 뿐인 확실한 안전이라는 우리의 순진한 환상을 깨부수는 데 있으며, 우리 행동의 상호 의존성을 인식하는 데에 있다.

　미국인 자신의 지배적인 의식은 지역적이든 세계적이든 더 나은 공동체를 건설하기 위한 수단으로서가 아니라 개인을 위한 목적 그 자체로서의 개인적인 편안함에 기반을 둔다. 이러한 의식을 탄생시킨 경제체제와 마찬가지로, 개인의 편안함(다른 특정 집단의 거부에 따라 그 획득이 결정되는 일종의 상품)은 우리를 서로 경쟁하게 한다. 그렇다면 이 딜레마에서 짜낼 수 있는 유일한 질문은 이미 내가 앞서 언급한 것과 같다. "누가 편안해져야 하는가?" 그러나 이 질문은 이미 곤란한 답으로 귀결될 운명이다. 백인이건 흑인이건, 미국이건 중국이건, 중산층이건 노동 계층이건, 우리와 그들 중 누가 편안해질지 선택해야 한다면 우리는 이미 졌다. 이는 잘못된 질문이고 잘못된 이분법이다.

　미국 문화는 불쾌함을 다른 사람들에게 해를 입혀서라도 피해야 할 것으로 낙인찍었다. 우리는 불쾌함이 왜 생기는지 비판적으로 생각하는 대신, 버튼을 누르거나 제품을 구매하여(또는 제품 구매를 **피함으로써**) 불쾌함을 해결하도록 배웠다. 하지만 불쾌함은 지구의 거대하고 역동적인 기후 체계가 우리에게 전달하는 중요한 정보다. 우리 몸에 귀를 기울이거나, 우리가 일하고 거주하는 형편없이 설계된 건물에 의문을 제기하거나, 적절한 업무 복장으로 여겨지는 것에 대한 문화적 규범에 저항하는 대신, 쾌적 지대 안에서 우리는 이상적이고 밀폐된 환경을 정성 들여 구축함으로써 불쾌함으로부터 자신을 단절하는 쪽을 택했으며(실제로 매일같이 선택한다), 동시에 그와 같은(불편한) 지식을 우리가 덜 중요하다고 생각하는 집단, 무지에 대한 선택권이 없다고 생각하는 집단에 퍼뜨렸다. 이러한 결정이 매번 혹은 대부분 의식적으로 내려지고 있다고 말하는 것은 아니지만, 이에 대한 관심 부족은 문제가 될 수 있다.

　육체적 편안함은 수 세기 동안 특정한 정신적 편안함(특히 백인과 중산층의 편안함)과 함께 작용해왔다. 예를 들어 나는 사회학자 로빈 디안젤로Robin DiAngelo의 《백인의 취약성: 왜 백인은 인종주의에 대해 이야기하기를 그토록 어려워하는가White Fragility: Why It's So Hard for White People to Talk About Racism》에 '편안함'과 '불편함'이라는 단어가 얼마나 많이 나오는지 보고 놀랐다. 디안젤로는 직장에서 반인종차별 교육을 받은 백인 참가자들이 얼마나 자주 인종주의에 대해 이야기하는 '불편함을 위험한 것으로…잘못 인식하는지'[3]를 설명한다. 교육에 참여한 한 백인 여성은 자신의 인종 차별적이고 무신경한 태도에 대한 안젤로의 피드백을 듣고 심장마비를 일으킬 뻔했다고까지 했다. 디안젤로는 "백인의 균형은 인종적 편안함, 중심성, 우월성, 자격 의식, 인종적 무관심, 부주의로 이루어진 보호막"이라고 썼다. 이 균형은 부분적으로는 물질적 안락함과 균질한 실내 환경에 의해 유지된다. 그리고 "인종적 현상 유지는 백인들에게 편하며, 그 편함을 유지한다면 우리는 인종 간의 관계에서 앞으로 나아가지 못할 것"이라고 썼다. 우리는 불편함과 위험을 구분하지 못했기 때문에 세상을 훨씬 더 위험한 곳으로 만들었다. 이 위기에서 벗어나려면 편안한 세상 속의 우리는 불편함을 감수하기 시작해야 하고, 불편함을 없애는 대신 불편함을 생산적으로 유지하기 위한 대대적인 연습을 시작해야 한다.

불편함에 대한 미국인의 이러한 혐오는 역사에 대한 우리의 접근 방식으로 이어진다. 우리가 조상들의 문제를 물려받는 것은 살아 있는 역사의 신비한 메커니즘 중 하나다. 철학자 페터 슬로터다이크는 "인간은 자신들만의 기후를 만든다. 그러나 그것은 스스로 선택한 상황에서 자유의지로 만들어지는 것이 아니라, 발견되고 주어지고 전해지는 것"[4]이라고 썼다. 지리적 면에서의 기후뿐만 아니라 인종 및 문화적 기후도 마찬가지다. 그는 "모든 죽은 기후의 전설은 악몽처럼 살아 있는 사람들의 기분을 무겁게 한다"고 썼다. 그렇다 해도 역사는 스티븐 데달루스˙가 바라는 것처럼 우리가 떨쳐낼 수 있는 악몽이 아니다. 역사는 과거가 아니다. 우리의 역사는 말 그대로 대기 중에 존재한다. 대기가 품고 있는 냉매는 먹거리와 약을 얼리고, 피부를 식히고, 우리가 즉각적인 죽음을 맞지 않도록 막아주는 얇은 보호막을 만든다. 대기는 소위 역사적 진보와 가속화 욕구의 부산물, 즉 우리가 반쯤은 이 행성의 궤도 너머 어딘가로 우리를 데려갈 것이라고 기대했던(허사였다) 모터와 파이프들이 내뱉은 가래로 가득 차 있다. 역사는 무시되어선 안 된다. 예술가 데이비드 워나로비츠스David Wojnarowicz의 말을 빌리자면, 역사는 밤에도 우리를 깨어 있게 해야 한다. 우리의 역사를 더 잘 이해하는 과정은 불편함을 가져올 것이다. 사실 나

● 제임스 조이스James Joyce의 자전적 소설인 《젊은 예술가의 초상A Portrait of the Artist as a Young Man》의 주인공.

는 (적어도 유럽계 미국인이 생각하는 좁은 의미에서) 진정한 편안함이 더는 가능하지 않다고 믿기 시작했다. 20세기 중반의 전쟁 이후 음울한 철학자 테오도르 아도르노Theodor Adorno는 "자신의 집에서 편안함을 느끼지 않는 것은 덕행의 일부"[5]라고 썼다. 세 번째 밀레니엄을 지나는 지금 불편해하고, 불안해하고, 괴로워하는 것, 어떻게 우리가 그러지 않을 수 있겠는가?

    미국인들은 에어컨이 필요하고 에어컨 없이는 살 수 없다고 느낄 수 있다. 그럴 수 있다. 하지만 우리는 필요에 대한 생각을 뒤집을 수도 있다. 스스로 폭력을 부르지 않은 낯선 이들에게 우리가 폭력의 가능성을 높이는 이유가 단순히 생존 때문은 아님을 우리는 인지해야 하지 않을까? 그렇지 않다면, 즉 그러한 앎이 세상을 살아가는 데 꼭 필요한 부분이 아니라면, 그러한 사실을 알면서도 편안하게 살 수 있는 우리는 대체 어떤 사람들인가? 에어컨을 상충하는 두 가지 필요 중 하나로 본다면, 우리는 어떤 것을 선택해야 할까? 우리는 그 선택과 함께 살아갈 수 있을까? 왜 우리는 한쪽 선택으로만 살 수 있다고 생각하고 다른 쪽 선택으로는 살 수 없다고 생각할까? 왜 우리는 우리의 에너지가 가난한 사람들과 그런 사치에 접근하지 못하는 사람들을 강탈하는 소비 지향적인 에너지라는 사실을 알면서도, 결국은 시원한 환경에서 사는 것이 우리에게 더 좋다고 생각할까? 왜 우리는 우리의 판단이 우리의 윤리와 우리의 관계를 왜곡하지 않는다고 생각할까? 우리가 낯선 사람에게 이런 짓을 할 수 있다면, 친구에게도 할 수 있을까? 우리는 여름마다 고생했고, 몇 년간 신중한 시행착오를 한 끝에 에어컨이 필요하다는 결론에 도달한 걸까? 아니면 에어컨 전원을 끄고 겨우 5분간 땀을 흘렸다고 에어컨이 필요하다고 주장하는 건가? 우리는 우리 자신의 한계에 대해 무엇을 알고 있나? 우리는 어디까지 밀어붙일 용의가 있나?

나는 쾌적선의 중요성을 강조하는 것은 아니지만, 우리가 모든 편안함을 포기하고 고통스럽게 살아야 한다고 이야기하는 것도 아니다. 순교자적 고통을 옹호하려는 것이 아니란 말이다. 우리가 단순히 에어컨 사용을 중단한다면, 많은 사람이 진짜 더위의 위험에 노출될 뿐만 아니라 편안함에 대한 좁은 정의가 남게 된다. 이 문제의 근원은 단순히 열적 편안함이 아니라 편안함에 대한 좁은 의미의 정의다. 우리가 개인적인 편안함에서 멀어지는 것을 희생으로 보는 한, 우리는 문제에 정면으로 부딪치지 못한다.

분명히 말하자면, 나는 에어컨이나 냉동고, 냉장고의 사용을 반대하는 것이 아니다. 환경 정의의 핵심은 거주민에게 수동적 또는 저에너지 냉방을 제공할 수 있는 에어컨이 설치된 공공장소 및 주택에 대한 접근을 용이하게 하는 것이다. 이 점에서 나는 에어컨이 "의학적 지시를 받은" 사람들에게 "다른 약물과 마찬가지로 처방"되어야 한다는 그윈 프린스의 의견에 동의한다. 좀 더 많은 사람이 냉방 시설을 이용할 수 있었다면, 2003년 유럽에 폭염이 닥쳤을 때 사망자가 7만 명에까지 이르지는 않았을 것이다. 하지만 유념해야 할 점은 개인 냉방이 아닌 **공공** 냉방에 대한 접근성이 더 높았다면 그러한 사망은 막을 수 있었다는 것이다. 그렇다 해도 장기적 관점에서의 정의에 필요한 기반시설을 손볼 방법을 찾는 우리가 보기에, 이는 단기적인 해결책에 불과하다. 역사학자 게일 쿠퍼가 지적했듯이, 미국 내 대다수 공간은 마치 우리가 가장 극단적인 기상 조건에 끊임없이 노출이라도 될 것처럼 운용되도록 설계되었다. 역설적이게도 이러한 극단적 조건에 맞춰진 시설은 극단적 상황을 더 극단적인 것으로 만들었다. 우리는 재생 가능한 에너지 절약 시설로의 대대적인 전환이 필요하지만, **소비** 에너지의 현저한 감소가 수반되지 않는 한 지금과 같은 냉각 사업은 환경 파괴를 계속 이어갈 것이다.

　　브루클린에 있는 방 하나짜리 내 아파트에 창문형 에어컨이 두 대나 있다는 걸 알면 놀랄지도 모르겠다. 나는 그중 하나를 중고 시장에서 샀고(예산 안에서 찾을 수 있는 가장 에너지 효율적인 모델이었다), 다른 하나는 이전 룸메이트에게서 받았다. 그러나 2019년을 보내는 동안 나는 에어컨을 딱 이틀만 사용했다. 콘에드가 이웃 동네의 전기를 차단했던, 7월 중 가장 더운 이틀이었다. 나는 더워서 무슨 일이 일어날 것 같을 때만 에어컨을 사용한다. 그렇지 않으면 전략적으로 배치된 선풍기(역시 에너지를 사용하지만, 일반적으로 같은 면적에서 에어컨이 사용하는 에너지의 10% 미만을 사용한다)[6]와 특히 패션 액세서리 역할까지 하는 옛날 부채를 활용하고, 거기에 옷을 거의 걸치지 않거나 가볍게 입으면 그럭저럭 시원하게 여름을 보낼 수 있다. 나는 나의 생산성에 대한 기대치를 낮춰야 했다. 그리고 때로는 누워서 아무것도 하지 않거나 아파트를 빠져나와 산들바람이 부는 공원의 그늘을 찾았다. 밤은 불쾌했고, 자주 잠을 이루지 못했지만, 위험하진 않았다. 코로나 대유행으로 2020년의 여름을 아파트에서 보내는 동안에도, 나는 에어컨을 설치조차 하지 않았다. 오로지 식료품점에서나 에어컨이 주는 찝찝한 불쾌함을 피부로 느꼈을 뿐이다.

나는 이러한 상황이 모든 사람에게 가능하지 않을 수 있다는 것을 안다. 사람은 모두 다 다르고, 필요한 것도 다 다르다. 우리 대부분은 생산성에 대한 기대치를 낮추거나, 살거나 일하는 공간을 떠나거나, 실내에서 옷을 벗고 다닐 수 있는 선택권이 없다(비록 나는 우리 모두가 할 수 있는 방식으로 억압적인 직장 문화에 저항할 것을 주장하지만). 모든 사람은 자신의 욕구를 충족시키기 위해 나름의 쾌적 지대를 결정해야 한다. 이는 하나의 성취로서가 아닌, 우리가 사는 세상을 통으로 개선할 수 있는 종류의 일을 시작하기 위함이다.

내가 내 삶의 이러한 세부적인 사항들을 공유하는 이유는 환경 윤리의 모델로 나 자신을 내세우기 위해서가 아니라(나는 환경 윤리와는 거리가 멀다), 두 가지 중요한 개념을 강조하기 위해서다. 하나는 개인적 편안함에 대한 기대치가 실제로 근본적으로 변할 수 있다는 것이고, 다른 하나는 그럼에도 불구하고 직장 문화를 비롯해 대부분의 미국인이 적극적으로 하루를 보내는 더 큰 기반시설들이 우리가 이러한 사실을 깨닫지 못하도록 막는다는 것이다.

멤피스에서 자라는 동안 나는 에어컨이 없는 여름은 상상도 할 수 없었다. 8월의 며칠은 견디기가 어려울 정도였으며, 습하고 숨 막히는 더위가 매년 수백 명에 이르는 멤피스인의 목숨을 앗아갔다. 사망자 대부분은 형편없이 설계된 구조물에 고립된 나이든 흑인 노동자층이었다. 이상하게도 뉴욕으로 이사하고 난 후에도 나는 멤피스에서와 같은 열적 편안함에 대한 기대치를 갖고 있었다. 특히 내가 살고, 일하고, 놀았던, 에어컨이 설치된 공간들이 좀처럼 기대에 어긋나지 않았기 때문에 뉴욕에서도 나의 기대치는 변함이 없었다. 뉴욕의 날씨는 대부분 비교적 온화하여 멤피스와는 매우 다르지만, 여름에 뉴욕의 공공장소는 멤피스 못지않게 냉방이 아주 잘 되었다.

　　뉴욕에서 처음 몇 년 동안은 (사실 멤피스의 여름보다 훨씬 시원하긴 하지만) 27°C 정도의 아파트에서도 살고, 일하고, 자는 것은 생각도 할 수 없는 일이었다. 그 이후 나는 환기가 잘 되지 않는 아파트에서 맞바람을 만들어내는 법을 배웠고, 창문을 열고 사는 법을 배웠으며, 옷을 덜 입는 법을 배웠다. 덕분에 내 몸은 한결 편안해졌다. 그리고 결정적으로, 나는 나의 열적 편안함의 기준이 변할 수 **있다**는 것을 깨닫게 되었다. 변화는 이미 와 있었다.

　　7월에 맨해튼의 5번가를 걷다 보면, 많은 고급 패션 매장들이 양쪽 문을 활짝 연 채 차가운 공기를 보도로 흘려보내며 고객들을 내부로 유혹하는 모습을 볼 수 있다. 뉴욕에서 상업 시설이 에어컨을 가동하는 동안 문을 열어두는 것은 불법인데도, 일부 유명 상점들은 그러한 행태를 고집한다. 이러한 전략의 확산은 욕망을 바꾸려 하지 않으면서, 욕망을 법제화하는 현실의 한계를 보여준다. 이러한 이유로, 광범위한 집단적 사회 변화와 연방법이 없으면 대부분 상황에서 에어컨을 켜지 않기로 한 나의 개인적 선택이 아무런 의미가 없다는 것을 알고 있지만, 내가 걱정하는 것은 그 광범위한 집단적 사회 변화와 연방법이 개인적 욕구의 변화 없이는 실현될 수 없다는 사실이다.

　　이러한 변화 능력을 심리학자 캐롤 드웩Carol Dweck이 말하는 '성장형 사고방식growth mind-set'[7]과 그 반대되는 의미의 '고정형 사고방식fixed mindset'으로 연관 지어 생각해볼 수 있다. 교육 부문에서 드웩의 연구에 따르면, 학생들이 특정 과목, 예를 들어 수학에 대한 자신의 능력이나 무능이 타고난 특성에서 비롯된다고 믿을 때(고정형 사고방식), 그들은 성적 향상에 어려움을 겪는다. 이미 수학에 뛰어난 학생이라 해도, 그 능력이 노력에서 나오는 것임을 이해하려고 애쓰면 성적이 떨어지기 시작할 수 있다. 그에 반해, 반복 연습과 지지 그리고 잘하고자 하는 욕망을 통해 자신들이 향상될 수 있다고 믿는(드웩이 '성장형 사고방식'이라고 말하는 것) 학생들은 해당 과목에서 그들의 역량을 더욱 향상시킬 수 있다. 이러한 극복 과정이 처음에는 불편하게 느껴질 수 있지만, 초기의 불편함은 향상된 역량에서 오는 일종의 위안으로 해결될 수 있다.

드웩의 대조적인 사고방식의 핵심 요소는 학생들이 자라난 문화적 환경이다. 예를 들어 소녀들은 선천적으로 스템STEM◆ 과목에 소질이 없다고 주입되는데, 이는 고정형 사고방식을 발전시킬 위험을 높인다. 여기서 다시 말하자면, 앞서 언급한 두 번째 개념은 첫 번째 개념과 대치한다. 즉 편안함에 대한 우리의 기대치는 얼마든지 변할 수있는데도, 우리가 살고 있는 더 넓은 문화 공동체가 이에 대한 우리의 이해를 적극적으로 방해한다.

그러나 급속도로 더워지는 지구에서 우리가 적응할 수 있는 범위는 제한적이다. 나머지는 세상의 완전한 혁명이 필요하다. 환경 보건 연구원인 엘리자베스 한나Elizabeth G. Hanna와 피터 테이트Peter W.

◆ Science, Technology, Engineering, Mathematics의 약자로 과학·기술·공학·수학을 말한다.

Tait는 적응의 한계에 관한 최근의 한 기사에 이 점을 잘 담아냈다. 그들은 다음과 같이 썼다. "새로운 지구에서 살아남기 위해 우리는 확실히 적응해야 하지만, 이 새로운 세계에 대한 적응은 부분적으로는 생리학적 반응을 통해 이루어질 수 있고, 나머지는 사회, 문화, 기술, 행동 패턴의 변화를 통해 위험에의 노출을 줄이는 조직화된 전략에서 비롯되어야 한다."[8] 여기에는 주택, 도시 설계, 의복 디자인, "사회적으로 용인되는 행동 및 근무 시간"의 변화는 물론, 제조·기반 시설 및 교통의 변화도 포함되어야 한다. 그들은 완전한 전환에 수십 년이 걸리겠지만, 이렇게 하지 않으면 인간은 생존할 수 없다고 지적한다. 그들은 "그 과정이 지금 시작되어야 한다"고 썼다.

나는 지금 개인 소비자에게 행동해 달라고 요구하는 것이 아니다. 이는 거의 효과가 없다. 또한 흔히 나처럼 취약함과는 거리가 먼 사람들에게 맡겨지는 선택들, 가령 에어컨을 거부하거나 생태학적으로 책임 있는 제품을 사거나 채식주의자가 됨으로써 우리 자신을 용서하자고 호소하는 것도 아니다. 내가 주장하는 바는 우리의 편협하고 개인화된, 개인적 편안함에 대한 욕망을 **만들어내는** 정치·경제·문화적 구조를 바꿈으로써 그 책임을 공동체가 아닌 개인의 의지에 맡기는 서사를 전환해야 한다는 것이다. 그러한 욕망은 우리의 것이 아니다. 그것들을 포기하는 것은 큰 칭찬을 이끌어낼 수 없다. 욕망은 오래전에 죽은 자들에 의해 우리에게 전달되었으며, 현재 그들의 대리인인 우리 또한 끊임없이 욕망을 재생산해 전달하고 있다. 욕망을 재생산하는 과정에서 우리는 죽은 자들로부터 그러한 욕망과 그들의 모든 폭력적인 가정들을 계속해서 부활시킨다. 우리는 우리에게 세뇌된 쾌적 지대의 지배적인 모델을 약화할 방법을 찾아야 한다. 특히, 여름에 바깥 공기보다 훨씬 시원한 미국의 실내 공기 문화 속에서 말이다.

내가 직접적으로 바라는 것은 에어컨이나 모든 종류의 편안함을 거부하는 것이 아니라, 냉방 장치의 버튼을 누를 때마다, 인공적으로 냉방된 공간에 들어갈 때마다, 냉동실을 열 때마다, 즉 이러한 일상적인 행동을 할 때마다 서로에 대한 우리의 막중한 책임을 인식하는 것이다. 나는 인류학자 애나 로웬하우프트 칭Anna Lowenhaupt Tsing이 "인식의 기술"[9]이라고 말했던, 다시 말해 지구 파괴가 한창인 가운데 살아 있는 생명체에 대한 관심의 행위를 우리가 잃었다는 것이 걱정된다. 핵심은 편안함을 뿌리 뽑는 것이 아니라, 편안함에 대한 우리의 정의를 뒤집고, 불편함을 느끼기 시작하는 지점에 의문을 갖고, 우리의 편안함이 다른 사람들의 불편함을 조건으로 한다는 사실을 직시하는 것이다. 그래야만 우리는 이러한 종류의 편안함에 대한 욕구를 완전히 잃기 시작할 수 있다.

만약 우리가 에어컨이 야기하는 혼란을 보기 시작할 수 있다면, 우리는 기후 위기의 혼란과 그것이 우리 삶의 모든 면을 어떻게 에워싸고 있는지 그리고 그 문제를 해결하기 위해 우리가 어떻게 일률적인 접근법을 거부해야 하는지를 명확하게 보기 시작할 수 있을지 모른다. 완전히 공황 상태에서 살 필요는 없지만, 삶의 매 순간 우리가 위기의 그물망에 얼마나 깊게 박혀 있는지를 깨닫지 못한다면, 나는 우리가 충분히 노력하지 않을 거라는 생각이 든다. 그러니까 우리의 모든 행동(그리고 아마도 모든 생각. 생각이 행동의 발단이 될 수 있으므로)이 다른 사람들의 행동과 함께 그물망으로 엮이게 된다는 것을 느끼지 못한다면 말이다.

주류 환경 운동은 지금처럼 기후 행동을 계속 희생으로 몰아갈 순 없다. 수치심, 설교, 배제, 우리가 가장 좋아한다고 느끼는 물질적 편안함을 포기하라는 요구, 그러한 전략은 통하지 않는다. 하지만 우리는 계속 평소처럼 지낼 수도 없고 개인에게 계속 똑같은 것을 바랄 수도 없다. 우리의 계좌는 잔액 부족 상태다. 곧 수금인이 올 것이다. 우리는 개인적 편안함의 추구가 **결국 우리를 왜 좀 더 편하게 만들지 못하는지**에 대해 깊이 생각해볼 필요가 있다. 백인 유럽계 미국인의 개인적 편안함에 대한 추구는 우리를 상승하는 해수면과 불타는 숲, 식량 부족 그리고 거센 폭풍의 세상으로 이끌었다. 이것이 정말로 우리가 원하는 것일까?

나는 누구에게도 이타적이거나 영웅적인 행동을 바라지 않는다. 대신, 나는 우리 모두가 원하는 세상에 대해 좀 더 넓게 생각해보기를 바란다. 우리 각자가 원하는 삶이 아니라, 우리가 함께 만들고자하는 다중적이고 서로 겹쳐지는 세상, 더 많은 가능성을 지속시킬 수 있는 새로운 세상 말이다. 듣기 좋은 소리로, 심지어 유토피아적으로 들리겠지만(아마 어떤 사람들에게는 순진한 소리겠지만), 이 공동작업은 절대 쉽지 않다.

사실, 나는 미국에서 국가 탄소 전략으로 배출권 거래제가 처음 추진될 수 있었던 이유 중 하나가 오염 방지라는 개념을 이타적인 것에서 **바람직한** 것으로 전환했기 때문이라고 생각한다. 배출권 거래제의 위험은 욕구를 생성하는 데 있는 것이 아니라, 욕구 추구의 형태로 사업상의 이익을 선택하는 데 있다. 그렇다면 우리는 이로부터 배우는 세상을 어떻게 설계할 수 있을까? 독성 물질을 우리 공동체에 버리지 않는 것이 바람직한 이유가 그것이 우리를 고결한 사람으로 만들기 때문이 아니라, 다른 사람들과 우리 공동체를 오염시키는 것이 일종의 자살이라는 것을 알기 때문인 세상 말이다. 환경 정의가 지켜질 때 세상은 보존될 것이다.

냉매를 파괴하는 일은 동종의 단일 세계에 대한 환상을 지속시키고 있는데, 그 세계는 곧 인간뿐 아니라 행성의 많은 생명체에 대한 대안적 세계의 가능성을 없앨 것이다. 아이러니한 것은 우리에게 개인의 편안한 삶을 보장하는 이 일이 **약속한 편안함을 주지는 않는다는 것**이다. 이에 대응해 우리는 역사상 처음으로 실제 편안함(어쩌면 쾌락까지)의 획득에 대한 우리의 관심을 전환해야 한다. 우리가 어떤 형태의 편안함을 추구한다면, 그것은 필연적으로 역동적이고, 다양하고, 일시적이며, 보편적인 것으로 정의 내릴 수 없는 지구의 편안함이어야 한다. 우리는 지구상의 모든 사람이 필요로 하는 것이 무엇인지 고려해, 가치에 상관없이 그러한 것들을 그들에게 모두 줄 수도 있다. 도달하지는 못해도 분명히 추구할 가치가 있는 이 어려운 목표를 이룬다면, 그 전략적, 정치적 성과가 우리에게 편안함을 가져다줄 수는 있지 않을까?

우리가 냉방에 관해 선택할 수 있다면, 우리는 우리 삶의 다른 모든 것에 대해서도 그러한 선택을 할 수 있지 않을까? 우리는 개별 소비자의 선택이 집단적 조직과 입법의 힘이 없이는 거의 영향을 미치지 못할 것이란 점을 인지할 수 있을까? 우리는 개인과 집단으로서 동시에 기능하는 능력을 상실했기 때문에 우리의 개별적 행동이 우리를 곤란하게 할 뿐이라는 것 또한 인지할 수 있을까? 만약 선택해야 할 것이 많아져 거기에 압도당한다고 느낀다 해도, 미국인들은 은행 계좌 외에는 거의 책임을 지지 않아 왔으므로 그러한 감정은 당연하다고 용인되지 않을까? 그 압도되는 느낌은 우리를 소로의 희미하지만 여전히 존재하는 울림으로 이끈다. 단순화되고, 단순화되고, 단순화된 표현이 아니라(우리에게 필요한 것이 꼭 소박함만은 아니므로) 이웃과의 대화에 관한 그의 개인적인 일화로 말이다(중요한 것은 이러한 정서가 우리 각자의 독립성과 관계성에 대해 생각하는 책에서 대화로 짜였다는 것이다). "어느 날 저녁, 나는 마을 사람 중 1명을 마주쳤다. …그는 내가 어떻게 수많은 생활의 편리함을 포기할 수 있었는지 물었다. 나는 그저 그런대로 괜찮아서였을 뿐이라고 대답했다. 농담이 아니었다."[10]

우리는 우리가 **원하는** 것, 우리가 **추구하는** 것을 분명히 강조해야 하지만, 앞으로 우리가 결코 만날 일이 없을 사람들과 사물에 영향을 미치는 방식에 대해서도 늘 주의를 기울여야 한다.

개인적인 편안함 뒤에는 무엇이 올까?

◆◆◆

미국 전역에서 CFC-12를 구매한 후 샘은 그가 거래하던 사람들에게 흔히 말했던 것처럼 냉매들을 0.5톤짜리 탱크에 합쳤다. 그런 다음 그는 그 탱크를 아칸소나 오하이오 북부에 있는 2개의 파괴 공장 중 하나로 실어날랐다. 공장들은 냉매를 더 큰 5톤짜리 탱크에 모았다. 각 탱크는 CFC와 HFC, 기타 여러 기체 폐기물을 분해할 수 있는 전기 아크 플라스마 용광로를 통과했다. 겨우 21m² 정도(내가 사는 작은 아파트의 거실 크기 정도)에 불과한 용광로의 파이프와 탱크가 만들어내는 기묘한 엉킴은 닥터 수스Dr. Seuss*의 그림을 떠올리게 한다. 용광로 제조업체 웹사이트의 사례 연구를 보면, 이 용광로는 '99.9999%'의 파괴 효율을 보장한다. 즉 에너지(소각하지 않음)와 환경(대기로의 배출이 거의 없음) 측면 모두에서 충분히 가치 있는 과정이란 뜻이다.

디클로로디플루오로메탄의 각 분자는 약 9,982°C 이상의 온도에서 플라스마 토치(인공 번개)를 서서히 통과한다. 열분해라는 과정을 통해 극한의 열은 분자들(샘의 표현에 따르면 '지구상에서 가장 나쁜 물질')을 균일하게 분해하고 분자 구조를 기본적으로 소금물로 분해한다. 하나의 전기 아크 플라스마 용광로는 하루에 998kg 정도에서 2,994kg 정도의 냉매(CFC에 따라 다름)를 파괴할 수 있다.

공장 관계자는 도시가 그 소금물을 사용해 도시 관들의 오물을 제거한다고 말했다. "아주 특별하고 깨끗한 과정입니다." 관계자의 말이다. "하지만 좀 느리죠." 한때 우리를 해방해주는 것으로 여겨졌던 것의 파괴는 그 자체로 일종의 기적이다. 플라스마 해체가 더 평범하지만 유용한 것을 만들어내기 때문이다.

● 미국의 대표적인 동화책 작가이자 만화가로 독특한 등장인물과 음률이 특징이다.

감사의 글

모든 책이 여러 사람의 노력이 합쳐진 결과물이겠지만, 이 책은 더욱
더 그렇다. 우선, 누구보다도 샘 실러와 레베카 스티븐스에게 감사를
표한다. 샘, 나와 대화를 나눠줘서 고맙고, 너의 관대함, 인내심, 약점,
우정을 보여줘서 고마워. 그리고 레베카, 수년 전 샘이 하는 일에 대해
글을 쓸 수 있도록 격려해주고, 강인한 신념으로 나를 이끌어주고, 변
함없는 우정을 보여주고, 지역사회 활동가의 살아 있는 모델이 되어줘
서 고마워요.

　　특별히 내게 중요한 통찰을 제공하고 지지의 말을 해준 모든
분께 감사를 전한다. 벽에 기대 개인적 편안함을 위해 자신이 한 일을
말해준 캘리 가닛, 편안함에 관한 나의 형편없는 질문에 너그러이 귀
기울여준 아이샤 해리스, 〈올 인 더 패밀리All in the Family〉의 문화적 중
요성을 설명해준 카일 워렌, 일상적인 저항의 장소로 미국의 현관을
지적한 사만사 지그헬보임, 문학으로서의 역사에 대한 나의 극성스러
운 이메일에 책 한 꾸러미와 함께 응답해준 닉 듀링, 《인도로 가는 길
A Passage to India》(1924)의 한 구절을 소개해주고 냉방에 관한 많은 이야

기로 나를 즐겁게 해준 토드 랭던 반스, 슬로터다이크의 책을 건네준 케이시 레글러, '자외선 세기'라는 문구로 내게 통찰을 제공해준 존 R. 맥닐, 프로젝트 초기에 내가 계속 나아갈 수 있도록 차를 내주고 대화를 해준 브렌다 와인애플, 아스트로돔에 대한 이야기로 내게 영감을 준 댄 포픽, 나와 프레온에 관한 서신을 주고받은 고故 테리 셸턴, 예일대학 스털링 메모리얼 도서관의 사서들 그리고 내게 뉴욕증권거래소를 보여주고 알프레드 울프에 대한 주요 문서를 제공해준 피트 애쉬에게 고마움을 전한다.

직간접적으로 냉매에 관해 이야기하거나 글을 쓸 수 있는 여지를 제공해준 뉴욕시립대학 대학원 센터의 모든 분께 큰 감사를 전한다. 특히, 신체, 상호 의존성, 대유행병 시대의 냉각, 욕망의 생성에 대한 개념을 포함해 이 책의 중심 개념 구성에 큰 도움을 준 캔디스 추, 미국 역사와 문화에서 반복되는 인종차별의 이해가 얼마나 중요한지 상기시켜 준 에릭 로트, '인류세'라는 용어와 '포이에시스poiesis*'라는 개념의 영속성을 살펴볼 기회를 준 알렉산더 슐츠, 탈식민지화의 핵심 개념을 설명해준 에이미 완, 이디스 워튼에 관한 학식으로 프로젝트에 섬세한 영향력을 행사해준 힐데가드 휠러, 미국의 실용주의에 관한 연구로 이 책에 도움을 준 조앤 리처드슨, 강의를 통해 내게 절정에 달한 세계 자본주의에 관해 쓸 기회를 준 웨인 쾨스텐바움, 아직도 냉전이 미국에 드리운 거대한 그림자를 보도록 도와준 타일러 슈미트, 강의를 통해 내가 울타리를 치는 행위와 파괴하는 일에 대해 생

● 새로운 것을 만들어내는 인간의 창조 활동을 말함.

각하도록 도와준 앨런 바디, 무니프와 에너지 공유의 개념을 소개해 준 애슐리 도슨에게 감사의 말을 전한다. 대학원 센터 미나 리스 도서관의 놀라운 사서들에게도 역시 고마움을 전한다.

언더커먼스 리딩 그룹이라는 이름으로 말 그대로의 공간을 제공해준 파람 아즈메라에게 감사드린다. 나는 이곳에서 이 책의 주요 부분을 썼다. 새벽에 버스를 타고 와 기꺼이 내 이야기를 들어준 엘리엇 준에게도 감사하다. 대학원 센터의 2019년 영어학 학생회 콘퍼런스인 블랙 라이브스를 주최한 마케바 라반, 라이언 트레이시, 슈믹 바타차랴, 레이라니 도웰, 다니엘 헹겔에게 감사하다. 이 콘퍼런스는 내게 오존 위기를 백인의 위기로 보는 공공연한 인식에 관해 쓸 기회를 주었다. 대학원 센터에서 나를 든든히 지원해준 영문학자들, 특히 미란다 하이두크와 에밀리 프라이스에게 감사를 표한다. 중세에 관한 이들의 전문적인 지식은 내가 개인적 편안함의 개념을 근대 초기까지 추적할 수 있도록 도와주었다.

특별히 내게 마음을 써준 데스트리 마리아 시블리와 제프 보스에게 큰 감사를 전한다. 이들은 내게 도전의식을 북돋워 주고 영감을 주었다. 나는 이들에게 평생 빚을 졌다.

뉴욕 공립도서관 인문학 연구센터의 부관리자인 멜라니 로케이를 비롯해 연구실과 방대한 자료를 이용할 수 있게 해준 도서관의 모든 직원에게 고마움을 전한다.

원고의 초안을 읽고 결정적인 통찰을 제공해준 내 훌륭한 친구들에게도 고맙다는 말을 전하고 싶다. 초기 원고에 고무적인 반응을 해준 타비아 그레이스 오디닉, 내가 만든 질문을 더 낫게 다듬어준

니나 윤, 내가 아는 가장 날카로운 독자 중 1명이자 나보다 더 아는 것이 많은 로라 풀러 루셀라, 내가 필요로 할 때 기꺼이 와주었고, 그 적극성으로 내가 더 잘할 수 있도록 도전의식을 북돋워 준 홀든 테일러에게 고마움을 표한다.

내가 교실을 떠난 후에도 수년 동안 계속해서 내게 가르침을 주신 율라 블리스에게 감사의 말을 전하고 싶다. 그리고 편지로 우정을 나눠주고, 이 과정의 모든 단계에서 나를 이끌어준 마크 해리스에게 어떻게 감사의 말을 전해야 할지 모르겠다.

솔직히 연구 조교로서 돈을 받아야 마땅했던 이안 엡스타인에게 말로는 다할 수 없는 고마움을 전한다. 이안은 냉방에 관한 많은 자료를 보내주었다.

사이먼앤슈스터의 전체 팀에 감사를 전한다. 특히, 처음에 이 책을 믿고 급진적인 방식으로 다시 생각해볼 수 있도록 나를 밀어붙인 존 콕스, 번뜩이는 관점과 경이로운 호기심으로 이 책을 변신시킨 편집자 메간 호건에게 감사하다. 제작 및 디자인팀인 사라 키친, 카일 카벨에게 감사하다. 그리고 홍보 및 마케팅팀인 브리 샤르펜베르크, 엘리스 링고에게도 고마움을 전한다.

메켄지 울프 에이전시의 내 에이전트 라크 크로포드에게 감사의 말을 전한다. 너는 나의 진정한 친구이고, 너의 지도와 비전 그리고 나에 대한 너의 인내심을 나는 늘 고맙게 생각해. 나를 믿어줘서 고마워.

마지막으로, 가장 중요한 자커리 페이스에게 감사의 말을 전한다. 이 책은 6년 동안 이 프로젝트에 보내준 그의 지속적인 사랑과 지원 덕분에 나올 수 있었다.

주석

정보의 정확성과 명확성을 더하고 직접 인용한 부분의 출처를 밝히기 위해 다음과 같이 주를 덧붙인다. 여기에 나열한 것보다 훨씬 더 많은 자료(다수의 신문 기사나 일반적인 변천사 등)를 참조했지만, 가능하면 프레온의 이야기에서 빠져서는 안 될 가장 중요한 자료들을 언급했다. 그중 일부는 프레온을 훨씬 더 상세하게 다루고 있는데, 지금은 절판되거나 찾기가 어렵다. 나는 앞선 연구에 빚을 졌다.

들어가며

1   아일랜드의 극작가이자 시인인 올리버 골드스미스의 1770년 목가적 애가에서 이 구절을 빌려왔다. 이 애가는 '황폐화된' 한 마을을 묘사하는데 허구라고는 하지만, 이 마을은 가난한 사람들이 수 세기 동안 일하고 생활했던 땅을 사유화하는 법적 절차인 의회 인클로저parliamentary enclosure(공유지나 경계가 모호했던 사유지를 산울타리 등으로 둘러놓고 사유지임을 명시하며 추진한 운동. 18세기 후반에서 19세기 전반에 진행된 의회 인클로저는 정부 주도하에 이루어졌다–옮긴이)에 의해 변모된 전형적인 영국 교구의 모습을 닮았다. 이 애가에서 토지 사유화의 결과 가난한 사람들은 이전보다 더 굶주리고 고통받게 되었다. 하지만 생태학자이자 우생학자인 개릿 하딘Garrett Hardin의 생각은 달랐다. 그는 1968년 자신의 에세이 "공유지의 비극The Tragedy of the Commons"에서 자원이 공유되면 모든 인간이 필연적으로 그러한 자원을 마구잡이로 이용할 것이기 때문에 "사육의 자유가 모두에게 파멸을 가져올 것"이라고 보았다. 하딘의 글은 상황을 지나치게 단순화하며 다른 가능성을 시사하는 방대한 목격담을 고려하지 않고 있다. 역사적으로 가난한 농민들은 공유지에서 서로 관대하게 협력해왔다. 골드스미스의 시는 평민들의 새로운 문제 상황("무정한 무역 기차 / 땅을 빼앗고 시골의 젊은이들을 몰아내니")에 대한 주요 원인으로 "사육의 자유"가 아닌, 농업의 자본주의 과정과 이를 주도한 사람들을 꼽는다. 골드스미스가 보기에 의회 인클로저는 땅과 땅에서 일하는 사람들 모두에게 해로운 틀림없이 잘못된 계획이었다. "땅은 병들고, 온갖 고난의 먹이가 되나니 / 부가 축적되고 사람이 썩어가는 곳 / 군주와 귀족들은 번성할 수도, 쇠퇴할 수도 있음이라." 후에 이 시에서 가난한 농민들의 비참한 상황은 상품의 생산으로 이어진다. "필요한 제품들이 전 세계로 날아간다 / 세상을 충족시킬 모든 사치를 위해." Oliver Goldsmith, "The Deserted Village," in *Collected Works*, vol. 4, edited by Arthur Friedman (London: Oxford University Press, 1966), 283–304; Garrett Hardin, "The Tragedy of the Commons," *Science* 162, no. 3859 (December 13, 1968): 1243–48, http://doi.org/10.1126/ science.162.3859.1243. 하딘에 대한 짧고 명확한 비평은 Matto Mildenberger, "The Tragedy of the *Tragedy of the Commons*," *Scientific American*, April 23, 2019, https://blogs.scientificamerican. com/voices/the-tragedy-of-the-tragedy-of-the-com mons/ or the Southern Poverty Law Center's profile of Hardin: https://www.splcenter.org/fighting-hate/extremist-files/

individual/garrett-hardin 참조.

2   다양한 화학 회사의 웹사이트에 이에 대한 설명이 잘 나와 있다. 냉매의 역사를 세기에 걸쳐 간결히 나타낸 연대표는 Honeywell, "Understanding Refrigerant Regulations & Basic Switches," October 2020, 3, https:// sensing.honeywell.com/SIOT-Refrigerant-Regs-Basic-Switches-WPR-LTR-EN-1020_V1_004998-1-EN.pdf 참조. 좀 더 자세한 연대표는 "Our History," Chemours, 2020, https://www.chemours.com/en/about-chemours/history 의 "Fluoroproducts" 참조.

3   칼텍대의 행성 기후학자인 앤드루 잉거솔Andrew P. Ingersoll은 온실가스를 "적외선을 흡수하고 대기에 방출되는 복사 에너지가 우주로 빠져나가지 못하도록 막는 가스"로 정의한다. 우리는 맨눈으로 적외선을 볼 순 없고 열로 경험한다. Andrew P. Ingersoll, *Planetary Climates* (Princeton, NJ: Princeton University Press, 2013), 250 참조. Princeton Primers in Climate 시리즈 전체는 비전문가를 위한 훌륭하고 믿을만한 입문서이다(가끔 수학식이 나오긴 하지만).

4   지구온난화 지수(GWP)는 분자의 에너지 흡수력과 분자가 분해되기 전 대기에 남아 있는 시간이라는 두 가지 특성을 바탕으로 각 기체에 대해 계산된 표준 측정값이다. GWP는 특정 기간(보통 100년) 동안 계산된다. 결괏값은 "주어진 기간 동안 이산화탄소(CO_2) 1톤의 배출량과 비교하여 1톤의 다른 온실가스가 얼마나 많은 에너지를 흡수하느냐를 측정한 값이다. 즉 이산화탄소를 기준으로 GWP가 클수록 해당 온실가스는 주어진 기간 동안 지구를 더 따뜻하게 한다." 이 측정법에 대한 기본적 이해는 United States Environmental Protection Agency, January 12, 2016, https://www.epa.gov/ghgemissions/understanding-global-warming-potentials를 참조. 좀 더 깊이 있는 이해와 대체 측정법은 IPCC의 5차 평가 보고서, 특히 Gunnar Myhre 외 "Anthropogenic and Natural Radiative Forcing," in *Climate Change 2013: The Physical Science Basis*, Contribution of Working Group I to the Fifth Assessment Report of the Intergovernmental Panel on Climate Change, edited by T. F. Stocker 외 (Cambridge, UK: Cambridge University Press, 2013), 659–740, https://doi.org/10.1017/CBO9781107415324.018 참조.

5   모든 냉매를 포함해 온실가스의 GWP 목록은 Myhre 외 "Appendix 8.A: Lifetimes, Radiative Efficiencies and Metric Value"와 "Anthropogenic and Natural Radiative Forcing," 731–38 참조.

6   '느린 폭력'에 대한 Rob Nixon의 견해는 이 책의 곳곳에서 내 생각에 영향을 미친다. '느린 폭력'에 대한 보다 명확한 설명은 453페이지에 나와 있다.

7   Paul Hawken, ed., Drawdown: *The Most Comprehensive Plan Ever Proposed to Reverse Global Warming* (New York: Penguin Books, 2017), 164–65.

8   2020년 연구 결과가 업데이트되면서 '냉매 관리'는 그 순위가 4위로 떨어지긴 했지만, 《플랜 드로다운》은 해결책의 새로운 범주로 "대체 냉매(7위)"를 정의한다. 업데이트된 평가에 따르면, CFC, HCFC, HFC를 분리하거나 파괴하면 이후 30년 동안 57.7기가톤과 맞먹는 이산화탄소 배출을 막을 수 있다. 또 지구온난화 지수가 낮은 냉매로의 철저한 전환은 50.5기가톤에 해당하는 이산화탄소 배출을 막을 수 있다. 이 두 가지의 냉매 해결책을 합치면 총 108.2기가톤의 오염물질 배출을 막을 수 있다. Project Drawdown,

The Drawdown Review 2020: Climate Solutions for a New Decade, edited by Katharine Wilkinson, 86–90. "Global CO2 Emissions in 2019," IEA, https://www.iea.org/articles/global-co2-emissions-in-2019.

9   "Episode 5: Against the Grain," *Mothers of Invention*, podcast, September 16, 2018, https://www.mothersofinvention.online/againstthegrain.

10 북아메리카의 면적은 약 950만 제곱마일(약 2,460만 제곱킬로미터)이다. 나사 기록에 따르면 가장 큰 오존층 구멍 면적은 2000년 9월 9일 기준, 1,150만 제곱마일(약 2,980만 제곱킬로미터)이다. "NASA Ozone Watch," National Aeronautics and Space Administration, Goddard Space Flight Center, https://ozonewatch.gsfc.nasa.gov/statistics/annual_data.html.

11 나사는 2020년 9월 7일부터 10월 13일까지 오존 구멍의 면적을 910만 제곱마일(약 2,360만 제곱킬로미터)로 기록했는데, 이는 특히 작았던 전년도 같은 기간의 360만 제곱마일(약 932만 제곱킬로미터)보다 증가한 것이었다. 이와 같은 현저한 차이는 부분적으로는 2019년의 몹시 따뜻한 기온 때문이었다(구멍은 겨울이 추울수록 더 커진다). 1992년까지 구멍의 면적은 770만 제곱마일(약 2,000만 제곱킬로미터)을 넘지 않았다. Ibid. "Large, Deep Antarctic Ozone Hole in 2020," NASA Earth Observatory, September 20, 2020, https://earthobservatory.nasa.gov/images/147465/large-deep-antarctic-ozone-hole-in-2020 참조.

12 Kathryn Yusoff, *A Billion Black Anthropocenes or None* (Minneapolis, MN: University of Minnesota Press, 2018), xiii.

13 CFC-11은 45년이 걸리고 CFC-12는 100년이 걸린다. "Appendix 8.A: Lifetimes, Radiative Efficiencies and Metric Values," in Myhre 외 "Anthropogenic and Natural Radiative Forcing," 731. 이 과정에 대한 더 자세한 설명은 299페이지에 나와 있다.

14 J. R. McNeill, *Something New Under the Sun: An Environmental History of the Twentieth-Century World* (New York: W. W. Norton & Co., 2001), 114.

15 Hannah Arendt, *The Human Condition* (Chicago: University of Chicago Press, 1998), 5.

16 Aldo Leopold, *A Sand County Almanac and Sketches Here and There* (New York: Oxford University Press, 1968), 71.

17 "Carrier Air Conditioning Co. Site Profile," United States Environmental Protection Agency, accessed December 25, 2020, https://cumulis.epa.gov/supercpad/SiteProfiles/index.cfm?fuseaction=second.Cleanup&id=0403684#bkground.

18 "Tennessee County Board Rebuffs Proposal to Put Superfund Wastewater in Drinking Water Source," Southern Environmental Law Center, December 20, 2019, accessed December 25, 2020, https://www.southernenvironment.org/news-and-press/news-feed/tennessee-county-board-rebuffs-proposal-to-put-superfund-waste-in-drinking-water-source.

1장 프레온 이전의 세계: 개인적 편안함에 관한 문제

1   이 부분의 초기 냉각에 관한 전반적인 설명은 다음 글들의 도움을 받아 작성되었다.

Salvatore Basile, *Cool: How Air Conditioning Changed Everything* (New York: Fordham University Press, 2014); Barry Donaldson and Bernard Nagengast, *Heat and Cold: Mastering the Great Indoors: A Selective History of Heating, Ventilation, Air-Conditioning and Refrigeration from the Ancients to the 1930s* (Atlanta, GA: American Society of Heating, Refrigerating and Air-Conditioning Engineers, 1994); Carroll Gantz, *Refrigeration: A History* (Jefferson, NC: McFarland, 2015); Tom Jackson, *Chilled: How Refrigeration Changed the World and Might Do So Again* (London: Bloomsbury Sigma, 2015); and Jonathan Rees, *Refrigeration Nation: A History of Ice, Appliances, and Enterprise in America* (Baltimore, MD: Johns Hopkins University Press, 2013).

2   "King Abdullah Petroleum Studies and Research Centre," Zaha Hadid Architects, https://www.zaha-hadid.com/architecture/king-abdullah-petroleum-studies-and-research-centre/.

3   Benjamin Franklin, "From Benjamin Franklin to John Lining, 17 June 1758," Founders Online, http://founders.archives.gov/documents/Frank lin/01-08-02-0023.

4   John Lining, "A Description of the American Yellow Fever, Which Prevailed at Charleston, in South Carolina, in the Year 1748" (Philadelphia: Thomas Dobson, 1799), 7.

5   Josh Sanburn, "All the Ways Darren Wilson Described Being Afraid of Michael Brown," Time, November 25, 2014, https://time.com/3605346/darren-wilson-michael-brown-demon/.

6   "jocularly"라는 문구는 스코틀랜드의 물리학자 Peter Guthrie Tait가 사용한 것으로, Ellice M. Horsburgh가 "The Centenary of Sir John Leslie (1766–1832)," *University of Edinburgh Journal 5* (Summer 1933): 215–22, https://mathshistory.st-andrews.ac.uk/Extras/Leslie_centenary/에서 존 레슬리를 묘사할 때도 사용되었다. Gantz, Refrigeration, 35–36 참조.

7   Gantz, *Refrigeration*, 34–35; Jackson, Chilled, 171–72.

8   다음 자료들을 바탕으로 존 고리 박사를 설명했다. Raymond B. Becker, *John Gorrie, M.D.: Father of Air Conditioning and Mechanical Refrigeration* (New York: Carlton Press, 1972); Donaldson and Nagengast, Heat and Cold, 119–24; John Gladstone, "John Gorrie, The Visionary," *ASHRAE Journal*, December 1998, 29–35; Bernard A. Nagengast, "Was Ice Making John Gorrie's Greatest Legacy?," *ASHRAE Transactions* 115 (2009): 122–29; George B. Roth, "Dr. John Gorrie—Inventor of Artificial Ice and Mechanical Refrigeration," *The Scientific Monthly* 42, no. 5 (May 1936): 464–69; H. Marshall Taylor, "John Gorrie: Physician, Scientist, Inventor," *The Southern Medical Journal* 28, no. 12 (December 1935): 1075–82; George A. Zabriskie, *John Gorrie, M.D.: Inventor of Artificial Refrigeration* (Ormond Beach, FL: The Doldrums, 1950). 이중 Becker의 자료가 가장 종합적이다. 이 자료는 흔치 않으면서도 서로 상충하는 내용의 여러 주요 출처로부터 존 고리를 설명한다.

9   Becke의 *John Gorrie*, M.D에서 인용

10 Becker의 *John Gorrie, M.D*에서 인용. 1844년 4월부터 6월까지 고리는 Apalachicola

의 *Commercial Advertiser*에 "Jenner"라는 필명으로 11부작의 "On the Prevention of Malarial Diseases"를 연재했는데, 이는 그의 첫 번째 냉각기 완성에 대한 기록이기도 하다.

11 Gladstone, "John Gorrie, The Visionary," 31.

12 *John Gorrie, M.D*에서 Becker는 고리에 대한 Herschel의 영향을 언급한다. John Frederick의 William Herschel, *Preliminary Discourse on the Study of Natural Philosophy*, new edition (London: Longman, Orme, Brown, Green & Longmans, 1840), 318–19에서 인용.

13 "Refrigeration and Ventilation of Cities," *The Southern Quarterly Review* 1, no. 2 (April 1842): 413–446, at 442.

14 Jenner, "On the Prevention of Malarial Diseases," *Commercial Advertiser* 2, no. 22 (May 25, 1844), 2.

15 이 단락에서 말한 기본 동작법을 이해하기 위해 많은 물리학책과 에어컨 매뉴얼을 참조했다. 가장 도움이 된 설명은 10분짜리 유튜브 동영상이었다. Bryan Orr, "Refrigeration Cycle 101," HVAC School, YouTube, 2019년 2월 17일에 업로드, 2020년 12월 30일에 접속, https://youtu.be/VJX0LyxRV0E.

16 Jenner, (May 25, 1844), 2.

17 Jenner, "On the Prevention of Malarial Diseases," *Commercial Advertiser* 2, no. 19 (May 4, 1844), 2.

18 Jenner, (May 25, 1844), 2.

19 Becker의 *John Gorrie, M.D*에서 사용된 용어

20 Harlan Walker, *Cooks and Other People: Proceedings of the Oxford Symposium on Food and Cookery*, 1995 (Totnes, UK: Prospect Books, 1996), 284.

21 Becker의 *John Gorrie*, M.D에서 인용

22 Basile, *Cool*, 26.

23 첫 번째와 두 번째는 Becker의 *John Gorrie, M.D*에서 인용. 세 번째는 Basile의 *Cool*, 26에서 인용

24 John Gorrie, Improved Process for the Artificial Production of Ice, US Patent 8,080, issued May 6, 1851.

25 Basile가 *Cool*, 26–27에서 주장.

26 bid., 23.

27 Marsha E. Ackermann, *Cool Comfort: America's Romance with Air-Conditioning* (Washington, DC: Smithsonian Institution Press, 2010), 5.

28 "Refrigeration and Ventilation of Cities," 445.

29 고리는 익명으로 글을 발표했지만, 현재 역사학자들은 그 글의 주인을 고리로 생각한다. 1844년 Apalachicola의 *Commercial Advertiser*에 쓴 글에서 그는("Jenner") 자신이 2년 전 글의 주인임을 인정했다.

30 "Refrigeration and Ventilation of Cities," 444.

31 Ibid.

32 Ibid., 445.

33 Ibid., 444.

34 Ibid., 414–15.

35 Ibid., 415.

36 Gail Cooper, *Air-conditioning America: Engineers and the Controlled Environment, 1900–1960* (Baltimore, MD: Johns Hopkins University Press, 2002). 쿠퍼의 뛰어난 저서에는 에어컨의 초기 기술 역사와 주요 기업, 그리고 엔지니어, 관리자, 노동자 간의 역동적 관계가 잘 나타나 있다. 명시적으로도 암시적으로도 나는 이 책을 전반적으로 활용했고, 쿠퍼의 연구에 힘입은 바 크다.

37 Alfred R. Wolff가 George B. Post에게 보낸 비공개 편지. "Re New York Stock Exchange," New York, October 1, 1901, in New York Stock Exchange Archives.

38 Jie Hou, Wendong Shi, and Jingwei Sun, "Stock Returns, Weather, and Air Conditioning," *PLOS ONE*, July 5, 2019, https://doi.org/10.1371/journal.pone.0219439.

39 A. R. Wolff, "Refrigerating Plant," transcript of the Building Committee, January 31, 1902, 8, in New York Stock Exchange Archives.

40 쿠퍼의 책 외에 이 부분은 Carrier의 산업적 전기인 Margaret Ingels의 *Willis Haviland Carrier: Father of Air Conditioning* (Garden City, NY: Country Life Press, 1952) 에서 많은 내용을 인용했다.

41 *udge* 41, no. 1032 (July 27, 1901): 1.

42 Ibid.,11.

43 Ibid., 7–8.

44 Ingels, *Willis Haviland Carrier*, 7.

45 Donaldson and Nagengast, *Heat and Cold*, 277.

46 Ibid., 20.

47 Stuart W. Cramer, "Recent Development in Air Conditioning," in *Certificate of Incorporation, By-laws and Proceedings of the Tenth Annual Convention of the American Cotton Manufacturers Association Held at Asheville, North Carolina, May 16–17, 1906*, edited by American Cotton Manufacturers Association (Charlotte, NC: Queen City Printing Company, 1906), 182–211.

48 Gail Cooper, "Custom Design, Engineering Guarantees, and Unpatentable Data: The Air Conditioning Industry, 1902–1935," *Technology and Culture* 35, no. 3 (July 1994): 522.

49 Cramer, "Recent Development in Air Conditioning," 199.

50 bid., 183.

51 Cooper의 "Custom Design, Engineering Guarantees, and Unpatentable Data"와 Ackermann의 *Cool Comfort*에서 이 부분에 언급된 사람들과 주요 정보원들을 참조했다.

52 인구밀도와 해당 인용구는 Dorceta E. Taylor의 The Environment and the People in American Cities, 1600s–1900s: Disorder, Inequality, and Social Change (Durham, NC: Duke University Press, 2009), 208를 참조했다.

53 "Poisoned Air," *Hall's Journal of Health* 38, no. 1 (January, 1891), 126.

54 C.-E. A. Winslow, *School Ventilation: Principles and Practices* (New York: Columbia

University Press, 1931), 2.

55 Ibid., 9.

56 Ibid., 3.

57 Leonard Hill 외., *The Influence of the Atmosphere on Our Health and Comfort in Confined and Crowded Places* (Washington, DC: Smithsonian Institution, 1913), 94.

58 Ibid., 92.

59 Ibid., 95.

60 Ibid., 92.

61 Sherman C. Kingsley, *Open Air Crusaders: The Individuality of the Child Versus the System, Together with a Report of the Elizabeth McCormick Open Air Schools* (Chicago: Lakeside Press, 1913), 31.

62 Ibid., 49.

63 M. L. Bell and D. L. Davis, "Reassessment of the Lethal London Fog of 1952: Novel Indicators of Acute and Chronic Consequences of Acute Exposure to Air Pollution," *Environmental Health Perspectives* 109, no. 3 (June 2001): 389–94.

64 Kingsley, *Open Air Crusaders*, 102.

65 bid., 118.

66 Ibid., 8.

67 C.-E. A. Winslow et al., *Report of the New York State Commission on Ventilation* (New York: E. P. Dutton & Company, 1923), 42.

68 Ibid., 13–38.

69 Ibid., 48.

70 bid., 519.

71 bid.

72 Ibid., 525.

73 Stephen Healy에게 감사하다. 그는 "Air-conditioning and the 'Homogenization' of People and Built Environments," *Building Research & Information* 36, no. 4 (2008): 312–22에서 Hård가 이 용어를 사용하고 이후 Cooper가 차용한 것을 특별히 언급했다.

74 Winslow 외, *Report of the New York State Commission on Ventilation*, 529.

75 각 논문은 공개되기 전 ASHVE의 반기별 회의에서 발표되었다. F. C. Houghten과 C. P. Yagloglou의 "Determining Equal Comfort Lines," *Journal of the American Society of Heating and Ventilating Engineers* 29, no. 2 (March 1923), 165–76, F. C. Houghten 과 C. P. Yagloglou의 "Determination of the Comfort Zone with Further Verification of Effective Temperature Within This Zone," *Journal of the American Society of Heating and Ventilating Engineers* 29 (September 1923): 515–36 참조.

76 Houghten and Yagloglou, "Determination of the Comfort Zone," 533.

77 Ibid., 515.

78 Ibid., 531.

79 Ibid., 516.

80 Ibid., 535.

81 Ibid., 527.

82 Winslow 외, *Report of the New York State Commission on Ventilation*, 66.

83 "Custom Design, Engineering Guarantees, and Unpatentable Data," 74.

84 C.-E. A. Winslow, "Objectives and Standards of Ventilation," *ASHVE Transactions* 32 (1926): 127.

85 Dr. E. V. Hill, "Mechanical Ventilation: The Method of the Future," *ASHVE Transactions* 32 (1926): 137.

86 bid., 139.

87 박람회와 미주리주 건물에 대한 설명은 "Refrigerating Plants at Louisiana Purchase Exposition," *Ice and Refrigeration* 27, no. 3 (September 1, 1904): 83 참조.

88 Donaldson and Nagengast, *Heat and Cold*, 276.

89 Basile, *Cool*, 124.

90 Douglas Gomery, "Movie Theatres for Black Americans," in *Shared Pleasures: A History of Movie Presentation in the United States* (Madison: University of Wisconsin Press, 1992), 155–70. 전체적으로 Gomery의 책은 초기 영화관의 물리적 환경을 이해하는 데 도움이 되었다. 하지만 이 장에서는 특히 북부와 남부 영화관의 인종적 분리를 다룬다.

91 Donaldson and Nagengast, *Heat and Cold*, 287.

92 Ingels, *Willis Haviland Carrier*, 55.

93 Ibid., 54.

94 Ingels의 전기 외에, 이 사건의 세부 정보는 "A New Refrigerating Machine," *Ice and Refrigeration* 43, no. 1 (July 1922): 43–45를 참조했다.

95 Ingels, *Willis Haviland Carrier*, 60.

96 Ibid.

97 이 일은 106–107쪽에 자세히 설명되어 있다.

98 Ingels, *Willis Haviland Carrier*, 67.

99 Basile, *Cool*, 118.

100 Gomery, *Shared Pleasures*, 156.

101 John E. Crowley, *The Invention of Comfort: Sensibilities and Design in Early Modern Britain and Early America* (Baltimore, MD: Johns Hopkins University Press, 2003), 1.

102 Elaine Scarry, *The Body in Pain: The Making and Unmaking of the World* (New York, NY: Oxford University Press, 1987), 172. 전체 문장은 "육체적 고통은 언어에 저항할 뿐만 아니라 적극적으로 언어를 파괴하여 언어 이전의 울부짖음과 신음으로 해체한다"이다.

103 Jacques Pezeu-Massabuau, *A Philosophy of Discomfort* (London: Reaktion Books, 2012), 30.

104 "Human beings are born": W. P. Jones, *Air Conditioning Engineering* (New York: Spon Press, 1967), 1.

105 Basile, *Cool*, 88.

106 Pezeu-Massabuau, *A Philosophy of Discomfort*, 34.

107 Ibid., 37.

108 Raymond J. Cole 외, "Re-contextualizing the Notion of Comfort," *Building Research & Information* 36, no. 4 (August 2008): 323–36, https:// doi.org/10.1080/09613210802076328.

109 Graham Parkhurst과 Richard Parnaby의 "Growth in Mobile Air-conditioning: A Socio-technical Research Agenda," *Building Research & Information* 36, no. 4 (August 2008): 352, https://doi.org/10.1080/09613210802076500.

110 가장 간결하고 널리 인용되는 논문 중의 하나는 Heather Chappells와 Elizabeth Shove의 "Debating the Future of Comfort: Environmental Sustainability, Energy Consumption and the Indoor Environment," *Building Research & Information* 33, no. 1 (January–February 2005): 32–40, https://doi.org/10.1080/0 961321042000322762이다. Chappells, Shove, Loren Lutzenhiser, Bruce Hackett이 편집한 "저탄소 사회에서의 편안함"이라는 주제의 Building Research & Information 36, no. 4 (2008) 특별호에는 실내 쾌적성의 가변성에 대한 통찰력 있는 다수의 분석이 포함되어 있으며, 그중 일부는 아래에 인용되었다. Chappells와 Shove의 "Comfort: A Review of Philosophies and Paradigms," 프로젝트에 대한 조사 보고서인 "Future Comforts: Re-conditioning Urban Environments" (March 2004), 그리고 Shove의 *Comfort, Cleanliness and Convenience: The Social Organization of Normality*, New Technologies/New Cultures (New York, NY: Berg, 2003) 참조.

111 Chappells와 Shove의 "Debating the Future of Comfort: 32.

112 Mithra Moezzi, "Are Comfort Expectations of Building Occupants Too High?," *Building Research & Information* 37, no. 1 (January 2009): 80.

113 Crowley, *The Invention of Comfort*, x.

114 Ibid.

115 이 단락을 쓸 수 있게 나를 도와준 중세 연구가 Miranda Hajduk와 Emily Price에게 깊은 감사를 표한다.

116 Lennard J. Davis, *Enforcing Normalcy: Disability, Deafness, and the Body* (New York: Verso, 1995), 46.

117 Ibid., 47.

118 Ibid., 49.

119 Houghten and Yagloglou, "Determination of the Comfort Zone," 535.

120 Lisa Lowe, *The Intimacies of Four Continents* (Durham, NC: Duke University Press, 2015), 82.

121 David Smith, "Point Comfort: Where Slavery in America Began 400 Years Ago," *The Guardian*, August 14, 2019, accessed December 28, 2020, https://www.theguardian.com/world/2019/aug/13/us-slavery-400-years-virginia-point-comfort.

122 이 거대한 주제를 빨리 눈으로 확인하고 싶다면 Magdalena Petrova의 "We Traced What It Takes to Make an iPhone, from Its Initial Design to the Components and Raw Materials Needed to Make It a Reality," CNBC, December 14, 2018, https://www.cnbc.com/2018/12/13/inside-apple-iphone-where-parts-and-materials-come-from.html를 참조할 것. 애플의 아이폰에 사용되는 5가지 분쟁 광물은 주석, 텅스텐, 금, 탄탈룸, 코발트이다. 애플은 일부 원자재의 출처가 불분명한 것으로 악명높지만, 미국의 도드-프랭크 금융개혁법에 따라 이 5가지 광물의 출처를 보고하고 "글로벌 공급망 전반에 걸쳐

인권을 지키는 데 최선을 다하고 있다"라고 대중을 안심시킨다(애플의 2020년 "Conflict Minerals Report," https://www.apple.com/supplier-responsibility/pdf/Apple-Conflict-Minerals-Report.pdf에 제시됨). 하지만 제3국의 인권 기준을 준수한다는 애플의 이러한 확인은 분쟁 광물의 추출 및 유통이 이러한 물질들에 대한 요구(취약한 공동체에 정치적, 경제적 폭력을 초래)에 공모하는 것이라는 더 큰 그림을 놓치고 있다.

123   Chappells and Shove, "Debating the Future of Comfort," 33.

124   Ibid., 37.

125   Zachary Y. Kerr 외, "The Association between Mandated Preseason Heat Acclimatization Guidelines and Exertional Heat Illness during Preseason High School American Football Practices," *Environmental Health Perspectives* 127, no. 4 (April 2019): 047003, https://doi.org/10.1289/EHP4163.

126   Eric Klinenberg, *Heat Wave: A Social Autopsy of Disaster in Chicago* (Chicago: University of Chicago Press, 2002), 56–57, Alan Ehrenhalt, *The Lost City: The Forgotten Virtues of Community in America* (New York: Basic Books, 1995), 29 인용. Klinenberg의 책은 1995년 시카고 폭염이 왜 그처럼 많은 생명을 앗아갔는지에 대한 진정한 생태학적 시각을 보여준다.

127   Cameron Tonkinwise, "Weeding the City of Unsustainable Cooling, or, Many Designs Rather than Massive Design," in *Design Ecologies: Essays on the Nature of Design*, edited by Lisa Tilder and Beth Blostein (New York: Princeton Architectural Press, 2010), 33.

128   Ibid.

129   Ibid.

130   Gail S. Brager and Richard J. de Dear, "Historical and Cultural Influences on Comfort Expectations," in *Buildings, Culture and Environment:Informing Local and Global Practices*, edited by Raymond J. Cole and Richard Lorch (Oxford, UK: Blackwell Publishing, 2003), 186

131   "Thermal Environmental Conditions for Human Occupancy," ANSI/ASHRAE Standard 55-2017, ASHRAE (Atlanta, GA: 2017), 37.

132   Cole 외, "Re-contextualizing the notion of comfort," 325.

133   Healy, "Air-conditioning and the 'Homogenization' of People and Built Environments," 315.

134   Walter Benjamin, *The Arcades Project*, Howard Eiland와 Kevin McLaughlin 번역(Cambridge, MA: Harvard University Press, 1999), 462.

135   Lindy Biggs, *The Rational Factory: Architecture, Technology, and Work in America's Age of Mass Production* (Baltimore: Johns Hopkins University Press, 1996), 2.

136   Walter Benjamin, "The Work of Art in the Age of Its Technological Reproducibility (Second Version)," Edmund Jephcott와 Harry Zohn 번역, in *Walter Benjamin: Selected Writings*, vol. 3, 1935–1938, edited by Michael W. Jennings (Cambridge, MA: Harvard University Press, 2002), 117.

137   Michel Foucault, *Discipline and Punish*, Alan Sheridan 번역 (New York: Vintage, 1977), 137.

138 Ibid., 169.

139 Ibid., 137.

140 Ibid., 138.

141 Ibid., 141.

142 Ibid., 142.

143 Karl Marx, *Capital: A Critique of Political Economy*, vol. 1, Ben Fowkes 번역 (New York: Penguin Books, 1976), 275.

144 Arendt, *The Human Condition*, 113.

145 Ibid., 112.

146 Frederick Douglass, "The Color Line," *The North American Review* 132, no. 295 (1881): 568.

프레온 회수 업자, 샘과 그의 일에 관하여 I

147 Timothy Morton, *Hyperobjects: Philosophy and Ecology After the End of the World*, Posthumanities 27 (Minneapolis: University of Minnesota Press, 2013), 105–06.

148 J. Rogelj 외, "2018: Mitigation Pathways Compatible with 1.5°C in the Context of Sustainable Development," in *Global Warming of 1.5°C. An IPCC Special Report on the impacts of global warming of 1.5°C above pre-industrial levels and related global greenhouse gas emission pathways, in the context of strengthening the global response to the threat of climate change, sustainable development, and efforts to eradicate poverty*, edited by V. Masson-Delmotte 외 https://www.ipcc.ch/sr15/chapter/chapter-2/.

2장 프레온의 시대: 계속되는 안전의 불확실성

1 ACS 회의의 세부 내용은 *Chicago Daily Tribune, the Christian Science Monitor, Los Angeles Times, the New York Times, the Wall Street Journal, the Washington Post*를 비롯해 1930년 4월의 여러 신문 기사를 참조했다. 이 부분에 묘사된 Thomas Midgley에 대한 내용은 Sharon Bertsch McGrayne의 놀라운 책 *Prometheans in the Lab: Chemistry and the Making of the Modern World* (New York: McGraw-Hill, 2002)의 79–105 페이지, "Leaded Gasoline, Safe Refrigeration, and Thomas Midgley, Jr.: May 18, 1889–November 2, 1944,"와 계속해서 출간될 필요가 있는 Seth Cagin과 Philip Dray의 책 *Between Earth and Sky: How CFCs Changed Our World and Endangered the Ozone Layer* (New York: Pantheon Books, 1993)의 초기 장에서 세부 사항을 참조했다. 또 다소 편향되었지만 여전히 매력적인 미즐리의 두 전기, Charles F. Kettering가 쓴 *Biographical Memoir of Thomas Midgley, Jr.*, 1889–1944, Biographical Memoirs, vol. 24, no. 11 (Washington, DC: National Academy of Sciences of the United States of America, 1947)와 미즐리의 손자 Thomas Midgley IV가 쓴 (이상하게 오존 파괴에 대한 언급은 없다) *From the Periodic Table to Production: The Biography of Thomas Midgley, Jr., the Inventor of Ethyl Gasoline and*

Freon Refrigerant (Corona, CA: Stargazer Publishing Company, 2001) 도 참조했다.

2 "New Gas Found Safe to Use in Refrigerators," *Chicago Daily Tribune*, April 9, 1930.

3 Ibid.

4 프레온을 제조한 듀폰은 프레온이 시장에 출시된 직후인 1935년 "화학을 통한… 더 나은 삶을 위한 더 나은 것들"이라는 슬로건을 채택했다. 때로 이 슬로건은 "화학을 통한 더 나은 삶"으로 표현되기도 했다. 1982년 듀폰은 이 슬로건을 "더 나은 삶을 위한 더 나은 것들"로 줄였다. 그리고 1999년 슬로건을 완전히 수정하여 듀폰의 슬로건은 이제 '과학의 기적'이 되었다.

5 John Dewey, *The Quest for Certainty: A Study of the Relation of Knowledge and Action*, Gifford Lectures (New York: Minton, Balch & Company, 1929), 3.

6 Ibid., 7.

7 "New Gas Found Safe to Use in Refrigerators."

8 "Human Ice Box 'Freezes' Fire," *Los Angeles Times*, April 9, 1930. 여기에서 미즐리의 말을 모두 인용하는 것이 좋겠다. "이 냉매는 폭발성이 없으며 독성도 없다고 생각됩니다. 동물에게 해롭지 않았거든요. 저는 이 냉매를 꽤 많이 마셨지만 나쁜 영향은 계속되지 않았습니다. 냉매를 충분히 마시면 냉매는 일종의 중독을 일으킵니다. 이 느낌을 가장 잘 설명하자면, 감각이 무뎌져 간다는 겁니다. 이 연기는 술이 주는 흥분감과 달리, 노래를 부르거나 시를 읊고 싶은 욕구를 불러일으키지 않죠." 그리고 뒤늦게 생각이 난 듯 그가 덧붙였다. "냉매는 아직 실험 단계에 있습니다."

9 "Icy Breath Puts Out Candle like a Wet Blanket," *Christian Science Monitor*, April 8, 1930.

10 McGrayne, "Leaded Gasoline, Safe Refrigeration, and Thomas Midgley, Jr.," 101.

11 위에 언급한 출처뿐만 아니라, 다음의 자료들도 미즐리가 제너럴 모터스에서 보낸 시간, 특히 유연 휘발유 개발을 설명하는 데 도움이 되었다. T. A. Boyd, *Professional Amateur: The Biography of Charles Franklin Kettering* (New York: E. P. Dutton, 1957); Ed Cray, *Chrome Colossus: General Motors and Its Times* (New York: McGraw-Hill, 1980); Carmen J. Giunta, "Thomas Midgley, Jr., and the Invention of Chlorofluorocarbon Refrigerants: It Ain't Necessarily So," *Bulletin for the History of Chemistry* 31, no. 2 (2006): 66–74; William Graebner, "Hegemony Through Science: Information Engineering and Lead Toxicology, 1925–1965," in *Dying for Work: Workers' Safety and Health in Twentieth-Century America*, edited by David Rosner and Gerald Markowitz (Bloomington: Indiana University Press, 1989), 140–59; Jamie Lincoln Kitman, "The Secret History of Lead," *The Nation* https://www.thenation.com/article/secret-history-lead/; William J. Kovarik, "The Ethyl Controversy: How the News Media Set the Agenda for a Public Health Controversy over Leaded Gasoline, 1924–1926," Dissertation, University of Maryland, 2013; Stuart W. Leslie, "Thomas Midgley and the Politics of Industrial Research," *Business History Review* 54, no. 4 (1980): 480–503, https://doi.org/10.2307/3114216; Stuart W. Leslie, *Boss Kettering* (New York: Columbia University Press, 1983); Herbert L. Needleman, "Clamped in a Straitjacket: The Insertion of Lead into Gasoline," *Environmental Research* 74, no. 2 (August 1997), 95–103; Joseph C. Robert, *Ethyl: A History of the Corporation and*

the People Who Made It (Charlottesville: University Press of Virginia, 1983); David Rosner and Gerald Markowitz, "A 'Gift of God'?: The Public Health Controversy over Leaded Gasoline During the 1920s," *American Journal of Public Health* 75, no. 4 (April 1985): 344–52, https://doi.org/10.2105/AJPH.75.4.344.

12 Thomas Midgley Jr., "How We Found Ethyl Gasoline," *Imperial Oil Review*, March–April 1937, 26.

13 Ibid., 27.

14 Ibid.

15 1943년 화학공업협회의 Perkin 메달을 수상한 Robert E. Wilson이다. 시상식에서 미즐리는 이 이야기와 함께 윌슨을 소개했다. "Applied Science: The Man with the Powerful Kick," Time, September 11, 1964, http://content.time.com/time/subscriber/article/0,33009,830676,00.html에서 참조.

16 McGrayne, "Leaded Gasoline, Safe Refrigeration, and Thomas Midgley, Jr.," 89.

17 Thomas Midgley Jr., "Tetraethyl Lead Poison Hazards," *Industrial and Engineering Chemistry* 17, no. 8 (August 1925): 827–28, at 828, https://doi.org/10.1021/ie50188a020.

18 Upton Sinclair, I, *Candidate for Governor, and How I Got Licked* (Berkeley: University of California Press, 1994), 109.

19 Boyd, *Professional Amateur*, 152.

20 "4th Victim Dies; 31 Now Under Care," *New York Times*, October 24, 1924.

21 Kitman, "The Secret History of Lead."

22 Silas Bent, "Tetraethyl Lead Fatal to Makers," *New York Times*, June 22, 1925.

23 McGrayne, "Leaded Gasoline, Safe Refrigeration, and Thomas Midgley, Jr.," 92.

24 Kovarik, "The Ethyl Controversy," 308.

25 Herbert L. Needleman 외, "Deficits in Psychologic and Classroom Performance of Children with Elevated Dentine Lead Levels," *New England Journal of Medicine* 300, no. 13 (March 29, 1979): 689–95, https://doi.org/10.1056 /NEJM197903293001301.

26 Mohinder S. Bhatti, "A Historical Look at Chlorofluorocarbon Refrigerants," *ASHRAE Transactions* 105, no. 1 (January 23–27, 1999): 1189. Bhatti의 글은 프레온이 "발명된" 그날 오후를 매우 상세히 설명한다.

27 Thomas Midgley Jr., "From the Periodic Table to Production," *Industrial & Engineering Chemistry* 29, no. 2 (February 1937), 244.

28 Ibid.

29 Bhatti, "A Historical Look at Chlorofluorocarbon Refrigerants," 1190.

30 그들이 CFC-11과 CFC-12 중 어느 것을 처음 합성했는지, 그리고 우리가 그 답을 어떻게 알 수 있는지에 대한 철저한 연구는 Giunta의 "Thomas Midgley, Jr., and the Invention of Chlorofluorocarbon Refrigerants," 70–71 참조.

31 Alfred B. Garrett, "Freon: Thomas Midgley and Albert L. Henne," *J. Chem. Educ.* 39, no. 7 (July 1962): 361–62.

32 Bhatti, "A Historical Look at Chlorofluorocarbon Refrigerants," 1192.

33 Ibid., 1195.

34 Ibid., 1197; Ingels, *Willis Haviland Carrier*, 85.

35 Thomas Midgley, Jr., "Chemistry in the Next Century," *Industrial & Engineering Chemistry* 27, no. 5 (May 1935): 494, https://doi.org/10.1021/ie50305a003.

36 Ibid., 495.

37 Ibid., 496.

38 Ibid., 497.

39 Thomas Midgley Jr., "Synthetic Weather," *Industrial & Engineering Chemistry* 27, no. 9 (September 1935): 1005, https://doi.org/10.1021/ie50309a007.

40 Jeff E. Biddle, "Making Consumers Comfortable: The Early Decades of Air Conditioning in the United States," *Journal of Economic History* 71, no. 4 (2011): 1078–94, at 1080.

41 Ibid., 1082.

42 Ibid., 1092.

43 Harland Manchester, "The Magic of High-Octane Gas," *Harper's Magazine* (December 1, 1941), 286.

44 Midgley IV, *From the Periodic Table to Production*, 127.

45 Ibid.

46 McGrayne와 Giunta 모두 증거를 제시하며 자살을 확신한다.

47 Kettering, *Biographical Memoir of Thomas Midgley, Jr.*, 376. 152 A 2006 episode: "Divination," QI, series D, episode 10, Stephen Fry 진행, 2006년 11월 24일에 방송, https://youtu.be/gZAnnvSOEmw.

48 George B. Kauffman, "Midgley—A Two-Time Environmental Loser (Re J. Chem. Educ. 2000, 77, 1540)," *Journal of Chemical Education* 79, no. 5 (2002): 559, https://doi.org/10.1021/ed079p559.2.

49 J. R. McNeill, *Something New Under the Sun: An Environmental History of the Twentieth-Century World* (New York: W. W. Norton, 2001), 111.

50 Midgley IV, *From the Periodic Table to Production*, 163.

51 Ingels, *Willis Haviland Carrier*, 96.

52 Basile, *Cool*, 184.

53 Ingels, *Willis Haviland Carrier*, 97.

54 "Industrial and Commercial Refrigerating and Air Conditioning Machinery and Equipment: General Limitation Order No. L-38," Federal Register, May 16, 1942, 3662; "Industrial and Commercial Refrigerating and Air Conditioning Machinery and Equipment [Schedule II to Limitation Order L-126]," Federal Register, June 4, 1942, 5083; and "Industrial and Commercial Refrigerating and Air Conditioning Machinery and Equipment [General Limitation Order L-38 as Amended on March 27, 1943]," *Federal Register*, March 30, 1943, 3816.

55 Ingels, *Willis Haviland Carrier*, 96.

56 Manchester, "The Magic of High-Octane Gas," 292.

57 Cagin and Dray, *Between Earth and Sky*, 78.

58 Leslie, "Thomas Midgley and the Politics of Industrial Research," 491.

59 Air Conditioning," *Life*, July 16, 1945, 39–44.

60 Richard Rothstein, *The Color of Law: A Forgotten History of How Our Government Segregated America* (New York: Liveright, 2017), chap. 4 "Own Your Own Home," Apple Books.

61 Ibid.

62 Informed by Jeff E. Biddle, "Explaining the Spread of Residential Air Conditioning, 1955–1980," *Explorations in Economic History* 45, no. 4 (2008): 402–23, https://doi.org/10.1016/j.eeh.2008.02.004.

63 Ibid., 404.

64 Michelle Addington, "Contingent Behaviours," *Architectural Design* 79, no. 3 (May 2009): 12–17, at 13, https://doi.org/10.1002/ad.882.

65 Andrea Vesentini, "It's Cool Inside: Advertising Air Conditioning to Postwar Suburbia," *American Studies* 56, no. 1 (2017): 91–117, at 93, https://doi.org/10.1353/ams.2017.0004.

66 Ibid., 101.

67 Ackermann, *Cool Comfort*, 10.

68 Olaudah Equiano, *The Interesting Narrative of the Life of Olaudah Equiano, or Gustavus Vassa, the African, Written by Himself*, ninth edition enlarged (London, 1794), 59.

69 Ackermann, *Cool Comfort*, 11.

70 Vesentini, "It's Cool Inside," 105.

71 Ibid., 107.

72 Ibid., 109.

73 Ibid., 96.

74 이 생각에 대해 이전의 많은 견해가 도움이 되었지만, 최근에 가장 잘 쓰인 글 중 하나는 Eva Horn의 "Air Conditioning: Taming the Climate as a Dream of Civilization," *The Avery Review*, https://averyreview.com /issues/16/air-conditioning이다. 이 주제에 대한 Horn 의 강의, 특히 2017년 4월 24일에 진행되고 2017년 4월 25일 유튜브에 업로드된 "Air Conditioning: A Cultural History of Climate Control," https://youtu.be/TQ3ckQtP-IU 참조.

75 Hippocrates, "Part 16" in *De aere aquis et locis, from Collected Works I, Hippocrates*, translated by W. H. S. Jones (Cambridge, MA: Harvard University Press, 1868), Perseus Digital Library, Tufts University, http://data.perseus.org/citations /urn:cts:greekLit:tlg0627.tlg002. perseus-eng2:16.

76 Aristotle, *Politics* (Chicago: University of Chicago Press, 2013).

77 Charles de Secondat Montesquieu, *The Spirit of the Laws*, translated and edited by Anne M. Cohler, Basia Carolyn Miller, and Harold Samuel Stone (New York: Cambridge University Press, 1989), 231–32.

78 Ibid., 233.

79 Ibid., 251.

80   Ibid., 231.

81   "(무솔리니)는 "이탈리아의 숨겨진 곪은 상처"라는 제목의 굉장한 연설을 통해 '자신만의 상像으로 국가에 맹렬히 맞서겠다'라고 약속했다. 그리고 이탈리아의 기후를 '더 혹독하게' 만들고 '종의 더 철저한 선택과 개선'을 위해 아펜니노 산맥의 재조림을 명령했던 것을 기뻐하며 회상했다." MacGregor Knox의 *Mussolini Unleashed, 1939–1941: Politics and Strategy in Fascist Italy's Last War* (New York: Cambridge University Press, 1986), 151 참조.

82   Count Galeazzo Ciano, "August 5, 1940," *The Ciano Diaries, 1939–1943*, edited by Hugh Gibson (Garden City, NY: Doubleday, 1946), 281.

83   Samuel Stanhope Smith, "An Essay on the Causes of the Variety of Complexion, Figure, &c. in the Human Species" (New Brunswick, NJ: J. Simpson, 1810), 93–94.

84   이 자료들을 내게 안내해준 Ackermann의 *Cool Comfort*와 Vesentini의 "It's Cool Inside"에 감사하다.

85   S. C. GilFillan, "The Coldward Course of Progress," *Political Science Quarterly* 35, no. 3 (September 1920): 393–410, https://doi.org/10.2307/2142583.

86   Ibid., 400.

87   Ibid., 409.

88   Ackermann의 *Cool Comfort*와 Vesentini의 "It's Cool Inside" 외에, 헌팅턴의 삶과 생각을 연구하는 데 도움이 된 자료들은 다음과 같다. Garland E. Allen, "'Culling the Herd': Eugenics and the Conservation Movement in the United States, 1900–1940," *Journal of the History of Biology* 46, no. 1 (2013): 31–72; Jessica Blatt, "'To Bring Out the Best That Is in Their Blood': Race, Reform, and Civilization in the *Journal of Race Development* (1910–1919)," *Ethnic and Racial Studies* 27, no. 5 (September 2004): 691–709, https://doi.org/10.1080/01419870420002463 09; John Edgar Chappell, Jr., "Huntington and His Critics: The Influence of Climate on Civilization," PhD dissertation, University of Kansas, 1968; Gregory S. Dunbar, "'Geography Rides, Geology Walks': The Barrett-Huntington Expedition to Central Asia in 1905," *Yearbook of the Association of Pacific Coast Geographers*, 45 (1983): 7–23; James Rodger Fleming, "The Climatic Determinism of Ellsworth Huntington," in *Historical Perspectives on Climate Change* (New York: Oxford University Press, 2005), 95–106; Geoffrey J. Martin, *Ellsworth Huntington: His Life and Thought* (Hamden, CT: Archon Books, 1973); Geoffrey J. Martin, "The Ellsworth Huntington Papers," *The Yale University Library Gazette* 45, no. 4 (April 1971): 185–95; "Obituary: Ellsworth Huntington," 3. 예일대의 Ellsworth Huntington Papers도 참조했다. http://hdl.handle.net/10079/fa/mssa.ms.0001.

89   Chappell, "Huntington and His Critics," 72–73; Ackermann, *Cool Comfort*, 18–19.

90   Chappell, "Huntington and His Critics," 73; Fleming, "The Climatic Determinism of Ellsworth Huntington," 98.

91   Ellsworth Huntington, *Climate and Civilization*, 3rd ed. (New Haven, CT: Yale University Press, 1915; New Haven, CT: Yale University Press, 1945), xi. 인용은 1945년 판을 참조했다.

92　Ibid., 1.

93　Ibid., 6.

94　Fleming, "The Climatic Determinism of Ellsworth Huntington," 100.

95　Huntington, *Climate and Civilization*, 31.

96　Ibid., 68.

97　Ibid., 56.

98　Fleming, "The Climatic Determinism of Ellsworth Huntington," 103-04.

99　Huntington, *Climate and Civilization*, 24.

100　Fleming, "The Climatic Determinism of Ellsworth Huntington," 102-03.

101　Ackermann, *Cool Comfort*, 23-26.

102　Ibid., 19.

103　Ibid., 23.

104　Kamau Brathwaite, "Black Writers Conf. 2010—Kamau Brathwaite, Poet," 2010년 3
월 25일 뉴욕 브루클린 Medgar Evers대학에서 열린 제10회 전미 흑인 작가 콘퍼런스
중 Brathwaite의 연설에서 발췌, 2010년 4월 20일 유튜브에 업로드, https://youtu.be/
XZiOEjh99Qg.

105　Arnold J. Toynbee, Foreword, in Martin, *Ellsworth Huntington*, x.

106　LeRoi Jones [Amiri Baraka], "Street Protest," in *Home: Social Essays* (New York: Akashic
Books, 2009), 118.

107　Bhatti, "A Historical Look at Chlorofluorocarbon Refrigerants," 1196.

108　Biddle, "Explaining the Spread of Residential Air Conditioning, 1955-1980," 402-23;
Raymond Arsenault, "The End of the Long Hot Summer: The Air Con- ditioner and
Southern Culture," *Journal of Southern History* 50, no. 4 (November 1984): 611, https://
doi.org/10.2307/2208474.

109　Basile, *Cool*, 165.

110　Rod Barclay, *Boy! That Air Feels Good!: The True History of Auto Air-Condition- ing,
How a Small Band of Texas Pioneers Gave Detroit a Lesson in Customer Satisfaction*
(CreateSpace Independent Publishing Platform: 2013), 61-63.

111　Basile, Cool, 127, 221.

112　Raymond Williams, Television: *Technology and Cultural Form* (New York: Routledge Classics,
2003), 19.

113　John A. Heitmann, *The Automobile and American Life* (Jefferson, NC: McFarland, 2009), 97.

114　Edmund White, *States of Desire: Travels in Gay America* (New York: E. P. Dutton, 1980), 1.
학계에서 예술 비평가 Jonathan Crary는 (문화 이론가 Paul Virilio의 이론을 바탕으로) 다
음과 같이 그에 공감한다. "TV 화면과 자동차의 앞 유리는 시장의 속도 및 불연속성에
시각적 경험을 융화시켰다. 창으로서 그것들은 어쩌면 자율적인 이동이 가능한 광대
한 공간의 시각적 피라미드로 통하는 것처럼 보였다. 하지만 대신에 그것들은 과할 정
도로 매끄럽고 해체된 표면 전체에 걸쳐, 분리된 객체들과 감정의 흐름을 통해 대상의
움직임을 만드는 구멍이었다." Jonathan Crary, "Eclipse of the Spectacle," in *Art After*

Modernism: Rethinking Representation, edited by Brian Wallis and Marcia Tucker (New York, NY: The New Museum of Contemporary Art, 1984), 289.

115 Heitmann, *The Automobile and American Life*, 6.

116 Matthew T. Huber, *Lifeblood: Oil, Freedom, and the Forces of Capital* (Minneapolis: University of Minnesota Press, 2013), 74.

117 Heitmann, *The Automobile and American Life*, 103.

118 Mack Hagood, Hush: *Media and Sonic Self-Control* (Durham, NC: Duke University Press, 2019), 80.

119 Ibid., 91.

120 Ibid., 187.

121 Ibid., 190.

122 Ibid., 86.

123 Valerie H. Johnson, "Fuel Used for Vehicle Air Conditioning: A State-by-State Thermal Comfort-Based Approach," Technical Paper 2002-01-1957, June 23, 2002, https://doi.org/10.4271/2002-01-1957.

124 Heitmann, *The Automobile and American Life*, 210.

125 Arsenault, "The End of the Long Hot Summer," 618. 이상하게도 Arsenault는 시민권 운동이 남부에 머물던 흑인의 이동을 늦추었다고 주장했지만, 나는 그가 어떻게 그러한 추정을 하게 되었는지 잘 모르겠다. Isabel Wilkerson은 그녀의 저서 *The Warmth of Other Suns: The Epic Story of America's Great Migration*에서 1940년에서 1970년 사이의 두 번째 흑인 대 이동 기간에 400만 명 이상의 흑인이 남부에서 북부로 이동했다고 추정한다(역사가들은 실제 수가 더 많을 거로 생각한다). 시민권 운동이 더 많은 사람의 이동을 막았을지 몰라도, Arsenault의 추정은 내게는 추측으로밖에 생각되지 않는다. 분명한 것은, 1970년대까지 계속 수백만 명의 흑인이 남부를 빠져나가는 상황에서도 남부의 인구가 처음으로 순 증가세를 보였다는 것이다.

126 Ibid., 613. 180

127 Ibid., 614.

128 Ibid., 616.

129 Ibid., 614.

130 Ibid.

131 Ibid., 616.

132 Kenneth Frampton, "Towards a Critical Regionalism: Six Points for an Architecture of Resistance," in *The Anti-aesthetic: Essays on Postmodern Culture*, edited by Hal Foster (Port Townsend, WA: Bay Press, 1983), 27.

133 2017년 7월 15일 테리 셸튼Terry Shelton(내 고등학교 영어 선생님)이 사망하기 직전에 주고받은 이메일에서 인용.

134 Frank Trippett, "The Great American Cooling Machine," *Time*, August 13, 1979, http://content.time.com/time/magazine/article/0,9171,948569,00 .html.

135 Trippett, "The Great American Cooling Machine."

136 Ibid.

137 Jon Anderson의 "Cooling It," *Chicago Tribune*, July 7, 1991, https://www.chicagotribune.com/news/ct-xpm-1991-07-07-9103170528-story.html에서 인용

138 Bell Hooks, "A Place Where the Soul Can Rest," in Belonging: *A Culture of Place* (New York: Routledge, 2009), 144.

139 Ibid., 147.

140 Ibid., 148.

141 Abdelrahman Munif, *Cities of Salt*, translated by Paul Theroux (New York: Vintage, 1989), 391.

142 Evan Osnos, "Trump vs. the 'Deep State,'" *The New Yorker*, May 21, 2018, https://www.newyorker.com/magazine/2018/05/21/trump-vs-the-deep-state.

143 Steven D. Levitt and Stephen J. Dubner, *Freakonomics: A Rogue Economist Explores the Hidden Side of Everything*, Revised and expanded ed. (New York: William Morrow, 2005), 127. 이들의 작품에 대한 비평은 Christopher L. Foote와 Christopher F. Goetz의 "The Impact of Legalized Abortion on Crime: Comment," *Quarterly Journal of Economics* 123, no. 1 (2008): 407-23. Accessed January 20, 2021. http://www.jstor.org/stable/25098902 참조. 혹은 아래의 Nevin 참조.

144 Introduction to Ruth Wilson Gilmore, *Golden Gulag: Prisons, Surplus, Crisis, and Opposition in Globalizing California*, American Crossroads 21 (Berkeley: University of California Press, 2007).

145 Rick Nevin, "Understanding International Crime Trends: The Legacy of Preschool Lead Exposure," *Environmental Research* 104, no. 3 (July 2007): 315-36, https://doi.org/10.1016/j.envres.2007.02.008. 네빈은 다음과 같이 지적한다. "(Steven D.) Levitt은 (그의) 모델이 1973-1991년의 동향을 설명할 수 없다는 것을 인정한다. 당시 인당 경찰 수는 거의 변함이 없었지만, 범죄율과 투옥률은 급증했다." 이 모델은 그러한 동향을 설명한다.

146 E. C. Thom, "The Discomfort Index," Weatherwise 12, no. 2 (April 1959): 57-61. 불쾌함을 느끼는 인구의 비율이 어떻게 계산되었는지 찾을 순 없었지만, 그 내용은 분명히 ASHVE 쾌적성 연구에 바탕을 두고 있다.

147 G. DuS., "Dog Days," Science 130, no. 3368 (July 17, 1959): 131, https://doi.org/10.1126/science.130.3368.131.

148 James Baldwin, "Faulkner and Desegregation," in *James Baldwin: Collected Essays, edited by Toni Morrison* (New York: Library of America, 1998), 209.

149 Baldwin, "Color," in *James Baldwin: Collected Essays*, 675.

150 Trippett, "The Great American Cooling Machine."

151 George Orwell, "You and the Atom Bomb," *Tribune* [London], October 19, 1945, https://www.orwellfoundation.com/the-orwell-foundation/orwell /essays-and-other-works/you-and-the-atom-bomb/.

152 오존 위기의 여섯 가지 역사는 초음속 여행에서부터 남극 오존 탐험에 이르기까지 이 역사적인 순간 속 사건들의 토대를 형성했다. Cagin and Dray, *Between Earth and Sky*,

Stephen O. Andersen and K. Madhava Sarma, *Protecting the Ozone Layer: The United Nations History*, edited by Lani Sinclair (Sterling, VA: Earthscan Publications, 2002); Lydia Dotto and Harold Schiff, *The Ozone War* (Garden City, NY: Doubleday, 1978), 에어로졸의 CFC 사용 금지 직후 중단되지만, 그 이전의 몇 가지 상세한 정보 제공; Naomi Oreskes and Erik M. Conway, *Merchants of Doubt: How a Handful of Scientists Obscured the Truth on Issues from Tobacco Smoke to Global Warming* (New York: Bloomsbury, 2011); Edward A. Parson, *Protecting the Ozone Layer: Science and Strategy* (New York: Oxford University Press, 2003); and Sharon Roan, *Ozone Crisis: The 15-Year Evolution of a Sudden Global Emergency* (New York: Wiley, 1989), 오존 위기에 대한 정치적 분석과 사람들의 이야기를 월별로 제공. 따로 언급하지 않는 한, 나는 이러한 역사들을 종합해 오존 위기를 이해하고 설명했다.

153 Cagin and Dray, *Between Earth and Sky*, 88.
154 Vesentini, "It's Cool Inside," 107.
155 The Association of Home Appliance Manufacturers (AHAM)의 1990년 연구, Bruce J. Wall 의 "CFCs in Foam Insulation: The Recovery Experience," *Proceedings of the ACEEE 1994 Summer Study on Energy Efficiency in Buildings*, vol. 4 (Washington, DC: American Council for an Energy-Efficient Econ- omy, 1994), 269–76에서 인용.
156 Cagin and Dray, *Between Earth and Sky*, 69.
157 Ibid., 88.
158 Dorothy Fisk, *Exploring the Upper Atmosphere* (New York: Oxford University Press, 1934), 82–83.
159 Ibid., 78.
160 오존층의 화학에 관해서는 S. A. Abbasi와 Tasneem Abbasi의 *Ozone Hole: Past, Present, Future*, SpringerBriefs in Environmental Science (New York: Springer, 2017)가 정확하고 최신이며 이해하기 쉬웠다.
161 Ibid.
162 Ibid., 86.
163 Ibid.
164 초음속 여행에 관한 다음 단락들은 특히 Cagin과 Dray의 "The Sound of Freedom" in *Between Earth and Sky*, 149–167을 참조했다.
165 P. J. Crutzen, "The influence of nitrogen oxides on the atmospheric ozone content," *Quarterly Journal of the Royal Meteorological Society* 96, no. 408 (April 1970), 320–25. Paul J. Crutzen, "SST's: A Threat to the Earth's Ozone Shield," Ambio 1, no. 2 (April 1, 1972), 41–51도 참조.
166 Cagin and Dray, 162.
167 Ibid., 166.
168 Ibid., 167.
169 Neta C. Crawford, "Papers—2019—Pentagon Fuel Use, Climate Change, and the Costs of War," https://watson.brown.edu/cost sofwar/papers/ClimateChangeandCostofWar.

지구온난화에 미치는 미군의 막대한 영향에 대한 더 자세한 내용은 Oliver Belcher 외, "Hidden Carbon Costs of the 'Everywhere War': Logistics, Geopolitical Ecology, and the Carbon Boot-print of the US Military," *Transactions of the Institute of British Geographers* 45, no. 1 (March 2020): 65–80, https://doi.org/10.1111/tran.12319; Benjamin Neimark 외, "U.S. Military Produces More Greenhouse Gases than Up to 140 Countries," Newsweek, June 25, 2019, https://www.newsweek.com/us-military-greenhouse-gases-140-coun tries-1445674; Oliver Belcher, Benjamin Neimark, and Patrick Bigger, "The U.S. Military Is Not Sustainable," *Science* 367, no. 6481 (February 28, 2020): 989–90, https://doi. org/10.1126/science.abb1173 참조.

170 Roan, *Ozone Crisis*, 3.

171 J. E. Lovelock, R. J. Maggs, and R. J. Wade, "Halogenated Hydrocarbons in and over the Atlantic," *Nature* 241 (January 19, 1973): 196.

172 Dotto and Schiff, *The Ozone War*, 12.

173 Lovelock 등은 McCarthy가 CFC-11과 CFC-12의 "총생산량"을 1971년 중반에 "각각 약 100만 톤"으로 추정했다고 주장한다. McCarthy는 CFC-12의 생산 수준이 CFC-11보다 상당히 높다는 것을 알고 있었기 때문에 이는 분명히 매우 대략적인 추정임이 틀림없다. 최근의 추정에 따르면, 1971년 CFC-12의 세계 연간 생산량은 약 33만 1,600톤, CFC-11은 약 22만 7,500톤이다. Archie McCulloch 외, "Releases of Refrigerant Gases (CFC-12, HCFC-22 and HFC-134a) to the Atmosphere," *Atmospheric Environment* 37, no. 7 (March 2003): 889–902, https://doi.org/10.1016/S1352-2310(02)00975-5; A. McCulloch, P. Ashford, and P. M. Midgley, "Historic Emissions of Fluorotrichloromethane (CFC-11) Based on a Market Survey," *Atmospheric Environment* 35, no. 26 (September 2001): 4387–97, https://doi.org/10.1016/S1352-2310(01)00249-7 참조. Lovelock 등이 "Halogenated Hydrocarbons in and over the Atlantic"에 정확하게 언급한 것처럼 CFC 생산량은 1960년대와 1970년대에 걸쳐 기하급수적으로 증가했는데, 한 보고서에 따르면 CFC의 세계 연간 총생산량은 81만 2,522톤으로 증가했다. Maximilian Auffhammer 외, "Production of Chlorofluorocarbons in Anticipation of the Montreal Protocol," *Environmental & Resource Economics* 30, no. 4 (April 2005): 377–91, https://doi.org/10.1007/s10640-004-4222-0. 전 세계적으로 CFC가 지금까지 얼마나 생산되었는지는 짐작하기 어렵지만, 이 이야기를 하는 시점에서 그 양은 수백만 톤에 이를 것이다. 정확한 양이야 어쨌든, 여기서 요점은 Lovelock이 지금까지 생산된 양과 거의 같은 양의 CFC-11이 여전히 대기 중에 존재한다고 제대로 추측했다는 것이다.

174 Lovelock 외., "Halogenated Hydrocarbons in and over the Atlantic," 194.

175 Dotto and Schiff, *The Ozone War*, 10.

176 대략 설명하자면, 파괴적 충동이 이끄는 감정적 애착. 성욕이 아니며, 프로이트가 개발하고 후대의 정신분석가들이 한층 더 발전시킨 개념이다. 나는 이 용어를 진지하게 사용하진 않지만, 이 문구는 내게 4월의 어느 날을 연상시킨다. 나는 그날 Prospect Park를 걷다가 레깅스, 치마, 머리띠 등 전부 검은색으로 빼입은 한 사람을 지나쳤는데, 그녀는 꽃이 활짝 핀 아주 아름다운 벚나무 앞 잔디에 앉아 손에 든 전화기에 대고 심각한 목

소리로 이렇게 말했다. "그러게. 기후 변화는 정말이지 죽음으로 가는 길이야."

177 36쪽 '최대 100년이 걸린다'에 관한 내용 참조.

178 Cagin and Dray, Between Earth and Sky, 181.

179 Tomas Kellner, "Cool Operators," The Sciences 38, no. 5 (September–October 1998): 19–23, at 20.

180 Dotto and Schiff, The Ozone War, 10.

181 Roan, Ozone Crisis, 2.

182 Dotto and Schiff, The Ozone War, 145.

183 Mario J. Molina and F. S. Rowland, "Stratospheric Sink for Chlorofluoromethanes: Chlorine Atom-Catalysed Destruction of Ozone," Nature 249, no. 5460 (June 1974): 810–12, at 812, https://doi.org/10.1038/249 810a0.

184 Cagin과 Dray의 Between Earth and Sky에서 골라 모은 일부 리스트. Ralph Cicerone, Richard Stolarski, Stacy Walters at University of Michigan; Steven Wofsy와 Michael McElroy at Harvard; Chuck Kolb이 포함된다.

185 Dotto and Schiff, The Ozone War, 21–23.

186 Ibid., 19–21.

187 L. S. Goodman and A. Gilman, eds., The Pharmacological Basis of Therapeutics, 5th ed. (New York: Macmillan, 1975), 910.

188 Dotto and Schiff, The Ozone War, 152.

189 David W. Fraser 외, "Legionnaires' Disease," New England Journal of Medicine 297, no. 22 (December 1, 1977): 1189–97, https://doi.org/10.1056/NEJM197712012972201.

190 Ibid., 163. 업계가 홍보를 통해 과학의 권위를 해치는 행위에 관한 보다 자세한 설명은 Oreskes와 Conway의 Merchants of Doubt 참조.

191 Dotto와 Schiff의 The Ozone War, 314–23 에필로그 참조.

192 Walter Sullivan, "Tests Show Aerosol Gases May Pose Threat to Earth," New York Times, September 26, 1974, https://www.nytimes.com/1974/09/26/archives/tests-show-aerosol-gases-may-pose-threat-to-earth.html.

193 Maximilian Auffhammer, Bernard J. Morzuch, and John K. Stranlund, "Production of Chlorofluorocarbons in Anticipation of the Montreal Protocol," Environmental and Resource Economics 30, no. 4 (April 2005): 377–91, at 379, https://doi.org/10.1007/s10640-004-4222-0.

194 Dotto and Schiff, The Ozone War, 146.

195 Cagin and Dray, Between Earth and Sky, 205.

196 Dotto and Schiff, The Ozone War, 179.

197 "The Talk of the Town," The New Yorker, May 18, 1981, 35.

198 Partha P. Bera, Joseph S. Francisco, and Timothy J. Lee, "Identifying the Molecular Origin of Global Warming," Journal of Physical Chemistry A 113, no. 45 (November 12, 2009): 12698, https://doi.org/10.1021/jp905097g; V. Ramanathan, "Greenhouse Effect Due to Chlorofluorocarbons: Climatic Implications," Science 190, no. 4209 (October 3, 1975):

50–52, https://doi.org/10.1126/science.190.4209.50도 참조.

199 Ø. Hodnebrog 외, "Updated Global Warming Potentials and Radiative Efficiencies of Halocarbons and Other Weak Atmospheric Absorbers," *Reviews of Geophysics* 58, no. 3 (September 2020), 16, https://doi .org/10.1029/2019RG000691.

200 Spencer R. Weart, "Public Warnings," in The *Discovery of Global Warming*, 개정 및 확장판 (Cambridge, MA: Harvard University Press, 2008), 86–113, https://doi.org/10.4159/9780674417557.

201 Roan, *Ozone Crisis*, 190.

202 Cagin and Dray, *Between Earth and Sky*, 263.

203 Ibid.

204 Interview with Joseph Farman by Steve Norton, October 12, 1999, Niels Bohr Library & Archives, American Institute of Physics, College Park, MD, www.aip.org/history-programs/niels-bohr-library/oral-histories/33753-2.

205 Cagin and Dray, *Between Earth and Sky*, 270.

206 Ibid., 285.

207 Sydney Chapman, "The Gases of the Atmosphere," *Quarterly Journal of the Royal Meteorological Society* 60, no. 254 (1934): 127–42.

208 Sebastian Grevsmühl, "Revisiting the 'Ozone Hole' Metaphor: From Observational Window to Global Environmental Threat, *Environmental Communication* 12, no. 1 (2018): 71–83.

209 나는 Roan의 *Ozone Crisis*와 Cagin과 Dray의 *Between Earth and Sky*로부터 PSC를 이해하게 되었다.

210 Abbasi and Abbasi, *Ozone Hole*, 44.

211 33쪽, '하지만 매년 10월, 구멍은~모습을 드러낸다', 그리고 "Large, Deep Antarctic Ozone Hole in 2020," NASA Earth Observatory, November 2, 2020, https://earthobservatory.nasa.gov/images/147465/large-deep-antarctic-ozone-hole-in-2020 참조.

212 Parson, *Protecting the Ozone Layer*, 125.

213 Roan, *Ozone Crisis*, 163–64.

214 Philip Shabecoff, "Scientists Warn of Effects of Human Activity on Atmosphere," *New York Times*, January 13, 1986, https://www.nytimes.com/1986/01/13/us/scientists-warn-of-effects-of-human-activity-on-atmosphere.html.

215 Parson, *Protecting the Ozone Layer*, 126–27.

216 Cagin and Dray, *Between Earth and Sky*, 308.

217 Speculation in Roan, *Ozone Crisis*, 193.

218 Bhatti, "A Historical Look at Chlorofluorocarbon Refrigerants," 1198. Albert L. Henne and Mary W. Renoll, "Fluoro Derivatives of Ethane and Ethylene. IV," Journal of the American Chemical Society 58, no. 6 (June 1936): 888, https://doi.org/10.1021/ja01297a008도 참조.

219 Parson, *Protecting the Ozone Layer*, 128.

220 Cagin and Dray, *Between Earth and Sky*, 321.

221 Ibid., 322.

222 Ibid., 321–23.

223 Margaret L. Kripke, *Congressional Record—Senate*, June 5, 1987, 14822–14823.

224 Cagin and Dray, *Between Earth and Sky*, 331.

225 Roan, *Ozone Crisis*, 201–02.

226 Cagin and Dray, *Between Earth and Sk*y, 332.

227 Ibid., 333.

228 "Through Rose-Colored Sunglasses," *New York Times*, May 31, 1987, https://www. nytimes.com/1987/05/31/opinion/through-rose-colored-sunglasses.html.

229 Roan, *Ozone Crisis,* 202.

230 Parson, *Protecting the Ozone Layer*, 138–39.

231 Ibid., 163.

232 Cagin and Dray, *Between Earth and Sky*, 340; Roan, Ozone Crisis, 182.

233 Cagin and Dray, *Between Earth and Sky*, 345.

234 Ibid., 350–52.

235 Roan, Ozone Crisis, 228. 2009년 7월 31일, Niels Bohr Library & Archives, American Institute of Physics, College Park, MD에서 Keynyn Brysse가 진행한 Mack McFarland와 의 인터뷰도 참조, www.aip.org/history-programs/niels-bohr-library/oral-histories/33362.

236 Parson, *Protecting the Ozone Layer*, 156–57; Roan, *Ozone Crisis*, 228–29.

237 Roan, *Ozone Crisis*, 288.

238 Ibid., 229.

239 Oreskes and Conway, *Merchants of Doubt*, 34.

240 Dewey, *The Quest for Certainty*, 39.

241 Ibid., 21.

242 Ibid., 33.

243 Roan, *Ozone Crisis*, 155.

프레온 회수 업자, 샘과 그의 일에 관하여 II

244 Derek H. Alderman, "When an Exotic Becomes Native: Taming, Naming, and Kudzu as Regional Symbolic Capital," *Southeastern Geographer* 55, no. 1 (2015): 32–56, https://doi. org/10.1353/sgo.2015.0004.

245 James Dickey의 다소 중국 혐오적인 1963년 시, "Kudzu."에서 인용

3장 프레온 이후: 폐쇄계에 대한 믿음

1 Peter Sloterdijk, *Spheres*, vol. 2: *Globes*, translated by Wieland Hoban (Los Angeles: Semiotext(e), 2011), 961.

2 Stephen O. Andersen and K. Madhava Sarma, *Protecting the Ozone Layer: The United Nations History*, edited by Lani Sinclair (Sterling, VA: Earthscan Publications, 2002), 22.

3 Ibid., 23.

4 Edward A. Parson, *Protecting the Ozone Layer: Science and Strategy* (New York: Oxford University Press, 2003), 157.

5 2009년 7월 31일, Niels Bohr Library & Archives, American Institute of Physics, College Park, MD에서 Keynyn Brysse가 진행한 Mack McFarland와의 인터뷰, www.aip.org/history-programs/niels-bohr-library/oral-histories/33362.

6 Philip Shabecoff, "Industry Acts to Save Ozone," *New York Times*, March 21, 1988, https://nyti.ms/29soayq. 이 부분 전반에 걸쳐 이 기사를 참조했다.

7 Andersen and Sarma, *Protecting the Ozone Layer*, 74.

8 Nathaniel Rich, "The Lawyer Who Became DuPont's Worst Nightmare," *New York Times*, January 6, 2016, https://nyti.ms/1Vl1Tgg. See also Todd Haynes's 2019 film Dark Waters.

9 C8 Science Panel의 웹사이트와 그들의 Probable Link Report는 이곳 참조, http://www.c8sciencepanel.org/index.html.

10 Seth Cagin and Philip Dray, *Between Earth and Sky: How CFCs Changed Our World and Endangered the Ozone Layer* (New York: Pantheon Books, 1993), 50.

11 최근 웹사이트가 개편되면서 이 문장은 삭제되었지만, 그 모호함은 호기심을 불러일으킨다. "E. I. du Pont은 … 1802년 7월 19일, Brandywine강가에 최초의 화약 공장을 세웠다. 그는 여생을 사고, 홍수, 재정적 어려움, 신경질적인 주주들의 압박, 노동 쟁의를 견디며 보냈다." 노동 쟁의라니! "Our History: 1802: Breaking Ground on the Brandywine River," DuPont, https://www.dupont.com/about/our-history.html.

12 David Farber, Everybody Ought to Be Rich: The Life and Times of John J. Raskob, Capitalist (New York: Oxford University Press, 2013), 296.

13 Sharon Roan, *Ozone Crisis: The 15-Year Evolution of a Sudden Global Emergency* (New York: Wiley, 1989), 244.

14 Bivens 외, Halocarbon Blends for Refrigerant Use, US Patent 4,810,403, issued March 7, 1989.

15 Shabecoff, "Industry Acts to Save Ozone."

16 Parson, *Protecting the Ozone Layer*, 158.

17 Brigitte Smith, "Ethics of Du Pont's CFC Strategy 1975–1995," *Journal of Business Ethics* 17, no. 5 (April 1998): 557–68, at 560.

18 Elmer W. Lammi, "Du Pont's End of CFC Production Applauded," United Press International, March 25, 1988.

19 Shabecoff, "Industry Acts to Save Ozone."

20 Cynthia Pollock Shea, "Business Forum: The Chlorofluorocarbon Dispute; Why Du Pont Gave Up $600 Million," *New York Times*, April 10, 1988, https://nyti.ms/29zcOsQ.

21 William Glaberson, "Behind Du Pont's Shift on Loss of Ozone Layer," *New York Times*, March 26, 1988, https://nyti.ms/29zchar.

22 "Solution makers," DuPont, https://www.dupont.com/about/sustainability.html.

23 Edward Edelson, "Aerosols: Who Goofed?," *New York Daily News*, May 23, 1977.

24 Russel A. Bantham, "Look Up and Live. (The Ozone Is Still There.)," *New York Times*, August 28, 1975.

25 Keynyn Brysse, interview, Cambridge Seminar Group Session, March 16, 2009, Niels Bohr Library & Archives, American Institute of Physics, College Park, MD, www.aip.org/history-programs/niels-bohr-library/oral-his tories/33704.

26 *Greenhouse Effect and Global Climate Change*, Hearing before the Committee on Energy and Natural Resources, United States Senate, 100th Congress, June 23, 1988의 기록에서 발췌, https://hdl.handle.net/2027/uc1.b5127807.

27 Philip Shabecoff, "Global Warming Has Begun, Expert Tells Senate," *New York Times*, June 24, 1988.

28 Ibid.

29 "'Greenhouse Effect' Called Reality," *Chicago Tribune*, June 24, 1988, https://www.chicagotribune.com/news/ct-xpm-1988-06-24-8801100283-story.html.

30 "Statement of Honorable Max Baucus," *Greenhouse Effect and Global Climate Change*, 31.

31 Andersen and Sarma, *Protecting the Ozone Layer*, 25.

32 Ibid.

33 "Testimony of Dr. William R. Moomaw," *Greenhouse Effect and Global Climate Change*, 147.

34 Andersen and Sarma, *Protecting the Ozone Layer*, 28.

35 Cara New Daggett, *The Birth of Energy: Fossil Fuels, Thermodynamics, and the Politics of Work* (Durham, NC: Duke University Press, 2019), 48.

36 Quoted in Daggget, *The Birth of Energy*, 21.

37 Cagin and Dray, *Between Earth and Sky*, 326.

38 George H. W. Bush, "Remarks at a Luncheon Hosted by the Forum Club in Houston, Texas, March 16, 1989," in *Public Papers of the Presidents of the United States: George Bush: 1989, Book 1—January 20 to June 30*, 1989 (Washington, DC: United States Government Printing Office, 1990), 249.

39 "Highlights from the Clean Air Act 40th Anniversary," Overviews and Factsheets, United States Environmental Protection Agency, June 3, 2015, accessed January 13, 2021, https://www.epa.gov/clean-air-act-overview/highlights-clean-air-act-40th-anniversary.

40 EPA의 배출권 거래 프로그램에 대한 다음 개요는 이 부분을 설명하는 데 유용했다. A. Denny Ellerman, Paul L. Joskow, and David Harrison, Jr., "Emissions trading in the U.S.: Experience, Lessons, and Considerations for Greenhouse Gases," Pew Center on Global Climate Change (May 2003), https://web.mit.edu/globalchange/www/PewCtr_MIT_Rpt_Ellerman.pdf.

41 Richard Conniff, "The Political History of Cap and Trade," *Smithsonian Magazine*, accessed January 13, 2021, https://www.smithsonianmag.com/ science-nature/the-political-history-of-cap-and-trade-34711212/. 이 기사에는 부시와 산성비 프로그램의 관

계가 아주 잘 나타나 있다.

42 Gene E. Likens and Jerry F. Franklin, "Ecosystem Thinking in the Northern Forest—and Beyond," *BioScience* 59, no. 6 (June 2009): 511–13, http://www.jstor.org/stable/10.1525/bio.2009.59.6.9.

43 2017 *Power Sector Programs—Progress Report*, United States Environmental Protection Agency (2017): 2, https://www3.epa.gov/airmarkets /progress/reports/index.html.

44 음, 복잡하다. Gabriel Popkin, "How Much Can Forests Fight Climate Change?," Nature 565 (January 15, 2019): 280–82, https://doi.org/10.1038/d41586-019-00122-z 참조.

45 Likens and Franklin, "Ecosystem Thinking in the Northern Forest—and Beyond," 511.

46 Dianne Dumanoski, "In Shift, US to Aid World Fund on Ozone Opponents, Led by Sununu, Yield to Global Pressure," *Boston Globe*, June 16, 1990.

47 Remark by Elizabeth Cook in ibid.

48 R. A. Kerr, "New Assaults Seen on Earth's Ozone Shield," Science 255, no. 5046 (February 14, 1992): 798, https://doi.org/10.1126 /science.255.5046.797.

49 Al Gore, *Congressional Record—Senate*, February 6, 1992, 1743–45.

50 Tony Kushner, *Angels in America: A Gay Fantasia on National Themes* (New York: Theatre Communications Group, 2003), 22–23.

51 Ibid., 34.

52 Ibid., 278.

53 "A Look Back at the Montreal Protocol," NASA, YouTube, May 18, 2013, https://youtu.be/6ezl0ky45CQ.

54 "Melanoma Treatment (PDQ®)—Patient Version," National Cancer Institute, https://www.cancer.gov/types/skin/patient/melanoma-treatment-pdq.

55 "United States Cancer Statistics: Data Visualizations: Leading Cancer Cases and Deaths, All Races/Ethnicities, Male and Female, 2017," based on November 2019 submission data (1999–2017), Centers for Disease Control and Prevention, http://www.cdc.gov/cancer/dataviz, June 2020.

56 *Stratospheric Ozone Depletion and Chlorofluorocarbons: Joint Hearings Before the Subcommittees on Environmental Protection and Hazardous Wastes and Toxic Substances of the Committee on Environment and Public Works, 100th Congress*, 1987 (statement of Dr. Thomas E. Fitzpatrick, chief dermatologist at Mas- sachusetts General Hospital).

57 Craig R. Whitney, "London Talks Hear Call for '97 Ban on Anti-ozone Chemicals," *New York Times*, March 6, 1989, https://nyti.ms/29yEePl.

58 "Appendix 8. A: Lifetimes, Radiative Efficiencies and Metric Values," in Gunnar Myhre 외, "Anthropogenic and Natural Radiative Forcing," in *Climate Change 2013: The Physical Science Basis*, Contribution of Working Group I to the Fifth Assessment Report of the Intergovernmental Panel on Climate Change, edited by T. F. Stocker, et al. (Cambridge, UK: Cambridge University Press, 2013) 참조.

59 Andersen and Sarma, *Protecting the Ozone Layer*, 195; "Highway Statistics 1960," Federal

Highway Administration, January 1, 1960, 80, https://rosap .ntl.bts.gov/view/dot/36040; Table VM-1, United States "Highway Statistics 1998," Federal Highway Administration, October 1999, https://www.fhwa.dot.gov/policy information/statistics/1998/vm1.cfm.

60 R. Farrington and J. Rugh, "Impact of Vehicle Air-Conditioning on Fuel Economy, Tailpipe Emissions, and Electric Vehicle Range," Conference Paper for the National Renewable Energy Laboratory, US Department of Energy, 2000, 2.

61 Kara Rogers, "Hydrofluorocarbon," *Encyclopædia Britannica*, August 22, 2019, https://www.britannica.com/science.

62 "Hydrofluorocarbons," Climate and Clean Air Coalition, https:// ccacoalition.org/fr/slcps/hydrofluorocarbons-hfc.

63 Henry Fountain, "Storms Threaten Ozone Layer over U.S., Study Says," *New York Times*, July 26, 2012, https://nyti.ms/SW33Vu.

64 J. G. Anderson 외, "UV Dosage Levels in Summer: Increased Risk of Ozone Loss from Convectively Injected Water Vapor," Science 337, no. 6096 (August 17, 2012): 835–39, at 838, https://doi.org/10.1126/science.1222978.

65 Michael Carlowicz, "The World We Avoided by Protecting the Ozone Layer," NASA Earth Observatory (May 13, 2009), https://www.earthobservatory.nasa.gov/features/WorldWithoutOzone.

66 Malcolm Browne, "Costlier and More Dangerous Chemicals Foreseen in Saving Ozone," *New York Times*, July 1, 1990, https://nyti.ms/29wu41Y; Van Baxter and Phil Fairchild, "Examining Substitutes for Ozone-Depleting Chemicals," *Oak Ridge National Laboratory Review* 23, no. 3 (1990): 19–20. Oak Ridge 연구진은 실제로 네 가지 에너지 시나리오를 연구했다. 여기에 나열된 에너지 소비의 증가는 "최악의 경우"에 해당하는 시나리오이지만, 오존 파괴 물질을 사용하지 않은 유일한 시나리오이기도 했다. 따라서 가장 오존 친화적인 전환이 지구온난화에 가장 큰 영향을 미쳤다. 마지막으로 이 연구에 따르면, HFC의 에너지 효율은 미래 냉각 시스템의 공학적 설계에 진전이 있어야만 높아질 수 있다.

67 "NASA Study Shows That Common Coolants Contribute to Ozone Depletion," NASA, August 6, 2017, https://www.nasa.gov/press-release/goddard/nasa-study-shows-that-common-coolants-contribute-to-ozone-depletion.

68 Ibid.

69 Douglas Martin, "U.S. Sues New York City over Disposal of Freon Appliances," *New York Times*, March 25, 1999, https://www.nytimes.com/1999/03/25/nyregion/us-sues-new-york-city-over-disposal-of-freon-appliances.html.

70 Jack Cheevers, "Deep-sixing CFCs: As ban looms, companies and consumers feel pinch," Los Angeles Times, November 8, 1994.

71 CFC 밀반입에 대한 자세한 내용은 Los Angeles Times에서 Wall Street Journal에 이르기까지 전국의 신문(일일이 인용하기에는 너무 많다)에서 찾아볼 수 있다.

72 Martha M. Hamilton, "Rising Illegal Imports in CFCs Slow Effort to Protect Ozone Layer,"

Washington Post, January 26, 1996.

73 Ozone Action, "Black Market CFCs," Ozone Action News, August 1, 1995, 15.

74 "CFC Smuggling Arrests," All Things Considered, NPR, January 9, 1997. Janet Reno가 1997년 1월 9일 법무부의 주간 뉴스 브리핑에서 한 발언은 전국의 뉴스 방송국에서 재방송되었다.

75 Parson, *Protecting the Ozone Layer, 234; Transnational Organized Crime in East Asia and the Pacific: A Threat Assessment*, United Nations Office on Drugs and Crime, April 2013, https://www.unodc.org/documents/southeastasiaandpacific//Publications/2013/TOCTA_EAP_web.pdf, 119.

76 Gwyn Prins, "On Condis and Coolth," *Energy and Buildings* 18 (1992): 251–58, at 251.

77 Ibid., 252.

78 Ibid., 251.

79 Stan Cox, *Losing Our Cool: Uncomfortable Truths About Our Air-Conditioned World (and Finding New Ways to Get Through the Summer)* (New York: New Press, 2010), 118.

80 Ibid.

81 Naomi van der Linden 외, "The Use of an 'Acclimatisation' Heatwave Measure to Compare Temperature-Related Demand for Emergency Services in Australia, Botswana, Netherlands, Pakistan, and USA," *PLoS ONE* 14, no. 3 (March 28, 2019): e0214242–e0214242, https://doi.org/10.1371/journal.pone.0214242, 그리고 Ai Milojevic 외, "Methods to Estimate Acclimatization to Urban Heat Island Effects on Heat- and Cold-Related Mortality," *Environmental Health Perspectives* 124, no. 7 (July 1, 2016): 1016–1022, https://doi.org/10.1289/ehp.1510109. 또한, Iain T. Parsons, Michael J. Stacey, and David R. Woods, "Heat Adaptation in Military Personnel: Mitigating Risk, Maximizing Peformance," *Frontiers in Physiology* 10 (December 17, 2019), https://doi.org/10.3389/fphys.2019.01485 그리고 Mihye Lee 외, "Acclimatization across Space and Time in the Effects of Temperature on Mortality: A Time-Series Analysis," *Environmental Health: A Global Access Science Source* 13, no. 1 (October 28, 2014), https://doi.org /10.1186/1476-069X-13-89도 참조.

82 Prins, "On Condis and Coolth," 253.

83 Ibid.

84 Ibid., 255.

85 Ibid., 255.

86 Gail S. Brager와 Richard J. de Dear의 "Historical and Cultural Influences on Comfort Expectation," in *Buildings, Culture, and Environment: Informing Local and Global Practices*, edited by Raymond J. Cole and Richard Lorch (London: Blackwell, 2003): 177–201 참조.

87 "Curbing American Air Conditioning," John Hockenberry interview with Gail Brager, *The Takeaway*, podcast, WNYC, July 16, 2015, https://www.wnyc.org/story/curbing-american-addition-air-conditioning/.

88   Edward O. Wilson, "Biophilia," Harvard University Press's The Column for *New York Times Book Review*, January 14, 1979.

89   Frank Lloyd Wright, *The Natural House* (New York: Horizon Press, 1954), 176.

90   Paul J. Crutzen, "Albedo Enhancement by Stratospheric Sulfur Injections: A Contribution to Resolve a Policy Dilemma?," *Climatic Change* 77, no. 3 (July 25, 2006): 211, https://doi.org/10.1007/s10584-006-9101-y.

91   Naomi Klein, *This Changes Everything: Capitalism vs. the Climate* (New York: Simon & Schuster, 2014), 277.

92   "In Search of a Magic Bullet," *Time*, February 17, 1992, 68.

93   Ibid.

94   Thomas H. Stix, "Removal of Chlorofluorocarbons from the Earth's Atmosphere," *Journal of Applied Physics* 66, no. 11 (December 1, 1989): 5622–26, https://doi.org/10.1063/1.343669.

95   Weart, *The Discovery of Global Warming*, 166.

96   S. Res. 98, Report No. 105–54 (105th Congress, 1997).

97   Weart, 167.

98   S. Res. 98.

99   George W. Bush, "Energy Issues," 2000년 9월 29일 미시간주 Saginaw에서 한 연설 녹음, C-SPAN, https://www.c-span.org/video/?159527-1/energy-issues.

100   George W. Bush, "Text of a Letter from the President to Senators Hagel, Helms, Craig, and Roberts," The White House, March 13, 2001, https:// georgewbush-whitehouse.archives.gov/news/releases/2001/03/20010314.html.

101   William D. Nordhaus and Joseph Boyer, *Warming the World: Economic Models of Global Warming* (Cambridge, MA: MIT Press, 2000), 178.

102   Graham Parkhurst and Richard Parnaby, "Growth in Mobile Air-Conditioning: A Socio-technical Research Agenda," *Building Research & Infor- mation 36, no. 4 (August 2008)*, EBSCOhost, doi:10.1080/09613210802076500, 354–55.

103   Trey Parker and Kenny Hotz, "Two Days Before the Day After Tomorrow," directed by Trey Parker, *South Park*, season 9, episode 8, aired October 19, 2005.

104   Shaila Dewan and John Schwartz, "How Does Harvey Compare with Hurricane Katrina?," *New York Times*, August 28, 2017, https://nyti.ms/2wcJvbe.

105   Susan Sontag, "The Imagination of Disaster," in *Susan Sontag: Essays of the 1960s & 70s*, edited by David Rieff (New York: Library of America, 2013), 213.

106   Rob Nixon, *Slow Violence and the Environmentalism of the Poor* (Cambridge, MA: Harvard University Press, 2011), 2.

107   "Episode 2: The White Man Stole the Weather," *Mothers of Invention*, podcast, August 5, 2018, https://www.mothersofinvention.online/againstthegrainhttps://www.mothersofinvention.online/thewhitemansto letheweather.

108   Kate Yoder, "Footprint Fantasy," *Grist*, August 26, 2020, https://grist.org/energy/footprint-fantasy/.

109 Keith Bradsher, "Moving Faster on Refrigerant Chemicals: Use of New Air-Conditioner Gases May Help Mend Ozone Layer," *New York Times*, March 15, 2007, Guus J. M. Velders et al., "The Importance of the Montreal Protocol in Protecting Climate," *Proceedings of the National Academy of Sciences of the United States of America* 104, no. 12 (March 20, 2007): 4814–19, at 4818.

110 David Roberts, "The Details on Obama's Just-Released Energy Plan," Grist, October 9, 2007, https://grist.org/article/obama-energy-fact-sheet/.

111 Joan Didion, "Fixed Opinions, or The Hinge of History," *New York Review of Books*, January 16, 2003, https://www.nybooks.com/articles/2003/01/16/fixed -opinions-or-the-hinge-of-history/.

112 미국의 학생들은 흔히 워싱턴이 틀니를 했었다고 배운다. 이는 사실이지만, 일반적인 속설은 틀니가 나무로 되어있었다는 것이다. 하지만 그렇지 않다. Mount Vernon에 전시된 워싱턴의 틀니는 납, 금줄, 말, 당나귀, 소, 심지어 인간의 이가 총동원되어 만들어진 것인데, 특히 9개의 치아는 워싱턴이 1784년 5월 8일 흑인 노예에게서 사들인 것이다. 이와 관련해 쉽게 잊히지 않는 이미지를 확인하고 싶다면, 오른쪽 위 모서리에 Mount Vernon 웹사이트의 틀니 사진을 붙인 Deana Lawson의 2018년 사진 Nation을 참조하라. 미술 평론가 Helen Molesworth는 Lawson의 사진을 두고 "워싱턴은 노예들의 이에 혀를 올려두고 지금껏 그 모든 진실을 말했다"라고 언급했다. Molesworth, "Helen Molesworth on Deana Lawson at Sikkema Jenkins," *ArtForum*, December 2018, https://www.artforum.com/print/201810/helen-molesworth-on-deana-lawson-at-sikkema-jenkins-co-new-york-77713. "George Washington and Slave Teeth," George Washington's Mount Vernon, https://www.mountvernon.org/george-washington/health/washingtons-teeth/george-washington-and-slave-teeth/; 그리고 "False Teeth," George Washington, Mount Vernon, https://www.mountvernon.org/library /digitalhistory/digital-encyclopedia/article/false-teeth/도 참조.

113 Horst W. J. Rittel and Melvin M. Webber, "Dilemmas in a General Theory of Planning," *Policy Sciences* 4, no. 2 (June 1973): 161.

114 Kelly Levin 외, "Playing It Forward: Path Dependency, Progressive Incrementalism, and the 'Super Wicked' Problem of Global Climate Change," *IOP Conference Series: Earth and Environmental Science* 6 (February 2009): 502002, doi: 10.1088/1755-1307/6/0/502002.

115 Ibid., 9.

116 Ajay Singh Chaudhary, "We're Not in This Together," *The Baffler*, no. 51 (April 2020), https://thebaffler.com/salvos/were-not-in-this-together-chaudhary.

117 Richard J. Lazarus, "Super Wicked Problems and Climate Change: Restraining the Present to Liberate the Future," *Environmental Law and Policy Annual Review* 40, no. 8 (August 2010): 10752.

118 Levin 외, "Playing It Forward," 21–22.

119 This paragraph and the following are informed by Ryan Lizza, "As the World Burns," *The New Yorker* (October 11, 2010): 70–83.

120 Ibid., 79.

121 Joe Manchin, "Dead Aim - Joe Manchin for West Virginia TV Ad," YouTube, uploaded October 9, 2010, https://youtu.be/xUORBRpOPM.

122 Lizza, "As the World Burns," 83.

123 Xiang Cai 외, "Can Direct Environmental Regula- tion Promote Green Technology Innovation in Heavily Polluting Industries? Evidence from Chinese Listed Companies," *Science of the Total Environment* 746 (December 2020): 140810, 1–14, at 10, https://doi.org/10.1016/j.scitotenv.2020.140810. 규제가 혁신을 이끈다는 주장은 논란이 많고 논쟁의 여지 또한 있지만, 많은 이론과 증거 기반 연구가 이를 뒷받침한다. 이러한 주장은 그 원칙에 어떤 중요한 오류가 있어서라기보다는 "규제"와 "혁신"이라는 용어가 너무 모호해서 더 많은 논란이 되는 것 같다. 확실한 것은 경제적으로 보수적인 규제에 대한 두려움이 이해하기에 너무 광범위하고 근거가 없다는 것이다(각각의 상황에서 세부적인 사항을 꼼꼼히 조사해야 하는 증거 기반의 신념이 아닌 이념적 편집증).

124 "The Author of 'My Summer in a Garden,'" *The Book Buyer: A Summary of American and Foreign Literature 6, no. 2* (1889): 57.

125 전체 설명을 보려면 "FAQ Cap-and-Trade Program," The California Air Resources Board, accessed January 30, 2021, https://ww2.arb.ca.gov/resources/documents/faq-cap-and-trade-program 참조.

126 Ibid.

127 David Harvey, "The Crisis of Capitalism," 2010년 4월 26일, The Royal Society for Arts, Manufactures and Commerce, London, UK에서 진행된 강의 기록.

128 시리즈 전체가 기막히게 좋을 뿐만 아니라 재미도 있다. Rollie Williams, "Carbon Offsets! Can't We Just Buy Our Way Out of Climate Change?," *Climate Town*, YouTube, uploaded October 7, 2020, https://youtu.be/ElezuL_doYw 참조.

129 Klein, *This Changes Everything*, 225.

130 Ibid., 224.

131 Ibid., 220.

132 Ibid., 223.

133 Williams, "Carbon Offsets!"

134 Arshad Mohammed, "India Sees Climate Change 'Pressure,' U.S. Upbeat," Reuters, July 19, 2009, https://www.reuters.com/article/us-india-usa-clinton/india-sees-climate-change-pressure-u-s-upbeat-idINTRE56H0ST20090719; "Clinton Calls for Stronger U.S.-India Ties," CBS News, July 20, 2009, https://www.cbsnews.com/news/clinton-calls-for-stronger-us-india-ties/.

135 *Stephanie* LeMenager, *Living Oil: Petroleum Culture in the American Century* (New York: Oxford University Press, *2014*), 71–72.

136 이 단락과 다음 단락의 숫자들은 "Data and Statistics," International Energy Agency, 2020, https://www.iea.org/data-and-statistics를 사용하여 작성되었다. 탄소 배출량은 "CO2 Emissions (Metric Tons per Capita)—India, United States, China," World Bank,

https://data.worldbank.org /indicator/EN.ATM.CO2E.PC?locations=IN-US-CN를 참조했다.

137 "Air Conditioning and Other Appliances Increase Residential Electricity Use in the Summer," US Energy Information Administration, May 22, 2017, https://www.eia.gov/todayinenergy/detail.php?id=31312.

138 International Energy Agency, *The Future of Cooling: Opportunities for Energy-Efficient Air Conditioning* (Paris, France: IEA Publishing, 2018), 19.

139 "Country Transitions," Environmental Investigation Agency, https:// eia-global.org/initiatives/country-transitions.

140 International Energy Agency, The Future of Cooling in China: Delivering on Action Plans for Sustainable Air Conditioning (Paris, France: IEA Publishing, 2019), https://www.iea.org/reports/the-future-of-cooling-in-china, 6.

141 Ibid., 2.

142 International Energy Agency, *The Future of Cooling*, 25.

143 Ibid., 38.

144 Elisabeth Rosenthal and Andrew W. Lehren, "As Coolant Is Phased Out, Smugglers Reap Large Profits," *New York Times*, September 7, 2012, https://nyti.ms/NgXAbY.

145 "Update on the Illegal Trade in Ozone-Depleting Substances," Environmental Investigation Agency, July 15, 2016, https://eia-international.org/report/update-illegal -trade-ozone-depleting-substances/.

146 "Air Conditioning Use Emerges as One of the Key Drivers of Global Electricity-Demand Growth," International Energy Agency, May 15, 2018, https://www.iea.org/news/air-conditioning-use-emerges-as-one-of-the-key-drivers-of-global-electricity-demand-growth.

147 Ibid.

148 "About," Climate and Clean Air Coalition, https://www.ccacoalition.org/en/content/about-0.

149 Climate and Clean Air Coalition (CCAC), "Factsheet: Hydrofluorocarbons (HFCs) Key Messages," 2016, https://ccacoalition.org/en/resources/factsheet-hydrofluorocarbons-key-messages; 오래 지속되는 온실가스에 초점을 맞춘 2℃ 초과에 관한 정보는 "About the Climate and Clean Air Coalition (infosheet)," Climate and Clean Air Coalition, 2019, https://ccacoalition.org/en/resources /about-climate-and-clean-air-coalition-infosheet에서 참조.

150 "The President's Climate Action Plan," Executive Office of the President of the United States of America, June 2013, https://obamawhitehouse.archives.gov/sites/default/files/image/president27sclimateactionplan.pdf.

151 그 영향에 대한 간결하지만 상세한 분석은 Myles Allen 외, "Summary for Policymakers," in *Global Warming of 1.5℃* 참조. An IPCC Special Report on the Impacts of Global Warming of 1.5℃ Above Pre-industrial Levels and Related Global Greenhouse Gas

Emission Pathways, in the Context of Strengthening the Global Response to the Threat of Climate Change, Sustainable Development, and Efforts to Eradicate Poverty, edited by V. Masson-Delmotte 외. (Geneva: World Meteorological Organization, 2018), https://www.ipcc.ch/site/assets/uploads/sites/2/2019/05 /SR15_SPM_version_report_LR.pdf.

152 Guus J. M. Velders 외., "Future Atmospheric Abundances and Climate Forcings from Scenarios of Global and Regional Hydrofluorocarbon (HFC) Emissions," Atmospheric Environment 123, part A (December 2015): 200, https://doi.org/10.1016/j.atmosenv.2015.10.071.

153 Patricia Espinosa and Mario Molina, "Time to Seize the Climate's Low-Hanging Fruit," September 12, 2016, https://www.japantimes.co.jp/opinion/2016/09/12/commentary/world-commentary/time-seize-climates-low-hanging-fruit/#.V9pE_Du9GU0.

154 인도의 관점에서 본 키갈리 협약에 대한 간략한 설명은 "Differentiated and Legally Binding," accessed January 27, 2021, https://www.downtoearth.org.in/blog/world/differentiated-and-legally-binding-56094 참조.

155 Binyamin Appelbaum and Michael D. Shear, "Once Skeptical of Executive Power, Obama Has Come to Embrace It," *New York Times*, August 13, 2016, https://nyti.ms/2bdm7AO.

156 "Series 2, Episode 1: Nothing Happens Unless You Press the Button," Mothers of Invention, podcast, February 18, 2019, https://www.mothersofinvention.online/pressthebutton.

157 Frederic Jameson은 원래 이렇게 썼다. "오늘날의 우리에게는 후기 자본주의의 붕괴보다 지구와 자연의 전면적 악화를 상상하는 것이 더 쉬운 것 같다. 그것은 아마도 우리의 상상력이 나약하기 때문일 것이다." Jameson, *The Seeds of Time* (New York: Columbia University Press, 1994), xii. 나중에 그는 이를 다음과 같이 바꾸어 말했는데, 지금 그의 말은 이렇게 가장 자주 표현된다. "자본주의의 종말을 상상하는 것보다 세상의 종말을 상상하는 것이 더 쉽다," "Future City," *New Left Review* 21 (May–June 2003): 26. 영국 철학자 Mark Fisher는 이 인용문을 Jameson과 슬로베니아 철학자 Slavoj Žižek 모두의 것으로 보았지만, Žižek 자신은 1994년 *Mapping Ideology*의 첫 번째 장에서 이것을 Jameson의 아이디어로 보았다.

158 "Refrigerant Options Now and in the Future," Danfoss, February 2017, https://www.greencooling.co.uk/wp-content/uploads/DKRCC-PB-000-B1-22-Refrigerant-options.pdf, 5.

159 Jim Davis, "Mercedes-Benz Independent Study Finds New Refrigerant to Be Dangerous," eMercedes-Benz, September 25, 2012, https://emercedesbenz.com/autos/mercedes-benz/corporate-news/mercedes-benz-independent-study-finds-new-refrigerant-to-be-dangerous/ 참조; Danny Hakim, "New Climate-Friendlier Coolant Has a Catch: It's Flammable," New York Times, October 22, 2016, https://nyti.ms/2ervkqO.

160 Hakim, "New Climate-Friendlier Coolant Has a Catch."

161 Ovid, *The Metamorphoses*, translated by Horace Gregory (New York: Signet Classics, 2001), 247.

162 Claudia H. Deutsch, "Mum's the Word: We Found a Greener Gas," *New York Times*, November 7, 2007, https://www.nytimes.com/2007/11/07/business/businessspecial3/07gas.html.

163 나는 Fred Moten에게서 이 아이디어를 빌렸다. 그는 "숨을 쉬는 사람은 누구나 필요한 모든 것과 원하는 것의 93%를 가져야 한다. 오늘 일한다는 사실 때문이 아니라, 여기에 있다는 사실 때문이다."라고 말했다. Stefano Harney and Fred Moten, *The Undercommons: Fugitive Planning and Black Study* (New York: Minor Composition, 2013), 155.

164 Judith G. Garber, "Remarks at the 29th Meeting of the Parties to the Montreal Protocol," Global Public Affairs, US Department of State, November 23, 2017, https://translations.state.gov/2017/11/23/remarks-at-the-29th-meeting-of-the-parties-to-the-montreal-protocol/.

165 Walker Davis, "Special Interest Paid Trump's Resort $700K While Lobbying Him. Then They Got Something They Wanted," Citizens for Responsibility and Ethics in Washington, March 11, 2020, https://www.citizensforethics.org/reports-investigations/crew-investigations/700k-doral-lobbying-ahri/.

166 "D.C. Circuit Rejects EPA's Efforts to Ban Hydrofluorocarbons: Part 1," Congressional Research Service, September 5, 2017, https://crsreports.congress.gov/product/pdf/LSB/LSB10154, 2.

167 *Mexichem Fluor*, Inc. v. EPA, No. 15-1328 DC Cir. (August 8, 2017), 14.

168 "You Will Not Replace Us," Anti-Defamation League, https://www.adl.org/education/references/hate-symbols/you-will-not-replace-us.

169 Phil McKenna, "What's Keeping Trump from Ratifying a Climate Treaty Even Republicans Support?," InsideClimate News, February 12, 2019, https://insideclimatenews.org/news/12022019/kigali-amendment-trump-ratify-hfcs-short-lived-climate-pollutant-republican-business-support-montreal-protocol/.

170 Bruno Latour, *Facing Gaia: Eight Lectures on the New Climatic Regime*, translated by Catherine Porter (Medford, MA: Polity, 2017), 25.

171 United States Code, 2013 Edition, Title 42: The Public Health and Welfare, Chapter 85: Air Pollution Prevention and Control, Subchapter I: Programs and Activities, Part A: Air Quality and Emission Limitations, § 7415 International Air Pollution, US Government Printing Office, https://www.govinfo.gov/content/pkg/USCODE-2013-title42/html/USCODE-2013-title42-chap85-subchapI-partA-sec7415.htm.

172 David T. Stevenson, "Economic Impact of Kigali Amendment Ratification," Caesar Rodney Institute, December 2, 2018, https://www.caesarrodney.org/cri-focus-area/Economic-Impact-of-Kigali-Amendment-Ratification.htm.

173 H. Sterling Burnett, "Special Edition on Energy Legislation—Congress Proposes More Government Intervention in Energy Markets," The Heartland Institute, October 15, 2020, https://www.heartland.org/news-opinion/news/special-edition-on-energy-legislation—

congress-proposes-more-government-intervention-in-energy-markets.

174 이 단락의 초안과 그에 대한 기록은 다음을 참조했다. Maxine Joselow, "Children's Health Language Deleted from Climate Rule," E&E News, October 2, 2018, https://www. eenews.net /eenewspm/2018/10/02/stories/1060100339; see a PDF of the draft document with all changes here: https://www.eenews.net/assets/2018/10/02/document_pm_02.pdf.

175 Bruce Bekkar 외, "Association of Air Pollution and Heat Exposure with Preterm Birth, Low Birth Weight, and Stillbirth in the US: A Systematic Review," JAMA Network Open 3, no. 6 (June 18, 2020): e208243, doi:10.1001/jamanetworkopen.2020.8243. Christopher Flavelle, "Climate Change Tied to Pregnancy Risks, Affecting Black Mothers Most," New York Times, June 18, 2020, https://nyti.ms/37EGcLb도 참조.

176 Samson Reiny, "NASA Study: First Direct Proof of Ozone Hole Recovery Due to Chemicals Ban," NASA, January 4, 2018, https://www.nasa.gov/feature/goddard/2018/nasa-study-first-direct-proof-of-ozone-hole-recovery-due-to-chemicals-ban.

177 33쪽, '하지만 매년 10월, 구멍은~모습을 드러낸다' 참조.

178 Chris Mooney, "Someone, Somewhere, Is Making a Banned Chemical That Destroys the Ozone Layer, Scientists Suspect," Washington Post, May 16, 2018, https://www.washingtonpost.com/news/energy-environment/wp/2018/05/16/someone-somewhere-is-making-a-banned-chemical-that-destroys-the-ozone-layer-scientists-suspect/.

179 "Emissions of an Ozone-Destroying Chemical Are Rising Again," National Oceanic and Atmospheric Administration, May 16, 2016, https://www.noaa.gov/news/emissions-of-ozone-destroying-chemical-are-rising-again.

180 Chris Buckley and Henry Fountain, "In a High-Stakes Environmental Whodunit, Many Clues Point to China," New York Times, June 24, 2018, https://nyti.ms/2MVDvdk.

181 Henry Fountain, "Banned Ozone-Harming Gas, Once on the Rise, Declines Again," New York Times, November 4, 2019, https://nyti.ms/32iw9qC.

182 Dennis Romero and Tom Winter, "Terrorism, Cyberattack Ruled Out as Cause of Manhattan Power Outage," NBC News, July 15, 2019, https://www.nbcnews.com/news/us-news/power-outage-strikes-midtown-manhattan-n1029636.

183 이 전설적인 시작에 대한 보다 자세한 설명은 "Lights Out," produced by Delaney Hall, 99% Invisible, October 14, 2014, https://99percentinvisible.org/episode/lights-out/ 참조.

184 Bill de Blasio (@NYCMayor), ".@ConEdison은 뉴욕 시민들을 다시 한번 실망시켰다. 이는 예측 가능한 상황이었고, 따라서 예방할 수 있었다. 모두 더위가 오는 것을 알았다." Twitter, July 22, 2019, https://twitter.com/NYCMayor/status/1153353479240474625.

185 Michael Gold and Patrick McGeehan, "Con Edison Points to Record-Breaking Power Usage to Explain Shutdown," New York Times, July 22, 2019, https://www.nytimes.com/2019/07/22/nyregion/brooklyn-power-outage-nyc.html.

186 Rikki Reyna, Cathy Burke, and Bill Sanderson, "Power Outages Sparked by Blistering Heat Wave; Brooklyn Takes Worst Hit," New York Daily News, July 21, 2019, https://www.nydailynews.com/new-york/ny-con-ed-power-outage-brooklyn-heat-20190722-

bhsv3mxcqzfojnu3uemzndrv7u-story.html.

187 NYC Health, "Community Health Profiles 2018: Flatlands and Canarsie," https://www1.nyc.gov/assets/doh/downloads/pdf/data/2018chp-bk18.pdf, 2.

188 "Con Edison Working to Restore Power to Approximately 33,000 Customer Outages in Some Southeast Brooklyn Neighborhoods," Con Edison, July 21, 2019, https://www.coned.com/en/about-us/media-center/news/20190721/con-edison-working-to-restore-power-to-33000-outages-in-southeast-brooklyn-neighborhoods.

189 "Heat Vulnerability Index," Environment & Health Data Portal, City of New York, http://a816-dohbesp.nyc.gov/IndicatorPublic/VisualizationData.aspx?id=2191,4466a0,100,Summarize.

190 "Epi Data Tables: Heat-Related Deaths in New York City, 2013," New York City Department of Health and Mental Hygiene, August 2014, https://www1.nyc.gov/assets/doh/downloads/pdf/epi/datatable47.pdf,4.

191 Katie Honan, "Con Edison Executives in Hot Seat at Hearing over Summer Outages," *Wall Street Journal*, September 4, 2019, https://www.wsj.com/articles/con-edison-executives-in-hot-seat-at-hearing-over-summer-outages-11567628432.

192 Eric Klinenberg, *Heat Wave: A Social Autopsy of Disaster in Chicago* (Chicago: University of Chicago Press, 2002), xxiii.

193 Ibid., xxiv.

194 "Mayor de Blasio Announces COVID-19 Heat Wave Plan to Protect Vulnerable New Yorkers," Office of the Mayor, City of New York, May 15, 2020, https://www1.nyc.gov/office-of-the-mayor/news/350-20/mayor-de-blasio-covid-19-heat-wave-plan-protect-vulnerable-new-yorkers.

195 Bradford Luckingham, "Urban Development in Arizona: The Rise of Phoenix," *The Journal of Arizona History* 22, no. 2 (Summer 1981): 197–234, https://www.jstor.org/stable/41859493.

196 Eva Lyubich, "The Race Gap in Residential Energy Expenditures," Energy Institute Working Paper 306, Energy Institute at Haas, UC Berkeley, June 21, 2020, http://www.haas.berkeley.edu/wp-content/uploads/WP306.pdf,1

197 Ibid., 5.

198 New York Times Editorial Board, "A Trump Win for the Environment? Maybe," New York Times, November 26, 2018, https://nyti.ms/2DKohWo.

199 "Schumer Floor Remarks On Progress Made On Bipartisan Energy Bill, Emergency COVID Relief & Important Business The Senate Must Complete This Year," Senate Democratic Leadership, accessed January 31, 2021, https://www.democrats.senate.gov/news/press-releases/schumer-floor-remarks-on-progress-made-on-bipartisan-energy-bill-emergency-covid-relief-and-important-business-the-senate-must-complete-this-year.

200 Ilya Prigogine and Isabelle Stengers, *Order Out of Chaos: Man's New Dialogue with Nature* (Brooklyn: Verso, 2017), 128.

201 Ibid., 127.

202 Ibid.

프레온 회수 업자, 샘과 그의 일에 관하여 III

203 Alexis de Tocqueville, "A Fortnight in the Wilderness," in appendix to *Democracy in America: Historical-Critical Edition of* De la démocratie en Amérique, edited by Eduardo Nolla, translated by James T. Schleifer (Indianapolis, IN: Liberty Fund, 2010), 1351.

204 Jorie Graham, "The Way Things Work," *in Hybrids of Plants and of Ghosts* (Princeton, NJ: Princeton University Press, 1980), 3.

205 DeRay Mckesson, "I Love You America, with Sarah Silverman," season 1, episode 2, Hulu, first aired October 19, 2017.

206 Virgil, *The Aeneid of Virgil,* translated by Allen Mandelbaum (New York: Bantam, 1971), 16.

맺음말

1   Michael Carlowicz, "New Simulation Shows Consequences of a World Without Earth's Natural Sunscreen," NASA, March 18, 2009, http://nasa.gov/topics/earth/features/world_avoided.html.

2   Rickey Laurentiis, "Lyric," in "MLK 51: 5 Black Poets Reflect on Expanding the Dream," Cassius, February 13, 2020, https://cassiuslife.com/43734/mlk-day-black-poets/.

3   Robin DiAngelo, *White Fragility: Why It's So Hard for White People to Talk About Racism* (Boston, MA: Beacon Press, 2018), chap. 8, "The Result: White Fragility," Apple Books.

4   Peter Sloterdijk, Spheres, vol. 2: *Globes*, translated by Wieland Hoban (Los Angeles: Semiotext(e), 2011), 965.

5   Theodor Adorno, *Minima Moralia: Reflections from Damaged Life* (Brooklyn: Verso, 2005), 39.

6   International Energy Agency, *The Future of Cooling*, 22.

7   Carol Dweck, "Developing a Growth Mindset with Carol Dweck," Stanford Alumni, YouTube, uploaded October 9, 2014, https://youtu.be/hiiEeMN7vbQ.

8   Elizabeth G. Hanna and Peter W. Tait, "Limitations to Thermoregulation and Acclimatization Challenge Human Adaptation to Global Warming," *International Journal of Environmental Research and Public Health* 12, no. 7 (July 2015): 8063, https://doi.org/10.3390/ijerph120708034.

9   Anna Lowenhaupt Tsing, *The Mushroom at the End of the World: On the Possibility of Life in Capitalist Ruins* (Princeton, NJ: Princeton University Press, 2015), 17.

10   Henry David Thoreau, Walden (Boston, MA: Beacon Press, 1997), 126.

623

일인분의 안락함
지구인으로 살아가는, 그 마땅하고 불편한 윤리에 관하여

초판 1쇄 인쇄 2023년 04월 14일
초판 1쇄 발행 2023년 04월 21일

지은이 에릭 딘 윌슨
옮긴이 정미진

대표 장선희 **총괄** 이영철
책임편집 현미나 **기획편집** 이소정, 정시아, 한이슬
표지 디자인 최아영 **본문 디자인** 한채린(닷웨이브) **디자인** 김효숙
마케팅 최의범, 임지윤, 김현진, 이동희
경영관리 김유미

펴낸곳 서사원 **출판등록** 제2021-000194호
주소 서울시 영등포구 당산로 54길 11 상가 301호
전화 02-898-8778 **팩스** 02-6008-1673
이메일 cr@seosawon.com
네이버 포스트 post.naver.com/seosawon
페이스북 www.facebook.com/seosawon
인스타그램 www.instagram.com/seosawon

ⓒ 에릭 딘 윌슨, 2023

ISBN 979-11-6822-165-9 03450

서사원은 독자 여러분의 책에 관한 아이디어와 원고 투고를 설레는 마음으로 기다리고 있습니다.
책으로 엮기를 원하는 아이디어가 있는 분은 이메일 cr@seosawon.com으로 간단한 개요와 취지,
연락처 등을 보내주세요. 고민을 멈추고 실행해 보세요. 꿈이 이루어집니다.